# 3일 끝장 합격

# 3개년 과년도 소방설비기사

공하성 우석대학교 소방방재학과 교수

전기 ❶-3

필기

BM (주)도서출판 성안당

원퀵으로 기출문제를 보내고 원퀵으로 소방책을 받자!!

2023 소방설비산업기사, 소방설비기사 시험을 보신 후 기출문제를 재구성하여 성안당 출판사에 10문제 이상 보내주신 분에게 공하성 교수님의 소방시리즈 책 중 한 권을 무료로 보내드립니다(단, 5문제 이상 보내주신 분은 정가 35,000원 이하 책 증정).

**독자 여러분들이 보내주신 재구성한 기출문제는 보다 더 나은 책을 만드는 데 큰 도움이 됩니다.**

**이메일 coh@cyber.co.kr(최옥현)** | ※ 메일을 보내실 때 성함, 연락처, 주소를 꼭 기재해 주시기 바랍니다.

- 무료로 제공되는 책은 독자분께서 보내주신 기출문제를 공하성 교수님이 검토 후 보내드립니다.
- 책 무료 증정은 조기에 마감될 수 있습니다.

## 자문위원

김귀주 강동대학교
김만규 부산경상대학교
김현우 경민대학교
류창수 대구보건대학교
배익수 부산경상대학교
송용선 목원대학교
이장원 서정대학교
이종화 호남대학교
이해평 강원대학교
정기성 원광대학교
최영상 대구보건대학교
한석우 국제대학교
황상균 경북전문대학교

※ 가나다 순

더 좋은 책을 만들기 위한 노력이 지금도 계속되고 있습니다. 이 책에 대하여 자문위원으로 활동해 주실 훌륭한 교수님을 모십니다.

## ■ 도서 A/S 안내

성안당에서 발행하는 모든 도서는 저자와 출판사, 그리고 독자가 함께 만들어 나갑니다.

좋은 책을 펴내기 위해 많은 노력을 기울이고 있습니다. 혹시라도 내용상의 오류나 오탈자 등이 발견되면 "좋은 책은 나라의 보배"로서 우리 모두가 함께 만들어 간다는 마음으로 연락주시기 바랍니다. 수정 보완하여 더 나은 책이 되도록 최선을 다하겠습니다.

성안당은 늘 독자 여러분들의 소중한 의견을 기다리고 있습니다. 좋은 의견을 보내주시는 분께는 성안당 쇼핑몰의 포인트(3,000포인트)를 적립해 드립니다.

잘못 만들어진 책이나 부록 등이 파손된 경우에는 교환해 드립니다.

저자 문의 : cafe.daum.net/firepass
cafe.naver.com/fireleader (공하성)

본서 기획자 e-mail : coh@cyber.co.kr(최옥현)

홈페이지 : http://www.cyber.co.kr 전화 : 031) 950-6300

# 한국전기설비규정(KEC) 주요내용

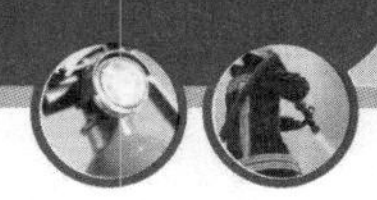

2018년 한국전기설비규정(KEC)이 제정되어 2021년부터 시행되었습니다. 이에 이 책은 화재안전기준 및 KEC 규정을 반영하여 개정하였음을 알려드리며, 다음과 같이 KEC 주요내용을 정리하여 안내하오니 참고하시기 바랍니다.

▶ 기존에 사용하던 전원측의 R, S, T, E 대신에 L1, L2, L3, PE 등으로 표시하여 사용
▶ 주회로에 사용하던 기존의 흑, 적, 청, 녹 대신에 L1(갈), L2(흑), L3(회), PE(녹－황)을 사용
▶ 부하측은 A, B, C 또는 U, V, W 등을 사용

## ❶ 저압범위 확대(KEC 111.1)

| 전압 구분 | 현행 기술기준 | KEC(변경된 기준) |
|---|---|---|
| 저압 | 교류 : 600V 이하<br>직류 : 750V 이하 | **교류 : 1000V 이하<br>직류 : 1500V 이하** |
| 고압 | 교류 및 직류 : 7kV 이하 | **(현행과 같음)** |
| 특고압 | 7kV 초과 | **(현행과 같음)** |

## ❷ 전선 식별법 국제표준화(KEC 121.2)－국내 규정별 상이한 식별색상의 일원화

| 상(문자) | 현행 기술기준 | KEC 식별색상 |
|---|---|---|
| L1 | － | **갈색** |
| L2 | － | **흑색** |
| L3 | － | **회색** |
| N | － | **청색** |
| 접지/보호도체(PE) | 녹색 또는 녹황 교차 | **녹색－노란색 교차** |

## ❸ 종별 접지설계방식 폐지(KEC 140)

| 접지대상 | 현행 접지방식 | KEC 접지방식 |
|---|---|---|
| (특)고압설비 | 1종 : 접지저항 10Ω 이하 | **• 계통접지 : TN, TT, IT 계통<br>• 보호접지 : 등전위본딩 등<br>• 피뢰시스템접지** |
| 400V 미만 | 3종 : 접지저항 100Ω 이하 | |
| 400V 이상 | 특3종 : 접지저항 10Ω 이하 | |
| 변압기 | 2종 : (계산요함) | **변압기 중성점 접지로 명칭 변경** |

- 계통접지 : 전력계통의 이상현상에 대비하여 대지와 계통을 접지
- 보호접지 : 감전보호를 목적으로 기기의 한 점 이상을 접지
- 피뢰시스템접지 : 뇌격전류를 안전하게 대지로 방류하기 위한 접지

# 머리말

*God loves you, and has a wonderful plan for you.*

안녕하십니까?

우석대학교 소방방재학과 교수 공하성입니다.

지난 28년간 보내주신 독자 여러분의 아낌없는 찬사에 진심으로 감사드립니다.

앞으로도 변함없는 성원을 부탁드리며, 여러분들의 성원에 힘입어 항상 더 좋은 책으로 거듭나겠습니다.

본 책의 특징은 학원 강의를 듣듯 정말 자세하게 설명해 놓았다는 것입니다.

시험의 기출문제를 분석해 보면 문제은행식으로 과년도 문제가 매년 거듭 출제되고 있음을 알 수 있습니다. 그러므로 과년도 문제만 충실히 풀어보아도 쉽게 합격할 수 있을 것입니다.

그런데, 2004년 5월 29일부터 소방관련 법령이 전면 개정됨으로써 "소방관계법규"는 2005년부터 신법에 맞게 새로운 문제들이 출제되고 있습니다.

본 서는 여기에 중점을 두어 국내 최다의 과년도 문제와 신법에 맞는 출제 가능한 문제들을 최대한 많이 수록하였습니다.

또한, 각 문제마다 아래와 같이 중요도를 표시하였습니다.

| | | | |
|---|---|---|---|
| 별표 없는 것 | 출제빈도 10% | ★ | 출제빈도 30% |
| ★★ | 출제빈도 70% | ★★★ | 출제빈도 90% |

그리고 해답의 근거를 다음과 같이 약자로 표기하여 신뢰성을 높였습니다.

- **기본법** : 소방기본법
- **기본령** : 소방기본법 시행령
- **기본규칙** : 소방기본법 시행규칙
- **소방시설법** : 소방시설 설치 및 관리에 관한 법률
- **소방시설법 시행령** : 소방시설 설치 및 관리에 관한 법률 시행령
- **소방시설법 시행규칙** : 소방시설 설치 및 관리에 관한 법률 시행규칙
- **화재예방법** : 화재의 예방 및 안전관리에 관한 법률
- **화재예방법 시행령** : 화재의 예방 및 안전관리에 관한 법률 시행령
- **화재예방법 시행규칙** : 화재의 예방 및 안전관리에 관한 법률 시행규칙
- **공사업법** : 소방시설공사업법
- **공사업령** : 소방시설공사업법 시행령
- **공사업규칙** : 소방시설공사업법 시행규칙
- **위험물법** : 위험물안전관리법
- **위험물령** : 위험물안전관리법 시행령
- **위험물규칙** : 위험물안전관리법 시행규칙
- **건축령** : 건축법 시행령
- **위험물기준** : 위험물안전관리에 관한 세부기준
- **피난 · 방화구조** : 건축물의 피난 · 방화구조 등의 기준에 관한 규칙

본 책에는 잘못된 부분이 있을 수 있으며, 잘못된 부분에 대해서는 발견 즉시 카페(cafe.daum.net/firepass, cafe.naver.com/fireleader)에 올리도록 하고, 새로운 책이 나올 때마다 늘 수정 · 보완하도록 하겠습니다.

이 책의 집필에 도움을 준 이종화 · 안재천 교수님, 임수란님에게 고마움을 표합니다.

끝으로 이 책에 대한 모든 영광을 그 분께 돌려 드립니다.

공하성 올림

# 출제경향분석

## 소방설비기사 필기(전기분야) 출제경향분석

### 제1과목 소방원론

|  |  |
|---|---|
| 1. 화재의 성격과 원인 및 피해 | 9.1% (2문제) |
| 2. 연소의 이론 | 16.8% (4문제) |
| 3. 건축물의 화재성상 | 10.8% (2문제) |
| 4. 불 및 연기의 이동과 특성 | 8.4% (1문제) |
| 5. 물질의 화재위험 | 12.8% (3문제) |
| 6. 건축물의 내화성상 | 11.4% (2문제) |
| 7. 건축물의 방화 및 안전계획 | 5.1% (1문제) |
| 8. 방화안전관리 | 6.4% (1문제) |
| 9. 소화이론 | 6.4% (1문제) |
| 10. 소화약제 | 12.8% (3문제) |

### 제2과목 소방전기일반

|  |  |
|---|---|
| 1. 직류회로 | 19.9% (4문제) |
| 2. 정전계 | 4.8% (1문제) |
| 3. 자기 | 13.4% (2문제) |
| 4. 교류회로 | 31.2% (6문제) |
| 5. 비정현파 교류 | 1.1% (1문제) |
| 6. 과도현상 | 1.1% (1문제) |
| 7. 자동제어 | 10.8% (2문제) |
| 8. 유도전동기 | 17.7% (3문제) |

### 제3과목 소방관계법규

|  |  |
|---|---|
| 1. 소방기본법령 | 20% (4문제) |
| 2. 소방시설 설치 및 관리에 관한 법령 / 화재의 예방 및 안전관리에 관한 법령 | 35% (7문제) |
| 3. 소방시설공사업법령 | 30% (6문제) |
| 4. 위험물안전관리법령 | 15% (3문제) |

### 제4과목 소방전기시설의 구조 및 원리

|  |  |
|---|---|
| 1. 자동화재 탐지설비 | 22% (5문제) |
| 2. 자동화재 속보설비 | 6% (1문제) |
| 3. 비상경보설비 및 비상방송설비 | 15% (3문제) |
| 4. 누전경보기 | 8% (2문제) |
| 5. 가스누설경보기 | 3% (1문제) |
| 6. 유도등 · 유도표지 및 비상조명등 | 18% (4문제) |
| 7. 비상콘센트설비 | 6% (1문제) |
| 8. 무선통신 보조설비 | 10% (2문제) |
| 9. 피난기구 | 6% (1문제) |
| 10. 간선설비 · 예비전원설비 | 6% (1문제) |

# CONTENTS

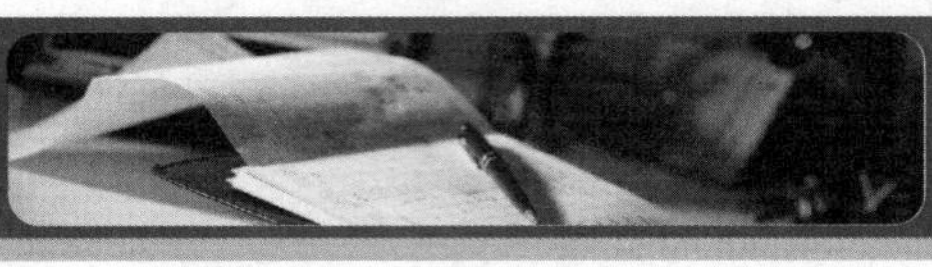

## ♣ 과년도 기출문제

## 책선정시유의사항

**첫째 저자의 지명도를 보고 선택할 것**
(저자가 책의 모든 내용을 집필하기 때문)

**둘째 문제에 대한 100% 상세한 해설이 있는지 확인할 것**
(해설이 없을 경우 문제 이해에 어려움이 있음)

**셋째 과년도문제가 많이 수록되어 있는 것을 선택할 것**
(국가기술자격시험은 대부분 과년도문제에서 출제되기 때문)

## 이 책의 공부방법

소방설비기사 필기(전기분야)의 가장 효율적인 공부방법을 소개합니다. 이 책으로 이대로만 공부하면 반드시 한 번에 합격할 수 있습니다.

첫째, 본 책의 출제문제 수를 파악하고, 시험 때까지 3번 정도 반복하여 공부할 수 있도록 1일 공부 분량을 정한다.

둘째, 해설란에 특히 관심을 가지며 부담없이 한 번 정도 읽은 후, 처음부터 차근차근 문제를 풀어 나간다.
(해설을 보며 암기할 사항이 있으면 그것을 다시 한번 보고 여백에 기록한다.)

셋째, 시험 전날에는 책 전체를 한 번 쭉 훑어보며 문제와 답만 체크(check)하며 보도록 한다.
(가능한 한 시험 전날에는 책 전체 내용을 밤을 세우더라도 꼭 점검하기 바란다. 시험 전날 본 문제가 의외로 많이 출제된다.)

넷째, 시험장에 갈 때에도 책은 반드시 지참한다.
(가능한 한 대중교통을 이용하여 시험장으로 향하는 동안에도 책을 계속 본다.)

다섯째, 시험장에 도착해서는 책을 다시 한번 훑어본다.
(마지막 5분까지 최선을 다하면 반드시 한 번에 합격할 수 있다.)

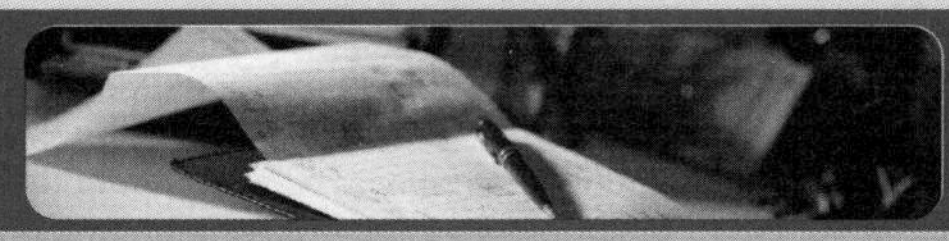

## 〈과년도 출제문제〉

각 문제마다 중요도를 표시하여 ★이 많은 것은 특별히 주의깊게 볼 수 있도록 하였음!

★★★
**08** **자기연소를 일으키는 가연물질로만 짝지어진 것은?**

① 니트로셀룰로오즈, 유황, 등유
② 질산에스테르, 셀룰로이드, 니트로화합물
③ 셀룰로이드, 발연황산, 목탄
④ 질산에스테르, 황린, 염소산칼륨

각 문제마다 100% 상세한 해설을 하고 꼭 알아야 될 사항은 고딕체로 구분하여 표시하였음.

 위험물 **제4류 제2석유류**(등유, 경유)의 특성
(1) 성질은 **인화성 액체**이다.
(2) 상온에서 안정하고, 약간의 자극으로는 쉽게 폭발하지 않는다.
(3) 용해하지 않고, **물보다 가볍다**.
(4) 소화방법은 **포말소화**가 좋다.

답 ①

용어에 대한 설명을 첨부하여 문제를 쉽게 이해하여 답안작성이 용이하도록 하였음.

**소방력** : 소방기관이 소방업무를 수행하는 데 필요한 인력과 장비

# 시험안내

## 소방설비기사 필기(전기분야) 시험내용

### 1. 필기시험

| 구 분 | 내 용 |
|---|---|
| 시험 과목 | 1. 소방원론<br>2. 소방전기일반<br>3. 소방관계법규<br>4. 소방전기시설의 구조 및 원리 |
| 출제 문제 | 과목당 20문제(전체 80문제) |
| 합격 기준 | 과목당 40점 이상 평균 60점 이상 |
| 시험 시간 | 2시간 |
| 문제 유형 | 객관식(4지선택형) |

### 2. 실기시험

| 구 분 | 내 용 |
|---|---|
| 시험 과목 | 소방전기시설 설계 및 시공실무 |
| 출제 문제 | 9~18 문제 |
| 합격 기준 | 60점 이상 |
| 시험 시간 | 3시간 |
| 문제 유형 | 필답형 |

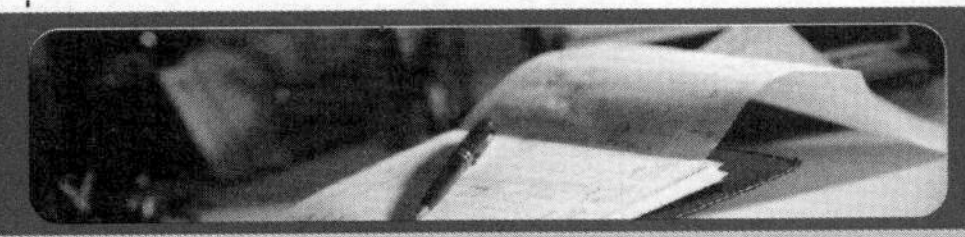

# 단위환산표

## 단위환산표(전기분야)

| 명 칭 | 기 호 | 크 기 | 명 칭 | 기 호 | 크 기 |
|---|---|---|---|---|---|
| 테라(tera) | T | $10^{12}$ | 피코(pico) | p | $10^{-12}$ |
| 기가(giga) | G | $10^{9}$ | 나노(nano) | n | $10^{-9}$ |
| 메가(mega) | M | $10^{6}$ | 마이크로(micro) | $\mu$ | $10^{-6}$ |
| 킬로(kilo) | k | $10^{3}$ | 밀리(milli) | m | $10^{-3}$ |
| 헥토(hecto) | h | $10^{2}$ | 센티(centi) | c | $10^{-2}$ |
| 데카(deka) | D | $10^{1}$ | 데시(deci) | d | $10^{-1}$ |

〈보기〉

- $1km=10^3m$
- $1mm=10^{-3}m$
- $1pF=10^{-12}F$
- $1\mu m=10^{-6}m$

# 단위읽기표

## 단위읽기표(전기분야)

여러분들이 고민하는 것 중 하나가 단위를 어떻게 읽느냐 하는 것일 듯 합니다. 그 방법을 속시원하게 공개해 드립니다.

(알파벳 순)

| 단위 | 단위 읽는법 | 단위의 의미(물리량) |
|---|---|---|
| [Ah] | 암페어 아워(Ampere hour) | 축전지의 용량 |
| [AT/m] | 암페어 턴 퍼 미터(Ampere Turn per meter) | 자계의 세기 |
| [AT/Wb] | 암페어 턴 퍼 웨버(Ampere Turn per Weber) | 자기저항 |
| [atm] | 에이 티 엠(atmosphere) | 기압, 압력 |
| [AT] | 암페어 턴(Ampere Turn) | 기자력 |
| [A] | 암페어(Ampere) | 전류 |
| [BTU] | 비티유(British Thermal Unit) | 열량 |
| [$C/m^2$] | 쿨롱 퍼 제곱미터(Coulomb per meter square) | 전속밀도 |
| [cal/g] | 칼로리 퍼 그램(calorie per gram) | 융해열, 기화열 |
| [cal/g℃] | 칼로리 퍼 그램 도씨(calorie per gram degree Celsius) | 비열 |
| [cal] | 칼로리(calorie) | 에너지, 일 |
| [C] | 쿨롱(Coulomb) | 전하(전기량) |
| [dB/m] | 데시벨 퍼 미터(deciBel per meter) | 감쇠정수 |
| [dyn], [dyne] | 다인(dyne) | 힘 |
| [erg] | 에르그(erg) | 에너지, 일 |
| [F/m] | 패럿 퍼 미터(Farad per meter) | 유전율 |
| [F] | 패럿(Farad) | 정전용량(커패시턴스) |
| [gauss] | 가우스(gauss) | 자화의 세기 |
| [g] | 그램(gram) | 질량 |
| [H/m] | 헨리 퍼 미터(Henry per meter) | 투자율 |
| [HP] | 마력(Horse Power) | 일률 |
| [Hz] | 헤르츠(Hertz) | 주파수 |
| [H] | 헨리(Henry) | 인덕턴스 |
| [h] | 아워(hour) | 시간 |
| [$J/m^3$] | 줄 퍼 세제곱 미터(Joule per meter cubic) | 에너지 밀도 |
| [J] | 줄(Joule) | 에너지, 일 |
| [$kg/m^2$] | 킬로그램 퍼 제곱미터(kilogram per meter square) | 화재하중 |
| [K] | 케이(Kelvin temperature) | 켈빈온도 |
| [lb] | 파운드(pound) | 중량 |
| [$m^{-1}$] | 미터 마이너스 일제곱(meter−) | 감광계수 |
| [m/min] | 미터 퍼 미뉴트(meter per minute) | 속도 |
| [m/s], [m/sec] | 미터 퍼 세컨드(meter per second) | 속도 |
| [$m^2$] | 제곱미터(meter square) | 면적 |

# 단위읽기표

| 단위 | 단위 읽는법 | 단위의 의미(물리량) |
|---|---|---|
| [maxwell/m²] | 맥스웰 퍼 제곱미터(maxwell per meter square) | 자화의 세기 |
| [mol], [mole] | 몰(mole) | 물질의 양 |
| [m] | 미터(meter) | 길이 |
| [N/C] | 뉴턴 퍼 쿨롱(Newton per Coulomb) | 전계의 세기 |
| [N] | 뉴턴(Newton) | 힘 |
| [N · m] | 뉴턴 미터(Newton meter) | 회전력 |
| [PS] | 미터마력(PferdeStarke) | 일률 |
| [rad/m] | 라디안 퍼 미터(radian per meter) | 위상정수 |
| [rad/s], [rad/sec] | 라디안 퍼 세컨드(radian per second) | 각주파수, 각속도 |
| [rad] | 라디안(radian) | 각도 |
| [rpm] | 알피엠(revolution per minute) | 동기속도, 회전속도 |
| [S] | 지멘스(Siemens) | 컨덕턴스 |
| [s], [sec] | 세컨드(second) | 시간 |
| [V/cell] | 볼트 퍼 셀(Volt per cell) | 축전지 1개의 최저 허용전압 |
| [V/m] | 볼트 퍼 미터(Volt per meter) | 전계의 세기 |
| [Var] | 바르(Var) | 무효전력 |
| [VA] | 볼트 암페어(Volt Ampere) | 피상전력 |
| [vol%] | 볼륨 퍼센트(volume percent) | 농도 |
| [V] | 볼트(Volt) | 전압 |
| [W/m²] | 와트 퍼 제곱미터(watt per meter square) | 대류열 |
| [W/m² · K³] | 와트 퍼 제곱미터 케이 세제곱(Watt per meter square kelvin cubic) | 스테판 볼츠만 상수 |
| [W/m² · ℃] | 와트 퍼 제곱미터 도씨(Watt per meter square degree Celsius) | 열전달률 |
| [W/m³] | 와트 퍼 세제곱 미터(Watt per meter cubic) | 와전류손 |
| [W/m · K] | 와트 퍼 미터 케이(Watt per meter Kelvin) | 열전도율 |
| [W/sec], [W/s] | 와트 퍼 세컨드(Watt per second) | 전도열 |
| [Wb/m²] | 웨버 퍼 제곱미터(Weber per meter square) | 자화의 세기 |
| [Wb] | 웨버(Weber) | 자극의 세기, 자속, 자화 |
| [Wb · m] | 웨버 미터(Weber meter) | 자기모멘트 |
| [W] | 와트(Watt) | 전력, 유효전력(소비전력) |
| [°F] | 도에프(degree Fahrenheit) | 화씨온도 |
| [°R] | 도알(degree Rankine temperature) | 랭킨온도 |
| [Ω⁻¹] | 옴 마이너스 일제곱(ohm−) | 컨덕턴스 |
| [Ω] | 옴(ohm) | 저항 |
| [℧] | 모(mho) | 컨덕턴스 |
| [℃] | 도씨(degree Celsius) | 섭씨온도 |

# 시험안내 연락처

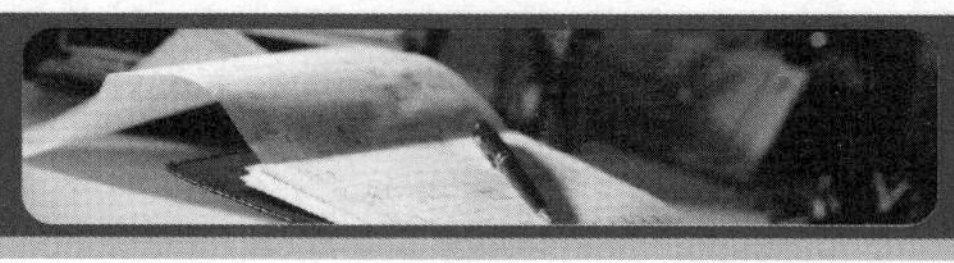

| 기관명 | 주 소 | 검정안내 전화번호 | | | |
|---|---|---|---|---|---|
| | | DDD | 기술자격 | 전문자격 | 자격증발급 |
| 서울지역본부 | 02512 서울특별시 동대문구 장안벚꽃로 279 | 02 | 2137-0502~5<br>2137-0521~4<br>2137-0512 | 2137-0552~9 | 2137-0509<br>2137-0516 |
| 서울서부지사 | 03302 서울시 은평구 진관3로 36 | 02 | (정기) 2024-1702<br>2024-1704~12<br>(상시) 2024-1718<br>2024-1723, 1725 | 2024-1721 | 2024-1728 |
| 서울남부지사 | 07225 서울특별시 영등포구 버드나루로 110 | 02 | 6907-7152~6, 6907-7133~9 | | 6907-7135 |
| 강원지사 | 24408 강원도 춘천시 동내면 원창고개길 135 | 033 | 248-8511~2 | | 248-8516 |
| 강원동부지사 | 25440 강원도 강릉시 사천면 방동길 60 | 033 | 650-5700 | | 650-5700 |
| 부산지역본부 | 46519 부산광역시 북구 금곡대로 441번길 26 | 051 | 330-1910 | | 330-1910 |
| 부산남부지사 | 48518 부산광역시 남구 신선로 454-18 | 051 | 620-1910 | | 620-1910 |
| 울산지사 | 44538 울산광역시 중구 종가로 347 | 052 | 220-3211~8, 220-3281~2 | | 220-3223 |
| 경남지사 | 51519 경남 창원시 성산구 두대로 239 | 055 | 212-7200 | | 212-7200 |
| 대구지역본부 | 42704 대구광역시 달서구 성서공단로 213 | 053 | (정기) 580-2357~61<br>(상시) 580-2371, 3, 7 | 580-2372,<br>2380, 2382~5 | 580-2362 |
| 경북지사 | 36616 경북 안동시 서후면 학가산온천길 42 | 054 | 840-3032~3, 3035~9 | | 840-3033 |
| 경북동부지사 | 37580 경북 포항시 북구 법원로 140번길 9 | 054 | 230-3251~9, 230-3261~2, 230-3291 | | 230-3259 |
| 경북서부지사 | 39371 경북 구미시 산호대로 253(구미첨단의료기술타워 2층) | 054 | 713-3022~3027 | | 713-3025 |
| 인천지역본부 | 21634 인천시 남동구 남동서로 209 | 032 | 820-8600 | | 820-8600 |
| 경기지사 | 16626 경기도 수원시 권선구 호매실로 46-68 | 031 | 249-1212~9,<br>1221, 1226, 1273 | 249-1222~3,<br>1260, 1, 2, 5, 8 | 249-1228 |
| 경기북부지사 | 11780 경기도 의정부시 추동로 140 | 031 | 850-9100 | | 850-9127 |
| 경기동부지사 | 13313 경기도 성남시 수정구 성남대로 1217 | 031 | 750-6215~7, 6221~5, 6227~9 | | 750-6226 |
| 경기남부지사 | 17561 경기도 안성시 공도읍 공도로 51-23 더스페이스1 2~3층 | 031 | 615-9001~7 | | 615-9001 |
| 광주지역본부 | 61008 광주광역시 북구 첨단벤처로 82 | 062 | 970-1761~7, 1769, 1799<br>(상시) 1776~9 | 970-1771~5,<br>1794~5 | 970-1769 |
| 전북지사 | 54852 전북 전주시 덕진구 유상로 69 | 063 | (정기) 210-9221~9229<br>(상시) 210-9281~9286 | 210-9281~6 | 210-9223 |
| 전남지사 | 57948 전남 순천시 순광로 35-2 | 061 | 720-8530~5, 8539, 720-8560~2 | | 720-8533 |
| 전남서부지사 | 58604 전남 목포시 영산로 820 | 061 | 288-3323 | | 288-3325 |
| 제주지사 | 63220 제주 제주시 복지로 19 | 064 | 729-0701~2 | | 729-0701~2 |
| 대전지역본부 | 35000 대전시 중구 서문로 25번길 1 | 042 | 580-9131~9<br>(상시) 9142~4 | 580-9152~5 | 580-9147 |
| 충북지사 | 28456 충북 청주시 흥덕구 1순환로 394번길 81 | 043 | 279-9041~7 | | 279-9044 |
| 충남지사 | 31081 충남 천안시 서북구 천일고1길 27 | 041 | 620-7632~8<br>(상시) 7690~2 | 620-7644 | 620-7639 |
| 세종지사 | 30128 세종특별자치시 한누리대로 296 밀레니엄 빌딩 5층 | 044 | 410-8021~3 | | 440-8023 |

※ 청사이전 및 조직변동 시 주소와 전화번호가 변경, 추가될 수 있음

# 응시자격

**기사** : 다음 각 호의 어느 하나에 해당하는 사람

1. **산업기사** 등급 이상의 자격을 취득한 후 응시하려는 종목이 속하는 동일 및 유사 직무분야에서 **1년 이상** 실무에 종사한 사람
2. **기능사** 자격을 취득한 후 응시하려는 종목이 속하는 동일 및 유사 직무분야에서 **3년 이상** 실무에 종사한 사람
3. 응시하려는 종목이 속하는 동일 및 유사 직무분야의 다른 종목의 기사 등급 이상의 자격을 취득한 사람
4. 관련학과의 대학졸업자 등 또는 그 졸업예정자
5. **3년제 전문대학** 관련학과 졸업자 등으로서 졸업 후 응시하려는 종목이 속하는 동일 및 유사 직무분야에서 **1년 이상** 실무에 종사한 사람
6. **2년제 전문대학** 관련학과 졸업자 등으로서 졸업 후 응시하려는 종목이 속하는 동일 및 유사 직무분야에서 **2년 이상** 실무에 종사한 사람
7. 동일 및 유사 직무분야의 **기사** 수준 기술훈련과정 이수자 또는 그 이수예정자
8. 동일 및 유사 직무분야의 **산업기사** 수준 기술훈련과정 이수자로서 이수 후 응시하려는 종목이 속하는 동일 및 유사 직무분야에서 **2년 이상** 실무에 종사한 사람
9. 응시하려는 종목이 속하는 동일 및 유사 직무분야에서 **4년 이상** 실무에 종사한 사람
10. 외국에서 동일한 종목에 해당하는 자격을 취득한 사람

**산업기사** : 다음 각 호의 어느 하나에 해당하는 사람

1. **기능사** 등급 이상의 자격을 취득한 후 응시하려는 종목이 속하는 동일 및 유사 직무분야에 **1년 이상** 실무에 종사한 사람
2. 응시하려는 종목이 속하는 동일 및 유사 직무분야의 다른 종목의 산업기사 등급 이상의 자격을 취득한 사람
3. 관련학과의 **2년제** 또는 **3년제 전문대학**졸업자 등 또는 그 졸업예정자
4. 관련학과의 대학졸업자 등 또는 그 졸업예정자
5. 동일 및 유사 직무분야의 산업기사 수준 기술훈련과정 이수자 또는 그 이수예정자
6. 응시하려는 종목이 속하는 동일 및 유사 직무분야에서 **2년 이상** 실무에 종사한 사람
7. 고용노동부령으로 정하는 기능경기대회 입상자
8. 외국에서 동일한 종목에 해당하는 자격을 취득한 사람

※ 세부사항은 한국산업인력공단 **1644-8000**으로 문의바람

과년도 기출문제

# 2022년

## 소방설비기사 필기(전기분야)

**** 수험자 유의사항 ****

1. 문제지를 받는 즉시 **본인**이 **응시한 종목**이 맞는지 확인하시기 바랍니다.
2. 문제지 표지에 본인의 **수험번호**와 **성명**을 기재하여야 합니다.
3. 문제지의 **총면수**, **문제번호 일련순서**, **인쇄상태**, **중복 및 누락 페이지 유무**를 확인하시기 바랍니다.
4. 답안은 각 문제마다 요구하는 가장 적합하거나 가까운 답 1개만을 선택하여야 합니다.
5. 답안카드는 뒷면의 「수험자 유의사항」에 따라 작성하시고, 답안카드 작성 시 형별누락, 마킹착오로 인한 불이익은 전적으로 수험자에게 책임이 있음을 알려드립니다.
6. 문제지는 시험 종료 후 본인이 가져갈 수 있습니다.

**** 안내사항 ****

- 가답안/최종정답은 큐넷(www.q-net.or.kr)에서 확인하실 수 있습니다. 가답안에 대한 의견은 큐넷의 [가답안 의견제시]를 통해 제시할 수 있으며, 확정된 답안은 최종정답으로 갈음합니다.
- 공단에서 제공하는 자격검정서비스에 대해 개선할 점이 있으시면 고객참여(http://hrdkorea.or.kr/7/1/1)를 통해 건의하여 주시기 바랍니다.

# 2022. 3. 5 시행

**▌2022년 기사 제1회 필기시험▐**

| 자격종목 | 종목코드 | 시험시간 | 형별 | 수험번호 | 성명 |
|---|---|---|---|---|---|
| 소방설비기사(전기분야) | | 2시간 | | | |

※ 답안카드 작성시 시험문제지 형별누락, 마킹착오로 인한 불이익은 전적으로 수험자의 귀책사유임을 알려드립니다.
※ 각 문항은 4지택일형으로 질문에 가장 적합한 보기 항을 선택하여 마킹하여야 합니다.

## 제 1 과목 소방원론

★★★
**01** 소화원리에 대한 설명으로 틀린 것은?

19.09.문13 18.09.문19 17.05.문06 16.03.문08 15.03.문17 14.03.문19 11.10.문19 03.08.문11

유사문제부터 풀어보세요. 실력이 팍!팍! 올라갑니다.

① 억제소화 : 불활성기체를 방출하여 연소범위 이하로 낮추어 소화하는 방법
② 냉각소화 : 물의 증발잠열을 이용하여 가연물의 온도를 낮추는 소화방법
③ 제거소화 : 가연성 가스의 분출화재시 연료공급을 차단시키는 소화방법
④ 질식소화 : 포소화약제 또는 불연성기체를 이용해서 공기 중의 산소공급을 차단하여 소화하는 방법

해설 ① 억제소화 → 희석소화

**소화**의 **형태**

| 구 분 | 설 명 |
|---|---|
| **냉**각소화 | ① **점화원**을 냉각하여 소화하는 방법<br>② **증**발잠열을 이용하여 열을 빼앗아 가연물의 온도를 떨어뜨려 화재를 진압하는 소화방법<br>③ **다량**의 **물**을 뿌려 소화하는 방법<br>④ 가연성 물질을 **발화점 이하**로 **냉각**하여 소화하는 방법<br>⑤ **식용유화재**에 신선한 **야채**를 넣어 소화하는 방법<br>⑥ 용융잠열에 의한 **냉각효과**를 이용하여 소화하는 방법<br>기억법 냉점증발 |
| **질**식소화 | ① 공기 중의 **산소농도**를 **16%**(10~15%) 이하로 희박하게 하여 소화하는 방법<br>② 산화제의 농도를 낮추어 연소가 지속될 수 없도록 소화하는 방법<br>③ 산소공급을 차단하여 소화하는 방법<br>④ 산소의 농도를 낮추어 소화하는 방법<br>⑤ 화학반응으로 발생한 **탄산가스**에 의한 소화방법<br>기억법 질산 |
| 제거소화 | **가연물**을 **제거**하여 소화하는 방법 |
| **부**촉매 소화 (억제소화, 화학소화) | ① **연쇄반응**을 **차단**하여 소화하는 방법<br>② 화학적인 방법으로 화재를 억제하여 소화하는 방법<br>③ **활성기**(free radical, 자유라디칼)의 **생성**을 **억제**하여 소화하는 방법<br>④ 할론계 소화약제<br>기억법 부억(부엌) |
| 희석소화 | ① 기체·고체·액체에서 나오는 분해가스나 증기의 농도를 낮춰 소화하는 방법<br>② 불연성 가스의 **공기** 중 **농도**를 높여 소화하는 방법<br>③ 불활성기체를 방출하여 연소범위 이하로 낮추어 소화하는 방법 보기 ① |

중요

**화재**의 **소화원리**에 따른 **소화방법**

| 소화원리 | 소화설비 |
|---|---|
| 냉각소화 | ① 스프링클러설비<br>② 옥내·외소화전설비 |
| 질식소화 | ① 이산화탄소 소화설비<br>② 포소화설비<br>③ 분말소화설비<br>④ 불활성기체 소화약제 |
| 억제소화 (부촉매효과) | ① 할론소화약제<br>② 할로겐화합물 소화약제 |

답 ①

★★★
**02** 위험물의 유별에 따른 분류가 잘못된 것은?

19.04.문44 16.05.문46 16.05.문52 15.09.문03 15.09.문18 15.05.문10 15.05.문42 15.03.문51 14.09.문18 14.03.문18 11.06.문54

① 제1류 위험물 : 산화성 고체
② 제3류 위험물 : 자연발화성 물질 및 금수성 물질
③ 제4류 위험물 : 인화성 액체
④ 제6류 위험물 : 가연성 액체

해설 ④ 가연성 액체 → 산화성 액체

위험물령 〔별표 1〕
위험물

| 유 별 | 성 질 | 품 명 |
|---|---|---|
| 제1류 | 산화성 고체 | • 아염소산염류<br>• 염소산염류(염소산나트륨)<br>• 과염소산염류<br>• 질산염류<br>• 무기과산화물<br>기억법 1산고염나 |
| 제2류 | 가연성 고체 | • 황화린<br>• 적린<br>• 유황<br>• 마그네슘<br>기억법 황화적유마 |
| 제3류 | 자연발화성 물질 및 금수성 물질 | • 황린<br>• 칼륨<br>• 나트륨<br>• 알칼리토금속<br>• 트리에틸알루미늄<br>기억법 황칼나알트 |
| 제4류 | 인화성 액체 | • 특수인화물<br>• 석유류(벤젠)<br>• 알코올류<br>• 동식물유류 |
| 제5류 | 자기반응성 물질 | • 유기과산화물<br>• 니트로화합물<br>• 니트로소화합물<br>• 아조화합물<br>• 질산에스테르류(셀룰로이드)<br>기억법 5자(오자탈자) |
| 제6류 | 산화성 액체 | • 과염소산<br>• 과산화수소<br>• 질산 |

답 ④

**03** 고층건축물 내 연기거동 중 굴뚝효과에 영향을 미치는 요소가 아닌 것은?

17.03.문01 16.05.문16 04.03.문19 01.06.문11

① 건물 내외의 온도차
② 화재실의 온도
③ 건물의 높이
④ 층의 면적

해설

④ 해당없음

연기거동 중 **굴뚝효과**(연돌효과)와 관계있는 것
(1) 건물 내외의 온도차
(2) 화재실의 온도
(3) 건물의 높이

용어

**굴뚝효과**와 같은 의미
(1) 연돌효과
(2) Stack effect

중요

**굴뚝효과**(stack effect)
(1) 건물 내외의 **온도차**에 따른 공기의 흐름현상이다.
(2) 굴뚝효과는 **고층건물**에서 주로 나타난다.
(3) 평상시 건물 내의 기류분포를 지배하는 중요 요소이며 화재시 **연기**의 **이동**에 큰 영향을 미친다.
(4) 건물 외부의 온도가 내부의 온도보다 높은 경우 저층부에서는 내부에서 외부로 공기의 흐름이 생긴다.

답 ④

**04** 화재에 관련된 국제적인 규정을 제정하는 단체는?

19.03.문19

① IMO(International Maritime Organization)
② SFPE(Society of Fire Protection Engineers)
③ NFPA(Nation Fire Protection Association)
④ ISO(International Organization for Standardization) TC 92

해설

| 단체명 | 설 명 |
|---|---|
| IMO(International Maritime Organization) | • 국제해사기구<br>• 선박의 항로, 교통규칙, 항만시설 등을 국제적으로 통일하기 위하여 설치된 유엔전문기구 |
| SFPE(Society of Fire Protection Engineers) | • 미국소방기술사회 |
| NFPA(National Fire Protection Association) | • 미국방화협회<br>• 방화 · 안전설비 및 산업안전 방지장치 등에 대해 약 270규격을 제정 |
| ISO(International Organization for Standardization) | • 국제표준화기구<br>• 지적 활동이나 과학 · 기술 · 경제활동 분야에서 세계 상호간의 협력을 위해 1946년에 설립한 국제기구<br>※ TC 92 : Fire Safety, ISO의 237개 전문기술위원회(TC)의 하나로서, 화재로부터 인명 안전 및 건물 보호, 환경을 보전하기 위하여 건축자재 및 구조물의 **화재**시험 및 시뮬레이션 개발에 필요한 세부지침을 **국제규격**으로 **제 · 개정**하는 것 보기 ④ |

답 ④

**05** 제연설비의 화재안전기준상 예상제연구역에 공기가 유입되는 순간의 풍속은 몇 m/s 이하가 되도록 하여야 하는가?

20.06.문76 16.10.문70 15.03.문80 10.05.문76

① 2
② 3
③ 4
④ 5

해설 **제연설비**의 **풍속**(NFSC 501)

| 조 건 | 풍 속 |
|---|---|
| • 예상제연구역의 공기유입 풍속 → | 5m/s 이하 보기 ④ |
| • 배출기의 흡입측 풍속 | 15m/s 이하 |
| • 배출기의 배출측 풍속<br>• 유입풍도 안의 풍속 | 20m/s 이하 |

용어

**풍도**
공기가 유동하는 덕트

답 ④

★★★
## 06 물에 황산을 넣어 묽은 황산을 만들 때 발생되는 열은?

16.03.문17
15.03.문04

① 연소열 ② 분해열
③ 용해열 ④ 자연발열

해설 **화학열**

| 종 류 | 설 명 |
|---|---|
| **연소열** | 어떤 물질이 완전히 **산**화되는 과정에서 발생하는 열 |
| **용해열** | 어떤 물질이 액체에 **용해**될 때 발생하는 열(농**황**산, **묽은 황산**) 보기 ③ |
| **분해열** | 화합물이 **분해**할 때 발생하는 열 |
| **생성열** | 발열반응에 의한 화합물이 **생성**할 때의 열 |
| **자연발열**<br>(자연발화) | 어떤 물질이 **외**부로부터 열의 공급을 받지 아니하고 온도가 상승하는 현상 |

기억법 **연산, 용황, 자외**

답 ③

★★★
## 07 화재의 정의로 옳은 것은?

14.05.문04
11.06.문18

① 가연성 물질과 산소와의 격렬한 산화반응이다.
② 사람의 과실로 인한 실화나 고의에 의한 방화로 발생하는 연소현상으로서 소화할 필요성이 있는 연소현상이다.
③ 가연물과 공기와의 혼합물이 어떤 점화원에 의하여 활성화되어 열과 빛을 발하면서 일으키는 격렬한 발열반응이다.
④ 인류의 문화와 문명의 발달을 가져오게 한 근본 존재로서 인간의 제어수단에 의하여 컨트롤할 수 있는 연소현상이다.

해설 ①③④ 연소의 정의

| **화**재의 정의 | 연소의 정의 |
|---|---|
| ① 자연 또는 인위적인 원인에 의하여 불이 물체를 연소시키고, **인명**과 **재산**에 손해를 주는 현상<br>② 불이 그 사용목적을 넘어 다른 곳으로 연소하여 사람들에게 예기치 않은 경제상의 손해를 발생시키는 현상<br>③ 사람의 의도에 **반**(反)하여 출화 또는 방화에 의해 불이 발생하고 확대하는 현상<br>④ 불을 사용하는 사람의 부주의와 불안정한 상태에서 발생되는 것<br>⑤ 실화, 방화로 발생하는 연소현상을 말하며 사람에게 유익하지 못한 **해로운 불**<br>⑥ 사람의 의사에 반한, 즉 대부분의 사람이 원치 않는 상태의 불<br>⑦ 소화의 필요성이 있는 불 보기 ②<br>⑧ 소화에 효과가 있는 어떤 물건(소화시설)을 사용할 필요가 있다고 판단되는 불<br>기억법 **화인 재반해** | ① **가연성 물질**과 **산소**와의 격렬한 **산화반응**이다.<br>② 가연물과 공기와의 혼합물이 어떤 점화원에 의하여 활성화되어 **열**과 **빛**을 발하면서 일으키는 격렬한 **발열반응**이다.<br>③ 인류의 문화와 문명의 발달을 가져오게 한 근본 존재로서 인간의 제어수단에 의하여 **컨트롤**할 수 있는 연소현상이다. |

답 ②

★★★
## 08 이산화탄소 소화약제의 임계온도는 약 몇 ℃인가?

19.03.문11
16.03.문15
14.05.문08
13.06.문20
11.03.문06

① 24.4
② 31.4
③ 56.4
④ 78.4

해설 **이**산화탄소의 **물성**

| 구 분 | 물 성 |
|---|---|
| 임계압력 | 72.75atm |
| 임계온도 → | 31.35℃(약 31.4℃) 보기 ② |
| **3**중점 | −**56**.3℃(약 −56℃) |
| 승화점(**비**점) | −**78**.5℃ |
| 허용농도 | 0.5% |
| **증**기비중 | **1.5**29 |
| 수분 | 0.05% 이하(함량 99.5% 이상) |

기억법 **이356, 이비78, 이증15**

답 ②

★★★
**09** 상온 · 상압의 공기 중에서 탄화수소류의 가연물을 소화하기 위한 이산화탄소 소화약제의 농도는 약 몇 %인가? (단, 탄화수소류는 산소농도가 10%일 때 소화된다고 가정한다.)

21.09.문03
19.04.문13
17.03.문14
15.03.문14
14.05.문07
12.05.문14

① 28.57　　② 35.48
③ 49.56　　④ 52.38

해설 (1) **기호**

- $O_2$ : 10%

(2) **$CO_2$의 농도**(이론소화농도)

$$CO_2 = \frac{21 - O_2}{21} \times 100$$

여기서, $CO_2$ : $CO_2$의 이론소화농도〔vol%〕 또는 약식으로 〔%〕
$O_2$ : 한계산소농도〔vol%〕 또는 약식으로 〔%〕

$$CO_2 = \frac{21 - O_2}{21} \times 100 = \frac{21 - 10}{21} \times 100 ≒ 52.38\%$$

답 ④

★
**10** 과산화수소 위험물의 특성이 아닌 것은?

① 비수용성이다.
② 무기화합물이다.
③ 불연성 물질이다.
④ 비중은 물보다 무겁다.

① 비수용성 → 수용성

**과산화수소**($H_2O_2$)의 **성질**
(1) 비중이 1보다 **크며**(물보다 무겁다), 물에 잘 녹는다. 보기 ④
(2) **산화성 물질**로 다른 물질을 산화시킨다.
(3) **불연성 물질**이다. 보기 ③
(4) 상온에서 **액체**이다.
(5) **무기화합물**이다. 보기 ②
(6) **수용성**이다. 보기 ①

답 ①

★★
**11** 건축물의 피난 · 방화구조 등의 기준에 관한 규칙상 방화구획의 설치기준 중 스프링클러를 설치한 10층 이하의 층은 바닥면적 몇 $m^2$ 이내마다 방화구획을 구획하여야 하는가?

19.03.문15
18.04.문04

① 1000　　② 1500
③ 2000　　④ 3000

④ 스프링클러소화설비를 설치했으므로 $1000m^2 \times 3배 = 3000m^2$

**건축령 46조, 피난 · 방화구조 14조**
**방화구획의 기준**

| 대상 건축물 | 대상 규모 | 층 및 구획방법 | | 구획부분의 구조 |
|---|---|---|---|---|
| 주요 구조부가 내화구조 또는 불연재료로 된 건축물 | 연면적 $1000m^2$ 넘는 것 | 10층 이하 | • 바닥면적 → **$1000m^2$** 이내마다 | • 내화구조로 된 바닥 · 벽<br>• 60분+방화문, 60분 방화문<br>• 자동방화셔터 |
| | | 매 층마다 | • 지하 1층에서 지상으로 직접 연결하는 경사로 부위는 제외 | |
| | | 11층 이상 | • 바닥면적 **$200m^2$** 이내마다(실내마감을 불연재료로 한 경우 **$500m^2$** 이내마다) | |

- **스프링클러**, 기타 이와 유사한 **자동식 소화설비**를 설치한 경우 바닥면적은 위의 **3배** 면적으로 산정한다.
- **필로티**나 그 밖의 비슷한 구조의 부분을 주차장으로 사용하는 경우 그 부분은 건축물의 다른 부분과 구획할 것

답 ④

★★★
**12** 다음 중 분진폭발의 위험성이 가장 낮은 것은 어느 것인가?

18.03.문01
15.05.문03
13.03.문03
12.09.문17
11.10.문01
10.05.문16
03.05.문08
01.03.문20
00.10.문02
00.07.문15

① 시멘트가루
② 알루미늄분
③ 석탄분말
④ 밀가루

해설 **분진폭발**을 **일으키지 않는 물질**(=물과 반응하여 가연성 기체를 발생하지 않는 것)
(1) **시**멘트(시멘트가루) 보기 ①
(2) **석**회석
(3) **탄**산칼슘($CaCO_3$)
(4) **생**석회(CaO)=산화칼슘

기억법 **분시석탄생**

중요

**분진폭발**의 **위험성**이 있는 것
(1) 알루미늄분
(2) 유황
(3) 소맥분(밀가루)
(4) 석탄분말

답 ①

★★
**13** 백열전구가 발열하는 원인이 되는 열은?

① 아크열　　② 유도열
③ 저항열　　④ 정전기열

해설 **전기열**

| 종 류 | 설 명 |
|---|---|
| **유도**열 | 도체 주위에 **자장**이 존재할 때 전류가 흘러 발생하는 열 |
| **유전**열 | 전기**절**연불량에 의한 발열 |
| **저**항열 | 도체에 전류가 흘렀을 때 전기저항 때문에 발생하는 열(예 **백**열전구) |

기억법 **유도자**
**유전절**
**저백**

중요

**열에너지원**의 **종류**

| **기계열** (기계적 에너지) | **전기열** (전기적 에너지) | **화학열** (화학적 에너지) |
|---|---|---|
| **압**축열, **마**찰열, 마찰 스파크<br>기억법 **기압마** | 유도열, 유전열, 저항열, 아크열, 정전기열, 낙뢰에 의한 열 | **연**소열, **용**해열, **분**해열, **생**성열, **자**연발화열<br>기억법 **화연용분생자** |

- 기계열=기계적 에너지=기계에너지
- 전기열=전기적 에너지=전기에너지
- 화학열=화학적 에너지=화학에너지
- 유도열=유도가열
- 유전열=유전가열

답 ③

★★★
**14** **동식물유류에서 "요오드값이 크다."라는 의미를 옳게 설명한 것은?**

17.03.문07
14.05.문16
11.06.문16

① 불포화도가 높다.
② 불건성유이다.
③ 자연발화성이 낮다.
④ 산소와의 결합이 어렵다.

해설

② 불건성유 → 건성유
③ 낮다. → 높다.
④ 어렵다. → 쉽다.

**"요오드값이 크다."**라는 **의미**
(1) **불포**화도가 높다. 보기 ①
(2) **건성유**이다.
(3) **자연발화성**이 높다.
(4) 산소와 결합이 쉽다.

기억법 **요불포**

용어

**요오드값**
(1) 기름 100g에 첨가되는 요오드의 g수
(2) 기름에 염화요오드를 작용시킬 때 기름 100g에 흡수되는 염화요오드의 양에서 요오드의 양을 환산하여 그램수로 나타낸 값

답 ①

★★
**15** **단백포 소화약제의 특징이 아닌 것은?**

18.03.문17
15.05.문09

① 내열성이 우수하다.
② 유류에 대한 유동성이 나쁘다.
③ 유류를 오염시킬 수 있다.
④ 변질의 우려가 없어 저장 유효기간의 제한이 없다.

해설

④ 변질의 우려가 없어 저장 유효기간의 제한이 없다. → 변질에 의한 저장성이 불량하고 유효기간이 존재한다.

(1) **단백포**의 장단점

| 장 점 | 단 점 |
|---|---|
| ① **내열성** 우수 보기 ①<br>② **유면봉쇄성** 우수<br>③ 내화성 향상(우수)<br>④ 내유성 향상(우수) | ① 소화기간이 길다.<br>② 유동성이 좋지 않다. 보기 ②<br>③ 변질에 의한 저장성 불량 보기 ④<br>④ 유류오염 보기 ③ |

(2) **수성막포**의 장단점

| 장 점 | 단 점 |
|---|---|
| ① 석유류 표면에 신속히 **피막**을 **형성**하여 유류증발을 억제한다.<br>② **안전성**이 좋아 장기 보존이 가능하다.<br>③ **내약품성**이 좋아 타 약제와 겸용사용도 가능하다.<br>④ **내유염성**이 우수하다(기름에 의한 오염이 적다).<br>⑤ **불소계 계면활성제**가 주성분이다. | ① 가격이 비싸다.<br>② 내열성이 좋지 않다.<br>③ 부식방지용 저장설비가 요구된다. |

(3) **합성계면활성제포**의 장단점

| 장 점 | 단 점 |
|---|---|
| ① **유동성**이 우수하다.<br>② **저장성**이 우수하다. | ① 적열된 기름탱크 주위에는 효과가 적다.<br>② 가연물에 양이온이 있을 경우 발포성능이 저하된다.<br>③ 타약제와 겸용시 소화효과가 좋지 않을 수 있다. |

답 ④

## 16 이산화탄소 소화약제의 주된 소화효과는?

15.05.문12
14.03.문04

① 제거소화 ② 억제소화
③ 질식소화 ④ 냉각소화

해설 **소화약제**의 **소화작용**

| 소화약제 | 소화효과 | 주된 소화효과 |
|---|---|---|
| ① 물(스프링클러) | • 냉각효과<br>• 희석효과 | • 냉각효과<br>(냉각소화) |
| ② 물(무상) | • 냉각효과<br>• 질식효과<br>• 유화효과<br>• 희석효과 | • **질**식효과 보기 ③<br>(질식소화) |
| ③ 포 | • 냉각효과<br>• 질식효과 | |
| ④ 분말 | • 질식효과<br>• 부촉매효과<br>(억제효과)<br>• 방사열 차단효과 | |
| ⑤ **이**산화탄소 | • 냉각효과<br>• 질식효과<br>• 피복효과 | |
| ⑥ **할**론 | • 질식효과<br>• 부촉매효과<br>(억제효과) | • **부**촉매효과<br>(연쇄반응차단 소화) |

기억법 **할부(할아버지)**
**이질(이질적이다)**

답 ③

## 17 전기불꽃, 아크 등이 발생하는 부분을 기름 속에 넣어 폭발을 방지하는 방폭구조는?

19.03.문12
17.09.문17
12.03.문02
97.07.문15

① 내압방폭구조
② 유입방폭구조
③ 안전증방폭구조
④ 특수방폭구조

해설 **방폭구조**의 **종류**

(1) **내압(内壓)방폭구조(압력방폭구조)** : $p$
용기 내부에 **질소** 등의 보호용 가스를 충전하여 외부에서 폭발성 가스가 침입하지 못하도록 한 구조

| 내압(内壓)방폭구조(압력방폭구조) |

(2) **내압(耐壓)방폭구조** : $d$ 보기 ①
폭발성 가스가 용기 내부에서 폭발하였을 때 용기가 그 압력에 견디거나 또는 **외부**의 **폭발성 가스**에 인화될 우려가 없도록 한 구조

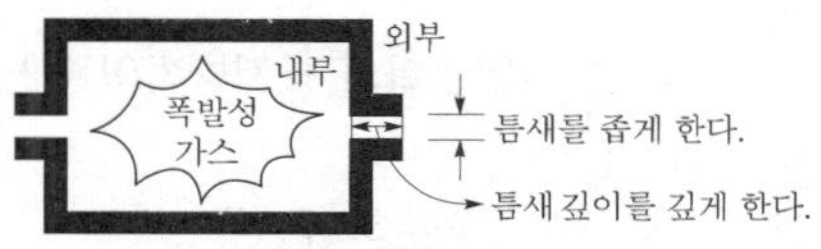

| 내압(耐壓)방폭구조 |

(3) **유입방폭구조** : $o$ 보기 ②
**전기불꽃**, **아크** 또는 고온이 발생하는 부분을 **기름** 속에 넣어 폭발성 가스에 의해 인화가 되지 않도록 한 구조

| 유입방폭구조 |

기억법 **유기(유기 그릇)**

(4) **안전증방폭구조** : $e$ 보기 ③
기기의 정상운전 중에 폭발성 가스에 의해 **점화원**이 될 수 있는 전기불꽃 또는 고온이 되어서는 안 될 부분에 기계적, 전기적으로 특히 **안전도**를 **증가**시킨 구조

| 안전증방폭구조 |

(5) **본질안전방폭구조** : $i$
폭발성 가스가 **단선, 단락, 지락** 등에 의해 발생하는 전기불꽃, 아크 또는 고온에 의하여 점화되지 않는 것이 확인된 구조

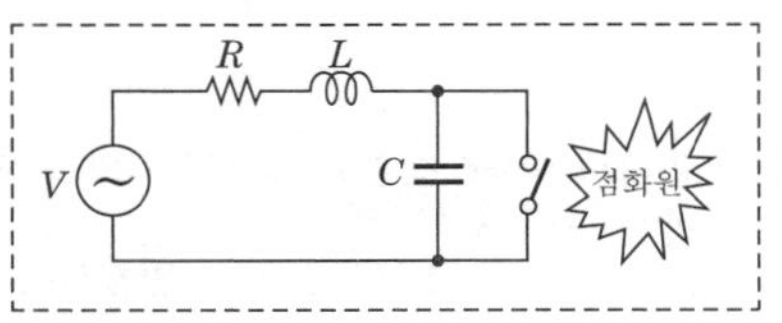

| 본질안전방폭구조 |

(6) **특수방폭구조** : $s$ 보기 ④
위에서 설명한 구조 이외의 방폭구조로서 폭발성 가스에 의해 점화되지 않는 것이 시험 등에 의하여 확인된 구조

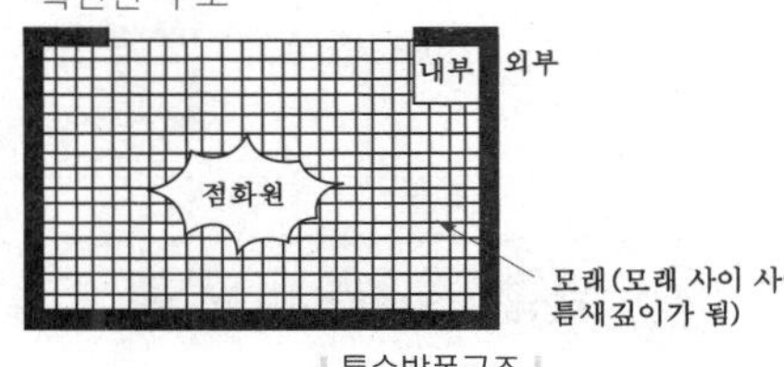

| 특수방폭구조 |

답 ②

★★★
**18** 다음 중 자연발화의 방지방법이 아닌 것은 어느 것인가?

20.09.문05 18.04.문02 16.10.문05 16.03.문14 15.05.문19 15.03.문09 14.09.문09 14.09.문17 12.03.문09 10.03.문13

① 통풍이 잘 되도록 한다.
② 퇴적 및 수납시 열이 쌓이지 않게 한다.
③ 높은 습도를 유지한다.
④ 저장실의 온도를 낮게 한다.

③ 높은 습도를 → 건조하게(낮은 습도를)

(1) **자연발화**의 **방지법**
㉠ **습**도가 높은 곳을 **피**할 것(건조하게 유지할 것) 보기 ③
㉡ 저장실의 온도를 낮출 것 보기 ④
㉢ 통풍이 잘 되게 할 것(**환기**를 원활히 시킨다) 보기 ①
㉣ 퇴적 및 수납시 열이 쌓이지 않게 할 것(**열축적 방지**) 보기 ②
㉤ 산소와의 접촉을 차단할 것(**촉매물질**과의 접촉을 피한다)
㉥ **열전도성**을 좋게 할 것

기억법 **자습피**

(2) **자연발화 조건**
㉠ 열전도율이 작을 것
㉡ 발열량이 클 것
㉢ 주위의 온도가 높을 것
㉣ 표면적이 넓을 것

답 ③

★
**19** 소화약제의 형식승인 및 제품검사의 기술기준상 강화액소화약제의 응고점은 몇 ℃ 이하이어야 하는가?

① 0 ② −20
③ −25 ④ −30

해설 **소화약제**의 **형식승인** 및 **제품검사**의 **기술기준 6조**
강화액소화약제
(1) 알칼리 금속염류의 수용액 : **알칼리성 반응**을 나타낼 것
(2) 응고점 : **−20℃** 이하

중요

**소화약제**의 **형식승인** 및 **제품검사**의 **기술기준 36조**
소화기의 사용온도

| 종 류 | 사용온도 |
|---|---|
| • **분**말<br>• **강**화액 | −**20**~**40**℃ 이하 |
| • 그 밖의 소화기 | 0~40℃ 이하 |

기억법 강분24온(**강변**에서 **이사온** 나)

답 ②

★
**20** 상온에서 무색의 기체로서 암모니아와 유사한 냄새를 가지는 물질은?

① 에틸벤젠 ② 에틸아민
③ 산화프로필렌 ④ 사이클로프로판

해설

| 물 질 | 특 징 |
|---|---|
| 에틸아민 ($C_2H_5NH_2$) 보기 ② | 상온에서 **무색**의 **기체**로서 **암모니아**와 유사한 냄새를 가지는 물질 |
| 에틸벤젠 ($C_6H_5CH_2CH_3$) 보기 ① | **유기화합물로**, **휘발유**와 비슷한 냄새가 나는 가연성 무색액체 |
| 산화프로필렌 ($CH_3CHCH_2O$) 보기 ③ | **급성 독성** 및 **발암성** 유기화합물 |
| 사이클로프로판 ($C_3H_6$) 보기 ④ | 결합각이 60도여서 **불안정**하므로 **첨가반응**을 잘하지만 브로민수 탈색반응은 잘 하지 못한다. |

답 ②

## 제 2 과목 소방전기일반

★★★
**21** 그림과 같은 회로에서 단자 a, b 사이에 주파수 $f$[Hz]의 정현파 전압을 가했을 때 전류계 $A_1$, $A_2$의 값이 같았다. 이 경우 $f$, $L$, $C$ 사이의 관계로 옳은 것은?

17.09.문26 14.09.문30 13.03.문32

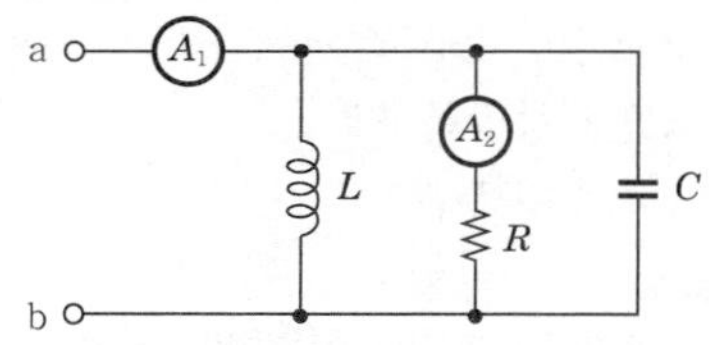


① $f = \dfrac{1}{LC}$ ② $f = \dfrac{1}{2\pi\sqrt{LC}}$
③ $f = \dfrac{1}{4\pi\sqrt{LC}}$ ④ $f = \dfrac{1}{\sqrt{2\pi^2 LC}}$

해설 **일반적인 정현파**의 **공진주파수**
전류계 $A_1 = A_2$ 이면 공진되었다는 뜻이므로

$$f_0 = \frac{1}{2\pi\sqrt{LC}}$$

여기서, $f_0$ : 공진주파수[Hz]
$L$ : 인덕턴스[H]
$C$ : 정전용량[F]

**비교**

**제$n$고조파의 공진주파수**

$$f_n = \frac{1}{2\pi n\sqrt{LC}}$$

여기서, $f_n$ : 제$n$고조파의 공진주파수〔Hz〕
$n$ : 제$n$고조파
$L$ : 인덕턴스〔H〕
$C$ : 정전용량〔F〕

답 ②

★★★
## 22 논리식 $Y=\overline{A}\,\overline{B}C+A\overline{B}\,\overline{C}+A\overline{B}C$를 간단히 표현한 것은?

19.03.문24 18.04.문38 17.09.문33 17.03.문23 16.05.문36 16.03.문39 15.09.문23 13.09.문30 13.06.문35

① $\overline{A}\cdot(B+C)$
② $\overline{B}\cdot(A+C)$
③ $\overline{C}\cdot(A+B)$
④ $C\cdot(A+\overline{B})$

해설 **논리식**

$$\begin{aligned}Y&=\overline{A}\,\overline{B}C+A\overline{B}\,\overline{C}+A\overline{B}C\\&=\overline{A}\,\overline{B}C+A\overline{B}\underbrace{(\overline{C}+C)}_{X+\overline{X}=1}\\&=\overline{A}\,\overline{B}C+\underbrace{A\overline{B}\cdot 1}_{X\cdot 1=X}\\&=\overline{A}\,\overline{B}C+A\overline{B}\\&=\overline{B}\underbrace{(\overline{A}C+A)}_{X+\overline{X}Y=X+Y}\\&=\overline{B}(C+A)\\&=\overline{B}(A+C)\end{aligned}$$

**중요**

**불대수**의 **정리**

| 논리합 | 논리곱 | 비 고 |
|---|---|---|
| $X+0=X$ | $X\cdot 0=0$ | - |
| $X+1=1$ | $X\cdot 1=X$ | - |
| $X+X=X$ | $X\cdot X=X$ | - |
| $X+\overline{X}=1$ | $X\cdot\overline{X}=0$ | - |
| $X+Y=Y+X$ | $X\cdot Y=Y\cdot X$ | 교환법칙 |
| $X+(Y+Z)=(X+Y)+Z$ | $X(YZ)=(XY)Z$ | 결합법칙 |
| $X(Y+Z)=XY+XZ$ | $(X+Y)(Z+W)=XZ+XW+YZ+YW$ | 분배법칙 |
| $X+XY=X$ | $\overline{X}+XY=\overline{X}+Y$<br>$\overline{X}+X\overline{Y}=\overline{X}+\overline{Y}$<br>$X+\overline{X}Y=X+Y$<br>$X+\overline{X}\,\overline{Y}=X+\overline{Y}$ | 흡수법칙 |
| $(\overline{X+Y})=\overline{X}\cdot\overline{Y}$ | $(\overline{X\cdot Y})=\overline{X}+\overline{Y}$ | 드모르간의 정리 |

답 ②

★★
## 23 회로에서 전류 $I$는 약 몇 A인가?

21.05.문38

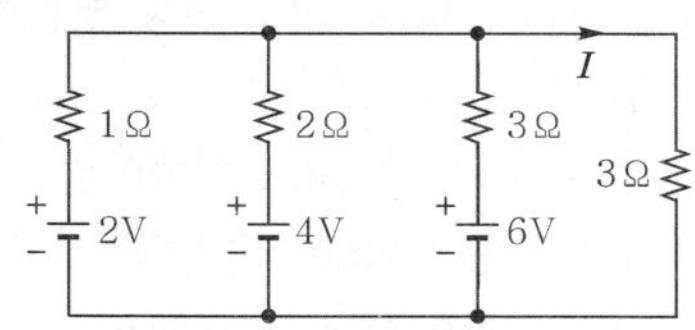


① 0.92　　② 1.125
③ 1.29　　④ 1.38

해설

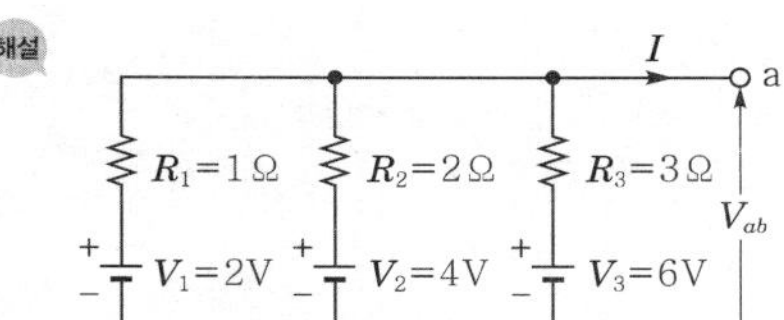


(1) **기호**

- $R_1$ : 1Ω
- $V_1$ : 2V
- $R_2$ : 2Ω
- $V_2$ : 4V
- $R_3$ : 3Ω
- $V_3$ : 6V
- $V_{ab}$ : ?

(2) **밀만**의 **정리**

$$V_{ab}=\frac{\frac{V_1}{R_1}+\frac{V_2}{R_2}+\frac{V_3}{R_3}}{\frac{1}{R_1}+\frac{1}{R_2}+\frac{1}{R_3}}\ \text{〔V〕}$$

여기서, $V_{ab}$ : 단자전압〔V〕
$V_1, V_2, V_3$ : 각각의 전압〔V〕
$R_1, R_2, R_3$ : 각각의 저항〔Ω〕

**밀만**의 **정리**에 의해

$$V_{ab}=\frac{\frac{V_1}{R_1}+\frac{V_2}{R_2}+\frac{V_3}{R_3}}{\frac{1}{R_1}+\frac{1}{R_2}+\frac{1}{R_3}}=\frac{\frac{2}{1}+\frac{4}{2}+\frac{6}{3}}{\frac{1}{1}+\frac{1}{2}+\frac{1}{3}}\fallingdotseq 2.73\text{V}$$

(3) **옴**의 **법칙**

$$I=\frac{V}{R}$$

여기서, $I$ : 전류〔A〕
$V$ : 전압〔V〕
$R$ : 저항〔Ω〕

**전류** $I$는

$$I=\frac{V_{ab}}{R}=\frac{2.73}{3}=0.91\text{A}$$(∴ 여기서는 0.92A 정답)

답 ①

★★★
**24** 절연저항시험에서 "전로의 사용전압이 500V 이하인 경우 1.0MΩ 이상"이란 뜻으로 가장 알맞은 것은?

20.09.문31 16.05.문32 15.05.문35 14.03.문22 03.05.문33

① 누설전류가 0.5mA 이하이다.
② 누설전류가 5mA 이하이다.
③ 누설전류가 15mA 이하이다.
④ 누설전류가 30mA 이하이다.

해설 (1) **기호**

- $V$ : 500V
- $R$ : 1.0MΩ=1×10⁶Ω(1MΩ=10⁶Ω)
- $I$ : ?

(2) **옴의 법칙**(Ohm's law)

$$I=\frac{V(\text{비례})}{R(\text{반비례})}\text{[A]}$$

여기서, $I$ : 전류[A]
$V$ : 전압[V]
$R$ : 저항[Ω]

$$I=\frac{V}{R}=\frac{500\text{V}}{1\times10^{6}\Omega}=5\times10^{-4}\text{A}=0.5\times10^{-3}\text{A}$$
$$=0.5\text{mA}(10^{-3}\text{A}=1\text{mA})$$

답 ①

★★
**25** 권선수가 100회인 코일에 유도되는 기전력의 크기가 $e_1$이다. 이 코일의 권선수를 200회로 늘렸을 때 유도되는 기전력의 크기($e_2$)는?

18.03.문33 14.03.문32

① $e_2=\frac{1}{4}e_1$ ② $e_2=\frac{1}{2}e_1$
③ $e_2=2e_1$ ④ $e_2=4e_1$

(1) **유도기전력**(induced electromitive force)

$$e=-N\frac{d\phi}{dt}=-L\frac{di}{dt}=Bl\,v\sin\theta\text{[V]}\times L$$

여기서, $e$ : 유기기전력[V]
$N$ : 코일권수
$d\phi$ : 자속의 변화량[Wb]
$dt$ : 시간의 변화량[s]
$L$ : 자기인덕턴스[H]
$di$ : 전류의 변화량[A]
$B$ : 자속밀도[Wb/m²]
$l$ : 도체의 길이[m]
$v$ : 도체의 이동속도[m/s]
$\theta$ : 이루는 각[rad]

(2) **자기인덕턴스**(self inductance)

$$L=\frac{\mu AN^2}{l}\text{[H]}$$

여기서, $L$ : 자기인덕턴스[H]
$\mu$ : 투자율[H/m]
$A$ : 단면적[m²]
$N$ : 코일권수
$l$ : 평균자로의 길이[m]

자기인덕턴스 $L=\frac{\mu AN^2}{l}\propto N^2=\left(\frac{200}{100}\right)^2=4$배

답 ④

★★★
**26** 동일한 전류가 흐르는 두 평행도선 사이에 작용하는 힘이 $F_1$이다. 두 도선 사이의 거리를 2.5배로 늘였을 때 두 도선 사이 작용하는 힘 $F_2$는?

21.03.문26 20.06.문33 97.10.문27

① $F_2=\frac{1}{2.5}F_1$ ② $F_2=\frac{1}{2.5^2}F_1$
③ $F_2=2.5F_1$ ④ $F_2=6.25F_1$

해설 (1) **기호**

- $r_1$ : $r$
- $F_1$ : $F_1$
- $r_2$ : $2.5r$
- $F_2$ : ?

(2) 두 **평행도선**에 작용하는 **힘** $F$는

$$F=\frac{\mu_0 I_1 I_2}{2\pi r}=\frac{2I_1 I_2}{r}\times10^{-7}\propto\frac{1}{r}$$

여기서, $F$ : 평행전류의 힘[N/m]
$\mu_0$ : 진공의 투자율[H/m]
$r$ : 두 평행도선의 거리[m]

$$\frac{F_2}{F_1}=\frac{\frac{1}{2.5r}}{\frac{1}{r}}=\frac{1}{2.5}$$

$$\frac{F_2}{F_1}=\frac{1}{2.5}$$

$$F_2=\frac{1}{2.5}F_1$$

답 ①

★
**27** 그림의 회로에서 a와 c 사이의 합성저항은?

21.03.문32 15.09.문35

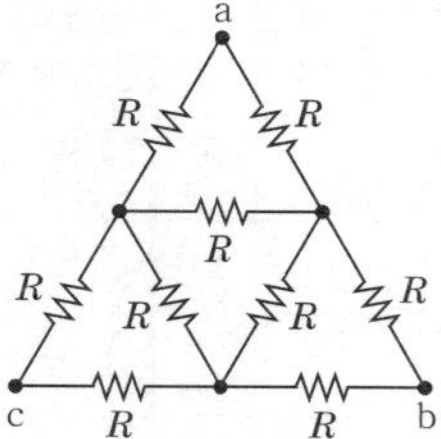


① $\frac{9}{10}R$ ② $\frac{10}{9}R$
③ $\frac{7}{10}R$ ④ $\frac{10}{7}R$

해설

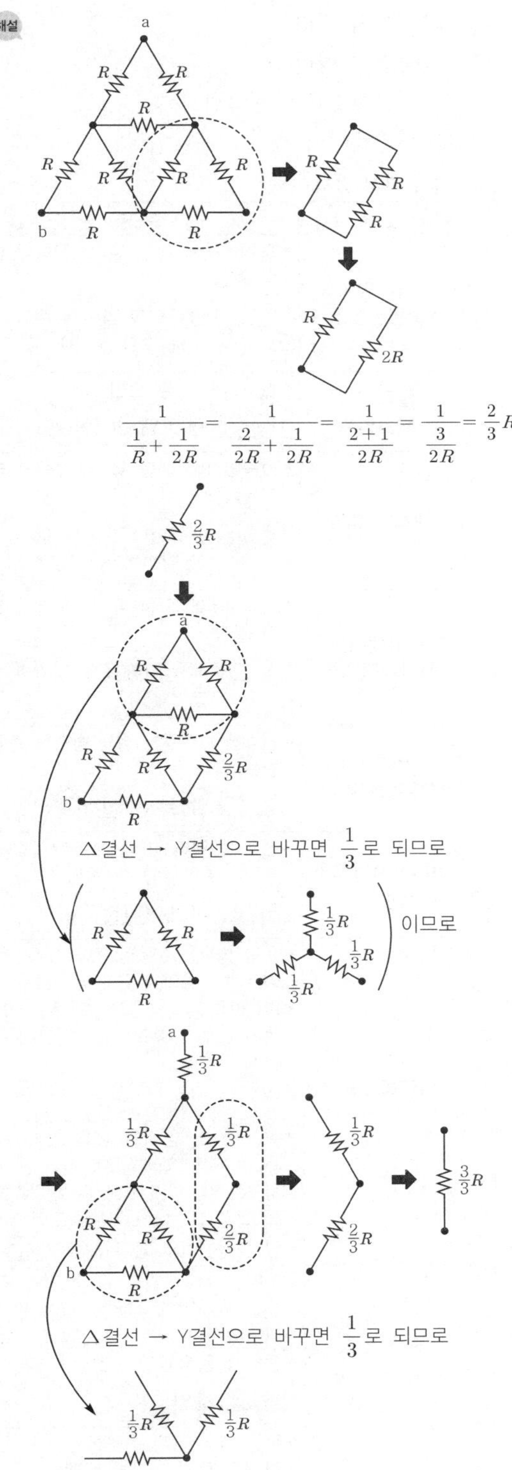


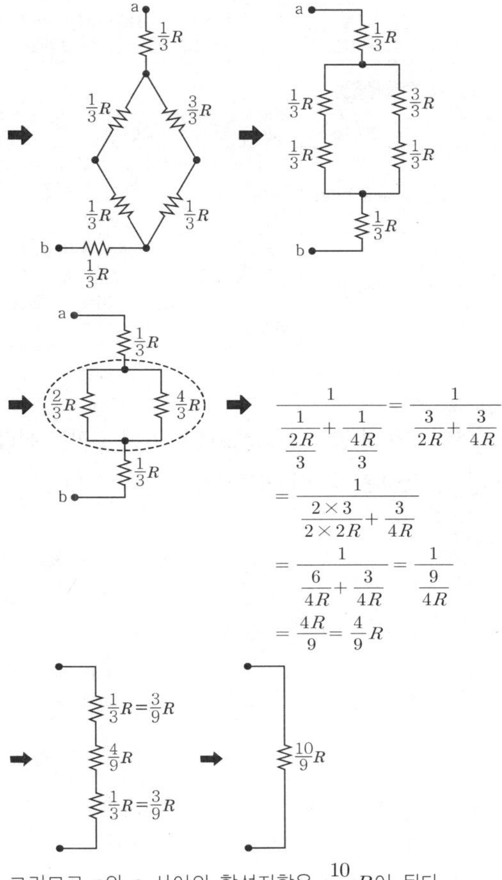


그러므로 a와 c 사이의 합성저항은 $\dfrac{10}{9}R$이 된다.

답 ②

## ★★★ 28 잔류편차가 있는 제어동작은?

21.09.문27 18.03.문23 17.03.문37 16.10.문40 15.03.문37 14.09.문25 14.05.문28 11.06.문22 08.09.문22

① 비례제어
② 적분제어
③ 비례적분제어
④ 비례적분미분제어

해설 **연속제어**

| 제어 종류 | 설 명 |
|---|---|
| 비례제어(**P동작**) | **잔류편차**(off-set)가 있는 제어 보기 ① |
| 미분제어(**D동작**) | 오차가 커지는 것을 **미연에 방지**하고 **진동**을 **억제**하는 제어(=**rate동작**) |
| 적분제어(**I동작**) | **잔류편차**를 **제거**하기 위한 제어 |
| **비**례**적**분제어 (PI동작) | **간헐현상**이 있는 제어, 잔류편차가 없는 제어 기억법 **간비적** |
| 비례미분제어 (PD동작) | **응답 속응성**을 개선하는 제어 기억법 PD응(PD 좋아? 응!) |

| 비례적분미분제어 (PID동작) | 적분제어로 **잔류편차**를 **제거**하고, 미분제어로 **응답**을 **빠르게** 하는 제어 |
|---|---|

용어

| 용 어 | 설 명 |
|---|---|
| **간헐현상** | 제어계에서 동작신호가 연속적으로 변하여도 조작량이 **일정**한 **시간**을 두고 **간헐**적으로 변하는 현상 |
| **잔류편차** | 비례제어에서 급격한 목표값의 변화 또는 외란이 있는 경우 제어계가 정상상태로 된 후에도 **제어량**이 **목표값**과 **차이**가 난 채로 있는 것 |

답 ①

### 29 그림과 같은 정류회로에서 $R$에 걸리는 전압의 최대값은 몇 V인가? (단, $v_2(t) = 20\sqrt{2}\sin\omega t$ 이다.)

20.09.문29 19.09.문34 16.10.문37 13.03.문28 12.03.문31 11.03.문31

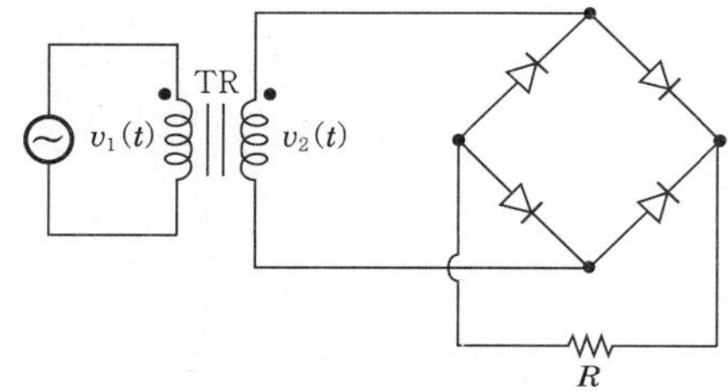


① 20　② $20\sqrt{2}$
③ 40　④ $40\sqrt{2}$

해설 **순시값**

$$v = V_m \sin\omega t$$

여기서, $v$ : 전압의 순시값[V]
$V_m$ : 전압의 최대값[V]
$\omega$ : 각주파수[rad/s]
$t$ : 주기[s]

$v_2(t) = V_m \sin\omega t$
$= 20\sqrt{2}\sin\omega t$ [V] $\left(\therefore V_m = 20\sqrt{2}\,\text{V}\right)$

- 다이오드(⊣▷⊢)에 손실이 없다면 $R$에 걸리는 전압의 최대값도 $20\sqrt{2}$가 된다.

답 ②

### 30 다음의 내용이 설명하는 것으로 가장 알맞은 것은 어느 것인가?

20.09.문31 17.03.문22 16.05.문32 15.05.문35 14.03.문22 12.05.문24 03.05.문33

> 회로망 내 임의의 폐회로(closed circuit)에서, 그 폐회로를 따라 한 방향으로 일주하면서 생기는 전압강하의 합은 그 폐회로 내에 포함되어 있는 기전력의 합과 같다.

① 노튼의 정리
② 중첩의 정리
③ 키르히호프의 전압법칙
④ 패러데이의 법칙

해설 **여러 가지 법칙**

| 법 칙 | 설 명 |
|---|---|
| **플레밍**의 **오른손법칙** | • **도**체운동에 의한 **유**기기전력의 **방**향 결정<br>기억법 **방유도오**(**방**에 우**유**를 **도로** 갖다 놓게!) |
| **플레밍**의 **왼손법칙** | • **전**자력의 방향 결정<br>기억법 **왼전**(**왼** **전**쟁이냐?) |
| **렌츠**의 **법칙** | • 자속변화에 의한 **유**도기전력의 **방**향 결정<br>기억법 **렌유방**(오**렌**지가 **유**일한 **방**법이다.) |
| **패러데이**의 **전자유도법칙** | • 자속변화에 의한 **유**기기전력의 **크**기 결정<br>기억법 **패유크**(**패유**를 버리면 **큰**일난다.) |
| **앙페르**의 **오른나사법칙** | • **전**류에 의한 **자**기장의 방향을 결정하는 법칙<br>기억법 **앙전자**(**양전자**) |
| **비오-사바르**의 **법칙** | • **전**류에 의해 발생되는 **자**기장의 크기(전류에 의한 자계의 세기)<br>기억법 **비전자**(**비전**공**자**) |
| **키르히호프**의 **법칙** | • 옴의 법칙을 응용한 것으로 복잡한 회로의 전류와 전압계산에 사용<br>• 회로망의 임의의 접속점에 유입하는 여러 전류의 **총**합은 0이라고 하는 법칙<br>기억법 **키총**<br>• 회로망 내 임의의 폐회로(closed circuit)에서, 그 폐회로를 따라 한 방향으로 일주하면서 생기는 전압강하의 합은 그 폐회로 내에 포함되어 있는 기전력의 합과 같음 보기 ③ |
| **줄**의 **법칙** | • 어떤 도체에 일정 시간 동안 전류를 흘리면 도체에는 **열**이 발생되는데 이에 관한 법칙<br>• 전류의 **열작용**과 관계있는 법칙<br>기억법 **줄열** |
| **쿨롱**의 **법칙** | • 두 자극 사이에 작용하는 힘은 두 **자극**의 **세기**의 **곱**에 **비례**하고, 두 자극 사이의 **거리**의 **제곱**에 **반비례**한다는 법칙 |

답 ③

★★★
## 31 회로에서 저항 20Ω에 흐르는 전류[A]는?

21.09.문28
14.09.문39
08.03.문21

① 0.8
② 1.0
③ 1.8
④ 2.8

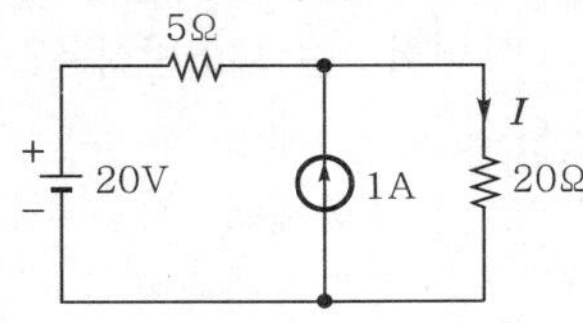


해설 **중첩**의 **원리**

(1) **전압원 단락시**

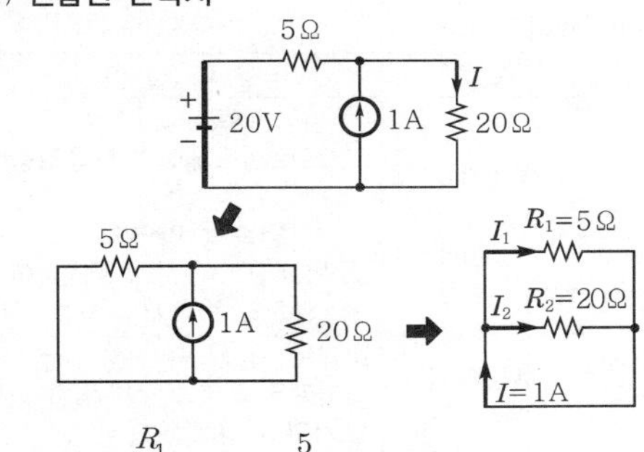


$$I_2 = \frac{R_1}{R_1 + R_2} I = \frac{5}{5+20} \times 1 = 0.2\text{A}$$

(2) **전류원 개방시**

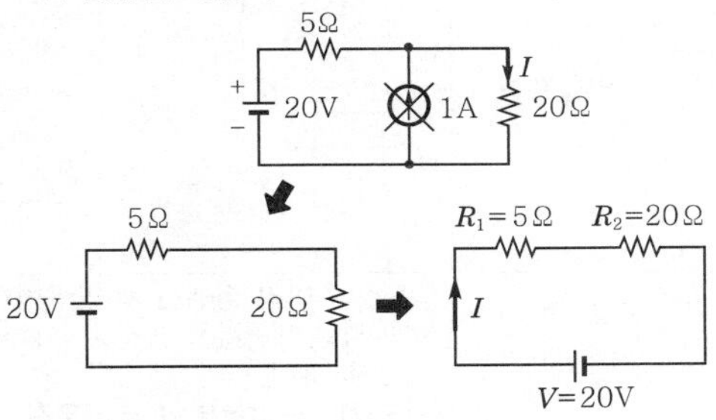


$$I = \frac{V}{R_1 + R_2} = \frac{20}{5+20} = 0.8\text{A}$$

∴ 20Ω에 흐르는 전류 $= I_2 + I = 0.2 + 0.8 = 1\text{A}$

• 중첩의 원리 = 전압원 단락시 값 + 전류원 개방시 값

**용어**

**중첩**의 **원리**
여러 개의 기전력을 포함하는 선형회로망 내의 전류분포는 각 기전력이 단독으로 그 위치에 있을 때 흐르는 **전류분포**의 **합**과 같다.

답 ②

★★★
## 32 그림과 같은 논리회로의 출력 Y는?

20.08.문39
18.09.문33
16.05.문40
15.03.문29
15.03.문40
14.03.문39
13.03.문24
10.05.문21
00.07.문36

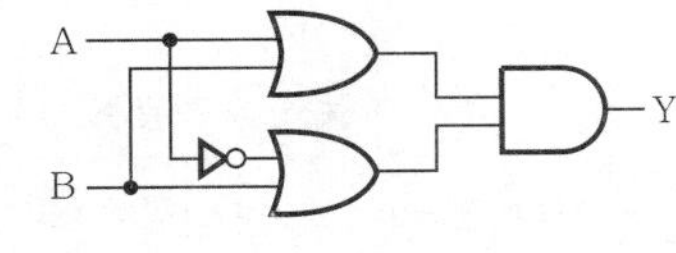


① AB ② A + B
③ A ④ B

해설

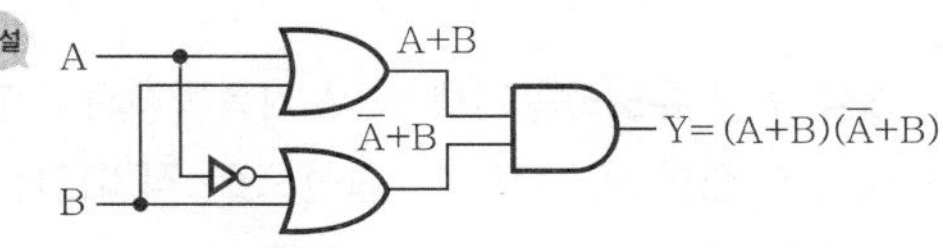


$Y = (A+B)(\overline{A}+B)$

$= \underline{A\overline{A}} + AB + \overline{A}B + \underline{BB}$
$\quad X \cdot \overline{X} = 0 \qquad X \cdot X = X$이므로 $BB = B$

$= AB + \overline{A}B + B$

$= B(\underline{A + \overline{A} + 1})$
$\quad X + 1 = 1$

$= \underline{B \cdot 1}$
$\quad X \cdot 1 = X$이므로 $B \cdot 1 = B$

$= B$

**중요**

(1) **무접점 논리회로**

| 시퀀스 | 논리식 | 논리회로 |
|---|---|---|
| 직렬 회로 | Z = A · B<br>Z = AB | A, B — AND — Z |
| 병렬 회로 | Z = A + B | A, B — OR — Z |
| a접점 | Z = A | A — AND — Z<br>A — OR — Z |
| b접점 | $Z = \overline{A}$ | A — NOT — Z<br>A — NAND — Z<br>A — NOR — Z |

(2) **불대수**의 **정리**

| 논리합 | 논리곱 | 비 고 |
|---|---|---|
| X+0=X | X·0=0 | − |
| X+1=1 | X·1=X | − |
| X+X=X | X·X=X | − |
| $X+\overline{X}=1$ | $X \cdot \overline{X}=0$ | − |
| X+Y=Y+X | X·Y=Y·X | 교환 법칙 |
| X+(Y+Z)<br>=(X+Y)+Z | X(YZ)=(XY)Z | 결합 법칙 |
| X(Y+Z)<br>=XY+XZ | (X+Y)(Z+W)<br>=XZ+XW+YZ+YW | 분배 법칙 |
| X+XY=X | $\overline{X}+XY=\overline{X}+Y$<br>$\overline{X}+X\overline{Y}=\overline{X}+\overline{Y}$<br>$X+\overline{X}Y=X+Y$<br>$X+\overline{X}\,\overline{Y}=X+\overline{Y}$ | 흡수 법칙 |
| $\overline{(X+Y)}$<br>$=\overline{X}\cdot\overline{Y}$ | $\overline{(X\cdot Y)}=\overline{X}+\overline{Y}$ | 드모르간의 정리 |

답 ④

★★★
**33** 3상 농형 유도전동기를 Y-△ 기동방식으로 기동할 때 전류 $I_1$[A]와 △결선으로 직입(전전압) 기동할 때 전류 $I_2$[A]의 관계는?

17.05.문36
15.05.문40
04.03.문36

① $I_1 = \frac{1}{\sqrt{3}} I_2$ ② $I_1 = \frac{1}{3} I_2$
③ $I_1 = \sqrt{3} I_2$ ④ $I_1 = 3I_2$

해설 Y-△ **기동방식**의 **기동전류**

$$I_1 = \frac{1}{3} I_2$$

여기서, $I_1$ : Y결선시 전류[A], $I_2$ : △결선시 전류[A]

중요

| 기동전류 | 소비전력 | 기동토크 |
|---|---|---|
| $\frac{\text{Y}-\triangle\text{기동방식}}{\text{직입기동방식}} = \frac{1}{3}$ | | |

※ 3상 유도전동기의 기동시 직입기동방식을 Y-△ 기동방식으로 변경하면 **기동전류**, **소비전력**, **기동토크**가 모두 $\frac{1}{3}$로 감소한다.

답 ②

★★
**34** 유도전동기의 슬립이 5.6%이고 회전자속도가 1700rpm일 때, 이 유도전동기의 동기속도는 약 몇 rpm인가?

21.05.문26
18.03.문29

① 1000 ② 1200
③ 1500 ④ 1800

해설 (1) **기호**
- $N$ : 1700rpm
- $s$ : 5.6%=0.056

(2) **동기속도** …… ㉠

$$N_s = \frac{120f}{P}$$

여기서, $N_s$ : 동기속도[rpm], $f$ : 주파수[Hz]
$P$ : 극수

(3) **회전속도** …… ㉡

$$N = \frac{120f}{P}(1-s)\,\text{[rpm]}$$

여기서, $N$ : 회전속도[rpm], $P$ : 극수
$f$ : 주파수[Hz], $s$ : 슬립

㉠식을 ㉡식에 대입하면

$$N = N_s(1-s)$$

동기속도 $N_s$는

$$N_s = \frac{N}{(1-s)} = \frac{1700}{(1-0.056)} \fallingdotseq 1800\text{rpm}$$

답 ④

★★★
**35** 목표값이 다른 양과 일정한 비율 관계를 가지고 변화하는 제어방식은?

21.09.문23
19.03.문32
17.09.문22
17.09.문39
16.10.문35
16.05.문22
16.03.문32
15.05.문23
14.09.문23
13.09.문27

① 정치제어
② 추종제어
③ 프로그램제어
④ 비율제어

해설 **제어**의 **종류**

| 종 류 | 설 명 |
|---|---|
| **정치제어** (fixed value control) | ① 일정한 목표값을 유지하는 것으로 **프로세스제어**, **자동조정**이 이에 해당된다.<br>예 **연속식 압연기**<br>② **목표값**이 시간에 관계없이 항상 일정한 값을 가지는 제어 |
| **추종제어** (follow-up control) | 미지의 시간적 변화를 하는 목표값에 제어량을 추종시키기 위한 제어로 **서보기구**가 이에 해당된다.<br>예 **대공포의 포신** |
| **비율제어** (ratio control) | ① 둘 이상의 제어량을 소정의 비율로 제어하는 것<br>② 목표값이 다른 양과 일정한 비율 관계를 가지고 변화하는 제어방식 보기 ④<br>③ 연료의 유량과 공기의 유량과의 사이의 비율을 연소에 적합한 것으로 유지하고자 하는 제어방식 |
| **프로그램제어** (program control) | 목표값이 **미리 정해진 시간적 변화**를 하는 경우 제어량을 그것에 추종시키기 위한 제어<br>예 **열차 · 산업로봇의 무인운전** |

중요

**제어량**에 의한 **분류**

| 분 류 | 종 류 |
|---|---|
| 프로세스제어 (공정제어) | • 온도 • 압력<br>• 유량 • 액면<br>기억법 **프온압유액** |
| 서보기구 (서보제어, 추종제어) | • 위치 • 방위<br>• 자세<br>기억법 **서위방자** |
| 자동조정 | • 전압<br>• 전류<br>• 주파수<br>• 회전속도(발전기의 조속기)<br>• 장력<br>기억법 **자발조** |

• **프로세스제어** : 공업공정의 상태량을 제어량으로 하는 제어

답 ④

★★★
**36** 축전지의 자기방전을 보충함과 동시에 일반 부하로 공급하는 전력은 충전기가 부담하고, 충전기가 부담하기 어려운 일시적인 대전류는 축전지가 부담하는 충전방식은?

19.03.문71 16.03.문29 15.03.문34 09.03.문78 05.09.문30

① 급속충전
② 부동충전
③ 균등충전
④ 세류충전

해설 **충전방식**

| 구 분 | 설 명 |
|---|---|
| 보통충전 | • 필요할 때마다 **표준시간율**로 충전하는 방식 |
| 급속충전 | • 보통 충전전류의 **2배**의 **전류**로 충전하는 방식 |
| 부동충전 | • 축전지의 자기방전을 보충함과 동시에 **상용부하**에 대한 전력공급은 **충전기**가 부담하되 부담하기 어려운 일시적인 **대전류부하**는 **축전지**가 부담하도록 하는 방식 보기 ②<br>• 축전지와 **부하**를 **충전기**에 **병렬**로 **접속**하여 사용하는 충전방식<br>(정류기 – 축전지 – 부하)<br>▮부동충전방식▮ |
| 균등충전 | • 1~3개월마다 1회 정전압으로 충전하는 방식 |
| 세류충전 (트리클충전) | • 자기방전량만 항상 충전하는 방식 |

답 ②

★★★
**37** 각 상의 임피던스가 $Z=6+j8\,\Omega$인 △결선의 평형 3상 부하에 선간전압이 220V인 대칭 3상 전압을 가했을 때 이 부하로 흐르는 선전류의 크기는 약 몇 A인가?

21.09.문35 16.10.문21 12.05.문21 03.05.문34

① 13
② 22
③ 38
④ 66

해설 (1) **기호**

• $Z$ : $6+j8\,\Omega$
• $V_L$ : 220V
• $I_L$ : ?

(2) **△결선 vs Y결선**

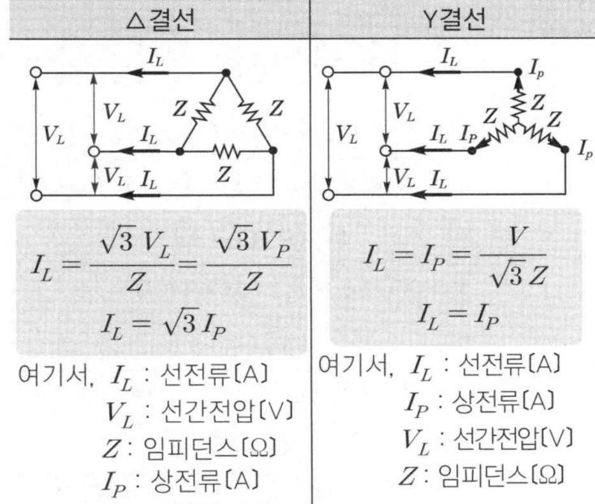

| △결선 | Y결선 |
|---|---|
| $I_L=\dfrac{\sqrt{3}\,V_L}{Z}=\dfrac{\sqrt{3}\,V_P}{Z}$<br>$I_L=\sqrt{3}\,I_P$ | $I_L=I_P=\dfrac{V}{\sqrt{3}\,Z}$<br>$I_L=I_P$ |
| 여기서, $I_L$ : 선전류〔A〕<br>$V_L$ : 선간전압〔V〕<br>$Z$ : 임피던스〔Ω〕<br>$I_P$ : 상전류〔A〕<br>$V_P$ : 상전압〔V〕 | 여기서, $I_L$ : 선전류〔A〕<br>$I_P$ : 상전류〔A〕<br>$V_L$ : 선간전압〔V〕<br>$Z$ : 임피던스〔Ω〕 |

△결선 선전류 $I_L$는

$$I_L=\frac{\sqrt{3}\,V_L}{Z}=\frac{\sqrt{3}\times 220}{6+j8}=\frac{\sqrt{3}\times 220}{\sqrt{6^2+8^2}}\fallingdotseq 38\text{A}$$

답 ③

★★★
**38** 전기화재의 원인 중 하나인 누설전류를 검출하기 위해 사용되는 것은?

19.03.문37 15.09.문21 14.09.문69 13.03.문62

① 부족전압계전기
② 영상변류기
③ 계기용 변압기
④ 과전류계전기

해설 **누전경보기**의 **구성요소**

| 구성요소 | 설 명 |
|---|---|
| 영상**변**류기(ZCT) | **누설전류**를 **검출**한다. 보기 ②<br>기억법 **변검(변검술)** |
| **수**신기 | **누설전류**를 **증폭**한다. |
| **음**향장치 | 경보를 발한다. |
| **차**단기 | 차단릴레이를 포함한다. |

기억법 **변수음차**

• 소방에서는 변류기(CT)와 영상변류기(ZCT)를 혼용하여 사용한다.

답 ②

★★★
**39** 그림의 블록선도에서 $\dfrac{C(s)}{R(s)}$을 구하면?

21.03.문39
20.09.문23
19.09.문22
17.09.문27
16.03.문25
09.05.문32
08.03.문39

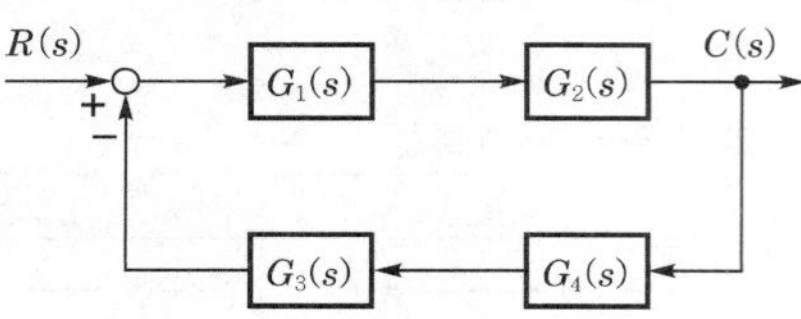


① $\dfrac{G_1(s)+G_2(s)}{1+G_1(s)G_2(s)+G_3(s)G_4(s)}$

② $\dfrac{G_1(s)G_2(s)}{1+G_1(s)G_2(s)G_3(s)G_4(s)}$

③ $\dfrac{G_3(s)G_4(s)}{1+G_1(s)G_2(s)G_3(s)G_4(s)}$

④ $\dfrac{G_1(s)G_2(s)}{1+G_1(s)G_2(s)+G_3(s)G_4(s)}$

해설

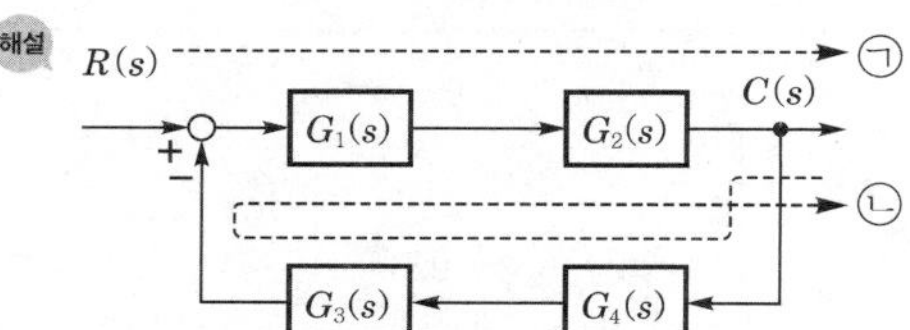


계산 편의를 위해 잠시 $(s)$를 생략하고 계산하면

$RG_1G_2 - CG_1G_2G_3G_4 = C$

$RG_1G_2 = C + CG_1G_2G_3G_4$

$RG_1G_2 = C(1+G_1G_2G_3G_4)$

$\dfrac{G_1G_2}{1+G_1G_2G_3G_4} = \dfrac{C}{R}$

$\dfrac{C}{R} = \dfrac{G_1G_2}{1+G_1G_2G_3G_4}$ ← $(s)$를 다시 붙이면

$\dfrac{C(s)}{R(s)} = \dfrac{G_1(s)G_2(s)}{1+G_1(s)G_2(s)G_3(s)G_4(s)}$

용어

**블록선도**(block diagram)
제어계에서 신호가 전달되는 모양을 표시하는 선도

답 ②

★★★
**40** 한 변의 길이가 150mm인 정방형 회로에 1A의 전류가 흐를 때 회로 중심에서의 자계의 세기는 약 몇 AT/m인가?

15.09.문26
09.03.문27

① 5　　② 6
③ 9　　④ 21

해설 (1) **기호**

- $L$ : 150mm=0.15m(1000mm=1m)
- $I$ : 1A

(2) **정방형 중심의 자계**

$$H=\frac{2\sqrt{2}\,I}{\pi L}\text{[AT/m]}$$

여기서, $H$ : 자계의 세기[AT/m]
$I$ : 전류[A]
$L$ : 한 변의 길이[m]

**자계의 세기** $H$는 $H=\dfrac{2\sqrt{2}\,I}{\pi L}=\dfrac{2\sqrt{2}\times1}{\pi\times0.15}\fallingdotseq 6\text{AT/m}$

- 정방형=정사각형

답 ②

## 제 3 과목 소방관계법규

★★★
**41** 소방시설 설치 및 관리에 관한 법령상 건축허가 등을 할 때 미리 소방본부장 또는 소방서장의 동의를 받아야 하는 건축물 등의 범위가 아닌 것은?

17.09.문53

① 연면적 200m² 이상인 노유자시설 및 수련시설
② 항공기격납고, 관망탑
③ 차고·주차장으로 사용되는 바닥면적이 100m² 이상인 층이 있는 건축물
④ 지하층 또는 무창층이 있는 건축물로서 바닥면적이 150m² 이상인 층이 있는 것

③ 100m² → 200m²

**소방시설법 시행령 7조**
**건축허가 등의 동의대상물**

(1) 연면적 **400m²**(학교시설 : **100m²**, 수련시설·노유자시설 : **200m²**, 정신의료기관·장애인 의료재활시설 : **300m²**) 이상 보기 ①
(2) **6층** 이상인 건축물
(3) 차고·주차장으로서 바닥면적 **200m²** 이상(**자**동차 **20대** 이상) 보기 ③
(4) **항공기격납고, 관망탑, 항공관제탑, 방송용 송수신탑** 보기 ②
(5) 지하층 또는 무창층의 바닥면적 **150m²**(공연장은 **100m²**) 이상 보기 ④
(6) **위험물저장** 및 **처리시설, 지하구**
(7) **결핵환자**나 **한센인**이 24시간 생활하는 **노유자시설**
(8) 전기저장시설, 풍력발전소
(9) 노인주거복지시설·노인의료복지시설 및 재가노인복지시설·학대피해노인 전용쉼터·아동복지시설·장애인거주시설
(10) 정신질환자 관련시설(종합시설 중 24시간 주거를 제공하지 아니하는 시설 제외)
(11) 조산원, 산후조리원, 의원(입원실이 있는 것), **전통시장**

(12) 노숙인자활시설, 노숙인재활시설 및 노숙인요양시설
(13) 요양병원(정신병원, 의료재활시설 제외)
(14) **목조건축물**(보물·국보)
(15) 노유자시설
(16) 숙박시설이 있는 수련시설 : 수용인원 **100명** 이상
(17) 공장 또는 창고시설로서 지정하는 수량의 **750배** 이상의 특수가연물을 저장·취급하는 것
(18) 가스시설로서 지상에 노출된 탱크의 저장용량의 합계가 **100t** 이상인 것
(19) **50명** 이상의 근로자가 작업하는 **옥내작업장**

기억법 **2자(이자)**

답 ③

**42** 18.03.문42 15.09.문53

**소방기본법령상 일반음식점에서 음식조리를 위해 불을 사용하는 설비를 설치하는 경우 지켜야 하는 사항으로 틀린 것은?**

① 주방시설에는 동물 또는 식물의 기름을 제거할 수 있는 필터 등을 설치할 것
② 열을 발생하는 조리기구는 반자 또는 선반으로부터 0.6미터 이상 떨어지게 할 것
③ 주방설비에 부속된 배출덕트는 0.2밀리미터 이상의 아연도금강판으로 설치할 것
④ 열을 발생하는 조리기구로부터 0.15미터 이내의 거리에 있는 가연성 주요구조부는 석면판 또는 단열성이 있는 불연재료로 덮어 씌울 것

③ 0.2밀리미터 → 0.5밀리미터

**기본령 〔별표 1〕**
**음식조리를 위하여 설치하는 설비**
(1) 주방설비에 부속된 배출덕트는 <u>0.5mm</u> 이상의 **아연도금강판** 또는 이와 동등 이상의 내식성 **불연재료**로 설치 보기 ③
(2) 열을 발생하는 조리기구로부터 <u>0.15m</u> 이내의 거리에 있는 가연성 주요구조부는 **석면판** 또는 **단열성**이 있는 불연재료로 덮어 씌울 것 보기 ④
(3) 주방시설에는 동물 또는 식물의 기름을 제거할 수 있는 **필터** 등을 설치 보기 ①
(4) 열을 발생하는 조리기구는 반자 또는 선반으로부터 **0.6m** 이상 떨어지게 할 것 보기 ②

답 ③

**43**

**소방시설공사업법령상 소방시설업의 감독을 위하여 필요할 때에 소방시설업자나 관계인에게 필요한 보고나 자료제출을 명할 수 있는 사람이 아닌 것은?**

① 시·도지사　② 119안전센터장
③ 소방서장　④ 소방본부장

해설 <u>시</u>·도지사·<u>소방본부장</u>·소방서장
(1) 소방<u>시</u>설업의 <u>감</u>독(공사업법 31조) 보기 ①③④
(2) 탱크시험자에 대한 명령(위험물법 23조)
(3) <u>무</u>허가장소의 위험물 조치명령(위험물법 24조)
(4) 소방기본법령상 <u>과</u>태료부과(기본법 56조)
(5) 제조소 등의 수리·개조·이전명령(위험물법 14조)

기억법 **감무시소과(<u>감</u>나<u>무</u> 아래에 있는 <u>시소</u>에서 <u>과</u>일 먹기)**

답 ②

**44** 19.09.문50 17.09.문49 16.05.문53 13.09.문56

**화재의 예방 및 안전관리에 관한 법령상 화재가 발생할 우려가 높거나 화재가 발생하는 경우 그로 인하여 피해가 클 것으로 예상되는 지역을 화재예방강화지구로 지정할 수 있는 자는?**

① 한국소방안전협회장　② 소방시설관리사
③ 소방본부장　④ 시·도지사

해설 **화재예방법 18조**
**화재예방강화지구의 지정**
(1) **지정권자** : 시·도지사
(2) **지정지역**
㉠ **시장**지역
㉡ **공장·창고** 등이 밀집한 지역
㉢ **목조건물**이 밀집한 지역
㉣ **노후·불량 건축물**이 밀집한 지역
㉤ **위험물**의 **저장** 및 **처리시설**이 **밀집**한 지역
㉥ **석유화학제품**을 생산하는 공장이 있는 지역
㉦ **소방시설·소방용수시설** 또는 **소방출동로**가 **없는** 지역
㉧ 「**산업입지 및 개발에 관한 법률**」에 따른 산업단지
㉨ **소방청장·소방본부장** 또는 **소방서장**(소방관서장)이 화재예방강화지구로 지정할 필요가 있다고 인정하는 지역

답 ④

**45** 14.03.문50 13.03.문58

**소방시설공사업법령상 소방시설업에 대한 행정처분기준에서 1차 행정처분 사항으로 등록취소에 해당하는 것은?**

① 거짓이나 그 밖의 부정한 방법으로 등록한 경우
② 소방시설업자의 지위를 승계한 사실을 소방시설공사 등을 맡긴 특정소방대상물의 관계인에게 통지를 하지 아니한 경우
③ 화재안전기준 등에 적합하게 설계·시공을 하지 아니하거나, 법에 따라 적합하게 감리를 하지 아니한 경우
④ 등록을 한 후 정당한 사유 없이 1년이 지날 때까지 영업을 시작하지 아니하거나 계속하여 1년 이상 휴업한 때

해설 **공사업규칙 〔별표 1〕**

**소방시설업에 대한 행정처분기준**

| 행정처분 | 위반사항 |
|---|---|
| 1차 등록취소 | • 영업정지기간 중에 소방시설공사 등을 한 경우<br>• **거짓** 또는 **부정한 방법**으로 등록한 경우 보기 ①<br>• **등록결격사유**에 해당된 경우 |

답 ①

★★★
**46** 21.09.문48 17.09.문47

**화재의 예방 및 안전관리에 관한 법령에 따라 2급 소방안전관리대상물의 소방안전관리자 선임기준으로 틀린 것은?**

① 위험물기능사 자격을 가진 사람으로 2급 소방안전관리자 자격증을 받은 사람

② 소방공무원으로 3년 이상 근무한 경력이 있는 사람으로 2급 소방안전관리자 자격증을 받은 사람

③ 의용소방대원으로 5년 이상 근무한 경력이 있는 사람으로 2급 소방안전관리자 자격증을 받은 사람

④ 위험물산업기사 자격을 가진 사람으로 2급 소방안전관리자 자격증을 받은 사람

③ 해당없음

**화재예방법 시행령 〔별표 4〕**

**2급 소방안전관리대상물의 소방안전관리자 선임조건**

| 자 격 | 경 력 | 비 고 |
|---|---|---|
| • 위험물기능장 · 위험물산업기사 · 위험물기능사 | 경력 필요 없음 | 2급 소방안전관리자 자격증을 받은 사람 |
| • 소방공무원 | 3년 | |
| • 소방청장이 실시하는 2급 소방안전관리대상물의 소방안전관리에 관한 시험에 합격한 사람 | 경력 필요 없음 | |
| • 특급 또는 1급 소방안전관리대상물의 소방안전관리자 자격이 인정되는 사람 | | |

중요

**2급 소방안전관리대상물**

(1) 지하구

(2) 가연성 가스를 **100~1000t** 미만 저장 · 취급하는 시설

(3) 옥내소화전설비 · 스프링클러설비 · 간이스프링클러설비 설치대상물

(4) 물분무등소화설비(호스릴방식의 물분무등소화설비만을 설치한 경우 제외) 설치대상물

(5) **공동주택**

(6) **목조건축물**(국보 · 보물)

답 ③

★★
**47** 15.05.문48 10.09.문53

**소방시설공사업법령상 소방시설업자가 소방시설공사 등을 맡긴 특정소방대상물의 관계인에게 지체 없이 그 사실을 알려야 하는 경우가 아닌 것은?**

① 소방시설업자의 지위를 승계한 경우

② 소방시설업의 등록취소처분 또는 영업정지 처분을 받은 경우

③ 휴업하거나 폐업한 경우

④ 소방시설업의 주소지가 변경된 경우

해설 **공사업법 8조**

**소방시설업자의 관계인 통지사항**

(1) **소방시설업자**의 **지위**를 **승계**한 때 보기 ①

(2) 소방시설업의 **등록취소** 또는 **영업정지**의 처분을 받은 때 보기 ②

(3) **휴업** 또는 **폐업**을 한 때 보기 ③

답 ④

★
**48** 14.03.문43

**소방시설공사업법령상 감리업자는 소방시설공사가 설계도서 또는 화재안전기준에 적합하지 아니한 때에는 가장 먼저 누구에게 알려야 하는가?**

① 감리업체 대표자 ② 시공자

③ 관계인 ④ 소방서장

해설 **공사업법 19조**

**위반사항에 대한 조치 : 관계인**에게 알림

(1) 감리업자는 공사업자에게 **공사**의 **시정** 또는 **보완 요구**

(2) 공사업자가 요구불이행시 행정안전부령이 정하는 바에 따라 **소방본부장**이나 **소방서장**에게 보고

답 ③

★★★
**49** **소방시설 설치 및 관리에 관한 법령상 특정소방대상물의 수용인원 산정방법으로 옳은 것은?**

20.08.문58
19.04.문51
18.09.문43
17.03.문57

① 침대가 없는 숙박시설은 해당 특정소방대상물의 종사자의 수에 숙박시설의 바닥면적의 합계를 $4.6m^2$로 나누어 얻은 수를 합한 수로 한다.
② 강의실로 쓰이는 특정소방대상물은 해당 용도로 사용하는 바닥면적의 합계를 $4.6m^2$로 나누어 얻은 수로 한다.
③ 관람석이 없을 경우 강당, 문화 및 집회시설, 운동시설, 종교시설은 해당 용도로 사용하는 바닥면적의 합계를 $4.6m^2$로 나누어 얻은 수로 한다.
④ 백화점은 해당 용도로 사용하는 바닥면적의 합계를 $4.6m^2$로 나누어 얻은 수로 한다.

해설

① $4.6m^2$ → $3m^2$
② $4.6m^2$ → $1.9m^2$
④ $4.6m^2$ → $3m^2$

**소방시설법 시행령 〔별표 4〕**
**수용인원의 산정방법**

| 특정소방대상물 | | 산정방법 |
|---|---|---|
| • 숙박시설 | 침대가 있는 경우 | 종사자수 + 침대수 |
| | 침대가 없는 경우 | 종사자수 + $\frac{바닥면적\ 합계}{3m^2}$ 보기 ① |
| • 강의실 • 교무실 • 상담실 • 실습실 • 휴게실 | | $\frac{바닥면적\ 합계}{1.9m^2}$ 보기 ② |
| • 기타(백화점 등) | | $\frac{바닥면적\ 합계}{3m^2}$ 보기 ④ |
| • 강당(관람석 ×) • 문화 및 집회시설, 운동시설(관람석 ×) • 종교시설(관람석 ×) | | $\frac{바닥면적\ 합계}{4.6m^2}$ |

• **소수점 이하**는 **반올림**한다.

기억법 **수반**(**수반**! 동반!)

답 ③

★★★
**50** **위험물안전관리법령상 제조소 등이 아닌 장소에서 지정수량 이상의 위험물 취급에 대한 설명으로 틀린 것은?**

20.09.문45
19.09.문43
16.03.문47
07.09.문41

① 임시로 저장 또는 취급하는 장소에서의 저장 또는 취급의 기준은 시·도의 조례로 정한다.
② 필요한 승인을 받아 지정수량 이상의 위험물을 120일 이내의 기간 동안 임시로 저장 또는 취급하는 경우 제조소 등이 아닌 장소에서 지정수량 이상의 위험물을 취급할 수 있다.
③ 제조소 등이 아닌 장소에서 지정수량 이상의 위험물을 취급할 경우 관할소방서장의 승인을 받아야 한다.
④ 군부대가 지정수량 이상의 위험물을 군사목적으로 임시로 저장 또는 취급하는 경우 제조소 등이 아닌 장소에서 지정수량 이상의 위험물을 취급할 수 있다.

해설

② 120일 → 90일

**90일**
(1) 소방시설업 **등**록신청 자산평가액·기업진단보고서 **유**효기간(공사업규칙 2조)
(2) 위험물 임시저장·취급 기준(위험물법 5조) 보기 ②

기억법 **등유9**(**등유** **구**해와!)

중요

**위험물법 5조**
임시저장 승인 : 관할**소방서장**

답 ②

★★★
**51** **소방시설공사업법령상 소방시설업 등록의 결격사유에 해당되지 않는 법인은?**

15.09.문45
15.03.문41
12.09.문44

① 법인의 대표자가 피성년후견인인 경우
② 법인의 임원이 피성년후견인인 경우
③ 법인의 대표자가 소방시설공사업법에 따라 소방시설업 등록이 취소된 지 2년이 지나지 아니한 자인 경우
④ 법인의 임원이 소방시설공사업법에 따라 소방시설업 등록이 취소된 지 2년이 지나지 아니한 자인 경우

해설 **공사업법 5조**
**소방시설업의 등록결격사유**
(1) 피성년후견인
(2) 금고 이상의 실형을 선고받고 그 집행이 끝나거나 집행이 면제된 날부터 **2년**이 지나지 아니한 사람
(3) 금고 이상의 형의 집행유예를 선고받고 그 유예기간 중에 있는 사람
(4) 시설업의 등록이 취소된 날부터 **2년**이 지나지 아니한 자
(5) **법인**의 **대표자**가 위 (1)~(4)에 해당되는 경우 보기 ①③
(6) **법인**의 **임원**이 위 (2)~(4)에 해당되는 경우 보기 ②④

용어

**피성년후견인**
질병, 장애, 노령, 그 밖의 사유로 인한 정신적 제약으로 사무를 처리할 능력이 없어서 가정법원에서 판정을 받은 사람

답 ②

★★★
**52** 21.05.문50 17.09.문48 14.09.문78 14.03.문53 **소방시설 설치 및 관리에 관한 법령상 특정소방대상물의 소방시설 설치의 면제기준에 따라 연결살수설비를 설치 면제받을 수 있는 경우는?**

① 송수구를 부설한 간이스프링클러설비를 설치하였을 때
② 송수구를 부설한 옥내소화전설비를 설치하였을 때
③ 송수구를 부설한 옥외소화전설비를 설치하였을 때
④ 송수구를 부설한 연결송수관설비를 설치하였을 때

해설 **소방시설법 시행령 〔별표 6〕**
**소방시설 면제기준**

| 면제대상 | 대체설비 |
|---|---|
| 스프링클러설비 | • **물분무등소화설비** |
| 물분무등소화설비 | • **스프링클러설비** |
| 간이스프링클러설비 | • 스프링클러설비<br>• **물분무소화설비**<br>• **미분무소화설비** |
| 비상**경**보설비 또는 **단**독경보형 감지기 | • **자동화재탐지설비**<br>기억법 탐경단 |
| 비상**경**보설비 | • **2개 이상 단독경보형 감지기 연동**<br>기억법 경단2 |
| 비상방송설비 | • 자동화재탐지설비<br>• 비상경보설비 |
| 연결살수설비 ← | • 스프링클러설비<br>• 간이스프링클러설비 보기 ①<br>• 물분무소화설비<br>• 미분무소화설비 |
| 제연설비 | • **공기조화설비** |
| 연소방지설비 | • 스프링클러설비<br>• 물분무소화설비<br>• 미분무소화설비 |
| 연결송수관설비 | • 옥내소화전설비<br>• 스프링클러설비<br>• 간이스프링클러설비<br>• 연결살수설비 |
| 자동화재탐지설비 | • 자동화재탐지설비의 기능을 가진 스프링클러설비<br>• 물분무등소화설비 |
| 옥내소화전설비 | • 옥외소화전설비<br>• 미분무소화설비(호스릴방식) |

중요

**물분무등소화설비**
(1) **분**말소화설비
(2) **포**소화설비
(3) **할**론소화설비
(4) **이**산화탄소 소화설비
(5) **할**로겐화합물 및 불활성기체 소화설비
(6) **강**화액소화설비
(7) **미**분무소화설비
(8) 물분무소화설비
(9) **고**체에어로졸 소화설비

기억법 **분포할이 할강미고**

답 ①

★
**53** 16.05.문48 **소방시설공사업법령상 소방공사감리업을 등록한 자가 수행하여야 할 업무가 아닌 것은?**

① 완공된 소방시설 등의 성능시험
② 소방시설 등 설계변경사항의 적합성 검토
③ 소방시설 등의 설치계획표의 적법성 검토
④ 소방용품 형식승인 및 제품검사의 기술기준에 대한 적합성 검토

④ 형식승인 및 제품검사의 기술기준에 대한 → 위치 · 규격 및 사용자재에 대한

**공사업법 16조**
**소방공사감리업(자)의 업무수행**
(1) 소방시설 등의 설치계획표의 적법성 검토 보기 ③
(2) 소방시설 등 설계도서의 적합성 검토
(3) 소방시설 등 설계변경사항의 적합성 검토 보기 ②
(4) 소방용품 등의 위치 · 규격 및 사용자재에 대한 적합성 검토 보기 ④
(5) 공사업자의 소방시설 등의 시공이 설계도서 및 화재안전기준에 적합한지에 대한 지도 · 감독
(6) **완공**된 **소방시설** 등의 **성능시험** 보기 ①
(7) 공사업자가 작성한 시공상세도면의 적합성 검토
(8) 피난 · 방화시설의 적법성 검토
(9) 실내장식물의 불연화 및 방염물품의 적법성 검토

기억법 **감성**

답 ④

★★★
**54** **소방기본법령상 소방업무의 응원에 대한 설명 중 틀린 것은?**

18.03.문44 15.05.문55 11.03.문54

① 소방본부장이나 소방서장은 소방활동을 할 때에 긴급한 경우에는 이웃한 소방본부장 또는 소방서장에게 소방업무의 응원을 요청할 수 있다.

② 소방업무의 응원 요청을 받은 소방본부장 또는 소방서장은 정당한 사유 없이 그 요청을 거절하여서는 아니 된다.

③ 소방업무의 응원을 위하여 파견된 소방대원은 응원을 요청한 소방본부장 또는 소방서장의 지휘에 따라야 한다.

④ 시·도지사는 소방업무의 응원을 요청하는 경우를 대비하여 출동 대상지역 및 규모와 필요한 경비의 부담 등에 관하여 필요한 사항을 대통령령으로 정하는 바에 따라 이웃하는 시·도지사와 협의하여 미리 규약으로 정하여야 한다.

해설

④ 대통령령 → 행정안전부령

**기본법 11조**
**소방업무의 응원**
**시·도지사**는 소방업무의 응원을 요청하는 경우를 대비하여 출동 대상지역 및 규모와 필요한 경비의 부담 등에 관하여 필요한 사항을 **행정안전부령**으로 정하는 바에 따라 이웃하는 **시·도지사**와 **협의**하여 미리 규약으로 정하여야 한다.

답 ④

★★★
**55** **소방기본법령상 이웃하는 다른 시·도지사와 소방업무에 관하여 시·도지사가 체결할 상호응원 협정 사항이 아닌 것은?**

19.04.문47 15.05.문55 11.03.문54

① 화재조사활동
② 응원출동의 요청방법
③ 소방교육 및 응원출동훈련
④ 응원출동 대상지역 및 규모

해설

③ 소방교육은 해당없음

**기본규칙 8조**
**소방업무의 상호응원협정**
(1) 다음의 **소방활동**에 관한 사항
  ㉠ 화재의 경계·진압활동
  ㉡ 구조·구급업무의 지원
  ㉢ 화재**조**사활동
(2) **응원출동 대상지역** 및 **규모**
(3) **소요경비**의 **부담**에 관한 사항
  ㉠ 출동대원의 수당·식사 및 의복의 수선
  ㉡ 소방장비 및 기구의 정비와 연료의 보급
(4) **응원출동**의 **요청방법**
(5) **응원출동 훈련** 및 **평가**

기억법 조응(조아?)

답 ③

★★
**56** **위험물안전관리법령상 옥내주유취급소에 있어서 당해 사무소 등의 출입구 및 피난구와 당해 피난구로 통하는 통로·계단 및 출입구에 설치해야 하는 피난설비는?**

16.05.문47 12.03.문50

① 유도등
② 구조대
③ 피난사다리
④ 완강기

해설 **위험물규칙 〔별표 17〕**
**피난구조설비**
(1) 옥내주유취급소에 있어서는 해당 사무소 등의 출입구 및 피난구와 해당 피난구로 통하는 통로·계단 및 출입구에 **유도등** 설치 보기 ①
(2) 유도등에는 **비상전원 설치**

답 ①

★
**57** **위험물안전관리법령상 위험물 및 지정수량에 대한 기준 중 다음 (  ) 안에 알맞은 것은?**

> 금속분이라 함은 알칼리금속·알칼리토류금속·철 및 마그네슘 외의 금속의 분말을 말하고, 구리분·니켈분 및 ( ㉠ )마이크로미터의 체를 통과하는 것이 ( ㉡ )중량퍼센트 미만인 것은 제외한다.

① ㉠ 150, ㉡ 50
② ㉠ 53, ㉡ 50
③ ㉠ 50, ㉡ 150
④ ㉠ 50, ㉡ 53

해설 **위험물령 〔별표 1〕**
**금속분**
알칼리금속·알칼리토류 금속·철 및 마그네슘 외의 금속의 분말을 말하고, **구리분·니켈분** 및 **150$\mu$m**의 체를 통과하는 것이 **50wt%** 미만인 것은 제외한다. 보기 ①

답 ①

★★★
**58** 위험물안전관리법령상 제조소 등의 관계인은 위험물의 안전관리에 관한 직무를 수행하게 하기 위하여 제조소 등마다 위험물의 취급에 관한 자격이 있는 자를 위험물안전관리자로 선임하여야 한다. 이 경우 제조소 등의 관계인이 지켜야 할 기준으로 틀린 것은?

19.09.문46
18.09.문55
16.03.문55
13.09.문47
11.03.문56

① 제조소 등의 관계인은 안전관리자를 해임하거나 안전관리자가 퇴직한 때에는 해임하거나 퇴직한 날부터 15일 이내에 다시 안전관리자를 선임하여야 한다.
② 제조소 등의 관계인이 안전관리자를 선임한 경우에는 선임한 날부터 14일 이내에 소방본부장 또는 소방서장에게 신고하여야 한다.
③ 제조소 등의 관계인은 안전관리자가 여행·질병 그 밖의 사유로 인하여 일시적으로 직무를 수행할 수 없는 경우에는 국가기술자격법에 따른 위험물의 취급에 관한 자격취득자 또는 위험물안전에 관한 기본지식과 경험이 있는 자를 대리자로 지정하여 그 직무를 대행하게 하여야 한다. 이 경우 대행하는 기간은 30일을 초과할 수 없다.
④ 안전관리자는 위험물을 취급하는 작업을 하는 때에는 작업자에게 안전관리에 관한 필요한 지시를 하는 등 위험물의 취급에 관한 안전관리와 감독을 하여야 하고, 제조소 등의 관계인은 안전관리자의 위험물안전관리에 관한 의견을 존중하고 그 권고에 따라야 한다.

해설

① 15일 이내 → 30일 이내

**위험물안전관리법 15조**
**위험물안전관리자의 재선임**
**30일** 이내 보기 ①

중요

**30일**
(1) 소방시설업 등록사항 변경신고(공사업규칙 6조)
(2) **위험물안전관리자**의 **재선임**(위험물안전관리법 15조)
(3) **소방안전관리자**의 **재선임**(화재예방법 시행규칙 14조)
(4) 도급계약 해지(공사업법 23조)
(5) 소방시설공사 중요사항 변경시의 신고일(공사업규칙 12조)
(6) 소방기술자 실무교육기관 지정서 발급(공사업규칙 32조)
(7) 소방공사감리자 변경서류 제출(공사업규칙 15조)
(8) **승계**(위험물법 10조)
(9) 위험물안전관리자의 직무대행(위험물법 15조)
(10) 탱크시험자의 변경신고일(위험물법 16조)

답 ①

★★
**59** 다음 중 소방기본법령상 한국소방안전원의 업무가 아닌 것은?

19.09.문53
13.03.문41

① 소방기술과 안전관리에 관한 교육 및 조사·연구
② 위험물탱크 성능시험
③ 소방기술과 안전관리에 관한 각종 간행물 발간
④ 화재예방과 안전관리의식 고취를 위한 대국민 홍보

해설

② 한국소방산업기술원의 업무

**기본법 41조**
**한국소방안전원의 업무**
(1) 소방기술과 안전관리에 관한 **조사·연구** 및 **교육** 보기 ①
(2) 소방기술과 안전관리에 관한 각종 **간행물**의 **발간** 보기 ③
(3) 화재예방과 안전관리의식의 고취를 위한 **대국민 홍보** 보기 ④
(4) 소방업무에 관하여 **행정기관**이 위탁하는 **사업**
(5) 소방안전에 관한 **국제협력**
(6) **회원**에 대한 **기술지원** 등 정관이 정하는 사항

답 ②

★★★
**60** 소방시설 설치 및 관리에 관한 법령상 소방시설의 종류에 대한 설명으로 옳은 것은?

20.06.문50
19.04.문59
12.09.문60
12.03.문47
08.09.문55
08.03.문53

① 소화기구, 옥외소화전설비는 소화설비에 해당된다.
② 유도등, 비상조명등은 경보설비에 해당된다.
③ 소화수조, 저수조는 소화활동설비에 해당된다.
④ 연결송수관설비는 소화용수설비에 해당된다.

해설

② 경보설비 → 피난구조설비
③ 소화활동설비 → 소화용수설비
④ 소화용수설비 → 소화활동설비

| 소화설비 | 피난구조설비 | 소화용수설비 | 소화활동설비 |
|---|---|---|---|
| ① 소화기구<br>② 옥외소화전설비 | ① 유도등<br>② 비상조명등 | ① 소화수조<br>② 저수조 | ① 연결송수관설비 |

**소방시설법 시행령 〔별표 1〕**
(1) 소화설비
㉠ 소화기구·자동확산소화기·자동소화장치(주거용 주방자동소화장치)
㉡ 옥내소화전설비·옥외소화전설비
㉢ 스프링클러설비·간이스프링클러설비·화재조기진압용 스프링클러설비
㉣ 물분무소화설비·강화액소화설비

(2) 소화활동설비
화재를 진압하거나 인명구조활동을 위하여 사용하는 설비
㉠ **연**결송수관설비
㉡ **연**결살수설비
㉢ **연**소방지설비
㉣ **무**선통신보조설비
㉤ **제**연설비
㉥ **비**상**콘**센트설비

기억법 3연무제비콘

답 ①

## 제 4 과목 소방전기시설의 구조 및 원리

★★★
**61** 비상콘센트설비의 성능인증 및 제품검사의 기술기준에 따라 비상콘센트설비의 절연된 충전부와 외함 간의 절연내력은 정격전압 150V 이하의 경우 60Hz의 정현파에 가까운 실효전압 1000V 교류전압을 가하는 시험에서 몇 분간 견디어야 하는가?

18.09.문61
18.03.문64
13.09.문73
11.06.문73

① 1
② 5
③ 10
④ 30

해설 **비상콘센트설비**의 **절연내력시험**
절연내력은 전원부와 외함 사이에 정격전압이 **150V 이하**인 경우에는 **1000V**의 실효전압을, 정격전압이 **150V 초과**인 경우에는 그 **정격전압**에 **2**를 곱하여 **1000**을 더한 실효전압을 가하는 시험에서 **1분** 이상 견디는 것으로 할 것

중요

**절연내력시험**(NFSC 504 4조)

| 구 분 | 150V 이하 | 150V 초과 |
|---|---|---|
| 실효전압 | **1000V** | **(정격전압×2)+1000V**<br>예 220V인 경우<br>(220×2)+1000=1440V |
| 견디는 시간 | **1분** 이상<br>보기 ① | **1분** 이상 |

비교

**절연저항시험**

| 절연 저항계 | 절연저항 | 대 상 |
|---|---|---|
| 직류 250V | 0.1MΩ 이상 | • 1경계구역의 절연저항 |
| 직류 500V | 5MΩ 이상 | • 누전경보기<br>• 가스누설경보기<br>• 수신기<br>• 자동화재속보설비<br>• 비상경보설비<br>• 유도등(교류입력측과 외함간 포함)<br>• 비상조명등(교류입력측과 외함간 포함) |
| | **2**0MΩ 이상 | • 경종<br>• 발신기<br>• 중계기<br>• 비상**콘**센트<br>• 기기의 절연된 선로간<br>• 기기의 충전부와 비충전부간<br>• 기기의 교류입력측과 외함간(유도등 · 비상조명등 제외)<br>기억법 2콘(이크) |
| | 50MΩ 이상 | • 감지기(정온식 감지선형 감지기 제외)<br>• 가스누설경보기(10회로 이상)<br>• 수신기(10회로 이상) |
| | 1000MΩ 이상 | • 정온식 감지선형 감지기 |

답 ①

★
**62** 누전경보기의 형식승인 및 제품검사의 기술기준에 따라 비호환성형 수신부는 신호입력회로에 공칭작동전류치의 42%에 대응하는 변류기의 설계출력전압을 가하는 경우 몇 초 이내에 작동하지 아니하여야 하는가?

① 10초　② 20초
③ 30초　④ 60초

해설 **누전경보기**의 **형식승인** 및 **제품검사**의 **기술기준 26조**
수신부의 기능

| 구 분 | 호환성형 수신부 | 비호환성형 수신부 |
|---|---|---|
| 부작동시험 | 신호입력회로에 공칭작동전류치에 대응하는 변류기의 설계출력전압의 **52%**인 전압을 가하는 경우 **30초** 이내에 작동하지 아니할 것 | 신호입력회로에 공칭작동전류치의 **42%**에 대응하는 변류기의 설계출력전압을 가하는 경우 **30초** 이내에 작동하지 아니할 것<br>보기 ③ |
| 작동시험 | 공칭작동전류치에 대응하는 변류기의 설계출력전압의 **75%**인 전압을 가하는 경우 **1초**(차단기구가 있는 것은 **0.2초**) 이내에 작동할 것 | 공칭작동전류치에 대응하는 변류기의 설계출력전압을 가하는 경우 **1초**(차단기구가 있는 것은 **0.2초**) 이내에 작동할 것 |

답 ③

★★★
**63** 자동화재탐지설비 및 시각경보장치의 화재안전기준(NFSC 203)에 따른 감지기의 시설기준으로 옳은 것은?

20.06.문63 19.03.문72 17.03.문61 15.05.문69 12.05.문66 11.03.문78 01.03.문63 98.07.문75 97.03.문68

① 스포트형 감지기는 15° 이상 경사되지 아니하도록 부착할 것
② 공기관식 차동식 분포형 감지기의 검출부는 45° 이상 경사되지 아니하도록 부착할 것
③ 보상식 스포트형 감지기는 정온점이 감지기 주위의 평상시 최고온도보다 20℃ 이상 높은 것으로 설치할 것
④ 정온식 감지기는 주방·보일러실 등으로서 다량의 화기를 취급하는 장소에 설치하되, 공칭작동온도가 최고주위온도보다 30℃ 이상 높은 것으로 설치할 것

① 15° → 45°
② 45° → 5°
④ 30℃ → 20℃

**감지기 설치기준**(NFSC 203 7조)

(1) 공기관의 노출부분은 감지구역마다 20m 이상이 되도록 할 것
(2) 하나의 검출부분에 접속하는 공기관의 길이는 100m 이하로 할 것
(3) 공기관과 감지구역의 각 변과의 수평거리는 1.5m 이하가 되도록 할 것
(4) 감지기(**차동식 분포형** 및 **특수한 것** 제외)는 실내로의 공기유입구로부터 **1.5m** 이상 떨어진 위치에 설치
(5) 감지기는 천장 또는 반자의 옥내에 면하는 부분에 설치
(6) **보상식 스포트형 감지기**는 정온점이 감지기 주위의 평상시 최고온도보다 **20℃** 이상 높은 것으로 설치 보기 ③
(7) **정온식 감지기는 주방·보일러실** 등으로 다량의 화기를 단속적으로 취급하는 장소에 설치하되, 공칭작동온도가 최고주위온도보다 **20℃** 이상 높은 것으로 설치 보기 ④
(8) 스포트형 감지기는 **45°** 이상 경사지지 않도록 부착 보기 ①
(9) **공기관식** 차동식 분포형 감지기 설치시 공기관은 **도중**에서 **분기**하지 않도록 부착
(10) **공기관식** 차동식 분포형 감지기의 검출부는 <u>**5°**</u> 이상 경사되지 않도록 설치 보기 ②

중요

**경사제한각도**

| 공기관식 감지기의 검출부 | 스포트형 감지기 |
|---|---|
| 5° 이상 | 45° 이상 |

답 ③

★★★
**64** 누전경보기의 화재안전기준(NFSC 205)에 따라 경계전로의 누설전류를 자동적으로 검출하여 이를 누전경보기의 수신부에 송신하는 것은 어느 것인가?

19.03.문78 15.03.문66 10.09.문67

① 변류기
② 변압기
③ 음향장치
④ 과전류차단기

해설 **누전경보기**

| 용 어 | 설 명 |
|---|---|
| **수**신부 | 변류기로부터 검출된 **신호**를 **수신**하여 누전의 발생을 해당 소방대상물의 **관계인**에게 **경보**하여 주는 것(**차단기구**를 갖는 것 포함) |
| **변**류기 | 경계전로의 **누설전류**를 자동적으로 **검출**하여 이를 누전경보기의 수신부에 송신하는 것 보기 ① |

기억법 **수수변누**

비교

**누전경보기**의 **구성요소**(세부적인 구분)

| 구성요소 | 설 명 |
|---|---|
| 변류기 | **누설전류**를 **검출**한다. |
| 수신기 | **누설전류**를 **증폭**한다. |
| 음향장치 | **경보**한다. |
| 차단기 | 차단릴레이 포함 |

답 ①

★
**65** 비상방송설비의 화재안전기준(NFSC 202)에 따라 전원회로의 배선으로 사용할 수 없는 것은?

20.06.문78

① 450/750V 비닐절연전선
② 0.6/1kV EP 고무절연 클로로프렌 시스 케이블
③ 450/750V 저독성 난연 가교 폴리올레핀 절연전선
④ 내열성 에틸렌-비닐 아세테이트 고무절연 케이블

① 해당없음

(1) **비상방송설비**의 **배선**(NFSC 202 5조)
**전원회로**의 배선은 「옥내소화전설비의 화재안전기준(NFSC 102)」 [별표 1]에 따른 **내화배선**에 따르고, 그 밖의 배선은 「옥내소화전설비의 화재안전기준(NFSC 102)」 [별표 1]에 따른 **내화배선** 또는 **내열배선**에 따라 설치할 것

(2) **옥내소화전설비**의 **화재안전기준**(NFSC 102 〔별표 1〕)

㉠ **내화배선**

| 사용전선의 종류 | 공사방법 |
|---|---|
| ① 450/750V 저독성 난연 가교 폴리올레핀 절연전선 보기 ③<br>② 0.6/1kV 가교 폴리에틸렌 절연 저독성 난연 폴리올레핀 시스 전력 케이블<br>③ 6/10kV 가교 폴리에틸렌 절연 저독성 난연 폴리올레핀 시스 전력용 케이블<br>④ 가교 폴리에틸렌 절연 비닐시스 트레이용 난연 전력 케이블<br>⑤ 0.6/1kV EP 고무절연 클로로프렌 시스 케이블 보기 ②<br>⑥ 300/500V 내열성 실리콘 고무절연전선(180℃)<br>⑦ 내열성 에틸렌-비닐 아세테이트 고무절연 케이블 보기 ④<br>⑧ 버스덕트(bus duct)<br>⑨ 기타 「전기용품안전관리법」 및 「전기설비기술기준」에 따라 동등 이상의 내화성능이 있다고 주무부장관이 인정하는 것 | **금속관** · **2종 금속제 가요전선관** 또는 **합성수지관**에 수납하여 내화구조로 된 벽 또는 바닥 등에 벽 또는 바닥의 표면으로부터 **25mm** 이상의 깊이로 매설하여야 한다.<br>기억법 **금2가합25**<br>단, 다음의 기준에 적합하게 설치하는 경우에는 그러하지 아니하다.<br>① 배선을 **내**화성능을 갖는 배선**전**용실 또는 배선용 **샤**프트 · **피**트 · **덕**트 등에 설치하는 경우<br>② 배선전용실 또는 배선용 샤프트 · 피트 · 덕트 등에 **다**른 설비의 배선이 있는 경우에는 이로부터 **15cm** 이상 떨어지게 하거나 소화설비의 배선과 이웃하는 다른 설비의 배선 사이에 배선지름(배선의 지름이 다른 경우에는 가장 큰 것을 기준으로 한다)의 **1.5배** 이상의 높이의 **불연성 격벽**을 설치하는 경우<br>기억법 **내전샤피덕다15** |
| 내화전선 | **케이블공사** |

㉡ **내열배선**

| 사용전선의 종류 | 공사방법 |
|---|---|
| ① 450/750V 저독성 난연 가교 폴리올레핀 절연전선<br>② 0.6/1kV 가교 폴리에틸렌 절연 저독성 난연 폴리올레핀 시스 전력 케이블<br>③ 6/10kV 가교 폴리에틸렌 절연 저독성 난연 폴리올레핀 시스 전력용 케이블<br>④ 가교 폴리에틸렌 절연 비닐시스 트레이용 난연 전력 케이블<br>⑤ 0.6/1kV EP 고무절연 클로로프렌 시스 케이블<br>⑥ 300/500V 내열성 실리콘 고무절연전선(180℃)<br>⑦ 내열성 에틸렌-비닐 아세테이트 고무절연 케이블<br>⑧ 버스덕트(bus duct)<br>⑨ 기타 「전기용품안전관리법」 및 「전기설비기술기준」에 따라 동등 이상의 내열성능이 있다고 주무부장관이 인정하는 것 | **금속관** · **금속제 가요전선관** · **금속덕트** 또는 **케이블**(불연성 덕트에 설치하는 경우에 한한다) **공사**방법에 따라야 한다. 단, 다음의 기준에 적합하게 설치하는 경우에는 그러하지 아니하다.<br>① 배선을 내화성능을 갖는 배선전용실 또는 배선용 샤프트 · 피트 · 덕트 등에 설치하는 경우<br>② 배선전용실 또는 배선용 샤프트 · 피트 · 덕트 등에 다른 설비의 배선이 있는 경우에는 이로부터 **15cm** 이상 떨어지게 하거나 소화설비의 배선과 이웃하는 다른 설비의 배선 사이에 배선지름(배선의 지름이 다른 경우에는 지름이 가장 큰 것을 기준으로 한다)의 **1.5배** 이상의 높이의 **불연성 격벽**을 설치하는 경우 |
| 내화전선 | **케이블공사** |

답 ①

★★★ **66**

18.04.문73 17.03.문80 15.03.문61 14.09.문73 14.03.문73 13.03.문72 12.09.문69

**층수가 5층 이상으로서 연면적 3000m²를 초과하는 특정소방대상물의 2층에서 발화한 때의 경보기준으로 옳은 것은? (단, 비상방송설비의 화재안전기준(NFSC 202)에 따른다.)**

① 발화층에만 경보를 발할 것
② 발화층 및 그 직상층에만 경보를 발할 것
③ 발화층 · 그 직상층 및 지하층에 경보를 발할 것
④ 발화층 · 그 직상층 및 기타의 지하층에 경보를 발할 것

해설 **비상방송설비 우선경보방식**
**5층** 이상으로 연면적 **3000m²**를 초과하는 특정소방대상물

| 발화층 | 경보층 | |
|---|---|---|
| | 30층 미만 | 30층 이상 |
| **2층** 이상 발화 보기 ② | • 발화층<br>• 직상층 | • 발화층<br>• 직상 4개층 |
| **1층** 발화 | • 발화층<br>• 직상층<br>• 지하층 | • 발화층<br>• 직상 4개층<br>• 지하층 |
| **지하층** 발화 | • 발화층<br>• 직상층<br>• 기타의 지하층 | • 발화층<br>• 직상층<br>• 기타의 지하층 |

기억법 **5우 3000**(**오우! 삼천**포로 빠졌네!)

• 특별한 조건이 없으면 **30층 미만** 적용

비교

**자동화재탐지설비 우선경보방식**
11층(공동주택 16층) 이상의 특정소방대상물의 경보

| 발화층 | 경보층 | |
|---|---|---|
| | 11층(공동주택 16층) 미만 | 11층(공동주택 16층) 이상 |
| **2층** 이상 발화 | 전층 일제경보 | • 발화층<br>• 직상 4개층 |
| **1층** 발화 | 전층 일제경보 | • 발화층<br>• 직상 4개층<br>• 지하층 |
| **지하층** 발화 | 전층 일제경보 | • 발화층<br>• 직상층<br>• 기타의 지하층 |

답 ②

★★★
**67** 자동화재탐지설비 및 시각경보장치의 화재안전기준(NFSC 203)에 따라 감지기회로의 도통시험을 위한 종단저항의 설치기준으로 틀린 것은?

20.06.문79 19.04.문70 13.03.문78 12.09.문64 11.06.문78 08.09.문71

① 감지기회로의 끝부분에 설치할 것
② 점검 및 관리가 쉬운 장소에 설치할 것
③ 전용함을 설치하는 경우 그 설치 높이는 바닥으로부터 2.0m 이내로 할 것
④ 종단감지기에 설치할 경우에는 구별이 쉽도록 해당 감지기의 기판 등에 별도의 표시를 할 것

③ 2.0m → 1.5m

**감지기회로**의 **도통시험**을 위한 **종단저항**의 **기준**
(1) **점검** 및 **관리**가 쉬운 장소에 설치할 것
(2) 전용함 설치시 **바닥**에서 **1.5m** 이내의 높이에 설치할 것 보기 ③
(3) 감지기회로의 **끝부분**에 설치하며, 종단감지기에 설치할 경우 구별이 쉽도록 해당 감지기의 기판 및 감지기 외부 등에 별도의 표시를 할 것

**도통시험**
감지기회로의 단선 유무 확인

답 ③

★
**68** 경종의 우수품질인증 기술기준에 따른 기능시험에 대한 내용이다. 다음 (   )에 들어갈 내용으로 옳은 것은?

> 경종은 정격전압을 인가하여 경종의 중심으로부터 1m 떨어진 위치에서 ( ㉠ )dB 이상이어야 하며, 최소청취거리에서 ( ㉡ )dB을 초과하지 아니하여야 한다.

① ㉠ 90, ㉡ 110
② ㉠ 90, ㉡ 130
③ ㉠ 110, ㉡ 90
④ ㉠ 110, ㉡ 130

해설 **경종**의 **우수품질인증 기술기준 4조**
경종의 기능시험

| 구 분 | 설 명 |
|---|---|
| 적합기능 보기 ① | ① 중심으로부터 1m 떨어진 위치에서 **90dB** 이상<br>② 최소청취거리에서 **110dB**을 초과하지 아니할 것 |
| 소비전류 | **50mA** 이하 |

답 ①

★★★
**69** 「유통산업발전법」 제2조 제3호에 따른 대규모점포(지하상가 및 지하역사는 제외한다)와 영화상영관에는 보행거리 몇 m 이내마다 휴대용 비상조명등을 3개 이상 설치하여야 하는가? (단, 비상조명등의 화재안전기준(NFSC 304)에 따른다.)

20.09.문65 19.03.문74 17.05.문67 15.09.문64 15.05.문61 14.09.문75 13.03.문68 12.03.문61 09.05.문76

① 50
② 60
③ 70
④ 80

해설 **휴대용 비상조명등**의 **설치기준**

| 설치개수 | 설치장소 |
|---|---|
| 1개 이상 | • **숙박시설** 또는 **다중이용업소**에는 객실 또는 영업장 안의 구획된 실마다 잘 보이는 곳(외부에 설치시 출입문 손잡이로부터 **1m 이내** 부분) |
| 3개 이상 | • **지하상가** 및 **지하역사**의 **보행거리 25m** 이내마다<br>• **대규모점포(백화점 · 대형점 · 쇼핑센터)** 및 **영화상영관**의 **보행거리 50m** 이내마다 보기 ① |

(1) 바닥으로부터 **0.8~1.5m** 이하의 높이에 설치할 것
(2) 어둠 속에서 **위치**를 **확인**할 수 있도록 할 것
(3) 사용시 **자동**으로 **점등**되는 구조일 것
(4) 외함은 **난연성능**이 있을 것
(5) 건전지를 사용하는 경우에는 **방전방지조치**를 하여야 하고, **충전식 배터리**의 경우에는 **상시 충전**되도록 할 것
(6) 건전지 및 충전식 배터리의 용량은 **20분** 이상 유효하게 사용할 수 있는 것으로 할 것

답 ①

★
**70** 자동화재탐지설비 및 시각경보장치의 화재안전기준(NFSC 203)에 따라 전화기기실, 통신기기실 등과 같은 훈소화재의 우려가 있는 장소에 적응성이 없는 감지기는?

① 광전식 스포트형
② 광전아날로그식 분리형
③ 광전아날로그식 스포트형
④ 이온아날로그식 스포트형

해설 **연기감지기**를 **설치**할 수 있는 **경우**(NFSC 203 [별표 2])
**훈소화재**
(1) **광**전식 스포트형
(2) **광**전아날로그식 스포트형
(3) **광**전식 분리형
(4) **광**전아날로그식 분리형

기억법 **광훈**

답 ④

☆☆☆
**71** 17.03.문67 14.05.문68 13.06.문61 11.03.문77

**자동화재속보설비의 속보기의 성능인증 및 제품검사의 기술기준에 따른 속보기의 기능에 대한 내용이다. 다음 (　)에 들어갈 내용으로 옳은 것은?**

> 작동신호를 수신하거나 수동으로 동작시키는 경우 ( ㉠ )초 이내에 소방관서에 자동적으로 신호를 발하여 통보하되, ( ㉡ )회 이상 속보할 수 있어야 한다.

① ㉠ 10, ㉡ 3
② ㉠ 10, ㉡ 5
③ ㉠ 20, ㉡ 3
④ ㉠ 20, ㉡ 5

해설 **속보기**의 **기준**
(1) **수동통화**용 송수화기를 설치
(2) **20초** 이내에 **3회** 이상 **소방관서**에 자동속보 보기 ③
(3) 예비전원은 감시상태를 **60분**간 지속한 후 **10분** 이상 동작이 지속될 수 있는 용량일 것
(4) 다이얼링 : **10회** 이상

기억법 속203

답 ③

☆☆☆
**72** 21.09.문62 20.08.문64 19.04.문63 18.04.문61 17.03.문72 16.10.문61 16.05.문76 15.09.문80 14.03.문64 11.10.문67

**비상콘센트설비의 화재안전기준(NFSC 504)에 따른 비상콘센트설비의 전원회로(비상콘센트에 전력을 공급하는 회로를 말한다)의 설치기준으로 틀린 것은?**

① 전원회로는 주배전반에서 전용 회로로 할 것
② 전원회로는 각 층에 1 이상이 되도록 설치할 것
③ 콘센트마다 배선용 차단기(KS C 8321)를 설치하여야 하며, 충전부가 노출되지 아니하도록 할 것
④ 비상콘센트설비의 전원회로는 단상 교류 220V인 것으로서, 그 공급용량은 1.5kVA 이상인 것으로 할 것

해설 ② 1 이상 → 2 이상

**비상콘센트설비**

| 구 분 | 전 압 | 용 량 | 플러그접속기 |
|---|---|---|---|
| 단상 교류 | 220V 보기 ④ | 1.5kVA 이상 보기 ④ | 접지형 2극 |

(1) 하나의 전용 회로에 설치하는 비상콘센트는 **10개** 이하로 할 것(전선의 용량은 최대 **3개**)

| 설치하는 비상콘센트 수량 | 전선의 용량산정시 적용하는 비상콘센트 수량 | 단상 전선의 용량 |
|---|---|---|
| 1개 | 1개 이상 | 1.5kVA 이상 |
| 2개 | 2개 이상 | 3.0kVA 이상 |
| 3~10개 | 3개 이상 | 4.5kVA 이상 |

(2) 전원회로는 각 층에 있어서 **2 이상**이 되도록 설치할 것(단, 설치하여야 할 층의 콘센트가 **1개**인 때에는 하나의 회로로 할 수 있다.) 보기 ②
(3) 플러그접속기의 칼받이 접지극에는 **접지공사**를 하여야 한다.
(4) 풀박스는 1.6mm 이상의 철판을 사용할 것
(5) 절연저항은 **전원부**와 **외함** 사이를 **직류 500V 절연저항계**로 측정하여 **20MΩ** 이상일 것
(6) 전원으로부터 각 층의 비상콘센트에 분기되는 경우에는 **분기배선용 차단기**를 보호함 안에 설치할 것
(7) 바닥으로부터 **0.8~1.5m** 이하의 높이에 설치할 것
(8) 전원회로는 주배전반에서 **전용 회로**로 하며, 배선의 종류는 **내화배선**이어야 한다. 보기 ①
(9) 콘센트마다 **배선용 차단기**(KS C 8321)를 설치하여야 하며, 충전부는 노출되지 아니할 것 보기 ③

답 ②

☆☆☆
**73** 18.09.문67 17.05.문69 16.03.문61 14.05.문62 13.06.문75 11.10.문74 07.05.문79

**무선통신보조설비의 화재안전기준(NFSC 505)에 따라 분배기·분파기 및 혼합기 등의 임피던스는 몇 Ω의 것으로 하여야 하는가?**

① 10
② 20
③ 50
④ 75

해설 **무선통신보조설비**의 **분배기·분파기·혼합기 설치기준**
(1) 먼지·습기·부식 등에 이상이 없을 것
(2) 임피던스 **50Ω**의 것 보기 ③
(3) 점검이 편리하고 화재 등의 피해 우려가 없는 장소

비교

**증폭기** 및 **무선중계기**의 **설치기준**(NFSC 505 8조)
(1) 전원은 **축전지**, **전기저장장치** 또는 **교류전압 옥내간선**으로 하고, 전원까지의 배선은 **전용**으로 할 것
(2) 증폭기의 전면에는 전원확인 **표시등** 및 **전압계**를 설치할 것
(3) 증폭기의 비상전원 용량은 **30분** 이상일 것
(4) **증폭기** 및 **무선중계기**를 설치하는 경우 전파법에 따른 적합성 평가를 받은 제품으로 설치하고 임의로 변경하지 않도록 할 것
(5) 디지털방식의 무전기를 사용하는 데 지장이 없도록 설치할 것

용어

**전기저장장치**
외부 전기에너지를 저장해 두었다가 필요한 때 전기를 공급하는 장치

답 ③

★★★
## 74

18.04.문80
18.03.문66
17.05.문76
16.10.문65
13.03.문65
06.03.문68

**자동화재탐지설비 및 시각경보장치의 화재안전기준(NFSC 203)에 따라 광전식 분리형 감지기의 설치기준에 대한 설명으로 틀린 것은?**

① 감지기의 수광면은 햇빛을 직접 받지 않도록 설치할 것
② 감지기의 송광부와 수광부는 설치된 뒷벽으로부터 1m 이내 위치에 설치할 것
③ 광축(송광면과 수광면의 중심을 연결한 선)은 나란한 벽으로부터 0.6m 이상 이격하여 설치할 것
④ 광축의 높이는 천장 등(천장의 실내에 면한 부분 또는 상층의 바닥하부면을 말한다) 높이의 70% 이상일 것

해설

④ 70% → 80%

**광전식 분리형 감지기의 설치기준**
(1) 감지기의 광축의 길이는 공칭감시거리 범위 이내이어야 한다.
(2) 감지기의 송광부와 수광부는 설치된 뒷벽으로부터 **1m 이내**의 위치에 설치해야 한다. 보기 ②
(3) 감지기의 수광면은 햇빛을 직접 받지 않도록 설치해야 한다. 보기 ①
(4) 광축은 나란한 벽으로부터 **0.6m 이상** 이격하여야 한다. 보기 ③
(5) 광축의 높이는 천장 등 높이의 **80%** 이상일 것 보기 ④

기억법 **광분8(광 분할해서 팔아요.)**

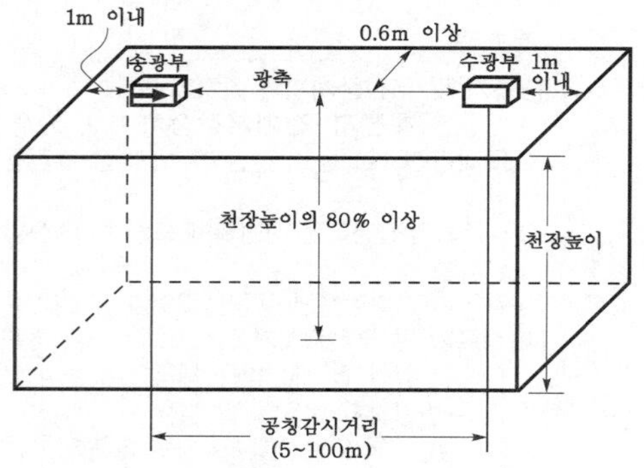

‖광전식 분리형 감지기의 설치‖

중요

**광전식 분리형 감지기의 동작원리**

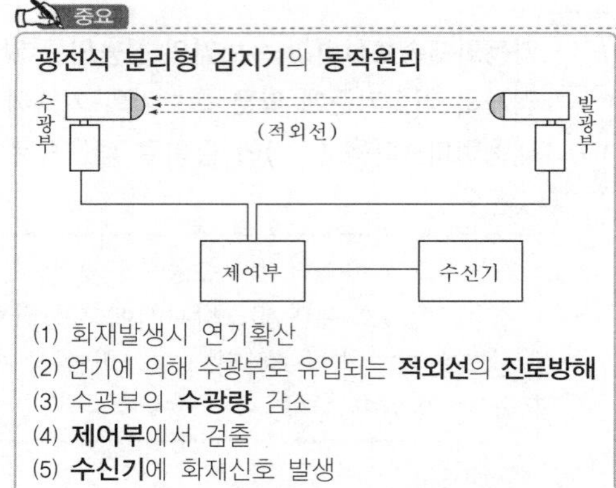


(1) 화재발생시 연기확산
(2) 연기에 의해 수광부로 유입되는 **적외선**의 **진로방해**
(3) 수광부의 **수광량** 감소
(4) **제어부**에서 검출
(5) **수신기**에 화재신호 발생

답 ④

★★
## 75

21.05.문71
11.10.문61

**유도등의 형식승인 및 제품검사의 기술기준에 따라 유도등의 교류입력측과 외함 사이, 교류입력측과 충전부 사이 및 절연된 충전부와 외함 사이의 각 절연저항을 DC 500V의 절연저항계로 측정한 값이 몇 MΩ 이상이어야 하는가?**

① 0.1 ② 5
③ 20 ④ 50

해설 **절연저항시험**

| 절연저항계 | 절연저항 | 대 상 |
|---|---|---|
| 직류 250V | **0.1MΩ** 이상 | • 1경계구역의 절연저항 |
| 직류 500V | **5MΩ** 이상 | • 누전경보기<br>• 가스누설경보기<br>• 수신기<br>• 자동화재속보설비<br>• 비상경보설비<br>• 유도등(교류입력측과 외함 간 포함) 보기 ②<br>• 비상조명등(교류입력측과 외함 간 포함) |
| | 20MΩ 이상 | • 경종<br>• 발신기<br>• 중계기<br>• 비상콘센트<br>• 기기의 절연된 선로 간<br>• 기기의 충전부와 비충전부 간<br>• 기기의 교류입력측과 외함 간(유도등 · 비상조명등 제외) |
| | 50MΩ 이상 | • 감지기(정온식 감지선형 감지기 제외)<br>• 가스누설경보기(10회로 이상)<br>• 수신기(10회로 이상) |
| | 1000MΩ 이상 | • 정온식 감지선형 감지기 |

답 ②

★

**76** 비상경보설비의 축전지의 성능인증 및 제품검사의 기술기준에 따른 축전지설비의 외함 두께는 강판인 경우 몇 mm 이상이어야 하는가?

① 0.7
② 1.2
③ 2.3
④ 3

해설 **축전지 외함 · 속보기**의 **외함두께**

| 강 판 | 합성수지 |
|---|---|
| 1.2mm 이상 보기 ② | 3mm 이상 |

답 ②

★★★

**77** 유도등 및 유도표지의 화재안전기준(NFSC 303)에 따라 객석 내 통로의 직선부분 길이가 85m인 경우 객석유도등을 몇 개 설치하여야 하는가?

19.04.문69
17.05.문74
14.09.문62
14.03.문62
13.03.문76
12.03.문63

① 17개
② 19개
③ 21개
④ 22개

해설 **최소 설치개수 산정식**
설치개수 산정시 소수가 발생하면 반드시 **절상**한다.

(1) **객석유도등**

$$설치개수 = \frac{객석통로의\ 직선부분의\ 길이[m]}{4} - 1$$

$$= \frac{85}{4} - 1 = 20.25 ≒ 21개$$

기억법 객4

(2) **유도표지**

$$설치개수 = \frac{구부러진\ 곳이\ 없는\ 부분의\ 보행거리[m]}{15} - 1$$

기억법 유15

(3) **복도통로유도등, 거실통로유도등**

$$설치개수 = \frac{구부러진\ 곳이\ 없는\ 부분의\ 보행거리[m]}{20} - 1$$

기억법 통2

용어

**절상**
'소수점 이하는 무조건 올린다.'는 뜻

답 ③

★★★

**78** 비상경보설비 및 단독경보형 감지기의 화재안전기준(NFSC 201)에 따른 용어에 대한 정의로 틀린 것은?

19.04.문77
14.09.문67
13.03.문75

① 비상벨설비라 함은 화재발생상황을 경종으로 경보하는 설비를 말한다.
② 자동식 사이렌설비라 함은 화재발생상황을 사이렌으로 경보하는 설비를 말한다.
③ 수신기라 함은 발신기에서 발하는 화재신호를 간접 수신하여 화재의 발생을 표시 및 경보하여 주는 장치를 말한다.
④ 단독경보형 감지기라 함은 화재발생상황을 단독으로 감지하여 자체에 내장된 음향장치로 경보하는 감지기를 말한다.

해설 ③ 간접 → 직접

**비상경보설비**에 **사용**되는 **용어**

| 용 어 | 설 명 |
|---|---|
| **비상벨설비** 보기 ① | 화재발생상황을 **경종**으로 경보하는 설비 |
| **자동식 사이렌설비** 보기 ② | 화재발생상황을 **사이렌**으로 경보하는 설비 |
| **발신기** | 화재발생신호를 수신기에 **수동**으로 **발신**하는 장치 |
| **수신기** 보기 ③ | 발신기에서 발하는 **화재신호**를 **직접 수신**하여 화재의 발생을 **표시** 및 **경보**하여 주는 장치 |
| **단독경보형 감지기** 보기 ④ | 화재발생상황을 **단독**으로 **감지**하여 **자체**에 **내장**된 **음향장치**로 경보하는 감지기 |

답 ③

★★★

**79** 다음의 무선통신보조설비 그림에서 ㉠에 해당하는 것은?

20.08.문65
19.03.문80
17.05.문68
16.10.문72
15.09.문78
14.05.문78
12.05.문78
10.05.문76
08.09.문70

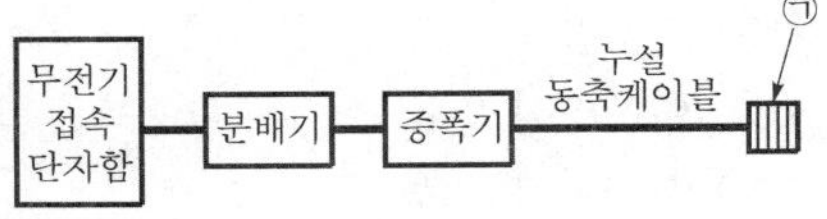


① 혼합기
② 옥외안테나
③ 무선중계기
④ 무반사종단저항

해설

무전기 접속 단자함 ─ 분배기 ─ 증폭기 ─ 누설 동축케이블 ─ 무반사 종단저항

용어

**무선통신보조설비**의 **정의**(NFSC 505 3조)

| 용 어 | 정 의 |
|---|---|
| 분배기 | 신호의 전송로가 분기되는 장소에 설치하는 것으로 **임피던스 매칭**(matching)과 **신호 균등분배**를 위해 사용하는 장치 |
| 분파기 | 서로 다른 주파수의 합성된 **신호**를 **분리**하기 위해서 사용하는 장치 |
| 혼합기 | **두 개 이상**의 **입력신호**를 원하는 비율로 조합한 출력이 발생하도록 하는 장치 |
| 증폭기 | 신호 전송시 신호가 약해져 **수신**이 **불가능**해지는 것을 **방지**하기 위해서 증폭하는 장치 |
| 무선중계기 | 안테나를 통하여 수신된 **무전기 신호**를 **증폭**한 후 **음영지역**에 재방사하여 무전기 상호간 송수신이 가능하도록 하는 장치 |
| 옥외안테나 | 감시제어반 등에 설치된 **무선중계기**의 **입력**과 출력포트에 연결되어 송수신 신호를 원활하게 방사·수신하기 위해 **옥외**에 설치하는 장치 |
| 무반사 종단저항 | 전송로로 전송되는 전자파가 전송로의 종단에서 반사되어 **교신**을 **방해**하는 것을 막기 위한 저항 |

• 무전기접속단자함 : 현재는 사용하지 않음

답 ④

★★★

**80** **자동화재탐지설비 및 시각경보장치의 화재안전기준(NFSC 203)에 따라 부착높이 8m 이상 15m 미만에 설치되는 감지기의 종류로 틀린 것은?**

21.05.문76
20.06.문61
19.09.문71
14.03.문79
12.03.문66

① 불꽃감지기
② 이온화식 2종
③ 차동식 분포형
④ 보상식 스포트형

해설

④ 4m 이상 8m 미만

**감지기**의 **부착높이**(NFSC 203 7조)

| 부착높이 | 감지기의 종류 |
|---|---|
| **4**m **미**만 | • 차동식(스포트형, 분포형)<br>• 보상식 스포트형<br>• 정온식(스포트형, 감지선형) ─ **열**감지기<br>• 이온화식 또는 광전식(스포트형, 분리형, 공기흡입형) : **연**기감지기<br>• 열복합형<br>• 연기복합형<br>• 열연기복합형 ─ **복**합형 감지기<br>• **불**꽃감지기<br>기억법 **열연불복 4미** |
| 4~**8**m **미**만 | • 차동식(스포트형, 분포형)<br>• **보상식 스포트형** 보기 ④<br>• **정**온식(스포트형, 감지선형) **특**종 또는 **1**종 ─ **열**감지기<br>• **이**온화식 **1**종 또는 **2**종<br>• **광**전식(스포트형, 분리형, 공기흡입형) 1종 또는 2종 ─ 연기감지기<br>• 열복합형<br>• 연기복합형<br>• 열연기복합형 ─ **복**합형 감지기<br>• **불**꽃감지기<br>기억법 **8미열 정특1 이광12 복불** |
| 8~**15**m 미만 | • 차동식 **분**포형 보기 ③<br>• **이**온화식 **1**종 또는 **2**종 보기 ②<br>• **광**전식(스포트형, 분리형, 공기흡입형) 1종 또는 2종<br>• **연**기**복**합형<br>• **불**꽃감지기 보기 ①<br>기억법 **15분 이광12 연복불** |
| 15~**20**m 미만 | • **이**온화식 1종<br>• **광**전식(스포트형, 분리형, 공기흡입형) 1종<br>• **연**기**복**합형<br>• **불**꽃감지기<br>기억법 **이광불연복2** |
| 20m 이상 | • **불**꽃감지기<br>• **광**전식(분리형, 공기흡입형) 중 **아**날로그방식<br>기억법 **불광아** |

답 ④

# 2022. 4. 24 시행

## 2022년 기사 제2회 필기시험

| 자격종목 | 종목코드 | 시험시간 | 형별 | 수험번호 | 성명 |
|---|---|---|---|---|---|
| 소방설비기사(전기분야) | | 2시간 | | | |

※ 답안카드 작성시 시험문제지 형별누락, 마킹착오로 인한 불이익은 전적으로 수험자의 귀책사유임을 알려드립니다.
※ 각 문항은 4지택일형으로 질문에 가장 적합한 보기 항을 선택하여 마킹하여야 합니다.

### 제 1 과목 소방원론

☆☆☆
**01** 목조건축물의 화재특성으로 틀린 것은?

21.05.문01
19.09.문11
18.03.문05
16.10.문04
14.05.문01
10.09.문08

① 습도가 낮을수록 연소확대가 빠르다.
② 화재진행속도는 내화건축물보다 빠르다.
③ 화재 최성기의 온도는 내화건축물보다 낮다.
④ 화재성장속도는 횡방향보다 종방향이 빠르다.

유사문제부터 풀어보세요. 실력이 팍!팍! 올라갑니다.

해설

③ 낮다. → 높다.

| 목조건물 | 내화건물 |
|---|---|
| ① 화재성상 : 고온단기형<br>② 최고온도(최성기 온도) : 1300℃ 보기 ③ | ① 화재성상 : 저온장기형<br>② 최고온도(최성기 온도) : 900~1000℃ 보기 ③ |

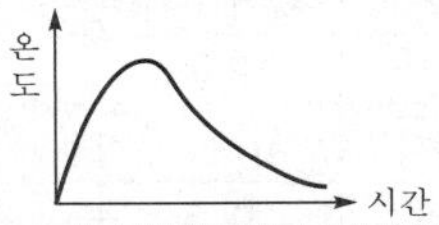


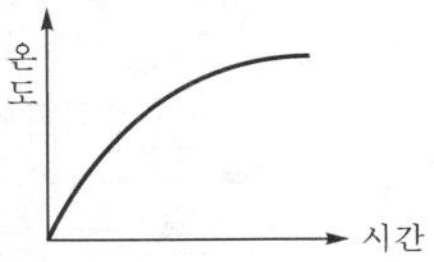


기억법 목고단 13

• 목조건물=목재건물

답 ③

☆
**02** 물이 소화약제로서 사용되는 장점이 아닌 것은?

13.03.문08

① 가격이 저렴하다.
② 많은 양을 구할 수 있다.
③ 증발잠열이 크다.
④ 가연물과 화학반응이 일어나지 않는다.

해설 **물**이 **소화작업**에 **사용**되는 **이유**
(1) 가격이 싸다. 보기 ①
(2) 쉽게 구할 수 있다(많은 양을 구할 수 있다). 보기 ②
(3) 열흡수가 매우 크다(증발잠열이 크다). 보기 ③
(4) 사용방법이 비교적 간단하다.

• 물은 **증발잠열**(기화잠열)이 커서 **냉각소화** 및 무상주수시 **질식소화**가 가능하다.

답 ④

☆☆☆
**03** 정전기로 인한 화재를 줄이고 방지하기 위한 대책 중 틀린 것은?

21.09.문58
13.06.문44
12.09.문53

① 공기 중 습도를 일정값 이상으로 유지한다.
② 기기의 전기절연성을 높이기 위하여 부도체로 차단공사를 한다.
③ 공기 이온화 장치를 설치하여 가동시킨다.
④ 정전기 축적을 막기 위해 접지선을 이용하여 대지로 연결작업을 한다.

해설

② 도체 사용으로 전류가 잘 흘러가도록 해야 함

**위험물규칙 〔별표 4〕**
**정전기 제거방법**
(1) **접지**에 의한 방법 보기 ④
(2) 공기 중의 상대습도를 **70%** 이상으로 하는 방법 보기 ①
(3) **공기**를 **이온화**하는 방법 보기 ③

비교

**위험물규칙 〔별표 4〕**
**위험물을 가압하는 설비 또는 그 취급하는 위험물의 압력이 상승할 우려가 있는 설비에 설치하는 안전장치**
(1) 자동적으로 **압력**의 **상승**을 **정지**시키는 장치
(2) 감압측에 **안전밸브**를 부착한 **감압밸브**
(3) **안전밸브**를 겸하는 **경보장치**
(4) **파괴판**

답 ②

☆
**04** 프로판가스의 최소점화에너지는 일반적으로 약 몇 mJ 정도되는가?

① 0.25 ② 2.5
③ 25 ④ 250

해설

| 물 질 | 최소점화에너지 |
|---|---|
| 수소($H_2$) | 0.011mJ |
| 벤젠($C_6H_6$) | 0.2mJ |
| 에탄($C_2H_6$) | 0.24mJ |
| 프로판($C_3H_8$) | 0.25mJ 보기 ① |
| 부탄($C_4H_{10}$) | 0.25mJ |
| 메탄($CH_4$) | 0.28mJ |

용어

**최소점화에너지**
가연성 가스 및 공기의 혼합가스, 즉 **가연성 혼합기**에 착화원으로 점화를 시킬 때 발화하기 위하여 필요한 착화원이 갖는 **최저**의 **에너지**

$$E=\frac{1}{2}CV^2$$

여기서, $E$ : 최소점화에너지〔J 또는 mJ〕
$C$ : 정전용량〔F〕
$V$ : 전압〔V〕

• 최소점화에너지=최소착화에너지=최소발화에너지=최소정전기점화에너지

답 ①

★★
## 05 목재화재시 다량의 물을 뿌려 소화할 경우 기대되는 주된 소화효과는?

17.09.문03
12.09.문09

① 제거효과 ② 냉각효과
③ 부촉매효과 ④ 희석효과

해설 **소화**의 **형태**

| 구 분 | 설 명 |
|---|---|
| **냉**각소화 | • **점화원**을 냉각하여 소화하는 방법<br>• **증**발잠열을 이용하여 열을 빼앗아 가연물의 온도를 떨어뜨려 화재를 진압하는 소화방법<br>• **다량의 물을 뿌려 소화하는 방법** 보기 ②<br>• 가연성 물질을 **발화점 이하**로 **냉각**하여 소화하는 방법<br>• **식용유화재**에 신선한 **야채**를 넣어 소화하는 방법<br>• 용융잠열에 의한 **냉각효과**를 이용하여 소화하는 방법<br>기억법 **냉점증발** |
| **질**식소화 | • 공기 중의 **산소농도**를 **16%(10~15%)** 이하로 희박하게 하여 소화하는 방법<br>• 산화제의 농도를 낮추어 연소가 지속될 수 없도록 소화하는 방법<br>• 산소공급을 차단하여 소화하는 방법<br>• 산소의 농도를 낮추어 소화하는 방법<br>• 화학반응으로 발생한 **탄산가스**에 의한 소화방법<br>기억법 **질산** |
| 제거소화 | • **가연물**을 **제거**하여 소화하는 방법 |
| **부**촉매소화<br>(=화학소화) | • **연쇄반응**을 **차단**하여 소화하는 방법<br>• 화학적인 방법으로 화재를 억제하여 소화하는 방법<br>• **활성기**(free radical)의 **생성**을 **억제**하여 소화하는 방법<br>기억법 **부억(부엌)** |
| 희석소화 | • 기체·고체·액체에서 나오는 분해가스나 증기의 농도를 낮춰 소화하는 방법<br>• 불연성 가스의 **공기** 중 **농도**를 높여 소화하는 방법 |

답 ②

★
## 06 물질의 연소시 산소공급원이 될 수 없는 것은?

13.06.문09

① 탄화칼슘 ② 과산화나트륨
③ 질산나트륨 ④ 압축공기

해설 ① 탄화칼슘($CaC_2$) : 제3류 위험물

**산소공급원**
(1) 제1류 위험물 : 과산화나트륨, 질산나트륨 보기 ②③
(2) 제5류 위험물
(3) 제6류 위험물
(4) 공기(압축공기) 보기 ④

답 ①

★★★
## 07 다음 물질 중 공기 중에서의 연소범위가 가장 넓은 것은?

20.09.문06
17.09.문20
17.03.문03
16.03.문13
15.09.문14
13.06.문04
09.03.문02

① 부탄
② 프로판
③ 메탄
④ 수소

해설 (1) **공기 중**의 **폭발한계**(익사천러로 나와야 한다.)

| 가 스 | 하한계〔vol%〕 | 상한계〔vol%〕 |
|---|---|---|
| **아**세틸렌($C_2H_2$) | 2.5 | 81 |
| **수**소($H_2$) 보기 ④ | 4 | 75 |
| **일**산화탄소(CO) | 12.5 | 74 |
| **암**모니아($NH_3$) | 15 | 28 |
| **메**탄($CH_4$) 보기 ③ | 5 | 15 |
| **에**탄($C_2H_6$) | 3 | 12.4 |
| **프**로판($C_3H_8$) 보기 ② | 2.1 | 9.5 |
| **부**탄($C_4H_{10}$) 보기 ① | 1.8 | 8.4 |

기억법
아 2581
수 475
일 12574
암 1528
메 515
에 3124
프 2195
부 1884

(2) **폭발한계**와 **같은 의미**
㉠ 폭발범위
㉡ 연소한계
㉢ 연소범위
㉣ 가연한계
㉤ 가연범위

답 ④

## 08 이산화탄소 20g은 약 몇 mol인가?

17.09.문14

① 0.23　② 0.45
③ 2.2　④ 4.4

해설 **원자량**

| 원 소 | 원자량 |
|---|---|
| H | 1 |
| C ⟶ | 12 |
| N | 14 |
| O ⟶ | 16 |

이산화탄소 $CO_2$=12+16×2=44g/mol

그러므로 이산화탄소는 44g=1mol 이다.

비례식으로 풀면 44g : 1mol=20g : $x$

44g×$x$=20g×1mol

$$x=\frac{20\text{g}\times1\text{mol}}{44\text{g}}≒0.45\text{mol}$$

답 ②

## 09 플래시오버(flash over)에 대한 설명으로 옳은 것은?

20.09.문14
14.05.문18
14.03.문11
13.06.문17
11.06.문11

① 도시가스의 폭발적 연소를 말한다.
② 휘발유 등 가연성 액체가 넓게 흘러서 발화한 상태를 말한다.
③ 옥내화재가 서서히 진행하여 열 및 가연성 기체가 축적되었다가 일시에 연소하여 화염이 크게 발생하는 상태를 말한다.
④ 화재층의 불이 상부층으로 올라가는 현상을 말한다.

해설 **플래시오버**(flash over) : 순발연소

(1) 폭발적인 착화현상
(2) 폭발적인 **화재확대현상**
(3) 건물화재에서 발생한 가연성 가스가 일시에 인화하여 화염이 **충**만하는 단계
(4) 실내의 가연물이 연소됨에 따라 생성되는 가연성 가스가 실내에 누적되어 **폭**발적으로 연소하여 실 전체가 순간적으로 불길에 싸이는 현상
(5) **옥내화재**가 서서히 진행하여 열이 축적되었다가 일시에 화염이 크게 발생하는 상태 보기 ③
(6) **다량**의 **가연성 가스**가 동시에 연소되면서 **급**격한 온도상승을 유발하는 현상
(7) 건축물에서 한순간에 폭발적으로 화재가 확산되는 현상

기억법 **플확충 폭급**

• 플래시오버=플래쉬오버

중요

**플래시오버**(flash over)

| 구 분 | 설 명 |
|---|---|
| 발생시간 | 화재발생 후 **5~6분경** |
| 발생시점 | **성장기~최성기**(성장기에서 최성기로 넘어가는 분기점)<br>기억법 **플성최** |
| 실내온도 | 약 **800~900℃** |

답 ③

## 10 제4류 위험물의 성질로 옳은 것은?

17.05.문13
14.03.문51
13.03.문19

① 가연성 고체
② 산화성 고체
③ 인화성 액체
④ 자기반응성 물질

해설 **위험물령 [별표 1]**

**위험물**

| 유 별 | 성 질 | 품 명 |
|---|---|---|
| 제1류 | 산화성 고체 | • 아염소산염류<br>• 염소산염류<br>• 과염소산염류<br>• 질산염류<br>• 무기과산화물 |
| 제2류 | 가연성 고체 | • **황화**린<br>• **적**린<br>• **유**황<br>• **철**분<br>• **마**그네슘<br>기억법 **황화 적유 철마** |
| 제3류 | 자연발화성 물질 및 금수성 물질 | • **황**린<br>• **칼**륨<br>• **나**트륨<br>• **알**루미늄<br>기억법 **황칼나알** |
| 제4류 | **인화성 액체** | • 특수인화물<br>• 알코올류<br>• 석유류<br>• 동식물유류 |
| 제5류 | 자기반응성 물질 | • 니트로화합물<br>• 유기과산화물<br>• 니트로소화합물<br>• 아조화합물<br>• 질산에스테르류(셀룰로이드) |
| 제6류 | 산화성 액체 | • 과염소산<br>• 과산화수소<br>• 질산 |

답 ③

★★★
## 11 할론소화설비에서 Halon 1211 약제의 분자식은 어느 것인가?

21.09.문08 21.03.문02 19.09.문07 17.03.문05 16.10.문08 15.03.문04 14.09.문04 14.03.문02 13.09.문14 12.05.문04

① $CBr_2ClF$
② $CF_2BrCl$
③ $CCl_2BrF$
④ $BrC_2ClF$

해설 **할론소화약제**의 **약칭** 및 **분자식**

| 종 류 | 약 칭 | 분자식 |
|---|---|---|
| 할론 1011 | CB | $CH_2ClBr$ |
| 할론 104 | CTC | $CCl_4$ |
| 할론 1211 | BCF | $CF_2ClBr(CF_2BrCl)$ 보기 ② |
| 할론 1301 | BTM | $CF_3Br$ |
| 할론 2402 | FB | $C_2F_4Br_2$ |

답 ②

★★★
## 12 다음 중 가연물의 제거를 통한 소화방법과 무관한 것은?

19.09.문05 19.04.문18 17.03.문16 16.10.문07 16.03.문12 14.05.문11 13.03.문01 11.03.문04 08.09.문17

① 산불의 확산방지를 위하여 산림의 일부를 벌채한다.
② 화학반응기의 화재시 원료공급관의 밸브를 잠근다.
③ 전기실 화재시 IG－541 약제를 방출한다.
④ 유류탱크 화재시 주변에 있는 유류탱크의 유류를 다른 곳으로 이동시킨다.

③ **질식소화** : IG－541(불활성기체 소화약제)

**제거소화**의 **예**

(1) **가연성 기체** 화재시 **주밸브**를 **차단**한다(화학반응기의 화재시 원료공급관의 **밸브**를 **잠금**). 보기 ②
(2) **가연성 액체** 화재시 펌프를 이용하여 **연료**를 제거한다.
(3) **연료탱크**를 **냉각**하여 가연성 가스의 발생속도를 작게 하여 연소를 억제한다.
(4) 금속화재시 **불활성 물질**로 가연물을 덮는다.
(5) **목재**를 **방염처리**한다.
(6) 전기화재시 **전원**을 **차단**한다.
(7) 산불이 발생하면 화재의 진행방향을 앞질러 **벌목**한다(산불의 확산방지를 위하여 **산림**의 **일부**를 **벌채**). 보기 ①
(8) 가스화재시 **밸브**를 **잠궈** 가스흐름을 차단한다(가스화재시 중간밸브를 잠금).
(9) 불타고 있는 장작더미 속에서 아직 타지 않은 것을 안전한 곳으로 **운반**한다.
(10) 유류탱크 화재시 주변에 있는 유류탱크의 유류를 다른 곳으로 이동시킨다. 보기 ④
(11) 양초를 입으로 불어서 끈다.

용어

**제거효과**
가연물을 반응계에서 제거하든지 또는 반응계로의 공급을 정지시켜 소화하는 효과

답 ③

★
## 13 건물화재의 표준시간－온도곡선에서 화재발생 후 1시간이 경과할 경우 내부온도는 약 몇 ℃ 정도 되는가?

17.05.문02

① 125
② 325
③ 640
④ 925

해설 **시간경과시**의 **온도**

| 경과시간 | 온 도 |
|---|---|
| 30분 후 | 840℃ |
| **1시**간 후 | 925~**95**0℃ 보기 ④ |
| 2시간 후 | 1010℃ |

기억법 **1시 95**

답 ④

★★★
## 14 위험물안전관리법령상 위험물로 분류되는 것은?

20.09.문15 19.09.문44 16.03.문05 15.05.문05 11.10.문03 07.09.문18

① 과산화수소
② 압축산소
③ 프로판가스
④ 포스겐

해설 **위험물령 [별표 1]**
**위험물**

| 유 별 | 성 질 | 품 명 |
|---|---|---|
| 제**1**류 | **산**화성 **고**체 | • 아염소산염류<br>• 염소산염류(**염소산나트륨**)<br>• 과염소산염류<br>• 질산염류<br>• 무기과산화물<br>기억법 **1산고염나** |
| 제2류 | 가연성 고체 | • **황화**린<br>• **적**린<br>• **유**황<br>• **철**분<br>• **마**그네슘<br>기억법 **황화 적유 철마** |
| 제3류 | 자연발화성 물질 및 금수성 물질 | • **황린**<br>• **칼**륨<br>• **나트**륨<br>• **알**칼리토금속<br>• **트**리에틸알루미늄<br>기억법 **황칼나알트** |

| | | |
|---|---|---|
| 제4류 | 인화성 액체 | • 특수인화물<br>• 석유류(벤젠)<br>• 알코올류<br>• 동식물유류 |
| 제5류 | 자기반응성 물질 | • 유기과산화물<br>• 니트로화합물<br>• 니트로소화합물<br>• 아조화합물<br>• 질산에스테르류(셀룰로이드) |
| 제6류 | 산화성 액체 | • **과염소산**<br>• **과산화수소** 보기 ①<br>• 질산 |

답 ①

★★★
**15** 다음 중 연기에 의한 감광계수가 $0.1\text{m}^{-1}$, 가시거리가 20~30m일 때의 상황으로 옳은 것은?

21.09.문02 20.06.문01 17.03.문10 16.10.문16 16.03.문03 14.05.문06 13.09.문11

① 건물 내부에 익숙한 사람이 피난에 지장을 느낄 정도
② 연기감지기가 작동할 정도
③ 어두운 것을 느낄 정도
④ 앞이 거의 보이지 않을 정도

해설 **감광계수**와 **가시거리**

| 감광계수 $[\text{m}^{-1}]$ | 가시거리 [m] | 상 황 |
|---|---|---|
| 0.1 | 20~30 | 연기**감**지기가 작동할 때의 농도(연기감지기가 작동하기 직전의 농도) 보기 ② |
| 0.3 | 5 | 건물 내부에 **익**숙한 사람이 피난에 지장을 느낄 정도의 농도 보기 ① |
| 0.5 | 3 | **어**두운 것을 느낄 정도의 농도 보기 ③ |
| 1 | 1~2 | 앞이 거의 **보**이지 않을 정도의 농도 보기 ④ |
| 10 | 0.2~0.5 | 화재 **최**성기 때의 농도 |
| 30 | – | 출화실에서 연기가 **분**출할 때의 농도 |

기억법
0123 감
035 익
053 어
112 보
100205 최
30 분

답 ②

★★★
**16** Fourier 법칙(전도)에 대한 설명으로 틀린 것은?

18.03.문13 17.09.문35 17.05.문33 16.10.문40

① 이동열량은 전열체의 단면적에 비례한다.
② 이동열량은 전열체의 두께에 비례한다.
③ 이동열량은 전열체의 열전도도에 비례한다.
④ 이동열량은 전열체 내·외부의 온도차에 비례한다.

해설 ② 비례 → 반비례

**열전달**의 **종류**

| 종 류 | 설 명 | 관련 법칙 |
|---|---|---|
| 전도 (conduction) | 하나의 물체가 다른 물체와 직접 **접촉**하여 열이 이동하는 현상 | **푸리에**(Fourier)의 법칙 |
| 대류 (convection) | **유체**의 흐름에 의하여 열이 이동하는 현상 | **뉴턴**의 법칙 |
| 복사 (radiation) | ① 화재시 화원과 **격리**된 인접 가연물에 불이 옮겨 붙는 현상<br>② 열전달 **매질**이 **없이** 열이 전달되는 형태<br>③ 열에너지가 **전자파**의 형태로 옮겨지는 현상으로, **가장 크게 작용**한다. | **스테판-볼츠만**의 법칙 |

중요

공식

(1) **전도**

$$Q=\frac{kA(T_2-T_1)}{l}$$
… 비례 보기 ①③④ … 반비례 보기 ②

여기서, $Q$ : 전도열[W]
$k$ : 열전도율[W/m·K]
$A$ : 단면적[$\text{m}^2$]
$(T_2-T_1)$ : 온도차[K]
$l$ : 벽체 두께[m]

(2) **대류**

$$Q=h(T_2-T_1)$$
… 비례

여기서, $Q$ : 대류열[$\text{W/m}^2$]
$h$ : 열전달률[$\text{W/m}^2$·℃]
$(T_2-T_1)$ : 온도차[℃]

(3) **복사**

$$Q=aAF(T_1^{\ 4}-T_2^{\ 4})$$
… 비례

여기서, $Q$ : 복사열[W]
$a$ : 스테판-볼츠만 상수[$\text{W/m}^2\cdot\text{K}^4$]
$A$ : 단면적[$\text{m}^2$]
$F$ : 기하학적 Factor
$T_1$ : 고온[K]
$T_2$ : 저온[K]

답 ②

**17** 물질의 취급 또는 위험성에 대한 설명 중 틀린 것은?

19.03.문13 14.03.문12 07.05.문03

① 융해열은 점화원이다.
② 질산은 물과 반응시 발열반응하므로 주의를 해야 한다.
③ 네온, 이산화탄소, 질소는 불연성 물질로 취급한다.
④ 암모니아를 충전하는 공업용 용기의 색상은 백색이다.

해설 **점화원**이 될 수 없는 것
(1) **기**화열(증발열)
(2) **융**해열 보기 ①
(3) **흡**착열

기억법 **점기융흡**

답 ①

**18** 분말소화약제 중 탄산수소칼륨($KHCO_3$)과 요소($CO(NH_2)_2$)와의 반응물을 주성분으로 하는 소화약제는?

20.09.문07 19.03.문01 18.04.문06 17.09.문10 17.03.문18 16.10.문06 16.10.문10 16.05.문15 16.03.문09 16.03.문11 15.05.문08 12.09.문15 09.03.문01

① 제1종 분말
② 제2종 분말
③ 제3종 분말
④ 제4종 분말

해설 **분말소화약제**

| 종 별 | 분자식 | 착 색 | 적응 화재 | 비 고 |
|---|---|---|---|---|
| 제1종 | 탄산수소나트륨 ($NaHCO_3$) | 백색 | BC급 | **식용유** 및 **지방질유**의 화재에 적합 기억법 **1식분(일식 분식)** |
| 제2종 | 탄산수소칼륨 ($KHCO_3$) | 담자색 (담회색) | BC급 | - |
| 제3종 | 제1인산암모늄 ($NH_4H_2PO_4$) | 담홍색 | ABC급 | **차고**·**주차장**에 적합 기억법 **3분 차주 (삼보 컴퓨터 차주)** |
| 제4종 보기④ | **탄산수소칼륨 +요소** ($KHCO_3$ + $(NH_2)_2CO$) | 회(백)색 | BC급 | - |

답 ④

**19** 자연발화가 일어나기 쉬운 조건이 아닌 것은?

12.05.문03

① 열전도율이 클 것
② 적당량의 수분이 존재할 것
③ 주위의 온도가 높을 것
④ 표면적이 넓을 것

해설 ① 클 것 → 작을 것

**자연발화 조건**
(1) 열전도율이 작을 것 보기 ①
(2) 발열량이 클 것
(3) 주위의 온도가 높을 것 보기 ③
(4) 표면적이 넓을 것 보기 ④
(5) 적당량의 수분이 존재할 것 보기 ②

비교

**자연발화의 방지법**
(1) 습도가 높은 곳을 피할 것(건조하게 유지할 것)
(2) 저장실의 온도를 낮출 것
(3) 통풍이 잘 되게 할 것
(4) 퇴적 및 수납시 열이 쌓이지 않게 할 것 (**열 축적 방지**)
(5) 산소와의 접촉을 차단할 것
(6) **열전도성**을 좋게 할 것

답 ①

**20** 폭굉(detonation)에 관한 설명으로 틀린 것은?

16.05.문14 03.05.문10

① 연소속도가 음속보다 느릴 때 나타난다.
② 온도의 상승은 충격파의 압력에 기인한다.
③ 압력상승은 폭연의 경우보다 크다.
④ 폭굉의 유도거리는 배관의 지름과 관계가 있다.

해설 ① 느릴 때 → 빠를 때

**연소반응**(전파형태에 따른 분류)

| **폭연**(deflagration) | **폭굉**(detonation) |
|---|---|
| 연소속도가 음속보다 느릴 때 발생 | ① 연소속도가 음속보다 빠를 때 발생 보기 ① ② 온도의 상승은 **충격파**의 압력에 기인한다. 보기 ② ③ 압력상승은 **폭연**의 경우보다 **크다**. 보기 ③ ④ 폭굉의 **유도거리**는 배관의 **지름**과 **관계**가 있다. 보기 ④ |

※ **음속** : 소리의 속도로서 약 **340m/s**이다.

답 ①

## 제 2 과목 소방전기일반

★★
**21** 정전용량이 각각 1$\mu$F, 2$\mu$F, 3$\mu$F이고, 내압이 모두 동일한 3개의 커패시터가 있다. 이 커패시터들을 직렬로 연결하여 양단에 전압을 인가한 후 전압을 상승시키면 가장 먼저 절연이 파괴되는 커패시터는? (단, 커패시터의 재질이나 형태는 동일하다.)

21.05.문24

① 1$\mu$F ② 2$\mu$F
③ 3$\mu$F ④ 3개 모두

해설 ① 전기량이 **작은 콘덴서**가 가장 먼저 **파괴**됨

(1) **기호**

- $C_1$ : 1$\mu$F=1×10$^{-6}$F(1$\mu$F=10$^{-6}$F)
- $C_2$ : 2$\mu$F=2×10$^{-6}$F(1$\mu$F=10$^{-6}$F)
- $C_3$ : 3$\mu$F=3×10$^{-6}$F(1$\mu$F=10$^{-6}$F)
- $V_1 = V_2 = V_3$(내압이 모두 동일)

내압을 1000V로 가정하면

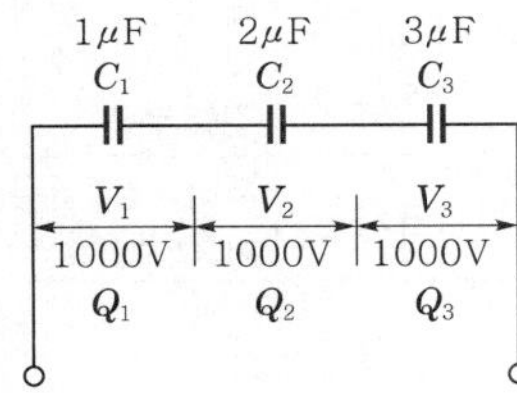


(2) **전기량**

$$Q = CV$$

여기서, $Q$ : 전기량(전하)[C]
$C$ : 정전용량[F]
$V$ : 전압[V]

$Q_1 = C_1 V_1 = (1\times10^{-6})\times1000 = 1\times10^{-3}$C
$Q_2 = C_2 V_2 = (2\times10^{-6})\times1000 = 2\times10^{-3}$C
$Q_3 = C_3 V_3 = (3\times10^{-6})\times1000 = 3\times10^{-3}$C

$Q_1$(1$\mu$F)이 전기량이 가장 작으므로 **가장 먼저 파괴**된다.

답 ①

★★★
**22** 그림과 같은 블록선도의 전달함수 $\left(\dfrac{C(s)}{R(s)}\right)$는?

21.03.문39
20.09.문23
19.09.문22
17.09.문27
16.03.문25
09.05.문32
08.03.문39

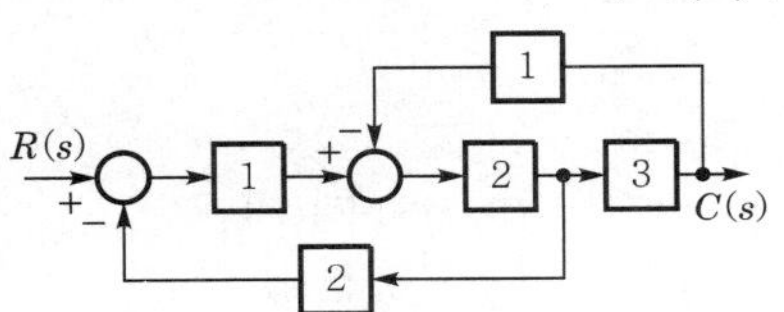


① $\dfrac{6}{23}$ ② $\dfrac{6}{17}$
③ $\dfrac{6}{15}$ ④ $\dfrac{6}{11}$

해설

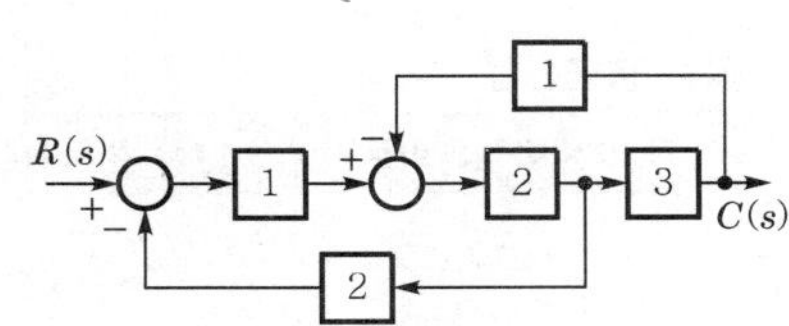


피드백되는 분기점 재배치

⬇

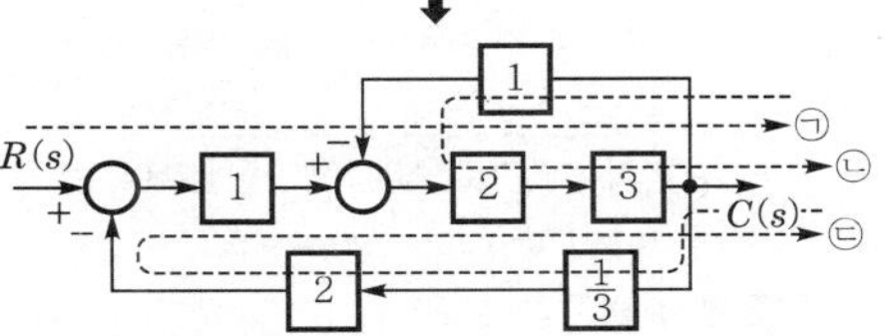


계산의 편의를 위해 $(s)$를 잠시 떼어놓고 계산

$R1\times2\times3 - C1\times2\times3 - C\dfrac{1}{3}\times2\times1\times2\times3 = C$

$6R - 6C - 4C = C$
$6R = 6C + 4C + C$
$6R = 11C$
$\dfrac{6}{11} = \dfrac{C}{R}$

답 ④

★★★
**23** 다음 그림의 단상 반파정류회로에서 $R$에 흐르는 전류의 평균값은 약 몇 A인가? (단, $v(t) = 220\sqrt{2}\sin\omega t$[V], $R = 16\sqrt{2}\,\Omega$, 다이오드의 전압강하는 무시한다.)

20.09.문29
19.09.문34
13.03.문28
12.03.문31

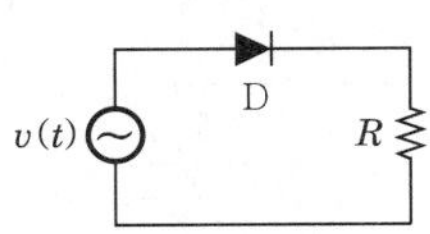


① 3.2 ② 3.8
③ 4.4 ④ 5.2

해설 (1) **순시값**

$$v = V_m \sin\omega t$$

여기서, $v$ : 전압의 순시값[V]
$V_m$ : 전압의 최대값[V]
$\omega$ : 각주파수[rad/s]
$t$ : 주기[s]

$v(t) = V_m \sin\omega t = 220\sqrt{2}\sin\omega t$

(2) **전압**의 **최대값**

$$V_m = \sqrt{2}\,V$$

여기서, $V_m$ : 전압의 최대값[V]

$V$: 전압의 실효값[V]

전압의 실효값 $V$는

$$V = \frac{V_m}{\sqrt{2}} = \frac{220\sqrt{2}}{\sqrt{2}} = 220\text{V}$$

(3) **직류 평균전압**

| 단상 반파정류회로 | 단상 전파정류회로 |
|---|---|
| $V_{av} = 0.45V$<br>여기서,<br>$V_{av}$ : 직류 평균전압[V]<br>$V$ : 교류 실효값(교류전압)[V] | $V_{av} = 0.9V$<br>여기서,<br>$V_{av}$ : 직류 평균전압[V]<br>$V$ : 교류 실효값(교류전압)[V] |

단상 반파정류회로 직류 평균전압 $V_{av}$는

$V_{av} = 0.45V = 0.45 \times 220 = 99\text{V}$

(4) **전류**의 **평균값**

전류의 평균값 $I_{av}$는

$$I_{av} = \frac{V_{av}}{R} = \frac{99}{16\sqrt{2}} \fallingdotseq 4.4\text{A}$$

답 ③

★★★
**24** 3상 유도전동기를 Y결선으로 운전했을 때 토크가 $T_Y$이었다. 이 전동기를 동일한 전원에서 △결선으로 운전했을 때 토크($T_\triangle$)는?

20.08.문35 17.05.문36 15.05.문40 04.03.문36

① $T_\triangle = 3T_Y$ ② $T_\triangle = \sqrt{3}\,T_Y$

③ $T_\triangle = \frac{1}{3}T_Y$ ④ $T_\triangle = \frac{1}{\sqrt{3}}T_Y$

해설

| 기동전류 | 소비전력 | 기동토크 |
|---|---|---|
| $\frac{\text{Y결선}}{\triangle\text{결선}} = \frac{1}{3}$ | $\frac{\text{Y결선}}{\triangle\text{결선}} = \frac{1}{3}$ | $\frac{\text{Y결선}}{\triangle\text{결선}} = \frac{1}{3}$ |

기동토크는 $\frac{\text{Y결선}(T_Y)}{\triangle\text{결선}(T_\triangle)} = \frac{1}{3}$ 이므로

$T_\triangle = 3T_Y$

비교

| 기동전류 | 소비전력 | 기동토크 |
|---|---|---|
| $\frac{\text{Y-△기동방식}}{\text{직입기동방식}} = \frac{1}{3}$ | $\frac{\text{Y-△기동방식}}{\text{직입기동방식}} = \frac{1}{3}$ | $\frac{\text{Y-△기동방식}}{\text{직입기동방식}} = \frac{1}{3}$ |

중요

**출력**

$$P = 9.8\omega\tau = 9.8 \times 2\pi\frac{N}{60} \times \tau[\text{W}] \propto \tau$$

여기서, $P$ : 출력[W]

$\omega$ : 각속도[rad/s]

$N$ : 회전수 또는 동기속도[rpm]

$\tau$ : 토크[kg · m]

답 ①

★★★
**25** 제어요소가 제어대상에 가하는 제어신호로 제어장치의 출력인 동시에 제어대상의 입력이 되는 것은?

21.05.문28 16.05.문25 16.03.문38 15.09.문24 12.03.문38

① 조작량 ② 제어량

③ 기준입력 ④ 동작신호

해설 **피드백제어**의 **용어**

| 용 어 | 설 명 |
|---|---|
| **제어요소**<br>(control element) | **동작신호**를 **조작량**으로 변환하는 요소이고, **조절부**와 **조작부**로 이루어진다. |
| **제어량**<br>(controlled value) | 제어대상에 속하는 양으로, 제어대상을 제어하는 것을 목적으로 하는 물리적인 양이다. |
| **조작량**<br>(manipulated value) | • **제어장치**의 **출력**인 동시에 **제어대상**의 **입력**으로 제어장치가 제어대상에 가해지는 제어신호 보기 ①<br>• **제어요소**에서 **제어대상**에 인가되는 양이다.<br>기억법 조제대상 |
| **제어장치**<br>(control device) | 제어하기 위해 제어대상에 부착되는 장치이고, **조절부, 설정부, 검출부** 등이 이에 해당된다. |
| **오차검출기** | 제어량을 설정값과 비교하여 오차를 계산하는 장치이다. |

답 ①

★★★
**26** 어떤 코일의 임피던스를 측정하고자 한다. 이 코일에 30V의 직류전압을 가했을 때 300W가 소비되었고, 100V의 실효치 교류전압을 가했을 때 1200W가 소비되었다. 이 코일의 리액턴스[Ω]는?

18.04.문31 98.07.문33 97.03.문25

① 2 ② 4

③ 6 ④ 8

해설 (1) **기호**

- $V_{직}$ : 30V
- $P_{직}$ : 300W
- $V_{교}$ : 100V
- $P_{교}$ : 1200W
- $X_L$ : ?

(2) **직류전력**

$$P = VI = \frac{V^2}{R} = I^2R$$

여기서, $P$ : 직류전력[W]

$V$ : 전압[V]

$I$ : 전류[A]

**직류전압**시 **저항** $R$는

$$R=\frac{V^2}{P}=\frac{30^2}{300}=3\,\Omega$$

(3) **단상 교류전력**

$$P=VI\cos\theta=I^2R$$

여기서, $P$ : 단상 교류전력〔W〕
$V$ : 전압〔V〕
$I$ : 전류〔A〕
$\cos\theta$ : 역률
$R$ : 저항〔Ω〕

**교류전압**시 **전력** $P$는

$$P=I^2R=\left(\frac{V}{\sqrt{R^2+{X_L}^2}}\right)^2R\text{〔W〕에서}$$

$$P=\left(\frac{V}{\sqrt{R^2+{X_L}^2}}\right)^2R$$

$$P=\left(\frac{V^2}{(\sqrt{R^2+{X_L}^2})^2}\right)R$$

$$P=\frac{V^2}{R^2+{X_L}^2}R$$

$$P(R^2+{X_L}^2)=V^2R$$

$$R^2+{X_L}^2=\frac{V^2R}{P}$$

$${X_L}^2=\frac{V^2R}{P}-R^2$$

$$\sqrt{{X_L}^2}=\sqrt{\frac{V^2R}{P}-R^2}$$

$$X_L=\sqrt{\frac{V^2R}{P}-R^2}$$

**코일**의 **리액턴스** $X_L$은

$$X_L=\sqrt{\frac{V^2R}{P}-R^2}=\sqrt{\frac{100^2\times3}{1200}-3^2}=4\,\Omega$$

답 ②

☆
**27** 적분시간이 3s이고, 비례감도가 5인 PI(비례적분) 제어요소가 있다. 이 제어요소의 전달함수는?

① $\frac{5s+5}{3s}$　② $\frac{15s+5}{3s}$
③ $\frac{3s+3}{5s}$　④ $\frac{15s+3}{5s}$

해설 (1) **기호**

- $T$ : 3s
- $k$ : 5
- $G(s)$ : ?

(2) **비례적분(PI)제어 전달함수**

$$G(s)=k\left(1+\frac{1}{Ts}\right)$$

여기서, $G(s)$ : 비례적분(PI)제어 전달함수
$k$ : 비례감도
$T$ : 적분시간〔s〕

PI제어 전달함수 $G(s)$는

$$G(s)=k\left(1+\frac{1}{Ts}\right)=5\left(1+\frac{1}{3s}\right)$$
$$=5\left(\frac{3s}{3s}+\frac{1}{3s}\right)$$
$$=5\left(\frac{3s+1}{3s}\right)$$
$$=\frac{15s+5}{3s}$$

답 ②

☆☆☆
**28** 100V에서 500W를 소비하는 전열기가 있다. 이 전열기에 90V의 전압을 인가했을 때 소비되는 전력〔W〕은?

① 81　② 90
③ 405　④ 450

해설 (1) **기호**

- $V$ : 100V
- $P$ : 500W
- $V'$ : 90V
- $P'$ : ?

(2) **전력**

$$P=VI=I^2R=\frac{V^2}{R}$$

여기서, $P$ : 전력〔W〕, $V$ : 전압〔V〕
$I$ : 전류〔A〕, $R$ : 저항〔Ω〕

**저항** $R$은

$$R=\frac{V^2}{P}=\frac{100^2}{500}=20\,\Omega$$

90V의 전압사용시 **소비전력** $P'$는

$$P'=\frac{V'^2}{R}=\frac{90^2}{20}=405\text{W}$$

답 ③

☆☆☆
**29** 4극 직류발전기의 전기자 도체수가 500개, 각 자극의 자속이 0.01Wb, 회전수가 1800rpm일 때 이 발전기의 유도기전력〔V〕은? (단, 전기자 권선법은 파권이다.)

13.03.문26

① 100　② 200
③ 300　④ 400

해설 (1) **기호**

- $P$ : 4
- $Z$ : 500
- $\phi$ : 0.01Wb
- $N$ : 1800rpm
- $V$ : ?
- $a$ : 2(파권이므로)

(2) **유기기전력**

$$V=\frac{P\phi NZ}{60a}$$

여기서, $V$ : 유기기전력(유도기전력)[V]

$P$ : 극수

$\phi$ : 자속[Wb]

$N$ : 회전수[rpm]

$Z$ : 전기자 도체수

$a$ : 병렬회로수(파권 : 2)

유기기전력 $V$는

$$V=\frac{P\phi NZ}{60a}=\frac{4\times 0.01\times 1800\times 500}{60\times 2}=300\text{V}$$

- 유기기전력=유도기전력

답 ③

**30** 진공 중에서 원점에 $10^{-8}$C의 전하가 있을 때 점 (1, 2, 2)m에서의 전계의 세기는 약 몇 V/m인가?

20.08.문37 17.09.문32 16.05.문33 07.09.문22

① 0.1 ② 1

③ 10 ④ 100

해설 (1) **기호**

- $Q$ : $10^{-8}$C
- $r$ : $\sqrt{1^2+2^2+2^2}=3$m[점 (1, 2, 2)m]
- $E$ : ?

(2) **전계**의 **세기**(intensity of electric field)

$$E=\frac{Q}{4\pi\varepsilon r^2}$$

여기서, $E$ : 전계의 세기[V/m]

$Q$ : 전하[C]

$\varepsilon$ : 유전율[F/m]($\varepsilon=\varepsilon_0\cdot\varepsilon_s$)

($\varepsilon_0$ : 진공의 유전율[F/m], $\varepsilon_s$ : 비유전율)

$r$ : 거리[m]

**전계의 세기**(전장의 세기) $E$는

$$E=\frac{Q}{4\pi\varepsilon r^2}=\frac{Q}{4\pi\varepsilon_0\varepsilon_s r^2}=\frac{Q}{4\pi\varepsilon_0 r^2}$$

$$=\frac{10^{-8}}{4\pi\times(8.855\times 10^{-12})\times 3^2}$$

$$\fallingdotseq 10\text{V/m}$$

- **진공**의 **유전율** : $\varepsilon_0=8.855\times 10^{-12}$F/m
- $\varepsilon_s$(비유전율) : 진공 중 또는 공기 중 $\varepsilon_s \fallingdotseq 1$이므로 생략

답 ③

**31** 정현파 교류전압 $e_1(t)$과 $e_2(t)$의 합[$e_1(t)+e_2(t)$]은 몇 V인가?

14.05.문31 14.03.문34 11.10.문35

$$e_1(t)=10\sqrt{2}\sin\left(\omega t+\frac{\pi}{3}\right)\text{[V]}$$

$$e_2(t)=20\sqrt{2}\cos\left(\omega t-\frac{\pi}{6}\right)\text{[V]}$$

① $30\sqrt{2}\sin\left(\omega t+\frac{\pi}{3}\right)$

② $30\sqrt{2}\sin\left(\omega t-\frac{\pi}{3}\right)$

③ $10\sqrt{2}\sin\left(\omega t+\frac{2\pi}{3}\right)$

④ $10\sqrt{2}\sin\left(\omega t-\frac{2\pi}{3}\right)$

해설

$$e_1(t)=10\sqrt{2}\sin\left(\omega t+\frac{\pi}{3}\right)$$

$$e_2(t)=20\sqrt{2}\cos\left(\omega t-\frac{\pi}{6}\right)$$

$$=20\sqrt{2}\sin\left(\omega t-\frac{\pi}{6}+\frac{\pi}{2}\right)$$

$\pi=180°$

$\pi : 180°=\frac{\pi}{6} : x$ / $\pi : 180°=\frac{\pi}{2} : x$

$\pi x=\frac{\pi}{6}\times 180°$ / $\pi x=\frac{\pi}{2}\times 180°$

$x=\frac{1}{\pi}\times\frac{\pi}{6}\times 180°=30°$ / $x=\frac{1}{\pi}\times\frac{\pi}{2}\times 180°=90°$

$$=20\sqrt{2}\sin(\omega t-30°+90°)$$

$$=20\sqrt{2}\sin(\omega t+60°)$$

$\pi : 180°=x : 60°$

$180°x=60°\pi$

$x=\frac{60°\pi}{180°}=\frac{\pi}{3}$

$$=20\sqrt{2}\sin\left(\omega t+\frac{\pi}{3}\right)$$

$e_1(t)+e_2(t)$

$$=10\sqrt{2}\sin\left(\omega t+\frac{\pi}{3}\right)+20\sqrt{2}\sin\left(\omega t+\frac{\pi}{3}\right)$$

$$=30\sqrt{2}\sin\left(\omega t+\frac{\pi}{3}\right)$$

답 ①

**32** 60Hz의 3상 전압을 반파정류하였을 때 리플(맥동)주파수[Hz]는?

20.08.문33 15.09.문27 09.03.문32

① 60 ② 120

③ 180 ④ 360

해설 **맥동주파수**

| 구 분 | 맥동주파수(60Hz) | 맥동주파수(50Hz) |
|---|---|---|
| 단상 반파 | 60Hz | 50Hz |
| 단상 전파 | 120Hz | 100Hz |
| 3상 반파 | → 180Hz 보기 ③ | 150Hz |
| 3상 전파 | 360Hz | 300Hz |

• 맥동주파수＝리플주파수

답 ③

★
**33** 테브난의 정리를 이용하여 그림 (a)의 회로를 그림 (b)와 같은 등가회로로 만들고자 할 때 $V_{th}$[V]와 $R_{th}$[Ω]은?

21.03.문25

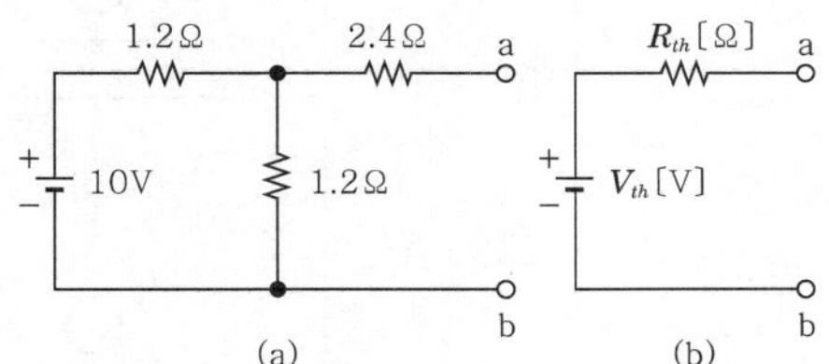


① 5V, 2Ω ② 5V, 3Ω
③ 6V, 2Ω ④ 6V, 3Ω

해설 **테브난**의 **정리**에 의해 2.4Ω에는 전압이 가해지지 않으므로

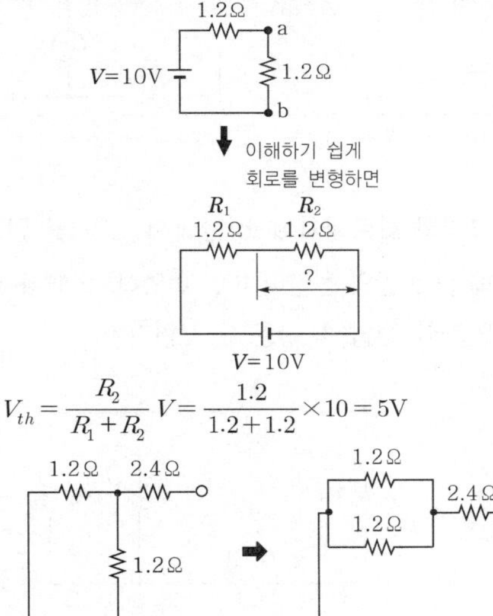


$$V_{th}=\frac{R_2}{R_1+R_2}V=\frac{1.2}{1.2+1.2}\times10=5\text{V}$$

1.2Ω 2.4Ω 1.2Ω ➡ 1.2Ω 1.2Ω 2.4Ω

**전압원**을 **단락**하고 회로망에서 본 저항 $R_{th}$은

$$R_{th}=\frac{1.2\times1.2}{1.2+1.2}+2.4=3\,\Omega$$

용어

**테브난**의 **정리**(테브낭의 정리)
2개의 독립된 회로망을 접속하였을 때의 전압·전류 및 임피던스의 관계를 나타내는 정리

답 ②

★★
**34** 어떤 전압계의 측정범위를 12배로 하려고 할 때 배율기의 저항은 전압계 내부저항의 몇 배로 해야 하는가?

21.05.문27
17.03.문21

① 9 ② 10
③ 11 ④ 12

해설 (1) **기호**

• $M$: 12
• $R_m$ : ?

(2) **배율기**

$$M=\frac{V_0}{V}=1+\frac{R_m}{R_v}$$

여기서, $M$: 전압계의 측정범위
$V_0$ : 측정하고자 하는 전압[V]
$V$: 전압계의 최대눈금[V]
$R_m$ : 배율기 저항[Ω]
$R_v$ : 전압계의 내부저항[Ω]

$$M=1+\frac{R_m}{R_v}$$

$$12=1+\frac{R_m}{R_v}$$

$$12-1=\frac{R_m}{R_v}$$

$$11=\frac{R_m}{R_v}$$

• 일반적으로 **먼저 나온 말**이 **분자**, **나중**에 **나온 말**이 **분모**이다.

비교

(1) **배율기**

$$V_0=V\left(1+\frac{R_m}{R_v}\right)[\text{V}]$$

여기서, $V_0$ : 측정하고자 하는 전압[V]
$V$: 전압계의 최대눈금[V]
$R_v$ : 전압계의 내부저항[Ω]
$R_m$ : 배율기 저항[Ω]

(2) **분류기**

$$I_0=I\left(1+\frac{R_A}{R_S}\right)$$

여기서, $I_0$ : 측정하고자 하는 전류[A]
$I$: 전류계 최대눈금[A]
$R_A$ : 전류계 내부저항[Ω]
$R_S$ : 분류기 저항[Ω]

답 ③

★★★
**35** 각 상의 임피던스가 $Z=4+j3$ [Ω]인 △결선의 평형 3상 부하에 선간전압이 200V인 대칭 3상 전압을 가했을 때 이 부하로 흐르는 선전류의 크기는 몇 A인가?

① $\dfrac{40}{3}$ ② $\dfrac{40}{\sqrt{3}}$
③ 40 ④ $40\sqrt{3}$

해설 (1) **기호**

- $Z$ : $4+j3\Omega$
- $V_L$ : 200V
- $I_L$ : ?

(2) **△결선**

$$I_{\triangle}=\frac{\sqrt{3}\,V_L}{Z}\ \text{[A]}$$

여기서, $I_{\triangle}$ : 선전류[A]
$V_L$ : 선간전압[V]
$Z$ : 임피던스[Ω]

△결선 선전류 $I_{\triangle}$는

$$I_{\triangle}=\frac{\sqrt{3}\,V_L}{Z}=\frac{\sqrt{3}\times200}{4+j3}=\frac{\sqrt{3}\times200}{\sqrt{4^2+3^2}}=\frac{\sqrt{3}\times200}{5}=40\sqrt{3}\,\text{A}$$

| Y결선 | △결선 |
|---|---|
| $I_Y=\dfrac{V_L}{\sqrt{3}\,Z}$ | $I_{\triangle}=\dfrac{\sqrt{3}\,V_L}{Z}$ |
| 여기서, $I_Y$ : 선전류[A]<br>$V_L$ : 선간전압[V]<br>$Z$ : 임피던스[Ω] | 여기서, $I_{\triangle}$ : 선전류[A]<br>$V_L$ : 선간전압[V]<br>$Z$ : 임피던스[Ω] |

답 ④

★★★
**36** 시퀀스회로를 논리식으로 표현하면?

21.09.문22
16.03.문30

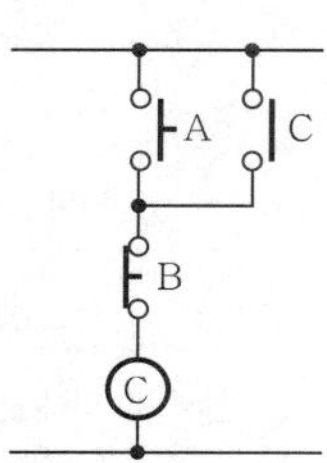


① $C=A+\overline{B}\cdot C$ ② $C=A\cdot\overline{B}+C$
③ $C=A\cdot C+\overline{B}$ ④ $C=(A+C)\cdot\overline{B}$

해설 **논리식 · 시퀀스회로**

| 시퀀스 | 논리식 | 시퀀스회로(스위칭회로) |
|---|---|---|
| 직렬회로 | $Z=A\cdot B$<br>$Z=AB$ | A, B, Z |
| 병렬회로 | $Z=A+B$ | A, B, Z |
| a접점 | $Z=A$ | A, Z |
| b접점 | $Z=\overline{A}$ | $\overline{A}$, Z |

$\therefore\ C=(A+C)\cdot\overline{B}$

답 ④

★★★
**37** 그림의 회로에서 a-b 간에 $V_{ab}$[V]를 인가했을 때 c-d 간의 전압이 100V이었다. 이때 a-b 간에 인가한 전압($V_{ab}$)은 몇 V인가?

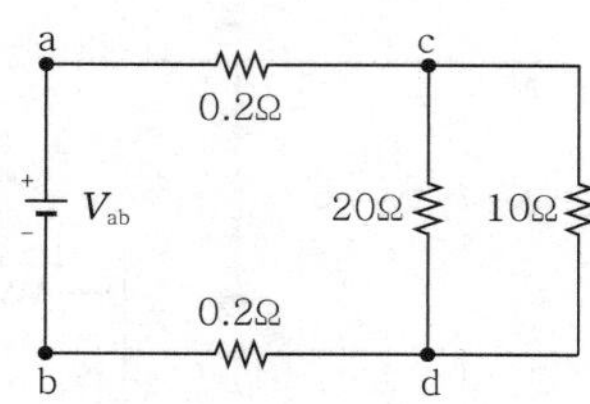


① 104 ② 106
③ 108 ④ 110

해설 회로를 이해하기 쉽게 변형하면

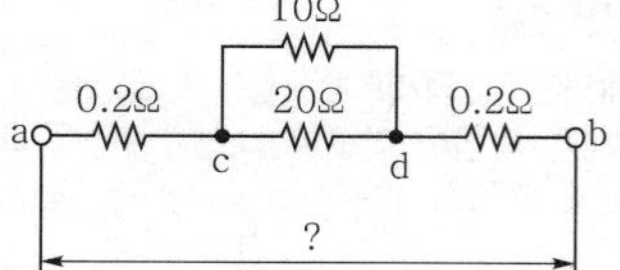

**전류**

$$I=\frac{V}{R}$$

여기서, $I$ : 전류〔A〕

$V$ : 전압〔V〕

$R$ : 저항〔Ω〕

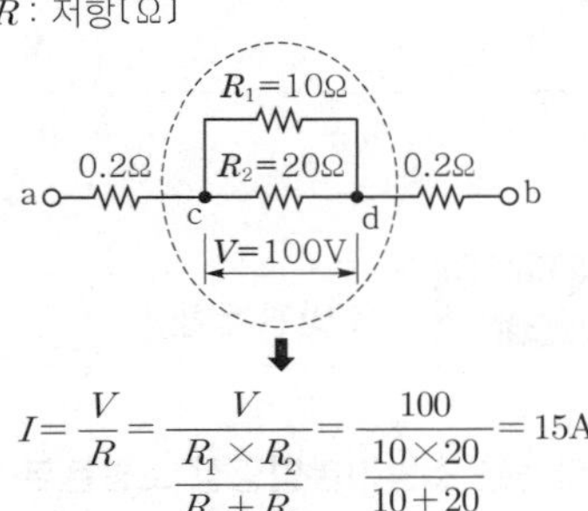


$$I=\frac{V}{R}=\frac{V}{\frac{R_1\times R_2}{R_1+R_2}}=\frac{100}{\frac{10\times 20}{10+20}}=15\text{A}$$

$$V_{ab}=I\left(R_3+\frac{R_1\times R_2}{R_1+R_2}+R_4\right)$$

$$=15\left(0.2+\frac{10\times 20}{10+20}+0.2\right)=106\text{V}$$

답 ②

★★★
**38** 균일한 자기장 내에서 운동하는 도체에 유도된 기전력의 방향을 나타내는 법칙은?

20.09.문31
17.03.문22
16.05.문32
15.05.문35
14.03.문22
03.05.문33

① 플레밍의 왼손 법칙
② 플레밍의 오른손 법칙
③ 암페어의 오른나사 법칙
④ 패러데이의 전자유도 법칙

해설

| 법 칙 | 설 명 |
|---|---|
| **옴**의 **법칙** | 저항은 전류에 반비례하고, 전압에 비례한다는 법칙 |
| **플레밍**의 **오른손 법칙** 보기 ② | **도**체운동에 의한 **유**기기전력의 **방**향 결정 기억법 **방유도오**(**방**에 우**유**를 **도로** 갔다 놓게!) |
| **플레밍**의 **왼손 법칙** 보기 ① | **전**자력의 방향 결정 기억법 **왼전**(**왠 전**쟁이냐?) |
| **렌츠**의 **법칙** | 자속변화에 의한 **유**도기전력의 **방**향 결정 기억법 **렌유방**(오**렌**지가 **유**일한 **방**법이다.) |
| **패러데이**의 **전자유도 법칙** 보기 ④ | 자속변화에 의한 **유**기기전력의 **크**기 결정 기억법 **패유크**(**패유**를 버리면 **큰**일난다.) |
| **앙페르**(암페어)의 **오른나사 법칙** 보기 ③ | **전**류에 의한 **자**기장의 방향을 결정하는 법칙 기억법 **앙전자**(**양전자**) |
| **비오-사바르**의 **법칙** | **전**류에 의해 발생되는 **자**기장의 크기(전류에 의한 자계의 세기) 기억법 **비전자**(**비전**공**자**) |
| **키르히호프**의 **법칙** | 옴의 법칙을 응용한 것으로 복잡한 회로의 전류와 전압계산에 사용 |
| **줄**의 **법칙** | • 어떤 도체에 일정시간 동안 전류를 흘리면 도체에는 열이 발생되는데 이에 관한 법칙<br>• 저항이 있는 도체에 전류를 흘리면 **열**이 발생되는 법칙<br>기억법 **줄열** |
| **쿨롱**의 **법칙** | 두 자극 사이에 작용하는 힘은 두 **자극**의 **세기**의 **곱**에 **비례**하고, 두 자극 사이의 **거리**의 **제곱**에 **반비례**한다는 법칙 |

답 ②

★★★
**39** 회로에서 저항 5Ω의 양단전압 $V_R$〔V〕은?

21.09.문28
21.05.문40
14.09.문39
08.03.문21

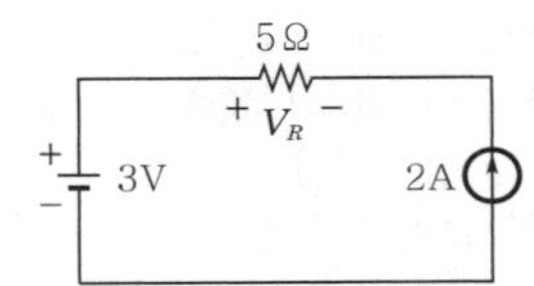


① −10 ② −7
③ 7 ④ 10

해설 **중첩**의 **원리**

(1) **전압원 단락시**

$V=IR=2\times 5=10\text{V}$(전류와 전압 $V_R$의 방향의 반대이므로 **−10V**)

(2) **전류원 개방시**

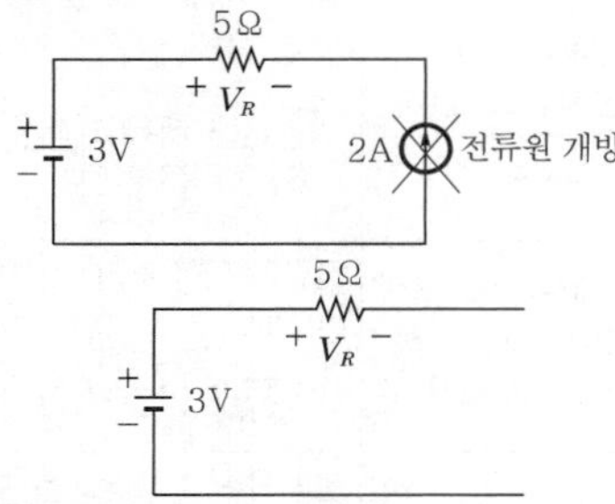


5Ω
+ $V_R$ −
3V

회로가 **개방**되어 있으므로 **5Ω**에는 전압이 인가되지 않음

∴ 5Ω 양단전압은 **−10V**

• 중첩의 원리＝전압원 단락시 값＋전류원 개방시 값

답 ①

★★★
## 40 다음의 논리식을 간단히 표현한 것은?

21.03.문21 / 20.09.문28 / 19.03.문24 / 18.04.문38 / 17.09.문33 / 17.03.문23 / 16.05.문36 / 16.03.문39 / 15.09.문23 / 13.09.문30 / 13.06.문35

$$Y = \overline{A}\,\overline{B}C + \overline{A}B\overline{C} + \overline{A}BC$$

① $\overline{A} \cdot (B + C)$

② $\overline{B} \cdot (A + C)$

③ $\overline{C} \cdot (A + B)$

④ $C \cdot (A + \overline{B})$

해설 **논리식**

$Y = \overline{A}\,\overline{B}C + \overline{A}B\overline{C} + \overline{A}BC$

위치 바꿈

$= \overline{A}(\overline{B}C + B\overline{C} + BC)$

$= \overline{A}(\overline{B}C + BC + B\overline{C})$

$= \overline{A}(C(\overline{B} + B) + B\overline{C})$　　$X + \overline{X} = 1$

$= \overline{A}(C \cdot 1 + B\overline{C})$　　$X \cdot 1 = X$

$= \overline{A}(C + B\overline{C})$　　$X + \overline{X}Y = X + Y$

$= \overline{A}(C + B)$

$= \overline{A}(B + C)$ ⬅ B, C 위치 바꿈

중요

**불대수**의 **정리**

| 논리합 | 논리곱 | 비고 |
|---|---|---|
| $X + 0 = X$ | $X \cdot 0 = 0$ | − |
| $X + 1 = 1$ | $X \cdot 1 = X$ | − |
| $X + X = X$ | $X \cdot X = X$ | − |
| $X + \overline{X} = 1$ | $X \cdot \overline{X} = 0$ | − |
| $X + Y = Y + X$ | $X \cdot Y = Y \cdot X$ | 교환법칙 |
| $X + (Y + Z) = (X + Y) + Z$ | $X(YZ) = (XY)Z$ | 결합법칙 |
| $X(Y + Z) = XY + XZ$ | $(X + Y)(Z + W) = XZ + XW + YZ + YW$ | 분배법칙 |
| $X + XY = X$ | $\overline{X} + XY = \overline{X} + Y$<br>$\overline{X} + X\overline{Y} = \overline{X} + \overline{Y}$<br>$X + \overline{X}Y = X + Y$<br>$X + \overline{X}\,\overline{Y} = X + \overline{Y}$ | 흡수법칙 |
| $(\overline{X + Y}) = \overline{X} \cdot \overline{Y}$ | $(\overline{X \cdot Y}) = \overline{X} + \overline{Y}$ | 드모르간의 정리 |

답 ①

# 제 3 과목 소방관계법규

★
## 41 다음은 소방기본법령상 소방본부에 대한 설명이다. ( )에 알맞은 내용은?

> 소방업무를 수행하기 위하여 ( ) 직속으로 소방본부를 둔다.

① 경찰서장　② 시 · 도지사

③ 행정안전부장관　④ 소방청장

해설 **기본법 3조**

**소방기관의 설치**

**시 · 도**에서 소방업무를 수행하기 위하여 **시 · 도지사** 직속으로 **소방본부**를 둔다.

답 ②

★★★
## 42 위험물안전관리법령상 제4류 위험물을 저장 · 취급하는 제조소에 "화기엄금"이란 주의사항을 표시하는 게시판을 설치할 경우 게시판의 색상은?

19.04.문58 / 16.10.문53 / 16.05.문42 / 15.03.문44 / 11.10.문45

① 청색바탕에 백색문자

② 적색바탕에 백색문자

③ 백색바탕에 적색문자

④ 백색바탕에 흑색문자

해설 **위험물규칙 [별표 4]**

**위험물제조소의 게시판 설치기준**

| 위험물 | 주의사항 | 비 고 |
|---|---|---|
| • 제1류 위험물(알칼리금속의 과산화물)<br>• 제3류 위험물(금수성 물질) | 물기엄금 | **청색**바탕에 **백색**문자 |
| • 제2류 위험물(인화성 고체 제외) | 화기주의 | **적색**바탕에 **백색**문자 보기 ② |
| • 제2류 위험물(인화성 고체)<br>• 제3류 위험물(자연발화성 물질)<br>• **제4류 위험물** →<br>• 제5류 위험물 | **화기엄금** | |
| • 제6류 위험물 | 별도의 표시를 하지 않는다. | |

비교

**위험물규칙 〔별표 19〕**
**위험물 운반용기의 주의사항**

| 위험물 | | 주의사항 |
|---|---|---|
| 제1류 위험물 | 알칼리금속의 과산화물 | • 화기 · 충격주의<br>• 물기엄금<br>• 가연물 접촉주의 |
| | 기타 | • 화기 · 충격주의<br>• 가연물 접촉주의 |
| 제2류 위험물 | 철분 · 금속분 · 마그네슘 | • 화기주의<br>• 물기엄금 |
| | 인화성 고체 | • 화기엄금 |
| | 기타 | • 화기주의 |
| 제3류 위험물 | 자연발화성 물질 | • 화기엄금<br>• 공기접촉엄금 |
| | 금수성 물질 | • 물기엄금 |
| 제4류 위험물 | | • 화기엄금 |
| 제5류 위험물 | | • 화기엄금<br>• 충격주의 |
| 제6류 위험물 | | • 가연물 접촉주의 |

답 ②

★★★
**43** 소방시설공사업법령상 소방시설업의 등록을 하지 아니하고 영업을 한 자에 대한 벌칙기준으로 옳은 것은?

21.03.문54
20.06.문47
19.09.문47
14.09.문58
07.09.문58

① 1년 이하의 징역 또는 1천만원 이하의 벌금
② 2년 이하의 징역 또는 2천만원 이하의 벌금
③ 3년 이하의 징역 또는 3천만원 이하의 벌금
④ 5년 이하의 징역 또는 5천만원 이하의 벌금

해설 **3년 이하의 징역 또는 3000만원 이하의 벌금**
(1) **화재안전조사** 결과에 따른 조치명령 위반(화재예방법 50조)
(2) **소방시설관리업** 무등록자(소방시설법 57조)
(3) **소방시설업** 무등록자(공사업법 35조) 보기 ③
(4) 형식승인을 받지 않은 **소방용품** 제조 · 수입자(소방시설법 57조)
(5) **제품검사**를 받지 않은 자(소방시설법 57조)
(6) **부정한 방법**으로 **진단기관**의 지정을 받은 자(소방시설법 57조)

중요

| 3년 이하의 징역 또는 3000만원 이하의 벌금 | 5년 이하의 징역 또는 1억원 이하의 벌금 |
|---|---|
| ① 소방시설업 무등록<br>② 소방시설관리업 무등록 | 제조소 무허가(위험물법 34조 2) |

답 ③

★★
**44** 위험물안전관리법령상 유별을 달리하는 위험물을 혼재하여 저장할 수 있는 것으로 짝지어진 것은?

16.10.문09
13.06.문01

① 제1류－제2류
② 제2류－제3류
③ 제3류－제4류
④ 제5류－제6류

해설 **위험물규칙 〔별표 19〕**
**위험물의 혼재기준**
(1) 제**1**류＋제**6**류
(2) 제**2**류＋제**4**류
(3) 제2류＋제**5**류
(4) 제**3**류＋제**4**류 보기 ③
(5) 제**4**류＋제**5**류

기억법 1－6
2－4, 5
3－4
4－5

답 ③

★★★
**45** 소방기본법령상 상업지역에 소방용수시설 설치 시 소방대상물과의 수평거리 기준은 몇 m 이하인가?

20.06.문46
17.09.문56
10.05.문41

① 100 ② 120
③ 140 ④ 160

해설 **기본규칙 〔별표 3〕**
**소방용수시설의 설치기준**

| 거리기준 | 지 역 |
|---|---|
| 수평거리 **100m** 이하 | • **공**업지역<br>• **상**업지역 보기 ①<br>• **주**거지역<br>기억법 주상공100(주상공 백지에 사인을 하시오.) |
| 수평거리 **140m** 이하 | • 기타지역 |

답 ①

★★

## 46 소방시설 설치 및 관리에 관한 법령상 종합점검 실시대상이 되는 특정소방대상물의 기준 중 다음 (   ) 안에 알맞은 것은?

20.06.문55
18.03.문41

> 물분무등소화설비[호스릴(Hose Reel)방식의 물분무등소화설비만을 설치한 경우는 제외한다]가 설치된 연면적 (   )$m^2$ 이상인 특정소방대상물(위험물제조소 등은 제외한다)

① 2000　　② 3000
③ 4000　　④ 5000

해설 **소방시설법 시행규칙 〔별표 4〕**
**소방시설 등 자체점검의 구분과 대상, 점검자의 자격**

| 점검구분 | 정 의 | 점검대상 | 점검자의 자격(주된 인력) |
|---|---|---|---|
| 최초점검 | 특정소방대상물의 소방시설등이 신설된 경우 건축물을 사용할 수 있게 된 날부터 **60일** 이내에 자체점검 | 신축·증축·개축·재축·이전·용도변경 또는 대수선 등으로 소방시설이 신설된 특정소방대상물 중 소방공사감리자가 지정되어 소방공사감리 결과보고서로 완공검사를 받은 특정소방대상물 | ① 소방시설관리업에 등록된 기술인력 중 소방시설관리사<br>② 소방안전관리자로 선임된 소방시설관리사 또는 소방기술사 |
| 작동점검 | 소방시설 등을 인위적으로 조작하여 정상적으로 작동하는지를 점검하는 것 | ① 간이스프링클러설비<br>② 자동화재탐지설비<br>③ 3급 소방안전관리대상물 | ① 관계인<br>② 소방안전관리자로 선임된 **소방시설관리사** 또는 **소방기술사**<br>③ 소방시설관리업에 등록된 소방시설관리사 또는 **특급점검자** |
| | | ④ ①, ②, ③, ⑤에 해당하지 아니하는 특정소방대상물 | ① 소방시설관리업에 등록된 기술인력 중 소방시설관리사<br>② 소방안전관리자로 선임된 소방시설관리사 또는 소방기술사 |
| | ⑤ 다음에 해당하는 특정소방대상물은 **작동점검** 대상 **제외**<br>㉠ 특정소방대상물 중 소방안전관리자를 선임하지 않는 대상<br>㉡ **위험물제조소** 등<br>㉢ **특급**소방안전관리대상물 | | |
| 종합점검 | 소방시설 등의 작동점검을 포함하여 소방시설 등의 설비별 주요구성부품의 구조기준이 관련법령에서 정하는 기준에 적합한지 여부를 점검하는 것 | ① **스프링클러설비**가 설치된 특정소방대상물<br>② **물분무등소화설비**(호스릴방식의 물분무등소화설비만을 설치한 경우는 제외)가 설치된 연면적 **5000m²** 이상인 특정소방대상물(위험물제조소 등 제외) 보기 ④<br>③ 다중이용업의 영업장이 설치된 특정소방대상물로서 연면적이 2000m² 이상인 것<br>④ 제연설비가 설치된 터널<br>⑤ 공공기관 중 연면적(터널·지하구의 경우 그 길이와 평균폭을 곱하여 계산된 값을 말한다)이 1000m² 이상인 것으로서 옥내소화전설비 또는 자동화재탐지설비가 설치된 것(단, 소방대가 근무하는 공공기관 제외) | ① 소방시설관리업에 등록된 기술인력 중 소방시설관리사<br>② 소방안전관리자로 선임된 소방시설관리사 또는 소방기술사 |

답 ④

★★★

## 47 다음 소방기본법령상 용어 정의에 대한 설명으로 옳은 것은?

21.05.문41
21.03.문58
19.04.문46
14.09.문44

① 소방대상물이란 건축물, 차량, 선박(항구에 매어둔 선박은 제외) 등을 말한다.
② 관계인이란 소방대상물의 점유예정자를 포함한다.
③ 소방대란 소방공무원, 의무소방원, 의용소방대원으로 구성된 조직체이다.
④ 소방대장이란 화재, 재난·재해, 그 밖의 위급한 상황이 발생한 현장에서 소방대를 지휘하는 사람(소방서장은 제외)이다.

해설
① 매어둔 선박은 제외 → 매어둔 선박
② 포함한다. → 포함하지 않는다.
④ 소방서장은 제외 → 소방서장 포함

(1) **기본법 2조 1호** 보기 ①
**소방대상물**
㉠ **건**축물
㉡ **차**량
㉢ **선**박(매어둔 것)
㉣ 선박건조구조물
㉤ **산**림
㉥ **인**공구조물
㉦ **물**건

기억법 **건차선 산인물**

(2) **기본법 2조** 보기 ②
**관계인**
㉠ **소**유자
㉡ **관**리자
㉢ **점**유자

기억법 **소관점**

(3) **기본법 2조** 보기 ③
**소방대**
㉠ 소방공무원
㉡ 의무소방원
㉢ 의용소방대원

(4) **기본법 2조** 보기 ④
**소방대장**
**소방본부장** 또는 **소방서장** 등 화재, 재난 · 재해, 그 밖의 위급한 상황이 발생한 현장에서 소방대를 지휘하는 사람

답 ③

★★
**48** **화재의 예방 및 안전관리에 관한 법령상 관리의 권원이 분리된 특정소방대상물에 소방안전관리자를 선임하여야 하는 특정소방대상물 중 복합건축물은 지하층을 제외한 층수가 최소 몇 층 이상인 건축물만 해당되는가?**

18.09.문58
16.03.문42

① 6층　② 11층
③ 20층　④ 30층

해설 **화재예방법 35조, 화재예방법 시행령 36조**
**관리의 권원이 분리된 특정소방대상물의 소방안전관리**
(1) 복합건축물(**지하층**을 **제외**한 **11층** 이상, 또는 연면적 **30000m²** 이상인 건축물) 보기 ②
(2) 지하가
(3) **도매시장, 소매시장, 전통시장**

답 ②

★★★
**49** **소방기본법령상 특수가연물의 저장 및 취급의 기준 중 ( )에 들어갈 내용으로 옳은 것은? (단, 석탄 · 목탄류의 경우는 제외한다.)**

21.05.문45
19.03.문55
18.03.문60
14.05.문46
14.03.문46
13.03.문60

> 쌓는 높이는 ( ㉠ )m 이하가 되도록 하고, 쌓는 부분의 바닥면적은 ( ㉡ )m² 이하가 되도록 할 것

① ㉠ 15, ㉡ 200　② ㉠ 15, ㉡ 300
③ ㉠ 10, ㉡ 30　④ ㉠ 10, ㉡ 50

해설 **기본령 7조**
**특수가연물의 저장 · 취급기준**
(1) **품명별**로 구분하여 쌓을 것
(2) 쌓는 높이는 **10m** 이하가 되도록 할 것 보기 ④
(3) 쌓는 부분의 바닥면적은 **50m²**(석탄 · 목탄류는 **200m²**) 이하가 되도록 할 것(단, 살수설비를 설치하거나 대형수동식 소화기를 설치하는 경우에는 높이 **15m** 이하, 바닥면적 **200m²**(석탄 · 목탄류는 **300m²**) 이하) 보기 ④
(4) 쌓는 부분의 바닥면적 사이는 **1m** 이상이 되도록 할 것
(5) 취급장소에는 **품명 · 최대수량** 및 **화기취급**의 **금지표지** 설치

답 ④

★★★
**50** **소방시설 설치 및 관리에 관한 법령상 자동화재탐지설비를 설치하여야 하는 특정소방대상물의 기준으로 틀린 것은?**

21.03.문57
16.05.문43
16.03.문57
14.03.문79
12.03.문74

① 공장 및 창고시설로서 「화재의 예방 및 안전관리에 관한 법률」에서 정하는 수량의 500배 이상의 특수가연물을 저장 · 취급하는 것
② 지하가(터널은 제외한다)로서 연면적 600m² 이상인 것
③ 숙박시설이 있는 수련시설로서 수용인원 100명 이상인 것
④ 장례시설 및 복합건축물로서 연면적 600m² 이상인 것

해설 ② 600m² 이상 → 1000m² 이상

**소방시설법 시행령 〔별표 5〕**
**자동화재탐지설비의 설치대상**

| 설치대상 | 조 건 |
|---|---|
| ① 정신의료기관 · 의료재활시설 | • 창살설치 : 바닥면적 **300m²** 미만<br>• 기타 : 바닥면적 **300m²** 이상 |
| ② 노유자시설 | • 연면적 **400m²** 이상 |
| ③ **근**린생활시설 · **위**락시설<br>④ **의**료시설(정신의료기관, 요양병원 제외)<br>⑤ **복**합건축물 · **장례시설**<br>기억법 **근위의복 6** | • 연면적 **600m²** 이상<br>보기 ④ |
| ⑥ 목욕장 · 문화 및 집회시설, 운동시설<br>⑦ 종교시설<br>⑧ 방송통신시설 · 관광휴게시설<br>⑨ 업무시설 · 판매시설<br>⑩ 항공기 및 자동차관련시설 · 공장 · 창고시설<br>⑪ **지하가**(터널 제외) · 운수시설 · 발전시설 · 위험물 저장 및 처리시설<br>⑫ 교정 및 군사시설 중 국방 · 군사시설 | • 연면적 **1000m²** 이상<br>보기 ② |

| | |
|---|---|
| ⑬ **교**육연구시설 · **동**식물관련시설<br>⑭ **분**뇨 및 쓰레기 처리시설 · **교**정 및 군사시설(국방 · 군사시설 제외)<br>⑮ **수**련시설(숙박시설이 있는 것 제외)<br>⑯ 묘지관련시설<br>기억법 **교동분교수 2** | • 연면적 **2000m²** 이상 |
| ⑰ 지하가 중 터널 | • 길이 **1000m** 이상 |
| ⑱ 지하구<br>⑲ 노유자생활시설<br>⑳ 공동주택<br>㉑ 숙박시설<br>㉒ **6층** 이상인 건축물<br>㉓ 조산원 및 산후조리원<br>㉔ 전통시장<br>㉕ 요양병원(정신병원, 의료재활시설 제외) | • 전부 |
| ㉖ 특수가연물 저장 · 취급 | • 지정수량 **500배** 이상 보기 ① |
| ㉗ 수련시설(숙박시설이 있는 것) | • 수용인원 **100명** 이상 보기 ③ |
| ㉘ 발전시설 | • 전기저장시설 |

답 ②

★★★
**51** 위험물안전관리법령에서 정하는 제3류 위험물에 해당하는 것은?

19.04.문44 17.09.문02 16.05.문52 16.05.문46 15.09.문03 15.09.문18 15.05.문10 15.05.문42 15.03.문51 14.09.문18 14.03.문18 11.06.문54

① 나트륨
② 염소산염류
③ 무기과산화물
④ 유기과산화물

해설

② 제1류
③ 제1류
④ 제5류

**위험물령 〔별표 1〕**
**위험물**

| 유 별 | 성 질 | 품 명 |
|---|---|---|
| 제**1**류 | **산**화성 **고**체 | • 아염소산염류<br>• 염소산염류(**염소산나트륨**) 보기 ②<br>• 과염소산염류<br>• 질산염류<br>• 무기과산화물 보기 ③<br>기억법 **1산고염나** |
| 제2류 | 가연성 고체 | • **황화**린<br>• **적**린<br>• **유**황<br>• **마**그네슘<br>기억법 **황화적유마** |
| 제3류 | 자연발화성 물질 및 금수성 물질 | • **황린**<br>• **칼**륨<br>• **나트륨** 보기 ①<br>• **알**칼리토금속<br>• **트**리에틸알루미늄<br>기억법 **황칼나알트** |
| 제4류 | 인화성 액체 | • 특수인화물<br>• 석유류(벤젠)<br>• 알코올류<br>• 동식물유류 |
| 제5류 | 자기반응성 물질 | • 유기과산화물 보기 ④<br>• 니트로화합물<br>• 니트로소화합물<br>• 아조화합물<br>• 질산에스테르류(셀룰로이드) |
| 제6류 | 산화성 액체 | • **과염소산**<br>• 과산화수소<br>• 질산 |

답 ①

★★★
**52** 소방시설 설치 및 관리에 관한 법령상 방염성능기준 이상의 실내장식물 등을 설치하여야 하는 특정소방대상물이 아닌 것은?

17.09.문41 15.09.문42 11.10.문60

① 방송국
② 종합병원
③ 11층 이상의 아파트
④ 숙박이 가능한 수련시설

해설

③ 아파트 제외

**소방시설법 시행령 〔별표 9〕**
**방염성능기준 이상 적용 특정소방대상물**

(1) 층수가 **11층 이상**인 것(아파트 제외 : 2026. 12. 1. 삭제) 보기 ③
(2) 체력단련장, 공연장 및 종교집회장
(3) 문화 및 집회시설
(4) 종교시설
(5) 운동시설(수영장은 제외)
(6) 의료시설(종합병원, 정신의료기관) 보기 ②
(7) 의원, 조산원, 산후조리원
(8) 교육연구시설 중 합숙소
(9) 노유자시설
(10) 숙박이 가능한 수련시설 보기 ④
(11) 숙박시설
(12) 방송국 및 촬영소 보기 ①
(13) 장례식장
(14) 단란주점영업, 유흥주점영업, 노래연습장의 영업장
(15) 다중이용업소

답 ③

★★★
**53** 18.09.문09 10.05.문52 06.09.문57 05.03.문49

**소방시설 설치 및 관리에 관한 법령상 무창층으로 판정하기 위한 개구부가 갖추어야 할 요건으로 틀린 것은?**

① 크기는 반지름 30cm 이상의 원이 내접할 수 있을 것
② 해당 층의 바닥면으로부터 개구부 밑부분까지 높이가 1.2m 이내일 것
③ 도로 또는 차량이 진입할 수 있는 빈터를 향할 것
④ 화재시 건축물로부터 쉽게 피난할 수 있도록 창살이나 그 밖의 장애물이 설치되지 아니할 것

① 30cm 이상 → 50cm 이상

**소방시설법 시행령 2조**
**무창층의 개구부의 기준**
(1) 개구부의 크기는 지름 **50cm 이상**의 원이 **내접**할 수 있는 크기일 것 보기 ①
(2) 해당 층의 바닥면으로부터 개구부 밑부분까지의 높이가 **1.2m 이내**일 것 보기 ②
(3) 개구부는 **도로** 또는 **차량**이 진입할 수 있는 **빈터**를 향할 것 보기 ③
(4) 화재시 건축물로부터 **쉽게 피난**할 수 있도록 개구부에 창살, 그 밖의 장애물이 설치되지 아니할 것 보기 ④
(5) 내부 또는 외부에서 **쉽게 부수거나 열 수** 있을 것

용어

**소방시설법 시행령 2조**
**무창층**
지상층 중 기준에 의해 개구부의 면적의 합계가 그 층의 바닥면적의 $\frac{1}{30}$ **이하**가 되는 층

답 ①

★★
**54** 16.10.문58 05.05.문44

**소방시설공사업법령상 일반 소방시설설계업(기계분야)의 영업범위에 대한 기준 중 (  )에 알맞은 내용은? (단, 공장의 경우는 제외한다.)**

연면적 (    )$m^2$ 미만의 특정소방대상물(제연설비가 설치되는 특정소방대상물은 제외한다)에 설치되는 기계분야 소방시설의 설계

① 10000 ② 20000
③ 30000 ④ 50000

해설 **공사업령 [별표 1]**
**소방시설설계업**

| 종 류 | 기술인력 | 영업범위 |
|---|---|---|
| 전문 | • 주된기술인력 : **1명** 이상<br>• 보조기술인력 : **1명** 이상 | • 모든 특정소방대상물 |
| 일반 | • 주된기술인력 : **1명** 이상<br>• 보조기술인력 : **1명** 이상 | • **아파트**(기계분야 제연설비 제외)<br>• 연면적 **30000m²**(공장 **10000m²**) 미만(기계분야 제연설비 제외) 보기 ③<br>• **위험물제조소** 등 |

답 ③

★
**55** 17.09.문53

**소방시설 설치 및 관리에 관한 법령상 건축허가 등을 할 때 미리 소방본부장 또는 소방서장의 동의를 받아야 하는 건축물 등의 범위기준이 아닌 것은?**

① 노유자시설 및 수련시설로서 연면적 100$m^2$ 이상인 건축물
② 지하층 또는 무창층이 있는 건축물로서 바닥면적이 150$m^2$ 이상인 층이 있는 것
③ 차고·주차장으로 사용되는 바닥면적이 200$m^2$ 이상인 층이 있는 건축물이나 주차시설
④ 장애인 의료재활시설로서 연면적 300$m^2$ 이상인 건축물

① 100$m^2$ 이상 → 200$m^2$ 이상

**소방시설법 시행령 7조**
**건축허가 등의 동의대상물**
(1) 연면적 **400$m^2$**(학교시설 : **100$m^2$**, 수련시설·노유자시설 : **200$m^2$**, 정신의료기관·장애인 의료재활시설 : **300$m^2$**) 이상
(2) **6층** 이상인 건축물
(3) 차고·주차장으로서 바닥면적 **200$m^2$** 이상(**자**동차 **20대** 이상)
(4) **항공기격납고, 관망탑, 항공관제탑, 방송용 송수신탑**
(5) 지하층 또는 무창층의 바닥면적 **150$m^2$**(공연장은 **100$m^2$**) 이상
(6) **위험물저장** 및 **처리시설, 지하구**
(7) **결핵환자**나 **한센인**이 24시간 생활하는 **노유자시설**
(8) 전기저장시설, 풍력발전소
(9) 노인주거복지시설·노인의료복지시설 및 재가노인복지시설·학대피해노인 전용쉼터·아동복지시설·장애인거주시설
(10) 정신질환자 관련시설(종합시설 중 24시간 주거를 제공하지 아니하는 시설 제외)
(11) 조산원, 산후조리원, 의원(입원실이 있는 것), **전통시장**
(12) 노숙인자활시설, 노숙인재활시설 및 노숙인요양시설
(13) 요양병원(정신병원, 의료재활시설 제외)
(14) **목조건축물**(보물·국보)
(15) 노유자시설

⒃ 숙박시설이 있는 수련시설 : 수용인원 **100명** 이상
⒄ 공장 또는 창고시설로서 지정하는 수량의 **750배** 이상의 특수가연물을 저장·취급하는 것
⒅ 가스시설로서 지상에 노출된 탱크의 저장용량의 합계가 **100t** 이상인 것
⒆ **50명** 이상의 근로자가 작업하는 **옥내작업장**

기억법 2자(이자)

답 ①

**56** 다음 중 소방기본법령에 따라 화재예방상 필요하다고 인정되거나 화재위험경보시 발령하는 소방신호의 종류로 옳은 것은?

21.03.문44
12.03.문48

① 경계신호 ② 발화신호
③ 경보신호 ④ 훈련신호

해설 **기본규칙 10조**
**소방신호의 종류**

| 소방신호 | 설 명 |
|---|---|
| **경계신호** 보기 ① | 화재예방상 필요하다고 인정되거나 화재위험경보시 발령 |
| **발화신호** | 화재가 발생한 때 발령 |
| **해제신호** | 소화활동이 필요없다고 인정되는 때 발령 |
| **훈련신호** | 훈련상 필요하다고 인정되는 때 발령 |

중요

**기본규칙 〔별표 4〕**
**소방신호표**

| 종 별 \ 신호방법 | 타종신호 | 사이렌 신호 |
|---|---|---|
| 경계신호 | **1타**와 연 **2타**를 반복 | **5초** 간격을 두고 **30초**씩 **3회** |
| 발화신호 | **난타** | **5초** 간격을 두고 **5초**씩 **3회** |
| 해제신호 | 상당한 간격을 두고 **1타**씩 반복 | **1분**간 **1회** |
| 훈련신호 | **연 3타** 반복 | **10초** 간격을 두고 **1분**씩 **3회** |

기억법
| | 타 | 사 |
|---|---|---|
| 경계 | 1+2 | 5+30=3 |
| 발 | 난 | 5+5=3 |
| 해 | 1 | 1=1 |
| 훈 | 3 | 10+1=3 |

답 ①

**57** 소방기본법령상 보일러 등의 위치·구조 및 관리와 화재예방을 위하여 불의 사용에 있어서 지켜야 하는 사항 중 보일러에 경유·등유 등 액체연료를 사용하는 경우에 연료탱크는 보일러 본체로부터 수평거리 최소 몇 m 이상의 간격을 두어 설치해야 하는가?

16.05.문56
12.03.문57

① 0.5 ② 0.6
③ 1 ④ 2

해설 **기본령 〔별표 1〕**
**경유·등유 등 액체연료를 사용하는 경우**
(1) 연료탱크는 보일러 본체로부터 수평거리 **1m** 이상의 간격을 두어 설치할 것 보기 ③
(2) 연료탱크에는 화재 등 긴급상황이 발생할 때 연료를 차단할 수 있는 개폐밸브를 연료탱크로부터 **0.5m** 이내에 설치할 것

비교

**기본령 〔별표 1〕**
**벽·천장 사이의 거리**

| 종 류 | 벽·천장 사이의 거리 |
|---|---|
| 건조설비 | **0.5m** 이상 |
| 보일러 | **0.6m** 이상 |
| 보일러(경유·등유) | 수평거리 **1m** 이상 |

답 ③

**58** 소방시설 설치 및 관리에 관한 법령상 소방청장 또는 시·도지사가 청문을 하여야 하는 처분이 아닌 것은?

① 소방시설관리사 자격의 정지
② 소방안전관리자 자격의 취소
③ 소방시설관리업의 등록취소
④ 소방용품의 형식승인취소

해설 **소방시설법 49조**
**청문실시 대상**
(1) 소방시설**관리사 자격**의 **취소** 및 **정지** 보기 ①
(2) 소방시설**관리업**의 **등록취소** 및 영업정지 보기 ③
(3) **소방용품**의 **형식승인취소** 및 제품검사중지 보기 ④
(4) 소방용품의 **제품검사 전문기관**의 **지정취소** 및 업무정지
(5) 우수품질인증의 취소
(6) 소방용품의 성능인증 취소

기억법 청사 용업(청사 용역)

답 ②

**59** 소방시설 설치 및 관리에 관한 법령상 제조 또는 가공공정에서 방염처리를 한 물품 중 방염대상물품이 아닌 것은?

15.09.문09
13.09.문52
13.06.문53
12.09.문46
12.05.문46
12.03.문44

① 카펫
② 전시용 합판
③ 창문에 설치하는 커튼류
④ 두께가 2mm 미만인 종이벽지

해설 ④ 종이벽지 → 종이벽지 제외

**소방시설법 시행령 〔별표 9〕**
**방염대상물품**

| 제조 또는 가공공정에서 방염처리하여야 하는 방염대상물품 | 현장에서 방염처리 가능한 방염대상물품 |
|---|---|
| ① 창문에 설치하는 **커튼류**(블라인드 포함) 보기 ③<br>② 카펫 보기 ①<br>③ 두께 2mm 미만인 **벽지류(종이벽지 제외)** 보기 ④<br>④ **전시용 합판 · 섬유판** 보기 ②<br>⑤ **무대용 합판 · 섬유판**<br>⑥ **암막 · 무대막**(영화상영관 · 가상체험 체육시설업의 **스크린** 포함)<br>⑦ 섬유류 또는 합성수지류 등을 원료로 하여 제작된 소파 · 의자(단란주점영업, 유흥주점영업 및 노래연습장업의 영업장에 설치하는 것만 해당)<br>⑧ **붙박이 가구류**(건축물 내부의 마감재료 위에 합판 또는 목재를 설치 · 부착하여 제작된 고정식 가구류로서 조리대 등 주방기구, 침실 · 드레스룸의 붙박이장, 실 · 현관 등의 수납가구 등을 말하며, 건축물의 사용승인 또는 영업 허가)<br>⑨ **침구류 · 소파** 및 **의자** | ① 종이류(두께 **2mm 이상**), **합성수지류** 또는 **섬유류**를 주원료로 한 물품<br>② **합판**이나 **목재**(너비 10cm 이하인 반자돌림대 등과 내부의 마감재료는 제외)<br>③ 공간을 구획하기 위하여 설치하는 **간이칸막이**<br>④ **흡음재** 또는 **방음재**(흡음 또는 방음용 커튼 포함) |

• 소방본부장 또는 소방서장은 다중이용업소, 의료시설, 노유자시설, 숙박시설 또는 장례식장 등에서 사용하는 침구류, 소파 및 의자 등에 대해 방염처리된 물품을 사용하도록 권장할 수 있다.

답 ④

★★★
**60** 위험물안전관리법령상 관계인이 예방규정을 정하여야 하는 위험물제조소 등에 해당하지 않는 것은?

20.09.문48 19.04.문53 17.03.문41 17.03.문55 15.09.문48 15.03.문58 14.05.문41 12.09.문52

① 지정수량 10배의 특수인화물을 취급하는 일반취급소
② 지정수량 20배의 휘발유를 고정된 탱크에 주입하는 일반취급소
③ 지정수량 40배의 제3석유류를 용기에 옮겨 담는 일반취급소
④ 지정수량 15배의 알코올을 버너에 소비하는 장치로 이루어진 일반취급소

해설
① 특수인화물 예방규정대상
② 10배 초과 휘발유 예방규정대상
③ 제3석유류는 해당없음
④ 10배 초과한 알코올류 예방규정대상

**위험물령 15조**
**예방규정을 정하여야 할 제조소 등**

| 배 수 | 제조소 등 |
|---|---|
| 10배 이상 | • **제**조소<br>• **일**반취급소[단, 제4류 위험물(**특수인화물** 제외)만을 지정수량의 **50배 이하**로 취급하는 일반취급소(**휘발유 등 제1석유류 · 알코올류**의 취급량이 지정수량의 **10배 이하**인 경우)로 다음에 해당하는 것 제외] 보기 ①②④<br>– **보일러 · 버너** 또는 이와 비슷한 것으로서 위험물을 소비하는 장치로 이루어진 **일반취급소**<br>– 위험물을 용기에 옮겨 담거나 **차량**에 **고정**된 **탱크**에 **주입**하는 **일반취급소** |
| 100배 이상 | • 옥**외**저장소 |
| 150배 이상 | • 옥**내**저장소 |
| 200배 이상 | • 옥외**탱**크저장소 |
| 모두 해당 | • 이송취급소<br>• 암반탱크저장소 |

기억법
1 제일
0 외
5 내
2 탱

※ **예방규정** : 제조소 등의 화재예방과 화재 등 재해발생시의 비상조치를 위한 규정

답 ③

## 제 4 과목 소방전기시설의 구조 및 원리

★
**61** 소방시설용 비상전원수전설비의 화재안전기준(NFSC 602)에 따라 저압으로 수전하는 제1종 배전반 및 분전반의 외함 두께와 전면판(또는 문) 두께에 대한 설치기준으로 옳은 것은?

20.08.문75

① 외함 : 1.0mm 이상, 전면판(또는 문) : 1.2mm 이상
② 외함 : 1.2mm 이상, 전면판(또는 문) : 1.5mm 이상
③ 외함 : 1.5mm 이상, 전면판(또는 문) : 2.0mm 이상
④ 외함 : 1.6mm 이상, 전면판(또는 문) : 2.3mm 이상

해설 **제1종 배전반** 및 **제1종 분전반**의 **시설기준**

(1) 외함은 두께 **1.6mm**(전면판 및 문은 **2.3mm**) 이상의 강판과 이와 동등 이상의 강도와 내화성능이 있는 것으로 제작할 것 보기 ④

‖ 제1종 배전반 · 분전반 ‖

| 외함두께 | 전면판 및 문 두께 |
|---|---|
| 1.6mm 이상 | 2.3mm 이상 |

(2) 외함의 내부는 외부의 열에 의해 영향을 받지 않도록 **내열성** 및 **단열성**이 있는 재료를 사용하여 단열할 것. 이 경우 단열부분은 열 또는 진동에 따라 쉽게 변형되지 아니할 것

(3) 다음에 해당하는 것은 외함에 노출하여 설치

㉠ **표시등**(불연성 또는 난연성 재료로 덮개를 설치한 것에 한함)

㉡ 전선의 **인입구** 및 **입출구**

(4) 외함은 **금속관** 또는 **금속제 가요전선관**을 쉽게 접속할 수 있도록 하고, 당해 접속부분에는 **단열조치**를 할 것

(5) 공용 배전반 및 공용 분전반의 경우 소방회로와 일반회로에 사용하는 배선 및 배선용 기기는 **불연재료**로 구획되어야 할 것

비교

**제2종 배전반** 및 **제2종 분전반**의 **시설기준**

(1) 외함은 두께 **1mm**(함 전면의 면적이 $1000cm^2$를 초과하고 $2000cm^2$ 이하인 경우에는 **1.2mm**, $2000cm^2$를 초과하는 경우에는 **1.6mm** 이상의 강판과 이와 동등 이상의 강도와 내화성능이 있는 것으로 제작

(2) **120℃**의 온도를 가했을 때 이상이 없는 **전압계** 및 **전류계**는 외함에 노출하여 설치

(3) 단열을 위해 배선용 **불연전용 실내**에 설치

답 ④

★★★

**62** 무선통신보조설비의 화재안전기준(NFSC 505)에서 정하는 분배기 · 분파기 및 혼합기 등의 임피던스는 몇 Ω의 것으로 하여야 하는가?

18.09.문67 / 17.05.문69 / 16.03.문61 / 14.05.문62 / 13.06.문75 / 11.10.문74 / 07.05.문79

① 10 ② 30
③ 50 ④ 100

해설 **무선통신보조설비**의 **분배기 · 분파기 · 혼합기 설치기준**

(1) 먼지 · 습기 · 부식 등에 이상이 없을 것

(2) 임피던스 **50**Ω의 것 보기 ③

(3) 점검이 편리하고 화재 등의 피해 우려가 없는 장소

답 ③

★★

**63** 비상콘센트설비의 성능인증 및 제품검사의 기술기준에 따라 절연저항 시험부위의 절연내력은 정격전압 150V 이하의 경우 60Hz의 정현파에 가까운 실효전압 1000V 교류전압을 가하는 시험에서 몇 분간 견디는 것이어야 하는가?

18.03.문64 / 11.06.문73

① 1 ② 10
③ 30 ④ 60

해설 **비상콘센트설비**의 **절연내력시험**(NFSC 504 4조)

| 구 분 | 150V 이하 | 150V 초과 |
|---|---|---|
| 실효전압 | **1000V** | **(정격전압×2)+1000V**<br>예 220V인 경우<br>(220×2)+1000=1440V |
| 견디는 시간 | **1분** 이상<br>보기 ① | **1분** 이상 |

답 ①

★★★

**64** 다음은 누전경보기의 형식승인 및 제품검사의 기술기준에 따른 표시등에 대한 내용이다. ( )에 들어갈 내용으로 옳은 것은?

21.03.문71 / 20.09.문69 / 18.03.문71 / 17.03.문66

> 주위의 밝기가 ( ㉠ )lx인 장소에서 측정하여 앞면으로부터 ( ㉡ )m 떨어진 곳에서 켜진 등이 확실히 식별되어야 한다.

① ㉠ 150, ㉡ 3
② ㉠ 300, ㉡ 3
③ ㉠ 150, ㉡ 5
④ ㉠ 300, ㉡ 5

해설 **누전경보기**의 **형식승인** 및 **제품검사**의 **기술기준 4조**

**부품의 구조 및 기능**

(1) 전구는 사용전압의 **130%**인 교류전압을 **20시간** 연속하여 가하는 경우 단선, 현저한 광속변화, 흑화, 전류의 저하 등이 발생하지 아니할 것

(2) 전구는 **2개** 이상을 **병렬**로 접속하여야 한다(단, **방전등** 또는 **발광다이오드**는 제외).

(3) 전구에는 적당한 **보호커버**를 설치하여야 한다(단, **발광다이오드**는 제외).

(4) 주위의 밝기가 **300 lx** 이상인 장소에서 측정하여 앞면으로부터 **3m** 떨어진 곳에서 켜진 등이 확실히 식별될 것 보기 ②

(5) **소켓**은 접촉이 확실하여야 하며 쉽게 전구를 교체할 수 있도록 부착

(6) 누전화재의 발생을 표시하는 표시등(누전등)이 설치된 것은 등이 켜질 때 **적색**으로 표시되어야 하며, 누전화재가 발생한 경계전로의 위치를 표시하는 표시등(지구등)과 기타의 표시등은 다음과 같아야 한다.

| • 누전등<br>• 누전등 및 지구등과 쉽게 구별할 수 있도록 부착된 기타의 표시등 | • 누전등이 설치된 수신부의 지구등<br>• 기타의 표시등 |
|---|---|
| 적색 | 적색 외의 색 |

답 ②

★★★

**65** 무선통신보조설비의 화재안전기준(NFSC 505)에 따라 무선통신보조설비의 누설동축케이블 및 동축케이블은 화재에 따라 해당 케이블의 피복이 소실된 경우에 케이블 본체가 떨어지지 아니하도록 몇 m 이내마다 금속제 또는 자기제 등의 지지금구로 벽·천장·기둥 등에 견고하게 고정시켜야 하는가? (단, 불연재료로 구획된 반자 안에 설치하지 않은 경우이다.)

20.08.문65 19.03.문80 17.05.문68 16.10.문72 15.09.문78 14.05.문78 12.05.문78 10.05.문76 08.09.문70

① 1
② 1.5
③ 2.5
④ 4

해설 **누설동축케이블**의 **설치기준**
(1) 소방전용 주파수대에서 전파의 **전송** 또는 **복사**에 적합한 것으로서 소방전용의 것
(2) 누설동축케이블과 이에 접속하는 안테나 또는 동축케이블과 이에 접속하는 안테나
(3) 누설동축케이블 및 동축케이블은 화재에 따라 해당 케이블의 피복이 소실된 경우에 케이블 본체가 떨어지지 아니하도록 **4m** 이내마다 금속제 또는 자기제 등의 지지금구로 벽·천장·기둥 등에 견고하게 고정시킬 것(단, 불연재료로 구획된 반자 안에 설치하는 경우 제외) 보기 ④
(4) **누설동축케이블** 및 **안테나**는 **고**압전로로부터 **1.5m** 이상 떨어진 위치에 설치(단, 해당 전로에 **정전기 차폐장치**를 유효하게 설치한 경우에는 제외)
(5) 누설동축케이블의 끝부분에는 **무반사종단저항**을 설치

기억법 누고15

용어

**무반사종단저항**
전송로로 전송되는 전자파가 전송로의 종단에서 반사되어 **교신**을 **방해**하는 것을 막기 위한 저항

답 ④

★★★

**66** 비상콘센트설비의 화재안전기준(NFSC 504)에 따라 비상콘센트용의 풀박스 등은 방청도장을 한 것으로서, 두께 몇 mm 이상의 철판으로 하여야 하는가?

20.08.문64 19.04.문63 18.04.문61 17.03.문72 16.10.문61 16.05.문76 15.09.문80 14.03.문64 11.10.문67

① 1.0
② 1.2
③ 1.5
④ 1.6

해설 **비상콘센트설비**

| 구 분 | 전 압 | 용 량 | 플러그접속기 |
|---|---|---|---|
| 단상 교류 | 220V | 1.5kVA 이상 | 접지형 2극 |

(1) 하나의 전용 회로에 설치하는 비상콘센트는 **10개** 이하로 할 것(전선의 용량은 최대 **3개**)

| 설치하는 비상콘센트 수량 | 전선의 용량산정시 적용하는 비상콘센트 수량 | 단상 전선의 용량 |
|---|---|---|
| 1개 | 1개 이상 | 1.5kVA 이상 |
| 2개 | 2개 이상 | 3.0kVA 이상 |
| 3~10개 | 3개 이상 | 4.5kVA 이상 |

(2) 전원회로는 각 층에 있어서 **2 이상**이 되도록 설치할 것(단, 설치하여야 할 층의 콘센트가 **1개**인 때에는 하나의 회로로 할 수 있다.)
(3) 플러그접속기의 칼받이 접지극에는 **접지공사**를 하여야 한다.
(4) 풀박스는 **1.6mm** 이상의 철판을 사용할 것 보기 ④
(5) 절연저항은 **전원부**와 **외함** 사이를 **직류 500V 절연저항계**로 측정하여 **20MΩ** 이상일 것
(6) 전원으로부터 각 층의 비상콘센트에 분기되는 경우에는 **분기배선용 차단기**를 보호함 안에 설치할 것
(7) 바닥으로부터 **0.8~1.5m** 이하의 높이에 설치할 것
(8) 전원회로는 주배전반에서 **전용 회로**로 하며, 배선의 종류는 **내화배선**이어야 한다.

답 ④

★

**67** 자동화재탐지설비 및 시각경보장치의 화재안전기준(NFSC 203)에서 정하는 불꽃감지기의 시설기준으로 틀린 것은?

19.03.문66

① 폭발의 우려가 있는 장소에는 방폭형으로 설치할 것
② 공칭감시거리 및 공칭시야각은 형식승인 내용에 따를 것
③ 감지기를 천장에 설치하는 경우에는 감지기는 바닥을 향하여 설치할 것
④ 감지기는 화재감지를 유효하게 감지할 수 있는 모서리 또는 벽 등에 설치할 것

해설 ① 해당없음

**불꽃감지기**의 **설치기준**(NFSC 203 7조)
(1) 감지기는 **공칭감시거리**와 **공칭시야각**을 기준으로 감시구역이 모두 포용될 수 있도록 설치할 것
(2) 감지기는 화재감지를 유효하게 감지할 수 있는 **모서리** 또는 **벽** 등에 설치할 것 보기 ④
(3) 감지기를 **천장**에 설치하는 경우에는 감지기는 **바닥**을 향하여 설치할 것 보기 ③
(4) 수분이 많이 발생할 우려가 있는 장소에는 **방수형**으로 설치할 것
(5) **공칭감시거리** 및 **공칭시야각**은 **형식승인** 내용에 따를 것 보기 ②

중요

**불꽃감지기**의 **공칭감시거리 · 공칭시야각**(감지기의 형식승인 및 제품검사 기술기준 19－2)

| 조 건 | 공칭감시거리 | 공칭시야각 |
|---|---|---|
| **20m 미만**의 장소에 적합한 것 | 1m 간격 | 5° 간격 |
| **20m 이상**의 장소에 적합한 것 | 5m 간격 | |

답 ①

**68** 다음은 비상조명등의 우수품질인증 기술기준에서 정하는 비상조명등의 상태를 자동적으로 점검하는 기능에 대한 내용이다. (  )에 들어갈 내용으로 옳은 것은?

> 자가점검시간은 ( ㉠ )초 이상 ( ㉡ )분 이하로 ( ㉢ )일 마다 최소 한 번 이상 자동으로 수행하여야 한다.

① ㉠ 15, ㉡ 15, ㉢ 15
② ㉠ 15, ㉡ 20, ㉢ 30
③ ㉠ 30, ㉡ 30, ㉢ 30
④ ㉠ 30, ㉡ 45, ㉢ 60

해설 **비상조명등**의 **우수품질인증 기술기준 15조**
**자가점검 및 무선점검시험 적합 기능**

(1) 자가점검시간은 **30초** 이상 **30분** 이하로 **30일** 마다 최소 한 번 이상 자동으로 수행 보기 ③
(2) 자가점검결과 이상상태를 확인할 수 있는 **표시** 또는 **점등**(점열, 음향 포함) 장치를 설치
(3) 자가점검기능은 **비상전원 충전회로 고장**, **예비전원 충전용량 미달** 등에 대하여 표시하여야 하며, 기타 제조사가 제시하는 기능 표시
(4) 상용전원 및 비상전원의 상태를 **무선**으로 **점검**할 수 있는 장치를 설치할 수 있다. 이 경우 **최대점검거리** 및 **시야각** 등 제시

답 ③

**69** 자동화재탐지설비 및 시각경보장치의 화재안전기준(NFSC 203)에 따라 부착높이가 4m 미만으로 연기감지기 3종을 설치할 때, 바닥면적 몇 $m^2$ 마다 1개 이상 설치하여야 하는가?

14.05.문64

① 50
② 75
③ 100
④ 150

해설 **연기감지기**의 **바닥면적**

| 부착높이 | 감지기의 종류 | |
|---|---|---|
| | 1종 및 2종 | 3종 |
| 4m 미만 | 150$m^2$ | 50$m^2$ 보기 ① |
| 4~20m 미만 | 75$m^2$ | 설치할 수 없다. |

기억법 123
155
75

답 ①

**70** 비상방송설비와 자동화재탐지설비의 연동시 동작순서로 옳은 것은?

① 기동장치 → 증폭기 → 수신기 → 조작부 → 확성기
② 기동장치 → 조작부 → 증폭기 → 수신기 → 확성기
③ 기동장치 → 수신기 → 증폭기 → 조작부 → 확성기
④ 기동장치 → 증폭기 → 조작부 → 수신기 → 확성기

해설 **비상방송설비**의 **계통도**

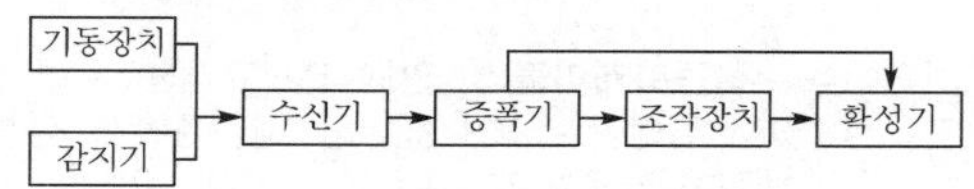


| 비상방송설비의 계통도 |

• 확성기=스피커

답 ③

**71** 유도등의 우수품질인증 기술기준에서 정하는 유도등의 일반구조에 적합하지 않은 것은?

21.09.문71
20.09.문78
20.08.문77
13.09.문67

① 축전지에 배선 등은 직접 납땜하여야 한다.
② 충전부가 노출되지 아니한 것은 사용전압이 300V를 초과할 수 있다.
③ 외함은 기기 내의 온도상승에 의하여 변형, 변색 또는 변질되지 아니하여야 한다.
④ 전선의 굵기는 인출선인 경우에는 단면적이 0.75$mm^2$ 이상, 인출선 외의 경우에는 면적이 0.5$mm^2$ 이상이어야 한다.

해설 ① 납땜하여야 한다. → 납땜하지 아니하여야 한다.

**비상조명등 · 유도등**의 **일반구조**

(1) 전선의 굵기 보기 ④

| 인출선 | 인출선 외 |
|---|---|
| 0.75mm² 이상 | 0.5mm² 이상 |

기억법 인75(인(사람) 치료)

(2) 인출선의 길이 : **150mm 이상**

(3) 축전지에 배선 등을 직접 납땜하지 아니할 것 보기 ①

- 직접 납땜하지 않는 이유 : 납땜시 **축전지**의 **교체**가 **어려움**

(4) 사용전압은 **300V 이하**이어야 한다(단, 충전부가 노출되지 아니한 것은 **300V** 초과 가능). 보기 ②

(5) 예비전원을 **병렬**로 접속하는 경우는 **역충전방지 등**의 조치를 강구할 것

(6) 유도등에는 **점멸**, **음성** 또는 이와 유사한 방식 등에 의한 **유도장치** 설치 가능

(7) 외함은 **기기 내**의 **온도 상승**에 의하여 **변형**, **변색** 또는 **변질**되지 아니하여야 한다. 보기 ③

답 ①

★ **72** 축광표지의 성능인증 및 제품검사의 기술기준에 따라 피난방향 또는 소방용품 등의 위치를 추가적으로 알려주는 보조역할을 하는 축광보조표지의 설치위치로 틀린 것은?

① 바닥 ② 천장

③ 계단 ④ 벽면

해설 ② 천장은 해당없음

**축광표지**의 **성능인증** 및 **제품검사**의 **기술기준 2조**

| 축광유도표지 | 축광위치표지 | 축광보조표지 |
|---|---|---|
| 화재발생시 **피난방향**을 **안내**하기 위하여 사용되는 축광표지로서 **피난구축광유도표지**, **통로축광유도표지**로 구분 | **옥내소화전설비**의 **함**, **발신기**, **피난기구**(완강기, 간이완강기, 구조대, 금속제피난사다리), **소화기**, **투척용 소화용구** 및 **연결송수관설비**의 **방수구** 등 소방용품의 위치를 표시하기 위한 축광표지 | 피난로 등의 **바닥·계단·벽면** 등에 설치함으로써 **피난방향** 또는 **소방용품** 등의 **위치**를 추가적으로 알려주는 **보조**역할을 하는 표지 보기 ② |

답 ②

★★ **73** 시각경보장치의 성능인증 및 제품검사의 기술기준에 따라 시각경보장치의 전원부 양단자 또는 양선을 단락시킨 부분과 비충전부를 DC 500V의 절연저항계로 측정하는 경우 절연저항이 몇 MΩ 이상이어야 하는가?

21.05.문71
11.10.문61

① 0.1 ② 5

③ 10 ④ 20

해설 **절연저항시험**

| 절연저항계 | 절연저항 | 대 상 |
|---|---|---|
| 직류 250V | 0.1MΩ 이상 | • 1경계구역의 절연저항 |
| 직류 500V | 5MΩ 이상 | • 누전경보기<br>• 가스누설경보기<br>• 수신기<br>• 자동화재속보설비<br>• 비상경보설비<br>• 유도등(교류입력측과 외함 간 포함)<br>• 비상조명등(교류입력측과 외함 간 포함)<br>• 시각경보장치 보기 ② |
| | 20MΩ 이상 | • 경종<br>• 발신기<br>• 중계기<br>• 비상콘센트<br>• 기기의 절연된 선로 간<br>• 기기의 충전부와 비충전부 간<br>• 기기의 교류입력측과 외함 간(유도등·비상조명등 제외) |
| | 50MΩ 이상 | • 감지기(정온식 감지선형 감지기 제외)<br>• 가스누설경보기(10회로 이상)<br>• 수신기(10회로 이상) |
| | 1000MΩ 이상 | • 정온식 감지선형 감지기 |

답 ②

★★★ **74** 누전경보기의 형식승인 및 제품검사의 기술기준에서 정하는 누전경보기의 공칭작동전류치(누전경보기를 작동시키기 위하여 필요한 누설전류의 값으로서 제조자에 의하여 표시된 값을 말한다.)는 몇 mA 이하이어야 하는가?

21.05.문78
16.03.문77
15.05.문79
10.03.문76

① 50 ② 100

③ 150 ④ 200

해설 **누전경보기**

| 공칭작동전류치 | 감도조정장치의 조정범위 |
|---|---|
| **200mA** 이하 보기 ④ | **1A**(1000mA) 이하 |

기억법 공2

참고

**검출누설전류 설정치 범위**

| 경계전로 | 제2종 접지선 (중성점 접지선) |
|---|---|
| 100~400mA | 400~700mA |

답 ④

## 75

21.03.문78 20.06.문80 18.03.문76 17.03.문67 16.10.문77 14.05.문68 11.03.문77

**다음은 자동화재속보설비의 속보기의 성능인증 및 제품검사의 기술기준에 따른 속보기에 대한 내용이다. (  )에 들어갈 내용으로 옳은 것은?**

> 속보기는 연동 또는 수동 작동에 의한 다이얼링 후 소방관서와 전화접속이 이루어지지 않는 경우에는 최초 다이얼링을 포함하며 ( ⓐ )회 이상 반복적으로 접속을 위한 다이얼링이 이루어져야 한다. 이 경우 매회 다이얼링 완료 후 호출은 ( ⓑ )초 이상 지속되어야 한다.

① ⓐ 10, ⓑ 30　② ⓐ 15, ⓑ 30
③ ⓐ 10, ⓑ 60　④ ⓐ 15, ⓑ 60

해설 **속보기**의 **기준**
(1) **수동통화**용 송수화기를 설치
(2) **20초** 이내에 **3회** 이상 **소방관서**에 자동속보
(3) 예비전원은 감시상태를 **60분**간 지속한 후 **10분** 이상 동작이 지속될 수 있는 용량일 것
(4) **다**이얼링 : **10회** 이상(다이얼링 호출 **30초** 이상) 보기 ①

기억법 다10 30(산**삼**먹기 **다** **쉽**다)

(5) 작동시 그 **작동시간**과 **작동횟수**를 표시할 수 있는 장치를 하여야 한다.
(6) **예비전원회로**에는 **단락사고** 등을 방지하기 위한 **퓨즈**, **차단기** 등과 같은 **보호장치**를 하여야 한다.

기억법 속203

비교

**속보기의 성능인증 및 제품검사 기술기준 3조**
**자동화재속보설비의 속보기에 적용할 수 없는 회로방식**
(1) **접지전극**에 **직류전류**를 통하는 회로방식
(2) 수신기에 접속되는 외부배선과 다른 설비(화재신호의 전달에 영향을 미치지 아니하는 것 제외)의 외부배선을 **공용**으로 하는 회로방식

답 ①

## 76

**단독경보형 감지기에 대한 설명으로 틀린 것은?**

① 단독경보형 감지기는 감지부, 경보장치, 전원이 개별로 구성되어 있다.
② 화재경보음은 감지기로부터 1m 떨어진 위치에서 85dB 이상으로 10분 이상 계속하여 경보할 수 있어야 한다.
③ 단독경보형 감지기는 수동으로 작동시험을 하고 자동복귀형 스위치에 의하여 자동으로 정위치에 복귀하여야 한다.
④ 작동되는 감지기는 작동표시등에 의하여 화재의 발생을 표시하고, 내장된 음향장치의 명동에 의하여 화재경보음을 발하여야 한다.

해설 ① 개별로 → 통합으로

**감지기**의 **형식승인** 및 **제품검사**의 **기술기준 5조 2**
**단독경보형 감지기의 일반기능**
(1) 자동복귀형 스위치(자동적으로 정위치에 복귀될 수 있는 스위치)에 의하여 **수동**으로 작동시험을 할 수 있는 기능이 있을 것 보기 ③
(2) 작동되는 경우 **작동표시등**에 의하여 화재의 발생을 표시하고, 내장된 **음향장치**의 명동에 의하여 **화재경보음**을 발할 수 있는 기능이 있을 것 보기 ④
(3) 주기적으로 섬광하는 **전원표시등**에 의하여 전원의 정상여부를 감시할 수 있는 기능이 있어야 하며, 전원의 정상상태를 표시하는 전원표시등의 섬광주기는 **1초 이내**의 **점등**과 **30초**에서 **60초** 이내의 **소등**으로 이루어질 것
(4) 화재경보음은 감지기로부터 **1m** 떨어진 위치에서 **85dB 이상**으로 **10분** 이상 계속하여 경보할 수 있을 것 보기 ②
(5) 단독경보형 감지기는 **감지부**, **경보장치**, **전원**이 **통합**으로 구성되어 있을 것 보기 ①

답 ①

## 77

20.08.문66 19.03.문77 18.09.문68 18.04.문74 16.05.문63 15.03.문67 14.09.문65 11.03.문72 10.09.문70 09.05.문75

**비상방송설비의 음향장치는 정격전압의 몇 % 전압에서 음향을 발할 수 있는 것으로 하여야 하는가?**

① 80
② 90
③ 100
④ 110

해설 **비상방송설비 음향장치**의 **구조** 및 **성능기준**(NFSC 202 4조)
(1) 정격전압의 **80%** 전압에서 음향을 발할 것 보기 ①
(2) **자동화재탐지설비**의 작동과 연동하여 작동할 것

비교

**자동화재탐지설비 음향장치**의 **구조** 및 **성능 기준**
(1) 정격전압의 **80%** 전압에서 음향을 발할 것
(2) 음량은 **1m** 떨어진 곳에서 **90dB** 이상일 것
(3) **감지기·발신기**의 작동과 **연동**하여 작동할 것

답 ①

## 78

19.09.문66 14.05.문74 13.06.문69 09.08.문62

**소방시설용 비상전원수전설비의 화재안전기준(NFSC 602)에 따라 소방회로배선은 일반회로배선과 불연성 벽으로 구획하여야 하나, 소방회로배선과 일반회로배선을 몇 cm 이상 떨어져 설치한 경우에는 그러하지 아니하는가?**

① 5　② 10
③ 15　④ 20

해설 **특고압** 또는 **고압**으로 **수전**하는 **경우**(NFSC 602 5조)

(1) 전용의 **방화구획 내**에 설치할 것

(2) 소방회로배선은 일반회로배선과 **불연성 벽**으로 구획할 것(단, 소방회로배선과 일반회로배선을 **15cm** 이상 떨어져 설치한 경우는 제외) 보기 ③

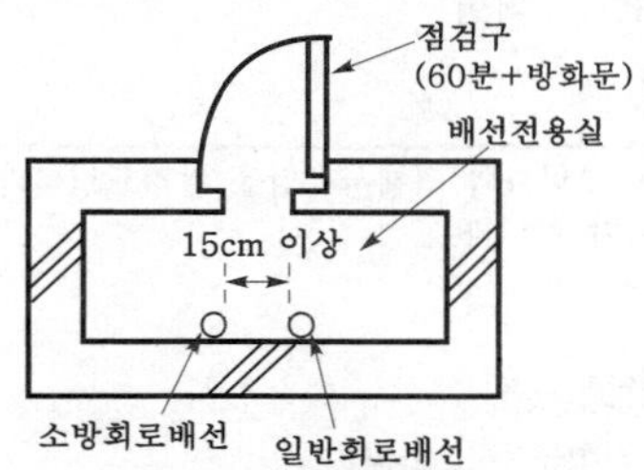


| 불연성 벽으로 구획하지 않아도 되는 경우 |

(3) 일반회로에서 **과부하, 지락사고** 또는 **단락사고**가 발생한 경우에도 이에 영향을 받지 아니하고 계속하여 소방회로에 전원을 공급시켜 줄 수 있어야 할 것

(4) 소방회로용 **개폐기** 및 **과전류차단기**에는 "소방시설용"이라 표시할 것

답 ③

**79** 경종의 우수품질인증 기술기준에 따라 경종에 정격전압을 인가한 경우 경종의 소비전류는 몇 mA 이하이어야 하는가?

① 10

② 30

③ 50

④ 100

해설 **경종의 우수품질인증 기술기준**

**경종의 기능시험**

(1) 경종의 중심으로부터 **1m** 떨어진 위치에서 **90dB** 이상이어야 하며, 최소청취거리에서 **110dB**을 초과하지 아니할 것

(2) 경종의 소비전류 : **50mA** 이하 보기 ③

답 ③

**80** 14.03.문66 06.09.문79

자동화재탐지설비 및 시각경보장치의 화재안전기준(NFSC 203)에 따라 감지기 상호간 또는 감지기로부터 수신기에 이르는 감지기회로의 배선 중 전자파 방해를 받지 아니하는 쉴드선 등을 사용하지 않아도 되는 것은?

① R형 수신기용으로 사용되는 것

② 차동식 감지기

③ 다신호식 감지기

④ 아날로그식 감지기

해설 **쉴드선**을 **사용**해야 하는 **감지기**

(1) **아**날로그식 감지기 보기 ④

(2) **다**신호식 감지기 보기 ③

(3) **R**형 수신기용으로 사용되는 감지기 보기 ①

기억법 쉴아다R

중요

**쉴드선**의 **단면** 및 **외형**

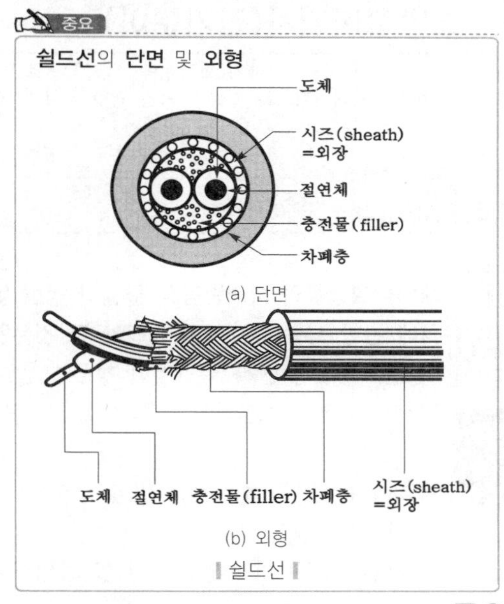


| 쉴드선 |

답 ②

# 2022. 9. 14 시행

**▌2022년 기사 제4회 필기시험 CBT 기출복원문제▐**

| 자격종목 | 종목코드 | 시험시간 | 형별 | 수험번호 | 성명 |
|---|---|---|---|---|---|
| **소방설비기사(전기분야)** | | **2시간** | | | |

※ 답안카드 작성시 시험문제지 형별누락, 마킹착오로 인한 불이익은 전적으로 수험자의 귀책사유임을 알려드립니다.
※ 각 문항은 4지택일형으로 질문에 가장 적합한 보기 항을 선택하여 마킹하여야 합니다.

## 제 1 과목 소방원론

**01** 제5류 위험물인 자기반응성 물질의 성질 및 소화에 관한 사항으로 가장 거리가 먼 것은?

16.05.문10
15.09.문58
14.09.문13

유사문제부터 풀어보세요. 실력이 팍!팍! 올라갑니다.

① 연소속도가 빨라 폭발적인 경우가 많다.
② 질식소화가 효과적이며, 냉각소화는 불가능하다.
③ 대부분 산소를 함유하고 있어 자기연소 또는 내부연소를 한다.
④ 가열, 충격, 마찰에 의해 폭발의 위험이 있는 것이 있다.

해설 ② 냉각소화가 효과적이며, 질식소화는 불가능하다.

**제5류 위험물** : **자**기반응성 물질(자기연소성 물질)

| 구 분 | 설 명 |
|---|---|
| 특징 | ① 연소속도가 빨라 **폭발**적인 경우가 많다. 보기 ①<br>③ 대부분 **산소**를 **함유**하고 있어 자기연소 또는 **내부연소**를 한다. 보기 ③<br>④ 가열, 충격, 마찰에 의해 **폭발**의 **위험**이 있는 것이 있다. 보기 ④ |
| 소화방법 | 대량의 물에 의한 **냉각소화**가 효과적이다. 보기 ② |
| 종류 | • 유기과산화물 · 니트로화합물 · 니트로소화합물<br>• 질산에스테르류(**셀**룰로이드) · 히드라진유도체<br>• 아조화합물 · 디아조화합물<br>기억법 **5자셀** |

중요

**위험물의 소화방법**

| 종 류 | 소화방법 |
|---|---|
| 제1류 | 물에 의한 **냉각소화**(단, **무기과산화물**은 **마른모래** 등에 의한 질식소화) |
| 제2류 | 물에 의한 **냉각소화**(단, **금속분**은 **마른모래** 등에 의한 질식소화) |
| 제3류 | 마른모래, 팽창질석, 팽창진주암에 의한 소화(마른모래보다 **팽창질석** 또는 **팽창진주암**이 더 효과적) |
| 제4류 | 포 · 분말 · $CO_2$ · 할론소화약제에 의한 **질식소화** |
| 제5류 | 화재 초기에만 대량의 물에 의한 **냉각소화**(단, 화재가 진행되면 자연진화되도록 기다릴 것) |
| 제6류 | 마른모래 등에 의한 **질식소화** |

답 ②

**02** 0℃, 1기압에서 44.8m³의 용적을 가진 이산화탄소를 액화하여 얻을 수 있는 액화탄산가스의 무게는 약 몇 kg인가?

20.06.문17
18.09.문11
14.09.문07
12.03.문19
06.09.문13
97.03.문03

① 44　② 22
③ 11　④ 88

해설 (1) **기호**

- $T$ : 0℃=(273+0℃)K
- $P$ : 1기압=1atm
- $V$ : 44.8m³
- $m$ : ?

(2) **이상기체상태 방정식**

$$PV=nRT$$

여기서, $P$ : 기압〔atm〕

$V$ : 부피〔$m^3$〕

$n$ : 몰수$\left(n=\frac{m(\text{질량})[\text{kg}]}{M(\text{분자량})[\text{kg/kmol}]}\right)$

$R$ : 기체상수(0.082atm · $m^3$/kmol · K)

$T$ : 절대온도(273+℃)〔K〕

$PV=\frac{m}{M}RT$에서

$$m=\frac{PVM}{RT}$$

$$=\frac{1\text{atm}\times 44.8\text{m}^3\times 44\text{kg/kmol}}{0.082\text{atm}\cdot\text{m}^3/\text{kmol}\cdot\text{K}\times(273+0℃)\text{K}}$$

$≒ 88\text{kg}$

• 이산화탄소 분자량($M$)=44kg/kmol

답 ④

### 03 부촉매효과에 의한 소화방법으로 옳은 것은?

19.09.문13 18.09.문19 17.05.문06 16.03.문08 15.03.문17 14.03.문19 11.10.문19 03.08.문11

① 산소의 농도를 낮추어 소화하는 방법이다.
② 용융잠열에 의한 냉각효과를 이용하여 소화하는 방법이다.
③ 화학반응으로 발생한 이산화탄소에 의한 소화방법이다.
④ 활성기(free radical)에 의한 연쇄반응을 억제하는 소화방법이다.

해설

① 질식소화
② 냉각소화
③ 질식소화

**소화**의 **형태**

| 소화형태 | 설 명 |
|---|---|
| **냉**각소화 | • **점화원**을 냉각하여 소화하는 방법<br>• **증**발잠열을 이용하여 열을 빼앗아 가연물의 온도를 떨어뜨려 화재를 진압하는 소화 방법<br>• **다량**의 **물**을 뿌려 소화하는 방법<br>• 가연성 물질을 **발화점 이하**로 **냉각**<br>• **식용유화재**에 신선한 **야채**를 넣어 소화<br>• 용융잠열에 의한 **냉각효과**를 이용하여 소화하는 방법 보기 ②<br>기억법 냉점증발 |
| **질**식소화 | • 공기 중의 **산소농도**를 **16%(10~15%)** 이하로 희박하게 하여 소화하는 방법<br>• 산화제의 농도를 낮추어 연소가 지속될 수 없도록 하는 방법<br>• 산소공급을 차단하는 소화방법<br>• 산소의 농도를 낮추어 소화하는 방법 보기 ①<br>• 화학반응으로 발생한 **탄산가스**(이산화탄소)에 의한 소화방법 보기 ③<br>기억법 질산 |
| 제거소화 | • **가연물**을 **제거**하여 소화하는 방법 |
| **부**촉매소화 (화학소화, 부촉매효과) | • **연쇄반응**을 **차단**하여 소화하는 방법<br>• 화학적인 방법으로 화재억제<br>• **활성기**(free radical)의 **생성**을 **억제**하는 소화방법 보기 ④<br>기억법 부억(부엌) |
| 희석소화 | • 기체 · 고체 · 액체에서 나오는 분해가스나 증기의 농도를 낮춰 소화하는 방법 |

답 ④

### 04 제1종 분말소화약제가 요리용 기름이나 지방질 기름의 화재시 소화효과가 탁월한 이유에 대한 설명으로 가장 옳은 것은?

16.05.문04 11.03.문14

① 요오드화반응을 일으키기 때문이다.
② 비누화반응을 일으키기 때문이다.
③ 브롬화반응을 일으키기 때문이다.
④ 질화반응을 일으키기 때문이다.

해설 **비누화현상**(saponification phenomenon)

| 구 분 | 설 명 |
|---|---|
| 정의 | **소화약제**가 식용유에서 분리된 **지방산**과 **결합**해 **비누거품**처럼 부풀어 오르는 현상 |
| 적응소화약제 | 제1종 분말소화약제 |
| 적응성 | • 요리용 기름 보기 ②<br>• 지방질 기름 보기 ② |
| 발생원리 | 에스테르가 알칼리에 의해 가수분해되어 알코올과 산의 알칼리염이 됨 |
| 화재에 미치는 효과 | 주방의 식용유화재시에 나트륨이 기름을 둘러싸 외부와 분리시켜 **질식소화** 및 **재발화 억제효과**<br>(그림: 기름, 나트륨)<br>비누화현상 |
| 화학식 | RCOOR′ + NaOH → RCOONa + R′OH |

• 비누화반응=비누화현상

답 ②

### 05 위험물안전관리법령상 제4류 위험물인 알코올류에 속하지 않는 것은?

15.03.문08

① $C_4H_9OH$ ② $CH_3OH$
③ $C_2H_5OH$ ④ $C_3H_7OH$

해설

① 부틸알코올($C_4H_9OH$)은 해당없음

**위험물령 〔별표 1〕**
**위험물안전관리법령상 알코올류**
(1) 메틸알코올($CH_3OH$) 보기 ②
(2) 에틸알코올($C_2H_5OH$) 보기 ③
(3) 프로필알코올($C_3H_7OH$) 보기 ④

(4) 변성알코올
(5) 퓨젤유

중요

**위험물령 〔별표 1〕**
**알코올류의 필수조건**
(1) 1기압, 20℃에서 **액체**상태일 것
(2) 1분자 내의 탄소원자수가 **5개** 이하일 것
(3) 포화**1가** 알코올일 것
(4) 수용액의 농도가 **60vol%** 이상일 것

답 ①

★★★
**06** **플래시오버(flash over)현상에 대한 설명으로 옳은 것은?**

20.09.문14
14.05.문18
14.03.문11
13.06.문17
11.06.문11

① 실내에서 가연성 가스가 축적되어 발생되는 폭발적인 착화현상
② 실내에서 에너지가 느리게 집적되는 현상
③ 실내에서 가연성 가스가 분해되는 현상
④ 실내에서 가연성 가스가 방출되는 현상

해설 **플래시오버**(flash over) : 순발연소
(1) **실내**에서 폭발적인 착화현상 보기 ①
(2) 폭발적인 **화재확대현상**
(3) 건물화재에서 발생한 가연성 가스가 일시에 인화하여 화염이 **충**만하는 단계
(4) 실내의 가연물이 연소됨에 따라 생성되는 가연성 가스가 실내에 누적되어 **폭**발적으로 연소하여 실 전체가 순간적으로 불길에 싸이는 현상
(5) **옥내화재**가 서서히 진행하여 열이 축적되었다가 일시에 화염이 크게 발생하는 상태
(6) **다량**의 **가연성 가스**가 동시에 연소되면서 **급**격한 온도상승을 유발하는 현상
(7) 건축물에서 한순간에 폭발적으로 화재가 확산되는 현상

기억법 **플확충 폭급**

• 플래시오버=플래쉬오버

비교

(1) **패닉(panic)현상**
인간의 비이성적인 또는 부적합한 **공포반응행동**으로서 무모하게 높은 곳에서 뛰어내리는 행위라든지, 몸이 굳어서 움직이지 못하는 행동
(2) **굴뚝효과**(stack effect)
㉠ 건물 내외의 **온도차**에 따른 공기의 흐름현상이다.
㉡ 굴뚝효과는 **고층건물**에서 주로 나타난다.
㉢ 평상시 건물 내의 기류분포를 지배하는 중요 요소이며 화재시 **연기**의 **이동**에 큰 영향을 미친다.
㉣ 건물 외부의 온도가 내부의 온도보다 높은 경우 저층부에서는 내부에서 외부로 공기의 흐름이 생긴다.
(3) **블레비(BLEVE)=블레이브(BLEVE)현상**
과열상태의 탱크에서 내부의 액화가스가 분출하여 기화되어 폭발하는 현상
㉠ 가연성 액체
㉡ 화구(fire ball)의 형성
㉢ 복사열의 대량 방출

답 ①

★
**07** **다음 중 건물의 화재하중을 감소시키는 방법으로서 가장 적합한 것은?**

① 건물 높이의 제한
② 내장재의 불연화
③ 소방시설증강
④ 방화구획의 세분화

해설 **화재하중**을 **감소시키는 방법**
(1) **내장재**의 **불연화** 보기 ②
(2) **가연물**의 **수납** : 불연화가 불가능한 서류 등의 가연물은 불연성 밀폐용기에 보관
(3) **가연물**의 **제한** : 가연물을 필요 최소단위로 보관하여 가연물의 양을 줄임

용어

**화재하중**

| 화재하중 | 화재가혹도 |
|---|---|
| ① 가연물 등의 **연소시 건축물**의 **붕괴** 등을 고려하여 설계하는 하중<br>② 화재실 또는 화재구획의 **단위면적당 가연물**의 **양**<br>③ 일반건축물에서 가연성의 건축구조재와 **가연성 수용물**의 **양**으로서 건물화재시 발열량 및 화재위험성을 나타내는 용어<br>④ 화재하중이 크면 단위면적당의 발열량이 크다.<br>⑤ 화재하중이 같더라도 물질의 상태에 따라 가혹도는 달라진다.<br>⑥ 화재하중은 화재구획실 내의 가연물 총량을 목재 중량당비로 환산하여 면적으로 나눈 수치이다.<br>⑦ 건물화재에서 가열온도의 정도를 의미한다.<br>⑧ 건물의 내화설계시 고려되어야 할 사항이다.<br>$q = \frac{\Sigma G_t H_t}{HA} = \frac{\Sigma Q}{4500A}$<br>여기서,<br>$q$ : 화재하중〔kg/m$^2$〕 또는 〔N/m$^3$〕<br>$G_t$ : 가연물의 양〔kg〕<br>$H_t$ : 가연물의 단위발열량 〔kcal/kg〕<br>$H$ : 목재의 단위발열량 〔kcal/kg〕**(4500kcal/kg)**<br>$A$ : 바닥면적〔m$^2$〕<br>$\Sigma Q$ : 가연물의 전체 발열량 〔kcal〕 | 화재로 인하여 건물 내에 수납되어 있는 재산 및 건물 자체에 손상을 주는 능력의 정도 |

답 ②

★★★
## 08 자연발화가 일어나기 쉬운 조건이 아닌 것은?

20.09.문05 18.04.문02 16.10.문05 16.03.문14 15.05.문19 15.03.문09 14.09.문09 14.09.문17 12.03.문09 10.03.문13

① 적당량의 수분이 존재할 것
② 열전도율이 클 것
③ 주위의 온도가 높을 것
④ 표면적이 넓을 것

② 클 것 → 작을 것

| 자연발화의 방지법 | 자연발화 조건 |
|---|---|
| ① 습도가 높은 곳을 피할 것(**건조하게 유지**할 것)<br>② 저장실의 온도를 낮출 것<br>③ 통풍이 잘 되게 할 것<br>④ 퇴적 및 수납시 열이 쌓이지 않게 할 것(**열축적 방지**)<br>⑤ 산소와의 접촉을 차단할 것<br>⑥ **열전도성**을 좋게 할 것 | ① 열전도율이 작을 것 보기 ②<br>② 발열량이 클 것<br>③ 주위의 온도가 높을 것 보기 ③<br>④ 표면적이 넓을 것 보기 ④<br>⑤ 적당량의 수분이 존재할 것 보기 ① |

답 ②

★★★
## 09 건축물 화재에서 플래시오버(flash over) 현상이 일어나는 시기는?

21.09.문09 15.09.문07 11.06.문11

① 초기에서 성장기로 넘어가는 시기
② 성장기에서 최성기로 넘어가는 시기
③ 최성기에서 감쇠(퇴)기로 넘어가는 시기
④ 감쇠(퇴)기에서 종기로 넘어가는 시기

해설 **플래시오버**(flash over)

| 구 분 | 설 명 |
|---|---|
| 발생시간 | 화재발생 후 **5~6분경** |
| 발생시점 | **성장기~최성기**(성장기에서 최성기로 넘어가는 분기점) 보기 ②<br>기억법 **플성최** |
| 실내온도 | 약 **800~900℃** |

답 ②

★★★
## 10 물속에 저장할 때 안전한 물질은?

21.03.문15 17.03.문11 16.05.문19 16.03.문07 10.03.문09 09.03.문16

① 나트륨
② 수소화칼슘
③ 탄화칼슘
④ 이황화탄소

해설 **물질**에 따른 **저장장소**

| 물 질 | 저장장소 |
|---|---|
| **황**린, **이**황화탄소($CS_2$) 보기 ④ | 물속 |
| 니트로셀룰로오스 | 알코올 속 |
| 칼륨(K), 나트륨(Na), 리튬(Li) | 석유류(등유) 속 |
| 알킬알루미늄 | 벤젠액 속 |
| 아세틸렌($C_2H_2$) | 디메틸포름아미드(DMF), 아세톤에 용해 |
| 수소화칼슘 | **환기**가 잘 되는 내화성 **냉암소**에 보관 |
| 탄화칼슘(칼슘카바이드) | 습기가 없는 **밀폐용기**에 저장하는 곳 |

기억법 **황물이(황토색 물이 나온다.)**

중요

**산화프로필렌, 아세트알데히드**
**구**리, **마**그네슘, **은**, **수**은 및 그 합금과 저장 금지

기억법 **구마은수**

답 ④

★
## 11 화재에 관한 설명으로 옳은 것은?

① PVC 저장창고에서 발생한 화재는 D급 화재이다.
② 연소의 색상과 온도와의 관계를 고려할 때 일반적으로 휘백색보다는 휘적색의 온도가 높다.
③ PVC 저장창고에서 발생한 화재는 B급 화재이다.
④ 연소의 색상과 온도와의 관계를 고려할 때 일반적으로 암적색보다는 휘적색의 온도가 높다.

① D급 화재 → A급 화재
② 높다 → 낮다
③ B급 화재 → A급 화재

(1) PVC나 폴리에틸렌의 저장창고에서 발생한 화재는 **A급 화재**이다.
(2) **연소**의 **색**과 **온도**

| 색 | 온 도[℃] |
|---|---|
| 암적색(진홍색) | 700~750 |
| 적색 | 850 |
| 휘적색(주황색) | 925~950 |
| 황적색 | 1100 |
| 백적색(백색) | 1200~1300 |
| 휘백색 | 1500 |

답 ④

☆☆
**12** 표준상태에서 44g의 프로판 1몰이 완전연소할 경우 발생한 이산화탄소의 부피는 약 몇 L인가?

15.05.문07
10.09.문16

① 22.4
② 44.8
③ 89.6
④ 67.2

해설 **프로판 연소반응식**
**프로판**($C_3H_8$)이 **연소**되므로 **산소**($O_2$)가 필요함
$aC_3H_8+bO_2 \rightarrow cCO_2+dH_2O$
C : $3\overset{1}{a}=\overset{3}{c}$
H : $8\overset{1}{a}=2\overset{4}{d}$
O : $2\overset{5}{b}=2\overset{3}{c}+\overset{4}{d}$
(1) $C_3H_8$ + (5) $O_2$ → (3) $CO_2$ + (4) $H_2O$
↓ ↓
1mol 3mol
22.4L $x$

- **22.4L** : 표준상태에서 1mol의 기체는 0℃ 기압에서 22.4L를 가짐

1mol×$x$=3mol×22.4L
$$x=\frac{3\text{mol}\times 22.4\text{L}}{1\text{mol}}=67.2\text{L}$$

답 ④

☆☆☆
**13** 표면온도가 350℃인 전기히터의 표면온도를 750℃로 상승시킬 경우, 복사에너지는 처음보다 약 몇 배로 상승되는가?

19.04.문19
14.09.문14
13.09.문01
13.06.문08

① 1.64
② 2.14
③ 7.27
④ 21.08

해설 (1) **기호**
- $T_1$ : 350℃=(273+350)K
- $T_2$ : 750℃=(273+750)K
- $\frac{Q_2}{Q_1}$ : ?

(2) **스테판-볼츠만**의 **법칙**(Stefan-Boltzman's law)
$Q=aAF(T_1^{\ 4}-T_2^{\ 4}) \propto T^4$이므로
$$\frac{Q_2}{Q_1}=\frac{T_2^{\ 4}}{T_1^{\ 4}}=\frac{(273+t_2)^4}{(273+t_1)^4}=\frac{(273+750)^4}{(273+350)^4} \fallingdotseq 7.27$$

- 열복사량은 복사체의 **절대온도**의 **4제곱**에 **비례**하고, **단면적**에 **비례**한다.

참고
**스테판-볼츠만**의 **법칙**(Stefan-Boltzman's law)
$$Q=aAF(T_1^{\ 4}-T_2^{\ 4})$$
여기서, $Q$ : 복사열[W]
$a$ : 스테판-볼츠만 상수[W/m² · K⁴]
$A$ : 단면적[m²]
$F$ : 기하학적 Factor
$T_1$ : 고온[K]
$T_2$ : 저온[K]

답 ③

☆☆
**14** 화재를 발생시키는 에너지인 열원의 물리적 원인으로만 나열한 것은?

15.05.문15
13.03.문10

① 압축, 분해, 단열
② 마찰, 충격, 단열
③ 압축, 단열, 용해
④ 마찰, 충격, 분해

해설 **물리적 원인 vs 화학적 원인**

| 물리적 원인 | 화학적 원인 |
|---|---|
| ① **마**찰<br>② **충**격<br>③ **단**열<br>④ **압**축<br>기억법 마충단압 | ① 분해<br>② 중합<br>③ 흡착<br>④ 용해 |

답 ②

☆☆
**15** 메탄 80vol%, 에탄 15vol%, 프로판 5vol%인 혼합가스의 공기 중 폭발하한계는 약 몇 vol%인가? (단, 메탄, 에탄, 프로판의 공기 중 폭발하한계는 5.0vol%, 3.0vol%, 2.1vol%이다.)

21.05.문20
17.05.문03

① 4.28 ② 3.61
③ 3.23 ④ 4.02

해설 **혼합가스**의 **폭발하한계**
$$\frac{100}{L}=\frac{V_1}{L_1}+\frac{V_2}{L_2}+\frac{V_3}{L_3}$$
여기서, $L$ : 혼합가스의 폭발하한계[vol%]
$L_1, L_2, L_3$ : 가연성 가스의 폭발하한계[vol%]
$V_1, V_2, V_3$ : 가연성 가스의 용량[vol%]

$$\frac{100}{L}=\frac{V_1}{L_1}+\frac{V_2}{L_2}+\frac{V_3}{L_3}$$
$$\frac{100}{L}=\frac{80}{5.0}+\frac{15}{3.0}+\frac{5}{2.1}$$

$$\frac{100}{\frac{80}{5.0}+\frac{15}{3.0}+\frac{5}{2.1}}=L$$

$$L=\frac{100}{\frac{80}{5.0}+\frac{15}{3.0}+\frac{5}{2.1}}\fallingdotseq 4.28\text{vol\%}$$

• 단위가 원래는 〔vol%〕 또는 〔v%〕, 〔vol.%〕인데 줄여서 〔%〕로 쓰기도 한다.

답 ①

★★★
**16** Halon 1301의 증기비중은 약 얼마인가? (단, 원자량은 C : 12, F : 19, Br : 80, Cl : 35.5이고, 공기의 평균 분자량은 29이다.)

20.06.문13 19.03.문18 16.03.문01 15.03.문05 14.09.문15 12.09.문18 07.05.문17

① 6.14
② 7.14
③ 4.14
④ 5.14

해설 (1) **증기비중**

$$\text{증기비중}=\frac{\text{분자량}}{29}$$

여기서, 29 : 공기의 평균 분자량

(2) **분자량**

| 원 소 | 원자량 |
|---|---|
| H | 1 |
| C → | 12 |
| N | 14 |
| O | 16 |
| F → | 19 |
| Cl | 35.5 |
| Br → | 80 |

Halon 1301($CF_3Br$) 분자량 $=12+19\times3+80=149$

$$\text{증기비중}=\frac{149}{29}\fallingdotseq 5.14$$

• 증기비중 = 가스비중

중요

**할론소화약제**의 **약칭** 및 **분자식**

| 종 류 | 약 칭 | 분자식 |
|---|---|---|
| 할론 1011 | CB | $CH_2ClBr$ |
| 할론 104 | CTC | $CCl_4$ |
| 할론 1211 | BCF | $CF_2ClBr$($CClF_2Br$) |
| 할론 1301 | BTM → | $CF_3Br$ |
| 할론 2402 | FB | $C_2F_4Br_2$ |

답 ④

★★★
**17** 조연성 가스로만 나열한 것은?

21.03.문08 20.09.문20 17.03.문07 16.10.문03 16.03.문04 14.05.문10 12.09.문08 11.10.문02

① 산소, 이산화탄소, 오존
② 산소, 불소, 염소
③ 질소, 불소, 수증기
④ 질소, 이산화탄소, 염소

해설 **가연성 가스**와 **지연성 가스**

| 가연성 가스 | 지연성 가스(조연성 가스) |
|---|---|
| • 수소<br>• 메탄<br>• 일산화탄소<br>• 천연가스<br>• 부탄<br>• 에탄<br>• 암모니아<br>• 프로판<br>기억법 가수일천 암부 메에프 | • 산소 보기 ②<br>• 공기<br>• 염소 보기 ②<br>• 오존<br>• 불소 보기 ②<br>기억법 조산공 염불오 |

용어

**가연성 가스**와 **지연성 가스**

| 가연성 가스 | 지연성 가스(조연성 가스) |
|---|---|
| 물질 자체가 연소하는 것 | 자기 자신은 연소하지 않지만 연소를 도와주는 가스 |

답 ②

★★★
**18** 다음 중 연소범위에 따른 위험도값이 가장 큰 물질은?

21.03.문11 20.06.문19 19.03.문03 18.03.문18

① 이황화탄소 ② 수소
③ 일산화탄소 ④ 메탄

해설 **위험도**

$$H=\frac{U-L}{L}$$

여기서, $H$ : 위험도(degree of Hazards)
$U$ : 연소상한계(Upper limit)
$L$ : 연소하한계(Lower limit)

(1) **이황화탄소** $=\frac{44-1.2}{1.2}=35.7$

(2) **수소** $=\frac{75-4}{4}=17.75$

(3) **일산화탄소** $=\frac{74-12.5}{12.5}=4.92$

(4) **메탄** $=\frac{15-5}{5}=2$

중요

**공기 중의 폭발한계**(상온, 1atm)

| 가 스 | 하한계 [vol%] | 상한계 [vol%] |
|---|---|---|
| 아세틸렌($C_2H_2$) | 2.5 | 81 |
| 수소($H_2$) 보기 ② | 4 | 75 |
| 일산화탄소(CO) 보기 ③ | 12.5 | 74 |
| 에테르($(C_2H_5)_2O$) | 1.9 | 48 |
| 이황화탄소($CS_2$) 보기 ① | 1.2 | 44 |
| 에틸렌($C_2H_4$) | 2.7 | 36 |
| 암모니아($NH_3$) | 15 | 28 |
| 메탄($CH_4$) 보기 ④ | 5 | 15 |
| 에탄($C_2H_6$) | 3 | 12.4 |
| 프로판($C_3H_8$) | 2.1 | 9.5 |
| 부탄($C_4H_{10}$) | 1.8 | 8.4 |

• 연소한계=연소범위=가연한계=가연범위=폭발한계=폭발범위

답 ①

★★★

**19** 알킬알루미늄 화재시 사용할 수 있는 소화약제로 가장 적당한 것은?

21.05.문13
16.05.문20
07.09.문03

① 팽창진주암
② 물
③ Halon 1301
④ 이산화탄소

해설 **위험물의 소화약제**

| 위험물 | 소화약제 |
|---|---|
| • 알킬알루미늄<br>• 알킬리튬 | • 마른모래<br>• 팽창질석<br>• 팽창진주암 보기 ① |

답 ①

★★★

**20** 다음 중 가연성 가스가 아닌 것은?

21.03.문08
20.09.문20
17.03.문07
16.10.문03
16.03.문04
14.05.문10
12.09.문08
11.10.문02

① 아르곤
② 메탄
③ 프로판
④ 일산화탄소

해설 ① 아르곤 : 불연성 가스(불활성 가스)

**가연성 가스와 지연성 가스**

| 가연성 가스 | 지연성 가스(조연성 가스) |
|---|---|
| • 수소<br>• 메탄 보기 ②<br>• 일산화탄소 보기 ④<br>• 천연가스<br>• 부탄<br>• 에탄<br>• 암모니아<br>• 프로판 보기 ③<br>기억법 가수일천 암부 메에프 | • 산소<br>• 공기<br>• 염소<br>• 오존<br>• 불소<br>기억법 조산공 염불오 |

용어

**가연성 가스와 지연성 가스**

| 가연성 가스 | 지연성 가스(조연성 가스) |
|---|---|
| 물질 자체가 연소하는 것 | 자기 자신은 연소하지 않지만 연소를 도와주는 가스 |

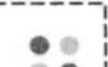

답 ①

## 제 2 과목 소방전기일반

★★★

**21** 잔류편차가 있는 제어동작은?

18.03.문23
16.10.문40
15.03.문37
14.05.문28
11.06.문22

① 비례제어
② 적분제어
③ 비례적분미분제어
④ 비례적분제어

해설

| 구 분 | 설 명 |
|---|---|
| 비례제어 (P동작) | ① **잔류편차**가 있는 제어 보기 ①<br>② 제어동작신호에 비례한 **조작신호**를 내는 제어동작 |
| 적분제어 (I동작) | **잔류편차**를 **제거**하기 위한 제어 |
| 미분제어 (D동작) | ① **지연특성**이 제어에 주는 악영향을 **감소**한다.<br>② **진**동을 억제시키는 데 가장 효과적인 제어동작<br>기억법 **진미**(맛의 **진미**)<br>③ 동작신호의 **기울기**에 비례한 **조작신호**를 만든다. |
| 비례적분제어 (PI동작) | ① **간헐현상**이 있는 제어<br>② 이득교점 주파수가 낮아지며, 대역폭은 감소한다.<br>기억법 **비적간** |
| 비례적분미분제어 (PID동작) | ① **간헐현상**을 **제거**하기 위한 제어<br>② 사이클링과 오프셋이 제거되는 제어<br>③ 정상특성과 응답의 속응성을 동시에 개선시키기 위한 제어 |

- 미분동작=미분제어
- 비례동작=비례제어

답 ①

★★★
## 22 다음 중 계측방법이 잘못된 것은?

20.06.문40
19.09.문35
12.05.문34
05.05.문35

① 클램프미터(clamp meter)에 의한 전류 측정
② 메거(megger)에 의한 접지저항 측정
③ 전류계, 전압계, 전력계에 의한 역률 측정
④ 회로시험기에 의한 저항 측정

② 접지저항 → 절연저항

**계측기**

| 구 분 | 용 도 |
|---|---|
| **메거**<br>(megger)<br>=**절연저항계**<br>보기 ② | **절연저항** 측정<br>‖ 메거 ‖ |
| **어스테스터**<br>(earth tester) | 접지저항 측정<br>‖ 어스테스터 ‖ |
| **클램프미터**<br>(clamp meter)<br>보기 ① | 전류 측정<br>‖ 클램프미터 ‖ |
| • **전류계**<br>• **전압계**<br>• **전력계**<br>보기 ③ | 역률 측정<br>‖ 전류계 ‖ ‖ 전압계 ‖<br>‖ 전력계 ‖ |
| **회로시험기**<br>(tester)<br>보기 ④ | • 전압측정<br>• 전류측정<br>• 저항측청<br><br>‖ 회로시험기 ‖ |
| **코올라우시 브리지**<br>(Kohlrausch bridge) | 전지(축전지)의 내부저항 측정<br><br>‖ 코올라우시 브리지 ‖ |
| C.R.O<br>(Cathode Ray Oscilloscope) | 음극선을 사용한 오실로스코프 |
| **휘트스톤 브리지**<br>(Wheatstone bridge) | 0.5~$10^5$Ω의 중저항 측정 |

**비교**

**코올라우시 브리지**
(1) 축전지의 내부저항 측정
(2) 전해액의 저항 측정
(3) 접지저항 측정

답 ②

★★★
## 23 그림과 같은 블록선도에서 출력 $C(s)$는?

20.06.문23
14.09.문34
10.03.문28

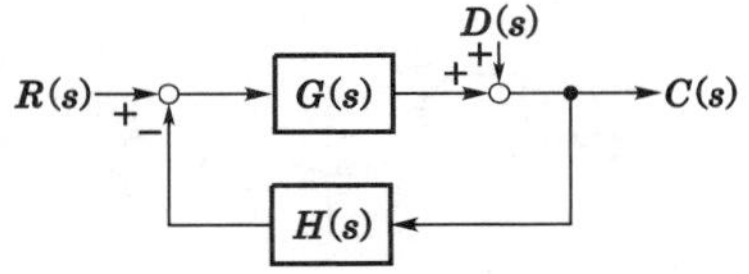


① $\dfrac{1}{1+G(s)H(s)}R(s)+\dfrac{1}{1+G(s)H(s)}D(s)$

② $\dfrac{G(s)}{1+G(s)H(s)}R(s)+\dfrac{G(s)}{1+G(s)H(s)}D(s)$

③ $\dfrac{G(s)}{1+G(s)H(s)}R(s)+\dfrac{1}{1+G(s)H(s)}D(s)$

④ $\dfrac{1}{1+G(s)H(s)}R(s)+\dfrac{G(s)}{1+G(s)H(s)}D(s)$

해설

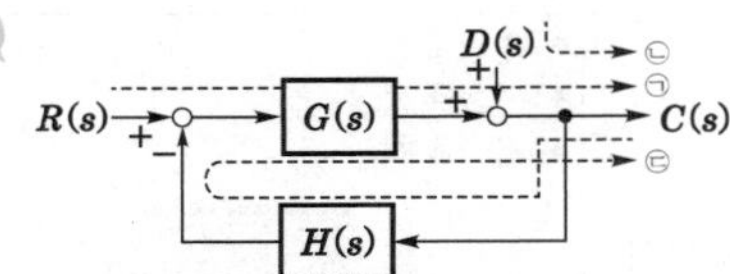


계산편의를 위해 $(s)$를 삭제하고 계산하면

$$RG+D-CHG=C$$
$$RG+D=C+CHG$$
$$C+CHG=RG+D$$
$$C(1+HG)=RG+D$$
$$C=\frac{RG+D}{1+HG}$$
$$=\frac{RG}{1+HG}+\frac{D}{1+HG}$$
$$=\frac{G}{1+HG}R+\frac{1}{1+HG}D$$
$$=\frac{G}{1+GH}R+\frac{1}{1+GH}D$$ ← 삭제한 $(s)$를 다시 붙이면
$$=\frac{G(s)}{1+G(s)H(s)}R(s)+\frac{1}{1+G(s)H(s)}D(s)$$

용어

**블록선도(block diagram)**
제어계에서 신호가 전달되는 모양을 표시하는 선도

답 ③

**24** 그림의 논리회로와 등가인 논리게이트는?

21.05.문25
21.03.문31

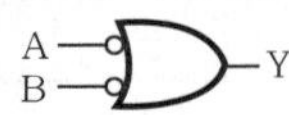


① NOR ② NOT
③ NAND ④ OR

해설 **치환법**

| 논리회로 | 치 환 | 명 칭 |
|---|---|---|
| | | NOR 회로 |
| | | OR 회로 |
| | | NAND 회로 보기 ③ |
| | | AND 회로 |

- AND 회로 → OR 회로, OR 회로 → AND 회로로 바꾼다.
- 버블(bubble)이 있는 것은 버블을 없애고, 버블이 없는 것은 버블을 붙인다[버블(bubble)이란 작은 동그라미를 말함].

답 ③

**25** 적분시간이 3s이고, 비례감도가 5인 PI(비례적분)제어요소가 있다. 이 제어요소의 전달함수는?

21.03.문31
20.06.문28
19.09.문26
17.09.문22

① $\frac{5s+5}{3s}$ ② $\frac{15s+3}{5s}$
③ $\frac{15s+5}{3s}$ ④ $\frac{3s+3}{5s}$

해설 (1) **기호**

- $T$ : 3
- $K$ : 5
- $G(s)$ : ?

(2) **비례적분(PI)제어 전달함수**

$$G(s)=k\left(1+\frac{1}{Ts}\right)$$

여기서, $G(s)$ : 비례적분(PI)제어 전달함수
$k$ : 비례감도
$T$ : 적분시간[s]

PI제어 전달함수 $G(s)$는

$$G(s)=k\left(1+\frac{1}{Ts}\right)=5\left(1+\frac{1}{3s}\right)=5\left(\frac{3s}{3s}+\frac{1}{3s}\right)$$
$$=5\left(\frac{3s+1}{3s}\right)=\frac{15s+5}{3s}$$

답 ③

**26** 회로에서 a, b 간의 합성저항[Ω]은? (단, $R_1=3\Omega$, $R_2=9\Omega$이다.)

21.03.문32
15.09.문35

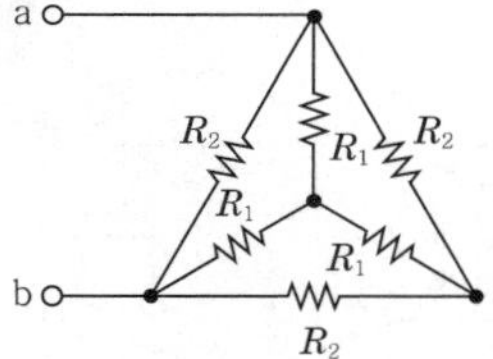


① 6 ② 3
③ 4 ④ 5

해설 (1) **기호**

- $R_1$ : 3Ω
- $R_2$ : 9Ω
- $R_{ab}$ : ?

(2) **Y · △ 결선**

- △결선 → Y결선 : 저항 $\frac{1}{3}$**배**로 됨
- Y결선 → △결선 : 저항 **3배**로 됨

△결선 → Y결선으로 변환하면 다음과 같다.

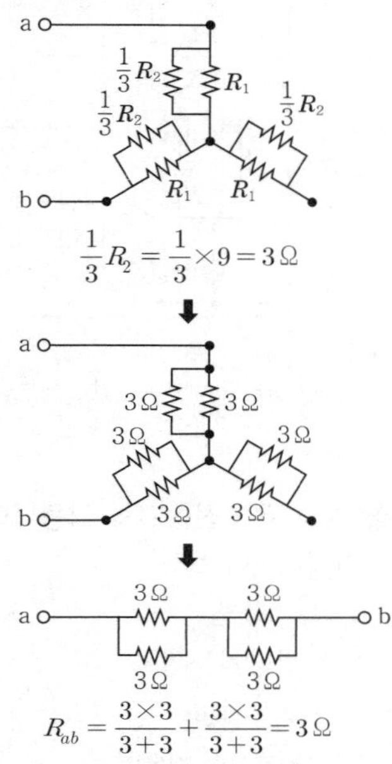

$$\frac{1}{3}R_2 = \frac{1}{3}\times 9 = 3\,\Omega$$

$$R_{ab} = \frac{3\times 3}{3+3} + \frac{3\times 3}{3+3} = 3\,\Omega$$

**별해**

Y결선 → △결선으로 변환하면 다음과 같다.

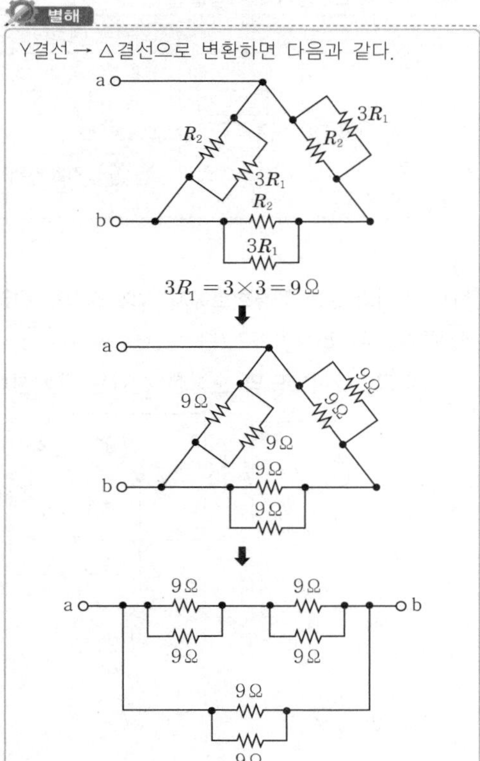

$$3R_1 = 3\times 3 = 9\,\Omega$$

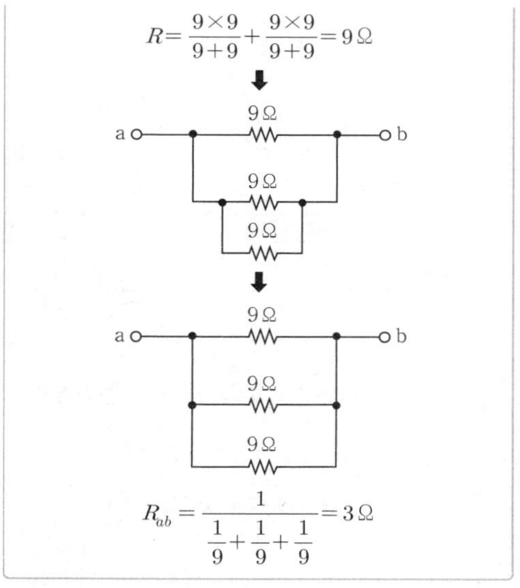

$$R = \frac{9\times 9}{9+9} + \frac{9\times 9}{9+9} = 9\,\Omega$$

$$R_{ab} = \frac{1}{\frac{1}{9}+\frac{1}{9}+\frac{1}{9}} = 3\,\Omega$$

답 ②

**27** 어떤 회로의 전압 $v(t)$와 전류 $i(t)$가 다음과 같을 때 이 회로의 무효전력은 몇 Var인가?

$$v(t) = 50\cos(\omega t + \theta)\,[\mathrm{V}]$$
$$i(t) = 4\sin(\omega t + \theta + 30°)\,[\mathrm{A}]$$

① 50 ② $100\sqrt{3}$

③ $50\sqrt{3}$ ④ 100

**해설** (1) **순서값**

$$v = V_m \sin\omega t$$
$$i = I_m \sin\omega t$$

여기서, $v$ : 전압의 순시값[V]
$V_m$ : 전압의 최대값[V]
$\omega$ : 각주파수[rad/s]
$t$ : 주기[s]
$i$ : 전류의 순시값[A]
$I_m$ : 전류의 최대값[A]

$$v(t) = V_m\sin\omega t = 50\cos(\omega t + \theta)$$
$$= 50\sin(\omega t + \theta - 90°)$$
$$i(t) = I_m\sin\omega t = 4\sin(\omega t + \theta + 30°)$$

(2) **무효전력**

$$P_r = \frac{V_m}{\sqrt{2}}\cdot\frac{I_m}{\sqrt{2}}\sin\theta$$

여기서, $P_r$ : 무효전력[Var]
$V_m$ : 전압의 최대값[V]
$I_m$ : 전류의 최대값[A]
$\theta$ : 각도[°]

$$P_r = \frac{V_m}{\sqrt{2}} \cdot \frac{I_m}{\sqrt{2}} \sin\theta$$
$$= \frac{50}{\sqrt{2}} \cdot \frac{4}{\sqrt{2}} \times \sin(-90-(+30))^\circ$$
$$= -50\sqrt{3}$$ ⬅ 위상차만 고려하면 되므로 −는 의미없음

중요

| cos → sin 변경 | sin → cos 변경 |
|---|---|
| +90° 붙임 | −90° 붙임 |

답 ③

★★★
**28** 그림의 시퀀스회로와 등가인 논리게이트는?

20.08.문36
17.09.문25
16.05.문36
16.03.문39
15.09.문23
13.09.문30
13.06.문35

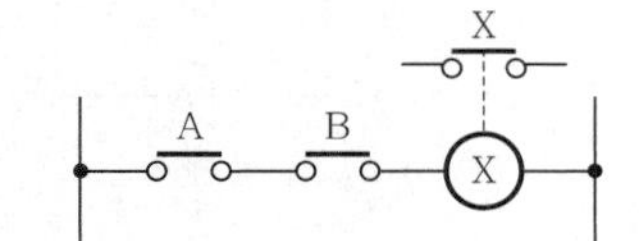


① OR 게이트 ② AND 게이트
③ NOT 게이트 ④ NOR 게이트

해설 **시퀀스회로**와 **논리회로**

| 명 칭 | 시퀀스회로 | 논리회로 |
|---|---|---|
| AND 회로 (**직렬 회로**) 보기 ② | A, B, $X_a$ | A, B, X<br>$X = A \cdot B$<br>입력신호 A, B가 동시에 1일 때만 출력신호 X가 1이 된다. |
| OR 회로 (**병렬 회로**) | A, B, $X_a$ | A, B, X<br>$X = A + B$<br>입력신호 A, B 중 어느 하나라도 1이면 출력신호 X가 1이 된다. |
| NOT 회로 (**b접점**) | A, $X_b$ | A, X<br>$X = \overline{A}$<br>입력신호 A가 0일 때만 출력신호 X가 1이 된다. |
| NAND 회로 | A, B, $X_b$ | A, B, X<br>$X = \overline{A \cdot B}$<br>입력신호 A, B가 동시에 1일 때만 출력신호 X가 0이 된다(AND회로의 부정). |
| NOR 회로 | A, B, $X_b$ | A, B, X<br>$X = \overline{A + B}$<br>입력신호 A, B가 동시에 0일 때만 출력신호 X가 1이 된다(OR회로의 부정). |

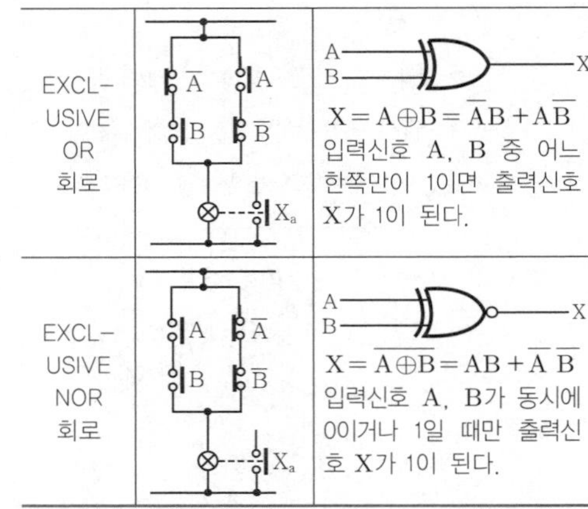

| | | |
|---|---|---|
| EXCL-USIVE OR 회로 | $\overline{A}$, A, B, $\overline{B}$, $X_a$ | A, B, X<br>$X = A \oplus B = \overline{A}B + A\overline{B}$<br>입력신호 A, B 중 어느 한쪽만이 1이면 출력신호 X가 1이 된다. |
| EXCL-USIVE NOR 회로 | A, $\overline{A}$, B, $\overline{B}$, $X_a$ | A, B, X<br>$X = \overline{A \oplus B} = AB + \overline{A}\,\overline{B}$<br>입력신호 A, B가 동시에 0이거나 1일 때만 출력신호 X가 1이 된다. |

• 회로 = 게이트
• 시퀀스회로는 해설과 같이 세로로 그려도 된다.

답 ②

★★★
**29** 3상 농형 유도전동기의 기동법이 아닌 것은?

20.08.문22
17.09.문34
17.05.문23
06.05.문22
04.09.문30

① 리액터기동법
② Y−Δ기동법
③ 2차 저항기동법
④ 기동보상기법

해설 **3상 유도전동기**의 **기동법**

| 농 형 | 권선형 |
|---|---|
| ① 전전압기동법(직입기동법)<br>② Y−Δ기동법 보기 ②<br>③ 리액터기동법 보기 ①<br>④ 기동보상기법 보기 ④<br>⑤ 콘도르퍼기동법 | ① 2차 저항법(2차 저항기동법) 보기 ③<br>② 게르게스법<br>기억법 권2(권위) |

답 ③

★
**30** 그림과 같은 정류회로에서 $R$에 걸리는 전압의 최대값은 몇 V인가? (단, $v_2(t) = 20\sqrt{2}\sin\omega t$이고, 다이오드의 순방향 전압은 무시한다.)

16.10.문22

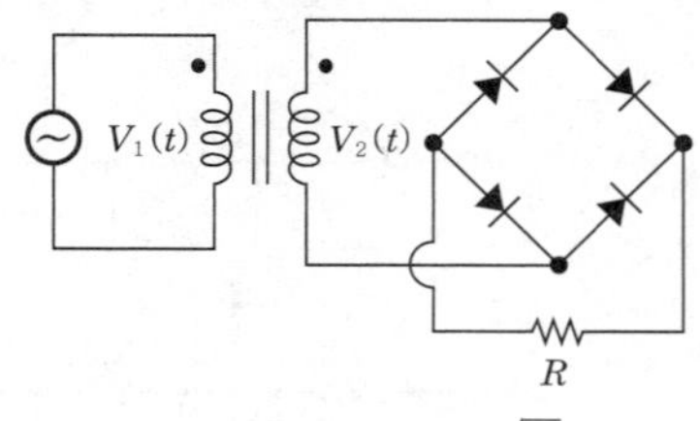


① 20 ② $\frac{40\sqrt{2}}{\pi}$
③ $20\sqrt{2}$ ④ $\frac{40}{\pi}$

**해설** **순시값**(instantaneous value)

$$v = V_m \sin\omega t$$

여기서, $v$ : 전압의 순시값〔V〕
$V_m$ : 전압의 최대값〔V〕
$\omega$ : 각주파수〔rad/s〕($\omega = 2\pi f$)
$t$ : 주기〔s〕
$f$ : 주파수〔Hz〕

순시값 $v$는

$v = V_m \sin\omega t = 20\sqrt{2}\sin\omega t$

답 ③

★★★
**31** 단상교류전력을 간접적으로 측정하기 위해 3전압계법을 사용하는 경우 단상교류전력 $P$〔W〕를 나타낸 것으로 옳은 것은?

19.04.문34
18.09.문23
15.09.문32
15.05.문34
08.09.문39
97.10.문23

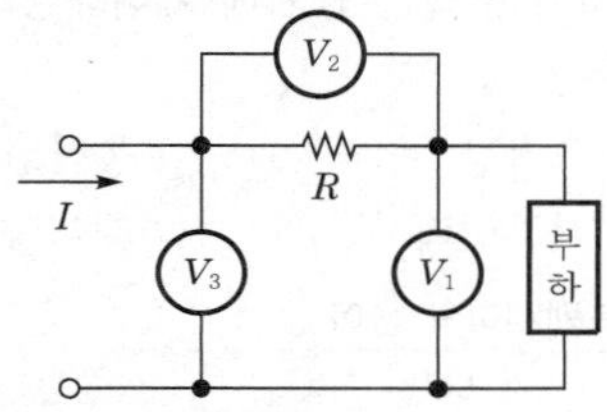


① $P = \frac{1}{2R}(V_3 - V_2 - V_1)^2$

② $P = V_3 I\cos\theta$

③ $P = \frac{1}{2R}({V_3}^2 - {V_1}^2 - {V_2}^2)$

④ $P = \frac{1}{R}({V_3}^2 - {V_1}^2 - {V_2}^2)$

**해설** **3전압계법 vs 3전류계법**

| 3전압계법 보기 ③ | 3전류계법 |
|---|---|
| $P = \frac{1}{2R}({V_3}^2 - {V_1}^2 - {V_2}^2)$ | $P = \frac{R}{2}({I_3}^2 - {I_1}^2 - {I_2}^2)$ |
| 여기서,<br>$P$ : 교류전력(소비전력)〔kW〕<br>$R$ : 저항〔Ω〕<br>$V_1$, $V_2$, $V_3$ : 전압계의 지시값〔V〕 | 여기서,<br>$P$ : 교류전력(소비전력)〔kW〕<br>$R$ : 저항〔Ω〕<br>$I_1$, $I_2$, $I_3$ : 전류계의 지시값〔A〕 |

답 ③

★
**32** 테브난의 정리를 이용하여 그림 (a)의 회로를 그림 (b)와 같은 등가회로로 만들고자 할 때, $V_{th}$〔V〕와 $R_{th}$〔Ω〕은?

21.03.문25

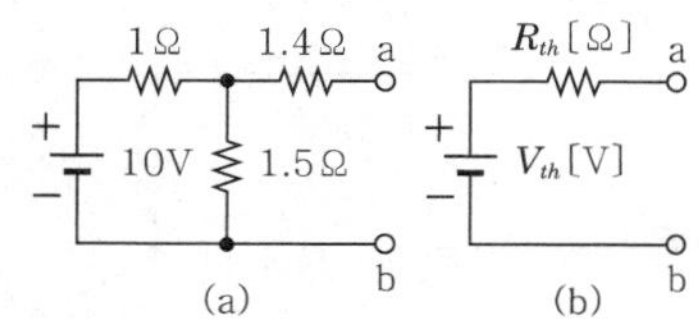


① 6V, 3Ω　　② 5V, 2Ω
③ 6V, 2Ω　　④ 5V, 3Ω

**해설** **테브난**의 **정리**에 의해 1.4Ω에는 전압이 가해지지 않으므로

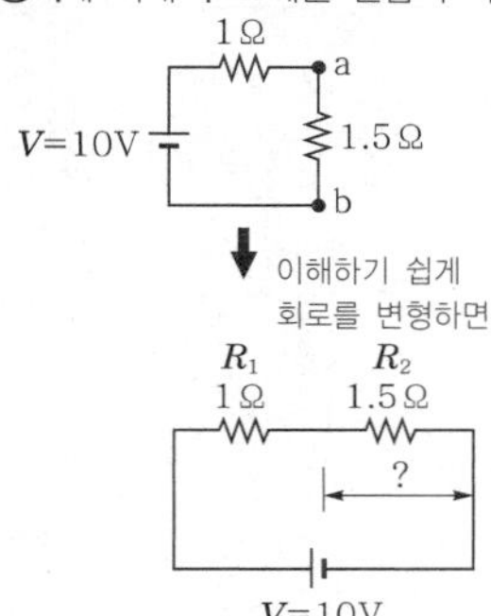


$V_{th} = \frac{R_2}{R_1 + R_2}V = \frac{1.5}{1+1.5} \times 10 = 6\text{V}$

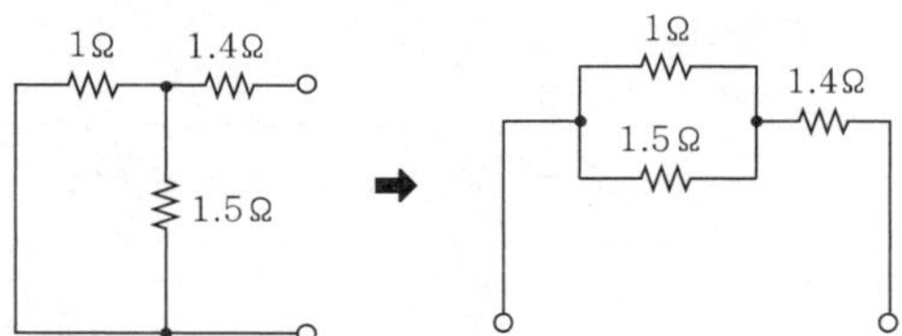


**전압원**을 **단락**하고 회로망에서 본 저항 $R_{th}$은

$R_{th} = \frac{1 \times 1.5}{1+1.5} + 0.8 = 2\,\Omega$

용어

**테브난**의 **정리**(테브낭의 정리)
2개의 독립된 회로망을 접속하였을 때의 전압·전류 및 임피던스의 관계를 나타내는 정리

답 ③

★★★
**33** 선간전압의 크기가 $100\sqrt{3}$ V인 대칭 3상 전원에 각 상의 임피던스가 $Z = 30 + j40$〔Ω〕인 Y결선의 부하가 연결되었을 때 이 부하로 흐르는 선전류〔A〕의 크기는?

21.05.문30
18.09.문32
16.10.문21
12.05.문21
07.09.문27
03.05.문34

① $2\sqrt{3}$　　② 2
③ 5　　④ $5\sqrt{3}$

해설 (1) 기호

- $V_L$ : $100\sqrt{3}$ V
- $Z$ : $30+j40[\Omega] = \sqrt{30^2+40^2}\ \Omega$
- $I_L$ : ?

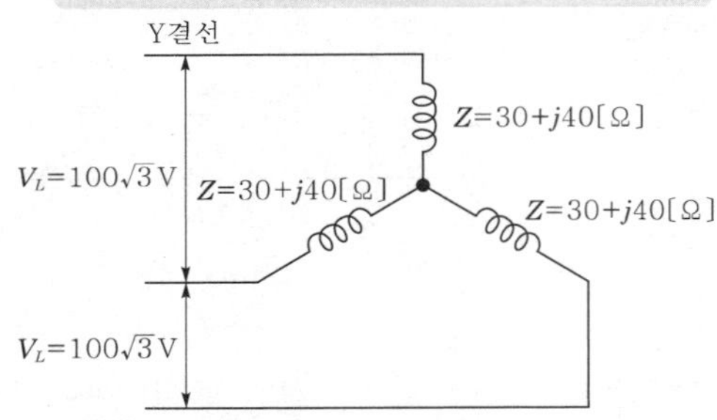


(2) Y결선

$$I_L = I_P = \frac{V_L}{\sqrt{3}Z}$$

여기서, $I_L$ : 선전류[A]
$I_P$ : 상전류[A]
$V_L$ : 선간전압[V]
$Z$ : 임피던스[Ω]

**Y결선 선전류 $I_L$는**

$$I_L = \frac{V_L}{\sqrt{3}Z}$$
$$= \frac{100\sqrt{3}}{\sqrt{3}\times(30+j40)} = \frac{100\sqrt{3}}{\sqrt{3}\times(\sqrt{30^2+40^2})} = 2\text{A}$$

중요

**△결선 선전류**

| △결선 | Y결선 |
|---|---|
| $I_L = \frac{\sqrt{3}V_L}{Z} = \frac{\sqrt{3}V_P}{Z}$ | $I_L = I_P = \frac{V_L}{\sqrt{3}Z}$ |
| 여기서, $I_L$ : 선전류[A]<br>$V_L$ : 선간전압[V]<br>$V_P$ : 상전압[V]<br>$Z$ : 임피던스[Ω] | 여기서, $I_L$ : 선전류[A]<br>$I_P$ : 상전류[A]<br>$V_L$ : 선간전압[V]<br>$Z$ : 임피던스[Ω] |

답 ②

**34** 동기발전기의 병렬운전조건으로 틀린 것은?

20.06.문39 17.03.문40 13.09.문33

① 기전력의 크기가 같을 것
② 극수가 같을 것
③ 기전력의 위상이 같을 것
④ 기전력의 주파수가 같을 것

해설 **병렬운전조건**

| 동기발전기의 병렬운전조건 | 변압기의 병렬운전조건 |
|---|---|
| ① 기전력의 **크기**가 같을 것 보기 ①<br>② 기전력의 **위상**이 같을 것 보기 ③<br>③ 기전력의 **주파수**가 같을 것 보기 ④<br>④ 기전력의 **파형**이 같을 것<br>⑤ 상회전 **방향**이 같을 것<br>기억법 주파위크방 | ① **권**수비가 같을 것<br>② **극**성이 같을 것<br>③ 1·2차 정격전**압**이 같을 것<br>④ %**임**피던스 강하가 같을 것<br>기억법 압임권극 |

답 ②

**35** 제어요소가 제어대상에 가하는 제어신호로 제어장치의 출력인 동시에 제어대상의 입력이 되는 것은?

21.05.문28 16.05.문25 16.03.문38 15.09.문24 12.03.문38

① 조작량 ② 동작신호
③ 기준입력 ④ 제어량

해설 **피드백제어의 용어**

| 용 어 | 설 명 |
|---|---|
| 제어요소 (control element) | **동작신호**를 **조작량**으로 변환하는 요소이고, **조절부**와 **조작부**로 이루어진다. |
| 제어량 (controlled value) | 제어대상에 속하는 양으로, 제어대상을 제어하는 것을 목적으로 하는 물리적인 양이다. |
| 조작량 (manipulated value) | • **제어장치**의 **출력**인 동시에 **제어대상**의 **입력**으로 제어장치가 제어대상에 가해지는 제어신호이다. 보기 ①<br>• **제어요소**에서 **제어대상**에 인가되는 양이다.<br>기억법 조제대상 |
| 제어장치 (control device) | 제어하기 위해 제어대상에 부착되는 장치이고, **조절부, 설정부, 검출부** 등이 이에 해당된다. |
| 오차검출기 | 제어량을 설정값과 비교하여 오차를 계산하는 장치이다. |

답 ①

**36** 동일한 전류가 흐르는 두 평행도선 사이에 작용하는 힘이 $F_1$이다. 두 도선 사이의 거리가 2.5배로 늘었을 때 두 도선 사이에 작용하는 힘 $F_2$는?

21.03.문26 20.06.문33 97.10.문27

① $F_2 = \frac{1}{2.5^2}F_1$ ② $F_2 = 2.5F_1$
③ $F_2 = \frac{1}{2.5}F_1$ ④ $F_2 = 6.25F_1$

해설 (1) 기호

- $F_1$ : ?
- $r_1$ : $r$
- $r_2$ : $2.5r$
- $F_2$ : ?

(2) 두 **평행도선**에 작용하는 **힘** $F$는

$$F=\frac{\mu_0 I_1 I_2}{2\pi r}=\frac{2I_1 I_2}{r}\times 10^{-7}\propto\frac{1}{r}$$

여기서, $F$ : 평행전류의 힘〔N/m〕
$\mu_0$ : 진공의 투자율〔H/m〕
$r$ : 두 평행도선의 거리〔m〕

$$\frac{F_2}{F_1}=\frac{\frac{1}{r_2}}{\frac{1}{r_1}}=\frac{\frac{1}{2.5\cancel{r}}}{\frac{1}{\cancel{r}}}=\frac{1}{2.5}$$

$$\frac{F_2}{F_1}=\frac{1}{2.5}$$

$$F_2=\frac{1}{2.5}F_1$$

답 ③

★★★
**37** 자동화재탐지설비의 감지기회로의 길이가 500m이고, 종단에 8kΩ의 저항이 연결되어 있는 회로에 24V의 전압이 가해졌을 경우 도통시험시 전류는 약 몇 mA인가? (단, 동선의 저항률은 1.69×10Ω · m이며, 동선의 단면적은 2.5mm$^2$이고, 접촉저항 등은 없다고 본다.)

20.06.문31 / 17.05.문30 / 97.07.문39

① 2.4　② 4.8
③ 6.0　④ 3.0

해설 (1) 기호

- $l$ : 500m
- $R_2$ : 8kΩ=8×10$^3$Ω(1kΩ=10$^3$Ω)
- $V$ : 24V
- $I$ : ?
- $\rho$ : 1.69×10$^{-8}$Ω · m
- $A$ : 2.5mm$^2$=2.5×10$^{-6}$m$^2$
- $1\text{m}=1000\text{mm}=10^3\text{mm}$이고
  $1\text{mm}=10^{-3}\text{m}$
  $2.5\text{mm}^2=2.5\times(10^{-3}\text{m})^2=2.5\times10^{-6}\text{m}^2$

(2) 저항

$$R=\rho\frac{l}{A}$$

여기서, $R$ : 저항〔Ω〕
$\rho$ : 고유저항〔Ω · m〕
$A$ : 전선의 단면적〔m$^2$〕
$l$ : 전선의 길이〔m〕

**배선**의 **저항** $R_1$은

$$R_1=\rho\frac{l}{A}=1.69\times10^{-8}\times\frac{500}{2.5\times10^{-6}}=3.38\Omega$$

(3) **도통시험전류** $I$는

$$I=\frac{V}{R_1+R_2}=\frac{24}{3.38+(8\times10^3)}$$
$$\fallingdotseq 3\times10^{-3}\text{A}=3\text{mA}$$

- $1\times10^{-3}\text{A}=1\text{mA}$이므로 $3\times10^{-3}\text{A}=3\text{mA}$

※ **도통시험** : 감지기회로의 단선 유무확인

답 ④

★★★
**38** 길이 1cm마다 감은 권선수가 50회인 무한장 솔레노이드에 500mA의 전류를 흘릴 때 솔레노이드 내부에서의 자계의 세기는 몇 AT/m인가?

21.05.문39 / 18.04.문40 / 16.03.문22

① 2500　② 1250
③ 12500　④ 25000

해설 (1) 기호

- $n$ : 1cm당 50회
  1cm당 권수 50회이므로
  1m=100cm당 권수는
  1cm : 100cm=50회 : $n$
  $n$=100×50
- $I$ : 500mA=0.5A(1000mA=1A)
- $H_i$ : ?

(2) 무한장 솔레노이드

㉠ 내부자계

$$H_i=nI\,\text{〔AT/m〕}$$

여기서, $H_i$ : 내부자계의 세기〔AT/m〕
$n$ : 단위길이당 권수(1m당 권수)
$I$ : 전류〔A〕

㉡ 외부자계

$$H_e=0$$

여기서, $H_e$ : 외부자계의 세기〔AT/m〕

내부자계이므로
**무한장 솔레노이드 내부**의 **자계**
$H_i=nI=(100\times50)\times0.5=2500\text{AT/m}$

답 ①

★★
**39** 어떤 막대꼴 철심의 단면적이 0.5m$^2$, 길이가 0.4m, 비투자율이 10이다. 이 철심의 자기저항은 약 몇 AT/Wb인가?

18.04.문23 / 17.03.문24

① 6.37×10$^4$　② 3.18×10$^4$
③ 1.92×10$^4$　④ 12.73×10$^4$

해설 (1) 기호

- $S$ : 0.5m$^2$
- $l$ : 0.4m
- $\mu_s$ : 10
- $R_m$ : ?

(2) **자기저항**

$$R_m = \frac{l}{\mu S} = \frac{F}{\phi} \text{〔AT/Wb〕}$$

여기서, $R_m$ : 자기저항〔AT/Wb〕
$l$ : 자로의 길이〔m〕
$\mu$ : 투자율〔H/m〕$(\mu = \mu_0 \mu_s)$
$\mu_0$ : 진공의 투자율$(4\pi \times 10^{-7}$〔H/m〕$)$
$\mu_s$ : 비투자율
$S$ : 단면적〔$m^2$〕
$F$ : 기자력〔AT〕
$\phi$ : 자속〔Wb〕

자기저항 $R_m$은

$$R_m = \frac{l}{\mu_s} = \frac{1}{(\mu_0 \mu_s)S}$$

$$= \frac{0.4}{(4\pi \times 10^{-7} \times 10) \times 0.5} \fallingdotseq 6.37 \times 10^4 \text{AT/Wb}$$

비교

**자기저항 배수**

$$m = 1 + \frac{l_0}{l} \times \frac{\mu_0 \mu_s}{\mu_0}$$

여기서, $m$ : 자기저항 배수
$l_0$ : 공극〔m〕
$l$ : 길이〔m〕
$\mu_0$ : 진공의 투자율$(4\pi \times 10^{-7})$〔H/m〕
$\mu_s$ : 비투자율

답 ①

★★★
**40** **주로 정전압 회로용으로 사용되는 소자는?**

21.05.문21
17.05.문24
15.05.문39
14.05.문29
11.06.문32
00.07.문33

① 터널다이오드
② 제너다이오드
③ 포트다이오드
④ 매트릭스다이오드

해설 **다이오드**의 **종류**

(1) **제너다이오드**(zener diode) : **정전압 회로용**으로 사용되는 소자로서, **"정전압다이오드"**라고도 한다. 보기 ②

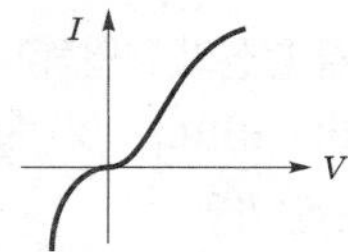

‖ 제너다이오드의 특성 ‖

기억법 정제

(2) **터널다이오드**(tunnel diode) : **부성저항 특성**을 나타내며, **증폭**·**발진**·**개폐작용**에 응용한다. 보기 ①

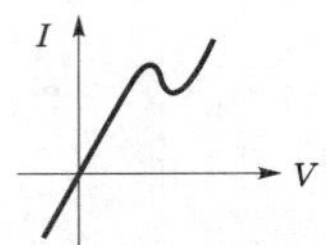

‖ 터널다이오드의 특성 ‖

기억법 터부

(3) **발광다이오드**(LED ; Light Emitting Diode) : **전류**가 통과하면 **빛**을 **발산**하는 다이오드이다.

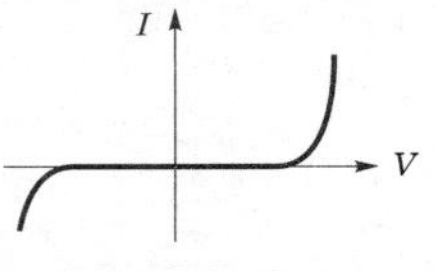

‖ 발광다이오드의 특성 ‖

기억법 발전빛

(4) **포토다이오드**(photo diode) : **빛**이 닿으면 **전류**가 흐르는 다이오드로서 광량의 변화를 전류값으로 대치하므로 광센서에 주로 사용하는 다이오드이다. 보기 ③

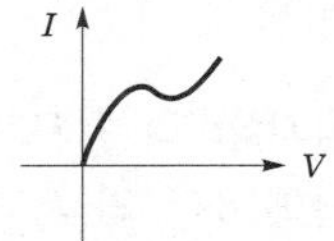

‖ 포토다이오드의 특성 ‖

기억법 포빛전

- 포토다이오드와 발광다이오드는 서로 반대 개념
- **'매트릭스 다이오드'**라는 것은 없다. **'다이오드 매트릭스 회로'**라는 말이 있을 뿐 …

답 ②

## 제 3 과목 소방관계법규

★
**41** **화재의 예방 및 안전관리에 관한 법령상 화재안전조사위원회의 구성에 대한 설명 중 틀린 것은?**

① 위촉위원의 임기는 2년으로 하고 연임할 수 없다.
② 소방시설관리사는 위원이 될 수 있다.
③ 소방 관련 분야의 석사학위 이상을 취득한 사람은 위원이 될 수 있다.
④ 위원장 1명을 포함한 7명 이내의 위원으로 성별을 고려하여 구성하고, 위원장은 소방관서장이 된다.

해설

| ① 연임할 수 없다. → 한 차례만 연임할 수 있다. |
|---|

**화재예방법 시행령 11조**
**화재안전조사위원회**

| 구 분 | 설 명 |
|---|---|
| 위원 | ① **과장급** 직위 이상의 **소방공무원**<br>② **소방기술사**<br>③ **소방시설관리사** 보기 ②<br>④ 소방 관련 분야의 **석사학위** 이상을 취득한 사람 보기 ③<br>⑤ 소방 관련 법인 또는 단체에서 소방 관련 업무에 **5년** 이상 종사한 사람<br>⑥ 소방공무원 교육훈련기관, 학교 또는 연구소에서 소방과 관련한 교육 또는 연구에 **5년** 이상 종사한 사람 |
| 위원장 | 소방관서장 보기 ④ |
| 구성 | **위원장 1명**을 **포함**한 **7명** 이내의 위원으로 성별을 고려하여 구성 보기 ④ |
| 임기 | **2년**으로 하고, **한 차례**만 **연임**할 수 있다. 보기 ① |

답 ①

★★★
**42** 소방기본법령상 용어의 정의로 옳은 것은?

21.03.문41
19.09.문52
19.04.문46
13.03.문42
10.03.문45
05.09.문44
05.03.문57

① 소방서장이란 시·도에서 화재의 예방·진압·조사 및 구조·구급 등의 업무를 담당하는 부서의 장을 말한다.
② 관계인이란 소방대상물의 소유자·관리자 또는 점유자를 말한다.
③ 소방대란 화재를 진압하고 화재, 재난·재해, 그 밖의 위급한 상황에서 구조·구급 활동 등을 하기 위하여 소방공무원으로만 구성된 조직체를 말한다.
④ 소방대상물이란 건축물과 공작물만을 말한다.

해설

| ① 소방서장 → 소방본부장<br>③ 소방공무원으로만 → 소방공무원, 의무소방원, 의용소방대원<br>④ 건축물과 공작물만을 → 건축물, 차량, 선박(매어둔 것), 선박건조구조물, 산림, 인공구조물, 물건 |
|---|

(1) **기본법 2조 6호** 보기 ①
**소방본부장**
**시·도**에서 화재의 예방·진압·조사 및 구조·구급 등의 업무를 담당하는 **부서**의 **장**

(2) **기본법 2조** 보기 ②
**관계인**
㉠ **소**유자
㉡ **관**리자
㉢ **점**유자

| 기억법 소관점 |
|---|

(3) **기본법 2조** 보기 ③
**소방대**
㉠ 소방**공**무원
㉡ **의**무소방원
㉢ **의**용소방대원

| 기억법 소공의 |
|---|

(4) **기본법 2조 1호** 보기 ④
**소방대상물**
㉠ **건**축물
㉡ **차**량
㉢ **선**박(매어둔 것)
㉣ 선박건조구조물
㉤ **산**림
㉥ **인**공구조물
㉦ **물**건

| 기억법 건차선 산인물 |
|---|

답 ②

★★★
**43** 위험물안전관리법령상 업무상 과실로 제조소 등에서 위험물을 유출·방출 또는 확산시켜 사람의 생명·신체 또는 재산에 대하여 위험을 발생시킨 자에 대한 벌칙기준은?

21.03.문53
18.04.문53
18.03.문57
17.05.문41

① 7년 이하의 금고 또는 7000만원 이하의 벌금
② 5년 이하의 금고 또는 2000만원 이하의 벌금
③ 5년 이하의 금고 또는 7000만원 이하의 벌금
④ 7년 이하의 금고 또는 2000만원 이하의 벌금

해설 **위험물법 34조**

| 벌 칙 | 행 위 |
|---|---|
| **7년** 이하의 금고 또는 **7천만원** 이하의 벌금 보기 ① | 업무상 과실로 제조소 등에서 **위험물**을 유출·방출 또는 확산시켜 사람의 생명·신체 또는 재산에 대하여 **위험**을 발생시킨 자<br>기억법 **77천위**(**위**험한 **칠천**량 해전) |
| **10년** 이하의 징역 또는 금고나 **1억원** 이하의 벌금 | 업무상 과실로 제조소 등에서 위험물을 유출·방출 또는 확산시켜 사람을 **사상**에 이르게 한 자 |

비교

소방시설법

| 벌 칙 | 행 위 |
|---|---|
| **5년 이하**의 징역 또는 **5천만원 이하**의 벌금 | 소방시설에 폐쇄 · 차단 등의 **행위**를 한 자 |
| **7년 이하**의 징역 또는 **7천만원** 이하의 벌금 | 소방시설에 폐쇄 · 차단 등의 행위를 하여 사람을 **상해**에 이르게 한 때 |
| **10년 이하**의 징역 또는 **1억원 이하**의 벌금 | 소방시설에 폐쇄 · 차단 등의 행위를 하여 사람을 **사망**에 이르게 한 때 |

답 ①

**44** 18.03.문42 15.09.문53

**소방기본법령상 일반음식점에서 음식조리를 위해 불을 사용하는 설비를 설치하는 경우 지켜야 하는 상황으로 틀린 것은?**

① 열을 발생하는 조리기구는 반자 또는 선반으로부터 0.6m 이상 떨어지게 할 것
② 주방설비에 부속된 배출덕트는 0.5mm 이상의 아연도금강판으로 설치할 것
③ 주방시설에는 동물 또는 식물의 기름을 제거할 수 있는 필터 등을 설치할 것
④ 열을 발생하는 조리기구로부터 0.5m 이내의 거리에 있는 가연성 주요구조부는 석면판 또는 단일성이 있는 불연재료로 덮어 씌울 것

④ 0.5m 이내 → 0.15m 이내

**기본령 〔별표 1〕**
**음식조리를 위하여 설치하는 설비**

(1) 주방설비에 부속된 배출덕트는 **0.5mm** 이상의 **아연도금강판** 또는 이와 동등 이상의 내식성 **불연재료**로 설치 보기 ②
(2) 열을 발생하는 조리기구로부터 **0.15m** 이내의 거리에 있는 가연성 주요구조부는 **석면판** 또는 **단열성**이 있는 불연재료로 덮어 씌울 것 보기 ④
(3) 주방시설에는 동물 또는 식물의 기름을 제거할 수 있는 **필터** 등을 설치 보기 ③
(4) 열을 발생하는 조리기구는 반자 또는 선반으로부터 **0.6m** 이상 떨어지게 할 것 보기 ①

답 ④

**45** 20.06.문46 17.09.문56 10.05.문41

**소방기본법령에 따른 소방용수시설의 설치기준 상 소방용수시설을 주거지역·상업지역 및 공업지역에 설치하는 경우 소방대상물과의 수평거리를 몇 m 이하가 되도록 해야 하는가?**

① 280 ② 100
③ 140 ④ 200

해설 **기본규칙 〔별표 3〕**
**소방용수시설의 설치기준**

| 거리기준 | 지 역 |
|---|---|
| 수평거리 **100m** 이하 보기 ② | • **공**업지역<br>• **상**업지역<br>• **주**거지역<br>기억법 주상공100(주상공 백지에 사인을 하시오.) |
| 수평거리 **140m** 이하 | • 기타지역 |

답 ②

**46** 20.08.문44 19.03.문60 17.09.문55 16.03.문52 15.03.문60 13.09.문51

**화재의 예방 및 안전관리에 관한 법령상 2급 소방안전관리대상물이 아닌 것은?**

① 층수가 10층, 연면적이 6000$m^2$인 복합건축물
② 지하구
③ 25층의 아파트(높이 75m)
④ 11층의 업무시설

④ 1급 소방안전관리대상물

**화재예방법 시행령 〔별표 4〕**
**소방안전관리자를 두어야 할 특정소방대상물**

(1) 특급 소방안전관리대상물 : 동식물원, 철강 등 불연성 물품 저장 · 취급창고, 지하구, 위험물제조소 등 제외
㉠ **50층** 이상(지하층 제외) 또는 지상 **200m** 이상 **아파트**
㉡ **30층** 이상(지하층 포함) 또는 지상 **120m** 이상(아파트 제외)
㉢ 연면적 **10만$m^2$** 이상(아파트 제외)

(2) 1급 소방안전관리대상물 : 동식물원, 철강 등 불연성 물품 저장 · 취급창고, 지하구, 위험물제조소 등 제외
㉠ **30층** 이상(지하층 제외) 또는 지상 **120m** 이상 아파트
㉡ 연면적 **15000$m^2$** 이상인 것(아파트 제외)
㉢ **11층** 이상(아파트 제외)
㉣ 가연성 가스를 **1000t** 이상 저장 · 취급하는 시설

(3) 2급 소방안전관리대상물
㉠ 지하구 보기 ②
㉡ 가스제조설비를 갖추고 도시가스사업 허가를 받아야 하는 시설 또는 가연성 가스를 **100~1000t** 미만 저장 · 취급하는 시설
㉢ **옥내소화전설비 · 스프링클러설비 · 간이스프링클러설비** 설치대상물
㉣ **물분무등소화설비**(호스릴방식의 물분무등소화설비만을 설치한 경우 제외) 설치대상물
㉤ **공동주택**(아파트) 보기 ③
㉥ **목조건축물**(국보 · 보물)
㉦ 11층 미만 보기 ①

(4) 3급 소방안전관리대상물 : **자동화재탐지설비** 설치대상물

답 ④

★★★
**47** 소방시설공사업법령상 소방시설업에 속하지 않는 것은?

20.09.문50
15.09.문51
10.09.문48

① 소방시설공사업
② 소방시설관리업
③ 소방시설설계업
④ 소방공사감리업

해설 **공사업법 2조**
**소방시설업의 종류**

| 소방시설 설계업 보기 ③ | 소방시설 공사업 보기 ① | 소방공사 감리업 보기 ④ | 방염처리업 |
|---|---|---|---|
| 소방시설공사에 기본이 되는 **공사계획·설계도면·설계설명서·기술계산서** 등을 작성하는 영업 | 설계도서에 따라 소방시설을 **신설·증설·개설·이전·정비**하는 영업 | 소방시설공사에 관한 발주자의 권한을 대행하여 소방시설공사가 **설계도서**와 관계법령에 따라 **적법**하게 **시공**되는지를 확인하고, 품질·시공 관리에 대한 **기술지도**를 하는 영업 | 방염대상물품에 대하여 **방염처리**하는 영업 |

답 ②

★★★
**48** 다음 중 위험물안전관리법령에 따른 제3류 자연발화성 및 금수성 위험물이 아닌 것은?

21.05.문53
17.09.문02
16.05.문46
16.05.문52
15.09.문03
15.05.문10
15.03.문51
14.09.문18
11.06.문54

① 적린
② 황린
③ 칼륨
④ 금속의 수소화물

① 적린 : 제2류 가연성 고체

**위험물령 〔별표 1〕**
**위험물**

| 유 별 | 성 질 | 품 명 |
|---|---|---|
| 제1류 | 산화성 고체 | • 아염소산염류<br>• 염소산염류(**염소산나트륨**)<br>• 과염소산염류<br>• 질산염류<br>• 무기과산화물<br>기억법 **1산고염나** |
| 제2류 | 가연성 고체 | • **황화**린<br>• **적**린 보기 ①<br>• **유**황<br>• **마**그네슘<br>기억법 **황화적유마** |
| 제3류 | 자연발화성 물질 및 금수성 물질 | • **황**린 보기 ②<br>• **칼**륨 보기 ③<br>• **나**트륨<br>• **알**칼리토금속<br>• **트**리에틸알루미늄<br>• 금속의 수소화물 보기 ④<br>기억법 **황칼나알트** |
| 제4류 | 인화성 액체 | • 특수인화물<br>• 석유류(벤젠)<br>• 알코올류<br>• 동식물유류 |
| 제5류 | 자기반응성 물질 | • 유기과산화물<br>• 니트로화합물<br>• 니트로소화합물<br>• 아조화합물<br>• 질산에스테르류(셀룰로이드) |
| 제6류 | 산화성 액체 | • **과염소산**<br>• 과산화수소<br>• 질산 |

답 ①

★
**49** 소방시설공사업법령상 소방시설업에서 보조기술인력에 해당되는 기준이 아닌 것은?

① 소방설비기사 자격을 취득한 사람
② 소방공무원으로 재직한 경력이 2년 이상인 사람
③ 소방설비산업기사 자격을 취득한 사람
④ 소방기술과 관련된 자격·경력 및 학력을 갖춘 사람으로서 자격수첩을 발급받은 사람

② 2년 이상 → 3년 이상

**공사업령 〔별표 1〕**
**보조기술인력**

(1) **소방기술사**, **소방설비기사** 또는 **소방설비산업기사** 자격을 취득하는 사람
(2) **소방공무원**으로 재직한 경력이 **3년** 이상인 사람으로서 자격수첩을 발급받은 사람
(3) **소방기술**과 관련된 자격·경력 및 학력을 갖춘 사람으로서 **자격수첩**을 발급받은 사람

답 ②

★★★
**50** 위험물안전관리법령상 자체소방대에 대한 기준으로 틀린 것은?

21.09.문41
16.03.문50
08.03.문54

① 시 · 도지사에게 제조소 등 설치허가를 받았으나 자체소방대를 설치하여야 하는 제조소 등에 자체소방대를 두지 아니한 관계인에 대한 벌칙은 1년 이하의 징역 또는 1천만원 이하의 벌금이다.
② 자체소방대를 설치하여야 하는 사업소로 제4류 위험물을 취급하는 제조소 또는 일반취급소가 있다.
③ 제조소 또는 일반취급소의 경우 자체소방대를 설치하여야 하는 위험물 최대수량의 합 기준은 지정수량의 3만배 이상이다.
④ 자체소방대를 설치하는 사업소의 관계인은 규정에 의하여 자체소방대에 화학소방자동차 및 자체소방대원을 두어야 한다.

해설 ③ 3만배 이상 → 3천배 이상

**위험물령 18조**
**자체소방대를 설치하여야 하는 사업소** : 대통령령

(1) **제4류** 위험물을 취급하는 **제조소** 또는 **일반취급소** (대통령령이 정하는 제조소 등)

**제조소** 또는 **일반취급소**에서 취급하는 제4류 위험물의 최대수량의 합이 지정수량의 **3천배** 이상 보기 ②③

(2) **제4류 위험물**을 저장하는 **옥외탱크저장소**

옥외탱크저장소에 저장하는 제4류 위험물의 최대수량이 지정수량의 **50만배** 이상

 중요

(1) 1년 이하의 징역 또는 1000만원 이하의 벌금
㉠ 소방시설의 **자체점검** 미실시자(소방시설법 49조)
㉡ **소방시설관리사증** 대여(소방시설법 49조)
㉢ **소방시설관리업**의 등록증 또는 등록수첩 대여(소방시설법 49조)
㉣ 제조소 등의 정기점검기록 허위작성(위험물법 35조)
㉤ **자체소방대**를 두지 않고 제조소 등의 허가를 받은 자(위험물법 35조) 보기 ①
㉥ **위험물 운반용기**의 검사를 받지 않고 유통시킨 자(위험물법 35조)
㉦ 소방용품 형상 일부 변경 후 변경 미승인(소방시설법 49조)

(2) **위험물령** 〔별표 8〕
자체소방대에 두는 화학소방자동차 및 인원 보기 ④

| 구 분 | 화학소방자동차 | 자체소방대원의 수 |
|---|---|---|
| 지정수량 **3천~12만배** 미만 | 1대 | 5인 |
| 지정수량 **12~24만배** 미만 | 2대 | 10인 |
| 지정수량 **24~48만배** 미만 | 3대 | 15인 |
| 지정수량 **48만배** 이상 | 4대 | 20인 |
| 옥외탱크저장소에 저장하는 제4류 위험물의 최대수량이 지정수량의 **50만배** 이상 | 2대 | 10인 |

답 ③

★★★
**51** 소방시설 설치 및 관리에 관한 법령상 특정소방대상물의 관계인이 소방시설에 폐쇄(잠금을 포함) · 차단 등의 행위를 하여서 사람을 상해에 이르게 한 때에 대한 벌칙기준은?

21.03.문53
18.04.문53
18.03.문57
17.05.문41

① 3년 이하의 징역 또는 3천만원 이하의 벌금
② 7년 이하의 징역 또는 7천만원 이하의 벌금
③ 5년 이하의 징역 또는 5천만원 이하의 벌금
④ 10년 이하의 징역 또는 1억원 이하의 벌금

해설 **소방시설법 56조**

| 벌 칙 | 행 위 |
|---|---|
| **5년 이하**의 징역 또는 **5천만원 이하**의 벌금 | 소방시설에 폐쇄 · 차단 등의 **행위**를 한 자 |
| **7년 이하**의 징역 또는 **7천만원** 이하의 벌금 보기 ② | 소방시설에 폐쇄 · 차단 등의 행위를 하여 사람을 **상해**에 이르게 한 때 |
| **10년 이하**의 징역 또는 **1억원 이하**의 벌금 | 소방시설에 폐쇄 · 차단 등의 행위를 하여 사람을 **사망**에 이르게 한 때 |

비교

**위험물법 34조**

| 벌 칙 | 행 위 |
|---|---|
| **7년** 이하의 금고 또는 **7천만원** 이하의 벌금 | 업무상 과실로 제조소 등에서 **위험물**을 유출 · 방출 또는 확산시켜 사람의 생명 · 신체 또는 재산에 대하여 **위험**을 발생시킨 자<br>기억법 77천위(**위**험한 **칠천**량 해전) |
| **10년** 이하의 징역 또는 금고나 **1억원** 이하의 벌금 | 업무상 과실로 제조소 등에서 위험물을 유출 · 방출 또는 확산시켜 사람을 **사상**에 이르게 한 자 |

답 ②

★★
**52** 소방시설 설치 및 관리에 관한 법령상 건축허가 등의 동의대상물 범위기준으로 옳은 것은?

20.06.문59
17.09.문53

① 항공기격납고, 관망탑, 항공관제탑, 방송용 송수신탑
② 차고·주차장 또는 주차용도로 사용되는 시설로서 차고·주차장으로 사용되는 층 중 바닥면적이 100제곱미터 이상인 층이 있는 시설
③ 연면적이 300제곱미터 이상인 건축물
④ 지하층 또는 무창층에 공연장이 있는 건축물로서 바닥면적이 150제곱미터의 이상인 층이 있는 것

② 100제곱미터 이상→ 200제곱미터 이상
③ 300제곱미터 이상→ 400제곱미터 이상
④ 150제곱미터 이상→ 100제곱미터 이상

**소방시설법 시행령 7조**
**건축허가 등의 동의대상물**
(1) 연면적 **400m²**(학교시설 : **100m²**, 수련시설·노유자시설 : **200m²**, 정신의료기관·장애인 의료재활시설 : **300m²**) 이상 [보기 ③]
(2) **6층** 이상인 건축물
(3) 차고·주차장으로서 바닥면적 **200m²** 이상(**자**동차 **20대** 이상) [보기 ②]
(4) **항공기격납고, 관망탑, 항공관제탑, 방송용 송수신탑**
(5) 지하층 또는 무창층의 바닥면적 **150m²**(공연장은 **100m²**) 이상 [보기 ④]
(6) **위험물저장** 및 **처리시설**, **지하구**
(7) **결핵환자**나 **한센인**이 24시간 생활하는 **노유자시설**
(8) 전기저장시설, 풍력발전소
(9) 노인주거복지시설·노인의료복지시설 및 재가노인복지시설·학대피해노인 전용쉼터·아동복지시설·장애인거주시설
(10) 정신질환자 관련시설(종합시설 중 24시간 주거를 제공하지 아니하는 시설 제외)
(11) 조산원, 산후조리원, 의원(입원실이 있는 것), **전통시장**
(12) 노숙인자활시설, 노숙인재활시설 및 노숙인요양시설
(13) 요양병원(정신병원, 의료재활시설 제외)
(14) **목조건축물**(보물·국보)
(15) 노유자시설
(16) 숙박시설이 있는 수련시설 : 수용인원 **100명** 이상
(17) 공장 또는 창고시설로서 지정하는 수량의 **750배** 이상의 특수가연물을 저장·취급하는 것
(18) 가스시설로서 지상에 노출된 탱크의 저장용량의 합계가 **100t** 이상인 것
(19) **50명** 이상의 근로자가 작업하는 **옥내작업장**

기억법 2자(이자)

답 ①

★★★
**53** 위험물안전관리법령상 관계인이 예방규정을 정하여야 하는 제조소 등의 기준이 아닌 것은?

20.09.문48
19.04.문53
17.03.문41
17.03.문55
15.09.문48
15.03.문58
14.05.문41
12.09.문52

① 지정수량의 10배 이상의 위험물을 취급하는 제조소
② 지정수량의 200배 이상의 위험물을 저장하는 옥외탱크저장소
③ 지정수량의 50배 이상의 위험물을 저장하는 옥외저장소
④ 지정수량의 150배 이상의 위험물을 저장하는 옥내저장소

③ 50배 이상 → 100배 이상

**위험물령 15조**
**예방규정을 정하여야 할 제조소 등**

| 배 수 | 제조소 등 |
|---|---|
| 10배 이상 | • **제**조소 [보기 ①]<br>• **일**반취급소 |
| 100배 이상 | • 옥**외**저장소 [보기 ③] |
| 150배 이상 | • 옥**내**저장소 [보기 ④] |
| 200배 이상 | • 옥외**탱**크저장소 [보기 ②] |
| 모두 해당 | • 이송취급소<br>• 암반탱크저장소 |

기억법 1 제일
0 외
5 내
2 탱

※ **예방규정** : 제조소 등의 화재예방과 화재 등 재해발생시의 비상조치를 위한 규정

답 ③

★★
**54** 소방시설공사업법령상 소방시설공사업자가 소속 소방기술자를 소방시설공사 현장에 배치하지 않았을 경우의 과태료 기준은?

21.09.문54
17.09.문43

① 100만원 이하
② 200만원 이하
③ 300만원 이하
④ 400만원 이하

해설 **200만원 이하**의 **과태료**
(1) 소방용수시설·소화기구 및 설비 등의 설치명령 위반 (화재예방법 52조)
(2) 특수가연물의 저장·취급 기준 위반(화재예방법 52조)
(3) 한국119청소년단 또는 이와 유사한 명칭을 사용한 자 (기본법 56조)

(4) 소방활동구역 출입(기본법 56조)
(5) 소방자동차의 출동에 지장을 준 자(기본법 56조)
(6) 한국소방안전원 또는 이와 유사한 명칭을 사용한 자(기본법 56조)
(7) 관계서류 미보관자(공사업법 40조)
(8) **소방기술자 미배치자**(공사업법 40조) 보기 ②
(9) 완공검사를 받지 아니한 자(공사업법 40조)
(10) 방염성능기준 미만으로 방염한 자(공사업법 40조)
(11) 하도급 미통지자(공사업법 40조)
(12) 관계인에게 지위승계 · 행정처분 · 휴업 · 폐업 사실을 거짓으로 알린 자(공사업법 40조)

답 ②

★★★
**55** 20.08.문42 15.09.문44 08.09.문45

**위험물안전관리법령상 점포에서 위험물을 용기에 담아 판매하기 위하여 지정수량의 40배 이하의 위험물을 취급하는 장소의 취급소 구분으로 옳은 것은? (단, 위험물을 제조 외의 목적으로 취급하기 위한 장소이다.)**

① 판매취급소
② 주유취급소
③ 일반취급소
④ 이송취급소

해설 **위험물령 〔별표 3〕**
**위험물취급소의 구분**

| 구 분 | 설 명 |
|---|---|
| 주유 취급소 | 고정된 주유설비에 의하여 **자동차** · **항공기** 또는 **선박** 등의 연료탱크에 직접 주유하기 위하여 위험물을 취급하는 장소 |
| **판매** 취급소 보기 ① | **점포**에서 위험물을 용기에 담아 판매하기 위하여 지정수량의 **40배** 이하의 위험물을 취급하는 장소<br>기억법 **판4(판사 검사)** |
| 이송 취급소 | 배관 및 이에 부속된 설비에 의하여 위험물을 **이송**하는 장소 |
| 일반 취급소 | 주유취급소 · 판매취급소 · 이송취급소 이외의 장소 |

답 ①

★★
**56** 20.09.문57 13.09.문46

**소방기본법령상 소방안전교육사의 배치대상별 배치기준에서 소방본부의 배치기준은 몇 명 이상인가?**

① 3 ② 4
③ 2 ④ 1

해설 **기본령 〔별표 2의 3〕**
**소방안전교육사의 배치대상별 배치기준**

| 배치대상 | 배치기준 |
|---|---|
| 소방서 | • **1명** 이상 |
| 한국소방안전원 | • 시 · 도지부 : **1명** 이상<br>• 본회 : **2명** 이상 |
| 소방본부 | • **2명** 이상 보기 ③ |
| 소방청 | • **2명** 이상 |
| 한국소방산업기술원 | • **2명** 이상 |

답 ③

★★★
**57** 21.09.문51 18.04.문41 17.05.문53 16.03.문46 05.09.문55

**소방기본법령상 소방본부 종합상황실의 실장이 소방정의 종합상황실에 지체없이 서면 · 팩스 또는 컴퓨터 통신 등으로 보고해야 할 상황이 아닌 것은?**

① 위험물안전관리법에 의한 지정수량의 3천배 이상의 위험물의 제조소에서 발생한 화재
② 사망자가 3인 이상 발생한 화재
③ 재산피해액이 50억원 이상 발생한 화재
④ 연면적 1만 5천제곱미터 이상인 공장 또는 화재예방강화지구에서 발생한 화재

해설 ② 사망자가 3인 이상 → 사망자가 5인 이상

**기본규칙 3조**
**종합상황실 실장의 보고화재**
(1) 사망자 **5인** 이상 화재 보기 ②
(2) 사상자 **10인** 이상 화재
(3) 이재민 **100인** 이상 화재
(4) 재산피해액 **50억원** 이상 화재 보기 ③
(5) 관광호텔, 층수가 11층 이상인 건축물, 지하상가, 시장, 백화점
(6) **5층** 이상 또는 객실 **30실** 이상인 **숙박시설**
(7) **5층** 이상 또는 병상 **30개** 이상인 **종합병원 · 정신병원 · 한방병원 · 요양소**
(8) **1000t** 이상인 선박(항구에 매어둔 것)
(9) 지정수량 **3000배** 이상의 위험물 제조소 · 저장소 · 취급소 보기 ①
(10) 연면적 **15000m$^2$** 이상인 **공장** 또는 **화재예방강화지구**에서 발생한 화재 보기 ④
(11) **가스** 및 **화약류**의 폭발에 의한 화재
(12) **관공서 · 학교 · 정부미도정공장 · 문화재 · 지하철** 또는 지하구의 **화재**
(13) 철도차량, 항공기, 발전소 또는 변전소에서 발생한 화재
(14) 다중이용업소의 화재

용어

**종합상황실**
화재·재난·재해·구조·구급 등이 필요한 때에 신속한 소방활동을 위한 정보를 수집·전파하는 소방서 또는 소방본부의 지령관제실

답 ②

☆☆
**58** 15.05.문11 11.06.문12

**소방시설 설치 및 관리에 관한 법령상 방염성능 기준으로 틀린 것은?**

① 탄화한 면적은 $50cm^2$ 이내, 탄화한 길이는 20cm 이내
② 버너의 불꽃을 제거한 때부터 불꽃을 올리지 아니하고 연소하는 상태가 그칠 때까지 시간은 30초 이내
③ 버너의 불꽃을 제거한 때부터 불꽃을 올리며 연소하는 상태가 그칠 때까지 시간은 20초 이내
④ 불꽃에 의하여 완전히 녹을 때까지 불꽃의 접촉횟수는 2회 이상

④ 2회 이상 → 3회 이상

**소방시설법 시행령 30조**
**방염성능기준**
(1) 잔염시간 : **20초** 이내 보기 ③
(2) 잔신시간(잔진시간) : **30초** 이내 보기 ②
(3) 탄화길이 : **20cm** 이내 보기 ①
(4) 탄화면적 : **$50cm^2$** 이내 보기 ①
(5) 불꽃 접촉횟수 : **3회** 이상 보기 ④
(6) 최대연기밀도 : **400** 이하

잔신시간(잔진시간) vs 잔염시간

| 구 분 | 잔신시간(잔진시간) | 잔염시간 |
|---|---|---|
| 정의 | 버너의 **불꽃**을 제거한 때부터 **불꽃을 올리지 아니하고** 연소하는 상태가 그칠 때까지의 경과시간 | 버너의 **불꽃**을 제거한 때부터 **불꽃을 올리며** 연소하는 상태가 그칠 때까지의 경과시간 |
| 시간 | **30초** 이내 | **20초** 이내 |

• 잔신시간=잔진시간

기억법 **3신(삼신 할머니)**

답 ④

☆
**59** 17.09.문77

**소방시설 설치 및 관리에 관한 법령에 따른 비상방송설비를 설치하여야 하는 특정소방대상물의 기준 중 틀린 것은? (단, 위험물 저장 및 처리 시설 중 가스시설, 사람이 거주하지 않는 동물 및 식물 관련시설, 지하가 중 터널, 축사 및 지하구는 제외한다.)**

① 지하층을 제외한 층수가 11층 이상인 것
② 연면적 $3500m^2$ 이상인 것
③ 연면적 $1000m^2$ 미만의 기숙사
④ 지하층의 층수가 3층 이상인 것

③ 해당없음

**소방시설법 시행령 〔별표 5〕**
**비상방송설비의 설치대상**
(1) 연면적 **$3500m^2$** 이상 보기 ②
(2) **11층** 이상 보기 ①
(3) **지하 3층** 이상 보기 ④

답 ③

☆☆☆
**60** 21.05.문59 17.05.문51 16.10.문56 15.05.문59 15.03.문52 12.05.문59

**소방시설공사업법령상 소방시설공사의 하자보수 보증기간이 3년이 아닌 것은?**

① 자동화재탐지설비
② 자동소화장치
③ 간이스프링클러설비
④ 무선통신보조설비

④ 무선통신보조설비 : 2년

**공사업령 6조**
**소방시설공사의 하자보수 보증기간**

| 보증기간 | 소방시설 |
|---|---|
| 2년 | ① **유**도등·유도표지·**피**난기구<br>② **비**상**조**명등·비상**경**보설비·비상**방**송설비<br>③ **무**선통신보조설비 보기 ④<br>기억법 **유비 조경방무피2** |
| 3년 | ① 자동소화장치 보기 ②<br>② 옥내·외소화전설비<br>③ 스프링클러설비·간이스프링클러설비 보기 ③<br>④ 물분무등소화설비·상수도소화용수설비<br>⑤ 자동화재탐지설비·소화활동설비 보기 ① |

답 ④

## 제 4 과목 소방전기시설의 구조 및 원리

★★★
**61** **자동화재속보설비의 속보기의 성능인증 및 제품 검사의 기술기준에 따른 속보기의 구조에 대한 설명으로 틀린 것은?**

21.03.문78
20.06.문80
17.03.문67
16.10.문77
14.05.문68
11.03.문77

① 예비전원회로에는 단락사고 등을 방지하기 위한 단로기와 같은 보호장치를 하여야 한다.
② 수동통화용 송수화장치를 설치하여야 한다.
③ 화재표시 복구스위치 및 음향장치의 울림을 정지시킬 수 있는 스위치를 설치하여야 한다.
④ 작동시 그 작동시간과 작동횟수를 표시할 수 있는 장치를 하여야 한다.

해설

① 단로기 → 퓨즈, 차단기

**속보기의 기준**

(1) **수동통화**용 송수화기를 설치 보기 ②
(2) **20초** 이내에 **3회** 이상 **소방관서**에 자동속보
(3) 예비전원은 감시상태를 **60분**간 지속한 후 **10분** 이상 동작이 지속될 수 있는 용량일 것
(4) 다이얼링 : **10회** 이상
(5) 작동시 그 **작동시간**과 **작동횟수**를 표시할 수 있는 장치를 하여야 한다. 보기 ④
(6) **예비전원회로**에는 **단락사고** 등을 방지하기 위한 **퓨즈**, **차단기** 등과 같은 **보호장치**를 하여야 한다. 보기 ①
(7) **화재표시 복구스위치** 및 **음향장치**의 울림을 정지시킬 수 있는 스위치 설치 보기 ③

기억법 속203

비교

**속보기 인증기준 3조**
**자동화재속보설비의 속보기에 적용할 수 없는 회로방식**
(1) **접지전극**에 **직류전류**를 통하는 회로방식
(2) 수신기에 접속되는 외부배선과 다른 설비(화재신호의 전달에 영향을 미치지 아니하는 것 제외)의 외부배선을 **공용**으로 하는 회로방식

답 ①

★★★
**62** **유도등의 형식승인 및 제품검사의 기술기준에 따라 복도통로유도등에 있어서 사용전원으로 등을 켜는 경우에는 직선거리 몇 m의 위치에서 보통시력에 의하여 표시면의 화살표가 쉽게 식별되어야 하는가?**

18.03.문61
16.10.문64
14.09.문66
14.05.문67
14.03.문80
04.09.문69

① 20 ② 15
③ 25 ④ 30

해설 **식별도 시험**

| 유도등의 종류 | 시험방법 |
|---|---|
| • 피난구유도등<br>• 거실통로유도등 | ① **상용전원** : 10~30 lx의 주위조도로 **30m**에서 식별<br>② **비상전원** : 0~1 lx의 주위조도로 **20m**에서 식별 |
| • 복도통로유도등 | ① **상용전원**(사용전원) : 직선거리 **20m**에서 식별 보기 ①<br>② **비상전원** : 직선거리 **15m**에서 식별 |

비교

(1) **설치높이**

| 구 분 | 설치높이 |
|---|---|
| **계단통로유도등 · 복도통로유도등 · 통로유도표지** | 바닥으로부터 높이 **1m** 이하 |
| **피난구유도등** | 피난구의 바닥으로부터 높이 **1.5m** 이**상** |
| **거실통로유도등** | 바닥으로부터 높이 **1.5m** 이상 |
| **피난구유도표지** | 출입구 상단 |

기억법 계복1, 피유15상

(2) **설치거리**

| 구 분 | 설치거리 |
|---|---|
| **복도통로유도등** | 구부러진 모퉁이 및 피난구유도등이 설치된 출입구의 맞은편 복도에 입체형 또는 바닥에 설치한 통로유도등을 기점으로 보행거리 20m마다 설치 |
| **거실통로유도등** | 구부러진 모퉁이 및 **보행거리 20m**마다 설치 |
| **계단통로유도등** | 각 층의 **경사로참** 또는 **계단참**마다 설치 |

기억법 복거2

답 ①

★★★
**63** **비상경보설비 및 단독경보형 감지기의 화재안전기준(NFSC 201)에 따른 단독경보형 감지기에 대한 내용이다. 다음 ( )에 들어갈 내용으로 옳은 것은?**

21.05.문75
17.09.문64
03.08.문62

> 이웃하는 실내의 바닥면적이 각각 ( )$m^2$ 미만이고 벽체의 상부의 전부 또는 일부가 개방되어 이웃하는 실내와 공기가 상호 유통되는 경우에는 이를 1개의 실로 본다.

① 50 ② 150
③ 30 ④ 100

해설 **단독경보형 감지기**의 **설치기준**(NFSC 201 5조)

(1) 각 실(이웃하는 실내의 바닥면적이 각각 **30m² 미만**이고 벽체의 상부의 전부 또는 일부가 개방되어 이웃하는 실내와 공기가 상호 유통되는 경우에는 이를 1개의 실로 본다)마다 설치하되, 바닥면적이 **150m²**를 초과하는 경우에는 **150m²**마다 1개 이상 설치할 것 [보기 ③]

(2) 최상층의 계단실의 **천장**(외기가 상통하는 계단실의 경우 제외)에 설치할 것

(3) 건전지를 주전원으로 사용하는 단독경보형 감지기는 정상적인 작동상태를 유지할 수 있도록 건전지를 교환할 것

(4) 상용전원을 주전원으로 사용하는 단독경보형 감지기의 **2차 전지**는 제품검사에 합격한 것을 사용할 것

용어

**단독경보형 감지기**
화재발생 상황을 단독으로 감지하여 자체에 내장된 음향장치로 경보하는 감지기

답 ③

★★★
**64** **누전경보기의 화재안전기준(NFSC 201)에 따라 누전경보기 설치시 경계전로의 정격전류가 60A를 초과하는 전로에 있어서는 몇 급 누전경보기를 설치하는가? (단, 경계전로는 분기되어 있지 않은 경우이다.)**

19.04.문75
18.09.문62
17.09.문67
15.09.문76
14.05.문71
14.03.문75
13.06.문67
12.05.문74

① 4급 누전경보기
② 1급 누전경보기
③ 2급 누전경보기
④ 3급 누전경보기

해설 **누전경보기**

| 60A 이하 | 60A 초과 |
|---|---|
| • **1급** 누전경보기<br>• **2급** 누전경보기 | • **1급** 누전경보기 [보기 ②] |

중요

**누전경보기**의 **설치기준**

| 과전류차단기 | 배선용 차단기 |
|---|---|
| **15A** 이하 | 20A 이하<br>기억법 **2배(이 배에 탈 사람!)** |

(1) 각 극에 개폐기 및 **15A** 이하의 **과전류차단기**를 설치할 것(**배선용 차단기**는 **20A** 이하)
(2) 분전반으로부터 **전용 회로**로 할 것
(3) 개폐기에는 누전경보기임을 표시할 것
(4) 계약전류용량이 **100A**를 초과할 것

답 ②

★
**65** **무선통신보조설비 구성방식 중 안테나 방식의 특징에 대한 설명으로 틀린 것은?**

① 누설동축케이블 방식보다 경제적이다.
② 케이블을 반자 내에 은폐할 수 있으므로 화재시 영향이 적고 미관을 해치지 않는다.
③ 전파를 균일하고 광범위하게 방사할 수 있다.
④ 장애물이 적은 대강당, 극장 등에 적합하다.

해설 **무선통신보조설비 구성방식**

| 누설동축케이블 방식 | 안테나 방식 |
|---|---|
| • 터널, 지하철역 등 **폭**이 **좁고 긴 지하가**나 **건축물** 내부에 적합<br>• **전파**를 **균일**하고 **광범위**하게 방사 [보기 ③]<br>• **케이블**이 **외부**에 **노출**되므로 **유지보수**가 **용이** | • 누설동축케이블 방식보다 **경제적** [보기 ①]<br>• 케이블을 반자 내 은폐할 수 있으므로 화재시 영향이 적고 **미관**을 해치지 않는다. [보기 ②]<br>• 말단에서는 전파의 강도가 떨어져서 **통화 어려움**<br>• 장애물이 적은 **대강당**, **극장** 등에 적합 [보기 ④] |

답 ③

★★★
**66** **자동화재탐지설비 및 사각경보장치 화재안전기준(NFSC 203)에 따라 광전식 분리형 감지기의 설치기준에 대한 설명으로 틀린 것은?**

18.03.문66
16.10.문65
13.03.문65

① 광축(송광면과 수광면의 중심을 연결한 선)은 나란한 벽으로부터 0.6m 이상 이격하여 설치할 것
② 감지기의 수광면은 햇빛을 직접 받지 않도록 설치할 것
③ 광축의 높이는 천장 등(천장의 실내에 면한 부분 또는 상층의 바닥하부면을 말한다) 높이의 70% 이상일 것
④ 감지기의 송광부와 수광부는 설치된 뒷벽으로부터 1m 이내 위치에 설치할 것

③ 70% 이상 → 80% 이상

**광전식 분리형 감지기**의 **설치기준**

(1) 감지기의 광축의 길이는 공칭감시거리 범위 이내이어야 한다.
(2) 감지기의 송광부와 수광부는 설치된 뒷벽으로부터 **1m 이내**의 위치에 설치해야 한다.
(3) 감지기의 수광면은 햇빛을 직접 받지 않도록 설치해야 한다.

(4) 광축은 나란한 벽으로부터 **0.6m 이상** 이격하여야 한다.
(5) 광축의 높이는 천장 등 높이의 **80%** 이상일 것

기억법 **광분8(광 분할해서 팔아요.)**

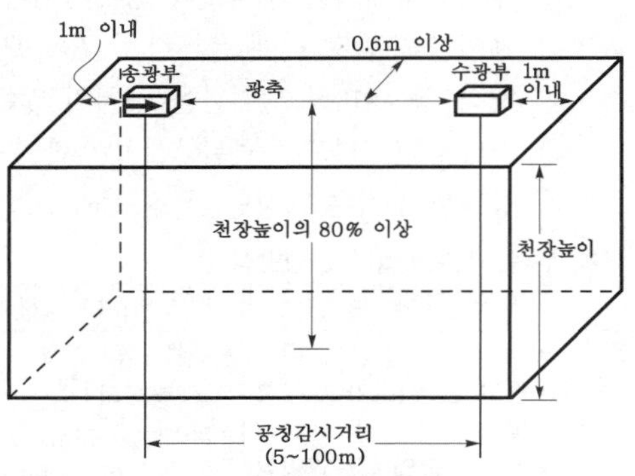


광전식 분리형 감지기의 설치

중요

**광전식 분리형 감지기**의 **동작원리**

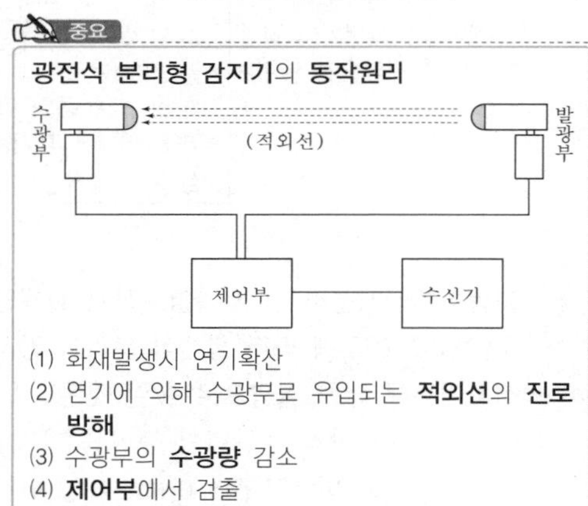


(1) 화재발생시 연기확산
(2) 연기에 의해 수광부로 유입되는 **적외선**의 **진로방해**
(3) 수광부의 **수광량** 감소
(4) **제어부**에서 검출
(5) **수신기**에 화재신호 발생

답 ③

★★★
**67** **비상방송설비의 화재안전기준(NFSC 202)에 따라 음량조정기를 설치하는 경우 음량조정기의 배선은 3선식으로 하여야 한다. 음량조정기의 각 배선의 용도를 나타낸 것으로 옳은 것은?**

19.04.문68 18.09.문77 18.03.문73 16.10.문69 16.05.문67 16.03.문68 15.09.문66 15.05.문76 15.03.문62 14.05.문63 14.05.문75 14.03.문61 13.09.문70 13.06.문62 13.06.문80 11.06.문79

① 전원선, 음량조정용, 접지선
② 전원선, 통신선, 예비용
③ 공통선, 업무용, 긴급용
④ 업무용, 긴급용, 접지선

해설

| 비상방송설비 3선식 배선 보기 ③ | 유도등 3선식 배선 |
|---|---|
| • 공통선<br>• 업무용 배선<br>• 긴급용 배선 | • 공통선<br>• 상용선<br>• 충전선 |

중요

**비상방송설비**의 **설치기준**
(1) 확성기의 음성입력은 실내 **1W 이상**, 실외 **3W** 이상일 것

| 실 내 | 실 외 |
|---|---|
| 1W 이상 | 3W 이상 |

(2) 확성기는 **각 층**마다 설치하되, 각 부분으로부터의 수평거리는 **25m** 이하일 것
(3) 음량조정기는 **3선식** 배선일 것
(4) 조작스위치는 바닥으로부터 **0.8~1.5m** 이하의 높이에 설치할 것
(5) 다른 전기회로에 의하여 **유도장애**가 생기지 않을 것
(6) 비상방송 개시시간은 **10초** 이하일 것

답 ③

★
**68** **소방시설용 비상전원수전설비의 화재안전기준(NFSC 602)에 따라 전기사업자로부터 저압으로 수전하는 비상전원설비를 제1종 배전반 및 제1종 분전반으로 하는 경우 외함에 노출하여 설치할 수 없는 것은?**

20.08.문75

① 차단기
② 표시등(불연성 재료로 덮개를 설치한 것)
③ 표시등(난연성 재료로 덮개를 설치한 것)
④ 전선의 인입구

해설 **제1종 배전반** 및 **제1종 분전반**의 **시설기준**
(1) 외함은 두께 **1.6mm**(전면판 및 문은 **2.3mm**) 이상의 강판과 이와 동등 이상의 강도와 내화성능이 있는 것으로 제작할 것
(2) 외함의 내부는 외부의 열에 의해 영향을 받지 않도록 **내열성** 및 **단열성**이 있는 재료를 사용하여 단열할 것. 이 경우 단열부분은 열 또는 진동에 따라 쉽게 변형되지 아니할 것
(3) 다음에 해당하는 것은 외함에 노출하여 설치
㉠ **표시등**(불연성 또는 난연성 재료로 덮개를 설치한 것에 한함) 보기 ②③
㉡ 전선의 **인입구** 및 **입출구** 보기 ④
(4) 외함은 **금속관** 또는 **금속제 가요전선관**을 쉽게 접속할 수 있도록 하고, 당해 접속부분에는 **단열조치**를 할 것
(5) 공용 배전반 및 공용 분전반의 경우 소방회로와 일반회로에 사용하는 배선 및 배선용 기기는 **불연재료**로 구획되어야 할 것

비교

**제2종 배전반** 및 **제2종 분전반**의 **시설기준**
(1) 외함은 두께 **1mm**(함 전면의 면적이 $1000cm^2$를 초과하고 $2000cm^2$ 이하인 경우에는 **1.2mm**, $2000cm^2$를 초과하는 경우에는 **1.6mm** 이상의 강판과 이와 동등 이상의 강도와 내화성능이 있는 것으로 제작
(2) **120℃**의 온도를 가했을 때 이상이 없는 **전압계** 및 **전류계**는 외함에 노출하여 설치
(3) 단열을 위해 배선용 **불연전용 실내**에 설치

답 ①

★★
**69** 예비전원의 성능인증 및 제품검사의 기술기준에 따른 예비전원에 해당하지 않는 것은?

20.09.문68
12.09.문72

① 망간 1차 축전지
② 리튬계 2차 축전지
③ 무보수 밀폐형 연축전지
④ 알칼리계 2차 축전지

해설 **예비전원**

| 기 기 | 예비전원 |
|---|---|
| • 수신기<br>• 중계기<br>• 자동화재속보기 | • **원통 밀폐형 니켈카드뮴 축전지**<br>• **무보수 밀폐형 연축전지** |
| • 간이형 수신기 | • **원통 밀폐형 니켈카드뮴 축전지** 또는 이와 동등 이상의 **밀폐형 축전지** |
| • 유도등 | • **알칼리계 2차 축전지**<br>• **리튬계 2차 축전지** |
| • 비상조명등<br>• 가스누설경보기 | • **알칼리계 2차 축전지** 보기 ④<br>• **리튬계 2차 축전지** 보기 ②<br>• **무보수 밀폐형 연축전지** 보기 ③ |

답 ①

★
**70** 정격출력 5~15W 정도의 소형으로서, 소화활동시 안내방송 등에 사용하는 증폭기의 종류로 옳은 것은?

19.03.문76

① 휴대형 ② Rack형
③ Desk형 ④ 탁상형

해설 **증폭기**의 **종류**

| 종 류 | | 용 량 | 특 징 |
|---|---|---|---|
| 이동형 | 휴대형 보기 ① | 5~15W | ① 소화활동시 안내방송에 사용<br>② 마이크, 증폭기, 확성기를 일체화하여 소형 경량 |
| 이동형 | 탁상형 | 10~60W | ① 소규모 방송설비에 사용<br>② 입력장치 : 마이크, 라디오, 사이렌, 카세트테이프 |
| 고정형 | Desk형 | 30~180W | ① 책상식의 형태<br>② 입력장치 : Rack형과 유사 |
| 고정형 | Rack형 | 200W 이상 | ① 유닛(unit)화되어 교체, 철거, 신설 용이<br>② 용량 무제한 |

답 ①

★★★
**71** 자동화재탐지설비 및 시각경보장치의 화재안전기준(NFSC 203)에 따라 시각경보장치는 천장의 높이가 2m 이하인 경우 천장으로부터 몇 m 이내의 장소에 설치하여야 하는가?

18.09.문75
16.03.문79
14.09.문72
12.09.문73
10.09.문77

① 0.1 ② 0.15
③ 0.2 ④ 0.25

해설 **설치높이**

| 기타 모두 | 시각경보장치 |
|---|---|
| **0.8~1.5m** 이하 | **2~2.5m** 이하 (천장높이 **2m 이하**는 천장에서 **0.15m** 이내) 보기 ② |

답 ②

★★★
**72** 비상조명등의 화재안전기준(NFSC 304)에 따라 비상조명등의 조도는 비상조명등이 설치된 장소의 각 부분의 바닥에서 몇 lx 이상이 되도록 하여야 하는가?

21.05.문61
20.06.문62
13.09.문76

① 3 ② 10
③ 1 ④ 5

해설 (1) **조명도**(조도)

| 기 기 | 조명도(조도) |
|---|---|
| • 객석유도등 | **0.2 lx** 이상 |
| • 계단통로유도등 | **0.5 lx** 이상 |
| • 복도통로유도등<br>• 거실통로유도등<br>• 비상조명등 보기 ③ | **1 lx** 이상 |

(2) **조도시험**

| 유도등의 종류 | 시험방법 |
|---|---|
| **계**단통로 유도등 | 바닥면에서 **2.5m** 높이에 유도등을 설치하고 수평거리 **10m** 위치에서 법선조도 **0.5 lx** 이상<br>기억법 **계2505** |
| 복도통로 유도등 | 바닥면에서 **1m** 높이에 유도등을 설치하고 중앙으로부터 **0.5m** 위치에서 조도 **1 lx** 이상<br><br>▌복도통로유도등▐ |

| | |
|---|---|
| 거실통로 유도등 | 바닥면에서 **2m** 높이에 유도등을 설치하고 중앙으로부터 **0.5m** 위치에서 조도 **1lx** 이상 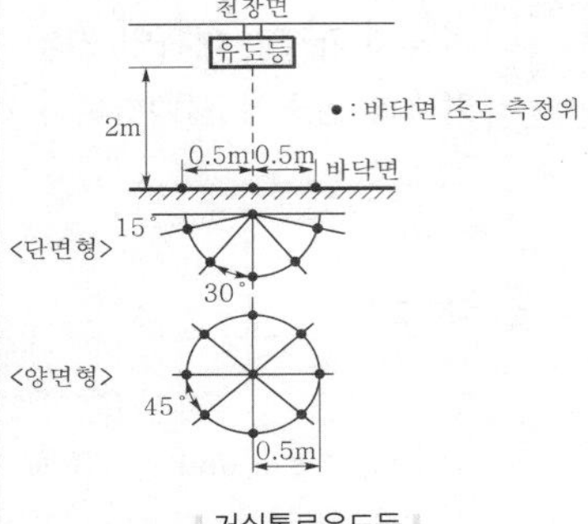  ▎거실통로유도등▎ |
| **객**석 유도등 | 바닥면에서 **0.5m** 높이에 유도등을 설치하고 바로 밑에서 **0.3m** 위치에서 수평조도 **0.2lx** 이상 **기억법** 객532 |

**중요**

**비상조명등**의 **설치기준**

(1) 소방대상물의 각 거실과 지상에 이르는 복도·계단·통로에 설치할 것

(2) 조도는 각 부분의 바닥에서 1lx 이상일 것 보기 ③

(3) **점검스위치**를 설치하고 **20분** 이상 작동시킬 수 있는 용량의 **축전지**와 **예비전원 충전장치**를 내장할 것

답 ③

### 73

19.04.문66
10.09.문76

**비상콘센트설비의 화재안전기준(NFSC 504)에 따른 비상콘센트를 보호하기 위한 비상콘센트 보호함의 설치기준으로 틀린 것은?**

① 비상콘센트의 보호함을 옥내소화전함 등과 접속하여 설치하는 경우에는 옥내소화전함 등의 표시등과 겸용할 수 있다.

② 보호함 상부에 적색의 표시등을 설치할 것

③ 보호함에는 문을 쉽게 개폐할 수 없도록 잠금장치를 설치할 것

④ 보호함 표면에 "비상콘센트"라고 표시한 표지를 할 것

해설

③ 없도록 잠금장치를 → 있는 문을

**비상콘센트설비**의 **보호함 설치기준**(NFSC 504 5조)

(1) 보호함에는 **쉽게 개폐**할 수 있는 **문**을 설치할 것 보기 ③

(2) 보호함 표면에 **"비상콘센트"**라고 표시한 표지를 할 것 보기 ④

(3) 보호함 상부에 **적색**의 **표시등**을 설치할 것 보기 ②

(4) 보호함을 옥내소화전함 등과 접속하여 설치시 옥내소화전함 등과 표시등 **겸용 가능** 보기 ①

답 ③

### 74

21.05.문68
20.09.문74
18.03.문77
18.03.문78
17.05.문77
16.05.문63
14.03.문71
12.03.문77
10.03.문68

**비상경보설비 및 단독경보형 감지기의 화재안전기준(NFSC 201)에 따른 발신기의 설치기준에 대한 내용이다. 다음 ( )에 들어갈 내용으로 옳은 것은?**

> 조작이 쉬운 장소에 설치하고, 조작스위치는 바닥으로부터 ( ㉠ )m 이상 ( ㉡ )m 이하의 높이에 설치할 것

① ㉠ 1.2, ㉡ 2.0

② ㉠ 1.0, ㉡ 1.8

③ ㉠ 0.6, ㉡ 1.2

④ ㉠ 0.8, ㉡ 1.5

해설 **비상경보설비**의 **발신기 설치기준**(NFSC 201 4조)

(1) 전원 : **축전지**, **전기저장장치**, **교류전압**의 **옥내간선**으로 하고 배선은 **전용**

(2) 감시상태 : **60분**, 경보시간 : **10분**

(3) 조작이 **쉬운 장소**에 설치하고, 조작스위치는 바닥으로부터 **0.8~1.5m** 이하의 높이에 설치할 것 보기 ④

(4) 특정소방대상물의 **층**마다 설치하되, 해당 소방대상물의 각 부분으로부터 하나의 발신기까지의 **수평거리**가 **25m** 이하가 되도록 할 것(단, 복도 또는 별도로 구획된 실로서 **보행거리**가 **40m** 이상일 경우에는 추가로 설치할 것)

(5) 발신기의 **위치표시등**은 **함**의 **상부**에 설치하되, 그 불빛은 부착면으로부터 **15°** 이상의 범위 안에서 부착지점으로부터 **10m** 이내의 어느 곳에서도 쉽게 식별할 수 있는 **적색등**으로 할 것

▎설치높이▎

| 기타 모두 | 시각경보장치 |
|---|---|
| **0.8~1.5m** 이하 보기 ④ | **2~2.5m** 이하 (천장높이 **2m 이하**는 천장에서 **0.15m** 이내) |

답 ④

### 75

21.03.문61
19.03.문68
14.09.문68
12.05.문71
12.03.문68
09.08.문69
07.09.문64

**자동화재탐지설비 및 시각경보장치의 화재안전기준(NFSC 203)에 따라 자동화재탐지설비의 경계구역은 $500m^2$ 이하의 범위 안에서 몇 개의 층을 하나의 경계구역으로 할 수 있는가?**

① 5　② 2

③ 3　④ 7

해설 **경계구역**

(1) **정의**
특정소방대상물 중 **화재신호**를 **발신**하고 그 **신호**를 **수신** 및 유효하게 **제어**할 수 있는 구역

(2) **경계구역**의 **설정기준**
㉠ 1경계구역이 **2개** 이상의 **건축물**에 미치지 않을 것
㉡ 1경계구역이 **2개** 이상의 **층**에 미치지 않을 것 (단, **500m$^2$** 이하는 **2개**층을 1경계구역으로 하는 것이 가능) 보기 ②
㉢ 1경계구역의 면적은 **600m$^2$** 이하로 하고, 1변의 길이는 **50m** 이하로 할 것(내부 전체가 보이면 **1000m$^2$** 이하)

(3) **1경계구역의 높이** : **45m** 이하

답 ②

★
## 76 무선통신보조설비에서 송신기와 송신 안테나 또는 수신안테나에서 수신기 사이를 연결하여 고주파전력을 전송하기 위하여 사용되는 전송선로를 말하며, 전파를 누설동축케이블이나 무선접속단자까지 이송하는 역할을 수행하는 것은?

① 무선중계기　　② 종단저항기
③ 증폭기　　④ 급전선

해설 **무선통신보조설비 용어**

| 용 어 | 설 명 |
|---|---|
| 무선중계기 | 안테나를 통하여 수신된 무전기 **신호**를 **증폭**한 후 음영지역에 재방사하여 무전기 상호간 **송수신**이 가능하도록 하는 장치 |
| 무반사종단저항 (종단저항기) | 전송로로 전송되는 전자파가 전송로의 **종단**에서 **반사**되어 **교신**을 **방해**하는 것을 막기 위한 저항 |
| 증폭기 | 전압전류의 **진폭**을 늘려 감도를 좋게 하고 미약한 **음성전류**를 커다란 음성전류로 변화시켜 **소리**를 **크게** 하는 장치 |
| 급전선 | 송신기에서 송신 안테나까지 또는 수신안테나에서 수신기까지 연결된 **고주파 전송선로** |

답 ④

★★★
## 77 유도등 및 유도표지의 화재안전기준(NFSC 303)에 따른 통로유도등의 종류로 틀린 것?

16.05.문78
15.05.문80
08.05.문68

① 거실통로유도등
② 복도통로유도등
③ 비상통로유도등
④ 계단통로유도등

해설 **통로유도등**의 **종류**

| 종 류 | 정 의 |
|---|---|
| 복도통로유도등 보기 ② | 피난통로가 되는 복도에 설치하는 통로유도등으로서 피난구의 방향을 명시하는 것 |
| 거실통로유도등 보기 ① | **거주, 집무, 작업, 집회, 오락** 그 밖에 이와 유사한 목적을 위하여 계속적으로 사용하는 **거실, 주차장** 등 **개방**된 **통로**에 설치하는 유도등으로 피난의 방향을 명시하는 것 |
| 계단통로유도등 보기 ④ | 피난통로가 되는 **계단**이나 **경사로**에 설치하는 통로유도등으로 **바닥면** 및 **디딤바닥면**을 비추는 것 |

답 ③

★★★
## 78 자동화재탐지설비 및 시각경보장치의 화재안전기준(NFSC 203)에 따라 주요구조부를 내화구조로 한 특정소방대상물의 바닥면적이 370m$^2$인 부분에 설치해야 하는 감지기의 최소수량은? (단, 감지기의 부착높이는 바닥으로부터 4.5m 이고, 보상식 스포트형 1종을 설치한다.)

17.03.문74
16.05.문65
07.09.문70

① 7개　　② 6개
③ 9개　　④ 8개

해설 **감지기**의 **바닥면적**[m$^2$]

| 부착높이 및 소방대상물의 구분 | | 감지기의 종류 | | | | |
|---|---|---|---|---|---|---|
| | | 차동식 · 보상식 스포트형 | | 정온식 스포트형 | | |
| | | 1종 | 2종 | 특종 | 1종 | 2종 |
| 4m 미만 | 내화구조 | 90 | 70 | 70 | 60 | 20 |
| | 기타구조 | 50 | 40 | 40 | 30 | 15 |
| 4m 이상 8m 미만 | 내화구조 | 45 | 35 | 35 | 30 | – |
| | 기타구조 | 30 | 25 | 25 | 15 | – |

기억법
9 7 7 6 2
5 4 4 3 ①
④ ③ ③ 3
3 ② ② ①
※ 동그라미(○) 친 부분은 뒤에 5가 붙음

**4m 이상**의 **내화구조**이고 보상식 스포트형 감지기 1종이므로 기준면적 **45m$^2$**

$$설치개수 = \frac{바닥면적}{기준면적} = \frac{370\text{m}^2}{45\text{m}^2} = 8.2 ≒ 9개(절상)$$

용어

**절상**
'소수점 이하는 무조건 올린다'는 뜻

중요

| 감지기 · 유도등 개수 | 수용인원 산정 |
|---|---|
| 소수점 이하는 **절상** | 소수점 이하는 **반올림**<br>기억법 수반(수반! 동반) |

답 ③

★★★
**79** 비상콘센트설비의 화재안전기준(NFSC 504)에 따라 비상콘센트의 플러그접속기로 사용하여야 하는 것은?

21.09.문62 19.04.문63 18.04.문61 17.03.문72 16.10.문61 16.05.문76 15.09.문80 14.03.문64 11.10.문67

① 접지형 2극 플러그접속기
② 플랫형 2종 절연 플러그접속기
③ 플랫형 3종 절연 플러그접속기
④ 접지형 3극 플러그접속기

해설 **비상콘센트설비 전원회로**의 **설치기준**

| 구 분 | 전 압 | 용 량 | 플러그 접속기 |
|---|---|---|---|
| **단**상 교류 | **2**20V | 1.5kVA 이상 | **접**지형 **2**극 보기 ① |

(1) 1전용회로에 설치하는 비상콘센트는 **10**개 이하로 할 것
(2) 풀박스는 **1.6**mm 이상의 **철**판을 사용할 것

기억법 단2(단위), 10콘(시큰둥!), 16철콘, 접2(접이식)

(3) 전기회로는 주배전반에서 **전용**회로로 할 것
(4) 전원으로부터 각 층의 비상콘센트에 분기되는 경우 **분기배선용 차단기**를 보호함 안에 설치할 것
(5) 콘센트마다 **배선용 차단기**(KS C 8321)를 설치하여야 하며, 충전부는 노출되지 아니할 것

답 ①

★★★
**80** 누전경보기의 형식승인 및 제품검사의 기술기준에 따라 감도조정장치를 갖는 누전경보기에 있어서 감도조정장치의 조정범위는 최대치가 몇 A 이어야 하는가?

21.05.문78 16.03.문77 15.05.문79 10.03.문76

① 5 ② 1
③ 10 ④ 3

해설 **누전경보기**

| 공칭작동전류치 | 감도조정장치의 조정범위 |
|---|---|
| **2**00mA 이하 | **1A**(1000mA) 이하 보기 ② |

기억법 공2

참고

**검출누설전류 설정치 범위**

| 경계전로 | 제2종 접지선 (중성점 접지선) |
|---|---|
| 100~400mA | 400~700mA |

답 ②

과년도 기출문제

# 2021년

## 소방설비기사 필기(전기분야)

**** 수험자 유의사항 ****

1. 문제지를 받는 즉시 **본인**이 **응시한 종목**이 맞는지 확인하시기 바랍니다.
2. 문제지 표지에 본인의 **수험번호**와 **성명**을 기재하여야 합니다.
3. 문제지의 **총면수, 문제번호 일련순서, 인쇄상태, 중복 및 누락 페이지 유무**를 확인하시기 바랍니다.
4. 답안은 각 문제마다 요구하는 가장 적합하거나 가까운 답 1개만을 선택하여야 합니다.
5. 답안카드는 뒷면의 「수험자 유의사항」에 따라 작성하시고, 답안카드 작성 시 형별누락, 마킹착오로 인한 불이익은 전적으로 수험자에게 책임이 있음을 알려드립니다.
6. 문제지는 시험 종료 후 본인이 가져갈 수 있습니다.

**** 안내사항 ****

- 가답안/최종정답은 큐넷(www.q-net.or.kr)에서 확인하실 수 있습니다. 가답안에 대한 의견은 큐넷의 [가답안 의견 제시]를 통해 제시할 수 있으며, 확정된 답안은 최종정답으로 갈음합니다.
- 공단에서 제공하는 자격검정서비스에 대해 개선할 점이 있으시면 고객참여(http://hrdkorea.or.kr/7/1/1)를 통해 건의하여 주시기 바랍니다.

# 21년 2021. 3. 7 시행

**▌2021년 기사 제1회 필기시험▐**

| 자격종목 | 종목코드 | 시험시간 | 형별 | 수험번호 | 성명 |
|---|---|---|---|---|---|
| 소방설비기사(전기분야) | | 2시간 | | | |

※ 답안카드 작성시 시험문제지 형별누락, 마킹착오로 인한 불이익은 전적으로 수험자의 귀책사유임을 알려드립니다.
※ 각 문항은 4지택일형으로 질문에 가장 적합한 보기 항을 선택하여 마킹하여야 합니다.

## 제 1 과목 소방원론

★★
**01 위험물별 저장방법에 대한 설명 중 틀린 것은?**

16.03.문20
07.09.문05

유사문제부터 풀어보세요. 실력이 팍!팍! 올라갑니다.

① 유황은 정전기가 축적되지 않도록 하여 저장한다.
② 적린은 화기로부터 격리하여 저장한다.
③ 마그네슘은 건조하면 부유하여 분진폭발의 위험이 있으므로 물에 적시어 보관한다.
④ 황화린은 산화제와 격리하여 저장한다.

해설
① 유황 : **정전기**가 축적되지 않도록 하여 저장
② 적린 : **화기**로부터 격리하여 저장
③ 마그네슘 : **물**에 적시어 보관하면 **수소**($H_2$) 발생
④ 황화린 : **산화제**와 격리하여 저장

중요

**주수소화**(물소화)시 **위험**한 **물질**

| 구 분 | 현 상 |
|---|---|
| • 무기과산화물 | **산소**($O_2$) 발생 |
| • **금**속분<br>• **마**그네슘<br>• 알루미늄<br>• 칼륨<br>• 나트륨<br>• 수소화리튬 | **수소**($H_2$) 발생 |
| • 가연성 액체의 유류화재 | **연소면**(화재면) 확대 |

기억법 **금마수**

※ **주수소화** : 물을 뿌려 소화하는 방법

답 ③

★★★
**02 분자식이 $CF_2BrCl$인 할로겐화합물 소화약제는?**

19.09.문07
17.03.문05
16.10.문08
15.03.문04
14.09.문04
14.03.문02

① Halon 1301
② Halon 1211
③ Halon 2402
④ Halon 2021

해설 **할론소화약제**의 **약칭** 및 **분자식**

| 종 류 | 약 칭 | 분자식 |
|---|---|---|
| 할론 1011 | CB | $CH_2ClBr$ |
| 할론 104 | CTC | $CCl_4$ |
| 할론 1211 | BCF | $CF_2ClBr(CClF_2Br)$ |
| 할론 1301 | BTM | $CF_3Br$ |
| 할론 2402 | FB | $C_2F_4Br_2$ |

답 ②

★★★
**03 건축물의 화재시 피난자들의 집중으로 패닉(Panic) 현상이 일어날 수 있는 피난방향은?**

17.03.문09
12.03.문06
08.05.문20

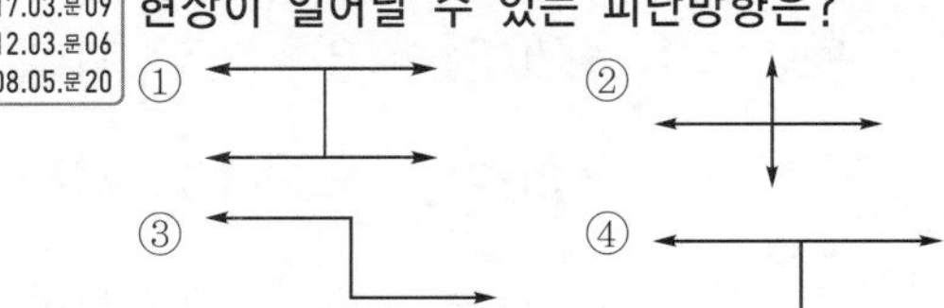

해설 피난형태

| 형 태 | 피난방향 | 상 황 |
|---|---|---|
| X형 | | **확실한 피난통로**가 보장되어 신속한 피난이 가능하다. |
| Y형 | | |
| CO형 | | 피난자들의 집중으로 **패닉**(Panic)**현상**이 일어날 수 있다. 보기 ① |
| H형 | | |

중요

**패닉**(Panic)의 **발생원인**
(1) 연기에 의한 시계제한
(2) 유독가스에 의한 호흡장애
(3) 외부와 단절되어 고립

답 ①

★★★
## 04 할로겐화합물 소화약제에 관한 설명으로 옳지 않은 것은?

20.06.문09 19.09.문13 18.09.문19 17.05.문06 16.03.문08 15.03.문17 14.03.문19 11.10.문19 03.08.문11

① 연쇄반응을 차단하여 소화한다.
② 할로겐족 원소가 사용된다.
③ 전기에 도체이므로 전기화재에 효과가 있다.
④ 소화약제의 변질분해 위험성이 낮다.

해설 **할론소화설비**(할로겐화합물 소화약제)의 **특징**

(1) **연쇄반응**을 **차단**하여 소화한다. 보기 ①
(2) **할로겐족** 원소가 사용된다. 보기 ②
(3) 전기에 **부도체**이므로 전기화재에 효과가 있다. 보기 ③
(4) 소화약제의 **변질분해** 위험성이 **낮다**. 보기 ④
(5) **오존층**을 **파괴**한다.
(6) 연소 **억제작용**이 크다(가연물과 산소의 화학반응을 억제한다).
(7) **소화능력**이 **크다**(소화속도가 빠르다).
(8) **금속**에 대한 **부식성**이 **작다**.

③ 도체 → 부도체(불량도체)

답 ③

★★
## 05 스테판-볼츠만의 법칙에 의해 복사열과 절대온도와의 관계를 옳게 설명한 것은?

16.05.문06 14.03.문20

① 복사열은 절대온도의 제곱에 비례한다.
② 복사열은 절대온도의 4제곱에 비례한다.
③ 복사열은 절대온도의 제곱에 반비례한다.
④ 복사열은 절대온도의 4제곱에 반비례한다.

해설 **스테판-볼츠만**의 **법칙**(Stefan-Boltzman's law)

$$Q = aAF(T_1^{\,4} - T_2^{\,4}) \propto T^4$$

여기서, $Q$ : 복사열[W]
$a$ : 스테판-볼츠만 상수[W/m$^2$ · K$^4$]
$A$ : 단면적[m$^2$]
$F$ : 기하학적 Factor
$T_1$ : 고온[K]
$T_2$ : 저온[K]

② 복사열(열복사량)은 **복**사체의 **절대온도**의 **4제곱**에 **비례**하고, **단면적**에 **비례**한다.

기억법 **복스(복수)**

• 스테판-볼츠만의 법칙=스테판-볼쯔만의 법칙

답 ②

★★★
## 06 일반적으로 공기 중 산소농도를 몇 vol% 이하로 감소시키면 연소속도의 감소 및 질식소화가 가능한가?

19.09.문13 18.09.문19 17.05.문06 16.03.문08 15.03.문17 14.03.문19 11.10.문19 03.08.문11

① 15 ② 21
③ 25 ④ 31

해설 **소화**의 **방법**

| 구 분 | 설 명 |
|---|---|
| 냉각소화 | 다량의 물 등을 이용하여 **점화원**을 **냉각**시켜 소화하는 방법 |
| **질식소화** | 공기 중의 **산소농도**를 **16%** 또는 **15%**(10~15%) 이하로 희박하게 하여 소화하는 방법 보기 ① |
| 제거소화 | 가연물을 제거하여 소화하는 방법 |
| 화학소화(부촉매효과) | 연쇄반응을 차단하여 소화하는 방법, **억제작용**이라고도 함 |
| 희석소화 | 고체 · 기체 · 액체에서 나오는 **분해가스**나 **증기**의 **농도**를 낮추어 연소를 중지시키는 방법 |
| 유화소화 | 물을 무상으로 방사하여 유류표면에 **유화층**의 막을 형성시켜 공기의 접촉을 막아 소화하는 방법 |
| 피복소화 | 비중이 공기의 **1.5배** 정도로 무거운 소화약제를 방사하여 가연물의 구석구석까지 침투 · 피복하여 소화하는 방법 |

용어

| % | vol% |
|---|---|
| 수를 100의 비로 나타낸 것 | 어떤 공간에 차지하는 부피를 백분율로 나타낸 것 |
| 50% | 공기 50vol% / 50vol% |
| 50% | 50vol% |

답 ①

★★★
## 07 이산화탄소의 물성으로 옳은 것은?

19.03.문11 16.03.문15 14.05.문08 13.06.문20 11.03.문06

① 임계온도 : 31.35℃, 증기비중 : 0.529
② 임계온도 : 31.35℃, 증기비중 : 1.529
③ 임계온도 : 0.35℃, 증기비중 : 1.529
④ 임계온도 : 0.35℃, 증기비중 : 0.529

해설 **이산화탄소의 물성**

| 구 분 | 물 성 |
|---|---|
| 임계압력 | 72.75atm |
| 임계온도 ⟶ | 31.35℃ |
| 3중점 | －56.3℃(약 －57℃) |
| 승화점(비점) | －78.5℃ |
| 허용농도 | 0.5% |
| 증기비중 ⟶ | 1.529 |
| 수분 | 0.05% 이하(함량 99.5% 이상) |

기억법 이356, 이비78, 이증15

용어

**임계온도와 임계압력**

| 임계온도 | 임계압력 |
|---|---|
| 아무리 큰 압력을 가해도 액화하지 않는 최저온도 | 임계온도에서 액화하는 데 필요한 압력 |

답 ②

### 08 조연성 가스에 해당하는 것은?

20.09.문20
17.03.문07
16.10.문03
16.03.문04
14.05.문10
12.09.문08
11.10.문02

① 일산화탄소
② 산소
③ 수소
④ 부탄

해설 **가연성 가스와 지연성 가스**

| 가연성 가스 | 지연성 가스(조연성 가스) |
|---|---|
| • 수소 보기 ③<br>• 메탄<br>• 일산화탄소 보기 ①<br>• 천연가스<br>• 부탄 보기 ④<br>• 에탄<br>• 암모니아<br>• 프로판<br>기억법 가수일천 암부 메에프 | • 산소 보기 ②<br>• 공기<br>• 염소<br>• 오존<br>• 불소<br>기억법 조산공 염오불 |

①③④ 가연성 가스

용어

**가연성 가스와 지연성 가스**

| 가연성 가스 | 지연성 가스(조연성 가스) |
|---|---|
| 물질 자체가 연소하는 것 | 자기 자신은 연소하지 않지만 연소를 도와주는 가스 |

답 ②

### 09 가연물질의 구비조건으로 옳지 않은 것은?

19.09.문08
18.03.문10
17.05.문18
16.10.문05
16.03.문14
15.05.문19
15.03.문09
14.09.문09
14.09.문17
12.03.문09

① 화학적 활성이 클 것
② 열의 축적이 용이할 것
③ 활성화에너지가 작을 것
④ 산소와 결합할 때 발열량이 작을 것

해설 **가연물이 연소하기 쉬운 조건(가연물질의 구비조건)**

(1) 산소와 **친화력**이 클 것(좋을 것)
(2) **발열량**이 클 것 보기 ④
(3) **표면적**이 넓을 것
(4) **열**전도율이 **작**을 것
(5) **활**성화에너지가 **작**을 것 보기 ③
(6) **연쇄반응**을 일으킬 수 있을 것
(7) 산소가 포함된 **유기물**일 것
(8) 연소시 **발열반응**을 할 것
(9) 화학적 활성이 클 것 보기 ①
(10) 열의 축적이 용이할 것 보기 ②

기억법 가열작 활작(가열작품)

용어

**활성화에너지**
가연물이 처음 연소하는 데 필요한 열

비교

| 자연발화의 방지법 | 자연발화 조건 |
|---|---|
| ① 습도가 높은 곳을 피할 것(건조하게 유지할 것)<br>② 저장실의 온도를 낮출 것<br>③ 통풍이 잘 되게 할 것<br>④ 퇴적 및 수납시 열이 쌓이지 않게 할 것(**열축적 방지**)<br>⑤ 산소와의 접촉을 차단할 것<br>⑥ **열전도성**을 좋게 할 것 | ① 열전도율이 작을 것<br>② 발열량이 클 것<br>③ 주위의 온도가 높을 것<br>④ 표면적이 넓을 것 |

④ 작을 것 → 클 것

답 ④

### 10 가연성 가스이면서도 독성 가스인 것은?

19.04.문10
11.03.문10
09.08.문11
04.09.문14

① 질소 ② 수소
③ 염소 ④ 황화수소

해설 **가연성 가스＋독성 가스**

(1) **황**화수소($H_2S$) 보기 ④
(2) **암**모니아($NH_3$)

기억법 가독황암

용어

| 가연성 가스 | 독성 가스 |
|---|---|
| 물질 자체가 연소하는 것 | 독한 성질을 가진 가스 |

중요

**연소가스**

| 구 분 | 특 징 |
|---|---|
| **일산화탄소** (CO) | 화재시 흡입된 일산화탄소(CO)의 화학적 작용에 의해 **헤모글로빈**(Hb)이 혈액의 산소운반작용을 저해하여 사람을 질식·사망하게 한다. |
| **이산화탄소** ($CO_2$) | 연소가스 중 **가장 많은 양**을 차지하고 있으며 가스 그 자체의 독성은 거의 없으나 다량이 존재할 경우 호흡속도를 증가시키고, 이로 인하여 화재가스에 혼합된 유해가스의 혼입을 증가시켜 위험을 가중시키는 가스이다. |
| **암모니아** ($NH_3$) | 나무, 페놀수지, 멜라민수지 등의 **질소 함유물**이 연소할 때 발생하며, 냉동시설의 **냉매**로 쓰인다. |
| **포스겐** ($COCl_2$) | 매우 독성이 강한 가스로서 소화제인 **사염화탄소**($CCl_4$)를 화재시에 사용할 때도 발생한다. |
| **황화수소** ($H_2S$) | **달걀**(계란) **썩는 냄새**가 나는 특성이 있다. 기억법 **황달** |
| **아크롤레인** ($CH_2=CHCHO$) | 독성이 매우 높은 가스로서 **석유제품, 유지** 등이 연소할 때 생성되는 가스이다. |

답 ④

★★★

**11** 다음 물질 중 연소범위를 통해 산출한 위험도 값이 가장 높은 것은?

20.06.문19 19.03.문03 18.03.문18

① 수소
② 에틸렌
③ 메탄
④ 이황화탄소

해설 **위험도**

$$H=\frac{U-L}{L}$$

여기서, $H$ : 위험도
$U$ : 연소상한계
$L$ : 연소하한계

① **수소** $=\frac{75-4}{4}=17.75$

② **에틸렌** $=\frac{36-2.7}{2.7}=12.33$

③ **메탄** $=\frac{15-5}{5}=2$

④ **이황화탄소** $=\frac{44-1.2}{1.2}=35.7$ 보기 ④

중요

**공기 중의 폭발한계**(상온, 1atm)

| 가 스 | 하한계 〔vol%〕 | 상한계 〔vol%〕 |
|---|---|---|
| 아세틸렌($C_2H_2$) | 2.5 | 81 |
| 수소($H_2$) 보기 ① | 4 | 75 |
| 일산화탄소(CO) | 12.5 | 74 |
| 에테르($(C_2H_5)_2O$) | 1.9 | 48 |
| 이황화탄소($CS_2$) 보기 ④ | 1.2 | 44 |
| 에틸렌($C_2H_4$) 보기 ② | 2.7 | 36 |
| 암모니아($NH_3$) | 15 | 28 |
| 메탄($CH_4$) 보기 ③ | 5 | 15 |
| 에탄($C_2H_6$) | 3 | 12.4 |
| 프로판($C_3H_8$) | 2.1 | 9.5 |
| 부탄($C_4H_{10}$) | 1.8 | 8.4 |

• 연소한계=연소범위=가연한계=가연범위=폭발한계=폭발범위

답 ④

★★★

**12** 다음 각 물질과 물이 반응하였을 때 발생하는 가스의 연결이 틀린 것은?

18.04.문18 11.10.문05 10.09.문12

① 탄화칼슘－아세틸렌
② 탄화알루미늄－이산화황
③ 인화칼슘－포스핀
④ 수소화리튬－수소

해설 ① **탄화칼슘**과 **물**의 **반응식**

$CaC_2 + 2H_2O \rightarrow Ca(OH)_2 + C_2H_2\uparrow$
탄화칼슘 물 수산화칼슘 **아세틸렌**

② **탄화알루미늄**과 **물**의 **반응식** 보기 ②

$Al_4C_3 + 12H_2O \rightarrow 4Al(OH)_3 + 3CH_4\uparrow$
탄화알루미늄 물 수산화알루미늄 **메탄**

③ **인화칼슘**과 **물**의 **반응식**

$Ca_3P_2 + 6H_2O \rightarrow 3Ca(OH)_2 + 2PH_3\uparrow$
인화칼슘 물 수산화칼슘 **포스핀**

④ **수소화리튬**과 **물**의 **반응식**

$LiH + H_2O \rightarrow LiOH + H_2$
수소화리튬 물 수산화리튬 **수소**

② 이산화황 → 메탄

비교

**주수소화**(물소화)시 **위험**한 **물질**

| 구 분 | 현 상 |
|---|---|
| • 무기과산화물 | **산소**($O_2$) 발생 |
| • **금**속분<br>• **마**그네슘<br>• 알루미늄<br>• 칼륨<br>• 나트륨<br>• 수소화리튬 | **수소**($H_2$) 발생 |
| • 가연성 액체의 유류화재 | **연소면**(화재면) 확대 |

기억법 **금마수**

※ **주수소화** : 물을 뿌려 소화하는 방법

답 ②

★★★
## 13 블레비(BLEVE)현상과 관계가 없는 것은?

19.09.문15 18.09.문08 17.03.문17 16.10.문15 16.05.문02 15.05.문18 15.03.문01 14.09.문12 14.03.문01 09.05.문10

① 핵분열
② 가연성 액체
③ 화구(Fire ball)의 형성
④ 복사열의 대량 방출

해설 **블레비(BLEVE)현상**

(1) 가연성 액체 보기 ②
(2) 화구(Fire ball)의 형성 보기 ③
(3) 복사열의 대량 방출 보기 ④

용어

**블레비=블레이브(BLEVE)**
과열상태의 탱크에서 내부의 액화가스가 분출하여 기화되어 폭발하는 현상

답 ①

★★★
## 14 인화점이 낮은 것부터 높은 순서로 옳게 나열된 것은?

18.04.문05 15.09.문02 14.05.문05 14.03.문10 12.03.문01 11.06.문09 11.03.문12 10.05.문11

① 에틸알코올 < 이황화탄소 < 아세톤
② 이황화탄소 < 에틸알코올 < 아세톤
③ 에틸알코올 < 아세톤 < 이황화탄소
④ 이황화탄소 < 아세톤 < 에틸알코올

해설

| 물 질 | 인화점 | 착화점 |
|---|---|---|
| • 프로필렌 | −107℃ | 497℃ |
| • 에틸에테르<br>• 디에틸에테르 | −45℃ | 180℃ |
| • 가솔린(휘발유) | −43℃ | 300℃ |
| • **이황화탄소** | −30℃ | **100℃** |
| • 아세틸렌 | −18℃ | 335℃ |
| • **아세톤** | −18℃ | **538℃** |
| • 벤젠 | −11℃ | 562℃ |
| • 톨루엔 | 4.4℃ | 480℃ |
| • **에틸알코올** | 13℃ | **423℃** |
| • 아세트산 | 40℃ | − |
| • 등유 | 43~72℃ | 210℃ |
| • 경유 | 50~70℃ | 200℃ |
| • 적린 | − | 260℃ |

답 ④

★★★
## 15 물에 저장하는 것이 안전한 물질은?

17.03.문11 16.05.문19 16.03.문07 10.03.문09 09.03.문16

① 나트륨
② 수소화칼슘
③ 이황화탄소
④ 탄화칼슘

해설 **물질**에 따른 **저장장소**

| 물 질 | 저장장소 |
|---|---|
| **황**린, **이**황화탄소($CS_2$) 보기 ③ | **물**속 |
| 니트로셀룰로오스 | 알코올 속 |
| 칼륨(K), 나트륨(Na), 리튬(Li) | 석유류(등유) 속 |
| 알킬알루미늄 | 벤젠액 속 |
| 아세틸렌($C_2H_2$) | 디메틸포름아미드(DMF), 아세톤에 용해 |
| 수소화칼슘 | **환기**가 잘 되는 내화성 **냉암소**에 보관 |
| 탄화칼슘(칼슘카바이드) | 습기가 없는 **밀폐용기**에 저장하는 곳 |

기억법 **황물이(황토색 물이 나온다.)**

중요

**산화프로필렌, 아세트알데히드**
**구**리, **마**그네슘, **은**, **수**은 및 그 합금과 저장 금지

기억법 **구마은수**

답 ③

★★★
## 16 대두유가 침적된 기름걸레를 쓰레기통에 장시간 방치한 결과 자연발화에 의하여 화재가 발생한 경우 그 이유로 옳은 것은?

19.09.문08 18.03.문10 16.10.문05 16.03.문14 15.05.문19 15.03.문09 14.09.문09 14.09.문17 12.03.문09 09.05.문08 03.03.문13 02.09.문01

① 융해열 축적
② 산화열 축적
③ 증발열 축적
④ 발효열 축적

해설 **자연발화**

| 구 분 | 설 명 |
|---|---|
| 정의 | 가연물이 공기 중에서 산화되어 **산화열**의 **축적**으로 발화 |
| 일어나는 경우 | 기름걸레를 쓰레기통에 장기간 방치하면 **산화열**이 **축적**되어 자연발화가 일어남 보기 ② |
| 일어나지 않는 경우 | 기름걸레를 빨랫줄에 걸어 놓으면 **산화열**이 **축적**되지 않아 **자**연발화는 일어나지 않음<br>기억법 **자산축** |

용어

**산화열**
물질이 산소와 화합하여 반응하는 과정에서 생기는 열

답 ②

★★★
**17** 건축법령상 내력벽, 기둥, 바닥, 보, 지붕틀 및 주계단을 무엇이라 하는가?

17.09.문19 17.07.문14 15.03.문18 13.09.문18

① 내진구조부 ② 건축설비부
③ 보조구조부 ④ 주요구조부

해설 **주요구조부** 보기 ④
(1) 내력**벽**
(2) **보**(작은 보 제외)
(3) **지**붕틀(차양 제외)
(4) **바**닥(최하층 바닥 제외)
(5) **주**계단(옥외계단 제외)
(6) **기**둥(사잇기둥 제외)

기억법 **벽보지 바주기**

용어

**주요구조부**
건물의 구조 내력상 주요한 부분

답 ④

★
**18** 전기화재의 원인으로 거리가 먼 것은?

08.03.문07

① 단락 ② 과전류
③ 누전 ④ 절연 과다

해설 **전기화재**의 **발생원인**
(1) **단락**(합선)에 의한 발화 보기 ①
(2) **과부하**(과전류)에 의한 발화 보기 ②
(3) **절연저항 감소**(누전)로 인한 발화 보기 ③
(4) 전열기기 과열에 의한 발화
(5) 전기불꽃에 의한 발화
(6) 용접불꽃에 의한 발화
(7) **낙뢰**에 의한 발화

④ 절연 과다 → 절연저항 감소

답 ④

★★★
**19** 소화약제로 사용하는 물의 증발잠열로 기대할 수 있는 소화효과는?

19.09.문13 18.09.문19 17.05.문06 16.03.문08 15.03.문17 14.03.문19 11.10.문19 03.08.문11

① 냉각소화
② 질식소화
③ 제거소화
④ 촉매소화

해설 **소화**의 **형태**

| 구 분 | 설 명 |
|---|---|
| **냉**각소화 | ① **점화원**을 냉각하여 소화하는 방법<br>② **증**발잠열을 이용하여 열을 빼앗아 가연물의 온도를 떨어뜨려 화재를 진압하는 소화방법 보기 ①<br>③ **다량**의 **물**을 뿌려 소화하는 방법<br>④ 가연성 물질을 **발화점 이하**로 **냉각**하여 소화하는 방법<br>⑤ **식용유화재**에 신선한 **야채**를 넣어 소화하는 방법<br>⑥ 용융잠열에 의한 **냉각효과**를 이용하여 소화하는 방법<br>기억법 **냉점증발** |
| **질**식소화 | ① 공기 중의 **산소농도**를 **16%**(10~15%) 이하로 희박하게 하여 소화하는 방법<br>② 산화제의 농도를 낮추어 연소가 지속될 수 없도록 소화하는 방법<br>③ 산소 공급을 차단하여 소화하는 방법<br>④ 산소의 농도를 낮추어 소화하는 방법<br>⑤ 화학반응으로 발생한 **탄산가스**에 의한 소화방법<br>기억법 **질산** |
| 제거소화 | **가연물**을 **제거**하여 소화하는 방법 |
| **부**촉매 소화 (억제소화, 화학소화) | ① **연쇄반응**을 **차단**하여 소화하는 방법<br>② 화학적인 방법으로 화재를 억제하여 소화하는 방법<br>③ **활성기**(Free radical, 자유라디칼)의 **생성**을 **억제**하여 소화하는 방법<br>④ 할론계 소화약제<br>기억법 **부억(부엌)** |
| 희석소화 | ① 기체·고체·액체에서 나오는 분해가스나 증기의 농도를 낮춰 소화하는 방법<br>② 불연성 가스의 **공기** 중 **농도**를 높여 소화하는 방법<br>③ 불활성기체를 방출하여 연소범위 이하로 낮추어 소화하는 방법 |

중요

**화재**의 **소화원리**에 따른 **소화방법**

| 소화원리 | 소화설비 |
|---|---|
| 냉각소화 | ① 스프링클러설비<br>② 옥내 · 외소화전설비 |
| 질식소화 | ① 이산화탄소 소화설비<br>② 포소화설비<br>③ 분말소화설비<br>④ 불활성기체 소화약제 |
| 억제소화<br>(부촉매효과) | ① 할론소화약제<br>② 할로겐화합물 소화약제 |

답 ①

★★★
**20** 1기압 상태에서 100℃ 물 1g이 모두 기체로 변할 때 필요한 열량은 몇 cal인가?

18.03.문06 17.03.문08 14.09.문20 13.09.문09 13.06.문18 10.09.문20

① 429
② 499
③ 539
④ 639

해설 물($H_2O$)

| 기화잠열(증발잠열) | 융해잠열 |
|---|---|
| 539cal/g 보기 ③ | 80cal/g |
| 100℃의 **물 1g**이 **수증기**로 변화하는 데 필요한 열량 | 0℃의 **얼음 1g**이 **물**로 변화하는 데 필요한 열량 |

기억법 기53, 융8

③ 물의 기화잠열 539cal : 1기압 100℃의 물 1g이 모두 기체로 변화하는 데 539cal의 열량이 필요

답 ③

## 제 2 과목 소방전기일반

★★★
**21** 논리식 $(X+Y)(X+\overline{Y})$을 간단히 하면?

20.09.문28 19.03.문24 18.04.문38 17.09.문33 17.03.문23 16.05.문36 16.03.문39 15.09.문23 13.09.문30 13.06.문35

① 1
② $XY$
③ $X$
④ $Y$

해설
$$(X+Y)(X+\overline{Y}) = \underbrace{XX}_{X\cdot X=X}+X\overline{Y}+XY+\underbrace{Y\overline{Y}}_{X\cdot\overline{X}=0}$$
$$= X+X\overline{Y}+XY$$
$$= X\underbrace{(1+\overline{Y}+Y)}_{X+1=1}$$
$$= \underbrace{X\cdot 1}_{X\cdot 1=X}$$
$$= X$$

중요

**불대수**의 **정리**

| 논리합 | 논리곱 | 비 고 |
|---|---|---|
| $X+0=X$ | $X\cdot 0=0$ | - |
| $X+1=1$ | $X\cdot 1=X$ | - |
| $X+X=X$ | $X\cdot X=X$ | - |
| $X+\overline{X}=1$ | $X\cdot\overline{X}=0$ | - |
| $X+Y=Y+X$ | $X\cdot Y=Y\cdot X$ | 교환법칙 |
| $X+(Y+Z)$<br>$=(X+Y)+Z$ | $X(YZ)=(XY)Z$ | 결합법칙 |
| $X(Y+Z)$<br>$=XY+XZ$ | $(X+Y)(Z+W)$<br>$=XZ+XW+YZ+YW$ | 분배법칙 |
| $X+XY=X$ | $\overline{X}+XY=\overline{X}+Y$<br>$X+\overline{X}Y=X+Y$<br>$X+\overline{X}\,\overline{Y}=X+\overline{Y}$ | 흡수법칙 |
| $(\overline{X+Y})$<br>$=\overline{X}\cdot\overline{Y}$ | $(\overline{X\cdot Y})=\overline{X}+\overline{Y}$ | 드모르간의 정리 |

답 ③

★★★
**22** 분류기를 사용하여 내부저항이 $R_A$인 전류계의 배율을 9로 하기 위한 분류기의 저항 $R_S$[Ω]은?

19.03.문22 18.04.문25 18.03.문36 17.09.문24 16.03.문26 14.09.문36 08.03.문30 04.09.문28 03.03.문37

① $R_S=\frac{1}{8}R_A$
② $R_S=\frac{1}{9}R_A$
③ $R_S=8R_A$
④ $R_S=9R_A$

해설 (1) **기호**

- $M$ : 9
- $R_S$ : ?

(2) **분류기 배율**

$$M=\frac{I_0}{I}=1+\frac{R_A}{R_S}$$

여기서, $M$ : 분류기 배율
$I_0$ : 측정하고자 하는 전류[A]
$I$ : 전류계 최대눈금[A]
$R_A$ : 전류계 내부저항[Ω]
$R_S$ : 분류기 저항[Ω]

$$M=1+\frac{R_A}{R_S}$$

$$M-1=\frac{R_A}{R_S}$$

$$R_S=\frac{R_A}{M-1}=\frac{R_A}{9-1}=\frac{R_A}{8}=\frac{1}{8}R_A$$

비교

**배율기 배율**

$$M=\frac{V_0}{V}=1+\frac{R_m}{R_v}$$

여기서, $M$ : 배율기 배율
$V_0$ : 측정하고자 하는 전압〔V〕
$V$ : 전압계의 최대눈금〔A〕
$R_m$ : 배율기 저항〔Ω〕
$R_v$ : 전압계 내부저항〔Ω〕

답 ①

★★
**23** 저항 $R_1$〔Ω〕, 저항 $R_2$〔Ω〕, 인덕턴스 $L$〔H〕의 직렬회로가 있다. 이 회로의 시정수〔s〕는?

16.03.문33
12.09.문31

① $-\frac{R_1+R_2}{L}$ ② $\frac{R_1+R_2}{L}$

③ $-\frac{L}{R_1+R_2}$ ④ $\frac{L}{R_1+R_2}$

해설 **시정수**

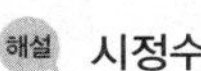
(1) : $\tau=\frac{L}{R}$〔s〕

(2) : $\tau=\frac{L}{R_1+R_2}$〔s〕 보기 ④

비교

$RC$ 직렬회로

$$\tau=RC$$

여기서, $\tau$ : 시정수〔s〕
$R$ : 저항〔Ω〕
$C$ : 정전용량〔F〕

용어

**시정수**(Time constant)
과도상태에 대한 변화의 속도를 나타내는 척도가 되는 상수

답 ④

★★★
**24** 자기인덕턴스 $L_1$, $L_2$가 각각 4mH, 9mH인 두 코일이 이상적인 결합이 되었다면 상호인덕턴스는 몇 mH인가? (단, 결합계수는 1이다.)

16.10.문25
14.05.문36
13.03.문40

① 6 ② 12
③ 24 ④ 36

해설 **상호인덕턴스**(Mutual inductance)

$$M=K\sqrt{L_1L_2}$$

여기서, $M$ : 상호인덕턴스〔H〕
$K$ : 결합계수
$L_1$, $L_2$ : 자기인덕턴스〔H〕

**상호인덕턴스** $M$은

$M=K\sqrt{L_1L_2}=1\sqrt{4\times 9}=6\text{mH}$

중요

**결합계수**

| $K=0$ | $K=1$ |
|---|---|
| 두 코일 직교시 | 이상결합 · 완전결합시 |

답 ①

★
**25** 테브난의 정리를 이용하여 그림 (a)의 회로를 그림 (b)와 같은 등가회로로 만들고자 할 때 $V_{th}$〔V〕와 $R_{th}$〔Ω〕은?

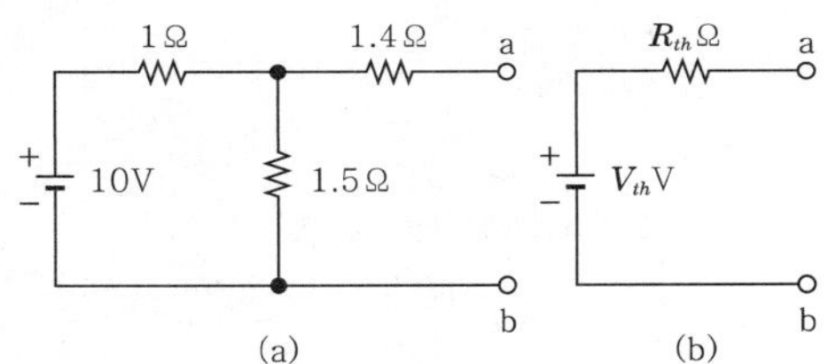


① 5V, 2Ω ② 5V, 3Ω
③ 6V, 2Ω ④ 6V, 3Ω

해설 **테브난**의 **정리**에 의해 1.4Ω에는 전압이 가해지지 않으므로

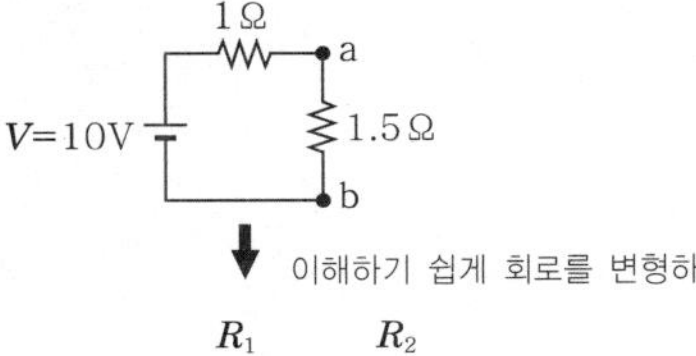


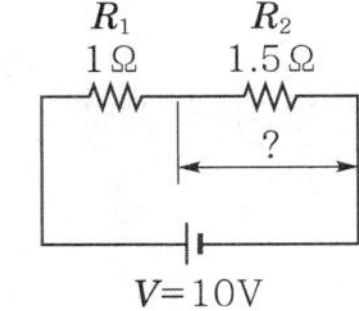


$$V_{th}=\frac{R_2}{R_1+R_2}V=\frac{1.5}{1+1.5}\times 10=6\text{V}$$

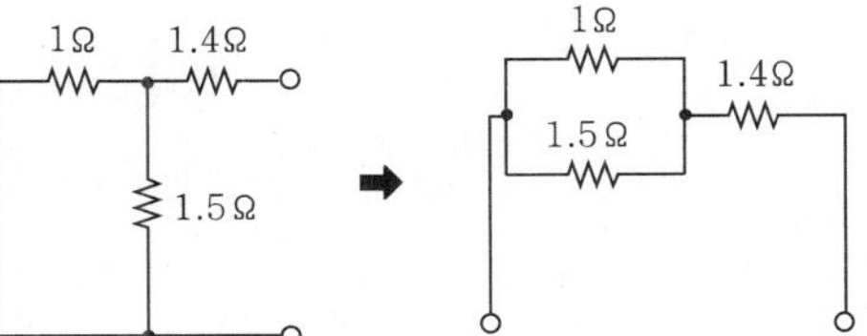

**전압원**을 **단락**하고 회로망에서 본 저항 $R_{th}$은

$$R_{th}=\frac{1\times1.5}{1+1.5}+0.8=2\,\Omega$$

**테브난**의 **정리**(테브낭의 정리)
2개의 독립된 회로망을 접속하였을 때의 전압 · 전류 및 임피던스의 관계를 나타내는 정리

답 ③

**26** (20.06.문33, 97.10.문27)

**평행한 두 도선 사이의 거리가 $r$이고, 각 도선에 흐르는 전류에 의해 두 도선 간의 작용력이 $F_1$일 때, 두 도선 사이의 거리를 $2r$로 하면 두 도선 간의 작용력 $F_2$는?**

① $F_2=\frac{1}{4}F_1$ ② $F_2=\frac{1}{2}F_1$
③ $F_2=2F_1$ ④ $F_2=4F_1$

해설 (1) **기호**

- $r_1$ : $r$
- $F_1$ : $F_1$
- $r_2$ : $2r$
- $F_2$ : ?

(2) 두 **평행도선**에 작용하는 **힘** $F$는

$$F=\frac{\mu_0 I_1 I_2}{2\pi r}=\frac{2I_1 I_2}{r}\times10^{-7}\propto\frac{1}{r}$$

여기서, $F$ : 평행전류의 힘〔N/m〕
$\mu_0$ : 진공의 투자율〔H/m〕
$r$ : 두 평행도선의 거리〔m〕

$$\frac{F_2}{F_1}=\frac{\frac{1}{2\cancel{r}}}{\frac{1}{\cancel{r}}}=\frac{1}{2}$$

$$\frac{F_2}{F_1}=\frac{1}{2}$$

$$F_2=\frac{1}{2}F_1$$

답 ②

**27** (18.04.문34)

**$LC$ 직렬회로에 직류전압 $E$를 $t=0(s)$에 인가했을 때 흐르는 전류 $i(t)$는?**

① $\dfrac{E}{\sqrt{L/C}}\cos\dfrac{1}{\sqrt{LC}}t$

② $\dfrac{E}{\sqrt{L/C}}\sin\dfrac{1}{\sqrt{LC}}t$

③ $\dfrac{E}{\sqrt{C/L}}\cos\dfrac{1}{\sqrt{LC}}t$

④ $\dfrac{E}{\sqrt{C/L}}\sin\dfrac{1}{\sqrt{LC}}t$

해설 $L-C$ **직렬회로 과도현상**

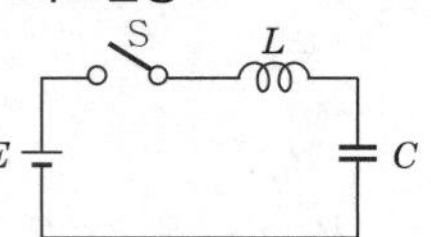


**스위치**(S)를 **ON**하고 $t$**초 후**에 **전류**는

$$i(t)=\frac{E}{\sqrt{\frac{L}{C}}}\sin\frac{1}{\sqrt{LC}}t\,\text{〔A〕 : 불변진동 전류}$$

여기서, $i(t)$ : 과도전류〔A〕
$E$ : 직류전압〔V〕
$L$ : 인덕턴스〔H〕
$C$ : 커패시턴스〔F〕

답 ②

**28** (18.03.문34, 15.03.문33)

**정전용량이 0.02$\mu$F인 커패시터 2개와 정전용량이 0.01$\mu$F인 커패시터 1개를 모두 병렬로 접속하여 24V의 전압을 가하였다. 이 병렬회로의 합성정전용량〔$\mu$F〕과 0.01$\mu$F의 커패시터에 축적되는 전하량〔C〕은?**

① 0.05, $0.12\times10^{-6}$
② 0.05, $0.24\times10^{-6}$
③ 0.03, $0.12\times10^{-6}$
④ 0.03, $0.24\times10^{-6}$

해설 (1) **기호**

- $C_1=C_2$ : $0.02\mu\text{F}$
- $C_3$ : $0.01\mu\text{F}=0.01\times10^{-6}\text{F}$
  $(1\mu\text{F}=1\times10^{-6}\text{F})$
- $V$ : 24V
- $Q$ : ?

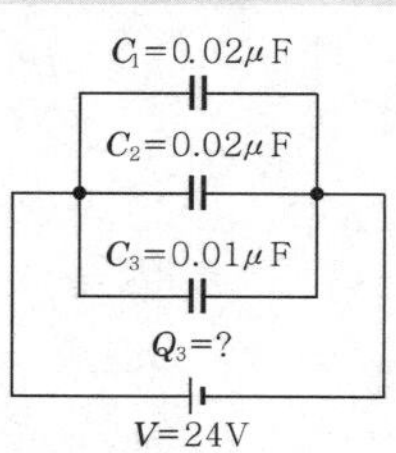


(2) **콘덴서**의 **병렬접속**

$C=C_1+C_2+C_3=0.02+0.02+0.01=$ **0.05$\mu$F**

(2) **전하량**

$$Q=CV$$

여기서, $Q$ : 전하량〔C〕
$C$ : 정전용량〔F〕
$V$ : 전압〔V〕

$C_3$의 **전하량** $Q_3$는

$Q_3=C_3V=(0.01\times10^{-6})\times24$
$=2.4\times10^{-7}=$ **$0.24\times10^{-6}$C**

중요

**콘덴서**

| 직렬접속 | 병렬접속 |
|---|---|
| $C=\dfrac{1}{\dfrac{1}{C_1}+\dfrac{1}{C_2}+\dfrac{1}{C_3}}$ <br> 여기서, <br> $C$: 합성정전용량〔F〕 <br> $C_1,\ C_2,\ C_3$ : 각각의 정전용량〔F〕 | $C=C_1+C_2+C_3$ <br> 여기서, <br> $C$: 합성정전용량〔F〕 <br> $C_1,\ C_2,\ C_3$ : 각각의 정전용량〔F〕 |

답 ②

## 29

15.05.문21
14.03.문37

**3상 유도전동기의 특성에서 토크, 2차 입력, 동기속도의 관계로 옳은 것은?**

① 토크는 2차 입력과 동기속도에 비례한다.
② 토크는 2차 입력에 비례하고, 동기속도에 반비례한다.
③ 토크는 2차 입력에 반비례하고, 동기속도에 비례한다.
④ 토크는 2차 입력의 제곱에 비례하고, 동기속도의 제곱에 반비례한다.

해설 **출력**

$$P=9.8\omega\tau=9.8\times 2\pi\frac{N}{60}\times\tau\text{〔W〕}\propto\tau$$

여기서, $P$ : 출력〔W〕
$\omega$ : 각속도〔rad/s〕
$N$ : 회전수 또는 동기속도〔rpm〕
$\tau$ : 토크〔kg · m〕

- $P\propto\tau$이므로 **토크**는 **출력**에 **비례**하므로 2차 입력에도 비례(출력은 입력에 당연히 비례. 이건 상식!)

$$P=9.8\times 2\pi\frac{N}{60}\times\tau$$

$$\frac{60P}{9.8\times 2\pi N}=\tau$$

$$\tau=\frac{60P}{9.8\times 2\pi N}\propto\frac{1}{N}\text{(반비례)}$$

- $\tau\propto\dfrac{1}{N}$이므로 **토크**는 **동기속도**에 **반비례**
- $\tau$ : 타우(Tau)라고 읽는다.

비교

**토크**

$$\tau=K_0\frac{sE_2^{\ 2}r_2}{r_2^{\ 2}+(sx_2)^2}$$

여기서, $\tau$ : 토크(회전력)〔N · m〕
$K_0$ : 비례상수
$s$ : 슬립
$E_2$ : 단자전압(2차 유기기전력)〔V〕
$r_2$ : 2차 1상의 저항〔Ω〕
$x_2$ : 2차 1상의 리액턴스〔Ω〕

- 유도전동기의 회전력은 단자전압의 **제곱**(2승)에 **비례**한다.

답 ②

## 30

17.05.문25
14.03.문25

**2차 제어시스템에서 무제동으로 무한 진동이 일어나는 감쇠율(Damping ratio) $\delta$는?**

① $\delta=0$　② $\delta>1$
③ $\delta=1$　④ $0<\delta<1$

해설 **2차계**에서의 **감쇠율**

| 감쇠율 | 특 성 |
|---|---|
| $\delta=0$ | 무제동 |
| $\delta>1$ | 과제동 |
| $\delta=1$ | 임계제동 |
| $0<\delta<1$ | 감쇠제동 |

- $\delta$ : 델타(Delta)라고 읽는다.

답 ①

## 31

**그림의 논리회로와 등가인 논리게이트는?**

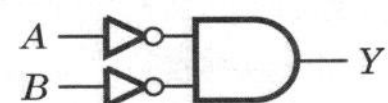


① NOR　② NAND
③ NOT　④ OR

해설 **치환법**

| 논리회로 | 치 환 | 명 칭 |
|---|---|---|
| 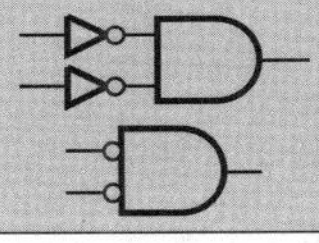 |  | NOR회로 |
| 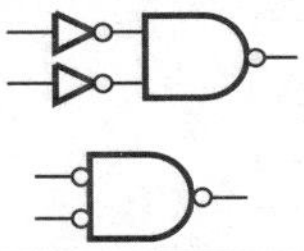 | 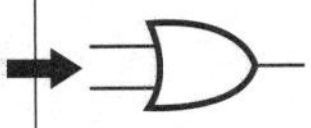 | OR회로 |
| 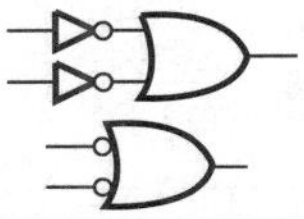 | 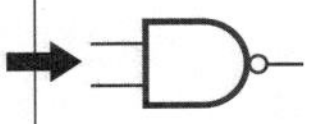 | NAND회로 |
| 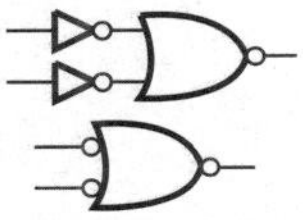 | 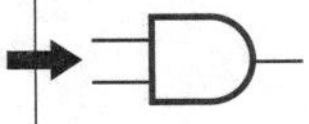 | AND회로 |

- AND회로 → OR회로, OR회로 → AND회로로 바꾼다.
- 버블(Bubble)이 있는 것은 버블을 없애고, 버블이 없는 것은 버블을 붙인다[버블(Bubble)이란 작은 동그라미를 말함].

답 ①

**32** 회로에서 a, b간의 합성저항〔Ω〕은? (단, $R_1 = 3\Omega$, $R_2 = 9\Omega$이다.)

15.09.문35

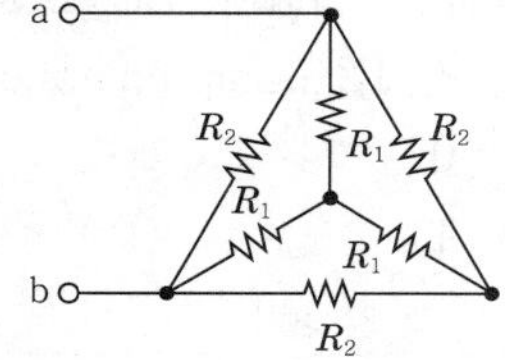


① 3
② 4
③ 5
④ 6

해설 (1) 기호

- $R_1$ : 3Ω
- $R_2$ : 9Ω
- $R_{ab}$ : ?

(2) Y · △ 결선

- △결선 → Y결선 : 저항 $\frac{1}{3}$**배**로 됨
- Y결선 → △결선 : 저항 **3배**로 됨

△결선 → Y결선으로 변환하면 다음과 같다.

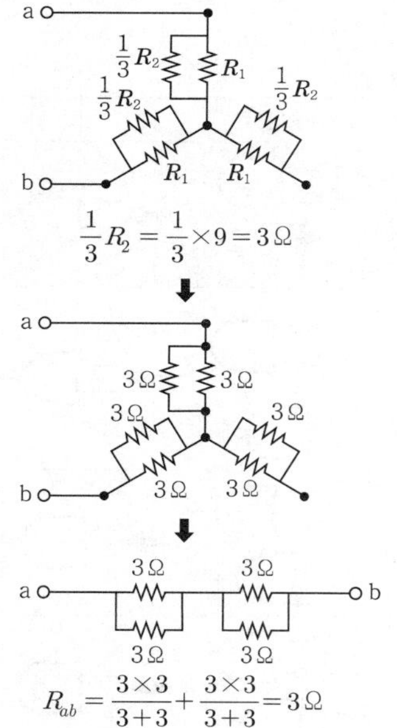


별해

Y결선 → △결선으로 변환하면 다음과 같다.

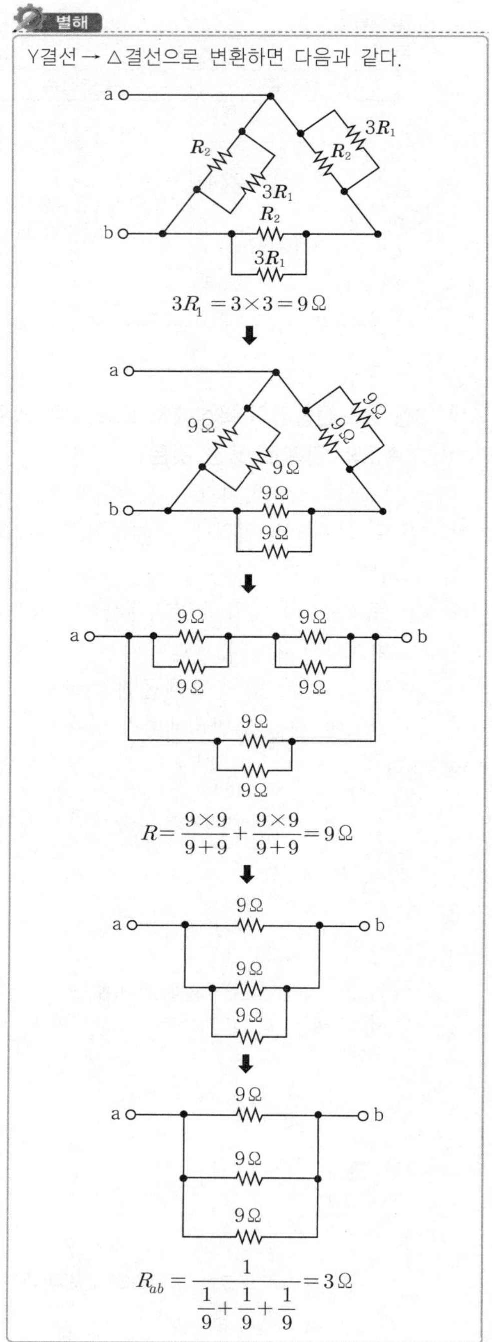


답 ①

☆
**33** 그림과 같이 반지름 $r$〔m〕인 원의 원주상 임의의 2점 a, b 사이에 전류 $I$〔A〕가 흐른다. 원의 중심에서의 자계의 세기는 몇 A/m인가?

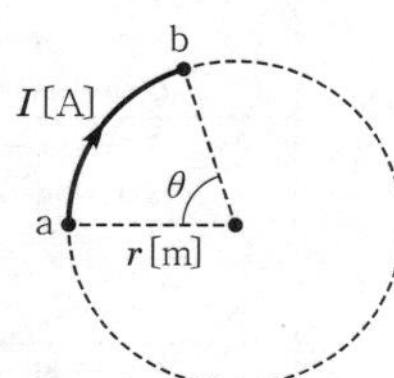


① $\dfrac{I\theta}{4\pi r}$ ② $\dfrac{I\theta}{4\pi r^2}$

③ $\dfrac{I\theta}{2\pi r}$ ④ $\dfrac{I\theta}{2\pi r^2}$

해설 **유한장 직선전류**의 **자계**

$$H = \frac{I}{4\pi a}(\sin\beta_1 + \sin\beta_2)$$
$$= \frac{I}{4\pi a}(\cos\theta_1 + \cos\theta_2)\text{〔AT/Wb〕}$$

여기서, $H$ : 자계의 세기〔AT/m〕
$I$ : 전류〔A〕
$a$ : 도체의 수직거리〔m〕

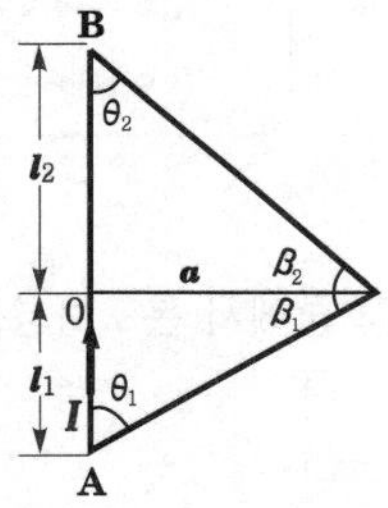


**변형식**

$$H = \frac{I\theta}{4\pi r}$$

여기서, $H$ : 자계의 세기〔AT/m〕
$I$ : 전류〔A〕
$\theta$ : 각도
$r$ : 도체의 반지름〔m〕

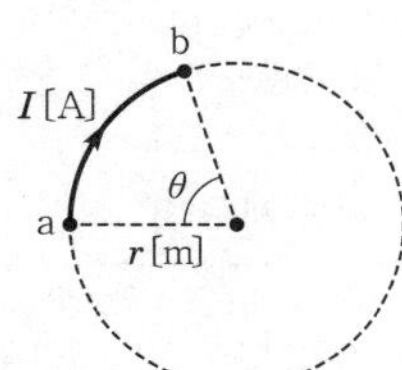


답 ①

☆☆
**34** 어떤 회로에 $v(t) = 150\sin\omega t$〔V〕의 전압을 가하니 $i(t) = 12\sin(\omega t - 30°)$〔A〕의 전류가 흘렀다. 이 회로의 소비전력(유효전력)은 약 몇 W인가?

19.09.문34
12.03.문31

① 390 ② 450

③ 780 ④ 900

해설 $v(t) = V_m\sin\omega t = 150\sin\omega t = 150\cos(\omega t + 90°)$〔V〕
$i(t) = I_m\sin\omega t = 12\sin(\omega t - 30°)$
$= 12\cos(\omega t - 30° + 90°) = 12\cos(\omega t + 60°)$〔A〕

(1) **전압**의 **최대값**

$$V_m = \sqrt{2}\,V$$

여기서, $V_m$ : 전압의 최대값〔V〕
$V$ : 전압의 실효값〔V〕

**전압**의 **실효값** $V$는

$$V = \frac{V_m}{\sqrt{2}} = \frac{150}{\sqrt{2}}\text{V}$$

(2) **전류**의 **최대값**

$$I_m = \sqrt{2}\,I$$

여기서, $I_m$ : 전류의 최대값〔A〕
$I$ : 전류의 실효값〔A〕

**전류**의 **실효값** $I$는

$$I = \frac{I_m}{\sqrt{2}} = \frac{12}{\sqrt{2}}\text{A}$$

(3) **소비전력**

$$P = VI\cos\theta$$

여기서, $P$ : 소비전력〔W〕
$V$ : 전압의 실효값〔V〕
$I$ : 전류의 실효값〔A〕
$\theta$ : 위상차〔rad〕

**소비전력** $P$는

$$P = VI\cos\theta$$
$$= \frac{150}{\sqrt{2}} \times \frac{12}{\sqrt{2}} \times \cos(90-60)°$$
$$≒ 780\text{W}$$

답 ③

☆☆☆
**35** 변위를 압력으로 변환하는 장치로 옳은 것은?

18.09.문40
13.06.문21
12.09.문24
03.08.문22

① 다이어프램
② 가변저항기
③ 벨로우즈
④ 노즐 플래퍼

해설 **변환요소**

| 구 분 | 변 환 |
|---|---|
| • 측온저항<br>• 정온식 감지선형 감지기 | **온도 → 임피던스** |
| • 광전다이오드<br>• 열전대식 감지기<br>• 열반도체식 감지기 | **온도 → 전압** |
| • 광전지 | **빛 → 전압** |
| • 전자 | **전압**(전류) **→ 변위** |
| • 유압분사관<br>• 노즐 플래퍼 보기 ④ | **변위 → 압력** |
| • 포텐셔미터<br>• 차동변압기<br>• 전위차계 | **변위 → 전압** |
| • 가변저항기 | **변위 → 임피던스** |

답 ④

**36** 그림과 같은 다이오드 회로에서 출력전압 $V_o$는? (단, 다이오드의 전압강하는 무시한다.)

20.06.문32
18.09.문27
11.06.문22
09.08.문34
08.03.문24

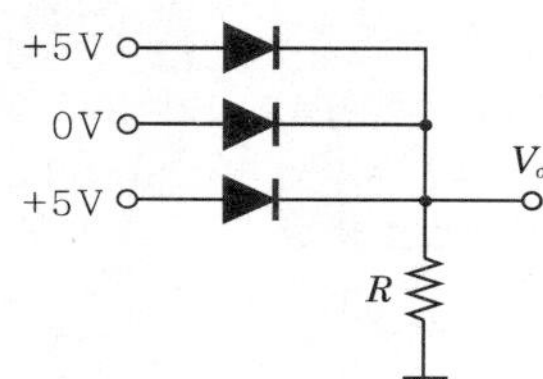


① 10V　② 5V
③ 1V　④ 0V

해설 OR 게이트이므로 입력신호 중 5V, 0V, 5V 중 **어느 하나**라도 **1**이면 출력신호 $X$가 **5**가 된다.

| 게이트 | 다이오드 회로 |
|---|---|
| OR 게이트 | 5V, 0V, 5V 입력 → 출력 5V (저항 접지, 전압 0) |
| AND 게이트 | 5V 저항 풀업, 5V, 0V, 5V 입력 → 출력 0V |

중요

**논리회로**

| 게이트 | 다이오드 회로 |
|---|---|
| AND 게이트 | +5V, A, B, 출력 / A, B, 출력 |
| OR 게이트 | A, B, 출력 / +5V, A, B, 출력 |
| NOR 게이트 | $+V_{CC}$, A, B, 출력, $T_r$ |
| NAND 게이트 | $+V_{CC}$, A, B, 출력, $T_r$ |

답 ②

**37** 다음 소자 중에서 온도보상용으로 쓰이는 것은?

19.03.문35
18.09.문31
16.10.문30
15.05.문38
14.09.문40
14.05.문24
14.03.문27
12.03.문34
11.06.문37
00.10.문25

① 서미스터
② 바리스터
③ 제너다이오드
④ 터널다이오드

해설 **반도체소자**

| 명 칭 | 심 벌 |
|---|---|
| **제너다이오드**(Zener diode) : 주로 정전압 전원회로에 사용된다. | |
| **서미스터**(Thermistor) : 부온도특성을 가진 저항기의 일종으로서 주로 **온**도보정용(온도보상용)으로 쓰인다.<br>기억법 서온(서운해) | Th |
| **SCR**(Silicon Controlled Rectifier) : 단방향 대전류 스위칭소자로서 제어를 할 수 있는 정류소자이다. | A, K, G |

| | |
|---|---|
| **바리스터**(varistor)<br>• 주로 **서**지전압에 대한 회로보호용(과도전압에 대한 회로보호)<br>• **계**전기접점의 불꽃제거<br>기억법 **바리서계** |  |
| **UJT**(UniJunction Transistor, **단일접합 트랜지스터**) : 증폭기로는 사용이 불가능하며 톱니파나 펄스발생기로 작용하며 SCR의 트리거소자로 쓰인다. | 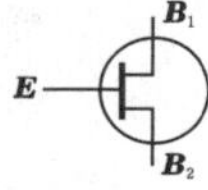 |
| **버랙터**(Varactor) : 제너현상을 이용한 다이오드이다. | – |

답 ①

**38** [14.05.문35] **200V의 교류전압에서 30A의 전류가 흐르는 부하가 4.8kW의 유효전력을 소비하고 있을 때 이 부하의 리액턴스〔Ω〕는?**

① 6.6
② 5.3
③ 4.0
④ 3.3

해설 (1) **기호**

- $V$ : 200V
- $I$ : 30A
- $P$ : 4.8kW=4.8×10³W(1kW=1×10³W)
- $X$ : ?

(2) **피상전력**

$$P_a = VI = \sqrt{P^2 + P_r^2} = I^2 Z \text{〔VA〕}$$

여기서, $P_a$ : 피상전력〔VA〕
$V$ : 전압〔V〕
$I$ : 전류〔A〕
$P$ : 유효전력〔W〕
$P_r$ : 무효전력〔Var〕
$Z$ : 임피던스〔Ω〕

피상전력 $P_a = VI = 200 \times 30 = 6000\text{VA}$

$P_a = \sqrt{P^2 + P_r^2}$

$P_a^2 = (\sqrt{P^2 + P_r^2})^2$

$P_a^2 = P^2 + P_r^2$

$P_a^2 - P^2 = P_r^2$

$P_r^2 = P_a^2 - P^2$ ← 좌우항 위치 바꿈

$\sqrt{P_r^2} = \sqrt{P_a^2 - P^2}$

$P_r = \sqrt{P_a^2 - P^2}$

$= \sqrt{6000^2 - (4.8 \times 10^3)^2} = 3600\text{Var}$

(3) **무효전력**

$$P_r = VI\sin\theta = I^2 X \text{〔Var〕}$$

여기서, $P_r$ : 무효전력〔Var〕
$V$ : 전압〔V〕
$I$ : 전류〔A〕
$\sin\theta$ : 무효율
$X$ : 리액턴스〔Ω〕

$P_r = I^2 X$

$\frac{P_r}{I^2} = X$

$X = \frac{P_r}{I^2} = \frac{3600}{30^2} = 4\Omega$

답 ③

**39** [20.09.문23, 19.09.문22, 17.09.문27, 16.03.문25, 09.05.문32, 08.03.문39] **블록선도의 전달함수 $\frac{C(s)}{R(s)}$는?**

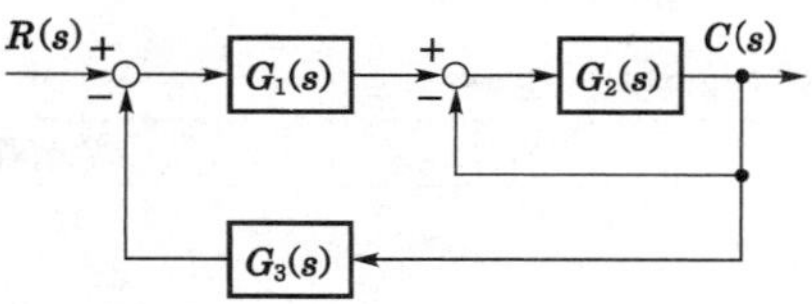


① $\dfrac{G_1(s)G_2(s)}{1+G_1(s)G_2(s)G_3(s)}$

② $\dfrac{G_1(s)G_2(s)}{1+G_1(s)+G_1(s)G_2(s)G_3(s)}$

③ $\dfrac{G_1(s)G_2(s)}{1+G_2(s)+G_1(s)G_2(s)G_3(s)}$

④ $\dfrac{G_1(s)G_2(s)}{1+G_3(s)+G_1(s)G_2(s)G_3(s)}$

해설 $C = R(s)G_1(s)G_2(s) - CG_1(s)G_2(s)G_3(s) - CG_2(s)$

계산 편의를 위해 잠시 $(s)$를 생략하고 계산하면

$C = RG_1G_2 - CG_1G_2G_3 - CG_2$

$C + CG_1G_2G_3 + CG_2 = RG_1G_2$

$C(1 + G_1G_2G_3 + G_2) = RG_1G_2$

$\frac{C}{R} = \frac{G_1G_2}{1 + G_1G_2G_3 + G_2}$

$\frac{C(s)}{R(s)} = \frac{G_1(s)G_2(s)}{1 + G_2(s) + G_1(s)G_2(s)G_3(s)}$

용어

**전달함수**
모든 초기값을 **0**으로 하였을 때 출력신호의 라플라스 변환과 입력신호의 라플라스 변환의 **비**

답 ③

★★★
**40** 어떤 측정계기의 지시값을 $M$, 참값을 $T$라 할 때 보정률〔%〕은?

16.10.문29 16.03.문31 15.09.문36 14.09.문24 13.06.문38 11.06.문21 07.03.문36

① $\dfrac{T-M}{M}\times 100\%$

② $\dfrac{M}{M-T}\times 100\%$

③ $\dfrac{T-M}{T}\times 100\%$

④ $\dfrac{T}{M-T}\times 100\%$

해설 **전기계기**의 **오차**

| 오차율 | 보정률 |
|---|---|
| $\dfrac{M-T}{T}\times 100\%$ | $\dfrac{T-M}{M}\times 100\%$ |

여기서, $T$: 참값
$M$: 측정값(지시값)

• 오차율 = 백분율 오차
• 보정률 = 백분율 보정

답 ①

## 제 3 과목 소방관계법규

★★★
**41** 소방기본법에서 정의하는 소방대의 조직구성원이 아닌 것은?

19.09.문52 19.04.문46 13.03.문42 10.03.문45 05.09.문44 05.03.문57

① 의무소방원
② 소방공무원
③ 의용소방대원
④ 공항소방대원

해설 **기본법 2조**
**소방대**
(1) 소방**공**무원
(2) **의**무소방원
(3) **의**용소방대원

기억법 소공의

답 ④

★★★
**42** 위험물안전관리법령상 인화성 액체 위험물(이황화탄소를 제외)의 옥외탱크저장소의 탱크 주위에 설치하여야 하는 방유제의 기준 중 틀린 것은?

18.09.문47 18.03.문54 15.03.문07 14.05.문45 08.09.문58

① 방유제의 용량은 방유제 안에 설치된 탱크가 하나인 때에는 그 탱크용량의 110% 이상으로 할 것
② 방유제의 용량은 방유제 안에 설치된 탱크가 2기 이상인 때에는 그 탱크 중 용량이 최대인 것의 용량의 110% 이상으로 할 것
③ 방유제는 높이 1m 이상 2m 이하, 두께 0.2m 이상, 지하매설깊이 0.5m 이상으로 할 것
④ 방유제 내의 면적은 80000m$^2$ 이하로 할 것

해설 **위험물규칙 〔별표 6〕**
(1) **옥외탱크저장소의 방유제**

| 구 분 | 설 명 |
|---|---|
| 높이 | **0.5~3m** 이하(두께 **0.2m** 이상, 지하매설깊이 **1m** 이상) 보기 ③ |
| 탱크 | **10기**(모든 탱크용량이 **20만L** 이하, 인화점이 70~200℃ 미만은 **20**기) 이하 |
| 면적 | **80000m$^2$** 이하 보기 ④ |
| 용량 | ① 1기 이상 : **탱크용량**×110% 이상 보기 ①<br>② 2기 이상 : **최대탱크용량**×110% 이상 보기 ② |

(2) 높이가 **1m**를 넘는 방유제 및 간막이 둑의 안팎에는 방유제 내에 출입하기 위한 계단 또는 경사로를 약 **50m**마다 설치할 것

③ 1m 이상 2m 이하 → 0.5m 이상 3m 이하, 0.5m → 1m

답 ③

★★★
**43** 소방시설공사업법령상 공사감리자 지정대상 특정소방대상물의 범위가 아닌 것은?

20.08.문52 18.04.문51 14.09.문50

① 물분무등소화설비(호스릴방식의 소화설비는 제외)를 신설·개설하거나 방호·방수구역을 증설할 때
② 제연설비를 신설·개설하거나 제연구역을 증설할 때
③ 연소방지설비를 신설·개설하거나 살수구역을 증설할 때
④ 캐비닛형 간이스프링클러설비를 신설·개설하거나 방호·방수구역을 증설할 때

해설 **공사업령 10조**
**소방공사감리자 지정대상 특정소방대상물의 범위**

(1) **옥내소화전설비**를 신설·개설 또는 **증설**할 때
(2) **스프링클러설비** 등(캐비닛형 간이스프링클러설비 제외)을 신설·개설하거나 방호·**방수구역**을 **증설**할 때 보기 ④
(3) **물분무등소화설비**(호스릴방식의 소화설비 제외)를 신설·개설하거나 방호·방수구역을 **증설**할 때 보기 ①
(4) **옥외소화전설비**를 신설·개설 또는 **증설**할 때
(5) **자동화재탐지설비**를 신설 또는 개설할 때
(6) 비상방송설비를 신설 또는 개설할 때
(7) **통합감시시설**을 신설 또는 **개설**할 때
(8) 비상조명등을 신설 또는 개설할 때
(9) **소화용수설비**를 신설 또는 **개설**할 때
(10) 다음의 **소화활동설비**에 대하여 시공할 때
㉠ **제연설비**를 신설·개설하거나 제연구역을 증설할 때 보기 ②
㉡ 연결송수관설비를 신설 또는 개설할 때
㉢ 연결살수설비를 신설·개설하거나 송수구역을 증설할 때
㉣ 비상콘센트설비를 신설·개설하거나 전용회로를 증설할 때
㉤ 무선통신보조설비를 신설 또는 개설할 때
㉥ **연소방지설비**를 신설·개설하거나 살수구역을 증설할 때 보기 ③

④ 캐비닛형 간이스프링클러설비를 → 스프링클러설비(캐비닛형 간이스프링클러설비 제외)를

답 ④

## 44 소방기본법령상 소방신호의 방법으로 틀린 것은?

12.03.문48

① 타종에 의한 훈련신호는 연 3타 반복
② 사이렌에 의한 발화신호는 5초 간격을 두고 10초씩 3회
③ 타종에 의한 해제신호는 상당한 간격을 두고 1타씩 반복
④ 사이렌에 의한 경계신호는 5초 간격을 두고 30초씩 3회

해설 **기본규칙 〔별표 4〕**
**소방신호표**

| 종 별 \ 신호방법 | 타종 신호 | 사이렌 신호 |
|---|---|---|
| 경계신호 | **1타**와 연 **2타**를 반복 | **5초** 간격을 두고 **30초**씩 **3회** 보기 ④ |
| 발화신호 | **난타** | **5초** 간격을 두고 **5초**씩 **3회** 보기 ② |
| 해제신호 | 상당한 간격을 두고 **1타**씩 반복 보기 ③ | **1분**간 **1회** |
| 훈련신호 | **연 3타** 반복 보기 ① | **10초** 간격을 두고 **1분**씩 **3회** |

기억법

| | 타 | 사 |
|---|---|---|
| 경 | 1+2 | 5+30=3 |
| 발 | 난 | 5+5=3 |
| 해 | 1 | 1=1 |
| 훈 | 3 | 10+1=3 |

② 10초 → 5초

답 ②

## 45 소방시설 설치 및 관리에 관한 법령상 대통령령 또는 화재안전기준이 변경되어 그 기준이 강화되는 경우 기존 특정소방대상물의 소방시설 중 강화된 기준을 적용하여야 하는 소방시설은?

17.03.문48

① 비상경보설비 ② 비상방송설비
③ 비상콘센트설비 ④ 옥내소화전설비

해설 **소방시설법 13조**
**변경강화기준 적용설비**

(1) 소화기구
(2) **비**상**경**보설비 보기 ①
(3) 자동화재탐지설비
(4) **자**동화재**속**보설비
(5) **피**난구조설비
(6) 소방시설(공동구 설치용, 전력 및 통신사업용 지하구)
(7) **노**유자시설
(8) 의료시설

기억법 강비경 자속피노

중요

**소방시설법 시행령 13조**
**변경강화기준 적용설비**

| 공동구, 전력 및 통신사업용 지하구 | **노유자시설**에 설치하여야 하는 소방시설 | **의료시설**에 설치하여야 하는 소방시설 |
|---|---|---|
| • 소화기<br>• 자동소화장치<br>• 자동화재탐지설비<br>• 통합감시시설<br>• 유도등 및 연소방지설비 | • 간이스프링클러설비<br>• 자동화재탐지설비<br>• 단독경보형 감지기 | • 간이스프링클러설비<br>• 스프링클러설비<br>• 자동화재탐지설비<br>• 자동화재속보설비 |

답 ①

## 46 소방시설 설치 및 관리에 관한 법령상 지하가는 연면적이 최소 몇 $m^2$ 이상이어야 스프링클러설비를 설치하여야 하는 특정소방대상물에 해당하는가? (단, 터널은 제외한다.)

18.04.문47
15.05.문53
15.03.문56
14.03.문55
13.06.문43
12.05.문51

① 100 ② 200
③ 1000 ④ 2000

해설 **소방시설법 시행령 〔별표 5〕**
**스프링클러설비의 설치대상**

| 설치대상 | 조 건 |
|---|---|
| ① 문화 및 집회시설, 운동시설<br>② 종교시설 | • 수용인원 : **100명** 이상<br>• 영화상영관 : 지하층 · 무창층 **500m²**(기타 **1000m²**) 이상<br>• 무대부<br>– 지하층 · 무창층 · **4층** 이상 **300m²** 이상<br>– 1～3층 **500m²** 이상 |
| ③ 판매시설<br>④ 운수시설<br>⑤ 물류터미널 | • 수용인원 : **500명** 이상<br>• 바닥면적 합계 **5000m²** 이상 |
| ⑥ 노유자시설<br>⑦ 정신의료기관<br>⑧ 수련시설(숙박 가능한 것)<br>⑨ 종합병원, 병원, 치과병원, 한방병원 및 요양병원(정신병원 제외)<br>⑩ 숙박시설 | • 바닥면적 합계 **600m²** 이상 |
| ⑪ 지하층 · 무창층 · 4층 이상 | • 바닥면적 **1000m²** 이상 |
| ⑫ 창고시설(물류터미널 제외) | • 바닥면적 합계 **5000m²** 이상 – 전층 |
| ⑬ 지하가(터널 제외) ⟶ | • 연면적 **1000m²** 이상 보기 ③ |
| ⑭ 10m 넘는 랙크식 창고 | • 연면적 **1500m²** 이상 |
| ⑮ 복합건축물<br>⑯ 기숙사 | • 연면적 **5000m²** 이상 : 전층 |
| ⑰ 6층 이상 | • 전층 |
| ⑱ 보일러실 · 연결통로 | • 전부 |
| ⑲ 특수가연물 저장 · 취급 | • 지정수량 **1000배** 이상 |
| ⑳ 발전시설 | • 전기저장시설 : 전부 |

답 ③

★★★

**47** **화재의 예방 및 안전관리에 관한 법령상 특정소방대상물의 관계인이 수행하여야 하는 소방안전관리 업무가 아닌 것은?**

19.09.문01
18.04.문45
14.09.문52
14.09.문53
13.06.문48

① 소방훈련의 지도 · 감독
② 화기(火氣)취급의 감독
③ 피난시설, 방화구획 및 방화시설의 관리
④ 소방시설이나 그 밖의 소방 관련 시설의 관리

해설 **화재예방법 24조 ⑤항**
**관계인 및 소방안전관리자의 업무**

| 특정소방대상물(관계인) | 소방안전관리대상물(소방안전관리자) |
|---|---|
| ① **피난시설 · 방화구획** 및 방화시설의 관리 보기 ③<br>② **소방시설**, 그 밖의 소방 관련 시설의 관리 보기 ④<br>③ **화기취급**의 감독 보기 ②<br>④ 소방안전관리에 필요한 업무<br>⑤ 화재발생시 초기대응 | ① **피난시설 · 방화구획** 및 방화시설의 관리<br>② 소방시설, 그 밖의 소방 관련 시설의 관리<br>③ **화기취급**의 감독<br>④ 소방안전관리에 필요한 업무<br>⑤ **소방계획서**의 작성 및 시행(대통령령으로 정하는 사항 포함)<br>⑥ **자위소방대** 및 **초기대응체계**의 구성 · 운영 · 교육<br>⑦ 소방훈련 및 교육<br>⑧ 소방안전관리에 관한 업무수행에 관한 기록 · 유지<br>⑨ 화재발생시 초기대응 |

① 소방훈련의 지도 · 감독 : 소방본부장 · 소방서장(화재예방법 37조)

용어

| 특정소방대상물 | 소방안전관리대상물 |
|---|---|
| 건축물 등의 규모 · 용도 및 수용인원 등을 고려하여 소방시설을 설치하여야 하는 소방대상물로서 대통령령으로 정하는 것 | **대통령령**으로 정하는 특정소방대상물 |

답 ①

★★★
**48** **소방기본법령상 저수조의 설치기준으로 틀린 것은?**

16.10.문52
16.05.문44
16.03.문41
13.03.문49

① 지면으로부터의 낙차가 4.5m 이상일 것
② 흡수부분의 수심이 0.5m 이상일 것
③ 흡수에 지장이 없도록 토사 및 쓰레기 등을 제거할 수 있는 설비를 갖출 것
④ 흡수관의 투입구가 사각형의 경우에는 한 변의 길이가 60cm 이상, 원형의 경우에는 지름이 60cm 이상일 것

해설 **기본규칙 〔별표 3〕**
**소방용수시설의 저수조에 대한 설치기준**

(1) 낙차 : **4.5m** 이하 보기 ①
(2) **수**심 : **0.5m** 이상 보기 ②
(3) 투입구의 길이 또는 지름 : **60cm** 이상 보기 ④
(4) 소방펌프자동차가 **쉽게 접근**할 수 있도록 할 것
(5) 흡수에 지장이 없도록 **토사** 및 **쓰레기** 등을 제거할 수 있는 설비를 갖출 것 보기 ③
(6) 저수조에 물을 공급하는 방법은 **상수도**에 연결하여 **자동**으로 **급수**되는 구조일 것

기억법 수5(수호천사)

① 4.5m 이상 → 4.5m 이하

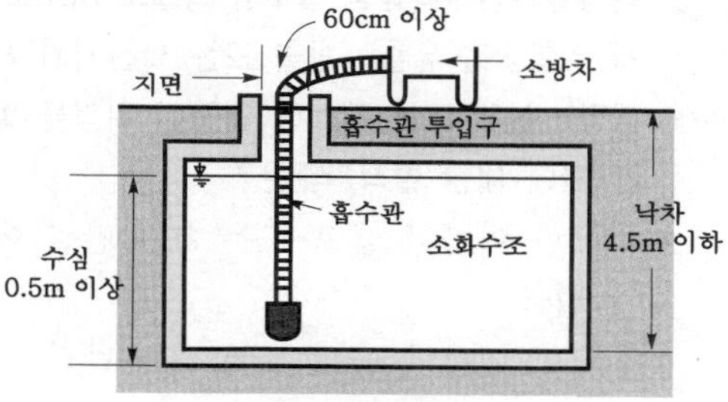

60cm 이상
지면
소방차
흡수관 투입구
흡수관
소화수조
낙차 4.5m 이하
수심 0.5m 이상

| 저수조의 깊이 |

답 ①

★★★
**49** 위험물안전관리법상 시·도지사의 허가를 받지 아니하고 당해 제조소 등을 설치할 수 있는 기준 중 다음 ( ) 안에 알맞은 것은?

18.03.문43 17.05.문46 14.05.문44 13.09.문60 06.03.문58

> 농예용·축산용 또는 수산용으로 필요한 난방시설 또는 건조시설을 위한 지정수량 ( )배 이하의 저장소

① 20 ② 30
③ 40 ④ 50

해설 **위험물법 6조**
제조소 등의 설치허가
(1) **설치허가자**: **시·도지사**
(2) **설치허가 제외장소**
㉠ 주택의 난방시설(공동주택의 중앙난방시설은 제외)을 위한 **저장소** 또는 **취급소**
㉡ 지정수량 **20배** 이하의 **농예용·축산용·수산용** 난방시설 또는 건조시설의 **저장소** 보기 ①
(3) **제조소 등의 변경신고**: 변경하고자 하는 날의 **1일** 전까지

기억법 농축수2

참고

**시·도지사**
(1) 특별시장
(2) 광역시장
(3) 특별자치시장
(4) 도지사
(5) 특별자치도지사

답 ①

★
**42** 소방안전교육사가 수행하는 소방안전교육의 업무에 직접적으로 해당되지 않는 것은?

13.09.문42

① 소방안전교육의 분석
② 소방안전교육의 기획
③ 소방안전관리자 양성교육
④ 소방안전교육의 평가

해설 **기본법 17조 2**
**소방안전교육사의 수행업무**
(1) 소방안전교육의 **기**획 보기 ②
(2) 소방안전교육의 **진**행
(3) 소방안전교육의 **분**석 보기 ①
(4) 소방안전교육의 **평**가 보기 ④
(5) 소방안전교육의 **교**수업무

기억법 기진분평교

답 ③

★★★
**51** 소방시설 설치 및 관리에 관한 법령상 특정소방대상물의 소방시설 설치의 면제기준 중 다음 ( ) 안에 알맞은 것은?

18.03.문80 17.09.문48 14.09.문78 14.03.문53

> 물분무등소화설비를 설치하여야 하는 차고·주차장에 ( )를 화재안전기준에 적합하게 설치한 경우에는 그 설비의 유효범위에서 설치가 면제된다.

① 옥내소화전설비
② 스프링클러설비
③ 간이스프링클러설비
④ 청정소화약제소화설비

해설 **소방시설법 시행령 [별표 6]**
**소방시설 면제기준**

| 면제대상(설치대상) | 대체설비 |
|---|---|
| 스프링클러설비 | • **물분무등소화설비** |
| 물분무등소화설비 → | • **스프링클러설비** 보기 ② |
| 간이스프링클러설비 | • 스프링클러설비<br>• **물분무소화설비**<br>• **미분무소화설비** |
| 비상**경**보설비 또는 **단**독경보형 감지기 | • **자동화재탐지설비**<br>기억법 탐경단 |
| 비상**경**보설비 | • **2개 이상 단독경보형 감지기 연동**<br>기억법 경단2 |
| 비상방송설비 | • 자동화재탐지설비<br>• 비상경보설비 |
| 연결살수설비 | • 스프링클러설비<br>• 간이스프링클러설비<br>• 물분무소화설비<br>• 미분무소화설비 |
| 제연설비 | • **공기조화설비** |
| 연소방지설비 | • 스프링클러설비<br>• 물분무소화설비<br>• 미분무소화설비 |

| | |
|---|---|
| 연결송수관설비 | • 옥내소화전설비<br>• 스프링클러설비<br>• 간이스프링클러설비<br>• 연결살수설비 |
| 자동화재탐지설비 | • 자동화재탐지설비의 기능을 가진 스프링클러설비<br>• 물분무등소화설비 |
| 옥내소화전설비 | • 옥외소화전설비<br>• 미분무소화설비(호스릴방식) |

답 ②

★
**52** 화재의 예방 및 안전관리에 관한 법령상 소방안전관리대상물의 소방계획서에 포함되어야 하는 사항이 아닌 것은?

13.09.문57

① 소방시설 · 피난시설 및 방화시설의 점검 · 정비계획

② 위험물안전관리법에 따라 예방규정을 정하는 제조소 등의 위험물 저장 · 취급에 관한 사항

③ 특정소방대상물의 근무자 및 거주자의 자위소방대 조직과 대원의 임무에 관한 사항

④ 방화구획, 제연구획, 건축물의 내부 마감재료(불연재료 · 준불연재료 또는 난연재료로 사용된 것) 및 방염물품의 사용현황과 그 밖의 방화구조 및 설비의 유지 · 관리계획

해설 **화재예방법 시행령 28조**
**소방안전관리대상물의 소방계획서 작성**

(1) 소방안전관리대상물의 위치 · 구조 · 연면적 · 용도 및 수용인원 등의 **일반현황**

(2) 화재예방을 위한 **자체점검계획** 및 **진압대책**

(3) 특정소방대상물의 **근무자** 및 거주자의 **자위소방대** 조직과 대원의 임무에 관한 사항 [보기 ③]

(4) **소방시설** · **피난시설** 및 **방화시설**의 점검 · 정비계획 [보기 ①]

(5) **방화구획**, **제연구획**, 건축물의 **내부 마감재료**(불연재료 · 준불연재료 또는 난연재료로 사용된 것) 및 방염물품의 사용현황과 그 밖의 방화구조 및 설비의 유지 · 관리계획 [보기 ④]

② 위험물 관련은 해당 없음

답 ②

★★★
**53** 위험물안전관리법상 업무상 과실로 제조소 등에서 위험물을 유출 · 방출 또는 확산시켜 사람의 생명 · 신체 또는 재산에 대하여 위험을 발생시킨 자에 대한 벌칙기준은?

18.04.문53
18.03.문57
17.05.문41

① 5년 이하의 금고 또는 2000만원 이하의 벌금

② 5년 이하의 금고 또는 7000만원 이하의 벌금

③ 7년 이하의 금고 또는 2000만원 이하의 벌금

④ 7년 이하의 금고 또는 7000만원 이하의 벌금

해설 **위험물법 34조**

| 벌 칙 | 행 위 |
|---|---|
| **7년** 이하의 금고 또는 **7천만원** 이하의 벌금 [보기 ④] | 업무상 과실로 제조소 등에서 **위험물**을 유출 · 방출 또는 확산시켜 사람의 생명 · 신체 또는 재산에 대하여 **위험**을 발생시킨 자<br>기억법 **77천위(위험한 칠천량 해전)** |
| **10년** 이하의 징역 또는 금고나 **1억원** 이하의 벌금 | 업무상 과실로 제조소 등에서 위험물을 유출 · 방출 또는 확산시켜 사람을 **사상**에 이르게 한 자 |

비교

**소방시설법 56조**

| 벌 칙 | 행 위 |
|---|---|
| **5년 이하**의 징역 또는 **5천만원 이하**의 벌금 | 소방시설에 폐쇄 · 차단 등의 **행위**를 한 자 |
| **7년 이하**의 징역 또는 **7천만원** 이하의 벌금 | 소방시설에 폐쇄 · 차단 등의 행위를 하여 사람을 **상해**에 이르게 한 때 |
| **10년 이하**의 징역 또는 **1억원 이하**의 벌금 | 소방시설에 폐쇄 · 차단 등의 행위를 하여 사람을 **사망**에 이르게 한 때 |

답 ④

★★★
**54** 소방시설공사업법령상 소방시설업 등록을 하지 아니하고 영업을 한 자에 대한 벌칙은?

20.06.문47
19.09.문47
14.09.문58
07.09.문58

① 500만원 이하의 벌금
② 1년 이하의 징역 또는 1000만원 이하의 벌금
③ 3년 이하의 징역 또는 3000만원 이하의 벌금
④ 5년 이하의 징역

해설 **3년 이하의 징역 또는 3000만원 이하의 벌금**
(1) **화재안전조사** 결과에 따른 조치명령 위반(화재예방법 50조)
(2) **소방시설관리업** 무등록자(소방시설법 57조)
(3) **소방시설업** 무등록자(공사업법 35조) 보기 ③
(4) 형식승인을 받지 않은 **소방용품** 제조·수입자(소방시설법 57조)
(5) **제품검사**를 받지 않은 자(소방시설법 57조)
(6) **부정한 방법**으로 **진단기관**의 지정을 받은 자(소방시설법 57조)

중요

| 3년 이하의 징역 또는 3000만원 이하의 벌금 | 5년 이하의 징역 또는 1억원 이하의 벌금 |
|---|---|
| ① 소방시설업 무등록<br>② 소방시설관리업 무등록 | 제조소 무허가(위험물법 34조 2) |

답 ③

★
**55** 위험물안전관리법령상 위험물의 유별 저장·취급의 공통기준 중 다음 (  ) 안에 알맞은 것은?

(  ) 위험물은 산화제와의 접촉·혼합이나 불티·불꽃·고온체와의 접근 또는 과열을 피하는 한편, 철분·금속분·마그네슘 및 이를 함유한 것에 있어서는 물이나 산과의 접촉을 피하고 인화성 고체에 있어서는 함부로 증기를 발생시키지 아니하여야 한다.

① 제1류 ② 제2류
③ 제3류 ④ 제4류

해설 **위험물규칙 〔별표 18〕 Ⅱ**
**위험물의 유별 저장·취급의 공통기준(중요 기준)**

| 위험물 | 공통기준 |
|---|---|
| 제1류 위험물 | **가연물**과의 접촉·혼합이나 분해를 촉진하는 물품과의 접근 또는 과열·충격·마찰 등을 피하는 한편, 알칼리금속의 과산화물 및 이를 함유한 것에 있어서는 물과의 접촉을 피할 것 |
| 제2류 위험물 | **산화제**와의 접촉·혼합이나 불티·불꽃·고온체와의 접근 또는 과열을 피하는 한편, 철분·금속분·마그네슘 및 이를 함유한 것에 있어서는 물이나 산과의 접촉을 피하고 인화성 고체에 있어서는 함부로 증기를 발생시키지 않을 것 보기 ② |
| 제3류 위험물 | **자연발화성** 물질에 있어서는 불티·불꽃 또는 고온체와의 접근·과열 또는 공기와의 접촉을 피하고, 금수성 물질에 있어서는 물과의 접촉을 피할 것 |
| 제4류 위험물 | **불티**·**불꽃**·**고온체**와의 접근 또는 과열을 피하고, 함부로 **증기**를 발생시키지 않을 것 |
| 제5류 위험물 | **불티**·**불꽃**·**고온체**와의 접근이나 과열·충격 또는 **마찰**을 피할 것 |

답 ②

★★
**56** 소방기본법령상 소방용수시설의 설치기준 중 급수탑의 급수배관의 구경은 최소 몇 mm 이상이어야 하는가?

20.06.문45
19.03.문58

① 100 ② 150
③ 200 ④ 250

해설 **기본규칙 〔별표 3〕**
**소방용수시설별 설치기준**

| 소화전 | 급수탑 |
|---|---|
| • **65mm** : 연결금속구의 구경 | • **100mm** : 급수배관의 구경 보기 ①<br>• **1.5~1.7m** 이하 : 개폐밸브 높이<br>기억법 57탑(57층 탑) |

답 ①

★★★
**57** 소방시설 설치 및 관리에 관한 법령상 자동화재탐지설비를 설치하여야 하는 특정소방대상물에 대한 기준 중 (  )에 알맞은 것은?

16.05.문43
16.03.문57
14.03.문79
12.03.문74

근린생활시설(목욕장 제외), 의료시설(정신의료기관 또는 요양병원 제외), 위락시설, 장례시설 및 복합건축물로서 연면적 (  )$m^2$ 이상인 것

① 400 ② 600
③ 1000 ④ 3500

해설 **소방시설법 시행령 〔별표 5〕**
**자동화재탐지설비의 설치대상**

| 설치대상 | 조 건 |
|---|---|
| ① 정신의료기관 · 의료재활시설 | • 창살설치 : 바닥면적 $300m^2$ 미만<br>• 기타 : 바닥면적 $300m^2$ 이상 |
| ② 노유자시설 | • 연면적 $400m^2$ 이상 |
| ③ 근린생활시설 · 위락시설<br>④ 의료시설(정신의료기관, 요양병원 제외)<br>⑤ 복합건축물 · **장례시설**<br>기억법 근위의복 6 | • 연면적 $600m^2$ 이상<br>보기 ② |
| ⑥ 목욕장 · 문화 및 집회시설, 운동시설<br>⑦ 종교시설<br>⑧ 방송통신시설 · 관광휴게시설<br>⑨ 업무시설 · 판매시설<br>⑩ 항공기 및 자동차관련시설 · 공장 · 창고시설<br>⑪ **지하가**(터널 제외) · 운수시설 · 발전시설 · 위험물 저장 및 처리시설<br>⑫ 교정 및 군사시설 중 국방 · 군사시설 | • 연면적 $1000m^2$ 이상 |
| ⑬ 교육연구시설 · 동식물관련시설<br>⑭ 분뇨 및 쓰레기 처리시설 · 교정 및 군사시설(국방 · 군사시설 제외)<br>⑮ 수련시설(숙박시설이 있는 것 제외)<br>⑯ 묘지관련시설<br>기억법 교동분교수 2 | • 연면적 $2000m^2$ 이상 |
| ⑰ 지하가 중 터널 | • 길이 **1000m** 이상 |
| ⑱ 지하구<br>⑲ 노유자생활시설<br>⑳ 공동주택<br>㉑ 숙박시설<br>㉒ **6층** 이상인 건축물<br>㉓ 조산원 및 산후조리원<br>㉔ 전통시장<br>㉕ 요양병원(정신병원, 의료재활시설 제외) | • 전부 |
| ㉖ 특수가연물 저장 · 취급 | • 지정수량 **500배** 이상 |
| ㉗ 수련시설(숙박시설이 있는 것) | • 수용인원 **100명** 이상 |
| ㉘ 발전시설 | • 전기저장시설 |

답 ②

★★
**58** 소방기본법에서 정의하는 소방대상물에 해당되지 않는 것은?

15.05.문54
12.05.문48

① 산림 ② 차량
③ 건축물 ④ 항해 중인 선박

해설 **기본법 2조 1호**
**소방대상물**
(1) 건축물 보기 ③
(2) 차량 보기 ②
(3) 선박(매어둔 것) 보기 ④
(4) 선박건조구조물
(5) 산림 보기 ①
(6) 인공구조물
(7) 물건

기억법 **건차선 산인물**

비교

**위험물법 3조**
**위험물의 저장 · 운반 · 취급에 대한 적용 제외**
(1) 항공기
(2) 선박
(3) 철도
(4) 궤도

답 ④

★★★
**59** 소방시설 설치 및 관리에 관한 법령상 건축허가 등의 동의대상물의 범위 기준 중 틀린 것은?

20.06.문59
17.09.문53
12.09.문48

① 건축 등을 하려는 학교시설 : 연면적 $200m^2$ 이상
② 노유자시설 : 연면적 $200m^2$ 이상
③ 정신의료기관(입원실이 없는 정신건강의학과 의원은 제외) : 연면적 $300m^2$ 이상
④ 장애인 의료재활시설 : 연면적 $300m^2$ 이상

해설 **소방시설법 시행령 7조**
**건축허가 등의 동의대상물**
(1) 연면적 $400m^2$(학교시설 : $100m^2$, 수련시설 · 노유자시설 : $200m^2$, 정신의료기관 · 장애인 의료재활시설 : $300m^2$) 이상
(2) **6층** 이상인 건축물
(3) 차고 · 주차장으로서 바닥면적 $200m^2$ 이상(자동차 20대 이상)
(4) **항공기격납고, 관망탑, 항공관제탑, 방송용 송수신탑**
(5) 지하층 또는 무창층의 바닥면적 $150m^2$(공연장은 $100m^2$) 이상
(6) **위험물저장** 및 **처리시설, 지하구**
(7) **결핵환자**나 **한센인**이 24시간 생활하는 **노유자시설**
(8) 전기저장시설, 풍력발전소
(9) 노인주거복지시설 · 노인의료복지시설 및 재가노인복지시설 · 학대피해노인 전용쉼터 · 아동복지시설 · 장애인거주시설
(10) 정신질환자 관련시설(종합시설 중 24시간 주거를 제공하지 아니하는 시설 제외)
(11) 조산원, 산후조리원, 의원(입원실이 있는 것), **전통시장**
(12) 노숙인자활시설, 노숙인재활시설 및 노숙인요양시설
(13) 요양병원(정신병원, 의료재활시설 제외)
(14) **목조건축물**(보물 · 국보)
(15) 노유자시설
(16) 숙박시설이 있는 수련시설 : 수용인원 **100명** 이상
(17) 공장 또는 창고시설로서 지정수량의 **750배** 이상의 특수가연물을 저장 · 취급하는 것
(18) 가스시설로서 지상에 노출된 탱크의 저장용량의 합계가 **100t** 이상인 것
(19) **50명** 이상의 근로자가 작업하는 **옥내작업장**

기억법 **2자(이자)**

① $200m^2$ 이상 → $100m^2$ 이상

답 ①

★★★
**60** 소방시설 설치 및 관리에 관한 법령상 형식승인을 받지 아니한 소방용품을 판매하거나 판매 목적으로 진열하거나 소방시설공사에 사용한 자에 대한 벌칙기준은?

19.09.문47
14.09.문58
07.09.문58

① 3년 이하의 징역 또는 3000만원 이하의 벌금
② 2년 이하의 징역 또는 1500만원 이하의 벌금
③ 1년 이하의 징역 또는 1000만원 이하의 벌금
④ 1년 이하의 징역 또는 500만원 이하의 벌금

해설 **소방시설법 57조**
**3년 이하의 징역 또는 3000만원 이하의 벌금**
(1) 소방시설관리업 무등록자
(2) 형식승인을 받지 않은 **소방용품 제조 · 수입자**
(3) 제품검사를 받지 않은 자
(4) **제품검사**를 받지 아니하거나 **합격표시**를 하지 아니한 소방용품을 판매 · 진열하거나 소방시설공사에 사용한 자
(5) 부정한 방법으로 전문기관의 지정을 받은 자
(6) 소방용품 판매 · 진열 · 소방시설공사에 사용한 자 보기 ①

답 ①

## 제 4 과목 소방전기시설의 구조 및 원리

★★★
**61** 자동화재탐지설비 및 시각경보장치의 화재안전기준(NFSC 203)에 따라 특정소방대상물 중 화재신호를 발신하고 그 신호를 수신 및 유효하게 제어할 수 있는 구역을 무엇이라 하는가?

19.03.문68
14.09.문68
12.05.문71
12.03.문68
09.08.문69
07.09.문64

① 방호구역 ② 방수구역
③ 경계구역 ④ 화재구역

해설 **경계구역**
(1) **정의**
특정소방대상물 중 **화재신호**를 **발신**하고 그 **신호**를 **수신** 및 유효하게 **제어**할 수 있는 구역 보기 ③
(2) **경계구역의 설정기준**
㉠ 1경계구역이 2개 이상의 **건축물**에 미치지 않을 것
㉡ 1경계구역이 2개 이상의 **층**에 미치지 않을 것
㉢ 1경계구역의 면적은 **600m²** 이하로 하고, 1변의 길이는 **50m** 이하로 할 것(내부 전체가 보이면 **1000m²** 이하)
(3) **1경계구역의 높이** : **45m** 이하

답 ③

★
**62** 유도등의 형식승인 및 제품검사의 기술기준에 따라 영상표시소자(LED, LCD 및 PDP 등)를 이용하여 피난유도표시 형상을 영상으로 구현하는 방식은?

① 투광식 ② 패널식
③ 방폭형 ④ 방수형

해설 **유도등**의 **형식승인** 및 제품검사의 기술기준 2조

| 용 어 | 설 명 |
|---|---|
| 투광식 | 광원의 빛이 통과하는 **투과면**에 피난유도표시 형상을 인쇄하는 방식 |
| 패널식 보기 ② | **영상표시소자**(LED, LCD 및 PDP 등)를 이용하여 피난유도표시 형상을 영상으로 구현하는 방식 |
| 방폭형 | **폭발성 가스**가 용기 내부에서 폭발하였을 때 용기가 그 압력에 견디거나 또는 외부의 폭발성 가스에 인화될 우려가 없도록 만들어진 형태의 제품 |
| 방수형 | 그 구조가 **방수구조**로 되어 있는 것 |

답 ②

★
**63** 감지기의 형식승인 및 제품검사의 기술기준에 따라 단독경보형 감지기의 일반기능에 대한 내용이다. 다음 ( )에 들어갈 내용으로 옳은 것은?

20.09.문76

> 주기적으로 섬광하는 전원표시등에 의하여 전원의 정상 여부를 감시할 수 있는 기능이 있어야 하며, 전원의 정상상태를 표시하는 전원표시등의 섬광주기는 ( ㉠ )초 이내의 점등과 ( ㉡ )초에서 ( ㉢ )초 이내의 소등으로 이루어져야 한다.

① ㉠ 1, ㉡ 15, ㉢ 60
② ㉠ 1, ㉡ 30, ㉢ 60
③ ㉠ 2, ㉡ 15, ㉢ 60
④ ㉠ 2, ㉡ 30, ㉢ 60

해설 **감지기**의 **형식승인** 및 **제품검사**의 **기술기준 5조 2**
단독경보형의 감지기(주전원이 교류전원 또는 건전지인 것 포함)의 적합 기준
(1) **자동복귀형 스위치**(자동적으로 정위치에 복귀될 수 있는 스위치)에 의하여 **수동**으로 작동시험을 할 수 있는 기능이 있을 것
(2) 작동되는 경우 **작동표시등**에 의하여 화재의 발생을 표시하고, 내장된 **음향장치**의 명동에 의하여 **화재경보음**을 발할 수 있는 기능이 있을 것
(3) 주기적으로 **섬광**하는 **전원표시등**에 의하여 전원의 **정상 여부**를 **감시**할 수 있는 기능이 있어야 하며, 전원의 정상상태를 표시하는 전원표시등의 섬광주기는 **1초 이내**의 점등과 **30초**에서 **60초** 이내의 소등으로 이루어질 것 보기 ②

답 ②

★
**64** 자동화재탐지설비 및 시각경보장치의 화재안전기준(NFSC 203)에 따라 자동화재탐지설비의 주음향장치의 설치장소로 옳은 것은?

① 발신기의 내부
② 수신기의 내부
③ 누전경보기의 내부
④ 자동화재속보설비의 내부

해설 **자동화재탐지설비**의 **음향장치**(NFSC 203 8조)

| 주음향장치 | 지구음향장치 |
|---|---|
| **수신기의 내부** 또는 그 **직근**에 설치 보기 ② | 특정소방대상물의 **층**마다 설치 |

답 ②

★★
**65** 무선통신보조설비의 화재안전기준(NFSC 505)에 따라 무선통신보조설비의 주요구성요소가 아닌 것은?

15.03.문78
12.09.문68

① 증폭기
② 분배기
③ 음향장치
④ 누설동축케이블

해설 **무선통신보조설비**의 **구성요소**
(1) 누설동축케이블, 동축케이블 보기 ④
(2) 분배기 보기 ②
(3) 증폭기 보기 ①
(4) 옥외안테나
(5) 혼합기
(6) 분파기
(7) 무선중계기

③ 음향장치 : **자동화재탐지설비** 등의 주요구성요소

답 ③

★★★
**66** 무선통신보조설비의 화재안전기준(NFSC 505)에 따라 지표면으로부터의 깊이가 몇 m 이하인 경우에는 해당 층에 한하여 무선통신보조설비를 설치하지 아니할 수 있는가?

20.09.문71
19.09.문80
18.03.문70
17.03.문68
16.03.문80
14.09.문64
08.03.문62
06.05.문79

① 0.5 ② 1
③ 1.5 ④ 2

해설 **무선통신보조설비**의 **설치 제외**(NFSC 505 4조)
(1) **지하층**으로서 특정소방대상물의 바닥부분 **2면** **이상**이 지표면과 동일한 경우의 해당 층
(2) 지하층으로서 지표면으로부터의 깊이가 **1m** **이하**인 경우의 해당 층 보기 ②

기억법 2면무지(이면 계약의 무지)

답 ②

★★★
**67** 누전경보기의 화재안전기준(NFSC 205)에 따라 누전경보기의 수신부를 설치할 수 있는 장소는? (단, 해당 누전경보기에 대하여 방폭·방식·방습·방온·방진 및 정전기 차폐 등의 방호조치를 하지 않은 경우이다.)

16.05.문66
16.03.문76
14.09.문61
12.09.문63

① 습도가 낮은 장소
② 온도의 변화가 급격한 장소
③ 화약류를 제조하거나 저장 또는 취급하는 장소
④ 부식성의 증기·가스 등이 다량으로 체류하는 장소

해설 **누전경보기**의 **수신기 설치 제외 장소**
(1) **온**도변화가 급격한 장소 보기 ②
(2) **습**도가 높은 장소 보기 ①
(3) **가**연성의 증기, 가스 등 또는 **부식성**의 증기, 가스 등의 다량 체류장소 보기 ④
(4) **대전류회로, 고주파 발생회로** 등의 영향을 받을 우려가 있는 장소
(5) **화**약류 제조, 저장, 취급 장소 보기 ③

기억법 온습누가대화(온도·습도가 높으면 누가 대화하냐?)

비교

**누전경보기 수신부**의 **설치장소**
**옥내**의 점검이 편리한 **건조**한 장소

답 ①

★
**68** 유도등의 형식승인 및 제품검사의 기술기준에 따라 객석유도등은 바닥면 또는 디딤바닥면에서 높이 0.5m의 위치에 설치하고 그 유도등의 바로 밑에서 0.3m 떨어진 위치에서의 수평조도가 몇 lx 이상이어야 하는가?

① 0.1
② 0.2
③ 0.5
④ 1

해설 **조도시험**

| 유도등의 종류 | 시험방법 |
|---|---|
| **계**단통로 유도등 | 바닥면에서 **2.5m** 높이에 유도등을 설치하고 수평거리 **10m** 위치에서 법선조도 **0.5lx** 이상<br>기억법 **계2505** |
| 복도통로 유도등 | 바닥면에서 **1m** 높이에 유도등을 설치하고 중앙으로부터 **0.5m** 위치에서 조도 **1lx** 이상 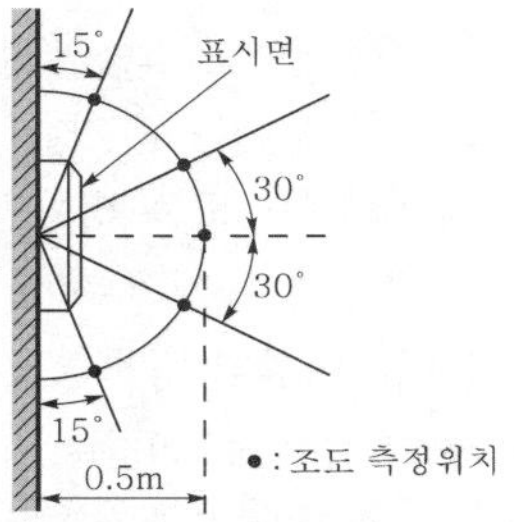<br>‖ 복도통로유도등 ‖ |
| 거실통로 유도등 | 바닥면에서 **2m** 높이에 유도등을 설치하고 중앙으로부터 **0.5m** 위치에서 조도 **1lx** 이상 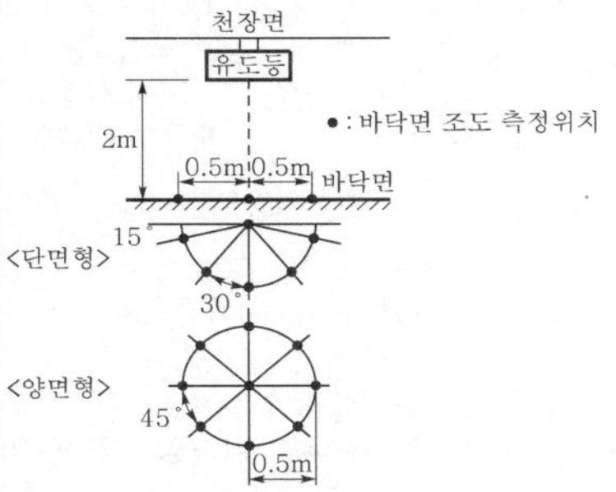<br>‖ 거실통로유도등 ‖ |
| **객**석 유도등 | 바닥면에서 **0.5m** 높이에 유도등을 설치하고 바로 밑에서 **0.3m** 위치에서 수평조도 **0.2lx** 이상 보기 ②<br>기억법 **객532** |

비교

**식별도시험**

| 유도등의 종류 | 상용전원 | 비상전원 |
|---|---|---|
| 피난구유도등, 거실통로유도등 | 10~30lx의 주위조도로 **30m**에서 식별 | 0~1lx의 주위조도로 **20m**에서 식별 |
| 복도통로유도등 | 직선거리 **20m**에서 식별 | 직선거리 **15m**에서 식별 |

답 ②

★★★

**69** 19.04.문68 18.09.문77 18.03.문73 16.10.문69 16.10.문73 16.05.문67 16.03.문68 15.05.문76 15.03.문62 14.05.문63 14.05.문75 14.03.문61 13.09.문70 13.06.문62 13.06.문80

**비상방송설비의 화재안전기준에 따른 비상방송설비의 음향장치에 대한 내용이다. 다음 (  )에 들어갈 내용으로 옳은 것은?**

> 확성기는 각 층마다 설치하되, 그 층의 각 부분으로부터 하나의 확성기까지의 수평거리가 (  )m 이하가 되도록 하고, 해당 층의 각 부분에 유효하게 경보를 발할 수 있도록 설치할 것

① 10 ② 15
③ 20 ④ 25

해설 **비상방송설비**의 **설치기준**(NFSC 202 4조)

(1) 확성기의 음성입력은 **3**W(**실**내 **1**W) 이상일 것
(2) 확성기는 **각 층**마다 설치하되, 각 부분으로부터의 수평거리는 **25m** 이하일 것 보기 ④
(3) **음**량조정기는 **3선식** 배선일 것
(4) 조작스위치는 바닥으로부터 **0.8~1.5m** 이하의 높이에 설치할 것
(5) 다른 전기회로에 의하여 **유도장애**가 생기지 아니하도록 할 것
(6) 비상방송 **개**시시간은 **10초** 이하일 것
(7) 다른 방송설비와 공용할 경우 화재시 비상경보 외의 방송을 차단할 수 있을 것
(8) 음향장치 : **자동화재탐지설비**의 작동과 연동
(9) 음향장치의 정격전압 : **80%**

기억법 **방3실1, 3음방(삼엄한 방송실), 개10방**

중요

**수평거리**와 **보행거리**

(1) **수평거리**

| 수평거리 | 적용대상 |
|---|---|
| 수평거리 **25m** 이하 | • 발신기<br>• 음향장치(**확성기**)<br>• 비상콘센트(지하상가 · 바닥면적 **3000m²** 이상) |
| 수평거리 **50m** 이하 | • 비상콘센트(기타) |

(2) **보행거리**

| 보행거리 | 적용대상 |
|---|---|
| 보행거리 **15m** 이하 | • **유도표지** |
| 보행거리 **20m** 이하 | • 복도통로유도등<br>• 거실통로유도등<br>• 3종 연기감지기 |
| 보행거리 **30m** 이하 | • 1 · 2종 연기감지기 |
| 보행거리 **40m** 이상 | • 복도 또는 별도로 구획된 실 |

(3) **수직거리**

| 수직거리 | 적용대상 |
|---|---|
| **10m** 이하 | • 3종 연기감지기 |
| **15m** 이하 | • 1 · 2종 연기감지기 |

답 ④

**70** 경종의 형식승인 및 제품검사의 기술기준에 따라 경종은 전원전압이 정격전압의 ± 몇 % 범위에서 변동하는 경우 기능에 이상이 생기지 아니하여야 하는가?

① 5 ② 10
③ 20 ④ 30

해설 **경종의 형식승인 및 제품검사의 기술기준 4조**
**전원전압변동시의 기능**
**경종**은 전원전압이 정격전압의 **±20%** 범위에서 변동하는 경우 기능에 이상이 생기지 아니하여야 한다. 보기 ③

답 ③

**71** 누전경보기의 형식승인 및 제품검사의 기술기준에 따라 누전경보기에 사용되는 표시등의 구조 및 기능에 대한 설명으로 틀린 것은?

20.09.문69 18.03.문71 17.03.문66

① 누전등이 설치된 수신부의 지구등은 적색 외의 색으로도 표시할 수 있다.
② 방전등 또는 발광다이오드의 경우 전구는 2개 이상을 병렬로 접속하여야 한다.
③ 소켓은 접촉이 확실하여야 하며 쉽게 전구를 교체할 수 있도록 부착하여야 한다.
④ 누전등 및 지구등과 쉽게 구별할 수 있도록 부착된 기타의 표시등은 적색으로도 표시할 수 있다.

해설 **누전경보기**의 **형식승인** 및 **제품검사**의 **기술기준 4조**
**부품의 구조 및 기능**
(1) 전구는 사용전압의 **130%**인 교류전압을 **20시간** 연속하여 가하는 경우 단선, 현저한 광속변화, 흑화, 전류의 저하 등이 발생하지 아니할 것
(2) 전구는 **2개** 이상을 **병렬**로 접속하여야 한다(단, **방전등** 또는 **발광다이오드**는 제외). 보기 ②
(3) 전구에는 적당한 **보호커버**를 설치하여야 한다(단, **발광다이오드**는 제외).
(4) 주위의 밝기가 **300 lx** 이상인 장소에서 측정하여 앞면으로부터 **3m** 떨어진 곳에서 켜진 등이 확실히 식별될 것
(5) **소켓**은 접촉이 확실하여야 하며 쉽게 전구를 교체할 수 있도록 부착 보기 ③
(6) 누전화재의 발생을 표시하는 표시등(누전등)이 설치된 것은 등이 켜질 때 **적색**으로 표시되어야 하며, 누전화재가 발생한 경계전로의 위치를 표시하는 표시등(지구등)과 기타의 표시등은 다음과 같아야 한다.

| • 누전등<br>• 누전등 및 지구등과 쉽게 구별할 수 있도록 부착된 기타의 표시등 | • 누전등이 설치된 수신부의 지구등<br>• 기타의 표시등 |
|---|---|
| 적색 보기 ④ | 적색 외의 색 보기 ① |

② 방전등 또는 발광다이오드 제외

답 ②

**72** 소방시설용 비상전원수전설비의 화재안전기준(NFSC 602)에 따라 일반전기사업자로부터 특고압 또는 고압으로 수전하는 비상전원수전설비로 큐비클형을 사용하는 경우의 시설기준으로 틀린 것은? (단, 옥내에 설치하는 경우이다.)

20.09.문73 11.03.문79

① 외함은 내화성능이 있는 것으로 제작할 것
② 전용큐비클 또는 공용큐비클식으로 설치할 것
③ 개구부에는 갑종방화문(60분+ 방화문, 60분 방화문) 또는 병종방화문을 설치할 것
④ 외함은 두께 2.3mm 이상의 강판과 이와 동등 이상의 강도를 가질 것

해설 **큐비클형**의 **설치기준**(NFSC 602 5조)
(1) **전용큐비클** 또는 **공용큐비클식**으로 설치 보기 ②
(2) 외함은 두께 **2.3mm** 이상의 **강판**과 이와 동등 이상의 강도와 내화성능이 있는 것으로 제작 보기 ①④
(3) 개구부에는 **갑종방화문**(60분+방화문, 60분 방화문) 또는 **을종방화문**(30분 방화문) 설치 보기 ③
(4) 외함은 **건축물**의 **바닥** 등에 견고하게 고정할 것
(5) **환**기장치는 다음에 적합하게 설치할 것
㉠ 내부의 **온**도가 상승하지 않도록 **환기장치**를 할 것
㉡ 자연환기구의 **개**구부 면적의 합계는 외함의 한 면에 대하여 해당 면적의 $\frac{1}{3}$ 이하로 할 것. 이 경우 하나의 통기구의 크기는 직경 **10mm** 이상의 **둥근 막대**가 들어가서는 아니 된다.
㉢ 자연환기구에 따라 충분히 환기할 수 없는 경우에는 **환기설비**를 설치할 것
㉣ 환기구에는 **금속망**, **방화댐퍼** 등으로 방화조치를 하고, 옥외에 설치하는 것은 **빗물** 등이 들어가지 않도록 할 것

기억법 **큐환 온개설 망댐빗**

(6) 공용큐비클식의 소방회로와 일반회로에 사용되는 배선 및 배선용 기기는 **불연재료**로 구획할 것

③ 병종방화문 → 을종방화문(30분 방화문)

답 ③

**73** 공기관식 차동식 분포형 감지기의 기능시험을 하였더니 검출기의 접점수고치가 규정 이상으로 되어 있었다. 이때 발생되는 장애로 볼 수 있는 것은?

① 작동이 늦어진다.
② 장애는 발생되지 않는다.
③ 동작이 전혀 되지 않는다.
④ 화재도 아닌데 작동하는 일이 있다.

**해설** **접점수고시험**

감지기의 접점수고치가 적정치를 보유하고 있는지를 확인하기 위한 시험

| 수고치 |

| 정상적인 경우 | 비정상적인 경우 | 낮은 경우 (규정치 이하) | 높은 경우 (규정치 이상) |
|---|---|---|---|
| 장애는 발생되지 않는다. 보기 ② | 감지기가 작동되지 않는다. 보기 ③ | ① 감지기가 예민하게 되어 **비화재보**의 원인이 된다. ② 화재도 아닌데 작동하는 일이 있다. 보기 ④ | ① 감지기의 감도가 저하되어 지연동작의 원인이 된다. ② 작동이 늦어짐 보기 ① |

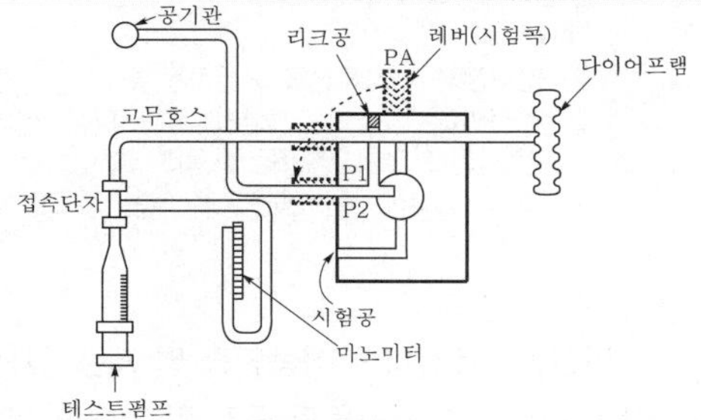


| 접점수고시험 |

**중요**

**3정수시험**

차동식 분포형 공기관식 감지기는 감도기준 설정이 가열시험으로는 어렵기 때문에 온도시험에 의하지 않고 이론시험으로 대신하는 것으로 **리크저항시험**, **등가용량시험**, **접점수고시험**이 있다.

| 3정수시험 |

| 리크저항시험 | 등가용량시험 | 접점수고시험 |
|---|---|---|
| 리크저항 측정 | 다이어프램의 기능 측정 | 접점의 간격 측정 |

답 ①

### 74

19.04.문63 18.04.문61 17.03.문72 16.10.문61 16.05.문76 15.09.문80 14.03.문64 11.10.문67

**비상콘센트설비의 화재안전기준(NFSC 504)에 따라 하나의 전용회로에 단상 교류 비상콘센트 6개를 연결하는 경우, 전선의 용량은 몇 kVA 이상이어야 하는가?**

① 1.5 ② 3

③ 4.5 ④ 9

**해설** **비상콘센트설비**

(1) 하나의 전용회로에 설치하는 비상콘센트는 **10개** 이하로 할 것(전선의 용량은 최대 **3개**)

| 설치하는 비상콘센트 수량 | 전선의 용량산정 시 적용하는 비상콘센트 수량 | 단상전선의 용량 |
|---|---|---|
| 1 | 1개 이상 | 1.5kVA 이상 |
| 2 | 2개 이상 | 3.0kVA 이상 |
| 3~10 | 3개 이상 | **4.5kVA** 이상 |

(2) 전원회로는 각 층에 있어서 **2 이상**이 되도록 설치할 것(단, 설치하여야 할 층의 콘센트가 **1개**인 때에는 하나의 회로로 할 수 있다)

(3) 플러그접속기의 칼받이 접지극에는 **접지공사**를 하여야 한다.

(4) 풀박스는 **1.6mm** 이상의 철판을 사용할 것

(5) 절연저항은 **전원부**와 **외함** 사이를 **직류 500V 절연저항계**로 측정하여 **20MΩ** 이상일 것

(6) 전원으로부터 각 층의 비상콘센트에 분기되는 경우에는 **분기배선용 차단기**를 보호함 안에 설치할 것

(7) 바닥으로부터 **0.8~1.5m** 이하의 높이에 설치할 것

(8) 전원회로는 주배전반에서 **전용회로**로 하며, 배선의 종류는 **내화배선**이어야 한다.

답 ③

### 75

**일반적인 비상방송설비의 계통도이다. 다음의 (　　)에 들어갈 내용으로 옳은 것은?**

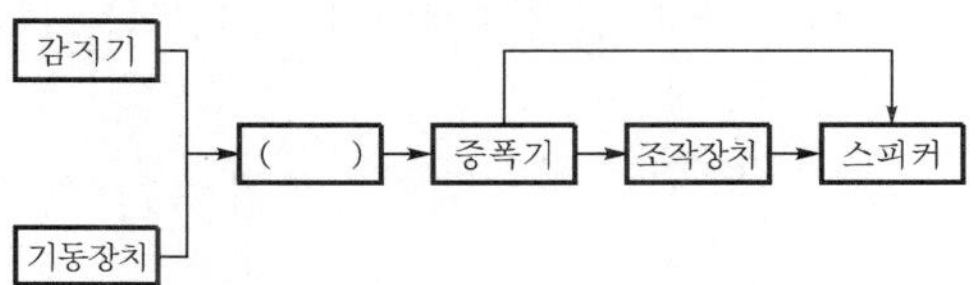


① 변류기 ② 발신기

③ 수신기 ④ 음향장치

**해설** **비상방송설비의 계통도**

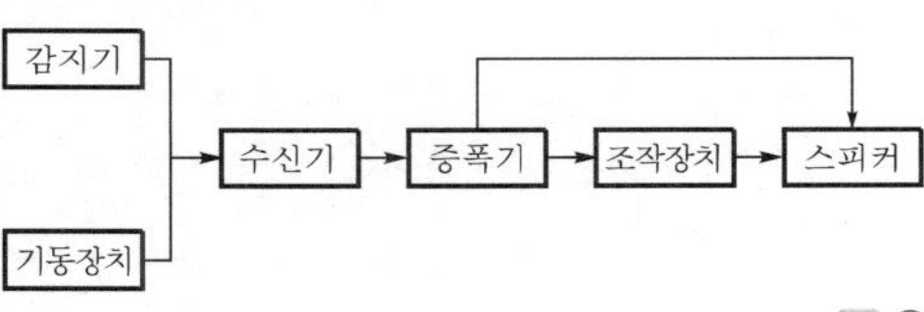


답 ③

### 76

17.05.문73 10.09.문72

**발신기의 형식승인 및 제품검사의 기술기준에 따른 발신기의 작동기능에 대한 내용이다. 다음 (　　)에 들어갈 내용으로 옳은 것은?**

> 발신기의 조작부는 작동스위치의 동작방향으로 가하는 힘이 ( ㉠ )kg을 초과하고 ( ㉡ )kg 이하인 범위에서 확실하게 동작되어야 하며, ( ㉠ )kg의 힘을 가하는 경우 동작되지 아니하여야 한다. 이 경우 누름판이 있는 구조로서 손끝으로 눌러 작동하는 작동스위치는 누름판을 포함한다.

① ㉠ 2, ㉡ 8

② ㉠ 3, ㉡ 7

③ ㉠ 2, ㉡ 7

④ ㉠ 3, ㉡ 8

해설 **발신기의 형식승인 및 제품검사의 기술기준 4조 2**
**발신기의 작동기능**

① 작동스위치의 동작방향으로 가하는 힘이 2kg을 초과하고 8kg 이하인 범위에서 확실하게 동작(단, 2kg의 힘을 가하는 경우 동작하지 않을 것)

답 ①

## 77

**비상조명등의 형식승인 및 제품검사의 기술기준에 따라 비상조명등의 일반구조로 광원과 전원부를 별도로 수납하는 구조에 대한 설명으로 틀린 것은?**

① 전원함은 방폭구조로 할 것
② 배선은 충분히 견고한 것을 사용할 것
③ 광원과 전원부 사이의 배선길이는 1m 이하로 할 것
④ 전원함은 불연재료 또는 난연재료의 재질을 사용할 것

해설 **비상조명등의 형식승인 및 제품검사의 기술기준 3조**
**광원과 전원부를 별도로 수납하는 구조의 기준**

(1) 전원함은 **불연재료** 또는 **난연재료**의 재질을 사용할 것 보기 ④
(2) 광원과 전원부 사이의 배선길이는 **1m 이하**로 할 것 보기 ③
(3) 배선은 충분히 견고한 것을 사용할 것 보기 ②

① 방폭구조로 → 불연재료 또는 난연재료의 재질을 사용

답 ①

## 78

20.06.문80 17.03.문67 16.10.문77 14.05.문68 11.03.문77

**자동화재속보설비의 속보기의 성능인증 및 제품검사의 기술기준에 따른 속보기의 구조에 대한 설명으로 틀린 것은?**

① 수동통화용 송수화장치를 설치하여야 한다.
② 접지전극에 직류전류를 통하는 회로방식을 사용하여야 한다.
③ 작동시 그 작동시간과 작동횟수를 표시할 수 있는 장치를 하여야 한다.
④ 예비전원회로에는 단락사고 등을 방지하기 위한 퓨즈, 차단기 등과 같은 보호장치를 하여야 한다.

해설 **속보기의 기준**

(1) **수동통화**용 송수화기를 설치 보기 ①
(2) **20초** 이내에 **3회** 이상 **소방관서**에 자동속보
(3) 예비전원은 감시상태를 **60분**간 지속한 후 **10분** 이상 동작이 지속될 수 있는 용량일 것
(4) 다이얼링 : **10회** 이상
(5) 작동시 그 **작동시간**과 **작동횟수**를 표시할 수 있는 장치를 하여야 한다. 보기 ③
(6) **예비전원회로**에는 **단락사고** 등을 방지하기 위한 **퓨즈**, **차단기** 등과 같은 **보호장치**를 하여야 한다. 보기 ④

기억법 속203

비교

**속보기 인증기준 3조**
**자동화재속보설비의 속보기에 적용할 수 없는 회로방식**

(1) **접지전극**에 **직류전류**를 통하는 회로방식 보기 ②
(2) 수신기에 접속되는 외부배선과 다른 설비(화재신호의 전달에 영향을 미치지 아니하는 것 제외)의 외부배선을 **공용**으로 하는 회로방식

답 ②

## 79

20.08.문80

**비상콘센트설비의 성능인증 및 제품검사의 기술기준에 따른 표시등의 구조 및 기능에 대한 내용이다. 다음 ( )에 들어갈 내용으로 옳은 것은?**

> 적색으로 표시되어야 하며 주위의 밝기가 ( ㉠ )lx 이상인 장소에서 측정하여 앞면으로부터 ( ㉡ )m 떨어진 곳에서 켜진 등이 확실히 식별되어야 한다.

① ㉠ 100, ㉡ 1
② ㉠ 300, ㉡ 3
③ ㉠ 500, ㉡ 5
④ ㉠ 1000, ㉡ 10

해설 **비상콘센트설비 부품의 구조 및 기능**

(1) 배선용 차단기는 KS C 8321(**배선용 차단기**)에 적합할 것
(2) 접속기는 KS C 8305(**배선용 꽂음 접속기**)에 적합할 것
(3) **표시등**의 **구조** 및 **기능**
㉠ 전구는 사용전압의 **130%**인 교류전압을 **20시간** 연속하여 가하는 경우 **단선**, **현저한 광속변화**, **흑화**, **전류**의 **저하** 등이 발생하지 아니할 것
㉡ 소켓은 접속이 확실하여야 하며 쉽게 전구를 교체할 수 있도록 부착할 것
㉢ 전구에는 적당한 **보호커버**를 설치할 것(단, **발광다이오드** 제외)
㉣ 적색으로 표시되어야 하며 주위의 밝기가 300 lx 이상인 장소에서 측정하여 앞면으로부터 3m 떨어진 곳에서 켜진 등이 확실히 식별될 것 보기 ②
(4) 단자는 충분한 **전류용량**을 갖는 것으로 하여야 하며 단자의 접속이 정확하고 확실할 것

답 ②

**80** **소방시설용 비상전원수전설비의 화재안전기준 (NFSC 602) 용어의 정의에 따라 수용장소의 조영물(토지에 정착한 시설물 중 지붕 및 기둥 또는 벽이 있는 시설물을 말한다)의 옆면 등에 시설하는 전선으로서 그 수용장소의 인입구에 이르는 부분의 전선은 무엇인가?**

① 인입선 ② 내화배선
③ 열화배선 ④ 인입구배선

해설 **소방시설용 비상전원수전설비**의 **화재안전기준**(NFSC 602 3조, 전기설비기술기준 3조)

| 정 의 | 설 명 |
|---|---|
| 인입선 | 수용장소의 **조영물**(토지에 정착한 시설물 중 지붕 및 기둥 또는 벽이 있는 시설물을 말함)의 옆면 등에 시설하는 전선으로서 그 수용장소의 **인입구**에 이르는 부분의 전선 보기 ① |
| 인입구배선 | **인입선** 연결점으로부터 특정소방대상물 내에 시설하는 **인입개폐기**에 이르는 배선 |
| 연접 인입선 | **한 수용장소**의 인입선에서 분기하여 **지지물**을 거치지 아니하고 다른수용 장소의 인입구에 이르는 부분의 전선 |

답 ①

# 2021. 5. 15 시행

**▌2021년 기사 제2회 필기시험▌**

| 자격종목 | 종목코드 | 시험시간 | 형별 | 수험번호 | 성명 |
|---|---|---|---|---|---|
| 소방설비기사(전기분야) | | 2시간 | | | |

※ 답안카드 작성시 시험문제지 형별누락, 마킹착오로 인한 불이익은 전적으로 수험자의 귀책사유임을 알려드립니다.
※ 각 문항은 4지택일형으로 질문에 가장 적합한 보기 항을 선택하여 마킹하여야 합니다.

## 제 1 과목 소방원론

**01** 내화건축물과 비교한 목조건축물 화재의 일반적인 특징을 옳게 나타낸 것은?

19.09.문11 18.03.문05 16.10.문04 14.05.문01 10.09.문08

① 고온, 단시간형
② 저온, 단시간형
③ 고온, 장시간형
④ 저온, 장시간형

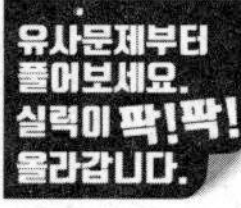


해설 (1) **목조건물**의 화재온도 표준곡선
㉠ 화재성상 : 고온 단기형 보기 ①
㉡ 최고온도(최성기 온도) : 1300℃

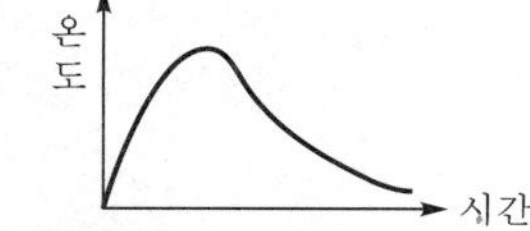


(2) **내화건물**의 화재온도 표준곡선
㉠ 화재성상 : 저온 장기형
㉡ 최고온도(최성기 온도) : 900~1000℃

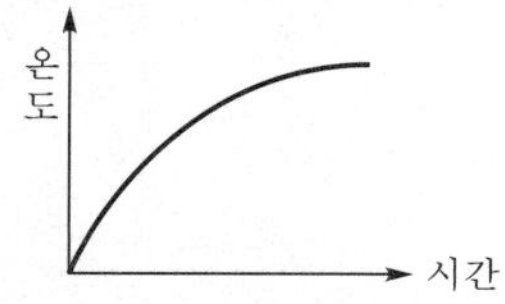


• 목조건물=목재건물

기억법 **목고단 13**

답 ①

**02** 다음 중 증기비중이 가장 큰 것은?

16.10.문20 11.06.문06

① Halon 1301 ② Halon 2402
③ Halon 1211 ④ Halon 104

해설 **증기비중**이 **큰 순서**
Halon 2402 > Halon 1211 > Halon 104 > Halon 1301

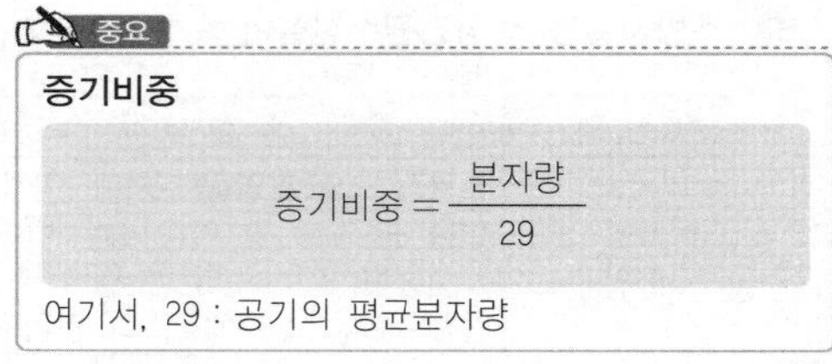

중요

**증기비중**

$$증기비중 = \frac{분자량}{29}$$

여기서, 29 : 공기의 평균분자량

답 ②

**03** 화재발생시 피난기구로 직접 활용할 수 없는 것은?

11.03.문18

① 완강기
② 무선통신보조설비
③ 피난사다리
④ 구조대

해설 **피난기구**
(1) **완강기** 보기 ①
(2) **피난사다리** 보기 ③
(3) **구조대**(수직구조대 포함) 보기 ④
(4) 소방청장이 정하여 고시하는 화재안전기준으로 정하는 것(미끄럼대, 피난교, 공기안전매트, 피난용 트랩, 다수인 피난장비, 승강식 피난기, 간이완강기, 하향식 피난구용 내림식 사다리)

② 무선통신보조설비 : **소화활동설비**

답 ②

**04** 정전기에 의한 발화과정으로 옳은 것은?

16.10.문11

① 방전 → 전하의 축적 → 전하의 발생 → 발화
② 전하의 발생 → 전하의 축적 → 방전 → 발화
③ 전하의 발생 → 방전 → 전하의 축적 → 발화
④ 전하의 축적 → 방전 → 전하의 발생 → 발화

해설 **정전기**의 **발화과정**

전하의 발생 → 전하의 축적 → 방전 → 발화

답 ②

**05** 물리적 소화방법이 아닌 것은?

15.09.문05
14.05.문13
13.03.문12
11.03.문16

① 산소공급원 차단
② 연쇄반응 차단
③ 온도냉각
④ 가연물 제거

해설

| 물리적 소화방법 | 화학적 소화방법 |
|---|---|
| • 질식소화(산소공급원 차단)<br>• 냉각소화(온도냉각)<br>• 제거소화(가연물 제거) | • 억제소화(연쇄반응의 억제)<br>기억법 억화(억화감정) |

② 화학적 소화방법

중요

**소화의 방법**

| 소화방법 | 설 명 |
|---|---|
| **냉각소화** | • 다량의 물 등을 이용하여 **점화원**을 **냉각**시켜 소화하는 방법<br>• 다량의 물을 뿌려 소화하는 방법 |
| **질식소화** | • 공기 중의 **산소농도**를 16%(10~15%) 이하로 희박하게 하여 소화하는 방법 |
| **제거소화** | • 가연물을 제거하여 소화하는 방법 |
| **억제소화**<br>**(부촉매효과)** | • 연쇄반응을 차단하여 소화하는 방법으로 '**화학소화**'라고도 함 |

답 ②

**06** 탄화칼슘이 물과 반응할 때 발생되는 기체는?

19.03.문17
18.04.문18
17.05.문09
11.10.문05
10.09.문12

① 일산화탄소
② 아세틸렌
③ 황화수소
④ 수소

해설 (1) **탄화칼슘**과 **물**의 **반응식** 보기 ②

$$CaC_2 + 2H_2O \rightarrow Ca(OH)_2 + C_2H_2 \uparrow$$

탄화칼슘 물 수산화칼슘 **아세틸렌**

(2) **탄화알루미늄**과 **물**의 **반응식**

$$Al_4C_3 + 12H_2O \rightarrow 4Al(OH)_3 + 3CH_4 \uparrow$$

탄화알루미늄 물 수산화알루미늄 메탄

(3) **인화칼슘**과 **물**의 **반응식**

$$Ca_3P_2 + 6H_2O \rightarrow 3Ca(OH)_2 + 2PH_3 \uparrow$$

인화칼슘 물 수산화칼슘 포스핀

(4) **수소화리튬**과 **물**의 **반응식**

$$LiH + H_2O \rightarrow LiOH + H_2$$

수소화리튬 물 수산화리튬 수소

답 ②

**07** 분말소화약제 중 A급, B급, C급 화재에 모두 사용할 수 있는 것은?

12.03.문16

① 제1종 분말
② 제2종 분말
③ 제3종 분말
④ 제4종 분말

해설 **분말소화약제**

| 종 별 | 분자식 | 착 색 | 적응 화재 | 비 고 |
|---|---|---|---|---|
| 제1종 | 중탄산나트륨 ($NaHCO_3$) | 백색 | BC급 | **식용유** 및 **지방질유**의 화재에 적합 |
| 제2종 | 중탄산칼륨 ($KHCO_3$) | 담자색 (담회색) | BC급 | - |
| 제3종 보기 ③ | 제1인산암모늄 ($NH_4H_2PO_4$) | 담홍색 | ABC급 | **차고**·**주차장**에 적합 |
| 제4종 | 중탄산칼륨 +요소 ($KHCO_3$ + $(NH_2)_2CO$) | 회(백)색 | BC급 | - |

기억법 **1식분(일식 분식)**
**3분 차주(삼보컴퓨터 차주)**

답 ③

**08** 조연성 가스에 해당하는 것은?

16.10.문03
14.05.문10
12.09.문08

① 수소 ② 일산화탄소
③ 산소 ④ 에탄

해설 **가연성 가스**와 **지연성 가스**

| 가연성 가스 | 지연성 가스(조연성 가스) |
|---|---|
| • 수소 보기 ①<br>• 메탄<br>• 일산화탄소 보기 ②<br>• 천연가스<br>• 부탄<br>• 에탄 보기 ④ | • **산**소 보기 ③<br>• **공**기<br>• **염**소<br>• **오**존<br>• **불**소 |

기억법 조산공 염오불

용어

**가연성 가스와 지연성 가스**

| 가연성 가스 | 지연성 가스(조연성 가스) |
|---|---|
| 물질 자체가 연소하는 것 | 자기 자신은 연소하지 않지만 연소를 도와주는 가스 |

답 ③

**09** 15.03.문19 14.03.문13

**분자 내부에 니트로기를 갖고 있는 TNT, 니트로셀룰로오스 등과 같은 제5류 위험물의 연소형태는?**

① 분해연소 ② 자기연소
③ 증발연소 ④ 표면연소

해설 **연소의 형태**

| 연소 형태 | 종 류 |
|---|---|
| **표면연소** | • **숯**, **코**크스<br>• **목탄**, **금**속분 |
| **분해연소** | • 석탄, 종이<br>• 플라스틱, 목재<br>• 고무, 중유, 아스팔트 |
| **증발연소** | • 황, 왁스<br>• 파라핀, 나프탈렌<br>• 가솔린, 등유<br>• 경유, 알코올, 아세톤 |
| **자기연소** (제5류 위험물) 보기 ② | • 니트로글리세린, 니트로셀룰로오스(질화면)<br>• TNT, 피크린산(TNP) |
| **액적연소** | • 벙커C유 |
| **확산연소** | • 메탄($CH_4$), 암모니아($NH_3$)<br>• 아세틸렌($C_2H_2$), 일산화탄소(CO)<br>• 수소($H_2$) |

기억법 **표숯코목탄금**

중요

| 연소 형태 | 설 명 |
|---|---|
| **증발연소** | • 가열하면 **고체**에서 **액체**로, **액체**에서 **기체**로 상태가 변하여 그 기체가 연소하는 현상 |
| **자기연소** (제5류 위험물) | • 열분해에 의해 **산소**를 발생하면서 연소하는 현상<br>• 분자 자체 내에 포함하고 있는 **산소**를 이용하여 연소하는 형태 |
| **분해연소** | • 연소시 **열분해**에 의하여 발생된 가스와 산소가 혼합하여 연소하는 현상 |
| **표면연소** | • 열분해에 의하여 가연성 가스를 발생하지 않고 그 **물질 자체**가 **연소**하는 현상 |

기억법 **자산**

답 ②

**10** 13.03.문05

**가연물질의 종류에 따라 화재를 분류하였을 때 섬유류 화재가 속하는 것은?**

① A급 화재 ② B급 화재
③ C급 화재 ④ D급 화재

해설

| 화재의 종류 | 표시색 | 적응물질 |
|---|---|---|
| 일반화재(A급) | 백색 | • 일반가연물<br>• 종이류 화재<br>• 목재, **섬유화재**(섬유류 화재) 보기 ① |
| 유류화재(B급) | 황색 | • 가연성 액체<br>• 가연성 가스<br>• 액화가스화재<br>• 석유화재 |
| 전기화재(C급) | 청색 | • 전기설비 |
| 금속화재(D급) | 무색 | • 가연성 금속 |
| 주방화재(K급) | - | • 식용유화재 |

• 요즘은 표시색의 의무규정은 없음

답 ①

**11** 19.04.문58 16.10.문53 15.03.문44 11.10.문45

**위험물안전관리법령상 제6류 위험물을 수납하는 운반용기의 외부에 주의사항을 표시하여야 할 경우, 어떤 내용을 표시하여야 하는가?**

① 물기엄금
② 화기엄금
③ 화기주의·충격주의
④ 가연물접촉주의

해설 **위험물규칙 〔별표 19〕**
**위험물 운반용기의 주의사항**

| 위험물 | | 주의사항 |
|---|---|---|
| 제1류 위험물 | 알칼리금속의 과산화물 | • 화기·충격주의<br>• 물기엄금<br>• 가연물접촉주의 |
| | 기타 | • 화기·충격주의<br>• 가연물접촉주의 |
| 제2류 위험물 | 철분·금속분·마그네슘 | • 화기주의<br>• 물기엄금 |
| | 인화성 고체 | • 화기엄금 |
| | 기타 | • 화기주의 |
| 제3류 위험물 | 자연발화성 물질 | • 화기엄금<br>• 공기접촉엄금 |
| | 금수성 물질 | • 물기엄금 |
| 제4류 위험물 | | • 화기엄금 |
| 제5류 위험물 | | • 화기엄금<br>• 충격주의 |
| 제6류 위험물 → | | • 가연물접촉주의 보기 ④ |

비교

위험물규칙 〔별표 4〕
위험물제조소의 게시판 설치기준

| 위험물 | 주의사항 | 비 고 |
|---|---|---|
| • 제1류 위험물(알칼리금속의 과산화물)<br>• 제3류 위험물(금수성 물질) | 물기엄금 | **청색**바탕에 **백색**문자 |
| • 제2류 위험물(인화성 고체 제외) | 화기주의 | **적색**바탕에 **백색**문자 |
| • 제2류 위험물(인화성 고체)<br>• 제3류 위험물(자연발화성 물질)<br>• 제4류 위험물<br>• 제5류 위험물 | 화기엄금 | **적색**바탕에 **백색**문자 |
| • 제6류 위험물 | 별도의 표시를 하지 않는다. | |

답 ④

★★★
## 12 다음 연소생성물 중 인체에 독성이 가장 높은 것은?

19.04.문10 11.03.문10 04.09.문14

① 이산화탄소
② 일산화탄소
③ 수증기
④ 포스겐

해설 **연소가스**

| 연소가스 | 설 명 |
|---|---|
| **일산화탄소(CO)** | 화재시 흡입된 일산화탄소(CO)의 화학적 작용에 의해 **헤모글로빈**(Hb)이 혈액의 산소운반작용을 저해하여 사람을 질식·사망하게 한다. |
| **이산화탄소($CO_2$)** | 연소가스 중 **가장 많은 양**을 차지하고 있으며 가스 그 자체의 독성은 거의 없으나 다량이 존재할 경우 호흡속도를 증가시키고, 이로 인하여 화재가스에 혼합된 유해가스의 혼입을 증가시켜 위험을 가중시키는 가스이다. |
| **암모니아($NH_3$)** | 나무, 페놀수지, 멜라민수지 등의 **질소함유물**이 연소할 때 발생하며, 냉동시설의 **냉매**로 쓰인다. |
| **포스겐($COCl_2$)** 보기 ④ → | **매우 독성이 강한 가스**로서 소화제인 **사염화탄소**($CCl_4$)를 화재시에 사용할 때도 발생한다. |
| **황화수소($H_2S$)** | **달걀 썩는 냄새**가 나는 특성이 있다. |
| **아크롤레인($CH_2=CHCHO$)** | 독성이 매우 높은 가스로서 **석유제품, 유지** 등이 연소할 때 생성되는 가스이다. |

답 ④

★★★
## 13 알킬알루미늄 화재에 적합한 소화약제는?

16.05.문20 07.09.문03

① 물
② 이산화탄소
③ 팽창질석
④ 할로겐화합물

해설 **알킬알루미늄 소화약제**

| 위험물 | 소화약제 |
|---|---|
| • 알킬알루미늄 | • 마른모래<br>• 팽창질석 보기 ③<br>• 팽창진주암 |

답 ③

★
## 14 열전도도(Thermal conductivity)를 표시하는 단위에 해당하는 것은?

18.03.문13 15.05.문23 06.05.문34

① $J/m^2 \cdot h$
② $kcal/h \cdot ℃^2$
③ $W/m \cdot K$
④ $J \cdot K/m^3$

해설 **전도**

$$\mathring{q}'' = \frac{K(T_2 - T_1)}{l}$$

여기서, $\mathring{q}''$ : 단위면적당 열량(열손실)〔$W/m^2$〕
$K$ : **열전도율(열전도도)〔W/m·K〕**
$T_2 - T_1$ : 온도차〔℃〕 또는 〔K〕
$l$ : 두께〔m〕

답 ③

★★
## 15 위험물안전관리법령상 위험물에 대한 설명으로 옳은 것은?

20.08.문20 19.03.문06 16.05.문01 15.03.문51 09.05.문57

① 과염소산은 위험물이 아니다.
② 황린은 제2류 위험물이다.
③ 황화린의 지정수량은 100kg이다.
④ 산화성 고체는 제6류 위험물의 성질이다.

해설 **위험물**의 **지정수량**

| 위험물 | 지정수량 |
|---|---|
| • 질산에스테르류 | 10kg |
| • 황린 | 20kg |
| • 무기과산화물<br>• 과산화나트륨 | 50kg |
| • 황화린<br>• 적린 → | 100kg 보기 ③ |
| • 트리니트로톨루엔 | 200kg |
| • 탄화알루미늄 | 300kg |

① 위험물이 아니다. → 위험물이다.
② 제2류 → 제3류
④ 제6류 → 제1류

중요

**위험물령 〔별표 1〕**
**위험물**

| 유 별 | 성 질 | 품 명 |
|---|---|---|
| 제**1**류 | **산**화성 **고**체 | • 아염소산염류<br>• 염소산염류(**염소산나트륨**)<br>• 과염소산염류<br>• 질산염류<br>• 무기과산화물<br>기억법 **1산고염나** |
| 제2류 | 가연성 고체 | • **황화**린<br>• **적**린<br>• **유**황<br>• **마**그네슘<br>기억법 **황화적유마** |
| 제3류 | 자연발화성 물질 및 금수성 물질 | • **황**린<br>• **칼**륨<br>• **나**트륨<br>• **알**칼리토금속<br>• **트**리에틸알루미늄<br>기억법 **황칼나알트** |
| 제4류 | 인화성 액체 | • 특수인화물<br>• 석유류(벤젠)<br>• 알코올류<br>• 동식물유류 |
| 제5류 | 자기반응성 물질 | • 유기과산화물<br>• 니트로화합물<br>• 니트로소화합물<br>• 아조화합물<br>• 질산에스테르류(셀룰로이드) |
| 제6류 | 산화성 액체 | • **과염소산**<br>• 과산화수소<br>• 질산 |

답 ③

**16** 제3종 분말소화약제의 주성분은?

17.09.문10 16.10.문06 16.10.문10 16.05.문15 16.05.문17 16.03.문09 16.03.문11 15.09.문01

① 인산암모늄
② 탄산수소칼륨
③ 탄산수소나트륨
④ 탄산수소칼륨과 요소

해설 (1) **분말소화약제**

| 종 별 | 주성분 | 착 색 | 적응화재 | 비 고 |
|---|---|---|---|---|
| 제**1**종 | 중탄산나트륨 ($NaHCO_3$) | 백색 | BC급 | **식용유** 및 **지방질유**의 화재에 적합 |
| 제2종 | 중탄산칼륨 ($KHCO_3$) | 담자색 (담회색) | BC급 | – |
| 제**3**종 | 제1인산암모늄 ($NH_4H_2PO_4$) | 담홍색 (황색) | ABC급 | **차고**·**주차장**에 적합 |
| 제4종 | 중탄산칼륨 + 요소 ($KHCO_3$ + $(NH_2)_2CO$) | 회(백)색 | BC급 | – |

기억법 **1식분(일식 분식)**
**3분 차주(삼보컴퓨터 차주)**

• 제1인산암모늄 = 인산암모늄 = 인산염

(2) **이산화탄소 소화약제**

| 주성분 | 적응화재 |
|---|---|
| 이산화탄소($CO_2$) | BC급 |

답 ①

**17** 이산화탄소 소화기의 일반적인 성질에서 단점이 아닌 것은?

14.09.문03 03.03.문08

① 밀폐된 공간에서 사용시 질식의 위험성이 있다.
② 인체에 직접 방출시 동상의 위험성이 있다.
③ 소화약제의 방사시 소음이 크다.
④ 전기가 잘 통하기 때문에 전기설비에 사용할 수 없다.

해설 **이산화탄소 소화설비**

| 구 분 | 설 명 |
|---|---|
| 장점 | • 화재진화 후 깨끗하다.<br>• **심부화재**에 적합하다.<br>• **증거보존**이 **양호**하여 화재원인조사가 쉽다.<br>• 전기의 **부도체**로서 전기절연성이 높다(**전기설비**에 사용 가능). |
| 단점 | • 인체의 **질식**이 **우려**된다. 보기 ①<br>• 소화약제의 방출시 인체에 닿으면 **동상**이 **우려**된다. 보기 ②<br>• 소화약제의 방사시 **소리**가 **요란**하다. 보기 ③ |

④ 잘 통하기 때문에 → 통하지 않기 때문에, 없다. → 있다.

답 ④

**18** IG-541이 15℃에서 내용적 50리터 압력용기에 155kgf/cm²으로 충전되어 있다. 온도가 30℃가 되었다면 IG-541 압력은 약 몇 kgf/cm²가 되겠는가? (단, 용기의 팽창은 없다고 가정한다.)

① 78
② 155
③ 163
④ 310

해설 (1) **기호**

- $T_1$ : 15℃=(273+15)K=288K
- $V_1 = V_2$ : 50L(용기의 팽창이 없으므로)
- $P_1$ : 155kgf/cm²
- $T_2$ : 30℃=(273+30)K=303K
- $P_2$ : ?

(2) **보일-샤를**의 **법칙**

$$\frac{P_1 V_1}{T_1} = \frac{P_2 V_2}{T_2}$$

여기서, $P_1$, $P_2$ : 기압[atm]
$V_1$, $V_2$ : 부피[m³]
$T_1$, $T_2$ : 절대온도[K](273+℃)

$V_1 = V_2$이므로

$$\frac{P_1 \cancel{V_1}}{T_1} = \frac{P_2 \cancel{V_2}}{T_2}$$

$$\frac{P_1}{T_1} = \frac{P_2}{T_2}$$

$$\frac{155\text{kgf/cm}^2}{288\text{K}} = \frac{x[\text{kgf/cm}^2]}{303\text{K}}$$

$$x[\text{kgf/cm}^2] = \frac{155\text{kgf/cm}^2}{288\text{K}} \times 303\text{K} ≒ 163\text{kgf/cm}^2$$

용어

**보일-샤를**의 **법칙**(Boyle-Charl's law)
기체가 차지하는 **부피**는 **압력**에 **반비례**하며, **절대온도**에 **비례**한다.

답 ③

**19** 소화약제 중 HFC-125의 화학식으로 옳은 것은?

17.09.문06
16.10.문12
15.03.문20
14.03.문15

① $CHF_2CF_3$
② $CHF_3$
③ $CF_3CHFCF_3$
④ $CF_3I$

해설 **할로겐화합물** 및 **불활성기체 소화약제**

| 구 분 | 소화약제 | 화학식 |
|---|---|---|
| 할로겐화합물 소화약제 | FC-3-1-10<br>기억법 FC31(FC 서울의 3.1절) | $C_4F_{10}$ |
| | HCFC BLEND A | HCFC-123($CHCl_2CF_3$) : 4.75%<br>HCFC-22($CHClF_2$) : 82%<br>HCFC-124($CHClFCF_3$) : 9.5%<br>$C_{10}H_{16}$ : 3.75%<br>기억법 475 82 95 375(사시오 빨리 그래서 구어 삼키시오!) |
| | HCFC-124 | $CHClFCF_3$ |
| | HFC-125 →<br>기억법 125(이리온) | $CHF_2CF_3$ 보기 ① |
| | HFC-227ea<br>기억법 227e(둘둘치킨이 맛있다) | $CF_3CHFCF_3$ |
| | HFC-23 | $CHF_3$ |
| | HFC-236fa | $CF_3CH_2CF_3$ |
| | FIC-13I1 | $CF_3I$ |
| 불활성기체 소화약제 | IG-01 | Ar |
| | IG-100 | $N_2$ |
| | IG-541 | • $N_2$(질소) : 52%<br>• Ar(아르곤) : 40%<br>• $CO_2$(이산화탄소) : 8%<br>기억법 NACO(내코) 52408 |
| | IG-55 | $N_2$ : 50%, Ar : 50% |
| | FK-5-1-12 | $CF_3CF_2C(O)CF(CF_3)_2$ |

답 ①

**20** 프로판 50vol%, 부탄 40vol%, 프로필렌 10vol%로 된 혼합가스의 폭발하한계는 약 몇 vol%인가? (단, 각 가스의 폭발하한계는 프로판은 2.2vol%, 부탄은 1.9vol%, 프로필렌은 2.4vol%이다.)

17.05.문03

① 0.83
② 2.09
③ 5.05
④ 9.44

해설 **혼합가스**의 **폭발하한계**

$$\frac{100}{L}=\frac{V_1}{L_1}+\frac{V_2}{L_2}+\frac{V_3}{L_3}$$

여기서, $L$ : 혼합가스의 폭발하한계[vol%]

$L_1$, $L_2$, $L_3$ : 가연성 가스의 폭발하한계[vol%]

$V_1$, $V_2$, $V_3$ : 가연성 가스의 용량[vol%]

$$\frac{100}{L}=\frac{V_1}{L_1}+\frac{V_2}{L_2}+\frac{V_3}{L_3}$$

$$\frac{100}{L}=\frac{50}{2.2}+\frac{40}{1.9}+\frac{10}{2.4}$$

$$\frac{100}{\frac{50}{2.2}+\frac{40}{1.9}+\frac{10}{2.4}}=L$$

$$L=\frac{100}{\frac{50}{2.2}+\frac{40}{1.9}+\frac{10}{2.4}}\fallingdotseq 2.09\%$$

- 단위가 원래는 [vol%] 또는 [v%], [vol.%]인데 줄여서 [%]로 쓰기도 한다.

답 ②

## 제 2 과목 소방전기일반

### 21

17.05.문24 15.05.문39 14.05.문29 11.06.문32 00.07.문33

**빛이 닿으면 전류가 흐르는 다이오드로서 들어온 빛에 대해 직선적으로 전류가 증가하는 다이오드는?**

① 제너다이오드　② 터널다이오드

③ 발광다이오드　④ 포토다이오드

해설 **다이오드**의 **종류**

(1) **제너다이오드**(Zener diode) : **정전압 회로용**으로 사용되는 소자로서, "**정전압다이오드**"라고도 한다. 보기 ①

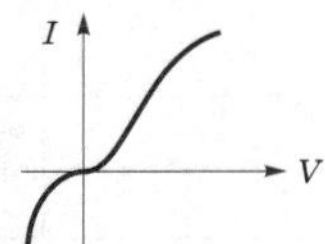


| 제너다이오드의 특성 |

기억법 **정제**

(2) **터널다이오드**(Tunnel diode) : **부성저항 특성**을 나타내며, **증폭 · 발진 · 개폐작용**에 응용한다. 보기 ②

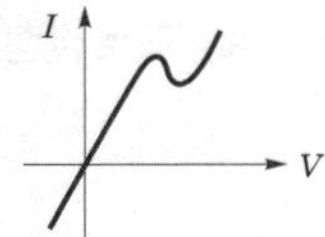


| 터널다이오드의 특성 |

기억법 **터부**

(3) **발광다이오드**(LED ; Light Emitting Diode) : **전류**가 통과하면 **빛**을 **발산**하는 다이오드이다. 보기 ③

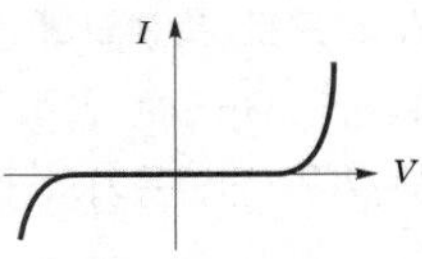


| 발광다이오드의 특성 |

기억법 **발전빛**

- 포토 다이오드와 발광 다이오드는 서로 반대 개념

(4) **포토다이오드**(Photo diode) : **빛**이 닿으면 **전류**가 흐르는 다이오드로서 광량의 변화를 전류값으로 대치하므로 광센서에 주로 사용하는 다이오드이다. 보기 ④

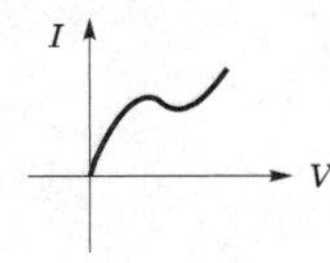


| 포토다이오드의 특성 |

기억법 **포빛전**

답 ④

### 22

18.04.문36 17.09.문22 (산업)

**입력이 $r(t)$이고, 출력이 $c(t)$인 제어시스템이 다음의 식과 같이 표현될 때 이 제어시스템의 전달함수$\left(G(s)=\frac{C(s)}{R(s)}\right)$는? (단, 초기값은 0이다.)**

$$2\frac{d^2c(t)}{dt^2}+3\frac{dc(t)}{dt}+c(t)=3\frac{dr(t)}{dt}+r(t)$$

① $\frac{3s+1}{2s^2+3s+1}$　② $\frac{2s^2+3s+1}{s+3}$

③ $\frac{3s+1}{s^2+3s+2}$　④ $\frac{s+3}{s^2+3s+2}$

해설 **미분방정식**

$$2\frac{d^2c(t)}{dt^2}+3\frac{dc(t)}{dt}+c(t)=3\frac{dr(t)}{dt}+r(t)$$

**라플라스 변환**하면

$(2s^2+3s+1)C(s)=(3s+1)R(s)$

전달함수 $G(s)$는

$$G(s)=\frac{C(s)}{R(s)}=\frac{3s+1}{2s^2+3s+1}$$

용어

**전달함수**

모든 초기값을 0으로 하였을 때 출력신호의 라플라스 변환과 입력신호의 라플라스 변환의 비

답 ①

## 23 그림 (a)와 그림 (b)의 각 블록선도가 등가인 경우 전달함수 $G(s)$는?

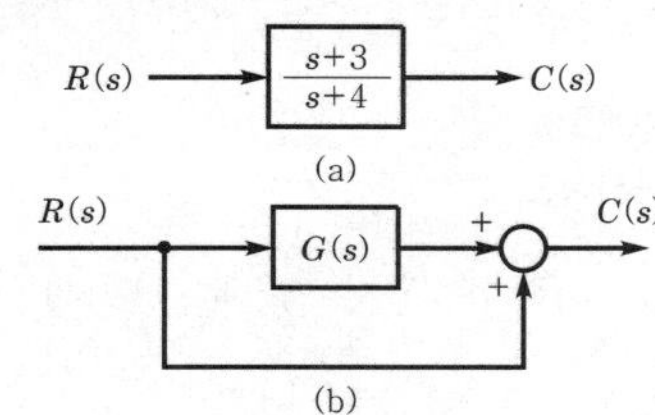


① $\dfrac{1}{s+4}$　② $\dfrac{2}{s+4}$

③ $\dfrac{-1}{s+4}$　④ $\dfrac{-2}{s+4}$

**해설**

$R(s)\cdot\dfrac{s+3}{s+4}=C(s)$

$\dfrac{s+3}{s+4}=\dfrac{C(s)}{R(s)}$ ················· ㉠

R(s) G(s) + C(s) ① ②

$R(s)\cdot G(s)+R(s)=C(s)$

$R(s)(G(s)+1)=C(s)$

$G(s)+1=\dfrac{C(s)}{R(s)}$ ················· ㉡

㉡식에 ㉠식을 대입하면

$G(s)+1=\dfrac{s+3}{s+4}$

$G(s)=\dfrac{s+3}{s+4}-1$

$=\dfrac{s+3}{s+4}-\dfrac{s+4}{s+4}$

$=\dfrac{\cancel{s}+3-\cancel{s}-4}{s+4}$

$=\dfrac{-1}{s+4}$

답 ③

## 24 내압이 1.0kV이고 정전용량이 각각 0.01$\mu$F, 0.02$\mu$F, 0.04$\mu$F인 3개의 커패시터를 직렬로 연결했을 때 전체 내압은 몇 V인가?

① 1500　② 1750

③ 2000　④ 2200

**해설** (1) **기호**

- $V_1=V_2=V_3$ : 1kV=1000V
- $C_1$ : 0.01$\mu$F=0.01×10$^{-6}$F(1$\mu$F=10$^{-6}$F)
- $C_2$ : 0.02$\mu$F=0.02×10$^{-6}$F(1$\mu$F=10$^{-6}$F)
- $C_3$ : 0.04$\mu$F=0.04×10$^{-6}$F(1$\mu$F=10$^{-6}$F)
- $V$ : ?

(2) **전기량**

$$Q=CV$$

여기서, $Q$ : 전기량(전하)[C]
$C$ : 정전용량[F]
$V$ : 전압[V]

$Q_1=C_1V_1=(0.01\times10^{-6})\times1000=1\times10^{-5}\text{C}$

$Q_2=C_2V_2=(0.02\times10^{-6})\times1000=2\times10^{-5}\text{C}$

$Q_3=C_3V_3=(0.04\times10^{-6})\times1000=4\times10^{-5}\text{C}$

$Q_1$이 제일 작으므로 $C_1$ 콘덴서가 제일 먼저 파괴된다. 전압이 **1000V**이므로 이때의 전체 내압을 구하면 된다.

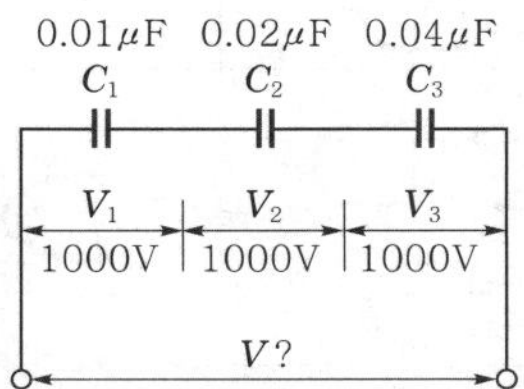


- $V_1=\dfrac{\dfrac{1}{C_1}}{\dfrac{1}{C_1}+\dfrac{1}{C_2}+\dfrac{1}{C_3}}\times V$
- $V_2=\dfrac{\dfrac{1}{C_2}}{\dfrac{1}{C_1}+\dfrac{1}{C_2}+\dfrac{1}{C_3}}\times V$
- $V_3=\dfrac{\dfrac{1}{C_3}}{\dfrac{1}{C_1}+\dfrac{1}{C_2}+\dfrac{1}{C_3}}\times V$

$V_1=\dfrac{\dfrac{1}{C_1}}{\dfrac{1}{C_1}+\dfrac{1}{C_2}+\dfrac{1}{C_3}}\times V_T$

$1000=\dfrac{\dfrac{1}{0.01}}{\dfrac{1}{0.01}+\dfrac{1}{0.02}+\dfrac{1}{0.04}}\times V_T$

$V_T=\dfrac{1000}{\dfrac{\dfrac{1}{0.01}}{\dfrac{1}{0.01}+\dfrac{1}{0.02}+\dfrac{1}{0.04}}}$

$=\dfrac{1000\times\left(\dfrac{1}{0.01}+\dfrac{1}{0.02}+\dfrac{1}{0.04}\right)}{\dfrac{1}{0.01}}=1750\text{V}$

- 정전용량의 단위가 모두 $\mu$F이므로 $\mu=10^{-6}$은 모두 생략되어 따로 적용할 필요는 없다.

답 ②

★★★
## 25 그림의 논리회로와 등가인 논리게이트는?

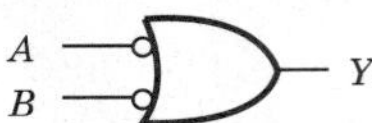


① NOR ② NAND
③ NOT ④ OR

해설 **치환법**

| 논리회로 | 치 환 | 명 칭 |
|---|---|---|
| 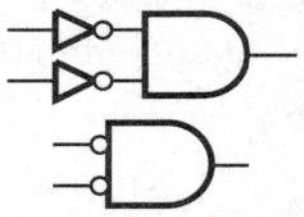 | 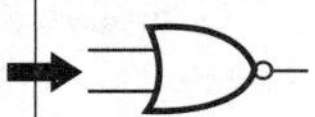 | NOR회로 |
| 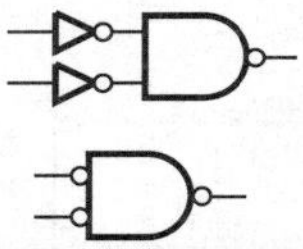 | 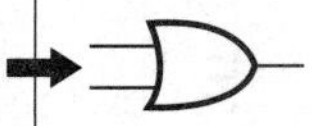 | OR회로 |
| 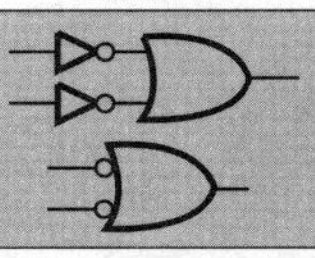 | 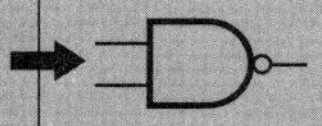 | NAND회로 보기 ② |
| 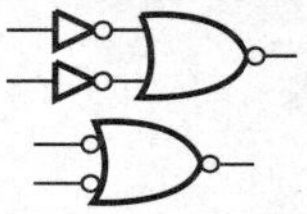 | 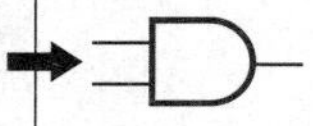 | AND회로 |

- **AND회로 → OR회로, OR회로 → AND회로**로 바꾼다.
- **버블**(Bubble)이 **있는 것**은 **버블**을 **없애고**, **버블**이 **없는 것**은 **버블**을 **붙인다**[버블(Bubble)이란 작은 동그라미를 말한다].

답 ②

★★★
## 26 60Hz, 4극의 3상 유도전동기가 정격출력일 때 슬립이 2%이다. 이 전동기의 동기속도〔rpm〕는?

18.03.문29

① 1200 ② 1764
③ 1800 ④ 1836

해설 (1) **기호**

- $f$ : 60Hz
- $P$ : 4
- $s$ : 2%=0.02
- $N_s$ : ?

(2) **동기속도**

$$N_s = \frac{120f}{P}$$

여기서, $N_s$ : 동기속도〔rpm〕
$f$ : 주파수〔Hz〕
$P$ : 극수

동기속도 $N_s$는

$$N_s = \frac{120f}{P} = \frac{120 \times 60}{4} = 1800\text{rpm}$$

- 동기속도이므로 슬립은 적용할 필요 없음

비교

**회전속도**

$$N = \frac{120f}{P}(1-s)\text{〔rpm〕}$$

여기서, $N$ : 회전속도〔rpm〕
$P$ : 극수
$f$ : 주파수〔Hz〕
$s$ : 슬립

용어

**슬립(Slip)**
유도전동기의 **회전자속도**에 대한 **고정자**가 만든 **회전자계**의 **늦음**의 **정도**를 말하며, 평상운전에서 슬립은 **4~8%** 정도 되며, 슬립이 클수록 회전속도는 느려진다.

답 ③

★★
## 27 최대눈금이 150V이고, 내부저항이 30kΩ인 전압계가 있다. 이 전압계로 750V까지 측정하기 위해 필요한 배율기의 저항〔kΩ〕은?

17.03.문21

① 120 ② 150
③ 300 ④ 800

해설 (1) **기호**

- $V$ : 150V
- $R_v$ : 30kΩ=30×10³Ω=30000Ω
- $V_0$ : 750V
- $R_m$ : ?

(2) **배율기**

$$V_0 = V\left(1+\frac{R_m}{R_v}\right)\text{〔V〕}$$

여기서, $V_0$ : 측정하고자 하는 전압〔V〕
$V$ : 전압계의 최대눈금〔V〕
$R_v$ : 전압계의 내부저항〔Ω〕
$R_m$ : 배율기 저항〔Ω〕

$$V_0 = V\left(1+\frac{R_m}{R_v}\right)$$

$$\frac{V_0}{V} = 1+\frac{R_m}{R_v}$$

$$\frac{V_0}{V} - 1 = \frac{R_m}{R_v}$$

$$\left(\frac{V_0}{V}-1\right)R_v = R_m$$

배율기의 저항 $R_m$은

$$R_m = \left(\frac{V_0}{V} - 1\right)R_v$$

$$= \left(\frac{750}{150} - 1\right) \times 30000 = 120000\,\Omega = 120\text{k}\Omega$$

• $1000\,\Omega = 1\text{k}\Omega$

비교

**분류기**

$$I_0 = I\left(1 + \frac{R_A}{R_S}\right)$$

여기서, $I_0$ : 측정하고자 하는 전류〔A〕
$I$ : 전류계 최대눈금〔A〕
$R_A$ : 전류계 내부저항〔Ω〕
$R_S$ : 분류기 저항〔Ω〕

답 ①

★★★
**28** **제어요소는 동작신호를 무엇으로 변환하는 요소인가?**

16.05.문25
16.03.문38
15.09.문24
12.03.문38

① 제어량
② 비교량
③ 검출량
④ 조작량

해설 **피드백제어**의 **용어**

| 용 어 | 설 명 |
|---|---|
| **제어요소**<br>(Control element) | **동작신호**를 **조작량**으로 변환하는 요소이고, **조절부**와 **조작부**로 이루어진다. 보기 ④ |
| **제어량**<br>(Controlled value) | 제어대상에 속하는 양으로, 제어대상을 제어하는 것을 목적으로 하는 물리적인 양이다. |
| **조작량**<br>(Manipulated value) | • **제어장치**의 **출력**인 동시에 **제어대상**의 **입력**으로 제어장치가 제어대상에 가해지는 제어신호이다.<br>• **제어요소**에서 **제어대상**에 인가되는 양이다.<br>기억법 **조제대상** |
| **제어장치**<br>(Control device) | 제어하기 위해 제어대상에 부착되는 장치이고, **조절부, 설정부, 검출부** 등이 이에 해당된다. |
| **오차검출기** | 제어량을 설정값과 비교하여 오차를 계산하는 장치이다. |

답 ④

★★★
**29** **회로의 전압과 전류를 측정하기 위한 계측기의 연결방법으로 옳은 것은?**

19.09.문24
19.03.문22
18.03.문36
17.09.문24
16.03.문26
14.09.문36
08.03.문30
04.09.문98
03.03.문37

① 전압계 : 부하와 직렬, 전류계 : 부하와 직렬
② 전압계 : 부하와 직렬, 전류계 : 부하와 병렬
③ 전압계 : 부하와 병렬, 전류계 : 부하와 직렬
④ 전압계 : 부하와 병렬, 전류계 : 부하와 병렬

해설 **전압계**와 **전류계**의 **연결** 보기 ③

| 전압계 | 전류계 |
|---|---|
| 부하와 **병렬**연결 | 부하와 **직렬**연결 |

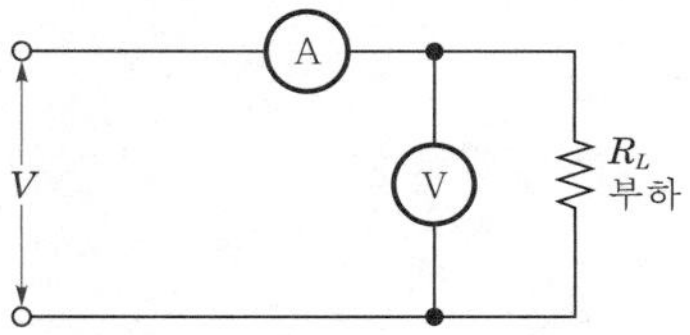


비교

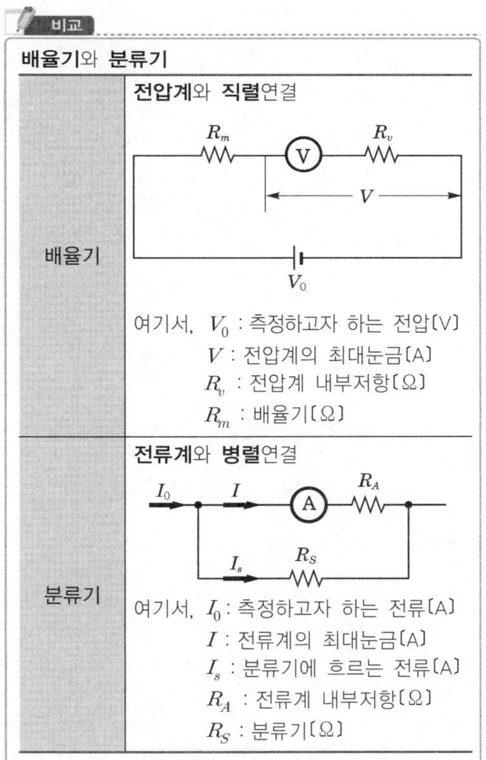

**배율기**와 **분류기**

| | |
|---|---|
| 배율기 | **전압계**와 **직렬**연결<br>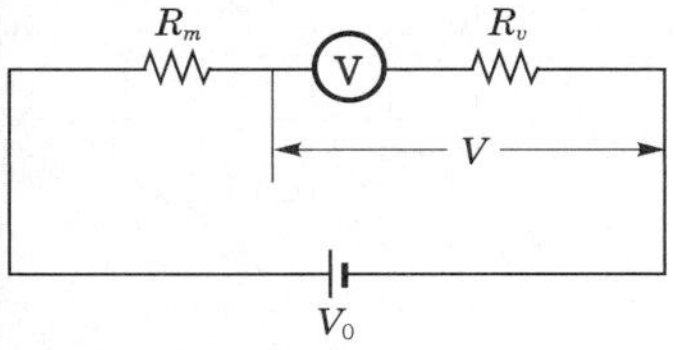<br>여기서, $V_0$ : 측정하고자 하는 전압〔V〕<br>$V$ : 전압계의 최대눈금〔A〕<br>$R_v$ : 전압계 내부저항〔Ω〕<br>$R_m$ : 배율기〔Ω〕 |
| 분류기 | **전류계**와 **병렬**연결<br>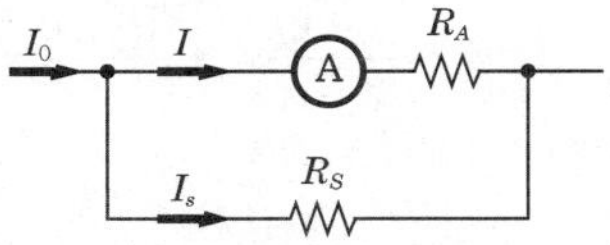<br>여기서, $I_0$ : 측정하고자 하는 전류〔A〕<br>$I$ : 전류계의 최대눈금〔A〕<br>$I_s$ : 분류기에 흐르는 전류〔A〕<br>$R_A$ : 전류계 내부저항〔Ω〕<br>$R_S$ : 분류기〔Ω〕 |

답 ③

★★★
**30** 그림과 같은 회로에 평형 3상 전압 200V를 인가한 경우 소비된 유효전력[kW]은? (단, $R=20\Omega$, $X=10\Omega$)

18.09.문32 16.10.문21 12.05.문21 07.09.문27 03.05.문34

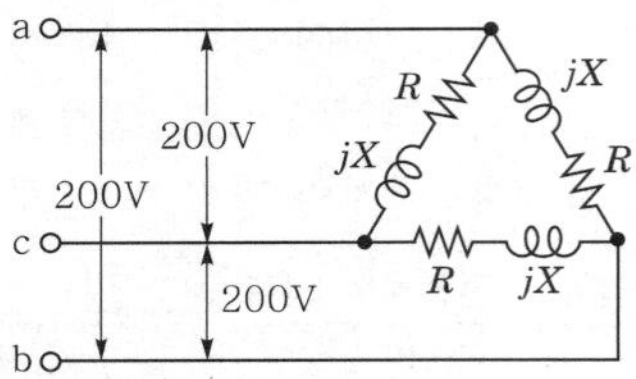


① 1.6 ② 2.4
③ 2.8 ④ 4.8

해설 (1) **기호**

- $V_L$ : 200V
- $R$ : 20Ω
- $X$ : 10Ω
- $Q$ : ?

(2) **△결선 선전류**

| △결선 | Y결선 |
|---|---|
| $I_L=\dfrac{\sqrt{3}\,V_L}{Z}$<br>$I_L=\sqrt{3}\,I_P$<br>여기서, $I_L$ : 선전류[A]<br>$V_L$ : 선간전압[V]<br>$Z$ : 임피던스[Ω]<br>$I_P$ : 상전류[A] | $I_L=I_P=\dfrac{V_L}{\sqrt{3}\,Z}$<br>여기서, $I_L$ : 선전류[A]<br>$I_P$ : 상전류[A]<br>$V_L$ : 선간전압[V]<br>$Z$ : 임피던스[Ω] |

△결선 선전류 $I_L$는

$$I_L=\frac{\sqrt{3}\,V_L}{Z}=\frac{\sqrt{3}\times200}{20+j10}=\frac{\sqrt{3}\times200}{\sqrt{20^2+10^2}}=15.491\text{A}$$

(3) **△결선 상전류**

$$I_P=\frac{I_L}{\sqrt{3}},\ I_L=\sqrt{3}\,I_P$$

여기서, $I_P$ : 상전류[A]
$I_L$ : 선전류[A]

△결선 상전류 $I_P$는

$$I_P=\frac{I_L}{\sqrt{3}}=\frac{15.491}{\sqrt{3}}=8.943\text{A}$$

(4) **3상 유효전력**

$$P=3V_PI_P\cos\theta=\sqrt{3}\,V_L\,I_L\cos\theta=3{I_P}^2R\text{[W]}$$

여기서, $P$ : 3상 유효전력[W]
$V_P$, $I_P$ : 상전압[V], 상전류[A]
$V_L$, $I_L$ : 선간전압[V], 선전류[A]
$R$ : 저항[Ω]

**3상 유효전력** $P$는

$P=3{I_P}^2R$
$=3\times8.943^2\times20=4798≒4800\text{W}=4.8\text{kW}$

- 1000W=1kW

답 ④

★★★
**31** 논리식 $A\cdot(A+B)$를 간단히 표현하면?

19.09.문21 19.09.문40 18.03.문31 17.09.문33 17.03.문23 16.05.문36 16.03.문39 15.09.문23 15.03.문39

① $A$
② $B$
③ $A\cdot B$
④ $A+B$

해설 $A\cdot(A+B)=\underbrace{AA}_{X\cdot X=X}+AB$(분배법칙)
$=A+AB$(흡수법칙)
$=A\underbrace{(1+B)}_{X+1=1}$
$=\underbrace{A\cdot1}_{X\cdot1=X}$
$=A$

중요

**불대수**

| 논리합 | 논리곱 | 비 고 |
|---|---|---|
| $X+0=X$ | $X\cdot0=0$ | – |
| $X+1=1$ | $X\cdot1=X$ | – |
| $X+X=X$ | $X\cdot X=X$ | – |
| $X+\overline{X}=1$ | $X\cdot\overline{X}=0$ | – |
| $X+Y=Y+X$ | $X\cdot Y=Y\cdot X$ | 교환법칙 |
| $X+(Y+Z)$<br>$=(X+Y)+Z$ | $X(YZ)=(XY)Z$ | 결합법칙 |
| $X(Y+Z)$<br>$=XY+XZ$ | $(X+Y)(Z+W)$<br>$=XZ+XW+YZ+YW$ | 분배법칙 |
| $X+XY=X$ | $\overline{X}+XY=\overline{X}+Y$<br>$X+\overline{X}Y=X+Y$<br>$X+\overline{X}\,\overline{Y}=X+\overline{Y}$ | 흡수법칙 |
| $(\overline{X+Y})$<br>$=\overline{X}\cdot\overline{Y}$ | $(\overline{X\cdot Y})=\overline{X}+\overline{Y}$ | 드모르간의 정리 |

답 ①

★★★
**32** 정현파 교류전압의 최대값이 $V_m$[V]이고, 평균값이 $V_{av}$[V]일 때 이 전압의 실효값 $V_{\text{rms}}$[V]는?

19.09.문37 15.05.문28 10.09.문39 98.10.문38

① $V_{\text{rms}}=\dfrac{\pi}{\sqrt{2}}V_m$

② $V_{\text{rms}}=\dfrac{\pi}{2\sqrt{2}}V_{av}$

③ $V_{\text{rms}}=\dfrac{\pi}{2\sqrt{2}}V_m$

④ $V_{\text{rms}}=\dfrac{1}{\pi}V_m$

해설 (1) **최대값 · 실효값 · 평균값**

| 파 형 | 최대값 | 실효값 | 평균값 |
|---|---|---|---|
| ① **정현파**<br>② 전파정류파 | $V_m$ | $\frac{1}{\sqrt{2}}V_m$ | $\frac{2}{\pi}V_m$ |
| ③ 반구형파 | $V_m$ | $\frac{1}{\sqrt{2}}V_m$ | $\frac{1}{2}V_m$ |
| ④ 삼각파(3각파)<br>⑤ 톱니파 | $V_m$ | $\frac{1}{\sqrt{3}}V_m$ | $\frac{1}{2}V_m$ |
| ⑥ 구형파 | $V_m$ | $V_m$ | $V_m$ |
| ⑦ 반파정류파 | $V_m$ | $\frac{1}{2}V_m$ | $\frac{1}{\pi}V_m$ |

(2) **평균값**

$$V_{av} = \frac{2}{\pi}V_m$$

여기서, $V_{av}$ : 전압의 평균값〔V〕
$V_m$ : 전압의 최대값〔V〕

전압의 최대값 $V_m$은

$$V_m = \frac{\pi}{2}V_{av} \quad \cdots\cdots ㉠$$

(3) **실효값**

$$V_{\text{rms}} = \frac{1}{\sqrt{2}}V_m$$

여기서, $V_{\text{rms}}$ : 전압의 실효값〔V〕
$V_m$ : 전압의 최대값〔V〕

실효값 $V_{\text{rms}}$는

$$V_{\text{rms}} = \frac{1}{\sqrt{2}}V_m \quad \cdots\cdots ㉡$$

$$= \frac{1}{\sqrt{2}} \times \frac{\pi}{2}V_{av} \leftarrow \text{㉠식을 ㉡식에 대입}$$

$$= \frac{\pi}{2\sqrt{2}}V_{av}$$

답 ②

★
**33** 자기용량이 10kVA인 단권변압기를 그림과 같이 접속하였을 때 역률 80%의 부하에 몇 kW의 전력을 공급할 수 있는가?

18.09.문28

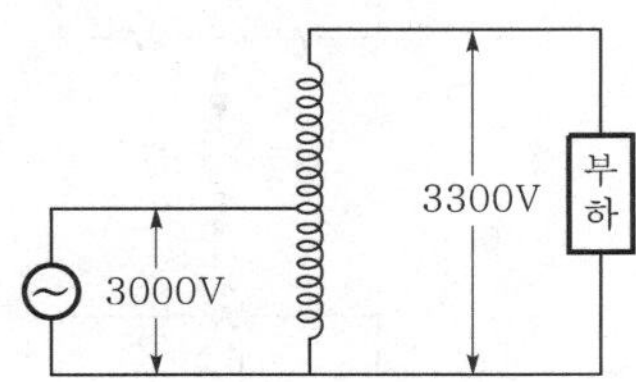


① 8　　② 54
③ 80　　④ 88

해설 (1) **기호**

- $V_1$ : 3000V
- $V_2$ : 3300V
- $P$ : 10kVA=10000VA
- $\cos\theta$ : 80%=0.8
- $P_L$ : ?

(2) **부하전류**

$$I_2 = \frac{P}{V_2 - V_1}$$

여기서, $I_2$ : 부하전류〔A〕
$P$ : 자기용량〔VA〕
$V_2$ : 부하전압〔V〕
$V_1$ : 입력전압〔V〕

**부하전류** $I_2$는

$$I_2 = \frac{P}{V_2 - V_1} = \frac{10000}{(3300-3000)} ≒ 33.33\text{A}$$

(3) **부하측 소비전력**(공급전력)

$$P_L = V_2 I_2 \cos\theta$$

여기서, $P_L$ : 부하측 소비전력〔VA〕
$V_2$ : 부하전압〔V〕
$I_2$ : 부하전류〔A〕
$\cos\theta$ : 역률

부하측 소비전력 $P_L$는

$$P_L = V_2 I_2 \cos\theta$$
$$= 3300 \times 33.33 \times 0.8$$
$$≒ 87991\text{W} ≒ 88000\text{W} = 88\text{kW}$$

답 ④

★★
**34** 0℃에서 저항이 10Ω이고, 저항의 온도계수가 0.0043인 전선이 있다. 30℃에서 이 전선의 저항은 약 몇 Ω인가?

17.05.문39
08.09.문26

① 0.013　　② 0.68
③ 1.4　　④ 11.3

해설 (1) **기호**

- $t_1$ : 0℃
- $R_1$ : 10Ω
- $\alpha_{t_1}$ : 0.0043
- $t_2$ : 30℃
- $R_2$ : ?

(2) **저항**의 **온도계수**

$$R_2 = R_1\{1+\alpha_{t_1}(t_2 - t_1)\}〔Ω〕$$

여기서, $R_2$ : $t_2$의 저항〔Ω〕
$R_1$ : $t_1$의 저항〔Ω〕
$\alpha_{t_1}$ : $t_1$의 온도계수
$t_2$ : 상승 후의 온도〔℃〕
$t_1$ : 상승 전의 온도〔℃〕

$t_2$의 저항 $R_2$는

$$R_2 = R_1\{1+\alpha_{t_1}(t_2 - t_1)\}$$
$$= 10\{1+0.0043(30-0)\}$$
$$= 11.29$$
$$\fallingdotseq 11.3\,\Omega$$

답 ④

★★★
**35** 단방향 대전류의 전력용 스위칭 소자로서 교류의 위상 제어용으로 사용되는 정류소자는?

19.04.문25 19.03.문35 17.05.문35 16.10.문30 15.05.문38 14.09.문40 14.05.문24 14.03.문27 12.03.문34 11.06.문37 00.10.문25

① 서미스터
② SCR
③ 제너 다이오드
④ UJT

해설 **반도체소자**

| 명 칭 | 심 벌 |
|---|---|
| • **제너다이오드**(Zener diode) : 주로 정전압 전원회로에 사용된다. | |
| • **서미스터**(Thermistor) : 부온도특성을 가진 저항기의 일종으로서 주로 **온**도보정용으로 쓰인다. | Th |
| • **SCR**(Silicon Controlled Rectifier) : **단방향 대전류** 스위칭 소자로서 제어를 할 수 있는 정류소자이다. 보기 ② | A K G |
| • **바리스터**(Varistor)<br>– 주로 **서**지전압에 대한 회로보호용(과도전압에 대한 회로보호)<br>– **계**전기 접점의 불꽃 제거 | |
| • **UJT**(UniJunction Transistor)= **단일접합 트랜지스터** : 증폭기로는 사용이 불가능하며 톱니파나 펄스발생기로 작용하며 SCR의 트리거 소자로 쓰인다. | $B_1$ E $B_2$ |
| • **바랙터**(Varactor) : 제너현상을 이용한 다이오드이다. | – |

기억법 서온(서운해), 바리서계

답 ②

★★
**36** 직류전원이 연결된 코일에 10A의 전류가 흐르고 있다. 이 코일에 연결된 전원을 제거하는 즉시 저항을 연결하여 폐회로를 구성하였을 때 저항에서 소비된 열량이 24cal이었다. 이 코일의 인덕턴스는 약 몇 H인가?

14.03.문28

① 0.1　　② 0.5
③ 2.0　　④ 24

해설 (1) **기호**

- $I$ : 10A
- $W$ : 24cal$=\dfrac{24\text{cal}}{0.24}$=100J(1J=0.24cal)
- $L$ : ?

(2) **코일**에 **축적**되는 **에너지**

$$W=\frac{1}{2}LI^2=\frac{1}{2}IN\phi\,[\text{J}]$$

여기서, $W$ : 코일의 축적에너지[J]
$L$ : 자기인덕턴스[H]
$N$ : 코일권수
$\phi$ : 자속[Wb]
$I$ : 전류[A]

자기인덕턴스 $L$은

$$L=\frac{2W}{I^2}=\frac{2\times100}{10^2}=2\text{H}$$

답 ③

★★★
**37** 그림과 같이 접속된 회로에서 a, b 사이의 합성 저항은 몇 Ω인가?

14.09.문31 11.06.문27

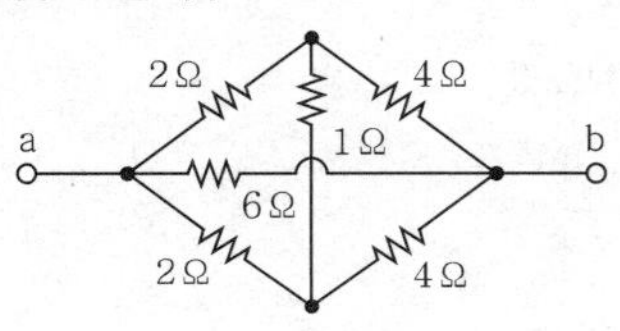


① 1　　② 2
③ 3　　④ 4

해설 **휘트스톤브리지**이고 1Ω에는 전류가 흐르지 아니하므로 a, b 사이의 합성저항 $R_{ab}$는

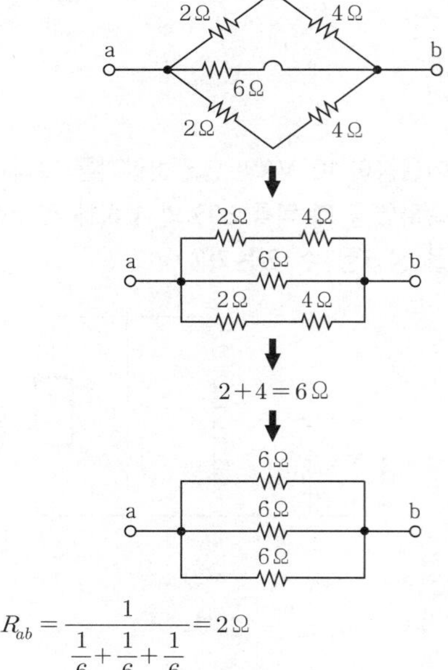


$$R_{ab}=\frac{1}{\frac{1}{6}+\frac{1}{6}+\frac{1}{6}}=2\,\Omega$$

중요

**휘트스톤브리지**(Wheatstone bridge)
**검류계 G의 지시치**가 0이면 브리지가 평형되었다고 하며 c, d점 사이의 전위차가 0이다.
∴ $PR = QX$ (마주보는 변의 곱은 서로 같다)

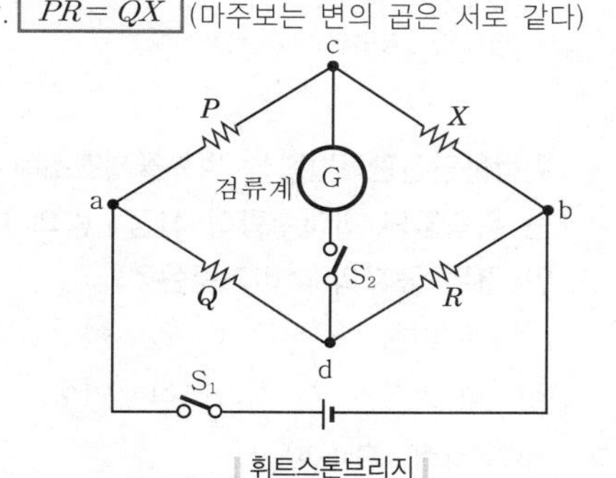

▮ 휘트스톤브리지 ▮

답 ②

### 38

회로에서 a와 b 사이에 나타나는 전압 $V_{ab}$[V]는?

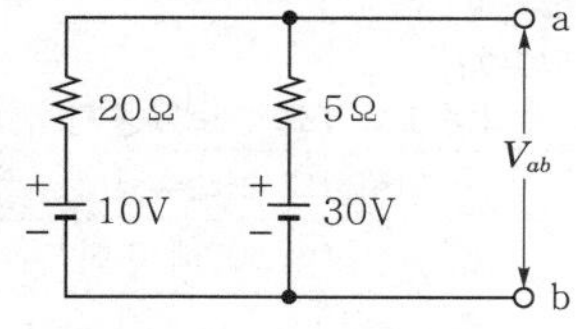


① 20　② 23
③ 26　④ 28

해설

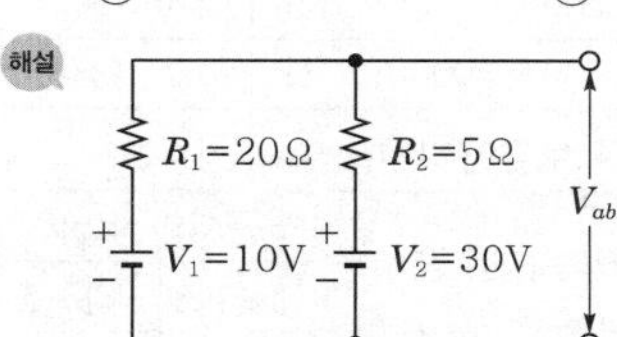


(1) **기호**
- $R_1$ : 20Ω
- $V_1$ : 10V
- $R_2$ : 5Ω
- $V_2$ : 30V
- $V_{ab}$ : ?

(2) **밀만**의 **정리**

$$V_{ab} = \frac{\frac{V_1}{R_1} + \frac{V_2}{R_2}}{\frac{1}{R_1} + \frac{1}{R_2}} \text{[V]}$$

여기서, $V_{ab}$ : 단자전압[V]
$V_1$, $V_2$ : 각각의 전압[V]
$R_1$, $R_2$ : 각각의 저항[Ω]

**밀만**의 **정리**에 의해

$$V_{ab} = \frac{\frac{V_1}{R_1} + \frac{V_2}{R_2}}{\frac{1}{R_1} + \frac{1}{R_2}} = \frac{\frac{10}{20} + \frac{30}{5}}{\frac{1}{20} + \frac{1}{5}} = 26\text{V}$$

답 ③

### 39

18.04.문40 16.03.문22

길이 1cm마다 감은 권선수가 50회인 무한장 솔레노이드에 500mA의 전류를 흘릴 때 솔레노이드 내부에서의 자계의 세기는 몇 AT/m인가?

① 1250
② 2500
③ 12500
④ 25000

해설 (1) **기호**
- $n$ : 1cm당 50회
  1cm당 권수 50회이므로
  1m=100cm당 권수는
  1cm : 100cm=50회 : □
  100×50=□
  □=100×50
- $I$ : 500mA=0.5A(1000mA=1A)
- $H_i$ : ?

(2) **무한장 솔레노이드**

㉠ **내부자계**

$$H_i = nI \text{[AT/m]}$$

여기서, $H_i$ : 내부자계의 세기[AT/m]
$n$ : 단위길이당 권수(1m당 권수)
$I$ : 전류[A]

㉡ **외부자계**

$$H_e = 0$$

여기서, $H_e$ : 외부자계의 세기[AT/m]

내부자계이므로
**무한장 솔레노이드 내부**의 **자계**
$H_i = nI = (100 \times 50) \times 0.5 = 2500\text{AT/m}$

답 ②

### 40

14.09.문39

회로에서 저항 5Ω의 양단 전압 $V_R$[V]은?

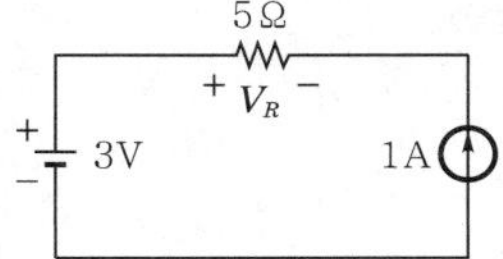


① −5　② −2
③ 3　④ 8

해설 **중첩의 원리**
(1) **전압원 단락시**

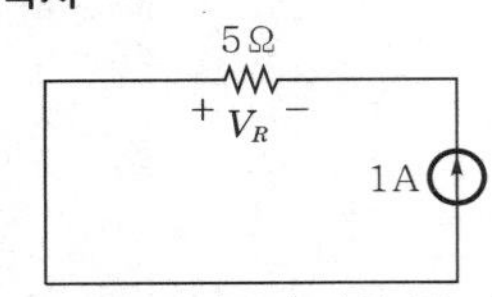


$V = IR = 1 \times 5 = 5V$(전류와 전압 $V_R$의 방향의 반대이므로 **−5V**)

(2) **전류원 개방시**

5Ω
+ $V_R$ −
3V

회로가 **개방**되어 있으므로 **5Ω**에는 전압이 인가되지 않음
∴ 5Ω 양단 전압은 **−5V**

- 중첩의 원리=전압원 단락시 값+전류원 개방시 값

답 ①

## 제 3 과목 소방관계법규

★★★
**41** 소방기본법의 정의상 소방대상물의 관계인이 아닌 자는?
14.05.문48 10.03.문60

① 감리자 ② 관리자
③ 점유자 ④ 소유자

해설 **기본법 2조**
**관계인**
(1) **소**유자 보기 ④
(2) **관**리자 보기 ②
(3) **점**유자 보기 ③

기억법 **소관점**

답 ①

★★★
**42** 화재의 예방 및 안전관리에 관한 법령상 화재의 예방상 위험하다고 인정되는 행위를 하는 사람에게 행위의 금지 또는 제한명령을 할 수 있는 사람은?
17.09.문45

① 소방본부장
② 시 · 도지사
③ 의용소방대원
④ 소방대상물의 관리자

해설 **소방청장 · 소방본부장 · 소방서장**(소방관서장)
(1) **화재의 예방조치**(화재예방법 17조) 보기 ①
(2) 방치된 위험물보관(화재예방법 17조)
(3) 화재예방강화지구의 화재안전조사 · 소방훈련 및 교육(화재예방법 18조)
(4) 화재위험경보발령(화재예방법 20조)

답 ①

★★
**43** 위험물안전관리법령상 위험물제조소에서 취급하는 위험물의 최대수량이 지정수량의 10배 이하인 경우 공지의 너비기준은?
18.03.문53 08.09.문51

① 2m 이하 ② 2m 이상
③ 3m 이하 ④ 3m 이상

해설 **위험물규칙 〔별표 4〕**
**위험물제조소의 보유공지**

| 지정수량의 10배 이하 | 지정수량의 10배 초과 |
|---|---|
| **3m** 이상 | **5m** 이상 |

비교

**보유공지**
(1) **옥외탱크저장소**의 **보유공지**(위험물규칙 〔별표 6〕)

| 위험물의 최대수량 | 공지의 너비 |
|---|---|
| 지정수량의 500배 이하 | 3m 이상 |
| 지정수량의 501~1000배 이하 | 5m 이상 |
| 지정수량의 1001~2000배 이하 | 9m 이상 |
| 지정수량의 2001~3000배 이하 | 12m 이상 |
| 지정수량의 3001~4000배 이하 | 15m 이상 |

(2) **옥내저장소**의 **보유공지**(위험물규칙 〔별표 5〕)

| 위험물의 최대수량 | 공지의 너비 | |
|---|---|---|
| | 내화구조 | 기타구조 |
| 지정수량의 5배 이하 | − | 0.5m 이상 |
| 지정수량의 5배 초과 10배 이하 | 1m 이상 | 1.5m 이상 |
| 지정수량의 10배 초과 20배 이하 | 2m 이상 | 3m 이상 |
| 지정수량의 20배 초과 50배 이하 | 3m 이상 | 5m 이상 |
| 지정수량의 50배 초과 200배 이하 | 5m 이상 | 10m 이상 |
| 지정수량의 200배 초과 | 10m 이상 | 15m 이상 |

(3) **옥외저장소**의 **보유공지**(위험물규칙 〔별표 11〕)

| 위험물의 최대수량 | 공지의 너비 |
|---|---|
| 지정수량의 10배 이하 | 3m 이상 |
| 지정수량의 11~20배 이하 | 5m 이상 |
| 지정수량의 21~50배 이하 | 9m 이상 |
| 지정수량의 51~200배 이하 | 12m 이상 |
| 지정수량의 200배 초과 | 15m 이상 |

답 ④

★★★
**44** 17.05.문52 11.10.문56

**위험물안전관리법령상 제조소 또는 일반취급소에서 취급하는 제4류 위험물의 최대수량의 합이 지정수량의 48만배 이상인 사업소의 자체소방대에 두는 화학소방자동차 및 인원기준으로 다음 ( ) 안에 알맞은 것은?**

| 화학소방자동차 | 자체소방대원의 수 |
|---|---|
| ( ㉠ ) | ( ㉡ ) |

① ㉠ 1대, ㉡ 5인 ② ㉠ 2대, ㉡ 10인
③ ㉠ 3대, ㉡ 15인 ④ ㉠ 4대, ㉡ 20인

해설 **위험물령 〔별표 8〕**
**자체소방대에 두는 화학소방자동차 및 인원**

| 구 분 | 화학소방자동차 | 자체소방대원의 수 |
|---|---|---|
| 지정수량 **3천~12만배** 미만 | 1대 | 5인 |
| 지정수량 **12~24만배** 미만 | 2대 | 10인 |
| 지정수량 **24~48만배** 미만 | 3대 | 15인 |
| 지정수량 **48만배** 이상 → | 4대 | 20인 |
| 옥외탱크저장소에 저장하는 제4류 위험물의 최대수량이 지정수량의 **50만배** 이상 | 2대 | 10인 |

답 ④

★★
**45** 19.03.문55 18.03.문60 14.05.문46 14.03.문46 13.03.문60

**소방기본법령상 특수가연물의 저장 및 취급기준이 아닌 것은? (단, 석탄 · 목탄류를 발전용으로 저장하는 경우는 제외)**

① 품명별로 구분하여 쌓는다.
② 쌓는 높이는 20m 이하가 되도록 한다.
③ 쌓는 부분의 바닥면적 사이는 1m 이상이 되도록 한다.
④ 특수가연물을 저장 또는 취급하는 장소에는 품명 · 최대수량 및 화기취급의 금지표지를 설치해야 한다.

해설 **기본령 7조**
**특수가연물의 저장 · 취급기준**
(1) **품명별**로 구분하여 쌓을 것 보기 ①
(2) 쌓는 높이는 **10m** 이하가 되도록 할 것 보기 ②
(3) 쌓는 부분의 바닥면적은 **50m²**(석탄 · 목탄류는 **200m²**) 이하가 되도록 할 것(단, 살수설비를 설치하거나 대형수동식 소화기를 설치하는 경우에는 높이 **15m** 이하, 바닥면적 **200m²**(석탄 · 목탄류는 **300m²**) 이하)
(4) 쌓는 부분의 바닥면적 사이는 **1m** 이상이 되도록 할 것 보기 ③
(5) 취급장소에는 **품명 · 최대수량** 및 **화기취급**의 **금지표지** 설치 보기 ④

② 20m 이하 → 10m 이하

답 ②

★
**46** 15.03.문49 14.09.문42

**소방시설 설치 및 관리에 관한 법령상 소화설비를 구성하는 제품 또는 기기에 해당하지 않는 것은?**

① 가스누설경보기 ② 소방호스
③ 스프링클러헤드 ④ 분말자동소화장치

해설 **소방시설법 시행령 〔별표 3〕**
소방용품

| 구 분 | 설 명 |
|---|---|
| **소화설비**를 구성하는 제품 또는 기기 | • 소화기구(소화약제 외의 것을 이용한 간이소화용구 제외) 보기 ④<br>• 소화전<br>• 자동소화장치<br>• 관창(菅槍)<br>• 소방호스 보기 ②<br>• 스프링클러헤드 보기 ③<br>• 기동용 수압개폐장치<br>• 유수제어밸브<br>• 가스관선택밸브 |
| **경보설비**를 구성하는 제품 또는 기기 | • 누전경보기<br>• 가스누설경보기<br>• 발신기<br>• 수신기<br>• 중계기<br>• 감지기 및 음향장치(경종만 해당) |
| **피난구조설비**를 구성하는 제품 또는 기기 | • 피난사다리<br>• 구조대<br>• 완강기(간이완강기 및 지지대 포함)<br>• 공기호흡기(충전기 포함)<br>• 유도등<br>• 예비전원이 내장된 비상조명등 |
| **소화용**으로 사용하는 제품 또는 기기 | • 소화약제<br>• 방염제 |

① 가스누설경보기는 소화설비가 아니고 **경보설비**

답 ①

★★★
**47** 18.09.문42 17.03.문49 16.05.문57 15.09.문43 15.05.문58 11.10.문51 10.09.문54

**소방기본법령상 출동한 소방대원에게 폭행 또는 협박을 행사하여 화재진압 · 인명구조 또는 구급활동을 방해한 사람에 대한 벌칙기준은?**

① 500만원 이하의 과태료
② 1년 이하의 징역 또는 1000만원 이하의 벌금
③ 3년 이하의 징역 또는 3000만원 이하의 벌금
④ 5년 이하의 징역 또는 5000만원 이하의 벌금

해설 **기본법 50조**
**5년 이하의 징역 또는 5000만원 이하의 벌금**
(1) 소방자동차의 **출동 방해**
(2) **사람구출** 방해
(3) **소방용수시설** 또는 **비상소화장치**의 효용 방해
(4) 출동한 소방대의 화재진압·인명구조 또는 구급활동 **방해**
(5) 소방대의 현장출동 **방해**
(6) 출동한 소방대원에게 **폭행·협박** 행사 보기 ④

답 ④

★★★
## 48

14.05.문51
13.09.문53

**소방시설 설치 및 관리에 관한 법령상 건축허가 등의 동의대상물의 범위로 틀린 것은?**

① 항공기 격납고
② 방송용 송·수신탑
③ 연면적이 400제곱미터 이상인 건축물
④ 지하층 또는 무창층이 있는 건축물로서 바닥면적이 50제곱미터 이상인 층이 있는 것

해설 **소방시설법 시행령 7조**
**건축허가 등의 동의대상물**
(1) 연면적 **400m$^2$**(학교시설 : **100m$^2$**, 수련시설·노유자시설 : **200m$^2$**, 정신의료기관·장애인 의료재활시설 : **300m$^2$**) 이상 보기 ③
(2) **6층** 이상인 건축물
(3) 차고·주차장으로서 바닥면적 **200m$^2$** 이상(**자**동차 **20대** 이상)
(4) **항공기격납고, 관망탑, 항공관제탑, 방송용 송수신탑** 보기 ①②
(5) 지하층 또는 무창층의 바닥면적 **150m$^2$**(공연장은 **100m$^2$**) 이상 보기 ④
(6) **위험물저장** 및 **처리시설, 지하구**
(7) **결핵환자**나 **한센인**이 24시간 생활하는 **노유자시설**
(8) 전기저장시설, 풍력발전소
(9) 노인주거복지시설·노인의료복지시설 및 재가노인복지시설·학대피해노인 전용쉼터·아동복지시설·장애인거주시설
(10) 정신질환자 관련시설(종합시설 중 24시간 주거를 제공하지 아니하는 시설 제외)
(11) 조산원, 산후조리원, 의원(입원실이 있는 것), **전통시장**
(12) 노숙인자활시설, 노숙인재활시설 및 노숙인요양시설
(13) 요양병원(정신병원, 의료재활시설 제외)
(14) **목조건축물**(보물·국보)
(15) 노유자시설
(16) 숙박시설이 있는 수련시설 : 수용인원 **100명** 이상
(17) 공장 또는 창고시설로서 지정수량의 **750배** 이상의 특수가연물을 저장·취급하는 것
(18) 가스시설로서 지상에 노출된 탱크의 저장용량의 합계가 **100t** 이상인 것
(19) **50명** 이상의 근로자가 작업하는 **옥내작업장**

기억법 **2자(이자)**

④ 50제곱미터 → 150제곱미터

답 ④

★★★
## 49

18.03.문51
17.03.문43
15.03.문59
14.05.문54

**소방시설공사업법령에 따른 완공검사를 위한 현장확인 대상 특정소방대상물의 범위기준으로 틀린 것은?**

① 연면적 1만제곱미터 이상이거나 11층 이상인 특정소방대상물(아파트는 제외)
② 가연성 가스를 제조·저장 또는 취급하는 시설 중 지상에 노출된 가연성 가스탱크의 저장용량 합계가 1천톤 이상인 시설
③ 호스릴방식의 소화설비가 설치되는 특정소방대상물
④ 문화 및 집회시설, 종교시설, 판매시설, 노유자시설, 수련시설, 운동시설, 숙박시설, 창고시설, 지하상가

해설 **공사업령 5조**
**완공검사를 위한 현장확인 대상 특정소방대상물의 범위**
(1) 문화 및 집회시설, 종교시설, 판매시설, 노유자시설, 수련시설, 운동시설, 숙박시설, 창고시설, 지하상가 및 다중이용업소 보기 ④
(2) 다음의 어느 하나에 해당하는 설비가 설치되는 특정소방대상물
㉠ 스프링클러설비 등
㉡ 물분무등소화설비(호스릴방식의 소화설비 제외) 보기 ③
(3) 연면적 **10000m$^2$** 이상이거나 **11층** 이상인 특정소방대상물(아파트 제외) 보기 ①
(4) 가연성 가스를 제조·저장 또는 취급하는 시설 중 지상에 노출된 가연성 가스탱크의 저장용량 합계가 **1000t** 이상인 시설 보기 ②

기억법 **문종판 노수운 숙창상현**

③ 호스릴방식 제외

답 ③

★★★
## 50

17.09.문48
14.09.문78
14.03.문53

**소방시설 설치 및 관리에 관한 법령상 스프링클러설비를 설치하여야 할 특정소방대상물에 다음 중 어떤 소방시설을 화재안전기준에 적합하게 설치할 때 면제받을 수 없는 소화설비는?**

① 포소화설비
② 물분무소화설비
③ 간이스프링클러설비
④ 이산화탄소 소화설비

해설 **소방시설법 시행령 [별표 6]**
**소방시설 면제기준**

| 면제대상 | 대체설비 |
|---|---|
| 스프링클러설비 | • **물분무등소화설비** |
| 물분무등소화설비 | • **스프링클러설비** |
| 간이스프링클러설비 | • 스프링클러설비<br>• **물분무소화설비**<br>• **미분무소화설비** |

| | |
|---|---|
| 비상**경**보설비 또는 **단**독경보형 감지기 | • **자동화재탐지설비**<br>기억법 **탐경단** |
| 비상**경**보설비 | • **2개 이상 단독경보형 감지기 연동**<br>기억법 **경단2** |
| 비상방송설비 | • 자동화재탐지설비<br>• 비상경보설비 |
| 연결살수설비 | • 스프링클러설비<br>• 간이스프링클러설비<br>• 물분무소화설비<br>• 미분무소화설비 |
| 제연설비 | • **공기조화설비** |
| 연소방지설비 | • 스프링클러설비<br>• 물분무소화설비<br>• 미분무소화설비 |
| 연결송수관설비 | • 옥내소화전설비<br>• 스프링클러설비<br>• 간이스프링클러설비<br>• 연결살수설비 |
| 자동화재탐지설비 | • 자동화재탐지설비의 기능을 가진 스프링클러설비<br>• 물분무등소화설비 |
| 옥내소화전설비 | • 옥외소화전설비<br>• 미분무소화설비(호스릴방식) |

중요

**물분무등소화설비**
(1) **분**말소화설비
(2) **포**소화설비 보기 ①
(3) **할**론소화설비
(4) **이**산화탄소 소화설비 보기 ④
(5) **할**로겐화합물 및 불활성기체 소화설비
(6) **강**화액소화설비
(7) **미**분무소화설비
(8) 물분무소화설비 보기 ②
(9) **고**체에어로졸 소화설비

기억법 **분포할이 할강미고**

답 ③

★★★
**51**
17.03.문48
14.09.문41
12.03.문53

**소방시설 설치 및 관리에 관한 법령상 대통령령 또는 화재안전기준이 변경되어 그 기준이 강화되는 경우 기존 특정소방대상물의 소방시설 중 강화된 기준을 설치장소와 관계없이 항상 적용하여야 하는 것은? (단, 건축물의 신축·개축·재축·이전 및 대수선 중인 특정소방대상물을 포함한다.)**

① 제연설비
② 비상경보설비
③ 옥내소화전설비
④ 화재조기진압용 스프링클러설비

해설 **소방시설법 13조**
**변경강화기준 적용설비**
(1) 소화기구
(2) **비**상**경**보설비 보기 ②
(3) 자동화재탐지설비
(3) **자**동화재**속**보설비
(4) **피**난구조설비
(5) 소방시설(공동구 설치용, 전력 및 통신사업용 지하구)
(6) **노**유자시설
(7) **의료시설**

기억법 **강비경 자속피노**

중요

**소방시설법 시행령 13조**
**변경강화기준 적용설비**

| 공동구, 전력 및 통신사업용 지하구 | **노유자시설**에 설치하여야 하는 소방시설 | **의료시설**에 설치하여야 하는 소방시설 |
|---|---|---|
| • 소화기<br>• 자동소화장치<br>• 자동화재탐지설비<br>• 통합감시시설<br>• 유도등 및 연소방지설비 | • 간이스프링클러설비<br>• 자동화재탐지설비<br>• 단독경보형 감지기 | • 간이스프링클러설비<br>• 스프링클러설비<br>• 자동화재탐지설비<br>• 자동화재속보설비 |

답 ②

★★★
**52**
17.09.문52
17.05.문57

**소방시설 설치 및 관리에 관한 법령상 시·도지사가 소방시설 등의 자체점검을 하지 아니한 관리업자에게 영업정지를 명할 수 있으나, 이로 인해 국민에게 심한 불편을 줄 때에는 영업정지 처분을 갈음하여 과징금 처분을 한다. 과징금의 기준은?**

① 1000만원 이하 ② 2000만원 이하
③ 3000만원 이하 ④ 5000만원 이하

해설 **소방시설법 36조, 위험물법 13조, 소방공사업법 10조**
**과징금**

| **3000만원** 이하 | **2억원** 이하 |
|---|---|
| • **소방시설관리업** 영업정지 처분 갈음 | • **제조소** 사용정지처분 갈음<br>• **소방시설업** 영업정지처분 갈음 |

중요

**소방시설업**
(1) 소방시설설계업
(2) 소방시설공사업
(3) 소방공사감리업
(4) 방염처리업

답 ③

☆☆☆
**53** 위험물안전관리법령상 위험물별 성질로서 틀린 것은?

17.09.문02 16.05.문46 16.05.문52 15.09.문03 15.05.문10 15.03.문51 14.09.문18 11.06.문54

① 제1류 : 산화성 고체
② 제2류 : 가연성 고체
③ 제4류 : 인화성 액체
④ 제6류 : 인화성 고체

해설 **위험물령 〔별표 1〕**
위험물

| 유 별 | 성 질 | 품 명 |
|---|---|---|
| 제**1**류 | **산**화성 **고**체 | • 아염소산염류<br>• 염소산염류(**염소산나트륨**)<br>• 과염소산염류<br>• 질산염류<br>• 무기과산화물<br>기억법 **1산고염나** |
| 제2류 | 가연성 고체 | • **황화**린<br>• **적**린<br>• **유**황<br>• **마**그네슘<br>기억법 **황화적유마** |
| 제3류 | 자연발화성 물질 및 금수성 물질 | • **황**린<br>• **칼**륨<br>• **나**트륨<br>• **알**칼리토금속<br>• **트**리에틸알루미늄<br>기억법 **황칼나알트** |
| 제4류 | 인화성 액체 | • 특수인화물<br>• 석유류(벤젠)<br>• 알코올류<br>• 동식물유류 |
| 제5류 | 자기반응성 물질 | • 유기과산화물<br>• 니트로화합물<br>• 니트로소화합물<br>• 아조화합물<br>• 질산에스테르류(셀룰로이드) |
| 제6류 | 산화성 액체 | • **과염소산**<br>• 과산화수소<br>• 질산 |

④ 인화성 고체 → 산화성 액체

답 ④

☆☆☆
**54** 소방시설 설치 및 관리에 관한 법령상 소방시설등의 종합점검 대상 기준에 맞게 (  )에 들어갈 내용으로 옳은 것은?

17.09.문57 16.05.문55 12.05.문45

> 물분무등소화설비(호스릴방식의 물분무등소화설비만을 설치한 경우는 제외)가 설치된 연면적 (  )$m^2$ 이상인 특정소방대상물(위험물제조소 등은 제외)

① 2000
② 3000
③ 4000
④ 5000

해설 **소방시설법 시행규칙 〔별표 4〕**
**소방시설 등 자체점검의 구분과 대상, 점검자의 자격**

| 점검구분 | 정 의 | 점검대상 | 점검자의 자격(주된 인력) |
|---|---|---|---|
| 최초점검 | 특정소방대상물의 소방시설등이 신설된 경우 건축물을 사용할 수 있게 된 날부터 **60일** 이내에 자체점검 | 신축·증축·개축·재축·이전·용도변경 또는 대수선 등으로 소방시설이 신설된 특정소방대상물 중 소방공사감리자가 지정되어 소방공사감리 결과보고서로 완공검사를 받은 특정소방대상물 | ① 소방시설관리업에 등록된 기술인력 중 소방시설관리사<br>② 소방안전관리자로 선임된 소방시설관리사 또는 소방기술사 |
| 작동점검 | 소방시설 등을 인위적으로 조작하여 정상적으로 작동하는지를 점검하는 것 | ① 간이스프링클러설비<br>② 자동화재탐지설비<br>③ 3급 소방안전관리대상물 | ① 관계인<br>② 소방안전관리자로 선임된 **소방시설관리사** 또는 **소방기술사**<br>③ 소방시설관리업에 등록된 소방시설관리사 또는 **특급점검자** |
| | | ④ ①, ②, ③, ⑤에 해당하지 아니하는 특정소방대상물 | ① 소방시설관리업에 등록된 기술인력 중 소방시설관리사<br>② 소방안전관리자로 선임된 소방시설관리사 또는 소방기술사 |
| | ⑤ 다음에 해당하는 특정소방대상물은 **작동점검** 대상 **제외**<br>㉠ 특정소방대상물 중 소방안전관리자를 선임하지 않는 대상<br>㉡ **위험물제조소** 등<br>㉢ **특급**소방안전관리대상물 | | |

| | | | |
|---|---|---|---|
| 종합점검 | 소방시설 등의 작동점검을 포함하여 소방시설 등의 설비별 주요구성부품의 구조기준이 관련법령에서 정하는 기준에 적합한지 여부를 점검하는 것 | ① **스프링클러설비**가 설치된 특정소방대상물<br>② **물분무등소화설비**(호스릴방식의 물분무등소화설비만을 설치한 경우는 제외)가 설치된 연면적 **5000m²** 이상인 특정소방대상물(위험물제조소 등 제외)<br>보기 ④<br>③ 다중이용업의 영업장이 설치된 특정소방대상물로서 연면적이 2000m² 이상인 것<br>④ 제연설비가 설치된 터널<br>⑤ 공공기관 중 연면적(터널·지하구의 경우 그 길이와 평균폭을 곱하여 계산된 값을 말한다)이 **1000m²** 이상인 것으로서 옥내소화전설비 또는 자동화재탐지설비가 설치된 것(단, 소방대가 근무하는 공공기관 제외) | ① 소방시설관리업에 등록된 기술인력 중 소방시설관리사<br>② 소방안전관리자로 선임된 소방시설관리사 또는 소방기술사 |

답 ④

**55** 소방시설 설치 및 관리에 관한 법령상 음료수 공장의 충전을 하는 작업장 등과 같이 화재안전기준을 적용하기 어려운 특정소방대상물에 설치하지 아니할 수 있는 소방시설의 종류가 아닌 것은?

18.03.문50
17.03.문53
16.03.문43

① 상수도소화용수설비
② 스프링클러설비
③ 연결송수관설비
④ 연결살수설비

해설 **소방시설법 시행령 〔별표 7〕**
**소방시설을 설치하지 아니할 수 있는 특정소방대상물 및 소방시설의 범위**

| 구 분 | 특정소방대상물 | 소방시설 |
|---|---|---|
| 화재위험도가 낮은 특정소방대상물 | **석재, 불연성 금속, 불연성 건축재료** 등의 가공공장·기계조립공장 또는 불연성 물품을 저장하는 창고 | ① **옥외소화전설비**<br>② **연결살수설비**<br>기억법 석불금외 |
| 화재안전기준을 적용하기 어려운 특정소방대상물 | **음료수 공장**의 세정 또는 충전을 하는 작업장, 그 밖에 이와 비슷한 용도로 사용하는 것 | ① **스프링클러설비**<br>② **상수도소화용수설비**<br>③ **연결살수설비**<br>보기 ③ |
| | **정수장, 수영장, 목욕장**, 어류양식용 시설, 그 밖에 이와 비슷한 용도로 사용되는 것 | ① **자동화재탐지설비**<br>② **상수도소화용수설비**<br>③ **연결살수설비** |
| 화재안전기준을 달리 적용하여야 하는 특수한 용도 또는 구조를 가진 특정소방대상물 | 원자력발전소, 핵폐기물처리시설 | ① 연결송수관설비<br>② 연결살수설비 |
| 자체소방대가 설치된 특정소방대상물 | 자체소방대가 설치된 위험물제조소 등에 부속된 사무실 | 상수도소화용수설비 |

중요

**소방시설법 시행령 〔별표 7〕**
**소방시설을 설치하지 아니할 수 있는 소방시설의 범위**
(1) **화재위험도**가 낮은 특정소방대상물
(2) 화재안전기준을 적용하기가 어려운 특정소방대상물
(3) 화재안전기준을 달리 적용하여야 하는 특수한 **용도·구조**를 가진 특정소방대상물
(4) **자체소방대**가 설치된 특정소방대상물

답 ③

**56** 소방기본법령에 따른 특수가연물의 기준 중 다음 (  ) 안에 알맞은 것은?

15.09.문47
15.05.문49
14.03.문52
12.05.문60

| 품 명 | 수 량 |
|---|---|
| 나무껍질 및 대팻밥 | ( ㉠ )kg 이상 |
| 면화류 | ( ㉡ )kg 이상 |

① ㉠ 200, ㉡ 400
② ㉠ 200, ㉡ 1000
③ ㉠ 400, ㉡ 200
④ ㉠ 400, ㉡ 1000

해설 **기본령 〔별표 2〕**
특수가연물

| 품 명 | | 수 량 |
|---|---|---|
| 가연성 액체류 | | 2m³ 이상 |
| 목재가공품 및 나무부스러기 | | 10m³ 이상 |
| 면화류 ⟶ | | 200kg 이상 |
| 나무껍질 및 대팻밥 ⟶ | | 400kg 이상 |
| 넝마 및 종이부스러기 | | 1000kg 이상 |
| 사류(絲類) | | |
| 볏짚류 | | |
| 가연성 고체류 | | 3000kg 이상 |
| 합성수지류 | 발포시킨 것 | 20m³ 이상 |
| | 그 밖의 것 | 3000kg 이상 |
| 석탄 · 목탄류 | | 10000kg 이상 |

용어
**특수가연물**
화재가 발생하면 그 확대가 빠른 물품

기억법 가액목면나 넝사볏가고 합석
2 124 1 3 31

답 ③

**57** 화재의 예방 및 안전관리에 관한 법령상 화재안전조사위원회의 위원에 해당하지 아니하는 사람은?
19.03.문43
16.10.문60

① 소방기술사
② 소방시설관리사
③ 소방 관련 분야의 석사학위 이상을 취득한 사람
④ 소방 관련 법인 또는 단체에서 소방 관련 업무에 3년 이상 종사한 사람

해설 **화재예방법 시행령 11조**
화재안전조사위원회의 구성
(1) **과장급** 직위 이상의 소방공무원
(2) 소방기술사 보기 ①
(3) 소방시설관리사 보기 ②
(4) 소방 관련 분야의 **석사**학위 이상을 취득한 사람 보기 ③
(5) 소방 관련 법인 또는 단체에서 소방 관련 업무에 **5년** 이상 종사한 사람 보기 ④
(6) 소방공무원 교육훈련기관, 학교 또는 연구소에서 소방과 관련한 교육 또는 연구에 **5년** 이상 종사한 사람

④ 3년 → 5년

답 ④

**58** 위험물안전관리법령상 소화난이도 등급 I의 옥내탱크저장소에서 유황만을 저장 · 취급할 경우 설치하여야 하는 소화설비로 옳은 것은?
18.09.문60
16.10.문44

① 물분무소화설비
② 스프링클러설비
③ 포소화설비
④ 옥내소화전설비

해설 **위험물규칙 〔별표 17〕**
유황만을 저장 · 취급하는 옥내 · 외탱크저장소 · 암반탱크저장소에 설치해야 하는 소화설비
물분무소화설비 보기 ①

기억법 유물

답 ①

**59** 소방시설공사업법령상 하자보수를 하여야 하는 소방시설 중 하자보수 보증기간이 3년이 아닌 것은?
17.05.문51
16.10.문56
15.05.문59
15.03.문52
12.05.문59

① 자동소화장치
② 비상방송설비
③ 스프링클러설비
④ 상수도소화용수설비

해설 **공사업령 6조**
소방시설공사의 하자보수 보증기간

| 보증기간 | 소방시설 |
|---|---|
| 2년 | ① 유도등 · 유도표지 · 피난기구<br>② 비상조명등 · 비상경보설비 · 비상방송설비 보기 ②<br>③ 무선통신보조설비<br>기억법 유비 조경방무피2 |
| 3년 | ① 자동소화장치<br>② 옥내 · 외소화전설비<br>③ 스프링클러설비 · 간이스프링클러설비<br>④ 물분무등소화설비 · 상수도소화용수설비<br>⑤ 자동화재탐지설비 · 소화활동설비 |

② 2년

답 ②

★★★
**60** 소방기본법령상 소방대장은 화재, 재난·재해 그 밖의 위급한 상황이 발생한 현장에 소방활동구역을 정하여 소방활동에 필요한 자로서 대통령령으로 정하는 사람 외에는 그 구역에의 출입을 제한할 수 있다. 다음 중 소방활동구역에 출입할 수 없는 사람은?

19.04.문42
15.03.문43
11.06.문48
06.03.문44

① 소방활동구역 안에 있는 소방대상물의 소유자·관리자 또는 점유자
② 전기·가스·수도·통신·교통의 업무에 종사하는 사람으로서 원활한 소방활동을 위하여 필요한 사람
③ 시·도지사가 소방활동을 위하여 출입을 허가한 사람
④ 의사·간호사 그 밖에 구조·구급업무에 종사하는 사람

해설 **기본령 8조**
**소방활동구역 출입자**
(1) **소방활동구역 안**에 있는 **소유자·관리자** 또는 **점유자** 보기 ①
(2) **전기·가스·수도·통신·교통**의 업무에 종사하는 자로서 원활한 **소방활동**을 위하여 필요한 자 보기 ②
(3) **의사·간호사**, 그 밖에 구조·구급업무에 종사하는 자 보기 ④
(4) **취재인력** 등 보도업무에 종사하는 자
(5) **수사업무**에 종사하는 자
(6) **소방대장**이 소방활동을 위하여 **출입**을 **허가**한 **자** 보기 ③

용어
**소방활동구역**
화재, 재난·재해 그 밖의 위급한 상황이 발생한 현장에 정하는 구역

③ 시·도지사가 → 소방대장이

답 ③

**제 4 과목 소방전기시설의 구조 및 원리**

★
**61** 비상조명등의 화재안전기준(NFSC 304)에 따라 비상조명등의 조도는 비상조명등이 설치된 장소의 각 부분의 바닥에서 몇 lx 이상이 되도록 하여야 하는가?

20.06.문62
13.09.문76

① 1 ② 3
③ 5 ④ 10

해설 **비상조명등**의 **설치기준**
(1) 소방대상물의 각 거실과 지상에 이르는 복도·계단·통로에 설치할 것
(2) 조도는 각 부분의 바닥에서 **1 lx** 이상일 것 보기 ①
(3) **점검스위치**를 설치하고 **20분** 이상 작동시킬 수 있는 용량의 **축전지**와 **예비전원 충전장치**를 내장할 것

중요
**조명도**(조도)

| 기 기 | 조 명 |
|---|---|
| 통로유도등 | 1 lx 이상 |
| 비상조명등 | 1 lx 이상 |
| 객석유도등 | 0.2 lx 이상 |

답 ①

★★★
**62** 화재안전기준(NFSC)에 따른 비상전원 및 건전지의 유효 사용시간에 대한 최소기준이 가장 긴 것은?

20.06.문65
19.04.문61
17.03.문77
13.06.문72
07.09.문80

① 휴대용 비상조명등의 건전지 용량
② 무선통신보조설비 증폭기의 비상전원
③ 지하층을 제외한 층수가 11층 미만의 층인 특정소방대상물에 설치되는 유도등의 비상전원
④ 지하층을 제외한 층수가 11층 미만의 층인 특정소방대상물에 설치되는 비상조명등의 비상전원

해설 **비상전원 용량**

| 설비의 종류 | 비상전원 용량 |
|---|---|
| • **자**동화재탐지설비<br>• 비상**경**보설비<br>• **자**동화재속보설비 | **10분** 이상 |
| • 유도등 보기 ③<br>• 비상조명등 보기 ④<br>• 휴대용 비상조명등 보기 ①<br>• 비상콘센트설비<br>• 제연설비<br>• 물분무소화설비<br>• 옥내소화전설비(**30층** 미만)<br>• 특별피난계단의 계단실 및 부속실 제연설비(**30층** 미만) | **20분** 이상 |
| • 무선통신보조설비의 **증**폭기 보기 ② → | **30분** 이상 |
| • 옥내소화전설비(30~**49층** 이하)<br>• 특별피난계단의 계단실 및 부속실 제연설비(30~**49층** 이하)<br>• 연결송수관설비(30~**49층** 이하)<br>• 스프링클러설비(30~**49층** 이하) | **40분** 이상 |
| • 유도등·비상조명등(지하상가 및 **11층** 이상)<br>• 옥내소화전설비(**50층** 이상)<br>• 특별피난계단의 계단실 및 부속실 제연설비(**50층** 이상)<br>• 연결송수관설비(**50층** 이상)<br>• 스프링클러설비(**50층** 이상) | **60분** 이상 |

기억법 경자비1(경자라는 이름은 비일비재하게 많다.)
3증(3중고)

답 ②

### 63
17.03.문64 15.05.문78 10.09.문73

**소방시설용 비상전원수전설비의 화재안전기준(NFSC 602)에 따라 일반전기사업자로부터 특고압 또는 고압으로 수전하는 비상전원수전설비의 종류에 해당하지 않는 것은?**

① 큐비클형　② 축전지형
③ 방화구획형　④ 옥외개방형

해설 **비상전원수전설비**(NFSC 602 6조)

| 저압수전 | 특고압수전 |
|---|---|
| ① 전용배전반(1 · 2종)<br>② 전용분전반(1 · 2종)<br>③ 공용분전반(1 · 2종) | ① 방화구획형 보기 ③<br>② 옥외개방형 보기 ④<br>③ 큐비클형 보기 ① |

• 특별고압 = 특고압

답 ②

### 64
20.08.문76 18.03.문65 17.09.문71 16.10.문74

**자동화재탐지설비 및 시각경보장치의 화재안전기준(NFSC 203)에 따른 배선의 시설기준으로 틀린 것은?**

① 감지기 사이의 회로의 배선은 송배전식으로 할 것
② 감지기 회로의 도통시험을 위한 종단저항은 감지기 회로의 끝부분에 설치할 것
③ 피(P)형 수신기의 감지기 회로의 배선에 있어서 하나의 공통선에 접속할 수 있는 경계구역은 5개 이하로 할 것
④ 수신기의 각 회로별 종단에 설치되는 감지기에 접속되는 배선의 전압은 감지기 정격전압의 80% 이상이어야 할 것

해설 **자동화재탐지설비 배선**의 **설치기준**

(1) 감지기 사이의 회로배선 : **송배전식** 보기 ①
(2) P형 수신기 및 GP형 수신기의 감지기 회로의 배선에 있어서 하나의 공통선에 접속할 수 있는 경계구역은 **7개** 이하 보기 ③
(3) ㉠ 감지기 회로의 전로저항 : **50Ω 이하**
㉡ 감지기에 접속하는 배선전압 : 정격전압의 **80% 이상**
(4) 자동화재탐지설비의 배선은 다른 전선과 **별도**의 관 · 덕트 · 몰드 또는 풀박스 등에 설치할 것(단, **60V** 미만의 약전류회로에 사용하는 전선으로서 각각의 전압이 같을 때는 제외)
(5) 감지기 회로의 도통시험을 위한 종단저항은 감지기 회로의 끝부분에 설치할 것 보기 ②

③ 5개 → 7개

답 ③

### 65
20.09.문74

**자동화재탐지설비 및 시각경보장치의 화재안전기준(NFSC 203)에 따른 발신기의 시설기준에 대한 내용이다. 다음 (　)에 들어갈 내용으로 옳은 것은?**

> 발신기의 위치를 표시하는 표시등은 함의 상부에 설치하되, 그 불빛은 부착면으로부터 ( ㉠ )° 이상의 범위 안에서 부착지점으로부터 ( ㉡ )m 이내의 어느 곳에서도 쉽게 식별할 수 있는 적색등으로 하여야 한다.

① ㉠ 10, ㉡ 10　② ㉠ 15, ㉡ 10
③ ㉠ 25, ㉡ 15　④ ㉠ 25, ㉡ 20

해설 **자동화재탐지설비**의 **발신기 설치기준**(NFSC 203 9조)

(1) 조작이 **쉬운 장소**에 설치하고, 조작스위치는 바닥으로부터 **0.8~1.5m** 이하의 높이에 설치할 것
(2) 특정소방대상물의 **층**마다 설치하되, 해당 특정소방대상물의 각 부분으로부터 하나의 발신기까지의 **수평거리**가 **25m** 이하가 되도록 할 것. 다만, 복도 또는 별도로 구획된 실로서 **보행거리**가 **40m** 이상일 경우에는 추가로 설치할 것
(3) (2)의 기준을 초과하는 경우로서 기둥 또는 벽이 설치되지 아니한 대형공간의 경우 발신기는 설치대상 장소의 가장 가까운 장소의 벽 또는 기둥 등에 설치할 것
(4) 발신기의 **위치표시등**은 **함**의 **상부**에 설치하되, 그 불빛은 부착면으로부터 **15°** 이상의 범위 안에서 부착지점으로부터 **10m** 이내의 어느 곳에서도 쉽게 식별할 수 있는 **적색등**으로 할 것 보기 ②

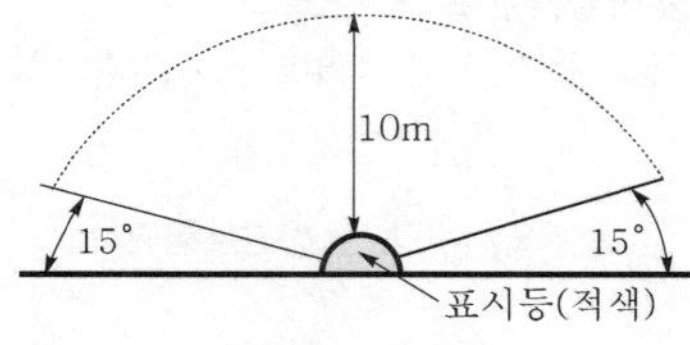


위치표시등의 식별

답 ②

### 66
17.09.문68 17.05.문61

**비상방송설비의 화재안전기준(NFSC 202)에 따라 비상방송설비가 기동장치에 따른 화재신고를 수신한 후 필요한 음량으로 화재발생 상황 및 피난에 유효한 방송이 자동으로 개시될 때까지의 소요시간은 몇 초 이하로 하여야 하는가?**

① 5　② 10
③ 20　④ 30

해설 **소요시간**

| 기 기 | 시 간 |
|---|---|
| P형 · P형 복합식 · R형 · R형 복합식 · GP형 · GP형 복합식 · GR형 · GR형 복합식 | 5초 이내 (축적형 60초 이내) |
| **중**계기 | **5**초 이내 |
| 비상**방**송설비 ⟶ | **10초** 이하 |
| **가**스누설경보기 | **6**0초 이내 |

기억법 **시중5(시중을 드시오!)**
**1방(일본을 방문하다.)**
**6가(육체미가 아름답다.)**

중요

**비상방송설비**의 **설치기준**
(1) 음량조정기를 설치하는 경우 배선은 **3선식**으로 할 것
(2) 확성기의 음성입력은 **실외 3W**, **실내 1W** 이상일 것
(3) 조작부의 조작스위치는 **0.8~1.5m** 이하의 높이에 설치할 것
(4) 기동장치에 의한 화재신고를 수신한 후 필요한 음량으로 방송이 개시될 때까지의 소요시간은 **10초** 이하로 할 것

답 ②

**67** 무선통신보조설비의 화재안전기준(NFSC 505)에 따른 용어의 정의로 옳은 것은?

19.04.문72 16.05.문61 16.03.문65 15.09.문62 11.03.문80

① "혼합기"는 신호의 전송로가 분기되는 장소에 설치하는 장치를 말한다.
② "분배기"는 서로 다른 주파수의 합성된 신호를 분리하기 위해서 사용하는 장치를 말한다.
③ "증폭기"는 두 개 이상의 입력신호를 원하는 비율로 조합한 출력이 발생되도록 하는 장치를 말한다.
④ "누설동축케이블"은 동축케이블의 외부도체에 가느다란 홈을 만들어서 전파가 외부로 새어나갈 수 있도록 한 케이블을 말한다.

해설 **무선통신보조설비**

| 용 어 | 설 명 |
|---|---|
| 누설동축케이블 | 동축케이블의 외부도체에 가느다란 홈을 만들어서 **전파**가 **외부**로 **새어나갈 수 있도록** 한 케이블 보기 ④ |
| 분**배**기 | 신호의 전송로가 분기되는 장소에 설치하는 것으로 **임피던스 매칭**(Matching)과 **신호균등분배**를 위해 사용하는 장치 보기 ②<br>기억법 **배임(배임죄)** |
| 분**파**기 | 서로 다른 **주**파수의 합성된 **신호**를 **분리**하기 위해서 사용하는 장치<br>기억법 **파주** |
| 혼합기 | **두 개 이상**의 **입력신호**를 원하는 비율로 **조합**한 **출력**이 발생하도록 하는 장치 보기 ① |
| 증폭기 | 신호전송시 신호가 약해져 수신이 불가능해지는 것을 방지하기 위해서 **증폭**하는 장치 보기 ③ |
| 무선중계기 | 안테나를 통하여 수신된 무전기 신호를 증폭한 후 음영지역에 재방사하여 무전기 상호간 송수신이 가능하도록 하는 장치 |
| 옥외안테나 | 감시제어반 등에 설치된 무선중계기의 입력과 출력포트에 연결되어 송수신 신호를 원활하게 방사·수신하기 위해 옥외에 설치하는 장치 |

① 혼합기 → 분배기
② 분배기 → 분파기
③ 증폭기 → 혼합기

답 ④

**68** 비상경보설비 및 단독경보형 감지기의 화재안전기준(NFSC 201)에 따른 비상벨설비에 대한 설명으로 옳은 것은?

20.09.문74 18.03.문77 18.03.문78 17.05.문77 16.05.문63 14.03.문71 12.03.문77 10.03.문68

① 비상벨설비는 화재발생 상황을 사이렌으로 경보하는 설비를 말한다.
② 비상벨설비는 부식성 가스 또는 습기 등으로 인하여 부식의 우려가 없는 장소에 설치하여야 한다.
③ 음향장치의 음량은 부착된 음향장치의 중심으로부터 1m 떨어진 위치에서 60dB 이상이 되는 것으로 하여야 한다.
④ 특정소방대상물의 층마다 설치하되, 해당 특정소방대상물의 각 부분으로부터 하나의 발신기까지의 수평거리가 30m 이하가 되도록 하여야 한다.

해설 **비상경보설비**의 **발신기 설치기준**(NFSC 201 4조)
(1) 전원 : **축전지**, **전기저장장치**, **교류전압**의 **옥내간선**으로 하고 배선은 **전용**
(2) 감시상태 : **60분**, 경보시간 : **10분**
(3) 조작이 **쉬운 장소**에 설치하고, 조작스위치는 바닥으로부터 **0.8~1.5m** 이하의 높이에 설치할 것
(4) 특정소방대상물의 **층**마다 설치하되, 해당 소방대상물의 각 부분으로부터 하나의 발신기까지의 **수평거리**가 **25m** 이하가 되도록 할 것(단, 복도 또는 별도로 구획된 실로서 **보행거리**가 **40m** 이상일 경우에는 추가로 설치할 것) 보기 ④
(5) 발신기의 **위치표시등**은 **함**의 **상부**에 설치하되, 그 불빛은 부착면으로부터 **15°** 이상의 범위 안에서 부착지점으로부터 **10m** 이내의 어느 곳에서도 쉽게 식별할 수 있는 **적색등**으로 할 것

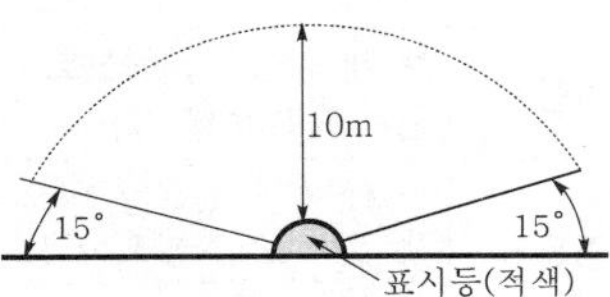


▮위치표시등의 식별▮

(6) 음향장치의 음량은 부착된 음향장치의 중심으로부터 **1m** 떨어진 위치에서 **90dB** 이상이 되는 것으로 할 것 보기 ③

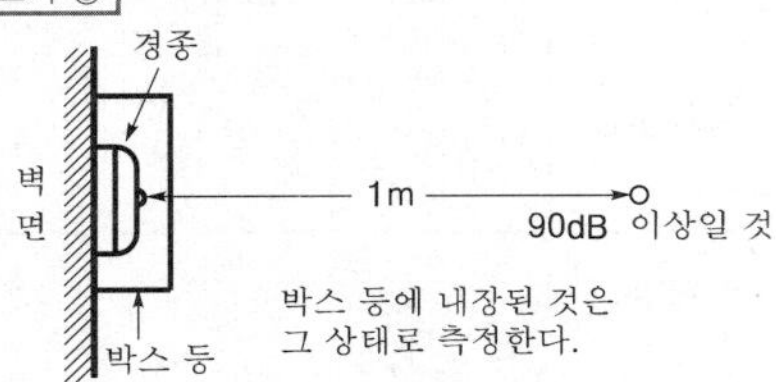


▮음향장치의 음량측정▮

(7) 비상벨설비는 **부식성 가스** 또는 **습기** 등으로 인하여 **부식**의 우려가 없는 장소에 설치 보기 ②

① 사이렌 → 경종
③ 60dB 이상 → 90dB 이상
④ 30m 이하 → 25m 이하

용어

(1) **전기저장장치**
외부 전기에너지를 저장해 두었다가 필요한 때 전기를 공급하는 장치

(2) **비상벨설비 vs 자동식 사이렌설비**

| 비상벨설비 | 자동식 사이렌설비 |
|---|---|
| 화재발생 상황을 **경종**으로 경보하는 설비 보기 ① | 화재발생 상황을 **사이렌**으로 경보하는 설비 |

답 ②

### 69
20.09.문79

**유도등 및 유도표지의 화재안전기준(NFSC 303)에 따른 객석유도등의 설치기준이다. 다음 ( )에 들어갈 내용으로 옳은 것은?**

> 객석유도등은 객석의 ( ㉠ ), ( ㉡ ) 또는 ( ㉢ )에 설치하여야 한다.

① ㉠ 통로, ㉡ 바닥, ㉢ 벽
② ㉠ 바닥, ㉡ 천장, ㉢ 벽
③ ㉠ 통로, ㉡ 바닥, ㉢ 천장
④ ㉠ 바닥, ㉡ 통로, ㉢ 출입구

해설 **객석유도등**의 **설치위치**(NFSC 303 7조)
(1) 객석의 **통로** 보기 ㉠
(2) 객석의 **바닥** 보기 ㉡
(3) 객석의 **벽** 보기 ㉢

기억법 **통바벽**

답 ①

### 70

**자동화재속보설비의 속보기의 성능인증 및 제품검사의 기술기준에서 정하는 데이터 및 코드전송방식 신고부분 프로토콜 정의서에 대한 내용이다. 다음의 ( )에 들어갈 내용으로 옳은 것은?**

> 119서버로부터 처리결과 메시지를 ( ㉠ )초 이내 수신받지 못할 경우에는 ( ㉡ )회 이상 재전송할 수 있어야 한다.

① ㉠ 10, ㉡ 5
② ㉠ 10, ㉡ 10
③ ㉠ 20, ㉡ 10
④ ㉠ 20, ㉡ 20

해설 **자동화재속보설비의 속보기의 성능인증 및 제품검사의 기술기준 〔별표 1〕**
**속보기 재전송 규약**
119서버로부터 처리결과 메시지를 **20초 이내** 수신받지 못할 경우에는 **10회 이상** 재전송할 수 있어야 한다. 보기 ③

중요

**자동화재속보설비**의 **속보기**
(1) **자동화재속보설비**의 **기능**

| 구 분 | 설 명 |
|---|---|
| 연동설비 | **자동화재탐지설비** |
| 속보대상 | **소방관서** |
| 속보방법 | **20초** 이내에 **3회** 이상 |
| 다이얼링 | **10회** 이상, **30초** 이상 지속 |

(2) 예비전원을 **병렬**로 접속하는 경우에는 **역충전 방지** 등의 조치
(3) 속보기의 송수화장치가 정상위치가 아닌 경우에도 **연동** 또는 **수동**으로 속보가 가능할 것
(4) 예비전원은 자동적으로 충전되어야 하며 **자동 과충전방지장치**가 있어야 한다.

답 ③

### 71
11.10.문61

**비상방송설비의 화재안전기준(NFSC 202)에 따라 부속회로의 전로와 대지 사이 및 배선 상호간의 절연저항은 1경계구역마다 직류 250V의 절연저항측정기를 사용하여 측정한 절연저항이 몇 MΩ 이상이 되도록 하여야 하는가?**

① 0.1　② 0.2
③ 10　④ 20

해설 **절연저항시험**

| 절연저항계 | 절연저항 | 대 상 |
|---|---|---|
| 직류 250V | **0.1MΩ 이상** | • 1경계구역의 절연저항 |
| 직류 500V | 5MΩ 이상 | • 누전경보기<br>• 가스누설경보기<br>• 수신기<br>• 자동화재속보설비<br>• 비상경보설비<br>• 유도등(교류입력측과 외함 간 포함)<br>• 비상조명등(교류입력측과 외함 간 포함) |
| | 20MΩ 이상 | • 경종<br>• 발신기<br>• 중계기<br>• 비상콘센트<br>• 기기의 절연된 선로 간<br>• 기기의 충전부와 비충전부 간<br>• 기기의 교류입력측과 외함 간(유도등 · 비상조명등 제외) |
| | 50MΩ 이상 | • 감지기(정온식 감지선형 감지기 제외)<br>• 가스누설경보기(10회로 이상)<br>• 수신기(10회로 이상) |
| | 1000MΩ 이상 | • 정온식 감지선형 감지기 |

답 ①

**72** ★ **비상콘센트설비의 성능인증 및 제품검사의 기술기준에 따른 비상콘센트설비 표시등의 구조 및 기능에 대한 설명으로 틀린 것은?**

① 발광다이오드에는 적당한 보호커버를 설치하여야 한다.
② 소켓은 접속이 확실하여야 하며 쉽게 전구를 교체할 수 있도록 부착하여야 한다.
③ 적색으로 표시되어야 하며 주위의 밝기가 300lx 이상인 장소에서 측정하여 앞면으로부터 3m 떨어진 곳에서 켜진 등이 확실히 식별되어야 한다.
④ 전구는 사용전압의 130%인 교류전압을 20시간 연속하여 가하는 경우 단선, 현저한 광속변화, 흑화, 전류의 저하 등이 발생하지 아니하여야 한다.

해설 **비상콘센트설비의 성능인증 및 제품검사의 기술기준 4조**

**표시등의 구조 및 기능**

(1) 전구는 사용전압의 **130%**인 교류전압을 **20시간** 연속하여 가하는 경우 **단선**, **현저**한 **광속변화**, **흑화**, **전류**의 **저하** 등이 발생하지 아니하여야 한다. 보기 ④
(2) 소켓은 접속이 확실하여야 하며 쉽게 전구를 교체할 수 있도록 부착하여야 한다. 보기 ②
(3) **전구**에는 적당한 **보호커버**를 설치하여야 한다(단, 발광다이오드 제외). 보기 ①
(4) **적색**으로 표시되어야 하며 주위의 밝기가 **300lx 이상**인 장소에서 측정하여 앞면으로부터 **3m** 떨어진 곳에서 켜진 등이 확실히 식별되어야 한다. 보기 ③

① 발광다이오드는 제외

답 ①

**73** ★★★ 18.03.문64 11.06.문73 **비상콘센트설비의 화재안전기준(NFSC 504)에 따라 비상콘센트설비의 전원부와 외함 사이의 절연저항은 전원부와 외함 사이를 500V 절연저항계로 측정할 때 몇 MΩ 이상이어야 하는가?**

① 10 ② 20
③ 30 ④ 50

해설 **절연저항시험**

| 절연저항계 | 절연저항 | 대 상 |
|---|---|---|
| 직류 250V | 0.1MΩ 이상 | • 1경계구역의 절연저항 |
| 직류 500V | 5MΩ 이상 | • 누전경보기<br>• 가스누설경보기<br>• 수신기<br>• 자동화재속보설비<br>• 비상경보설비<br>• 유도등(교류입력측과 외함 간 포함)<br>• 비상조명등(교류입력측과 외함 간 포함) |
| | **20MΩ 이상** | • 경종<br>• 발신기<br>• 중계기<br>• 비상**콘**센트 보기 ②<br>• 기기의 절연된 선로 간<br>• 기기의 충전부와 비충전부 간<br>• 기기의 교류입력측과 외함 간(유도등 · 비상조명등 제외)<br>기억법 **2콘(이크)** |
| | 50MΩ 이상 | • 감지기(정온식 감지선형 감지기 제외)<br>• 가스누설경보기(10회로 이상)<br>• 수신기(10회로 이상) |
| | 1000MΩ 이상 | • 정온식 감지선형 감지기 |

답 ②

★ **74** 누전경보기의 형식승인 및 제품검사의 기술기준에 따라 외함은 불연성 또는 난연성 재질로 만들어져야 하며, 누전경보기 외함의 두께는 몇 mm 이상이어야 하는가? (단, 직접 벽면에 접하여 벽 속에 매립되는 외함의 부분은 제외한다.)

① 1　　② 1.2
③ 2.5　　④ 3

해설 **누전경보기의 형식승인 및 제품검사의 기술기준 3조**
누전경보기의 외함두께

| 일반적인 경우 | 직접 벽면에 접하여 벽 속에 매립되는 외함부분 |
|---|---|
| 1mm 이상 보기 ① | 1.6mm 이상 |

답 ①

★★★ **75** (17.09.문64, 03.08.문62) 비상경보설비 및 단독경보형 감지기의 화재안전기준(NFSC 201)에 따른 단독경보형 감지기의 시설기준에 대한 내용이다. 다음 ( )에 들어갈 내용으로 옳은 것은?

> 단독경보형 감지기는 바닥면적이 ( ㉠ )$m^2$를 초과하는 경우에는 ( ㉡ )$m^2$마다 1개 이상을 설치하여야 한다.

① ㉠ 100, ㉡ 100　　② ㉠ 100, ㉡ 150
③ ㉠ 150, ㉡ 150　　④ ㉠ 150, ㉡ 200

해설 **단독경보형 감지기**의 **설치기준**(NFSC 201 5조)

(1) 각 실(이웃하는 실내의 바닥면적이 각각 **30$m^2$ 미만**이고 벽체의 상부의 전부 또는 일부가 개방되어 이웃하는 실내와 공기가 상호 유통되는 경우에는 이를 1개의 실로 본다)마다 설치하되, 바닥면적이 **150$m^2$**를 초과하는 경우에는 **150$m^2$**마다 1개 이상 설치할 것 보기 ③
(2) 최상층의 계단실의 **천장**(외기가 상통하는 계단실의 경우 제외)에 설치할 것
(3) 건전지를 주전원으로 사용하는 단독경보형 감지기는 정상적인 작동상태를 유지할 수 있도록 건전지를 교환할 것
(4) 상용전원을 주전원으로 사용하는 단독경보형 감지기의 **2차 전지**는 제품검사에 합격한 것을 사용할 것

용어

**단독경보형 감지기**
화재발생 상황을 단독으로 감지하여 자체에 내장된 음향장치로 경보하는 감지기

답 ③

★★★ **76** (20.09.문67, 19.04.문79, 16.05.문69, 15.09.문69, 14.05.문66, 14.03.문78, 12.09.문61) 자동화재탐지설비 및 시각경보장치의 화재안전기준(NFSC 203)에 따라 자동화재탐지설비의 감지기 설치에 있어서 부착높이가 20m 이상일 때 적합한 감지기 종류는?

① 불꽃감지기　　② 연기복합형
③ 차동식 분포형　　④ 이온화식 1종

해설 **감지기**의 **부착높이**(NFSC 203 7조)

| 부착높이 | 감지기의 종류 |
|---|---|
| **4**m **미**만 | • 차동식(스포트형, 분포형)<br>• 보상식 스포트형<br>• 정온식(스포트형, 감지선형) ─ **열**감지기<br>• 이온화식 또는 광전식(스포트형, 분리형, 공기흡입형) : **연**기감지기<br>• 열복합형<br>• 연기복합형<br>• 열연기복합형 ─ **복**합형 감지기<br>• **불**꽃감지기<br>기억법 열연불복 4미 |
| 4~**8**m **미**만 | • 차동식(스포트형, 분포형)<br>• 보상식 스포트형<br>• **정**온식(스포트형, 감지선형) **특**종 또는 **1**종 ─ **열**감지기<br>• **이**온화식 **1**종 또는 **2**종<br>• **광**전식(스포트형, 분리형, 공기흡입형) 1종 또는 2종 ─ 연기감지기<br>• 열복합형<br>• 연기복합형<br>• 열연기복합형 ─ **복**합형 감지기<br>• **불**꽃감지기<br>기억법 8미열 정특1 이광12 복불 |
| 8~**15**m 미만 | • 차동식 **분**포형<br>• **이**온화식 **1**종 또는 **2**종<br>• **광**전식(스포트형, 분리형, 공기흡입형) 1종 또는 2종<br>• **연**기**복**합형<br>• **불**꽃감지기<br>기억법 15분 이광12 연복불 |
| 15~**20**m 미만 | • **이**온화식 1종<br>• **광**전식(스포트형, 분리형, 공기흡입형) 1종<br>• **연**기**복**합형<br>• **불**꽃감지기<br>기억법 이광불연복2 |
| 20m 이상 | • **불**꽃감지기 보기 ①<br>• **광**전식(분리형, 공기흡입형) 중 **아**날로그방식<br>기억법 불광아 |

답 ①

**77** 16.03.문64 08.05.문74

**자동화재탐지설비 및 시각경보장치의 화재안전기준(NFSC 203)에 따라 환경상태가 현저하게 고온으로 되어 연기감지기를 설치할 수 없는 건조실 또는 살균실 등에 적응성 있는 열감지기가 아닌 것은?**

① 정온식 1종
② 정온식 특종
③ 열아날로그식
④ 보상식 스포트형 1종

해설 **감지기 설치장소**

| 구 분 | | 정온식 | | 열아날로그식 | 불꽃감지기 |
|---|---|---|---|---|---|
| 환경상태 | 적응장소 | 특 종 | 1종 | | |
| 주방, 기타 평상시에 연기가 체류하는 장소 | • 주방<br>• 조리실<br>• 용접작업장 | ○ | ○ | ○ | ○ |
| 현저하게 고온으로 되는 장소 | • 건조실<br>• 살균실<br>• 보일러실<br>• 주조실<br>• 영사실<br>• 스튜디오 | ○ 보기 ② | ○ 보기 ① | ○ 보기 ③ | × |

- **주방, 조리실** 등 습도가 많은 장소에는 **방수형** 감지기를 설치할 것
- **불꽃감지기**는 UV/IR형을 설치할 것

④ 요즘 사용하지 않음

답 ④

**78** 16.03.문77 15.05.문79 10.03.문76

**누전경보기의 형식승인 및 제품검사의 기술기준에 따라 감도조정장치를 갖는 누전경보기에 있어서 감도조정장치의 조정범위는 최대치가 몇 A 이어야 하는가?**

① 0.2 ② 1.0
③ 1.5 ④ 2.0

해설 **누전경보기**

| 공칭작동전류치 | 감도조정장치의 조정범위 |
|---|---|
| 200mA 이하 | 1A(1000mA) 이하 보기 ② |

기억법 공2

참고

**검출누설전류 설정치** 범위

| 경계전로 | 제2종 접지선 (중성점 접지선) |
|---|---|
| 100~400mA | 400~700mA |

답 ②

**79** 16.05.문72

**무선통신보조설비의 화재안전기준(NFSC 505)에 따라 무선통신보조설비의 누설동축케이블 및 안테나는 고압의 전로로부터 1.5m 이상 떨어진 위치에 설치해야 하나 그렇게 하지 않아도 되는 경우는?**

① 끝부분에 무반사 종단저항을 설치한 경우
② 불연재료로 구획된 반자 안에 설치한 경우
③ 해당 전로에 정전기 차폐장치를 유효하게 설치한 경우
④ 금속제 등의 지지금구로 일정한 간격으로 고정한 경우

해설 **무선통신보조설비**의 **설치기준**(NFSC 505 5~8조)

(1) 소방전용 주파수대에서 전파의 **전송** 또는 **복사**에 적합한 것으로서 소방전용의 것일 것
(2) 누설동축케이블과 이에 접속하는 안테나 또는 동축케이블과 이에 접속하는 안테나일 것
(3) 누설동축케이블 및 동축케이블은 화재에 따라 해당 케이블의 피복이 소실된 경우에 케이블 본체가 떨어지지 아니하도록 **4m** 이내마다 금속제 또는 자기제 등의 지지금구로 벽·천장·기둥 등에 견고하게 고정시킬 것(**불연재료**로 구획된 반자 안에 설치하는 경우는 제외)
(4) **누**설동축케이블 및 안테나는 **고**압전로로부터 **1.5m** 이상 떨어진 위치에 설치할 것(해당 전로에 **정전기 차폐장치**를 유효하게 설치한 경우에는 제외) 보기 ③

기억법 누고15

(5) 누설동축케이블의 끝부분에는 **무반사 종단저항**을 견고하게 설치할 것
(6) 임피던스 : **50**Ω

용어

**무반사 종단저항**
전송로로 전송되는 전자파가 전송로의 종단에서 반사되어 교신을 방해하는 것을 막기 위한 저항

답 ③

★★★
**80** 유도등 및 유도표지의 화재안전기준(NFSC 303)에 따라 유도표지는 각 층마다 복도 및 통로의 각 부분으로부터 하나의 유도표지까지의 보행거리가 몇 m 이하가 되는 곳과 구부러진 모퉁이의 벽에 설치하여야 하는가? (단, 계단에 설치하는 것은 제외한다.)

15.05.문67
10.05.문64

① 5 ② 10
③ 15 ④ 25

해설 **유도표지**의 **설치기준**(NFSC 303 8조)

(1) 각 층 복도의 각 부분에서 유도표지까지의 보행거리 **15m** 이하(계단에 설치하는 것 제외) 보기 ③
(2) 구부러진 모퉁이의 벽에 설치
(3) 통로유도표지는 높이 **1m** 이하에 설치
(4) 주위에 광고물, 게시물 등을 설치하지 아니할 것

중요

**설치높이**

| 통로유도표지 | 피난구유도표지 |
|---|---|
| 1m 이하 | 출입구 상단에 설치 |

답 ③

21년

# 2021. 9. 12 시행

**▌2021년 기사 제4회 필기시험▐**

| 자격종목 | 종목코드 | 시험시간 | 형별 | 수험번호 | 성명 |
|---|---|---|---|---|---|
| 소방설비기사(전기분야) | | 2시간 | | | |

※ 답안카드 작성시 시험문제지 형별누락, 마킹착오로 인한 불이익은 전적으로 수험자의 귀책사유임을 알려드립니다.
※ 각 문항은 4지택일형으로 질문에 가장 적합한 보기 항을 선택하여 마킹하여야 합니다.

## 제 1 과목 소방원론

★★
**01** 다음 중 피난자의 집중으로 패닉현상이 일어날 우려가 가장 큰 형태는?

17.03.문09
12.03.문06
08.05.문20

① T형 ② X형
③ Z형 ④ H형

유사문제부터 풀어보세요. 실력이 팍!팍! 올라갑니다.

해설 **피난형태**

| 형 태 | 피난방향 | 상 황 |
|---|---|---|
| X형 | | **확실한 피난통로**가 보장되어 신속한 피난이 가능하다. |
| Y형 | | |
| CO형 | | 피난자들의 집중으로 **패닉**(Panic)**현상**이 일어날 수가 있다. |
| H형 | | |

답 ④

★★★
**02** 연기감지기가 작동할 정도이고 가시거리가 20~30m에 해당하는 감광계수는 얼마인가?

17.03.문10
16.10.문16
16.03.문03
14.05.문06
13.09.문11

① $0.1\text{m}^{-1}$
② $1.0\text{m}^{-1}$
③ $2.0\text{m}^{-1}$
④ $10\text{m}^{-1}$

해설 **감광계수**와 **가시거리**

| 감광계수 〔$\text{m}^{-1}$〕 | 가시거리 〔m〕 | 상 황 |
|---|---|---|
| 0.1 | 20~30 | 연기**감**지기가 작동할 때의 농도(연기감지기가 작동하기 직전의 농도) |
| 0.3 | 5 | 건물 내부에 **익**숙한 사람이 피난에 지장을 느낄 정도의 농도 |
| 0.5 | 3 | **어**두운 것을 느낄 정도의 농도 |
| 1 | 1~2 | 앞이 거의 **보**이지 않을 정도의 농도 |
| 10 | 0.2~0.5 | 화재 **최**성기 때의 농도 |
| 30 | – | 출화실에서 연기가 **분**출할 때의 농도 |

기억법
0123 감
035 익
053 어
112 보
100205 최
30 분

답 ①

★
**03** 소화에 필요한 $CO_2$의 이론소화농도가 공기 중에서 37vol%일 때 한계산소농도는 약 몇 vol%인가?

19.04.문13
17.03.문14
15.03.문14
14.05.문07
12.05.문14

① 13.2 ② 14.5
③ 15.5 ④ 16.5

해설 **$CO_2$의 농도**(이론소화농도)

$$CO_2 = \frac{21 - O_2}{21} \times 100$$

여기서, $CO_2$ : $CO_2$의 이론소화농도〔vol%〕
$O_2$ : 한계산소농도〔vol%〕

$$CO_2 = \frac{21 - O_2}{21} \times 100$$

$$37=\frac{21-O_2}{21}\times 100,\ \frac{37}{100}=\frac{21-O_2}{21}$$

$$0.37=\frac{21-O_2}{21},\ 0.37\times 21=21-O_2$$

$$O_2+(0.37\times 21)=21$$

$$O_2=21-(0.37\times 21)\fallingdotseq 13.2\text{vol\%}$$

용어

**vol%**
어떤 공간에 차지하는 부피를 백분율로 나타낸 것

답 ①

**04** 건물화재시 패닉(Panic)의 발생원인과 직접적인 관계가 없는 것은?

16.03.문16
11.03.문19

① 연기에 의한 시계제한
② 유독가스에 의한 호흡장애
③ 외부와 단절되어 고립
④ 불연내장재의 사용

해설 **패닉**(Panic)의 **발생원인**
(1) 연기에 의한 시계제한 보기 ①
(2) 유독가스에 의한 호흡장애 보기 ②
(3) 외부와 단절되어 고립 보기 ③

용어

**패닉**(Panic)
인간이 극도로 긴장되어 돌출행동을 하는 것

답 ④

**05** 소화기구 및 자동소화장치의 화재안전기준에 따르면 소화기구(자동확산소화기는 제외)는 거주자 등이 손쉽게 사용할 수 있는 장소에 바닥으로부터 높이 몇 m 이하의 곳에 비치하여야 하는가?

16.05.문12
11.03.문01

① 0.5 ② 1.0
③ 1.5 ④ 2.0

해설 **설치높이**

| 0.5~1m 이하 | 0.8~1.5m 이하 | 1.5m 이하 |
|---|---|---|
| ① **연**결송수관설비의 송수구<br>② **연**결살수설비의 송수구<br>③ **물분무소화설비**의 **송수구**<br>④ **소**화**용**수설비의 채수구<br>기억법<br>연소용51(**연소용 오일**은 잘 탄다.) | ① **수**동식 **기**동장치 조작부<br>② **제**어밸브(수동식 개방밸브)<br>③ **유**수검지장치<br>④ **일**제개방밸브<br>기억법<br>수기8(**수기** 팔아요.)<br>제유일 85(**제**가 **유일**하게 **팔**았어**요**.) | ① **옥내**소화전설비의 방수구<br>② **호**스릴함<br>③ **소**화기(투척용 소화기) 보기 ③<br>기억법<br>옥내호소5(**옥내**에서 **호소**하시**오**.) |

답 ③

**06** 물리적 폭발에 해당하는 것은?

18.04.문11
17.09.문04

① 분해폭발
② 분진폭발
③ 중합폭발
④ 수증기폭발

해설 **폭발**의 **종류**

| 화학적 폭발 | 물리적 폭발 |
|---|---|
| • 가스폭발<br>• 유증기폭발<br>• 분진폭발<br>• 화약류의 폭발<br>• 산화폭발<br>• 분해폭발<br>• 중합폭발<br>• 증기운폭발 | • 증기폭발(수증기폭발) 보기 ④<br>• 전선폭발<br>• 상전이폭발<br>• 압력방출에 의한 폭발 |

답 ④

**07** 소화약제로 사용되는 이산화탄소에 대한 설명으로 옳은 것은?

19.03.문05
14.03.문16
10.09.문14

① 산소와 반응시 흡열반응을 일으킨다.
② 산소와 반응하여 불연성 물질을 발생시킨다.
③ 산화하지 않으나 산소와는 반응한다.
④ 산소와 반응하지 않는다.

해설 **가연물**이 **될 수 없는 물질**(불연성 물질)

| 특 징 | 불연성 물질 |
|---|---|
| 주기율표의 0족 원소 | • 헬륨(He)<br>• 네온(Ne)<br>• 아르곤(Ar)<br>• 크립톤(Kr)<br>• 크세논(Xe)<br>• 라돈(Rn) |
| **산소와 더 이상 반응하지 않는 물질** 보기 ④ | • 물($H_2O$)<br>• **이산화탄소($CO_2$)**<br>• 산화알루미늄($Al_2O_3$)<br>• 오산화인($P_2O_5$) |
| 흡열반응 물질 | 질소($N_2$) |

• 탄산가스=이산화탄소($CO_2$)

답 ④

**08** Halon 1211의 화학식에 해당하는 것은?

13.09.문14
12.05.문04

① $CH_2BrCl$
② $CF_2ClBr$
③ $CH_2BrF$
④ $CF_2HBr$

해설 **할론소화약제**의 **약칭** 및 **분자식**

| 종 류 | 약 칭 | 분자식 |
|---|---|---|
| 할론 1011 | CB | $CH_2ClBr$ |
| 할론 104 | CTC | $CCl_4$ |
| 할론 1211 | BCF | $CF_2ClBr$ 보기 ② |
| 할론 1301 | BTM | $CF_3Br$ |
| 할론 2402 | FB | $C_2F_4Br_2$ |

답 ②

★★★
## 09 건축물 화재에서 플래시오버(Flash over) 현상이 일어나는 시기는?

15.09.문07
11.06.문11

① 초기에서 성장기로 넘어가는 시기
② 성장기에서 최성기로 넘어가는 시기
③ 최성기에서 감쇠기로 넘어가는 시기
④ 감쇠기에서 종기로 넘어가는 시기

해설 **플래시오버**(Flash over)

| 구 분 | 설 명 |
|---|---|
| 발생시간 | 화재발생 후 **5~6분경** |
| 발생시점 | **성장기~최성기**(성장기에서 최성기로 넘어가는 분기점) 보기 ② 기억법 **플성최** |
| 실내온도 | 약 **800~900℃** |

답 ②

★★★
## 10 인화칼슘과 물이 반응할 때 생성되는 가스는?

20.06.문12
18.04.문18
14.09.문08
11.10.문05
10.09.문12
04.03.문02

① 아세틸렌
② 황화수소
③ 황산
④ 포스핀

해설 (1) **탄화칼슘**과 **물**의 **반응식**

$$CaC_2 + 2H_2O \rightarrow Ca(OH)_2 + C_2H_2 \uparrow$$
탄화칼슘 물 수산화칼슘 아세틸렌

(2) **탄화알루미늄**과 **물**의 **반응식**

$$Al_4C_3 + 12H_2O \rightarrow 4Al(OH)_3 + 3CH_4 \uparrow$$
탄화알루미늄 물 수산화알루미늄 메탄

(3) **인화칼슘**과 **물**의 **반응식** 보기 ④

$$Ca_3P_2 + 6H_2O \rightarrow 3Ca(OH)_2 + 2PH_3 \uparrow$$
인화칼슘 물 수산화칼슘 포스핀

(4) **수소화리튬**과 **물**의 **반응식**

$$LiH + H_2O \rightarrow LiOH + H_2$$
수소화리튬 물 수산화리튬 수소

답 ④

★★★
## 11 위험물안전관리법령상 자기반응성 물질의 품명에 해당하지 않는 것은?

19.04.문44
16.05.문46
15.09.문03
15.09.문18
15.05.문10
15.05.문42
15.03.문51
14.09.문18
14.03.문18
11.06.문54

① 니트로화합물
② 할로겐간화합물
③ 질산에스테르류
④ 히드록실아민염류

해설 **위험물규칙 3조, 위험물령 [별표 1]**
위험물

| 유 별 | 성 질 | 품 명 |
|---|---|---|
| 제**1**류 | **산**화성 **고**체 | • 아염소산**염류**<br>• 염소산**염류**<br>• 과염소산**염류**<br>• 질산**염류**<br>• **무기과산화물**<br>• 과요오드산염류<br>• 과요오드산<br>• 크롬, 납 또는 요오드의 산화물<br>• 아질산염류<br>• 차아염소산염류<br>• 염소화이소시아눌산<br>• 퍼옥소이황산염류<br>• 퍼옥소붕산염류<br>기억법 **1산고(일산GO), ~염류, 무기과산화물** |
| 제**2**류 | 가연성 고체 | • **황화**린<br>• **적**린<br>• **유**황<br>• **마**그네슘<br>• 금속분<br>기억법 **2황화적유마** |
| 제3류 | 자연발화성 물질 및 금수성 물질 | • **황**린<br>• **칼**륨<br>• **나**트륨<br>• **트**리에틸**알**루미늄<br>• 금속의 수소화물<br>• 염소화규소화합물<br>기억법 **황칼나트알** |
| 제4류 | 인화성 액체 | • 특수인화물<br>• 석유류(벤젠)<br>• 알코올류<br>• 동식물유류 |
| 제5류 | 자기반응성 물질 | • 유기과산화물<br>• 니트로화합물 보기 ①<br>• 니트로소화합물<br>• 아조화합물<br>• 질산에스테르류(셀룰로이드) 보기 ③<br>• 히드록실아민염류 보기 ④<br>• 금속의 아지화합물<br>• 질산구아니딘 |

| 제6류 | 산화성 액체 | • 과염소산<br>• 과산화수소<br>• 질산<br>• 할로겐간화합물 보기 ② |
|---|---|---|

② 산화성 액체

답 ②

★★★
**12** 마그네슘의 화재에 주수하였을 때 물과 마그네슘의 반응으로 인하여 생성되는 가스는?

19.03.문04
15.09.문06
15.09.문13
14.03.문06
12.09.문16
12.05.문05

① 산소
② 수소
③ 일산화탄소
④ 이산화탄소

해설 **주수소화**(물소화)시 위험한 물질

| 위험물 | 발생물질 |
|---|---|
| • **무**기과산화물 | **산소**($O_2$) 발생<br>기억법 무산(무산되다.) |
| • 금속분<br>• **마**그네슘 →<br>• 알루미늄<br>• 칼륨 문제 14<br>• 나트륨<br>• 수소화리튬 | **수소**($H_2$) 발생<br>기억법 마수 |
| • 가연성 액체의 유류화재(경유) | **연소면**(화재면) 확대 |

답 ②

★★★
**13** 제2종 분말소화약제의 주성분으로 옳은 것은?

20.08.문15
19.03.문01
18.04.문06
17.09.문10
16.10.문06
16.05.문15
16.03.문09
15.09.문01

① $NaH_2PO_4$
② $KH_2PO_4$
③ $NaHCO_3$
④ $KHCO_3$

해설 (1) **분말소화약제**

| 종 별 | 주성분 | 착 색 | 적응 화재 | 비 고 |
|---|---|---|---|---|
| 제**1**종 | 중탄산나트륨 ($NaHCO_3$) | 백색 | BC급 | **식용유** 및 **지방질유**의 화재에 적합 |
| 제2종 | 중탄산칼륨 ($KHCO_3$) | 담자색 (담회색) | BC급 | - |
| 제**3**종 | 제1인산암모늄 ($NH_4H_2PO_4$) | 담홍색 | ABC급 | **차고** · **주차장**에 적합 |
| 제4종 | 중탄산칼륨 + 요소 ($KHCO_3$ + $(NH_2)_2CO$) | 회(백)색 | BC급 | - |

기억법 1식분(일식 분식)
3분 차주(삼보컴퓨터 차주)

(2) **이산화탄소 소화약제**

| 주성분 | 적응화재 |
|---|---|
| 이산화탄소($CO_2$) | BC급 |

답 ④

★★★
**14** 물과 반응하였을 때 가연성 가스를 발생하여 화재의 위험성이 증가하는 것은?

15.03.문09
13.06.문15
10.05.문07

① 과산화칼슘
② 메탄올
③ 칼륨
④ 과산화수소

해설 **문제 12 참조**

중요

**경유화재**시 **주수소화**가 **부적당**한 **이유**
물보다 비중이 가벼워 물 위에 떠서 **화재확대**의 우려가 있기 때문이다.

답 ③

★★★
**15** 물리적 소화방법이 아닌 것은?

16.03.문17
15.09.문05
14.05.문13
11.03.문16

① 연쇄반응의 억제에 의한 방법
② 냉각에 의한 방법
③ 공기와의 접촉 차단에 의한 방법
④ 가연물 제거에 의한 방법

해설

| 구 분 | 물리적 소화방법 | **화**학적 소화방법 |
|---|---|---|
| 소화 형태 | • 질식소화(공기와의 접속 차단)<br>• 냉각소화(냉각)<br>• 제거소화(가연물 제거) | • **억**제소화(연쇄반응의 억제) 보기 ①<br>기억법 억화(억화감정) |
| 소화 약제 | • 물소화약제<br>• 이산화탄소소화약제<br>• 포소화약제<br>• 불활성기체소화약제<br>• 마른모래 | • 할론소화약제<br>• 할로겐화합물소화약제 |

① 화학적 소화방법

중요

**소화**의 **방법**

| 소화방법 | 설 명 |
|---|---|
| **냉각소화** | • 다량의 물 등을 이용하여 **점화원**을 **냉각**시켜 소화하는 방법<br>• 다량의 물을 뿌려 소화하는 방법 |
| **질식소화** | • 공기 중의 **산소농도**를 16%(10~15%) 이하로 희박하게 하여 소화하는 방법 |
| **제거소화** | • 가연물을 제거하여 소화하는 방법 |
| **억제소화**<br>**(부촉매효과)** | • 연쇄반응을 차단하여 소화하는 방법으로 **'화학소화'**라고도 함 |

답 ①

★★★
**16** 다음 중 착화온도가 가장 낮은 것은?

19.09.문02 17.03.문14 15.09.문02 14.05.문05 12.09.문04

① 아세톤
② 휘발유
③ 이황화탄소
④ 벤젠

해설

| 물 질 | 인화점 | 착화점 |
|---|---|---|
| • 프로필렌 | -107℃ | 497℃ |
| • 에틸에테르<br>• 디에틸에테르 | -45℃ | 180℃ |
| **• 가솔린(휘발유)** 보기 ② | -43℃ | **300℃** |
| **• 이황화탄소** 보기 ③ | -30℃ | **100℃** |
| • 아세틸렌 | -18℃ | 335℃ |
| **• 아세톤** 보기 ① | -18℃ | **538℃** |
| **• 벤젠** 보기 ④ | -11℃ | **562℃** |
| • 톨루엔 | 4.4℃ | 480℃ |
| • 에틸알코올 | 13℃ | 423℃ |
| • 아세트산 | 40℃ | - |
| • 등유 | 43~72℃ | 210℃ |
| • 경유 | 50~70℃ | 200℃ |
| • 적린 | - | 260℃ |

• 착화점=발화점=착화온도=발화온도

답 ③

★★★
**17** 화재의 분류방법 중 유류화재를 나타낸 것은?

19.03.문08 17.09.문07 16.05.문09 15.09.문19 13.09.문07

① A급 화재
② B급 화재
③ C급 화재
④ D급 화재

해설 **화재**의 **종류**

| 구 분 | 표시색 | 적응물질 |
|---|---|---|
| 일반화재(A급) | 백색 | • 일반가연물<br>• 종이류 화재<br>• 목재 · 섬유화재 |
| **유류화재(B급)** 보기 ② | 황색 | • 가연성 액체<br>• 가연성 가스<br>• 액화가스화재<br>• 석유화재 |
| 전기화재(C급) | 청색 | • 전기설비 |
| 금속화재(D급) | 무색 | • 가연성 금속 |
| 주방화재(K급) | - | • 식용유화재 |

※ 요즘은 표시색의 의무규정은 없음

답 ②

★★
**18** 소화약제로 사용되는 물에 관한 소화성능 및 물성에 대한 설명으로 틀린 것은?

19.04.문06 18.03.문19 15.05.문04 99.08.문06

① 비열과 증발잠열이 커서 냉각소화 효과가 우수하다.
② 물(15℃)의 비열은 약 1cal/g · ℃이다.
③ 물(100℃)의 증발잠열은 439.6cal/g이다.
④ 물의 기화에 의한 팽창된 수증기는 질식소화 작용을 할 수 있다.

해설 **물**의 **소화능력**

(1) **비열**이 크다. 보기 ①
(2) **증발잠열**(기화잠열)이 크다. 보기 ①
(3) 밀폐된 장소에서 증발가열하면 수증기에 의해서 **산소희석작용** 또는 **질식소화작용**을 한다. 보기 ④
(4) **무상**으로 주수하면 **중질유 화재**에도 사용할 수 있다.

| 융해잠열 | 증발잠열(기화잠열) |
|---|---|
| 80cal/g | 539cal/g 보기 ③ |

③ 439.6cal/g → 539cal/g

참고

**물**이 **소화약제**로 많이 쓰이는 이유

| 장 점 | 단 점 |
|---|---|
| ① 쉽게 구할 수 있다.<br>② 증발잠열(기화잠열)이 크다.<br>③ 취급이 간편하다. | ① 가스계 소화약제에 비해 사용 후 **오염**이 **크다.**<br>② 일반적으로 **전기화재**에는 **사용**이 **불가**하다. |

답 ③

★★★
**19** 다음 중 공기에서의 연소범위를 기준으로 했을 때 위험도($H$) 값이 가장 큰 것은?

20.06.문19
19.03.문03
15.09.문08
10.03.문14

① 디에틸에테르 ② 수소
③ 에틸렌 ④ 부탄

해설 **위험도**

$$H=\frac{U-L}{L}$$

여기서, $H$ : 위험도
$U$ : 연소상한계
$L$ : 연소하한계

① **디에틸에테르** $=\frac{48-1.9}{1.9}=24.26$

② **수소** $=\frac{75-4}{4}=17.75$

③ **에틸렌** $=\frac{36-2.7}{2.7}=12.33$

④ **부탄** $=\frac{8.4-1.8}{1.8}=3.67$

중요

**공기 중**의 **폭발한계**(상온, 1atm)

| 가 스 | 하한계 〔vol%〕 | 상한계 〔vol%〕 |
|---|---|---|
| 보기 ① 디에틸에테르($(C_2H_5)_2O$) → | 1.9 | 48 |
| 보기 ② 수소($H_2$) → | 4 | 75 |
| 보기 ③ 에틸렌($C_2H_4$) → | 2.7 | 36 |
| 보기 ④ 부탄($C_4H_{10}$) → | 1.8 | 8.4 |
| 아세틸렌($C_2H_2$) | 2.5 | 81 |
| 일산화탄소($CO$) | 12.5 | 74 |
| 이황화탄소($CS_2$) | 1.2 | 44 |
| 암모니아($NH_3$) | 15 | 28 |
| 메탄($CH_4$) | 5 | 15 |
| 에탄($C_2H_6$) | 3 | 12.4 |
| 프로판($C_3H_8$) | 2.1 | 9.5 |

- 연소한계=연소범위=가연한계=가연범위=폭발한계=폭발범위
- 디에틸에테르=에테르

답 ①

★★★
**20** 조연성 가스로만 나열되어 있는 것은?

18.04.문07
17.03.문07
16.10.문03
16.03.문04
14.05.문10
12.09.문08
10.05.문18

① 질소, 불소, 수증기
② 산소, 불소, 염소
③ 산소, 이산화탄소, 오존
④ 질소, 이산화탄소, 염소

해설 **가연성 가스**와 **지연성 가스**(조연성 가스)

| 가연성 가스 | 지연성 가스(조연성 가스) |
|---|---|
| • **수**소<br>• **메**탄<br>• **일**산화탄소<br>• **천**연가스<br>• **부**탄<br>• **에**탄<br>• **암**모니아<br>• **프**로판<br>기억법 가수일천 암부 메에프 | • **산**소 보기 ②<br>• **공**기<br>• **염**소 보기 ②<br>• **오**존<br>• **불**소 보기 ②<br>기억법 조산공 염오불 |

용어

**가연성 가스**와 **지연성 가스**

| 가연성 가스 | 지연성 가스(조연성 가스) |
|---|---|
| 물질 자체가 연소하는 것 | 자기 자신은 연소하지 않지만 연소를 도와주는 가스 |

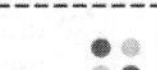
답 ②

## 제 2 과목 소방전기일반

★★
**21** 단상 반파정류회로를 통해 평균 26V의 직류전압을 출력하는 경우, 정류 다이오드에 인가되는 역방향 최대전압은 약 몇 V인가? (단, 직류측에 평활회로(필터)가 없는 정류회로이고, 다이오드의 순방향 전압은 무시한다.)

20.06.문25
19.04.문31
16.05.문27
16.05.문31
13.06.문33
12.03.문35
07.05.문34

① 26 ② 37
③ 58 ④ 82

해설 (1) **기호**

- $V_{av}$ : 26V
- $PIV$ : ?

(2) **직류 평균전압**

| 단상 반파정류회로 | 단상 전파정류회로 |
|---|---|
| $V_{av}=0.45V$ | $V_{av}=0.9V$ |
| 여기서,<br>$V_{av}$ : 직류 평균전압〔V〕<br>$V$ : 교류 실효값(교류전압)〔V〕 | 여기서,<br>$V_{av}$ : 직류 평균전압〔V〕<br>$V$ : 교류 실효값(교류전압)〔V〕 |

교류전압 $V$는

$$V=\frac{V_{av}}{0.45}=\frac{26}{0.45}\fallingdotseq 57.7\text{V}$$

(3) **첨두역전압**(역방향 최대전압)

$$PIV = \sqrt{2}\,V$$

여기서, $PIV$ : 첨두역전압[V]
$V$ : 교류전압[V]

첨두역전압 $PIV$는

$PIV = \sqrt{2}\,V = \sqrt{2} \times 57.7 \fallingdotseq 82$V

 용어

**첨두역전압**(PIV ; Peak Inverse Voltage)
정류회로에서 다이오드가 동작하지 않을 때, 역방향 전압을 견딜 수 있는 최대전압

답 ④

★★★
**22** 16.03.문30

**시퀀스회로를 논리식으로 표현하면?**

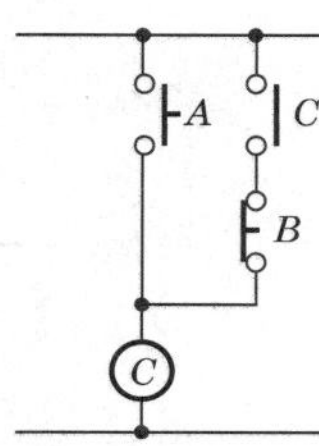

① $C = A + \overline{B} \cdot C$
② $C = A \cdot \overline{B} + C$
③ $C = A \cdot C + \overline{B}$
④ $C = A \cdot C + \overline{B} \cdot C$

해설 **논리식 · 시퀀스회로**

| 시퀀스 | 논리식 | 시퀀스회로(스위칭회로) |
|---|---|---|
| 직렬회로 | $Z = A \cdot B$<br>$Z = AB$ | |
| 병렬회로 | $Z = A + B$ | |
| a접점 | $Z = A$ | |
| b접점 | $Z = \overline{A}$ | 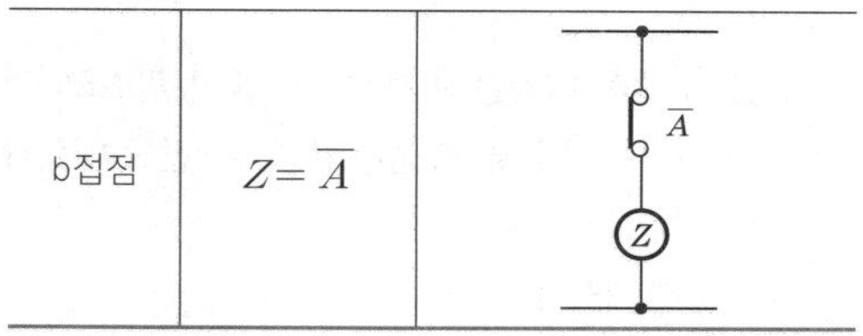 |

$\therefore\ C = A + \overline{B} \cdot C = A + \overline{B}C$

답 ①

★★★
**23** 19.03.문32 17.09.문22 17.09.문39 16.10.문35 16.05.문22 16.03.문32 15.05.문23 14.09.문23 13.09.문27

**제어량에 따른 제어방식의 분류 중 온도, 유량, 압력 등의 공업 프로세스의 상태량을 제어량으로 하는 제어계로서 외란의 억제를 주목적으로 하는 제어방식은?**

① 서보기구 ② 자동조정
③ 추종제어 ④ 프로세스제어

해설 **제어량**에 의한 **분류**

| 분 류 | 종 류 |
|---|---|
| **프**로세스제어<br>(공정제어)<br>보기 ④ | • **온**도 • **압**력<br>• **유**량 • **액**면<br>기억법 **프온압유액** |
| **서**보기구<br>(서보제어, 추종제어) | • **위**치 • **방**위<br>• **자**세<br>기억법 **서위방자** |
| **자**동조정 | • 전압<br>• 전류<br>• 주파수<br>• 회전속도(**발**전기의 **조**속기)<br>• 장력<br>기억법 **자발조** |

※ **프로세스제어** : 공업공정의 상태량을 제어량으로 하는 제어

중요

**제어**의 **종류**

| 종 류 | 설 명 |
|---|---|
| **정치제어**<br>(Fixed value control) | • 일정한 목표값을 유지하는 것으로 **프로세스제어, 자동조정**이 이에 해당된다.<br>예 **연속식 압연기**<br>• **목표값**이 시간에 관계없이 항상 일정한 값을 가지는 제어 |
| **추종제어**<br>(Follow-up control) | 미지의 시간적 변화를 하는 목표값에 제어량을 추종시키기 위한 제어로 **서보기구**가 이에 해당된다.<br>예 **대공포의 포신** |
| **비율제어**<br>(Ratio control) | 둘 이상의 제어량을 소정의 비율로 제어하는 것 |
| **프로그램제어**<br>(Program control) | 목표값이 **미리 정해진 시간적 변화**를 하는 경우 제어량을 그것에 추종시키기 위한 제어<br>예 **열차 · 산업로봇의 무인운전** |

답 ④

★★★
**24** **반도체를 이용한 화재감지기 중 서미스터(Thermistor)는 무엇을 측정하기 위한 반도체소자인가?**

① 온도
② 연기농도
③ 가스농도
④ 불꽃의 스펙트럼 강도

해설 **반도체소자**

| 명 칭 | 심 벌 |
|---|---|
| ① **제너다이오드**(Zener diode) : 주로 **정**전압 전원회로에 사용된다. **기억법** 제정(**재정**이 풍부) | |
| ② **서미스터**(Thermistor) : 부온도특성을 가진 저항기의 일종으로서 주로 **온**도보정용으로 쓰인다. 보기 ① **기억법** 서온(**서운**해) | Th |
| ③ **SCR**(Silicon Controlled Rectifier) : 단방향 대전류 스위칭소자로서 제어를 할 수 있는 정류소자이다. | A K G |
| ④ **바리스터**(Varistor) • 주로 **서**지전압에 대한 회로보호용(과도전압에 대한 회로보호) • **계**전기 접점의 불꽃제거 **기억법** 바리서계 | |
| ⑤ **UJT**(UniJunction Transistor) = **단일접합 트랜지스터** : 증폭기로는 사용이 불가능하고 톱니파나 펄스발생기로 작용하며 SCR의 트리거소자로 쓰인다. | E $B_1$ $B_2$ |
| ⑥ **바랙터**(Varactor) : 제너현상을 이용한 다이오드 | – |

답 ①

★★★
**25** **회로에서 a와 b 사이의 합성저항[Ω]은?**
11.06.문27

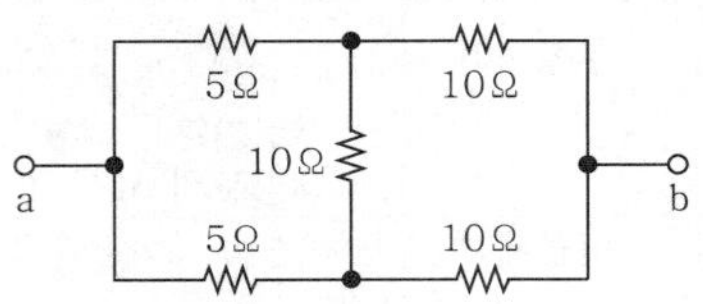


① 5 ② 7.5
③ 15 ④ 30

해설 **휘트스톤브리지**이므로 회로를 변형하면 다음과 같다.

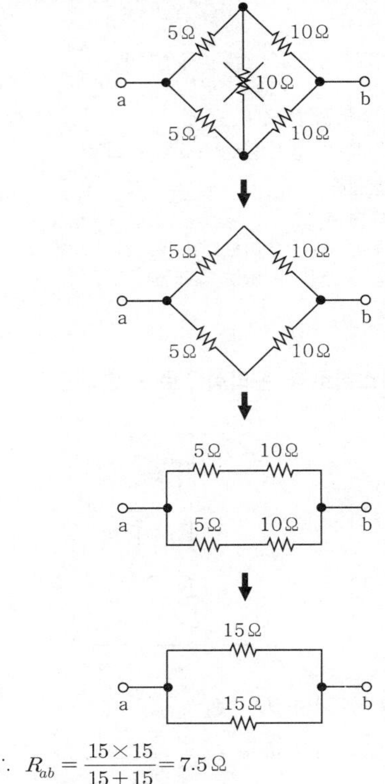


$$\therefore R_{ab} = \frac{15 \times 15}{15 + 15} = 7.5\,\Omega$$

중요

**휘트스톤브리지**(Wheatstone bridge)

$PR = QX$이면 검류계 G에는 전류가 흐르지 않으므로 생략 가능

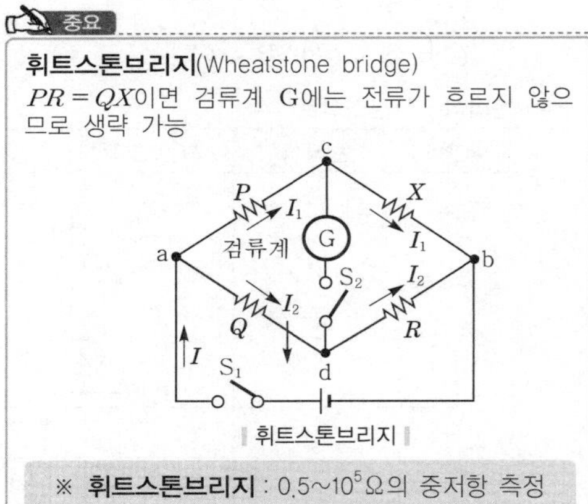


| 휘트스톤브리지 |

※ **휘트스톤브리지** : 0.5~$10^5$Ω의 중저항 측정

답 ②

★★
**26** **1개의 용량이 25W인 객석유도등 10개가 설치되어 있다. 이 회로에 흐르는 전류는 약 몇 A인가? (단, 전원전압은 220V이고, 기타 선로손실 등은 무시한다.)**
14.03.문33

① 0.88 ② 1.14
③ 1.25 ④ 1.36

해설

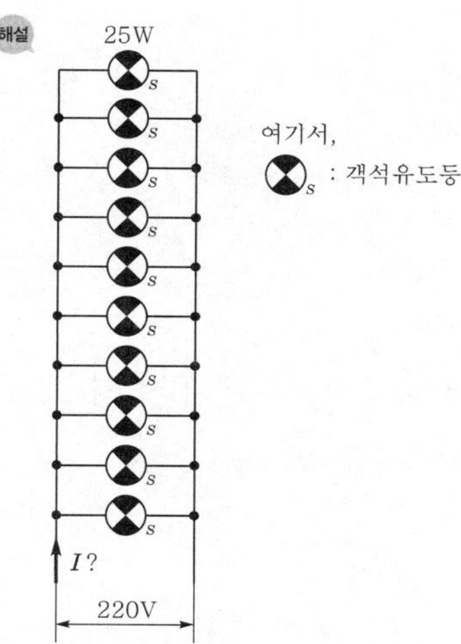


(1) **기호**

- $P$ : 25W×10개
- $I$ : ?
- $V$ : 220V

(2) **전력**

$$P = VI = I^2R = \frac{V^2}{R}$$

여기서, $P$ : 전력〔W〕
$V$ : 전압〔V〕
$I$ : 전류〔A〕
$R$ : 저항〔Ω〕

전류 $I = \frac{P}{V} = \frac{25\text{W} \times 10\text{개}}{220\text{V}} ≒ 1.14\text{A}$

답 ②

## 27 PD(비례미분)제어동작의 특징으로 옳은 것은?

17.03.문37
16.10.문40
14.09.문25
08.09.문22

① 잔류편차 제거
② 간헐현상 제거
③ 불연속제어
④ 속응성 개선

해설 **연속제어**

| 제어 종류 | 설 명 |
|---|---|
| 비례제어(**P동작**) | **잔류편차**(off-set)가 있는 제어 |
| 미분제어(**D동작**) | 오차가 커지는 것을 **미연에 방지**하고 **진동**을 **억제**하는 제어(=**Rate동작**) |
| 적분제어(**I동작**) | **잔류편차**를 **제거**하기 위한 제어 |
| **비**례**적**분제어(**PI동작**) | **간헐현상**이 있는 제어, 잔류편차가 없는 제어<br>기억법 **간비적** |
| 비례미분제어(**PD동작**) | **응답 속응성**을 개선하는 제어 보기 ④<br>기억법 **PD응(PD 좋아? 응!)** |
| 비례적분미분제어(**PID동작**) | 적분제어로 **잔류편차**를 **제거**하고, 미분제어로 **응답**을 **빠르게** 하는 제어 |

용어

| 용 어 | 설 명 |
|---|---|
| **간헐현상** | 제어계에서 동작신호가 연속적으로 변하여도 조작량이 **일정**한 **시간**을 두고 **간헐**적으로 변하는 현상 |
| **잔류편차** | 비례제어에서 급격한 목표값의 변화 또는 외란이 있는 경우 제어계가 정상상태로 된 후에도 **제어량**이 **목표값**과 **차이**가 난 채로 있는 것 |

답 ④

## 28 회로에서 저항 20Ω에 흐르는 전류〔A〕는?

14.09.문39
08.03.문21

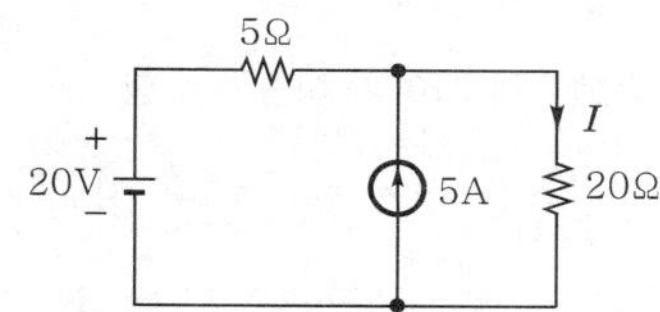


① 0.8
② 1.0
③ 1.8
④ 2.8

해설 **중첩**의 **원리**

(1) **전압원 단락시**

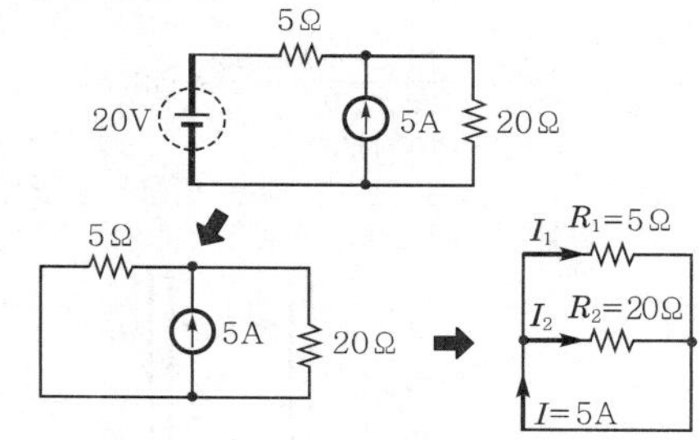


$$I_2 = \frac{R_1}{R_1 + R_2} I = \frac{5}{5+20} \times 5 = 1\text{A}$$

(2) **전류원 개방시 5Ω**

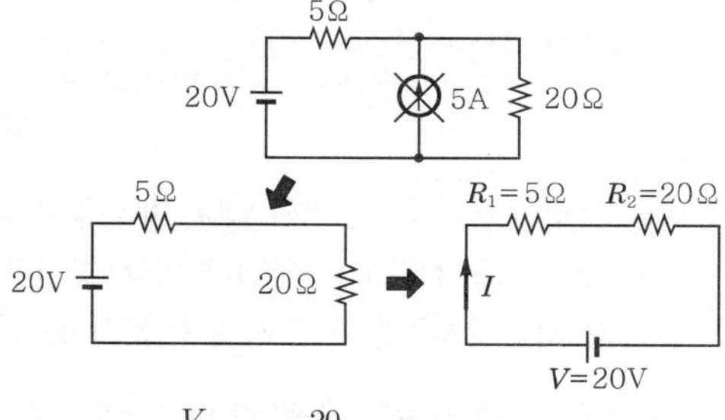


$$I = \frac{V}{R_1 + R_2} = \frac{20}{5+20} = 0.8\text{A}$$

∴ 20Ω에 흐르는 전류 $= I_2 + I = 1 + 0.8 = 1.8\text{A}$

- 중첩의 원리=전압원 단락시 값+전류원 개방시 값

답 ③

**29** 1cm의 간격을 둔 평행 왕복전선에 25A의 전류가 흐른다면 전선 사이에 작용하는 단위길이당 힘〔N/m〕은?

20.06.문33
18.09.문34
14.09.문37

① $2.5\times10^{-2}$N/m(반발력)
② $1.25\times10^{-2}$N/m(반발력)
③ $2.5\times10^{-2}$N/m(흡인력)
④ $1.25\times10^{-2}$N/m(흡인력)

해설 (1) **기호**

- $r$ : 0.1cm=0.01m(100cm=1m)
- $I_1$, $I_2$ : 25A
- $F$ : ?

(2) **평행도체 사이**에 **작용**하는 **힘**

$$F=\frac{\mu_0 I_1 I_2}{2\pi r}\ \text{[N/m]}$$

여기서, $F$ : 평행전류의 힘〔N/m〕
$\mu_0$ : 진공의 투자율($4\pi\times10^{-7}$)〔H/m〕
$I_1$, $I_2$ : 전류〔A〕
$r$ : 거리〔m〕

평행도체 사이에 작용하는 힘 $F$는

$$F=\frac{\mu_0 I_1 I_2}{2\pi r}$$
$$=\frac{(4\pi\times10^{-7})\times25\times25}{2\pi\times0.01}=0.0125$$
$$=\mathbf{1.25\times10^{-2}N/m}$$

힘의 방향은 전류가 **같은 방향**이면 **흡인력**, **다른 방향**이면 **반발력**이 작용한다.

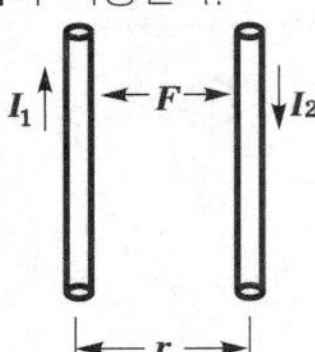


▎평행전류의 힘▕

**평행 왕복전선**은 전류가 갔다가 다시 돌아오므로 두 전선의 전류방향이 다른 방향이 되어 **반발력**이 작용한다.

답 ②

**30** 0.5kVA의 수신기용 변압기가 있다. 이 변압기의 철손은 7.5W이고, 전부하동손은 16W이다. 화재가 발생하여 처음 2시간은 전부하로 운전되고, 다음 2시간은 $\frac{1}{2}$의 부하로 운전되었다고 한다. 4시간에 걸친 이 변압기의 전손실전력량은 몇 Wh인가?

17.09.문30
11.03.문29

① 62 ② 70
③ 78 ④ 94

해설 (1) **기호**

- $P_i$ : 7.5W
- $P_c$ : 16W
- $t$ : 2h
- $\frac{1}{2}$ 부하가 걸렸으므로 $\frac{1}{n}=\frac{1}{2}$
- $W$ : ?

(2) **전손실전력량**

$$W=[P_i+P_c]t+\left[P_i+\left(\frac{1}{n}\right)^2 P_c\right]t$$

여기서, $W$ : 전손실전력량〔Wh〕
$P_i$ : 철손〔W〕
$P_c$ : 동손〔W〕
$t$ : 시간〔h〕
$n$ : 부하가 걸리는 비율

$$W=[7.5+16]\times2+\left[7.5+\left(\frac{1}{2}\right)^2\times16\right]\times2=\mathbf{70Wh}$$

답 ②

**31** 테브난의 정리를 이용하여 그림 (a)의 회로를 그림 (b)와 같은 등가회로로 만들고자 할 때 $V_{ab}$〔V〕와 $R_{ab}$〔Ω〕은?

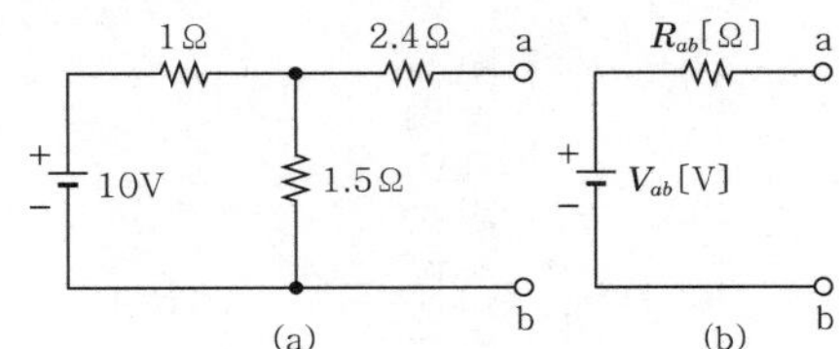


① 5V, 2Ω ② 5V, 3Ω
③ 6V, 2Ω ④ 6V, 3Ω

해설 **테브난**의 **정리**에 의해
2.4Ω에는 전압이 가해지지 않으므로

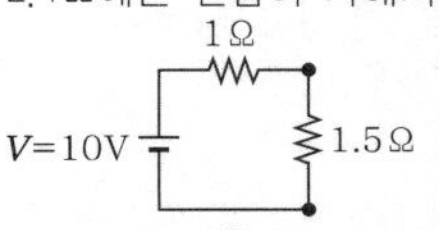


⬇ 이해하기 쉽게 회로를 변형하면

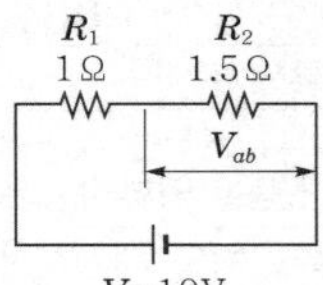


$$V_{ab}=\frac{R_2}{R_1+R_2}V=\frac{1.5}{1+1.5}\times10=\mathbf{6V}$$

**전압원**을 **단락**하고 회로망에서 본 저항 $R$은

$$R=\frac{1\times 1.5}{1+1.5}+2.4=\mathbf{3}\Omega$$

용어

**테브난**의 **정리**(테브낭의 정리)
2개의 독립된 회로망을 접속하였을 때의 전압·전류 및 임피던스의 관계를 나타내는 정리

답 ④

### 32 블록선도에서 외란 $D(s)$의 압력에 대한 출력 $C(s)$의 전달함수$\left(\frac{C(s)}{D(s)}\right)$는?

20.06.문23
14.09.문34
10.03.문28

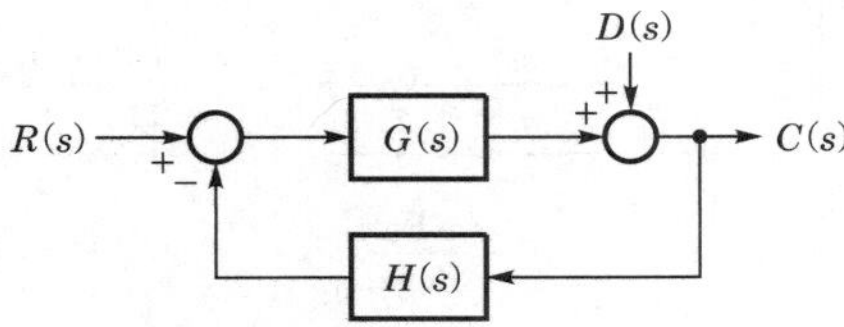


① $\dfrac{G(s)}{H(s)}$　　② $\dfrac{1}{1+G(s)H(s)}$

③ $\dfrac{H(s)}{G(s)}$　　④ $\dfrac{G(s)}{1+G(s)H(s)}$

해설

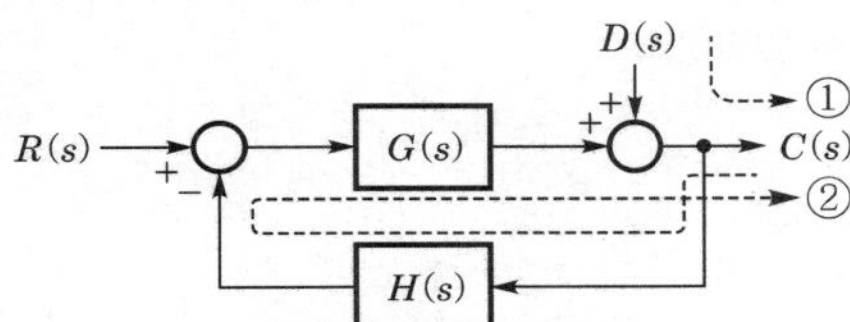


계산편의를 위해 $(s)$를 삭제하고 계산하면

$D-CGH=C$

$D=C+CGH$

$D=C(1+GH)$

$\dfrac{1}{1+GH}=\dfrac{C}{D}$

$\dfrac{C}{D}=\dfrac{1}{1+GH}$ ← 좌우 위치 바꿈

$\dfrac{C(s)}{D(s)}=\dfrac{1}{1+G(s)H(s)}$ ← 삭제한 $(s)$를 다시 붙임

용어

**블록선도**(Block diagram)
제어계에서 신호가 전달되는 모양을 표시하는 선도

답 ②

### 33 회로에서 전압계 Ⓥ가 지시하는 전압의 크기는 몇 V인가?

20.08.문27
12.03.문37

(회로: AC 100V, 8Ω, $j4\Omega$, Ⓥ, $-j10\Omega$)

① 10　　② 50

③ 80　　④ 100

해설 (1) **기호**

- $V$ : 100V
- $R$ : 8Ω
- $X_L$ : 4Ω
- $X_C$ : −10Ω
- Ⓥ 전압 : ?

(2) **임피던스**

$$Z=R+jX_L-jX_C$$

여기서, $Z$ : 임피던스[Ω]
$X_L$ : 유도리액턴스[Ω]
$X_C$ : 용량리액턴스[Ω]

**임피던스** $Z$는

$Z=R+jX_L-jX_C$

$=8+j4-j10=8-j6=\sqrt{8^2+(-6)^2}=10\Omega$

(3) **전류**

$$I=\frac{V}{Z}$$

여기서, $I$ : 전류[A]
$V$ : 전압[V]
$Z$ : 임피던스[Ω]

**전류** $I$는

$I=\dfrac{V}{Z}=\dfrac{100}{10}=10\text{A}$

(4) **전압**

$$V_C=IX_C$$

여기서, $V_C$ : 콘덴서에 걸리는 전압[V]
$I$ : 전류[A]
$X_C$ : 용량리액턴스[Ω]

전압계 Ⓥ의 지시값은 콘덴서에 걸리는 전압과 동일하므로 콘덴서에 걸리는 전압 $V_C$는

$V_C=IX_C=10\times 10=100\text{V}$

답 ④

### 34 지시계기에 대한 동작원리가 아닌 것은?

16.10.문39
14.03.문31
11.03.문40

① 열전형 계기 : 대전된 도체 사이에 작용하는 정전력을 이용

② 가동철편형 계기 : 전류에 의한 자기장에서 고정철편과 가동철편 사이에 작용하는 힘을 이용

③ 전류력계형 계기 : 고정코일에 흐르는 전류에 의한 자기장과 가동코일에 흐르는 전류 사이에 작용하는 힘을 이용

④ 유도형 계기 : 회전자기장 또는 이동자기장과 이것에 의한 유도전류와의 상호작용을 이용

해설 **지시계기의 동작원리**

| 계기명 | 동작원리 |
|---|---|
| 열**전**대형 계기(열전형 계기) 보기 ① | **금**속선의 팽창 |
| 유도형 계기 보기 ④ | 회전자기장 및 이동자기장 |
| 전류력계형 계기 보기 ③ | 코일의 자기장(전류 상호간에 작용하는 힘) |
| 열선형 계기 | 열선의 팽창 |
| 가동철편형 계기 보기 ② | 연철편의 작용(고정철편과 가동철편 사이에 작용하는 힘) |
| 정전형 계기 | 정전력 이용 |

기억법 **금전**

중요

**지시전기계기의 종류**

| 계기의 종류 | 기 호 | 사용회로 |
|---|---|---|
| 가동코일형 | | 직류 |
| 가동철편형 | | 교류 |
| 정류형 | | 교류 |
| 유도형 | | 교류 |
| 전류력계형 | | 교직양용 |
| 열선형 | | 교직양용 |
| 정전형 | | 교직양용 |

• 정류기형 계기=정류형 계기

답 ①

★★
**35** 12.05.문21 **선간전압의 크기가 $100\sqrt{3}$ V인 대칭 3상 전원에 각 상의 임피던스가 $Z=30+j40\Omega$인 Y 결선의 부하가 연결되었을 때 이 부하로 흐르는 선전류〔A〕의 크기는?**

① 2　② $2\sqrt{3}$

③ 5　④ $5\sqrt{3}$

해설 (1) **기호**

- $V_L$ : $100\sqrt{3}$ V
- $Z$ : $30+j40\,\Omega$
- $I_L$ : ?

(2) **그림**

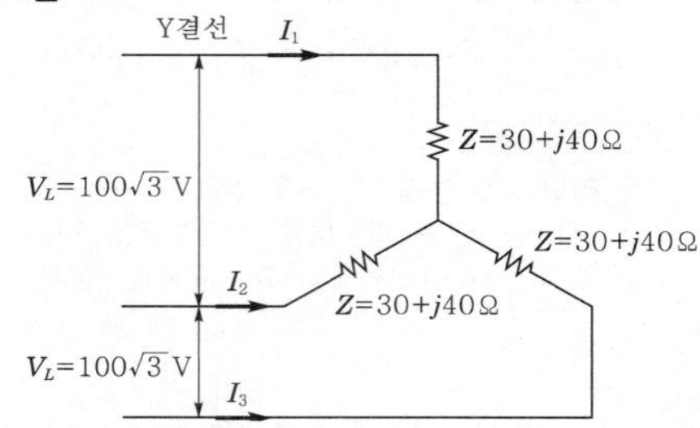


(3) **△결선 vs Y결선**

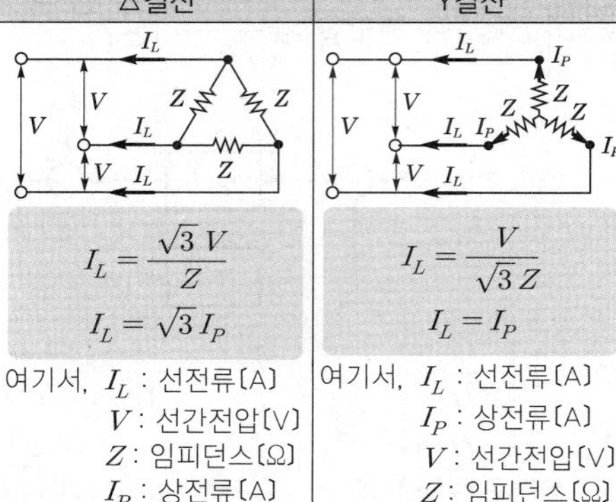

| △결선 | Y결선 |
|---|---|
| $I_L=\dfrac{\sqrt{3}\,V}{Z}$<br>$I_L=\sqrt{3}\,I_P$ | $I_L=\dfrac{V}{\sqrt{3}\,Z}$<br>$I_L=I_P$ |
| 여기서, $I_L$ : 선전류〔A〕<br>$V$ : 선간전압〔V〕<br>$Z$ : 임피던스〔Ω〕<br>$I_P$ : 상전류〔A〕 | 여기서, $I_L$ : 선전류〔A〕<br>$I_P$ : 상전류〔A〕<br>$V$ : 선간전압〔V〕<br>$Z$ : 임피던스〔Ω〕 |

(4) **임피던스**

$$Z=R+jX=\sqrt{R^2+X^2}$$

여기서, $Z$ : 임피던스〔Ω〕
$R$ : 저항〔Ω〕
$X$ : 리액턴스〔Ω〕

(5) **선전류 Y결선**

선전류 $I_L$는

$$I_L=\frac{V_L}{\sqrt{3}\,Z}=\frac{V_L}{\sqrt{3}\,(\sqrt{R^2+X^2})}=\frac{100\sqrt{3}}{\sqrt{3}\,(\sqrt{30^2+40^2})}=2\text{A}$$

답 ①

★★
**36** 20.09.문39 **자유공간에서 무한히 넓은 평면에 면전하밀도 $\sigma$〔C/m²〕가 균일하게 분포되어 있는 경우 전계의 세기($E$)는 몇 V/m인가? (단, $\varepsilon_0$는 진공의 유전율이다.)**

① $E=\dfrac{\sigma}{\varepsilon_0}$　② $E=\dfrac{\sigma}{2\varepsilon_0}$

③ $E=\dfrac{\sigma}{2\pi\varepsilon_0}$　④ $E=\dfrac{\sigma}{4\pi\varepsilon_0}$

해설 **가우스의 법칙**

**무한**히 **넓은 평면**에서 대전된 물체에 대한 **전계**의 **세기**(Intensity of electric field)를 구할 때 사용한다. 무한히 넓은 평면에서 대전된 물체는 원천 전하로부터 전기장이 발생해 이 전기장이 다른 전하에 힘을 주게 되어 **대칭**의 **자기장**이 존재하게 된다. 즉 **자기장**이 **2개**가 존재하므로 다음과 같이 구할 수 있다.

$$\text{기본식 } E=\frac{Q}{4\pi\varepsilon r^2}=\frac{\sigma}{\varepsilon} \text{ 에서}$$

$$2E=\frac{Q}{4\pi\varepsilon r^2}=\frac{\sigma}{\varepsilon}$$

$$E=\frac{Q}{2(4\pi\varepsilon r^2)}=\frac{\sigma}{2\varepsilon}$$

여기서, $E$ : 전계의 세기〔V/m〕
$Q$ : 전하〔C〕
$\varepsilon$ : 유전율〔F/m〕($\varepsilon=\varepsilon_0\cdot\varepsilon_s$)
($\varepsilon_0$ : 진공의 유전율〔F/m〕, $\varepsilon_s$ : 비유전율)
$\sigma$ : 면전하밀도〔C/m$^2$〕
$r$ : 거리〔m〕

**전계의 세기**(전장의 세기) $E$는

$$E=\frac{\sigma}{2\varepsilon}=\frac{\sigma}{2(\varepsilon_0\varepsilon_s)}=\frac{\sigma}{2\varepsilon_0}$$

- 자유공간에서 $\varepsilon_s \fallingdotseq 1$이므로 $\varepsilon=\varepsilon_0\varepsilon_s=\varepsilon_0$

답 ②

**37** 50Hz의 주파수에서 유도성 리액턴스가 4Ω인 인덕터와 용량성 리액턴스가 1Ω인 커패시터와 4Ω의 저항이 모두 직렬로 연결되어 있다. 이 회로에 100V, 50Hz의 교류전압을 인가했을 때 무효전력〔Var〕은?

① 1000 ② 1200
③ 1400 ④ 1600

해설 (1) **기호**

- $f$ : 50Hz
- $X_L$ : 4Ω
- $X_C$ : 1Ω
- $R$ : 4Ω
- $V$ : 100V
- $P_r$ : ?

(2) **그림**

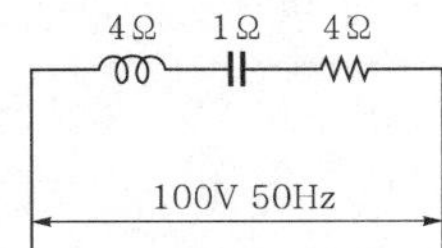


(3) **리액턴스**

$$X=\sqrt{(X_L-X_C)^2}$$

여기서, $X$ : 리액턴스〔Ω〕
$X_L$ : 유도리액턴스〔Ω〕
$X_C$ : 용량리액턴스〔Ω〕

리액턴스 $X$는

$$X=\sqrt{(X_L-X_C)^2}=\sqrt{(4-1)^2}=3\Omega$$

(4) **전류**

$$I=\frac{V}{Z}=\frac{V}{\sqrt{R^2+X^2}}$$

여기서, $I$ : 전류〔A〕
$V$ : 전압〔V〕
$Z$ : 임피던스〔Ω〕
$R$ : 저항〔Ω〕
$X$ : 리액턴스〔Ω〕

전류 $I$는

$$I=\frac{V}{\sqrt{R^2+X^2}}=\frac{100}{\sqrt{4^2+3^2}}=20\text{A}$$

(5) **무효전력**

$$P_r=VI\sin\theta=I^2X\text{〔Var〕}$$

여기서, $P_r$ : 무효전력〔Var〕
$V$ : 전압〔V〕
$I$ : 전류〔A〕
$\sin\theta$ : 무효율
$X$ : 리액턴스〔Ω〕

- **무효전력** : **교류전압**($V$)과 **전류**($I$) 그리고 **무효율**($\sin\theta$)의 곱 형태

무효전력 $P_r$는

$$P_r=I^2X=20^2\times 3=1200\text{Var}$$

답 ②

**38** 다음의 단상 유도전동기 중 기동토크가 가장 큰 것은?

18.09.문35 14.05.문26 05.03.문25 03.08.문33

① 셰이딩 코일형 ② 콘덴서 기동형
③ 분상 기동형 ④ 반발 기동형

해설 **기동토크**가 **큰 순서**
**반발 기동형** > 반발 유도형 > 콘덴서 기동형 > 분상 기동형 > **셰이딩 코일형**

기억법 **반기큰**

- 셰이딩 코일형=세이딩 코일형

답 ④

**39** 무한장 솔레노이드에서 자계의 세기에 대한 설명으로 틀린 것은?

16.03.문22

① 솔레노이드 내부에서의 자계의 세기는 전류의 세기에 비례한다.
② 솔레노이드 내부에서의 자계의 세기는 코일의 권수에 비례한다.
③ 솔레노이드 내부에서의 자계의 세기는 위치에 관계없이 일정한 평등자계이다.
④ 자계의 방향과 암페어 적분 경로가 서로 수직인 경우 자계의 세기가 최대이다.

**해설** **무한장 솔레노이드**

(1) **내부자계**

$$H_i = nI$$ 보기 ①~③

여기서, $H_i$ : 내부자계의 세기〔AT/m〕
$n$ : 단위길이당 권수(1m당 권수)
$I$ : 전류〔A〕

(2) **외부자계**

$$H_e = 0$$

여기서, $H_e$ : 외부자계의 세기〔AT/m〕

④ 자계의 방향과는 무관

답 ④

★★★
## 40 다음의 논리식을 간소화하면?

18.09.문39 17.09.문33 17.03.문23 16.05.문36 16.03.문39 15.09.문23 13.09.문30 13.06.문35

$$Y = \overline{(\overline{A}+B) \cdot \overline{B}}$$

① $Y = A + B$ ② $Y = \overline{A} + B$
③ $Y = A + \overline{B}$ ④ $Y = \overline{A} + \overline{B}$

**해설** **불대수**의 **정리**

| 논리합 | 논리곱 | 비 고 |
|---|---|---|
| $X+0=X$ | $X \cdot 0=0$ | - |
| $X+1=1$ | $X \cdot 1=X$ | - |
| $X+X=X$ | $X \cdot X=X$ | - |
| $X+\overline{X}=1$ | $X \cdot \overline{X}=0$ | - |
| $X+Y=Y+X$ | $X \cdot Y=Y \cdot X$ | 교환법칙 |
| $X+(Y+Z)$ $=(X+Y)+Z$ | $X(YZ)=(XY)Z$ | 결합법칙 |
| $X(Y+Z)$ $=XY+XZ$ | $(X+Y)(Z+W)$ $=XZ+XW+YZ+YW$ | 분배법칙 |
| $X+XY=X$ | $\overline{X}+XY=\overline{X}+Y$ $X+\overline{X}Y=X+Y$ $X+\overline{X}\,\overline{Y}=X+\overline{Y}$ | 흡수법칙 |
| $(\overline{X+Y})$ $=\overline{X} \cdot \overline{Y}$ | $(\overline{X \cdot Y})=\overline{X}+\overline{Y}$ | 드모르간의 정리 |

$$Y = \overline{(\overline{A}+B) \cdot \overline{B}}$$
$$= (\overline{\overline{A} \cdot \overline{B}}) + \overline{\overline{B}}$$
$$= (A \cdot \overline{B}) + B$$ ← 바(Bar)의 개수가 짝수는 생략
$X+\overline{X}Y=X+Y$
$$= A + B$$

답 ①

**제 3 과목** 소방관계법규

★
## 41 다음 위험물안전관리법령의 자체소방대 기준에 대한 설명으로 틀린 것은?

16.03.문50 08.03.문54

> 다량의 위험물을 저장·취급하는 제조소 등으로서 대통령령이 정하는 제조소 등이 있는 동일한 사업소에서 대통령령이 정하는 수량 이상의 위험물을 저장 또는 취급하는 경우 당해 사업소의 관계인은 대통령령이 정하는 바에 따라 당해 사업소에 자체소방대를 설치하여야 한다.

① "대통령령이 정하는 제조소 등"은 제4류 위험물을 취급하는 제조소를 포함한다.
② "대통령령이 정하는 제조소 등"은 제4류 위험물을 취급하는 일반취급소를 포함한다.
③ "대통령령이 정하는 수량 이상의 위험물"은 제4류 위험물의 최대수량의 합이 지정수량의 3천배 이상인 것을 포함한다.
④ "대통령령이 정하는 제조소 등"은 보일러로 위험물을 소비하는 일반취급소를 포함한다.

**해설** **위험물령 18조**

**자체소방대를 설치하여야 하는 사업소** : 대통령령

(1) **제4류** 위험물을 취급하는 **제조소** 또는 **일반취급소**(대통령령이 정하는 제조소 등) 보기 ①②
**제조소** 또는 **일반취급소**에서 취급하는 제4류 위험물의 최대수량의 합이 지정수량의 **3천배** 이상 보기 ③

(2) **제4류 위험물**을 저장하는 **옥외탱크저장소**
옥외탱크저장소에 저장하는 제4류 위험물의 최대수량이 지정수량의 **50만배** 이상

답 ④

★
## 42 위험물안전관리법령상 제조소등에 설치하여야 할 자동화재탐지설비의 설치기준 중 ( ) 안에 알맞은 내용은? (단, 광전식 분리형 감지기 설치는 제외한다.)

13.06.문59

> 하나의 경계구역의 면적은 ( ㉠ )$m^2$ 이하로 하고 그 한 변의 길이는 ( ㉡ )m 이하로 할 것. 다만, 당해 건축물 그 밖의 공작물의 주요한 출입구에서 그 내부의 전체를 볼 수 있는 경우에 있어서는 그 면적을 1000$m^2$ 이하로 할 수 있다.

① ㉠ 300, ㉡ 20 ② ㉠ 400, ㉡ 30
③ ㉠ 500, ㉡ 40 ④ ㉠ 600, ㉡ 50

**해설** **위험물규칙**〔**별표 17**〕

**제조소 등의 자동화재탐지설비 설치기준**

(1) 하나의 경계구역의 면적은 **600$m^2$** 이하로 하고 그 한 변의 길이는 **50m** 이하로 한다. 보기 ④
(2) 경계구역은 건축물 그 밖의 공작물의 **2** 이상의 층에 걸치지 아니하도록 한다.
(3) 건축물의 그 밖의 공작물의 주요한 출입구에서 그 내부의 전체를 볼 수 있는 경우에 경계구역의 면적을 **1000$m^2$** 이하로 할 수 있다.

답 ④

★★★
**43** 13.09.문43 **소방시설공사업법령상 전문 소방시설공사업의 등록기준 및 영업범위의 기준에 대한 설명으로 틀린 것은?**

① 법인인 경우 자본금은 최소 1억원 이상이다.
② 개인인 경우 자산평가액은 최소 1억원 이상이다.
③ 주된 기술인력 최소 1명 이상, 보조기술인력 최소 3명 이상을 둔다.
④ 영업범위는 특정소방대상물에 설치되는 기계분야 및 전기분야 소방시설의 공사·개설·이전 및 정비이다.

해설 **공사업령 〔별표 1〕**
**소방시설공사업**

| 종 류 | 기술인력 | 자본금 | 영업범위 |
|---|---|---|---|
| 전문 | • 주된 기술인력 : **1명** 이상<br>• 보조기술인력 : **2명** 이상 보기 ③ | • 법인 : **1억원** 이상<br>• 개인 : **1억원** 이상 | • 특정소방대상물 |
| 일반 | • 주된 기술인력 : **1명** 이상<br>• 보조기술인력 : **1명** 이상 | • 법인 : **1억원** 이상<br>• 개인 : **1억원** 이상 | • 연면적 **10000m²** 미만<br>• **위험물제조소** 등 |

③ 3명 이상 → 2명 이상

답 ③

★★
**44** **소방시설 설치 및 관리에 관한 법령상 특정소방대상물의 관계인의 특정소방대상물의 규모·용도 및 수용인원 등을 고려하여 갖추어야 하는 소방시설의 종류에 대한 기준 중 다음 ( ) 안에 알맞은 것은?**

> 화재안전기준에 따라 소화기구를 설치하여야 하는 특정소방대상물은 연면적 ( ㉠ )$m^2$ 이상인 것. 다만, 노유자시설의 경우에는 투척용 소화용구 등을 화재안전기준에 따라 산정된 소화기 수량의 ( ㉡ ) 이상으로 설치할 수 있다.

① ㉠ 33, ㉡ $\frac{1}{2}$　② ㉠ 33, ㉡ $\frac{1}{5}$
③ ㉠ 50, ㉡ $\frac{1}{2}$　④ ㉠ 50, ㉡ $\frac{1}{5}$

해설 **소방시설법 시행령 〔별표 5〕**
**소화설비의 설치대상**

| 종 류 | 설치대상 |
|---|---|
| 소화기구 | ① 연면적 **33m²** 이상(단, **노유자시설**은 **투척용 소화용구** 등을 산정된 소화기 수량의 $\frac{1}{2}$ 이상으로 설치 가능) 보기 ①<br>② 지정 문화재<br>③ 가스시설, 발전시설 중 전기저장시설<br>④ 터널<br>⑤ 지하구 |
| 주거용 주방자동소화장치 | ① 아파트 등<br>② **오피스텔** |

답 ①

★★★
**45** 17.03.문45 **화재의 예방 및 안전관리에 관한 법령상 천재지변 및 그 밖에 대통령령으로 정하는 사유로 화재안전조사를 받기 곤란하여 화재안전조사의 연기를 신청하려는 자는 화재안전조사 시작 최대 며칠 전까지 연기신청서 및 증명서류를 제출해야 하는가?**

① 3　② 5
③ 7　④ 10

해설 **화재예방법 7·8조, 화재예방법 시행규칙 4조**
**화재안전조사**
(1) 실시자 : **소방청장·소방본부장·소방서장**
(2) 관계인의 승낙이 필요한 곳 : **주거**(주택)
(3) 화재안전조사 연기신청 : **3일 전** 보기 ①

용어

> **화재안전조사**
> 소방대상물, 관계지역 또는 관계인에 대하여 소방시설 등이 소방관계법령에 적합하게 설치·관리되고 있는지, 소방대상물에 화재의 발생위험이 있는지 등을 확인하기 위하여 실시하는 현장조사·문서열람·보고요구 등을 하는 활동

답 ①

★★★
**46** 20.09.문48 17.09.문51 16.10.문45 **위험물안전관리법령상 정기점검의 대상인 제조소 등의 기준으로 틀린 것은?**

① 지하탱크저장소
② 이동탱크저장소
③ 지정수량의 10배 이상의 위험물을 취급하는 제조소
④ 지정수량의 20배 이상의 위험물을 저장하는 옥외탱크저장소

해설 **위험물령 15·16조**
**정기점검의 대상인 제조소 등**
(1) **제조소** 등(이송취급소·암반탱크저장소)
(2) **지하탱크**저장소 보기 ①

(3) **이동탱크**저장소 보기 ②

(4) 위험물을 취급하는 탱크로서 지하에 매설된 탱크가 있는 **제조소 · 주유취급소** 또는 **일반취급소**

기억법 정이암 지이

(5) **예방규정**을 **정하여야 할 제조소 등**

| 배 수 | 제조소 등 |
|---|---|
| 10배 이상 | • **제**조소 보기 ③<br>• **일**반취급소 |
| 100배 이상 | • 옥**외**저장소 |
| 150배 이상 | • 옥**내**저장소 |
| 200배 이상 | • 옥외**탱**크저장소 보기 ④ |
| 모두 해당 | • 이송취급소<br>• 암반탱크저장소 |

기억법 1 제일
0 외
5 내
2 탱

④ 20배 이상 → 200배 이상

※ **예방규정** : 제조소 등의 화재예방과 화재 등 재해발생시의 비상조치를 위한 규정

답 ④

**47** 위험물안전관리법령상 제4류 위험물 중 경유의 지정수량은 몇 리터인가?

20.09.문46
17.09.문42
15.05.문41
13.09.문54

① 500 ② 1000
③ 1500 ④ 2000

해설 **위험물령 〔별표 1〕**
**제4류 위험물**

| 성 질 | 품 명 | | 지정수량 | 대표물질 |
|---|---|---|---|---|
| 인화성 액체 | 특수인화물 | | 50L | • 디에틸에테르<br>• 이황화탄소 |
| | 제1 석유류 | 비수용성 | 200L | • 휘발유<br>• 콜로디온 |
| | | **수**용성 | **4**00L | • 아세톤<br>기억법 수4 |
| | 알코올류 | | 400L | • 변성알코올 |
| | 제2 석유류 | 비수용성 | 1000L | • 등유<br>• **경유** 보기 ② |
| | | 수용성 | 2000L | • 아세트산 |
| | 제3 석유류 | 비수용성 | 2000L | • 중유<br>• 클레오소트유 |
| | | 수용성 | 4000L | • 글리세린 |
| | 제4석유류 | | 6000L | • 기어유<br>• 실린더유 |
| | 동식물유류 | | 10000L | • 아마인유 |

답 ②

**48** 화재의 예방 및 안전관리에 관한 법령상 1급 소방안전관리대상물의 소방안전관리자 선임대상기준 중 (  ) 안에 알맞은 내용은?

> 소방공무원으로 (  ) 근무한 경력이 있는 사람으로서 1급 소방안전관리자 자격증을 받은 사람

① 1년 이상 ② 3년 이상
③ 5년 이상 ④ 7년 이상

해설 **화재예방법 시행령 〔별표 4〕**

(1) **특급 소방안전관리대상물**의 **소방안전관리자 선임조건**

| 자 격 | 경 력 | 비 고 |
|---|---|---|
| • 소방기술사<br>• 소방시설관리사 | 경력 필요 없음 | 특급 소방안전관리자 자격증을 받은 사람 |
| • 1급 소방안전관리자(소방설비기사) | 5년 | |
| • 1급 소방안전관리자(소방설비산업기사) | 7년 | |
| • 소방공무원 | 20년 | |
| • 소방청장이 실시하는 특급 소방안전관리대상물의 소방안전관리에 관한 시험에 합격한 사람 | 경력 필요 없음 | |

(2) **1급 소방안전관리대상물**의 **소방안전관리자 선임조건**

| 자 격 | 경 력 | 비 고 |
|---|---|---|
| • 소방설비기사 · 소방설비산업기사 | 경력 필요 없음 | 1급 소방안전관리자 자격증을 받은 사람 |
| • 소방공무원 보기 ④ | 7년 | |
| • 소방청장이 실시하는 1급 소방안전관리대상물의 소방안전관리에 관한 시험에 합격한 사람 | 경력 필요 없음 | |
| • 특급 소방안전관리대상물의 소방안전관리자 자격이 인정되는 사람 | | |

(3) **2급 소방안전관리대상물**의 **소방안전관리자 선임조건**

| 자 격 | 경 력 | 비 고 |
|---|---|---|
| • 위험물기능장 · 위험물산업기사 · 위험물기능사 | 경력 필요 없음 | 2급 소방안전관리자 자격증을 받은 사람 |
| • 소방공무원 | 3년 | |
| • 소방청장이 실시하는 2급 소방안전관리대상물의 소방안전관리에 관한 시험에 합격한 사람 | 경력 필요 없음 | |
| • 특급 또는 1급 소방안전관리대상물의 소방안전관리자 자격이 인정되는 사람 | | |

(4) **3급 소방안전관리대상물**의 **소방안전관리자 선임조건**

| 자 격 | 경 력 | 비 고 |
|---|---|---|
| • 소방공무원 | 1년 | 3급 소방안전관리자 자격증을 받은 사람 |
| • 소방청장이 실시하는 3급 소방안전관리대상물의 소방안전관리에 관한 시험에 합격한 사람 | 경력 필요 없음 | |
| • 특급 소방안전관리대상물, 1급 소방안전관리대상물 또는 2급 소방안전관리대상물의 소방안전관리자 자격이 인정되는 사람 | | |

답 ④

## 49

18.03.문55

**소방시설 설치 및 관리에 관한 법령상 용어의 정의 중 (  ) 안에 알맞은 것은?**

> 특정소방대상물이란 건축물 등의 규모·용도 및 수용인원 등을 고려하여 소방시설을 설치하여야 하는 소방대상물로서 (  )으로 정하는 것을 말한다.

① 대통령령 ② 국토교통부령
③ 행정안전부령 ④ 고용노동부령

해설 **소방시설법 2조**
**정의**

| 용 어 | 뜻 |
|---|---|
| 소방시설 | **소화설비**, **경보설비**, **피난구조설비**, **소화용수설비**, 그 밖에 **소화활동설비**로서 **대통령령**으로 정하는 것 |
| 소방시설 등 | **소방시설**과 **비상구**, 그 밖에 소방관련시설로서 **대통령령**으로 정하는 것 |
| 특정소방대상물 → | 건축물 등의 규모·용도 및 수용인원 등을 고려하여 **소방시설**을 **설치**하여야 하는 소방대상물로서 **대통령령**으로 정하는 것 보기 ① |
| 소방용품 | 소방시설 등을 구성하거나 소방용으로 사용되는 **제품** 또는 **기기**로서 **대통령령**으로 정하는 것 |

답 ①

## 50

15.05.문50
13.06.문60

**소방기본법 제1장 총칙에서 정하는 목적의 내용으로 거리가 먼 것은?**

① 구조, 구급 활동 등을 통하여 공공의 안녕 및 질서유지
② 풍수해의 예방, 경계, 진압에 관한 계획, 예산지원 활동
③ 구조, 구급 활동 등을 통하여 국민의 생명, 신체, 재산 보호
④ 화재, 재난, 재해 그 밖의 위급한 상황에서의 구조, 구급 활동

해설 **기본법 1조**
**소방기본법의 목적**
(1) 화재의 **예방**·**경계**·**진압**
(2) 국민의 **생명**·**신체** 및 **재산보호** 보기 ③
(3) 공공의 안녕질서유지와 **복리증진** 보기 ①
(4) **구조**·**구급**활동 보기 ④

기억법 **예경진(경진이한테 예를 갖춰라!)**

답 ②

## 51

18.04.문41
17.05.문53
16.03.문46
05.09.문55

**소방기본법령상 소방본부 종합상황실의 실장이 서면·팩스 또는 컴퓨터 통신 등으로 소방청 종합상황실에 보고하여야 하는 화재의 기준이 아닌 것은?**

① 이재민이 100인 이상 발생한 화재
② 재산피해액이 50억원 이상 발생한 화재
③ 사망자가 3인 이상 발생하거나 사상자가 5인 이상 발생한 화재
④ 층수가 5층 이상이거나 병상이 30개 이상인 종합병원에서 발생한 화재

해설 **기본규칙 3조**
**종합상황실 실장의 보고화재**
(1) 사망자 **5인** 이상 화재 보기 ③
(2) 사상자 **10인** 이상 화재 보기 ③
(3) 이재민 **100인** 이상 화재 보기 ①
(4) 재산피해액 **50억원** 이상 화재 보기 ②
(5) 관광호텔, 층수가 11층 이상인 건축물, 지하상가, 시장, 백화점
(6) **5층** 이상 또는 객실 **30실** 이상인 **숙박시설**
(7) **5층** 이상 또는 병상 **30개** 이상인 **종합병원**·**정신병원**·**한방병원**·**요양소** 보기 ④
(8) **1000t** 이상인 선박(항구에 매어둔 것)
(9) 지정수량 **3000배** 이상의 위험물 제조소·저장소·취급소
(10) 연면적 **15000m²** 이상인 **공장** 또는 **화재예방강화지구**에서 발생한 화재
(11) **가스** 및 **화약류**의 폭발에 의한 화재
(12) **관공서**·**학교**·**정부미도정공장**·**문화재**·**지하철** 또는 지하구의 **화재**
(13) 철도차량, 항공기, 발전소 또는 변전소
(14) 다중이용업소의 화재

③ 3인 이상 → 5인 이상, 5인 이상 → 10인 이상

용어

**종합상황실**
화재·재난·재해·구조·구급 등이 필요한 때에 신속한 소방활동을 위한 정보를 수집·전파하는 소방서 또는 소방본부의 지령관제실

답 ③

★★★
**52** 소방시설 설치 및 관리에 관한 법령상 관리업자가 소방시설 등의 점검을 마친 후 점검기록표에 기록하고 이를 해당 특정소방대상물에 부착하여야 하나 이를 위반하고 점검기록표를 기록하지 아니하거나 특정소방대상물의 출입자가 쉽게 볼 수 있는 장소에 게시하지 아니하였을 때 벌칙기준은?

19.04.문49
15.09.문57
10.03.문57

① 100만원 이하의 과태료
② 200만원 이하의 과태료
③ 300만원 이하의 과태료
④ 500만원 이하의 과태료

해설 **소방시설법 61조**
**300만원 이하의 과태료**
(1) 소방시설을 화재안전기준에 따라 설치·관리하지 아니한 자
(2) 피난시설, 방화구획 또는 방화시설의 **폐쇄·훼손·변경** 등의 행위를 한 자
(3) 임시소방시설을 설치·관리하지 아니한 자
(4) 점검기록표를 기록하지 아니하거나 특정소방대상물의 출입자가 쉽게 볼 수 있는 장소에 게시하지 아니한 관계인

답 ③

★
**53** 소방시설 설치 및 관리에 관한 법령상 분말형태의 소화약제를 사용하는 소화기의 내용연수로 옳은 것은? (단, 소방용품의 성능을 확인받아 그 사용기한을 연장하는 경우는 제외한다.)

① 3년 ② 5년
③ 7년 ④ 10년

해설 **소방시설법 시행령 18조**
**분말**형태의 **소화약제**를 사용하는 소화기 : 내용연수 **10년**

답 ④

★★★
**54** 소방시설공사업법령상 소방시설공사업자가 소속 소방기술자를 소방시설공사 현장에 배치하지 않았을 경우에 과태료 기준은?

17.09.문43

① 100만원 이하 ② 200만원 이하
③ 300만원 이하 ④ 400만원 이하

해설 **200만원 이하**의 **과태료**
(1) 소방용수시설·소화기구 및 설비 등의 설치명령 위반 (화재예방법 52조)
(2) 특수가연물의 저장·취급 기준 위반(화재예방법 52조)
(3) 한국119청소년단 또는 이와 유사한 명칭을 사용한 자 (기본법 56조)
(4) 소방활동구역 출입(기본법 56조)
(5) 소방자동차의 출동에 지장을 준 자(기본법 56조)
(6) 한국소방안전원 또는 이와 유사한 명칭을 사용한 자 (기본법 56조)
(7) 관계서류 미보관자(공사업법 40조)
(8) **소방기술자 미배치자**(공사업법 40조) 보기 ②
(9) 완공검사를 받지 아니한 자(공사업법 40조)
(10) 방염성능기준 미만으로 방염한 자(공사업법 40조)
(11) 하도급 미통지자(공사업법 40조)
(12) 관계인에게 지위승계·행정처분·휴업·폐업 사실을 거짓으로 알린 자(공사업법 40조)

답 ②

★★★
**55** 소방기본법령상 위험물 또는 물건의 보관기간은 소방본부 또는 소방서의 게시판에 공고하는 기간의 종료일 다음 날부터 며칠로 하는가?

19.04.문48
19.04.문56
18.04.문56
16.05.문49
14.03.문58
11.06.문49

① 3 ② 4
③ 5 ④ 7

해설 **7일**
(1) 위험물이나 물건의 보관기간(기본령 3조) 보기 ④
(2) 건축허가 등의 취소통보(소방시설법 시행규칙 5조)
(3) **소방공사 감리원**의 **배치통보일**(공사업규칙 17조)
(4) 소방공사 감리결과 통보·보고일(공사업규칙 19조)

기억법 **감배7(감 배치)**

답 ④

★★★
**56** 소방기본법령상 소방활동장비와 설비의 구입 및 설치시 국고보조의 대상이 아닌 것은?

19.09.문54
14.09.문46
14.05.문52
14.03.문59
06.05.문60

① 소방자동차
② 사무용 집기
③ 소방헬리콥터 및 소방정
④ 소방전용통신설비 및 전산설비

해설 **기본령 2조**
(1) **국고보조**의 **대상**
㉠ 소방활동장비와 설비의 구입 및 설치
• 소방**자**동차 보기 ①
• 소방**헬**리콥터·소방**정** 보기 ③
• 소방**전**용통신설비·전산설비 보기 ④
• 방**화**복
㉡ 소방관서용 **청**사
(2) **소방활동장비** 및 **설비**의 **종류**와 **규격** : **행정안전부령**
(3) **대상사업**의 **기준보조율** : 「보조금관리에 관한 법률 시행령」에 따름

기억법 **자헬 정전화 청국**

답 ②

## 57 화재의 예방 및 안전관리에 관한 법령상 특정소방대상물의 관계인은 소방안전관리자를 기준일로부터 30일 이내에 선임하여야 한다. 다음 중 기준일로 틀린 것은?

① 소방안전관리자를 해임한 경우 : 소방안전관리자를 해임한 날
② 특정소방대상물을 양수하여 관계인의 권리를 취득한 경우 : 해당 권리를 취득한 날
③ 신축으로 해당 특정소방대상물의 소방안전관리자를 신규로 선임하여야 하는 경우 : 해당 특정소방대상물의 완공일
④ 증축으로 인하여 특정소방대상물이 소방안전관리대상물로 된 경우 : 증축공사의 개시일

해설 **화재예방법 시행규칙 14조**
**소방안전관리자 30일 이내 선임조건**

| 구 분 | 설 명 |
|---|---|
| 소방안전관리자를 해임한 경우 보기 ① | 소방안전관리자를 해임한 날 |
| 특정소방대상물을 양수하여 관계인의 권리를 취득한 경우 보기 ② | 해당 권리를 취득한 날 |
| 신축으로 해당 특정소방대상물의 소방안전관리자를 신규로 선임하여야 하는 경우 보기 ③ | 해당 특정소방대상물의 완공일 |
| 증축으로 인하여 특정소방대상물이 소방안전관리대상물로 된 경우 보기 ④ | 증축공사의 완공일 |

④ 개시일 → 완공일

답 ④

## 58 위험물안전관리법령상 위험물을 취급함에 있어서 정전기가 발생할 우려가 있는 설비에 설치할 수 있는 정전기 제거설비 방법이 아닌 것은?

13.06.문44
12.09.문53

① 접지에 의한 방법
② 공기를 이온화하는 방법
③ 자동적으로 압력의 상승을 정지시키는 방법
④ 공기 중의 상대습도를 70% 이상으로 하는 방법

해설 **위험물규칙 〔별표 4〕**
**정전기 제거방법**
(1) **접지**에 의한 방법 보기 ①
(2) 공기 중의 상대습도를 **70%** 이상으로 하는 방법 보기 ④
(3) **공기**를 **이온화**하는 방법 보기 ②

비교

**위험물규칙 〔별표 4〕**
**위험물을 가압하는 설비 또는 그 취급하는 위험물의 압력이 상승할 우려가 있는 설비에 설치하는 안전장치**
(1) 자동적으로 **압력**의 **상승**을 **정지**시키는 장치 보기 ③
(2) 감압측에 **안전밸브**를 부착한 **감압밸브**
(3) **안전밸브**를 겸하는 **경보장치**
(4) **파괴판**

답 ③

## 59 소방기본법령상 특수가연물의 수량 기준으로 옳은 것은?

20.08.문55
15.09.문47
15.05.문49
14.03.문52
12.05.문60

① 면화류 : 200kg 이상
② 가연성 고체류 : 500kg 이상
③ 나무껍질 및 대팻밥 : 300kg 이상
④ 넝마 및 종이부스러기 : 400kg 이상

해설 **기본령 〔별표 2〕**
**특수가연물**

| 품 명 | | 수 량 |
|---|---|---|
| 가연성 액체류 | | 2m³ 이상 |
| 목재가공품 및 나무부스러기 | | 10m³ 이상 |
| 면화류 | | 200kg 이상 보기 ① |
| 나무껍질 및 대팻밥 | | 400kg 이상 보기 ③ |
| 넝마 및 종이부스러기 | | 1000kg 이상 보기 ④ |
| 사류(絲類) | | 1000kg 이상 |
| 볏짚류 | | 1000kg 이상 |
| 가연성 고체류 | | 3000kg 이상 보기 ② |
| 합성수지류 | 발포시킨 것 | 20m³ 이상 |
| | 그 밖의 것 | 3000kg 이상 |
| 석탄 · 목탄류 | | 10000kg 이상 |

② 500kg → 3000kg
③ 300kg → 400kg
④ 400kg → 1000kg

※ **특수가연물** : 화재가 발생하면 그 확대가 빠른 물품

기억법 가액목면나 넝사볏가고 합석
2 1 2 4 1 3 3 1

답 ①

☆☆
**60** 비상경보설비를 설치하여야 할 특정소방대상물이 아닌 것은?

18.04.문57 17.09.문74 15.05.문52 12.05.문56

① 연면적 $400m^2$ 이상이거나 지하층 또는 무창층의 바닥면적이 $150m^2$ 이상인 것
② 지하층에 위치한 바닥면적 $100m^2$인 공연장
③ 지하가 중 터널로서 길이가 500m 이상인 것
④ 30명 이상의 근로자가 작업하는 옥내작업장

해설 **소방시설법 시행령 〔별표 5〕**
**비상경보설비의 설치대상**

| 설치대상 | 조 건 |
|---|---|
| 지하층·무창층 | • 바닥면적 **150m²**(공연장 **100m²**) 이상 보기 ① ② |
| 전부 | • 연면적 **400m²** 이상 보기 ① |
| 지하가 중 터널 | • 길이 **500m** 이상 보기 ③ |
| 옥내작업장 | • **50명** 이상 작업 보기 ④ |

④ 30명 이상 → 50명 이상

답 ④

**제 4 과목** 소방전기시설의 구조 및 원리

☆
**61** 감지기의 형식승인 및 제품검사의 기술기준에 따라 단독경보형 감지기를 스위치 조작에 의하여 화재경보를 정지시킬 경우 화재경보 정지 후 몇 분 이내에 화재경보정지기능이 자동적으로 해제되어 정상상태로 복귀되어야 하는가?

① 3 ② 5
③ 10 ④ 15

해설 **감지기의 형식승인 및 제품검사의 기술기준 5조 2**
**단독경보형 감지기의 일반기능**

(1) 화재경보 정지 후 **15분** 이내에 화재경보 정지기능이 자동적으로 해제되어 단독경보형 감지기가 정상상태로 복귀될 것 보기 ④
(2) 화재경보 정지표시등에 의하여 **화재경보**가 **정지상태**임을 **경고**할 수 있어야 하며, 화재경보 정지기능이 해제된 경우에는 표시등의 경고도 함께 해제될 것
(3) **표시등**을 **작동표시등**과 겸용하고자 하는 경우에는 작동표시와 화재경보음 정지표시가 표시등 색상에 의하여 구분될 수 있도록 하고 표시등 부근에 작동표시와 화재경보음 정지표시를 구분할 수 있는 안내표시를 할 것
(4) **화재경보 정지스위치**는 **전용**으로 하거나 **작동시험 스위치**와 **겸용**하여 사용할 수 있다. 이 경우 **스위치 부근**에 스위치의 용도를 표시할 것

답 ④

☆☆☆
**62** 비상콘센트설비의 화재안전기준(NFSC 504)에 따라 하나의 전용회로에 설치하는 비상콘센트는 몇 개 이하로 하여야 하는가?

19.04.문63 18.04.문61 17.03.문72 16.10.문61 16.05.문76 15.09.문80 14.03.문64 11.10.문67

① 2 ② 3
③ 10 ④ 20

해설 **비상콘센트설비 전원회로의 설치기준**

| 구 분 | 전 압 | 용 량 | 플러그 접속기 |
|---|---|---|---|
| 단상 교류 | 220V | 1.5kVA 이상 | 접지형 2극 |

(1) 1전용회로에 설치하는 비상콘센트는 **10**개 이하로 할 것 보기 ③
(2) 풀박스는 **1.6mm** 이상의 **철**판을 사용할 것

기억법 단2(단위), 10콘(시큰둥!), 16철콘, 접2(접이식)

(3) 전기회로는 주배전반에서 **전용**회로로 할 것
(4) 전원으로부터 각 층의 비상콘센트에 분기되는 경우 **분기배선용 차단기**를 보호함 안에 설치할 것
(5) 콘센트마다 **배선용 차단기**(KS C 8321)를 설치하여야 하며, 충전부는 노출되지 아니할 것

답 ③

☆☆
**63** 자동화재속보설비의 속보기의 성능인증 및 제품검사의 기술기준에 따라 속보기는 작동신호를 수신하거나 수동으로 동작시키는 경우 20초 이내에 소방관서에 자동적으로 신호를 발하여 통보하되, 몇 회 이상 속보할 수 있어야 하는가?

17.05.문66 16.05.문62

① 1 ② 2
③ 3 ④ 4

해설 **자동화재속보설비**의 **속보기**

(1) **자동화재속보설비**의 **기능**

| 구 분 | 설 명 |
|---|---|
| 연동설비 | **자동화재탐지설비** |
| 속보대상 | **소방관서** |
| 속보방법 → | **20초** 이내에 **3회** 이상 보기 ③ |
| 다이얼링 | **10회** 이상, **30초** 이상 지속 |

(2) 예비전원을 **병렬**로 접속하는 경우에는 **역충전 방지** 등의 조치
(3) 속보기의 송수화장치가 정상위치가 아닌 경우에도 **연동** 또는 **수동**으로 속보가 가능할 것
(4) 예비전원은 자동적으로 충전되어야 하며 **자동과충전 방지장치**가 있어야 한다.

(5) 화재신호를 수신하거나 속보기를 **수동**으로 동작시키는 경우 자동적으로 **적색 화재표시등**이 점등되고 음향장치로 화재를 경보하여야 하며 화재표시 및 경보는 **수동**으로 **복구** 및 **정지**시키지 않는 한 **지속**되어야 한다.
(6) **연동** 또는 **수동**으로 **소방관서**에 화재발생 음성정보를 속보 중인 경우에도 **송수화장치**를 이용한 **통화**가 **우선**적으로 **가능**하여야 한다.

답 ③

**64** 13.09.문75

**자동화재탐지설비 및 시각경보장치의 화재안전기준(NFSC 203)에 따른 감지기의 설치 제외 장소가 아닌 것은?**

① 실내의 용적이 $20m^3$ 이하인 장소
② 부식성 가스가 체류하고 있는 장소
③ 목욕실 · 욕조나 샤워시설이 있는 화장실 · 기타 이와 유사한 장소
④ 고온도 및 저온도로서 감지기의 기능이 정지되기 쉽거나 감지기의 유지관리가 어려운 장소

해설 **감지기**의 **설치 제외 장소**
(1) 천장 또는 반자의 높이가 **20m 이상**인 장소
(2) **부식성** 가스가 체류하고 있는 장소 보기 ②
(3) **목욕실 · 욕조나 샤워시설이 있는 **화장실**, 기타 이와 유사한 장소 보기 ③
(4) 파이프덕트 등 **2개층**마다 방화구획된 것이나 수평단면적이 $5m^2$ 이하인 것
(5) 먼지 · 가루 또는 **수증기**가 다량으로 체류하는 장소
(6) **고온도** 및 **저온도**로서 감지기의 기능이 정지되기 쉽거나 감지기의 유지관리가 어려운 장소 보기 ④

답 ①

**65** 19.04.문63 18.04.문61 17.03.문72 16.10.문61 16.05.문76 15.09.문80 14.03.문64 11.10.문67

**비상콘센트의 배치와 설치에 대한 현장 사항이 비상콘센트설비의 화재안전기준(NFSC 504)에 적합하지 않은 것은?**

① 전원회로의 배선은 내화배선으로 되어 있다.
② 보호함에는 쉽게 개폐할 수 있는 문을 설치하였다.
③ 보호함 표면에 "비상콘센트"라고 표시한 표지를 붙였다.
④ 3상 교류 200볼트 전원회로에 대한 비접지형 3극 플러그접속기를 사용하였다.

해설 **비상콘센트설비**

| 구 분 | 전 압 | 용 량 | 플러그접속기 |
|---|---|---|---|
| 단상 교류 | 220V | 1.5kVA 이상 | 접지형 2극 보기 ④ |

(1) 하나의 전용회로에 설치하는 비상콘센트는 **10개** 이하로 할 것(전선의 용량은 최대 **3개**)

| 설치하는 비상콘센트 수량 | 전선의 용량산정시 적용하는 비상콘센트 수량 | 단상전선의 용량 |
|---|---|---|
| 1개 | 1개 이상 | 1.5kVA 이상 |
| 2개 | 2개 이상 | 3.0kVA 이상 |
| 3~10개 | 3개 이상 | 4.5kVA 이상 |

(2) 전원회로는 각 층에 있어서 **2 이상**이 되도록 설치할 것(단, 설치하여야 할 층의 콘센트가 **1개**인 때에는 하나의 회로로 할 수 있다)
(3) 플러그접속기의 칼받이 접지극에는 **접지공사**를 하여야 한다.
(4) 풀박스는 **1.6mm** 이상의 철판을 사용할 것
(5) 절연저항은 **전원부**와 **외함** 사이를 **직류 500V 절연저항계**로 측정하여 **20MΩ** 이상일 것
(6) 전원으로부터 각 층의 비상콘센트에 분기되는 경우에는 **분기배선용 차단기**를 보호함 안에 설치할 것
(7) 바닥으로부터 **0.8~1.5m** 이하의 높이에 설치할 것
(8) 전원회로는 주배전반에서 **전용회로**로 하며, 배선의 종류는 **내화배선**이어야 한다. 보기 ①
(9) 보호함에는 쉽게 개폐할 수 있는 문을 설치한다. 보기 ②
(10) 보호함 표면에 **"비상콘센트"**라고 표시한 표지를 부착한다. 보기 ③

④ 3상 교류 200볼트 → 단상 교류 220볼트, 비접지형 3극 → 접지형 2극

답 ④

**66** 18.09.문78 16.10.문62 13.03.문79 00.10.문79

**자동화재탐지설비 및 시각경보장치의 화재안전기준(NFSC 203)에 따라 제2종 연기감지기를 부착높이가 4m 미만인 장소에 설치시 기준 바닥면적은?**

① $30m^2$　② $50m^2$
③ $75m^2$　④ $150m^2$

해설 **연기감지기**의 **설치기준**
(1) 연기감지기 1개의 유효바닥면적

(단위 : $m^2$)

| 부착높이 | 감지기의 종류 | |
|---|---|---|
| | 1종 및 2종 | 3종 |
| 4m 미만 → | 150 | 50 |
| 4~20m 미만 | 75 | 설치할 수 없다. |

(2) 복도 및 통로는 보행거리 **30m**(3종은 **20m**)마다 1개 이상으로 할 것
(3) 계단 및 경사로는 수직거리 **15m**(3종은 **10m**)마다 1개 이상으로 할 것
(4) 천장 또는 반자가 **낮은 실내** 또는 **좁은 실내**는 **출입구**의 가까운 부분에 설치할 것

(5) 천장 또는 반자 부근에 **배기구**가 있는 경우에는 그 부근에 설치할 것
(6) 감지기는 벽 또는 보로부터 **0.6m** 이상 떨어진 곳에 설치할 것

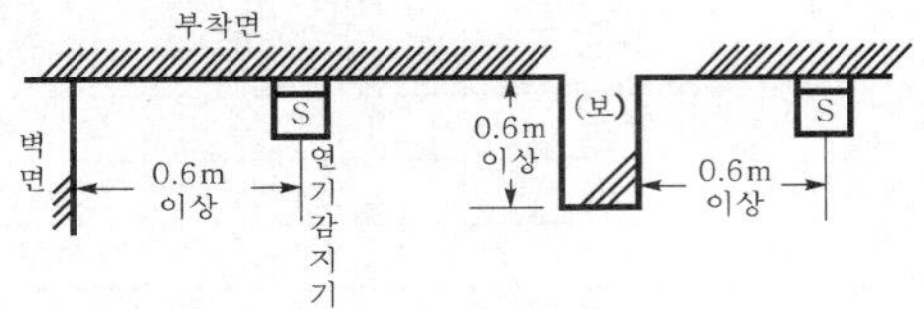


답 ④

## 67 아래 그림은 자동화재탐지설비의 배선도이다. 추가로 구획된 공간이 생겨 ㉮, ㉯, ㉰, ㉱ 감지기를 증설했을 경우, 자동화재탐지설비 및 시각경보장치의 화재안전기준(NFSC 203)에 적합하게 설치한 것은?

18.03.문65

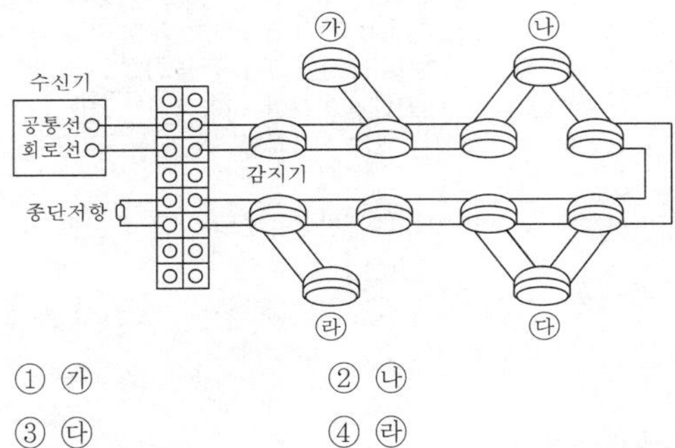


① ㉮　② ㉯
③ ㉰　④ ㉱

해설 **자동화재탐지설비 배선의 설치기준**

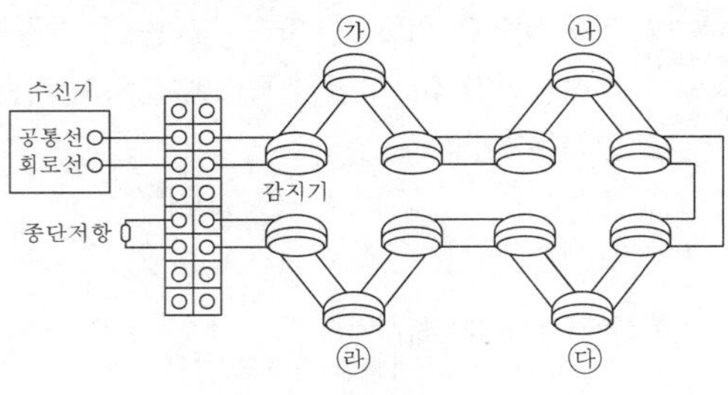


∥ 올바른 배선 ∥

(1) 감지기 사이의 회로배선 : **송배전식**
(2) P형 수신기 및 GP형 수신기의 감지기 회로의 배선에 있어서 하나의 공통선에 접속할 수 있는 경계구역은 **7개** 이하
(3) 감지기 회로의 전로저항 : **50Ω 이하**
감지기에 접속하는 배선전압 : 정격전압의 **80% 이상**
(4) 자동화재탐지설비의 배선은 다른 전선과 **별도**의 관·덕트·몰드 또는 풀박스 등에 설치할 것(단, **60V** 미만의 약전류회로에 사용하는 전선으로서 각각의 전압이 같을 때는 제외)

중요

**송배전식**

| 구 분 | 송배전식 |
|---|---|
| 목적 | • **감지기회로**의 **도통시험**을 용이하게 하기 위하여 |
| 원리 | • 배선의 도중에서 분기하지 않는 방식 |
| 적용 설비 | • 자동화재탐지설비<br>• 제연설비 |
| 가닥수 산정 | • 종단저항을 수동발신기함 내에 설치하는 경우 **루프(loop)**된 곳은 **2가닥**, **기타 4가닥**이 된다.<br>수동발신기함 / 루프(loop)<br>∥ 송배전식 ∥ |

답 ②

## 68 비상방송설비의 화재안전기준(NFSC 202)에 따라 비상방송설비 음향장치의 설치기준 중 다음 (　)에 들어갈 내용으로 옳은 것은?

17.03.문80
15.03.문61
14.03.문73
13.03.문72

> 층수가 ( ㉠ )층 이상으로서 연면적이 ( ㉡ )$m^2$를 초과하는 특정소방대상물의 1층에서 발화한 때에는 발화층·그 직상층 및 지하층에 경보를 발할 수 있도록 하여야 한다.

① ㉠ 2, ㉡ 3500　② ㉠ 3, ㉡ 5000
③ ㉠ 5, ㉡ 3000　④ ㉠ 6, ㉡ 1500

해설 **비상방송설비**의 **우선경보방식**
**5층** 이상으로 연면적 **3000**$m^2$를 초과하는 특정소방대상물 보기 ③

| 발화층 | 경보층 | |
|---|---|---|
| | 30층 미만 | 30층 이상 |
| **2층** 이상 발화 | • 발화층<br>• 직상층 | • 발화층<br>• 직상 4개층 |
| **1층** 발화 | • 발화층<br>• 직상층<br>• 지하층 | • 발화층<br>• 직상 4개층<br>• 지하층 |
| **지하층** 발화 | • 발화층<br>• 직상층<br>• 기타의 지하층 | • 발화층<br>• 직상층<br>• 기타의 지하층 |

기억법 5우 3000(오우! 삼천포로 빠졌네!)

• 특별한 조건이 없으면 30층 미만 적용
• **자동화재탐지설비**의 **직상 4개층 우선경보방식**과 구분할 것

답 ③

## 69 유도등의 형식승인 및 제품검사의 기술기준에 따른 용어의 정의에서 "유도등에 있어서 표시면 외 조명에 사용되는 면"을 말하는 것은?

① 조사면 ② 피난면
③ 조도면 ④ 광속면

**해설** **유도등**의 **형식승인** 및 **제품검사**의 **기술기준 2조**

| 구 분 | 설 명 |
|---|---|
| 표시면 | 유도등에 있어서 **피난구**나 **피난방향**을 안내하기 위한 **문자** 또는 **부호등**이 표시된 면 |
| 조사면 | 유도등에 있어서 **표시면** 외 **조명**에 사용되는 면 보기 ① |
| 투광식 | 광원의 빛이 통과하는 **투과면**에 피난유도표시 형상을 인쇄하는 방식 |
| 패널식 | **영상표시소자**(LED, LCD 및 PDP 등)를 이용하여 피난유도표시 형상을 **영상**으로 구현하는 방식 |

답 ①

## 70 자동화재탐지설비 및 시각경보장치의 화재안전기준(NFSC 203)에 따라 부착높이 20m 이상에 설치되는 광전식 중 아날로그방식의 감지기는 공칭감지농도 하한값이 감광률 몇 %/m 미만인 것으로 하는가?

16.10.문66
15.05.문74
08.03.문75

① 3 ② 5
③ 7 ④ 10

**해설** **감지기**의 **부착높이**(NFSC 203 7조)

| 부착높이 | 감지기의 종류 |
|---|---|
| 8~15m 미만 | • 차동식 분포형<br>• 이온화식 1종 또는 2종<br>• 광전식(스포트형, 분리형, 공기흡입형) 1종 또는 2종<br>• 연기복합형<br>• 불꽃감지기 |
| 15~20m 미만 | • 이온화식 1종<br>• 광전식(스포트형, 분리형, 공기흡입형) 1종<br>• 연기복합형<br>• 불꽃감지기 |
| 20m 이상 | • 불꽃감지기<br>• 광전식(분리형, 공기흡입형) 중 아날로그방식 |

• 부착높이 **20m** 이상에 설치되는 광전식 중 아날로그방식의 감지기는 공칭감지농도 하한값이 감광률 **5%/m** 미만인 것으로 한다. 보기 ②

답 ②

## 71 비상조명등의 우수품질인증 기술기준에 따라 인출선인 경우 전선의 굵기는 몇 $mm^2$ 이상이어야 하는가?

20.09.문78
13.09.문67

① 0.5 ② 0.75
③ 1.5 ④ 2.5

**해설** **비상조명등 · 유도등**의 **일반구조**

(1) 전선의 굵기

| 인출선 | 인출선 외 |
|---|---|
| **0.75**$mm^2$ **이상** 보기 ② | **0.5**$mm^2$ **이상** |

(2) 인출선의 길이 : **150mm 이상**

기억법 **인75(인(사람) 치료)**

답 ②

## 72 누전경보기의 형식승인 및 제품검사의 기술기준에 따른 과누전시험에 대한 내용이다. 다음 ( )에 들어갈 내용으로 옳은 것은?

> 변류기는 1개의 전선을 변류기에 부착시킨 회로를 설치하고 출력단자에 부하저항을 접속한 상태로 당해 1개의 전선에 변류기의 정격전압의 ( ㉠ )%에 해당하는 수치의 전류를 ( ㉡ )분간 흘리는 경우 그 구조 또는 기능에 이상이 생기지 아니하여야 한다.

① ㉠ 20, ㉡ 5
② ㉠ 30, ㉡ 10
③ ㉠ 50, ㉡ 15
④ ㉠ 80, ㉡ 20

**해설** **누전경보기**의 **형식승인** 및 **제품검사**의 **기술기준 13 · 14조**

| 과누전시험 | 단락전류강도시험 |
|---|---|
| 변류기는 **1개**의 전선을 변류기에 부착시킨 회로를 설치하고 출력단자에 부하저항을 접속한 상태로 당해 1개의 전선에 변류기의 정격전압의 20%에 해당하는 수치의 전류를 5분간 흘리는 경우 그 구조 또는 기능에 이상이 생기지 아니할 것 보기 ① | 변류기는 출력단자에 부하저항을 접속한 다음 경계전로의 전원측에 과전류차단기를 설치하여, 경계전로에 당해 변류기의 정격전압에서 단락역률이 **0.3**에서 **0.4**까지인 **2500A**의 전류를 2분 간격으로 약 **0.02초**간 **2회** 흘리는 경우 그 구조 및 기능에 이상이 생기지 아니할 것 |

답 ①

★★★
**73** 비상방송설비의 화재안전기준(NFSC 202)에 따른 비상방송설비의 음향장치에 대한 설치기준으로 틀린 것은?

19.04.문68 18.09.문77 18.03.문73 16.10.문69 16.10.문73 16.05.문67 16.03.문68 15.05.문76 15.03.문62 14.05.문63 14.05.문75 14.03.문61 13.09.문70 13.06.문62 13.06.문80

① 다른 전기회로에 따라 유도장애가 생기지 아니하도록 할 것
② 음향장치는 자동화재속보설비의 작동과 연동하여 작동할 수 있는 것으로 할 것
③ 다른 방송설비와 공용하는 것에 있어서는 화재시 비상경보 외의 방송을 차단할 수 있는 구조로 할 것
④ 증폭기 및 조작부는 수위실 등 상시 사람이 근무하는 장소로서 점검이 편리하고 방화상 유효한 곳에 설치할 것

해설 **비상방송설비**의 **설치기준**

(1) 확성기의 음성입력은 **3**W(**실**내 **1**W) 이상일 것
(2) 확성기는 **각 층**마다 설치하되, 각 부분으로부터의 수평거리는 **25m** 이하일 것
(3) **음**량조정기는 **3선식** 배선일 것
(4) 조작스위치는 바닥으로부터 **0.8～1.5m** 이하의 높이에 설치할 것
(5) 다른 전기회로에 의하여 **유도장애**가 생기지 아니하도록 할 것 보기 ①
(6) 비상방송 **개**시시간은 **10초** 이하일 것
(7) 다른 방송설비와 공용할 경우 화재시 비상경보 외의 방송을 차단할 수 있을 것 보기 ③
(8) 음향장치 : **자동화재탐지설비**의 작동과 연동 보기 ②
(9) 음향장치의 정격전압 : **80%**
(10) **증폭기** 및 **조작부**는 수위실 등 상시 사람이 근무하는 장소로서 점검이 편리하고 방화상 유효한 곳에 설치할 것 보기 ④

기억법 **방3실1, 3음방(삼엄한 방송실), 개10방**

② 자동화재속보설비 → 자동화재탐지설비

답 ②

★
**74** 무선통신보조설비의 화재안전기준(NFSC 505)에 따른 용어의 정의 중 감시제어반 등에 설치된 무선중계기의 입력과 출력포트에 연결되어 송수신 신호를 원활하게 방사·수신하기 위해 옥외에 설치하는 장치를 말하는 것은?

① 혼합기 ② 분파기
③ 증폭기 ④ 옥외안테나

해설 **무선통신보조설비 용어**(NFSC 505 3조)

| 용 어 | 정 의 |
|---|---|
| 누설동축케이블 | 동축케이블의 외부도체에 가느다란 홈을 만들어서 전파가 **외부**로 **새어나갈 수 있도록** 한 케이블 |
| 분배기 | 신호의 전송로가 분기되는 장소에 설치하는 것으로 **임피던스 매칭**(Matching)과 **신호균등분배**를 위해 사용하는 장치 |
| 분파기 | 서로 다른 주파수의 합성된 **신호**를 **분리**하기 위해서 사용하는 장치 보기 ② |
| 혼합기 | **두 개 이상**의 **입력신호**를 원하는 비율로 조합한 출력이 발생하도록 하는 장치 보기 ① |
| 증폭기 | 신호전송시 신호가 약해져 **수신**이 **불가능**해지는 것을 **방지**하기 위해서 증폭하는 장치 보기 ③ |
| 무선중계기 | 안테나를 통하여 수신된 무전기 신호를 증폭한 후 음영지역에 재방사하여 무전기 상호간 **송수신**이 가능하도록 하는 장치 |
| 옥외안테나 | **감시제어반** 등에 설치된 **무선중계기**의 입력과 출력포트에 연결되어 **송수신 신호**를 원활하게 **방사·수신**하기 위해 **옥외**에 설치하는 장치 보기 ④ |

답 ④

★★
**75** 무선통신보조설비의 화재안전기준(NFSC 505)에 따라 무선통신보조설비의 누설동축케이블 또는 동축케이블의 임피던스는 몇 Ω으로 하여야 하는가?

16.03.문61 11.10.문74

① 5 ② 10
③ 50 ④ 100

해설 **누설동축케이블·동축케이블**의 **임피던스** : **50Ω** 보기 ③

참고

**무선통신보조설비**의 **분배기·분파기·혼합기 설치기준**
(1) 먼지·습기·부식 등에 이상이 없을 것
(2) 임피던스 **50Ω**의 것
(3) 점검이 편리하고 화재 등의 피해 우려가 없는 장소

답 ③

★★
**76** 17.09.문64 03.08.문62

**비상경보설비 및 단독경보형 감지기의 화재안전기준(NFSC 201)에 따른 단독경보형 감지기에 대한 내용이다. 다음 (　)에 들어갈 내용으로 옳은 것은?**

> 이웃하는 실내의 바닥면적이 각각 (　)$m^2$ 미만이고 벽체의 상부의 전부 또는 일부가 개방되어 이웃하는 실내와 공기가 상호 유통되는 경우에는 이를 1개의 실로 본다.

① 30　② 50
③ 100　④ 150

해설 **단독경보형 감지기의 각 실을 1개로 보는 경우**
이웃하는 실내의 바닥면적이 각각 **30m²** 미만이고 **벽**체의 상부의 전부 또는 일부가 개방되어 이웃하는 실내와 공기가 상호 유통되는 경우 보기 ①

기억법 **단3벽(단상의 벽)**

※ **단독경보형 감지기**: 화재발생상황을 단독으로 감지하여 자체에 내장된 음향장치로 경보하는 감지기

중요

**단독경보형 감지기의 설치기준**(NFSC 201 5조)
(1) 각 실(이웃하는 실내의 바닥면적이 각각 **30m²** **미만**이고 벽체의 상부의 전부 또는 일부가 개방되어 이웃하는 실내와 공기가 상호 유통되는 경우에는 이를 1개의 실로 본다)마다 설치하되, 바닥면적이 **150m²**를 초과하는 경우에는 **150m²**마다 1개 이상 설치할 것
(2) 최상층의 계단실의 **천장**(외기가 상통하는 계단실의 경우 제외)에 설치할 것
(3) 건전지를 주전원으로 사용하는 단독경보형 감지기는 정상적인 작동상태를 유지할 수 있도록 건전지를 교환할 것
(4) 상용전원을 주전원으로 사용하는 단독경보형 감지기의 **2차 전지**는 제품검사에 합격한 것을 사용할 것

답 ①

★★
**77** 19.04.문67 15.09.문61 15.03.문70 12.09.문78 09.05.문69 08.03.문72

**소방시설용 비상전원수전설비의 화재안전기준(NFSC 602)에 따른 용어의 정의에서 소방부하에 전원을 공급하는 전기회로를 말하는 것은?**

① 수전설비　② 일반회로
③ 소방회로　④ 변전설비

해설 **소방시설용 비상전원수전설비**(NFSC 602 3조)

| 용 어 | 설 명 |
|---|---|
| 소방회로 | ← **소방부하**에 전원을 공급하는 전기회로 |
| 일반회로 | 소방회로 이외의 전기회로 |
| 수전설비 | 전력수급용 **계기용 변성기·주차단장치** 및 그 **부속기기** |
| 변전설비 | **전력용 변압기** 및 그 **부속장치** |
| **전**용 **큐**비클식 | **소방회로용**의 것으로 **수**전설비, **변**전설비 그 밖의 기기 및 배선을 금속제 외함에 수납한 것<br>기억법 **전큐회수변** |
| 공용 큐비클식 | **소방회로** 및 **일반회로 겸용**의 것으로서 수전설비, 변전설비 그 밖의 기기 및 배선을 금속제 외함에 수납한 것 |
| **전**용**배**전반 | **소방회로 전용**의 것으로서 **개**폐기, 과전류차단기, 계기 그 밖의 배선용 기기 및 배선을 금속제 외함에 수납한 것<br>기억법 **전배전개** |
| 공용배전반 | **소방회로** 및 **일반회로 겸용**의 것으로서 개폐기, 과전류차단기, 계기 그 밖의 배선용 기기 및 배선을 금속제 외함에 수납한 것 |
| 전용분전반 | **소방회로 전용**의 것으로서 분기개폐기, 분기과전류차단기 그 밖의 배선용 기기 및 배선을 금속제 외함에 수납한 것 |
| 공용분전반 | **소방회로** 및 **일반회로 겸용**의 것으로서 분기개폐기, 분기과전류차단기 그 밖의 배선용 기기 및 배선을 금속제 외함에 수납한 것 |

답 ③

★★★
**78** 13.06.문71

**누전경보기의 형식승인 및 제품검사의 기술기준에 따라 누전경보기의 변류기는 직류 500V의 절연저항계로 절연된 1차 권선과 2차 권선 간의 절연저항시험을 할 때 몇 MΩ 이상이어야 하는가?**

① 0.1
② 5
③ 10
④ 20

해설 누전경보기의 절연저항시험: 직류 **500V** 절연저항계, **5MΩ** 이상 보기 ②

답 ②

중요

**절연저항시험**

| 절연 저항계 | 절연저항 | 대 상 |
|---|---|---|
| 직류 250V | 0.1MΩ 이상 | • 1경계구역의 절연저항 |
| 직류 500V | 5MΩ 이상 | • 누전경보기 보기 ② <br>• 가스누설경보기 <br>• 수신기 <br>• 자동화재속보설비 <br>• 비상경보설비 <br>• 유도등(교류입력측과 외함 간 포함) <br>• 비상조명등(교류입력측과 외함 간 포함) |
| | 20MΩ 이상 | • 경종 <br>• 발신기 <br>• 중계기 <br>• 비상콘센트 <br>• 기기의 절연된 선로 간 <br>• 기기의 충전부와 비충전부 간 <br>• 기기의 교류입력측과 외함 간 (유도등 · 비상조명등 제외) <br>기억법 2콘(이크) |
| | 50MΩ 이상 | • 감지기(정온식 감지선형 감지기 제외) <br>• 가스누설경보기(10회로 이상) <br>• 수신기(10회로 이상) |
| | 1000MΩ 이상 | • 정온식 감지선형 감지기 |

답 ②

**79** 소방시설용 비상전원수전설비의 화재안전기준(NFSC 602)에 따라 소방시설용 비상전원수전설비의 인입구 배선은 「옥내소화전설비의 화재안전기준(NFSC 102)」〔별표 1〕에 따른 어떤 배선으로 하여야 하는가?

① 나전선　② 내열배선
③ 내화배선　④ 차폐배선

해설 **인입선** 및 **인입구 배선**의 **시설**(NFSC 602 4조)

(1) **인**입선은 특정소방대상물에 **화**재가 발생할 경우에도 화재로 인한 손상을 받지 않도록 설치
(2) 인입구 배선은 「**옥내**소화전설비의 화재안전기준(NFSC 102)」〔별표 1〕에 따른 **내화배선**으로 할 것 보기 ③

기억법 인화 옥내

중요

**옥내소화전설비**의 **화재안전기준**(NFSC 102 〔별표 1〕)

❙ 내화배선 ❙

| 사용전선의 종류 | 공사방법 |
|---|---|
| ① 450/750V 저독성 난연 가교 폴리올레핀 절연전선 <br>② 0.6/1kV 가교 폴리에틸렌 절연 저독성 난연 폴리올레핀 시스 전력 케이블 <br>③ 6/10kV 가교 폴리에틸렌 절연 저독성 난연 폴리올레핀 시스 전력용 케이블 <br>④ 가교 폴리에틸렌 절연 비닐시스 트레이용 난연 전력 케이블 <br>⑤ 0.6/1kV EP 고무절연 클로로프렌 시스 케이블 <br>⑥ 300/500V 내열성 실리콘 고무절연전선(180℃) <br>⑦ 내열성 에틸렌-비닐 아세테이트 고무절연 케이블 <br>⑧ 버스덕트(Bus duct) <br>⑨ 기타 「전기용품안전관리법」 및 「전기설비기술기준」에 따라 동등 이상의 내화성능이 있다고 주무부장관이 인정하는 것 | **금속관** · **2종 금속제 가요전선관** 또는 **합성수지관**에 수납하여 내화구조로 된 벽 또는 바닥 등에 벽 또는 바닥의 표면으로부터 **25**mm 이상의 깊이로 매설하여야 한다. <br>기억법 금2가합25 <br>단, 다음의 기준에 적합하게 설치하는 경우에는 그러하지 아니하다. <br>① 배선을 **내**화성능을 갖는 배선**전**용실 또는 배선용 **샤**프트 · **피**트 · **덕**트 등에 설치하는 경우 <br>② 배선전용실 또는 배선용 샤프트 · 피트 · 덕트 등에 **다**른 설비의 배선이 있는 경우에는 이로부터 **15**cm 이상 떨어지게 하거나 소화설비의 배선과 이웃하는 다른 설비의 배선 사이에 배선지름(배선의 지름이 다른 경우에는 가장 큰 것을 기준으로 한다)의 **1.5배** 이상의 높이의 **불연성 격벽**을 설치하는 경우 <br>기억법 내전샤피덕, 다15 |
| 내화전선 | 케이블 공사 |

답 ③

**80** 유도등 및 유도표지의 화재안전기준(NFSC 303)에 따라 설치하는 유도표지는 계단에 설치하는 것을 제외하고는 각 층마다 복도 및 통로의 각 부분으로부터 하나의 유도표지까지의 보행거리가 몇 m 이하가 되는 곳과 구부러진 모퉁이의 벽에 설치하여야 하는가?

15.05.문67
10.05.문64

① 10　② 15
③ 20　④ 25

해설 **유도표지**의 **설치기준**(NFSC 303 8조)

(1) 각 층 복도의 각 부분에서 유도표지까지의 보행거리 **15m** 이하(계단에 설치하는 것 제외) 보기 ②
(2) 구부러진 모퉁이의 벽에 설치
(3) 통로유도표지는 높이 **1m** 이하에 설치
(4) 주위에 광고물, 게시물 등을 설치하지 아니할 것

중요

(1) **수평거리**와 **보행거리**

① **수평거리**

| 수평거리 | 적용대상 |
|---|---|
| 수평거리 **25m** 이하 | • 발신기<br>• 음향장치(확성기)<br>• 비상콘센트(지하상가 · 바닥면적 **3000m²** 이상) |
| 수평거리 **50m** 이하 | • 비상콘센트(기타) |

② **보행거리**

| 보행거리 | 적용대상 |
|---|---|
| 보행거리 **15m** 이하 | • 유도표지 |
| 보행거리 **20m** 이하 | • 복도통로유도등<br>• 거실통로유도등<br>• 3종 연기감지기 |
| 보행거리 **30m** 이하 | • 1 · 2종 연기감지기 |

③ **수직거리**

| 수직거리 | 적용대상 |
|---|---|
| 수직거리 **10m** 이하 | • 3종 연기감지기 |
| 수직거리 **15m** 이하 | • 1 · 2종 연기감지기 |

(2) **설치높이**

| 통로유도표지 | 피난구유도표지 |
|---|---|
| 1m 이하 | 출입구 상단에 설치 |

답 ②

## 기억전략법

읽었을 때 10% 기억

들었을 때 20% 기억

보았을 때 30% 기억

보고 들었을 때 50% 기억

친구(동료)와 이야기를 통해 70% 기억

**누군가를 가르쳤을 때 95% 기억**

과년도 기출문제

# 2020년

## 소방설비기사 필기(전기분야)

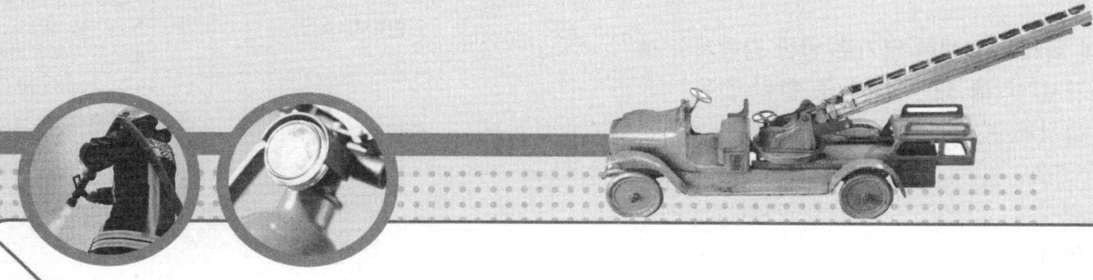



### ** 수험자 유의사항 **

1. 문제지를 받는 즉시 **본인**이 **응시한 종목**이 맞는지 확인하시기 바랍니다.
2. 문제지 표지에 본인의 **수험번호**와 **성명**을 기재하여야 합니다.
3. 문제지의 **총면수**, **문제번호 일련순서**, **인쇄상태**, **중복 및 누락 페이지 유무**를 확인하시기 바랍니다.
4. 답안은 각 문제마다 요구하는 가장 적합하거나 가까운 답 1개만을 선택하여야 합니다.
5. 답안카드는 뒷면의 「수험자 유의사항」에 따라 작성하시고, 답안카드 작성 시 형별누락, 마킹착오로 인한 불이익은 전적으로 수험자에게 책임이 있음을 알려드립니다.
6. 문제지는 시험 종료 후 본인이 가져갈 수 있습니다.

### ** 안내사항 **

- 가답안/최종정답은 큐넷(www.q-net.or.kr)에서 확인하실 수 있습니다. 가답안에 대한 의견은 큐넷의 [가답안 의견제시]를 통해 제시할 수 있으며, 확정된 답안은 최종정답으로 갈음합니다.
- 공단에서 제공하는 자격검정서비스에 대해 개선할 점이 있으시면 고객참여(http://hrdkorea.or.kr/7/1/1)를 통해 건의하여 주시기 바랍니다.

20년

# 2020. 6. 6 시행

**▌2020년 기사 제1 · 2회 통합 필기시험▐**

| 자격종목 | 종목코드 | 시험시간 | 형별 | 수험번호 | 성명 |
|---|---|---|---|---|---|
| 소방설비기사(전기분야) | | 2시간 | | | |

※ 답안카드 작성시 시험문제지 형별누락, 마킹착오로 인한 불이익은 전적으로 수험자의 귀책사유임을 알려드립니다.
※ 각 문항은 4지택일형으로 질문에 가장 적합한 보기 항을 선택하여 마킹하여야 합니다.

## 제 1 과목 소방원론

★★★
**01** 실내 화재시 발생한 연기로 인한 감광계수〔$m^{-1}$〕와 가시거리에 대한 설명 중 틀린 것은?

17.03.문10 16.10.문16 14.05.문06 13.09.문11

유사문제부터 풀어보세요. 실력이 팍!팍! 올라갑니다.

① 감광계수가 0.1일 때 가시거리는 20~30m이다.
② 감광계수가 0.3일 때 가시거리는 15~20m이다.
③ 감광계수가 1.0일 때 가시거리는 1~2m이다.
④ 감광계수가 10일 때 가시거리는 0.2~0.5m이다.

해설 **감광계수**와 **가시거리**

| 감광계수〔$m^{-1}$〕 | 가시거리〔m〕 | 상 황 |
|---|---|---|
| 0.1 | 20~30 | 연기**감**지기가 작동할 때의 농도(연기감지기가 작동하기 직전의 농도) |
| 0.3 | 5 | 건물 내부에 **익**숙한 사람이 피난에 지장을 느낄 정도의 농도 |
| 0.5 | 3 | **어**두운 것을 느낄 정도의 농도 |
| 1 | 1~2 | 앞이 거의 **보**이지 않을 정도의 농도 |
| 10 | 0.2~0.5 | 화재 **최**성기 때의 농도 |
| 30 | – | 출화실에서 연기가 **분**출할 때의 농도 |

기억법
0123 감
035 익
053 어
112 보
100205 최
30 분

② 15~20m → 5m

답 ②

★★★
**02** 종이, 나무, 섬유류 등에 의한 화재에 해당하는 것은?

19.03.문08 17.09.문07 16.05.문09 15.09.문19 13.09.문07

① A급 화재 ② B급 화재
③ C급 화재 ④ D급 화재

해설 **화재**의 **종류**

| 구 분 | 표시색 | 적응물질 |
|---|---|---|
| **일반화재(A급)** | 백색 | • 일반가연물<br>• 종이류 화재<br>• 목재 · 섬유화재 |
| **유류화재(B급)** | 황색 | • 가연성 액체<br>• 가연성 가스<br>• 액화가스화재<br>• 석유화재 |
| 전기화재(C급) | 청색 | • 전기설비 |
| 금속화재(D급) | 무색 | • 가연성 금속 |
| 주방화재(K급) | – | • 식용유화재 |

※ 요즘은 표시색의 의무규정은 없음

답 ①

★★
**03** 다음 중 소화에 필요한 이산화탄소 소화약제의 최소설계농도값이 가장 높은 물질은?

15.03.문11

① 메탄 ② 에틸렌
③ 천연가스 ④ 아세틸렌

해설 **설계농도**

| 방호대상물 | 설계농도〔vol%〕 |
|---|---|
| ① 부탄 | 34 |
| ② **메탄** | |
| ③ 프로판 | 36 |
| ④ 이소부탄 | |
| ⑤ 사이크로 프로판 | 37 |
| ⑥ 석탄가스, 천연가스 | |
| ⑦ 에탄 | 40 |
| ⑧ 에틸렌 | 49 |
| ⑨ 산화에틸렌 | 53 |
| ⑩ 일산화탄소 | 64 |
| ⑪ **아**세틸렌 | **66** |
| ⑫ 수소 | 75 |

기억법 아66

※ **설계농도** : 소화농도에 20%의 여유분을 더한 값

답 ④

★★★
## 04 가연물이 연소가 잘 되기 위한 구비조건으로 틀린 것은?

17.05.문18
08.03.문11

① 열전도율이 클 것
② 산소와 화학적으로 친화력이 클 것
③ 표면적이 클 것
④ 활성화에너지가 작을 것

해설 **가연물**이 **연소**하기 쉬운 **조건**
(1) 산소와 **친화력**이 클 것
(2) **발열량**이 클 것
(3) **표면적**이 넓을 것
(4) **열전도율**이 **작을 것**
(5) **활성화에너지**가 **작을 것**
(6) **연쇄반응**을 일으킬 수 있을 것
(7) 산소가 포함된 **유기물**일 것

① 클 것 → 작을 것

※ **활성화에너지**: 가연물이 처음 연소하는 데 필요한 열

답 ①

★★
## 05 다음 중 상온 · 상압에서 액체인 것은?

18.03.문04
13.09.문04
12.03.문17

① 탄산가스 ② 할론 1301
③ 할론 2402 ④ 할론 1211

| 상온 · 상압에서 **기체상태** | 상온 · 상압에서 **액체상태** |
|---|---|
| • 할론 1301<br>• 할론 1211<br>• 이산화탄소($CO_2$) | • 할론 1011<br>• 할론 104<br>• **할론 2402** |

※ **상온 · 상압**: 평상시의 온도 · 평상시의 압력

답 ③

★★★
## 06 $NH_4H_2PO_4$를 주성분으로 한 분말소화약제는 제 몇 종 분말소화약제인가?

19.03.문01
18.04.문06
17.09.문10
16.10.문06
16.05.문15
16.03.문09
15.09.문01
15.05.문08
14.09.문10
14.03.문03
14.03.문14
12.03.문13

① 제1종
② 제2종
③ 제3종
④ 제4종

해설 (1) **분말소화약제**

| 종 별 | 주성분 | 착 색 | 적응 화재 | 비 고 |
|---|---|---|---|---|
| 제**1**종 | 중탄산나트륨 ($NaHCO_3$) | 백색 | BC급 | **식용유** 및 **지방질유**의 화재에 적합 |
| 제2종 | 중탄산칼륨 ($KHCO_3$) | 담자색 (담회색) | BC급 | – |
| 제**3**종 | 제1인산암모늄 ($NH_4H_2PO_4$) | 담홍색 | ABC급 | **차고** · **주차장**에 적합 |
| 제4종 | 중탄산칼륨 + 요소 ($KHCO_3$ + $(NH_2)_2CO$) | 회(백)색 | BC급 | – |

기억법 **1식분**(**일**식 **분**식)
**3분 차주**(**삼**보컴퓨터 **차주**)

(2) **이산화탄소 소화약제**

| 주성분 | 적응화재 |
|---|---|
| 이산화탄소($CO_2$) | BC급 |

답 ③

★★★
## 07 제거소화의 예에 해당하지 않는 것은?

19.04.문18
16.10.문07
16.03.문12
14.05.문11
13.03.문01
11.03.문04
08.09.문17

① 밀폐 공간에서의 화재시 공기를 제거한다.
② 가연성 가스화재시 가스의 밸브를 닫는다.
③ 산림화재시 확산을 막기 위하여 산림의 일부를 벌목한다.
④ 유류탱크 화재시 연소되지 않은 기름을 다른 탱크로 이동시킨다.

해설 **제거소화**의 **예**
(1) **가연성 기체** 화재시 **주밸브**를 **차단**한다(화학반응기의 화재시 원료공급관의 **밸브**를 **잠금**). ← 보기 ②
(2) **가연성 액체** 화재시 펌프를 이용하여 **연료**를 제거한다.
(3) **연료탱크**를 **냉각**하여 가연성 가스의 발생속도를 작게 하여 연소를 억제한다.
(4) 금속화재시 **불활성 물질**로 가연물을 덮는다.
(5) **목재**를 **방염처리**한다.
(6) 전기화재시 **전원**을 **차단**한다.
(7) 산불이 발생하면 화재의 진행방향을 앞질러 **벌목**한다(산불의 확산방지를 위하여 **산림**의 **일부**를 **벌채**). ← 보기 ③
(8) 가스화재시 **밸브**를 **잠궈** 가스흐름을 차단한다(가스화재시 중간밸브를 잠금).
(9) 불타고 있는 장작더미 속에서 아직 타지 않은 것을 안전한 곳으로 **운반**한다.
(10) 유류탱크 화재시 주변에 있는 유류탱크의 **유류**를 **다른 곳**으로 **이동**시킨다. ← 보기 ④
(11) 촛불을 입김으로 불어서 끈다.

① 질식소화

용어

**제거효과**
가연물을 반응계에서 제거하든지 또는 반응계로의 공급을 정지시켜 소화하는 효과

답 ①

**08** 위험물안전관리법령상 제2석유류에 해당하는 것으로만 나열된 것은?

19.03.문45
14.09.문06
07.05.문09

① 아세톤, 벤젠
② 중유, 아닐린
③ 에테르, 이황화탄소
④ 아세트산, 아크릴산

해설 **제4류 위험물**

| 품 명 | 대표물질 |
|---|---|
| 특수인화물 | 이황화탄소 · 디에틸에테르 · 아세트알데히드 · 산화프로필렌 · 이소프렌 · 펜탄 · 디비닐에테르 · 트리클로로실란 |
| 제1석유류 | • **아세톤** · 휘발유 · **벤젠**<br>• 톨루엔 · 크실렌 · 시클로헥산<br>• 아크롤레인 · 초산에스테르류<br>• 의산에스테르류<br>• 메틸에틸케톤 · 에틸벤젠 · 피리딘 |
| 제**2**석유류 | • 등유 · 경유 · 의산<br>• 초산 · 테레빈유 · 장뇌유<br>• **아세트산** · **아크릴산** ← 보기 ④<br>• 송근유 · 스티렌 · 메틸셀로솔브<br>• 에틸셀로솔브 · **클로로벤젠** · 알릴알코올<br>기억법 2클(이크!) |
| 제3석유류 | • **중유** · 클레오소트유 · 에틸렌글리콜<br>• 글리세린 · 니트로벤젠 · **아닐린**<br>• 담금질유 |
| 제4석유류 | • 기어유 · 실린더유 |

답 ④

**09** 산소의 농도를 낮추어 소화하는 방법은?

19.09.문13
18.09.문19
17.05.문06
16.03.문08
15.03.문17
14.03.문19
11.10.문19
03.08.문11

① 냉각소화
② 질식소화
③ 제거소화
④ 억제소화

해설 **소화의 형태**

| 구 분 | 설 명 |
|---|---|
| **냉**각소화 | ① **점화원**을 냉각하여 소화하는 방법<br>② **증**발잠열을 이용하여 열을 빼앗아 가연물의 온도를 떨어뜨려 화재를 진압하는 소화방법<br>③ **다량**의 **물**을 뿌려 소화하는 방법<br>④ 가연성 물질을 **발화점 이하**로 **냉각**하여 소화하는 방법<br>⑤ **식용유화재**에 신선한 **야채**를 넣어 소화하는 방법<br>⑥ 용융잠열에 의한 **냉각효과**를 이용하여 소화하는 방법<br>기억법 냉점증발 |
| **질**식소화 | ① 공기 중의 **산소농도**를 **16%**(10~15%) 이하로 희박하게 하여 소화하는 방법<br>② 산화제의 농도를 낮추어 연소가 지속될 수 없도록 소화하는 방법<br>③ 산소공급을 차단하여 소화하는 방법<br>④ **산소**의 **농도**를 **낮추어** 소화하는 방법 ← 보기 ②<br>⑤ 화학반응으로 발생한 **탄산가스**에 의한 소화방법<br>기억법 질산 |
| 제거소화 | **가연물**을 **제거**하여 소화하는 방법 |
| **부**촉매소화 (억제소화, 화학소화) | ① **연쇄반응**을 **차단**하여 소화하는 방법<br>② 화학적인 방법으로 화재를 억제하여 소화하는 방법<br>③ **활성기**(free radical, 자유라디칼)의 **생성**을 **억제**하여 소화하는 방법<br>④ 할론계 소화약제<br>기억법 부억(부엌) |
| 희석소화 | ① 기체 · 고체 · 액체에서 나오는 분해가스나 증기의 농도를 낮춰 소화하는 방법<br>② 불연성 가스의 **공기** 중 **농도**를 높여 소화하는 방법<br>③ 불활성기체를 방출하여 연소범위 이하로 낮추어 소화하는 방법 |

중요

**화재**의 **소화원리**에 따른 **소화방법**

| 소화원리 | 소화설비 |
|---|---|
| 냉각소화 | ① 스프링클러설비<br>② 옥내 · 외소화전설비 |
| 질식소화 | ① 이산화탄소 소화설비<br>② 포소화설비<br>③ 분말소화설비<br>④ 불활성기체 소화약제 |
| 억제소화 (부촉매효과) | ① 할론소화약제<br>② 할로겐화합물 소화약제 |

답 ②

**10** 유류탱크 화재시 기름 표면에 물을 살수하면 기름이 탱크 밖으로 비산하여 화재가 확대되는 현상은?

17.05.문04

① 슬롭오버(Slop over)
② 플래시오버(Flash over)
③ 프로스오버(Froth over)
④ 블레비(BLEVE)

해설 **유류탱크**, **가스탱크**에서 **발생**하는 **현상**

| 구 분 | 설 명 |
|---|---|
| **블래비**=블레비 (BLEVE) | • 과열상태의 탱크에서 내부의 액화가스가 분출하여 기화되어 폭발하는 현상 |

| | |
|---|---|
| **보일오버** (Boil over) | • 중질유의 석유탱크에서 장시간 조용히 연소하다 탱크 내의 잔존기름이 갑자기 분출하는 현상<br>• 유류탱크에서 **탱크바닥**에 **물**과 기름의 **에멀션**이 섞여 있을 때 이로 인하여 화재가 발생하는 현상<br>• 연소유면으로부터 100℃ 이상의 열파가 탱크 저부에 고여 있는 물을 비등하게 하면서 연소유를 탱크 밖으로 비산시키며 연소하는 현상 |
| **오일오버** (Oil over) | • 저장탱크에 저장된 유류저장량이 내용적의 **50%** 이하로 충전되어 있을 때 화재로 인하여 탱크가 폭발하는 현상 |
| **프로스오버** (Froth over) | • 물이 점성의 뜨거운 기름표면 아래에서 끓을 때 화재를 수반하지 않고 용기가 넘치는 현상 |
| **슬롭오버** (Slop over) | • **유류탱크 화재시** 기름 표면에 물을 살수하면 **기름**이 **탱크** 밖으로 **비산**하여 화재가 확대되는 현상(연소유가 비산되어 탱크 외부까지 화재가 확산) ← 보기 ①<br>• 물이 연소유의 뜨거운 표면에 들어갈 때 기름 표면에서 화재가 발생하는 현상<br>• 유화제로 소화하기 위한 물이 수분의 급격한 증발에 의하여 액면이 거품을 일으키면서 열유층 밑의 냉유가 급히 열팽창하여 기름의 일부가 불이 붙은 채 탱크벽을 넘어서 일출하는 현상<br>• 연소면의 온도가 100℃ 이상일 때 물을 주수하면 발생<br>• 소화시 외부에서 방사하는 포에 의해 발생 |

답 ①

★★
## 11 물질의 화재 위험성에 대한 설명으로 틀린 것은?

14.05.문03
13.03.문14

① 인화점 및 착화점이 낮을수록 위험
② 착화에너지가 작을수록 위험
③ 비점 및 융점이 높을수록 위험
④ 연소범위가 넓을수록 위험

해설 **화재 위험성**

(1) **비**점 및 **융**점이 **낮을수록** 위험하다. ← 보기 ③
(2) **발**화점(착화점) 및 **인**화점이 **낮**을수록 **위**험하다. ← 보기 ①
(3) 착화에너지가 작을수록 위험하다. ← 보기 ②
(4) 연소하한계가 낮을수록 위험하다.
(5) 연소범위가 넓을수록 위험하다. ← 보기 ④
(6) 증기압이 클수록 위험하다.

기억법 **비융발인 낮위**

③ 높을수록 → 낮을수록

• 연소한계=연소범위=폭발한계=폭발범위=가연한계=가연범위

답 ③

★
## 12 인화알루미늄의 화재시 주수소화하면 발생하는 물질은?

18.04.문18

① 수소 ② 메탄
③ 포스핀 ④ 아세틸렌

해설 **인화알루미늄**과 **물**과의 반응식 ← 보기 ③

$AlP + 3H_2O \rightarrow Al(OH)_3 + PH_3$
인화알루미늄 물 수산화알루미늄 포스핀=인화수소

비교

(1) 인화칼슘과 물의 반응식
$Ca_3P_2 + 6H_2O \rightarrow 3Ca(OH)_2 + 2PH_3 \uparrow$
인화칼슘 물 수산화칼슘 포스핀
(2) 탄화알루미늄과 물의 반응식
$Al_4C_3 + 12H_2O \rightarrow 4Al(OH)_3 + 3CH_4 \uparrow$
탄화알루미늄 물 수산화알루미늄 메탄

답 ③

★★★
## 13 이산화탄소의 증기비중은 약 얼마인가? (단, 공기의 분자량은 29이다.)

19.03.문18
16.03.문01
15.03.문05
14.09.문15
12.09.문18
07.05.문17

① 0.81 ② 1.52
③ 2.02 ④ 2.51

해설 (1) **증기비중**

$$증기비중 = \frac{분자량}{29}$$

여기서, 29 : 공기의 평균 분자량

(2) **분자량**

| 원 소 | 원자량 |
|---|---|
| H | 1 |
| C | 12 |
| N | 14 |
| O | 16 |

이산화탄소($CO_2$) 분자량$=12+16\times2=44$

증기비중 $= \frac{44}{29} \fallingdotseq 1.52$

• 증기비중 =가스비중

중요

**이산화탄소**의 **물성**

| 구 분 | 물 성 |
|---|---|
| 임계압력 | 72.75atm |
| 임계온도 | 31.35℃(약 31.1℃) |
| **3**중점 | −**56**.3℃(약 −56℃) |
| 승화점(**비**점) | −**78**.5℃ |
| 허용농도 | 0.5% |
| **증**기비중 | **1**.**5**29 |
| 수분 | 0.05% 이하(함량 99.5% 이상) |

기억법 **이356, 이비78, 이증15**

답 ②

★★★
## 14 다음 물질의 저장창고에서 화재가 발생하였을 때 주수소화를 할 수 없는 물질은?

16.10.문19
13.06.문19

① 부틸리튬
② 질산에틸
③ 니트로셀룰로오스
④ 적린

해설 **주수소화**(물소화)시 **위험**한 **물질**

| 구 분 | 현 상 |
|---|---|
| • 무기과산화물 | **산소** 발생 |
| • **금**속분<br>• **마**그네슘<br>• 알루미늄<br>• 칼륨<br>• 나트륨<br>• 수소화리튬<br>• **부틸리튬** ← 보기 ① | **수소** 발생 |
| • 가연성 액체의 유류화재 | **연소면**(화재면) 확대 |

기억법 **금마수**

※ **주수소화** : 물을 뿌려 소화하는 방법

답 ①

★★
## 15 이산화탄소에 대한 설명으로 틀린 것은?

19.03.문11
16.03.문15
14.05.문08
13.06.문20
11.03.문06

① 임계온도는 97.5℃이다.
② 고체의 형태로 존재할 수 있다.
③ 불연성 가스로 공기보다 무겁다.
④ 드라이아이스와 분자식이 동일하다.

해설 **이**산화탄소의 **물성**

| 구 분 | 물 성 |
|---|---|
| 임계압력 | 72.75atm |
| 임계온도 | 31.35℃(약 31.1℃) ← 보기 ① |
| **3**중점 | −**56**.3℃(약 −56℃) |
| 승화점(**비**점) | −**78**.5℃ |
| 허용농도 | 0.5% |
| **증**기비중 | **1.5**29 |
| 수분 | 0.05% 이하(함량 99.5% 이상) |
| 형상 | **고체**의 형태로 존재할 수 있음 |
| 가스 종류 | **불연성 가스**로 공기보다 무거움 |
| 분자식 | **드라이아이스**와 분자식이 동일 |

기억법 **이356, 이비78, 이증15**

① 97.5℃ → 31.35℃

답 ①

★
## 16 다음 물질 중 연소하였을 때 시안화수소를 가장 많이 발생시키는 물질은?

① Polyethylene
② Polyurethane
③ Polyvinyl chloride
④ Polystyrene

해설 연소시 **시안화수소**(HCN) 발생물질
(1) 요소
(2) 멜라닌
(3) 아닐린
(4) Polyurethane(**폴**리**우**레탄) ← 보기 ②

기억법 **시폴우**

답 ②

★★★
## 17 0℃, 1기압에서 44.8m³의 용적을 가진 이산화탄소를 액화하여 얻을 수 있는 액화탄산가스의 무게는 약 몇 kg인가?

18.09.문11
14.09.문07
12.03.문19
06.09.문13
97.03.문03

① 88 ② 44
③ 22 ④ 11

해설 (1) **기호**

- $T$ : 0℃=(273+0℃)K
- $P$ : 1기압=1atm
- $V$ : 44.8m³
- $m$ : ?

(2) **이상기체상태 방정식**

$$PV=nRT$$

여기서, $P$ : 기압〔atm〕
$V$ : 부피〔m³〕
$n$ : 몰수$\left(n=\dfrac{m(\text{질량})[\text{kg}]}{M(\text{분자량})[\text{kg/kmol}]}\right)$
$R$ : 기체상수(0.082atm · m³/kmol · K)
$T$ : 절대온도(273+℃)〔K〕

$PV=\dfrac{m}{M}RT$에서

$$m=\frac{PVM}{RT}$$

$$=\frac{1\text{atm}\times 44.8\text{m}^3\times 44\text{kg/kmol}}{0.082\text{atm}\cdot\text{m}^3/\text{kmol}\cdot\text{K}\times(273+0℃)\text{K}}$$

$≒ 88\text{kg}$

- 이산화탄소 분자량($M$)=44kg/kmol

답 ①

★ **18** **밀폐된 내화건물의 실내에 화재가 발생했을 때 그 실내의 환경변화에 대한 설명 중 틀린 것은?**

16.10.문17
01.03.문03

① 기압이 급강하한다.
② 산소가 감소된다.
③ 일산화탄소가 증가한다.
④ 이산화탄소가 증가한다.

해설 **밀폐된 내화건물**
실내에 화재가 발생하면 **기압**이 **상승**한다. ← 보기 ①

① 급강하 → 상승

답 ①

★★★ **19** **다음 중 연소범위를 근거로 계산한 위험도값이 가장 큰 물질은?**

19.03.문03
15.09.문08
10.03.문14

① 이황화탄소 ② 메탄
③ 수소 ④ 일산화탄소

해설 **위험도**

$$H=\frac{U-L}{L}$$

여기서, $H$ : 위험도
$U$ : 연소상한계
$L$ : 연소하한계

① **이황화탄소** $=\frac{44-1.2}{1.2}=35.66$

② **메탄** $=\frac{15-5}{5}=2$

③ **수소** $=\frac{75-4}{4}=17.75$

④ **일산화탄소** $=\frac{74-12.5}{12.5}=4.92$

중요

**공기 중**의 **폭발한계**(상온, 1atm)

| 가 스 | 하한계 〔vol%〕 | 상한계 〔vol%〕 |
|---|---|---|
| 에테르($(C_2H_5)_2O$) | 1.9 | 48 |
| 보기 ③ → 수소($H_2$) → | 4 | 75 |
| 에틸렌($C_2H_4$) | 2.7 | 36 |
| 부탄($C_4H_{10}$) | 1.8 | 8.4 |
| 아세틸렌($C_2H_2$) | 2.5 | 81 |
| 보기 ④ → 일산화탄소(CO) → | 12.5 | 74 |
| 보기 ① → 이황화탄소($CS_2$) → | 1.2 | 44 |
| 암모니아($NH_3$) | 15 | 28 |
| 보기 ② → 메탄($CH_4$) → | 5 | 15 |
| 에탄($C_2H_6$) | 3 | 12.4 |
| 프로판($C_3H_8$) | 2.1 | 9.5 |

- 연소한계=연소범위=가연한계=가연범위=폭발한계=폭발범위

답 ①

★★★ **20** **화재시 나타나는 인간의 피난특성으로 볼 수 없는 것은?**

18.04.문03
16.05.문03
12.05.문15
11.10.문09
10.09.문11

① 어두운 곳으로 대피한다.
② 최초로 행동한 사람을 따른다.
③ 발화지점의 반대방향으로 이동한다.
④ 평소에 사용하던 문, 통로를 사용한다.

해설 **화재발생**시 **인간**의 **피난특성**

| 구 분 | 설 명 |
|---|---|
| **귀소본능** 보기 ④ | • **친숙한 피난경로**를 선택하려는 행동<br>• 무의식 중에 평상시 사용하는 출입구나 통로를 사용하려는 행동 |
| **지광본능** 보기 ① | • **밝은 쪽**을 지향하는 행동<br>• 화재의 공포감으로 인하여 **빛**을 따라 외부로 달아나려고 하는 행동 |
| **퇴피본능** 보기 ③ | • 화염, 연기에 대한 공포감으로 **발화**의 **반대방향**으로 이동하려는 행동 |
| **추종본능** 보기 ② | • 많은 사람이 달아나는 방향으로 쫓아가려는 행동<br>• 화재시 최초로 행동을 개시한 사람을 따라 전체가 움직이려는 행동 |
| **좌회본능** | • **좌측통행**을 하고 **시계반대방향**으로 회전하려는 행동 |
| **폐쇄공간 지향본능** | 가능한 **넓은 공간**을 찾아 **이동**하다가 위험성이 높아지면 의외의 좁은 공간을 찾는 본능 |
| **초능력본능** | 비상시 **상상**도 **못할 힘**을 내는 본능 |
| **공격본능** | **이상심리현상**으로서 구조용 헬리콥터를 부수려고 한다든지 무차별적으로 주변사람과 구조인력 등에게 공격을 가하는 본능 |
| **패닉** (panic) **현상** | 인간의 비이성적인 또는 부적합한 **공포반응행동**으로서 무모하게 높은 곳에서 뛰어내리는 행위라든지, 몸이 굳어서 움직이지 못하는 행동 |

① 어두운 곳 → 밝은 곳

답 ①

## 제 2 과목 소방전기일반

★ **21** **인덕턴스가 0.5H인 코일의 리액턴스가 753.6Ω일 때 주파수는 약 몇 Hz인가?**

① 120 ② 240
③ 360 ④ 480

해설 (1) 기호

- $L$ : 0.5H
- $X_L$ : 753.6Ω
- $f$ : ?

(2) 유도리액턴스

$$X_L = 2\pi f L$$

여기서, $X_L$ : 유도리액턴스〔Ω〕
$f$ : 주파수〔Hz〕
$L$ : 인덕턴스〔H〕

주파수 $f$는

$$f = \frac{X_L}{2\pi L} = \frac{753.6}{2\pi \times 0.5} \fallingdotseq 240\text{Hz}$$

답 ②

★★★
## 22 최고 눈금 50mV, 내부저항이 100Ω인 직류 전압계에 1.2MΩ의 배율기를 접속하면 측정할 수 있는 최대전압은 약 몇 V인가?

19.09.문30
17.03.문21
13.09.문31
11.06.문34

① 3 ② 60
③ 600 ④ 1200

해설 (1) 기호

- $V$ : 50mV=$50\times10^{-3}$V(1mV=$10^{-3}$V)
- $R_v$ : 100Ω
- $R_m$ : 1.2MΩ=$1.2\times10^6$Ω(1MΩ=$10^6$Ω)
- $V_0$ : ?

(2) 배율기

$$V_0 = V\left(1+\frac{R_m}{R_v}\right)\text{〔V〕}$$

여기서, $V_0$ : 측정하고자 하는 전압〔V〕
$V$ : 전압계의 최대눈금〔V〕
$R_v$ : 전압계의 내부저항〔Ω〕
$R_m$ : 배율기저항〔Ω〕

$$V_0 = V\left(1+\frac{R_m}{R_v}\right)$$
$$= (50\times10^{-3})\times\left(1+\frac{1.2\times10^6}{100}\right) \fallingdotseq 600\text{V}$$

비교

**분류기**

$$I_0 = I\left(1+\frac{R_A}{R_S}\right)\text{〔A〕}$$

여기서, $I_0$ : 측정하고자 하는 전류〔A〕
$I$ : 전류계의 최대눈금〔A〕
$R_A$ : 전류계 내부저항〔Ω〕
$R_S$ : 분류기저항〔Ω〕

답 ③

★★
## 23 그림과 같은 블록선도에서 출력 $C(s)$는?

14.09.문34
10.03.문28

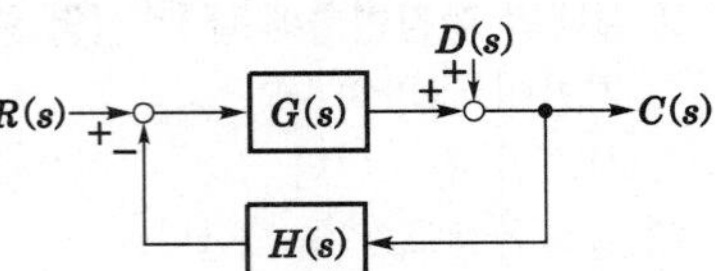


① $\dfrac{G(s)}{1+G(s)H(s)}R(s)+\dfrac{G(s)}{1+G(s)H(s)}D(s)$

② $\dfrac{1}{1+G(s)H(s)}R(s)+\dfrac{1}{1+G(s)H(s)}D(s)$

③ $\dfrac{G(s)}{1+G(s)H(s)}R(s)+\dfrac{1}{1+G(s)H(s)}D(s)$

④ $\dfrac{1}{1+G(s)H(s)}R(s)+\dfrac{G(s)}{1+G(s)H(s)}D(s)$

해설 계산편의를 위해 $(s)$를 삭제하고 계산하면

$$RG+D-CHG=C$$
$$RG+D=C+CHG$$
$$C+CHG=RG+D$$
$$C(1+HG)=RG+D$$
$$C=\frac{RG+D}{1+HG}$$
$$=\frac{RG}{1+HG}+\frac{D}{1+HG}$$
$$=\frac{G}{1+HG}R+\frac{1}{1+HG}D$$
$$=\frac{G}{1+GH}R+\frac{1}{1+GH}D$$
$$=\frac{G(s)}{1+G(s)H(s)}R(s)+\frac{1}{1+G(s)H(s)}D(s)$$

↑ 삭제한 $(s)$를 다시 붙임

용어

**블록선도(block diagram)**
제어계에서 신호가 전달되는 모양을 표시하는 선도

답 ③

★★★
## 24 변위를 전압으로 변환시키는 장치가 아닌 것은?

18.09.문40
13.06.문21
12.09.문24
03.08.문22

① 포텐셔미터 ② 차동변압기
③ 전위차계 ④ 측온저항체

해설 **변환요소**

| 구 분 | 변 환 |
|---|---|
| • 측온저항(측온저항체)<br>• 정온식 감지선형 감지기 | 온도 → 임피던스 |
| • 광전다이오드<br>• 열전대식 감지기<br>• 열반도체식 감지기 | 온도 → 전압 |
| • 광전지 | 빛 → 전압 |

| • 전자 | **전압**(전류) → **변위** |
|---|---|
| • 유압분사관<br>• 노즐 플래퍼 | **변위 → 압력** |
| **• 포텐셔미터<br>• 차동변압기<br>• 전위차계** | **변위 → 전압** |
| • 가변저항기 | **변위 → 임피던스** |

④ 측온저항체 : **온도**를 **임피던스**로 변환시키는 장치

답 ④

**25** (18.03.문35, 07.09.문26)

**단상 변압기의 권수비가 $a=8$이고, 1차 교류전압의 실효치는 110V이다. 변압기 2차 전압을 단상 반파정류회로를 이용하여 정류했을 때 발생하는 직류 전압의 평균치는 약 몇 V인가?**

① 6.19 ② 6.29
③ 6.39 ④ 6.88

해설 (1) **기호**

- $a$ : 8
- $V_1$ : 110V
- $E_{av}$ : ?

(2) **권수비**

$$a=\frac{N_1}{N_2}=\frac{V_1}{V_2}=\frac{I_2}{I_1}$$

여기서, $a$ : 권수비
$N_1$ : 1차 코일권수
$N_2$ : 2차 코일권수
$V_1$ : 정격 1차 전압[V]
$V_2$ : 정격 2차 전압[V]
$I_1$ : 정격 1차 전류[A]
$I_2$ : 정격 2차 전류[A]

**2차 전압 $V_2$ 는**

$$V_2=\frac{V_1}{a}=\frac{110}{8}=13.75\text{V}$$

(3) **직류 평균전압**

| 단상 반파정류회로 | 단상 전파정류회로 |
|---|---|
| $E_{av}=0.45E$ | $E_{av}=0.9E$ |
| 여기서,<br>$E_{av}$ : 직류 평균전압[V]<br>$E$ : 교류 실효값[V] | 여기서,<br>$E_{av}$ : 직류 평균전압[V]<br>$E$ : 교류 실효값[V] |

$E_{av}=0.45E=0.45\times13.75 \fallingdotseq 6.19\text{V}$

답 ①

**26** (19.03.문26, 13.09.문32)

**그림과 같은 유접점회로의 논리식은?**

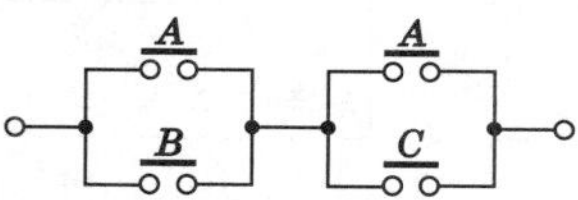


① $A+B\cdot C$
② $A\cdot B+C$
③ $B+A\cdot C$
④ $A\cdot B+B\cdot C$

해설

| 회 로 | 시퀀스 회로 | 논리식 | 논리회로 |
|---|---|---|---|
| 직렬 회로 | | $Z=A\cdot B$<br>$Z=AB$ | |
| 병렬 회로 | | $Z=A+B$ | |
| a 접점 | | $Z=A$ | |
| b 접점 | | $Z=\overline{A}$ | |

$$(A+B)(A+C)=\underbrace{AA}_{X\cdot X=X}+AC+AB+BC$$
$$=A+AC+AB+BC$$
$$=A\underbrace{(1+C+B)}_{X\cdot 1=X}+BC$$
$$=A+BC$$

중요

**불대수의 정리**

| 논리합 | 논리곱 | 비 고 |
|---|---|---|
| $X+0=X$ | $X\cdot 0=0$ | - |
| $X+1=1$ | $X\cdot 1=X$ | - |
| $X+X=X$ | $X\cdot X=X$ | - |
| $X+\overline{X}=1$ | $X\cdot\overline{X}=0$ | - |
| $X+Y=Y+X$ | $X\cdot Y=Y\cdot X$ | 교환 법칙 |

| $X+(Y+Z)$ $=(X+Y)+Z$ | $X(YZ)=(XY)Z$ | 결합 법칙 |
|---|---|---|
| $X(Y+Z)$ $=XY+XZ$ | $(X+Y)(Z+W)$ $=XZ+XW+YZ+YW$ | 분배 법칙 |
| $X+XY=X$ | $\overline{X}+XY=\overline{X}+Y$<br>$\overline{X}+X\overline{Y}=\overline{X}+\overline{Y}$<br>$X+\overline{X}Y=X+Y$<br>$X+\overline{X}\,\overline{Y}=X+\overline{Y}$ | 흡수 법칙 |
| $(\overline{X+Y})$ $=\overline{X}\cdot\overline{Y}$ | $(\overline{X\cdot Y})=\overline{X}+\overline{Y}$ | 드모르간의 정리 |

답 ①

### 27 평형 3상 부하의 선간전압이 200V, 전류가 10A, 역률이 70.7%일 때 무효전력은 약 몇 Var인가?

18.09.문32 16.10.문21 12.05.문21 07.09.문27 03.05.문34

① 2880　② 2450
③ 2000　④ 1410

해설 (1) 기호
- $V_l$ : 200V
- $I_l$ : 10A
- $\cos\theta$ : 70.7%=0.707
- $P_{\text{Var}}$ : ?

(2) 무효율

$$\cos\theta^2+\sin\theta^2=1$$

여기서, $\cos\theta$ : 역률
$\sin\theta$ : 무효율

$\sin\theta^2=1-\cos\theta^2$
$\sqrt{\sin\theta^2}=\sqrt{1-\cos\theta^2}$
$\sin\theta=\sqrt{1-\cos\theta^2}$
$=\sqrt{1-0.707^2}\fallingdotseq 0.707$

(3) 3상 무효전력

$$P_{\text{Var}}=3V_PI_P\sin\theta=\sqrt{3}\,V_lI_l\sin\theta=3I_P{}^2X\text{[Var]}$$

여기서, $P_{\text{Var}}$ : 3상 무효전력[W]
$V_P$, $I_P$ : 상전압[V], 상전류[A]
$V_l$, $I_l$ : 선간전압[V], 선전류[A]

3상 무효전력 $P_{\text{Var}}$는
$P_{\text{Var}}=\sqrt{3}\,V_lI_l\sin\theta$
$=\sqrt{3}\times200\times10\times0.707\fallingdotseq 2450\text{Var}$

답 ②

### 28 제어대상에서 제어량을 측정하고 검출하여 주궤환 신호를 만드는 것은?

16.03.문38

① 조작부　② 출력부
③ 검출부　④ 제어부

해설 **피드백제어의 용어**

| 용 어 | 설 명 |
|---|---|
| **검출부** (보기 ③) | • 제어대상에서 **제어량**을 **측정**하고 **검출**하여 **주궤환 신호**를 만드는 것 |
| **제어량** (controlled value) | • 제어대상에 속하는 양으로, 제어대상을 제어하는 것을 목적으로 하는 물리적인 양이다. |
| **조작량** (manipulated value) | • **제어장치**의 **출력**인 동시에 **제어대상**의 **입력**으로 제어장치가 제어대상에 가해지는 제어신호이다.<br>• **제어요소**에서 **제어대상**에 인가되는 양이다.<br>기억법 **조제대상** |
| **제어요소** (control element) | • 동작신호를 조작량으로 변환하는 요소이고, **조절부**와 **조작부**로 이루어진다. |
| **제어장치** (control device) | • 제어하기 위해 제어대상에 부착되는 장치이고, **조절부**, **설정부**, **검출부** 등이 이에 해당된다. |
| **오차검출기** | • 제어량을 설정값과 비교하여 오차를 계산하는 장치이다. |

답 ③

### 29 복소수로 표시된 전압 $10-j$[V]를 어떤 회로에 가하는 경우 $5+j$[A]의 전류가 흘렀다면 이 회로의 저항은 약 몇 Ω인가?

① 1.88　② 3.6
③ 4.5　④ 5.46

해설 (1) 기호
- $V$ : $10-j$[V]
- $I$ : $5+j$[A]
- $R$ : ?

(2) 저항

$$R=\frac{V}{I}$$

여기서, $R$ : 저항[Ω]
$V$ : 전압[V]
$I$ : 전류[A]

(3) 저항 $R$은

$R=\frac{V}{I}$
$=\frac{10-j}{5+j}$
$=\frac{(10-j)(5-j)}{(5+j)(5-j)}$ ← 분모의 허수를 없애고자 분모의 $5+j$에서 허수의 반대부호인 $5-j$를 분자·분모에 곱해 줌
$=\frac{50-10j-5j-1}{25-5j+5j+1}$ ← $j\times j=-1$, $j\times(-j)=1$, $(-j)\times(-j)=-1$
$=\frac{49-15j}{26}$

$$= \frac{\sqrt{49^2 + (-15)^2}}{26}$$

$≒ 1.97$(∴ 근사값인 1.88Ω 정답)

답 ①

★★
**30** 다음 중 직류전동기의 제동법이 아닌 것은?

15.09.문31
11.10.문25

① 회생제동　　② 정상제동
③ 발전제동　　④ 역전제동

해설 **직류전동기**의 **제동법**

| 제동법 | 설 명 |
|---|---|
| **발전제동** 보기 ③ | 직류전동기를 **발전기**로 하고 운동에너지를 저항기 속에서 **열**로 바꾸어 제동하는 방법 |
| **역전제동** 보기 ④ | 운전 중에 전동기의 **전기자**를 **반대**로 전환하여 **역방향**의 **토크**를 발생시켜 급속히 제동하는 방법 |
| **회생제동** 보기 ① | 전동기를 **발전기**로 하고 그 발생전력을 **전원**으로 **회수**하여 효율 좋게 제어하는 방법 |

기억법 **역발회**

답 ②

★★
**31** **자동화재탐지설비의 감지기회로의 길이가 500m이고, 종단에 8kΩ의 저항이 연결되어 있는 회로에 24V의 전압이 가해졌을 경우 도통시험시 전류는 약 몇 mA인가? (단, 동선의 저항률은 $1.69 \times 10^{-8}$Ω·m이며, 동선의 단면적은 $2.5\text{mm}^2$이고, 접촉저항 등은 없다고 본다.)**

17.05.문30
97.07.문39

① 2.4　　② 3.0
③ 4.8　　④ 6.0

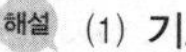
해설 (1) **기호**

- $l$ : 500m
- $R_2$ : 8kΩ$=8 \times 10^3$Ω(1kΩ$=10^3$Ω)
- $V$ : 24V
- $I$ : ?
- $\rho$ : $1.69 \times 10^{-8}$Ω·m
- $A$ : $2.5\text{mm}^2 = 2.5 \times 10^{-6}\text{m}^2$

- $1\text{m} = 1000\text{mm} = 10^3\text{mm}$이고
$1\text{mm} = 10^{-3}\text{m}$
$2.5\text{mm}^2 = 2.5 \times (10^{-3}\text{m})^2 = 2.5 \times 10^{-6}\text{m}^2$

(2) **저항**

$$R = \rho \frac{l}{A}$$

여기서, $R$ : 저항[Ω]
$\rho$ : 고유저항[Ω·m]
$A$ : 전선의 단면적[m²]
$l$ : 전선의 길이[m]

**배선**의 **저항** $R_1$은

$$R_1 = \rho \frac{l}{A} = 1.69 \times 10^{-8} \times \frac{500}{2.5 \times 10^{-6}} = 3.38\Omega$$

(3) **도통시험전류** $I$는

$$I = \frac{V}{R_1 + R_2} = \frac{24}{3.38 + (8 \times 10^3)}$$

$$≒ 3 \times 10^{-3}\text{A} = 3\text{mA}$$

- $1 \times 10^{-3}\text{A} = 1\text{mA}$이므로 $3 \times 10^{-3}\text{A} = 3\text{mA}$

※ **도통시험** : 감지기회로의 단선 유무확인

답 ②

★★★
**32** 다음 회로에서 출력전압은 몇 V인가? (단, $A=$ 5V, $B=$0V인 경우이다.)

18.09.문27
11.06.문22
09.08.문34
08.03.문24

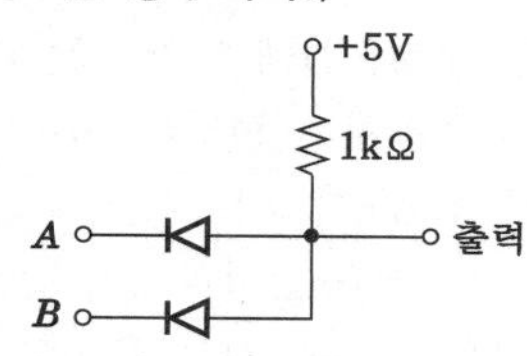


① 0　　② 5
③ 10　　④ 15

해설 AND 게이트이므로 입력신호에서 $A=$ 5V, $B=$0V 중 **모두 5**일 때만 출력신호 $X$가 **5**가 된다. 그러므로 0V가 정답

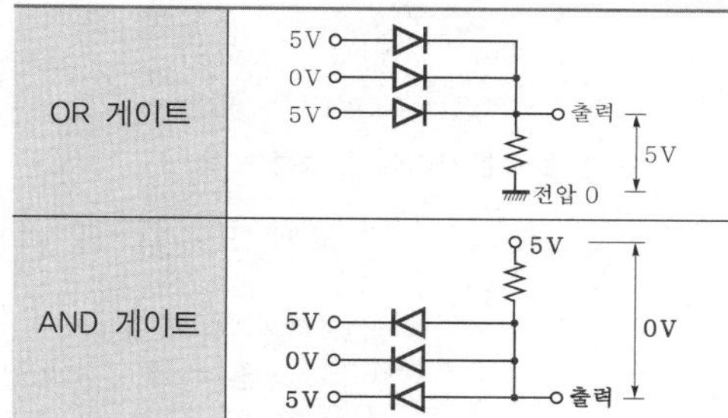


중요

**논리회로**

| 명 칭 | 회 로 |
|---|---|
| AND 게이트 | +5V, A, B, 출력 |
| | A, B, 출력 |
| OR 게이트 | A, B, 출력 |
| | +5V, A, B, 출력 |

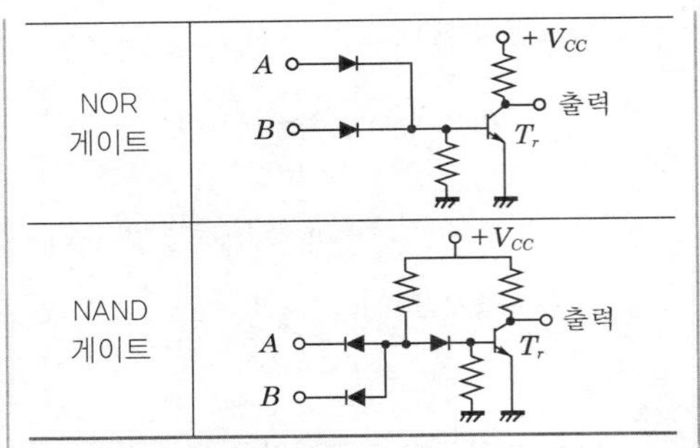


답 ①

★★
## 33

18.09.문34
14.09.문37

**평행한 왕복전선에 10A의 전류가 흐를 때 전선 사이에 작용하는 전자력[N/m]은? (단, 전선의 간격은 40cm이다.)**

① $5\times10^{-5}$N/m, 서로 반발하는 힘
② $5\times10^{-5}$N/m, 서로 흡인하는 힘
③ $7\times10^{-5}$N/m, 서로 반발하는 힘
④ $7\times10^{-5}$N/m, 서로 흡인하는 힘

해설 (1) **기호**

- $I_1=I_2$ : 10A
- $F$ : ?
- $r$ : 40cm=0.4m(100cm=1m)

(2) **평행도체 사이에 작용하는 힘**

$$F=\frac{\mu_0 I_1 I_2}{2\pi r}\text{[N/m]}$$

여기서, $F$ : 평행전류의 힘[N/m]
$\mu_0$ : 진공의 투자율($4\pi\times10^{-7}$)[H/m]
$I_1,\ I_2$ : 전류[A]
$r$ : 거리[m]

평행도체 사이에 작용하는 힘 $F$는

$$F=\frac{\mu_0 I_1 I_2}{2\pi r}=\frac{(4\pi\times10^{-7})\times10\times10}{2\pi\times0.4}=5\times10^{-5}\text{N/m}$$

- $\mu_0$ : $4\pi\times10^{-7}$[H/m]

힘의 방향은 전류가 **같은 방향**이면 **흡인력**, **다른 방향**이면 **반발력**이 작용한다.

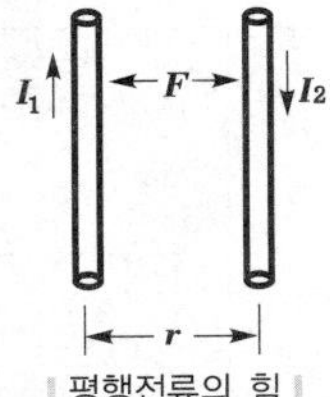

| 평행전류의 힘 |

**평행 왕복전선**은 두 전선의 전류방향이 다른 방향이므로 **반발력**

용어

**반발력**
서로 반발하는 힘

답 ①

★★★
## 34

18.09.문26
12.05.문32
11.06.문36

**수정, 전기석 등의 결정에 압력을 가하여 변형을 주면 변형에 비례하여 전압이 발생하는 현상을 무엇이라 하는가?**

① 국부작용　② 전기분해
③ 압전현상　④ 성극작용

해설 **여러 가지 효과**

| 효 과 | 설 명 |
|---|---|
| **핀치효과** (Pinch effect) | 전류가 **도선 중심**으로 흐르려고 하는 현상 |
| **톰슨효과** (Thomson effect) | 균질의 철사에 **온도구배**가 있을 때 여기에 전류가 흐르면 열의 흡수 또는 발생이 일어나는 현상 |
| **홀효과** (Hall effect) | 도체에 **자계**를 가하면 전위차가 발생하는 현상 |
| **제벡효과** (Seebeck effect) | 다른 종류의 금속선으로 된 폐회로의 두 접합점의 온도를 달리하였을 때 열기전력이 발생하는 효과. **열전대식·열반도체식** 감지기는 이 원리를 이용하여 만들어졌다. |
| **펠티어효과** (Peltier effect) | 두 종류의 금속으로 폐회로를 만들어 **전류**를 흘리면 양 접속점에서 한쪽은 **온도**가 올라가고, 다른 쪽은 온도가 내려가는 현상 |
| **압전효과** (piezoelectric effect) 보기 ③ | ① **수정, 전기석, 로셀염** 등의 결정에 전압을 가하면 일그러짐이 생기고, 반대로 압력을 가하여 일그러지게 하면 전압을 발생하는 현상<br>② **수정, 전기석** 등의 결정에 압력을 가하여 변형을 주면 변형에 비례하여 전압이 발생하는 현상 |
| **광전효과** | 반도체에 빛을 쬐이면 전자가 방출되는 현상 |

기억법 **온펠**

- 압전현상=압전효과=압전기효과

비교

| 국부작용 | 분극(성극)작용 |
|---|---|
| ① 전지의 전극에 사용하고 있는 아연판이 **불순물**에 의한 전지작용으로 인해 자기방전하는 현상<br>② 전지를 쓰지 않고 오래 두면 못 쓰게 되는 현상 | ① 전지에 부하를 걸면 양극표면에 수소가스가 생겨 전류의 흐름을 방해하는 현상<br>② 일정한 전압을 가진 전지에 부하를 걸면 단자전압이 저하되는 현상 |

답 ③

## 35

그림과 같이 전류계 $A_1$, $A_2$를 접속할 경우 $A_1$은 25A, $A_2$는 5A를 지시하였다. 전류계 $A_2$의 내부저항은 몇 Ω인가?

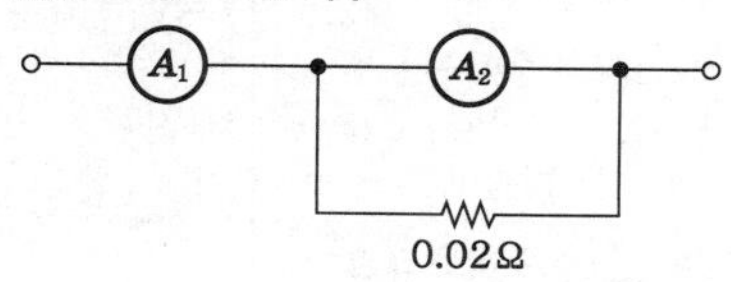


① 0.05　　② 0.08
③ 0.12　　④ 0.15

**해설**

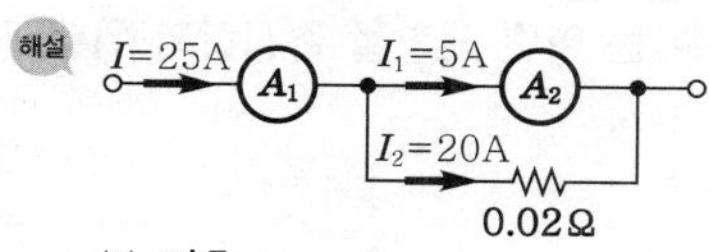


(1) **기호**

- $I$ : 25A
- $I_1$ : 5A
- $R$ : 0.02Ω

(2) **전류**

Ⓐ₂와 0.02Ω이 병렬회로이므로

$I = I_1 + I_2$ 에서

$I_2 = I - I_1$
$= 25 - 5 = 20\text{A}$

(3) **전압**

$$V = IR$$

여기서, $V$ : 전압[V]
$I$ : 전류[A]
$R$ : 저항[Ω]

0.02Ω에 가해지는 전압 $V$는

$V = I_2 R$
$= 20 \times 0.02 = 0.4\text{V}$

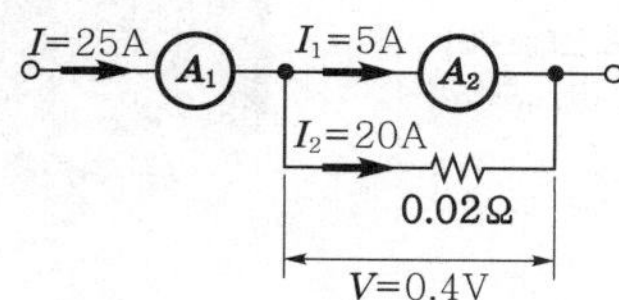


$A_2$의 내부저항 $R$은

$R = \dfrac{V}{I_1} = \dfrac{0.4}{5} = 0.08\Omega$

답 ②

## 36

15.09.문26
09.03.문27

반지름 20cm, 권수 50회인 원형 코일에 2A의 전류를 흘려주었을 때 코일 중심에서 자계(자기장)의 세기[AT/m]는?

① 70　　② 100
③ 125　　④ 250

**해설** (1) **기호**

- $a$ : 20cm=0.2m(100cm=1m)
- $N$ : 50
- $I$ : 2A
- $H$ : ?

(2) **원형 코일 중심**의 **자계**

$$H = \frac{NI}{2a} \text{[AT/m]}$$

여기서, $H$ : 자계의 세기[AT/m]
$N$ : 코일권수
$I$ : 전류[A]
$a$ : 반지름[m]

자계의 세기 $H$는

$H = \dfrac{NI}{2a} = \dfrac{50 \times 2}{2 \times 0.2} = 250\text{AT/m}$

답 ④

## 37

19.03.문26
13.09.문32

그림과 같은 무접점회로의 논리식(Y)은?

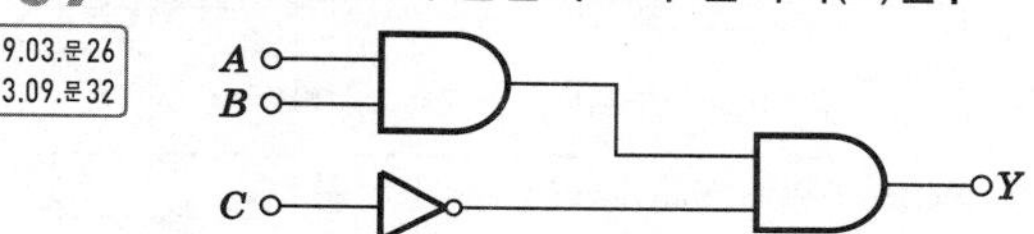


① $A \cdot B + \overline{C}$　　② $A + B + \overline{C}$
③ $(A+B) \cdot \overline{C}$　　④ $A \cdot B \cdot \overline{C}$

**해설** **무접점회로**의 **논리식**

$Y = A \cdot B \cdot \overline{C}$

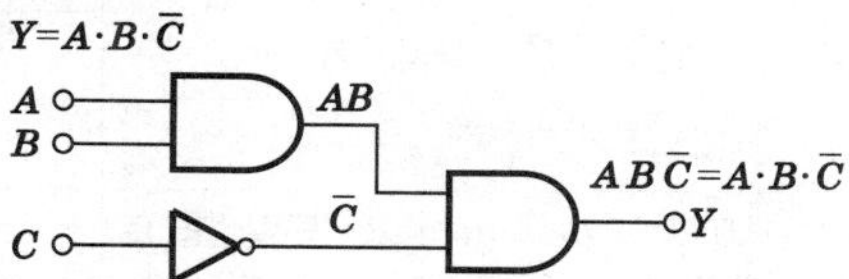


**중요**

| 회로 | 시퀀스 회로 | 논리식 | 논리회로 |
|---|---|---|---|
| 직렬회로 | A, B, Z | $Z = A \cdot B$<br>$Z = AB$ | A, B, Z |
| 병렬회로 | A, B, Z | $Z = A + B$ | A, B, Z |
| a 접점 | A, Z | $Z = A$ | A, Z<br>A, Z |
| b 접점 | A, Z | $Z = \overline{A}$ | A, Z<br>A, Z<br>A, Z |

답 ④

## 38 전원전압을 일정하게 유지하기 위하여 사용하는 다이오드는?

19.03.문35 18.09.문31 16.10.문30 15.05.문38 14.09.문40 14.05.문24 14.03.문27 12.03.문34 11.06.문37 00.10.문25

① 쇼트키다이오드
② 터널다이오드
③ 제너다이오드
④ 버랙터다이오드

해설 **반도체소자**

| 명 칭 | 심 벌 |
|---|---|
| **제너다이오드**(zener diode) ← 보기 ③<br>① 주로 정전압 전원회로에 사용된다.<br>② **전원전압**을 **일정**하게 **유지**한다. | |
| **서미스터**(thermistor) : 부온도특성을 가진 저항기의 일종으로서 주로 **온**도보정용(온도보상용)으로 쓰인다.<br>기억법 **서온(서운해)** | *Th* |
| **SCR**(Silicon Controlled Rectifier) : 단방향 대전류 스위칭소자로서 제어를 할 수 있는 정류소자이다. | *A* *K* *G* |
| **바리스터**(varistor)<br>① 주로 **서**지전압에 대한 회로보호용(과도전압에 대한 회로보호)<br>② **계**전기접점의 불꽃제거<br>기억법 **바리서계** | |
| **UJT**(Unijunction Transistor, **단일접합 트랜지스터**) : 증폭기로는 사용이 불가능하며 톱니파나 펄스발생기로 작용하며 SCR의 트리거소자로 쓰인다. | $B_1$ *E* $B_2$ |
| **가변용량 다이오드**(버랙터 다이오드)<br>① **가변용량** 특성을 FM 변조 AFC 동조에 이용<br>② 제너현상을 이용한 다이오드 | |
| **터널 다이오드** : 음저항 특성을 **마이크로파 발진**에 이용 | |
| **쇼트키 다이오드** : N형 반도체와 금속을 접합하여 금속부분이 반도체와 같은 기능을 하도록 만들어진 다이오드 | |

답 ③

## 39 동기발전기의 병렬운전조건으로 틀린 것은?

17.03.문40 13.09.문33

① 기전력의 크기가 같을 것
② 기전력의 위상이 같을 것
③ 기전력의 주파수가 같을 것
④ 극수가 같을 것

해설 **병렬운전조건**

| 동기발전기의 병렬운전조건 | 변압기의 병렬운전조건 |
|---|---|
| • 기전력의 **크기**가 같을 것<br>• 기전력의 **위상**이 같을 것<br>• 기전력의 **주파수**가 같을 것<br>• 기전력의 **파형**이 같을 것<br>• 상회전 **방향**이 같을 것<br>기억법 **주파위크방** | • **권**수비가 같을 것<br>• **극**성이 같을 것<br>• 1·2차 정격전**압**이 같을 것<br>• %**임**피던스 강하가 같을 것<br>기억법 **압임권극** |

답 ④

## 40 메거(megger)는 어떤 저항을 측정하기 위한 장치인가?

19.09.문35 12.05.문34 05.05.문35

① 절연저항 ② 접지저항
③ 전지의 내부저항 ④ 궤조저항

해설 **계측기**

| 구 분 | 용 도 |
|---|---|
| **메거**<br>(megger)<br>=**절연저항계** | **절연저항** 측정<br>‖ 메거 ‖ |
| **어스테스터**<br>(earth tester) | 접지저항 측정<br>‖ 어스테스터 ‖ |
| **코올라우시 브리지**<br>(Kohlrausch bridge) | 전지(축전지)의 내부저항 측정<br>‖ 코올라우시 브리지 ‖ |

| C.R.O (Cathode Ray Oscilloscope) | 음극선을 사용한 오실로스코프 |
|---|---|
| **휘트스톤 브리지** (Wheatstone bridge) | 0.5~$10^5$Ω의 중저항 측정 |

비교

**코올라우시 브리지**
(1) 축전지의 내부저항 측정
(2) 전해액의 저항 측정
(3) 접지저항 측정

답 ①

## 제 3 과목 소방관계법규

### 41
17.09.문41
15.09.문42
11.10.문60

**소방시설 설치 및 관리에 관한 법률상 방염성능 기준 이상의 실내 장식물 등을 설치해야 하는 특정소방대상물이 아닌 것은?**

① 숙박이 가능한 수련시설
② 층수가 11층 이상인 아파트
③ 건축물 옥내에 있는 종교시설
④ 방송통신시설 중 방송국 및 촬영소

해설 **소방시설법 시행령 〔별표 9〕**
**방염성능기준 이상 적용 특정소방대상물**
(1) 층수가 **11층 이상**인 것(아파트는 제외 : 2026. 12. 1. 삭제) ← 보기 ②
(2) 체력단련장, 공연장 및 종교집회장
(3) 문화 및 집회시설
(4) 종교시설 ← 보기 ③
(5) 운동시설(수영장은 제외)
(6) 의료시설(종합병원, 정신의료기관)
(7) 의원, 조산원, 산후조리원
(8) 교육연구시설 중 합숙소
(9) 노유자시설
(10) **숙박**이 가능한 **수련시설** ← 보기 ①
(11) 숙박시설
(12) 방송국 및 촬영소 ← 보기 ④
(13) 장례식장
(14) 단란주점영업, 유흥주점영업, 노래연습장의 영업장
(15) 다중이용업소

② 아파트 → 아파트 제외

• 11층 이상 : '**고층건축물**'에 해당된다.

답 ②

### 42
18.09.문41
17.05.문42

**소방기본법령상 불꽃을 사용하는 용접 · 용단 기구의 용접 또는 용단 작업장에서 지켜야 하는 사항 중 다음 ( ) 안에 알맞은 것은?**

> • 용접 또는 용단 작업자로부터 반경 ( ㉠ )m 이내에 소화기를 갖추어 둘 것
> • 용접 또는 용단 작업장 주변 반경 ( ㉡ )m 이내에는 가연물을 쌓아두거나 놓아두지 말 것. 다만, 가연물의 제거가 곤란하여 방지포 등으로 방호조치를 한 경우는 제외한다.

① ㉠ 3, ㉡ 5　② ㉠ 5, ㉡ 3
③ ㉠ 5, ㉡ 10　④ ㉠ 10, ㉡ 5

해설 **기본령 〔별표 1〕**
**보일러 등의 위치 · 구조 및 관리와 화재예방을 위하여 불의 사용에 있어서 지켜야 할 사항**

| 구 분 | 기 준 |
|---|---|
| 불꽃을 사용하는 용접 · 용단 기구 | ① 용접 또는 용단 작업자로부터 반경 **5m** 이내에 **소화기**를 갖추어 둘 것 ← 보기 ㉠<br>② 용접 또는 용단 작업장 주변 반경 **10m** 이내에는 **가연물**을 쌓아두거나 놓아두지 말 것(단, 가연물의 제거가 곤란하여 방지포 등으로 방호조치를 한 경우는 제외) ← 보기 ㉡<br>기억법 5소(오소서) |

답 ③

### 43
17.05.문43

**소방시설 설치 및 관리에 관한 법률상 화재위험도가 낮은 특정소방대상물 중 석재, 불연성 금속, 불연성 건축재료 등의 가공공장 · 기계조립공장 또는 불연성 물품을 저장하는 창고에 설치하여야 하는 소방시설은?**

① 피난기구　② 비상방송설비
③ 연결송수관설비　④ 옥외소화전설비

해설 **소방시설법 시행령 〔별표 7〕**
**소방시설을 설치하지 아니할 수 있는 특정소방대상물 및 소방시설의 범위**

| 구 분 | 특정소방대상물 | 소방시설 |
|---|---|---|
| 화재 위험도가 낮은 특정소방 대상물 | **석**재, **불**연성 **금**속, **불**연성 건축재료 등의 가공공장 · 기계조립공장 또는 불연성 물품을 저장하는 창고 | ① 옥**외**소화전설비 ← 보기 ④<br>② 연결살수설비<br>기억법 석불금외 |

답 ④

중요

**소방시설법 시행령 〔별표 7〕**
소방시설을 설치하지 아니할 수 있는 소방시설의 범위
(1) **화재위험도**가 낮은 특정소방대상물
(2) 화재안전기준을 적용하기가 어려운 특정소방대상물
(3) 화재안전기준을 달리 적용하여야 하는 특수한 **용도·구조**를 가진 특정소방대상물
(4) **자체소방대**가 설치된 특정소방대상물

답 ④

★★★
## 44 소방기본법령에 따른 소방용수시설 급수탑 개폐 밸브의 설치기준으로 맞는 것은?

19.03.문58
17.03.문54
16.10.문55
09.08.문43

① 지상에서 1.0m 이상 1.5m 이하
② 지상에서 1.2m 이상 1.8m 이하
③ 지상에서 1.5m 이상 1.7m 이하
④ 지상에서 1.5m 이상 2.0m 이하

해설 **기본규칙 〔별표 3〕**
소방용수시설별 설치기준

| 소화전 | 급수탑 |
|---|---|
| • **65mm** : 연결금속구의 구경 | • **100mm** : 급수배관의 구경<br>• **1.5~1.7m** 이하 : 개폐밸브 높이 ← 보기 ③<br>기억법 57탑(57층 탑) |

답 ③

★★★
## 45 소방기본법령상 소방업무 상호응원협정 체결시 포함되어야 하는 사항이 아닌 것은?

19.04.문47
15.05.문55
11.03.문54

① 응원출동의 요청방법
② 응원출동 훈련 및 평가
③ 응원출동 대상지역 및 규모
④ 응원출동시 현장지휘에 관한 사항

해설 **기본규칙 8조**
**소방업무의 상호응원협정**
(1) 다음의 **소방활동**에 관한 사항
  ㉠ 화재의 경계·진압활동
  ㉡ 구조·구급업무의 지원
  ㉢ 화재조사활동
(2) **응원출동 대상지역** 및 **규모** ← 보기 ③
(3) **소요경비**의 **부담**에 관한 사항
  ㉠ 출동대원의 수당·식사 및 의복의 수선
  ㉡ 소방장비 및 기구의 정비와 연료의 보급
(4) **응원출동**의 **요청방법** ← 보기 ①
(5) **응원출동 훈련** 및 **평가** ← 보기 ②

④ 현장지휘는 해당 없음

답 ④

★★
## 46 소방기본법령에 따라 주거지역·상업지역 및 공업지역에 소방용수시설을 설치하는 경우 소방대상물과의 수평거리를 몇 m 이하가 되도록 해야 하는가?

17.09.문56
10.05.문41

① 50 ② 100
③ 150 ④ 200

해설 **기본규칙 〔별표 3〕**
소방용수시설의 설치기준

| 거리기준 | 지 역 |
|---|---|
| 수평거리 **100m** 이하 | • **공**업지역<br>• **상**업지역<br>• **주**거지역<br>기억법 주상공100(주상공 백지에 사인을 하시오.) |
| 수평거리 **140m** 이하 | • 기타지역 |

답 ②

★★★
## 47 소방시설 설치 및 관리에 관한 법률상 소방용품의 형식승인을 받지 아니하고 소방용품을 제조하거나 수입한 자에 대한 벌칙기준은?

19.09.문47
14.09.문58
07.09.문58

① 100만원 이하의 벌금
② 300만원 이하의 벌금
③ 1년 이하의 징역 또는 1천만원 이하의 벌금
④ 3년 이하의 징역 또는 3천만원 이하의 벌금

해설 **3년 이하의 징역 또는 3000만원 이하의 벌금**
(1) 화재안전조사 결과에 따른 조치명령 위반(화재예방법 50조)
(2) 소방시설관리업 무등록자(소방시설법 57조)
(3) 형식승인을 받지 않은 소방용품 제조·수입자(소방시설법 57조)
(4) 제품검사를 받지 않은 자(소방시설법 57조)
(5) 부정한 방법으로 전문기관의 지정을 받은 자(소방시설법 57조)

답 ④

★★★
## 48 위험물안전관리법령에 따라 위험물안전관리자를 해임하거나 퇴직한 때에는 해임하거나 퇴직한 날부터 며칠 이내에 다시 안전관리자를 선임하여야 하는가?

19.03.문59
18.03.문56
16.10.문54
16.03.문55
11.03.문56

① 30일 ② 35일
③ 40일 ④ 55일

해설 **30일**
(1) 소방시설업 등록사항 변경신고(공사업규칙 6조)
(2) **위험물안전관리자의 재선임**(위험물안전관리법 15조)
(3) 소방안전관리자의 재선임(화재예방법 시행규칙 14조)

(4) **도급계약 해지**(공사업법 23조)
(5) 소방시설공사 중요사항 변경시의 신고일(공사업규칙 12조)
(6) 소방기술자 실무교육기관 지정서 발급(공사업규칙 32조)
(7) 소방공사감리자 변경서류 제출(공사업규칙 15조)
(8) **승계**(위험물법 10조)
(9) 위험물안전관리자의 직무대행(위험물법 15조)
(10) 탱크시험자의 변경신고일(위험물법 16조)

답 ①

## 49

12.05.문54

**위험물안전관리법령상 정밀정기검사를 받아야 하는 특정·준특정옥외탱크저장소의 관계인은 특정·준특정옥외탱크저장소의 설치허가에 따른 완공검사합격확인증을 발급받은 날부터 몇 년 이내에 정밀정기검사를 받아야 하는가?**

① 9 ② 10
③ 11 ④ 12

해설 **위험물규칙 65조**
**특정옥외탱크저장소의 구조안전점검기간**

| 점검기간 | 조 건 |
|---|---|
| • 11년 이내 | 최근의 정밀정기검사를 받은 날부터 |
| • 12년 이내 | 완공검사합격확인증을 발급받은 날부터 |
| • 13년 이내 | 최근의 정밀정기검사를 받은 날부터(연장신청을 한 경우) |

비교

**위험물규칙 68조 ②항**
**정기점검기록**

| 특정옥외탱크저장소의 구조안전점검 | 기 타 |
|---|---|
| 25년 | 3년 |

답 ④

## 50

12.03.문47

**다음 소방시설 중 경보설비가 아닌 것은?**

① 통합감시시설
② 가스누설경보기
③ 비상콘센트설비
④ 자동화재속보설비

해설 **소방시설법 시행령 〔별표 1〕**
**경보설비**
(1) 비상경보설비 ┬ 비상벨설비
　　　　　　　　└ 자동식 사이렌설비
(2) 단독경보형 감지기
(3) 비상방송설비
(4) 누전경보기
(5) 자동화재탐지설비 및 시각경보기
(6) 자동화재속보설비
(7) 가스누설경보기
(8) 통합감시시설

※ **경보설비** : 화재발생 사실을 통보하는 기계·기구 또는 설비

③ 비상콘센트설비 : 소화활동설비

비교

**소방시설법 시행령 〔별표 1〕**
**소화활동설비**
화재를 진압하거나 인명구조활동을 위하여 사용하는 설비
(1) <u>연</u>결송수관설비
(2) <u>연</u>결살수설비
(3) <u>연</u>소방지설비
(4) <u>무</u>선통신보조설비
(5) <u>제</u>연설비
(6) <u>비</u>상<u>콘</u>센트설비

기억법 **3연무제비콘**

답 ③

## 51

16.03.문49
08.03.문56

**소방시설공사업법령에 따른 소방시설업의 등록권자는?**

① 국무총리 ② 소방서장
③ 시·도지사 ④ 한국소방안전원장

해설 **시·도지사 등록**
(1) 소방시설관리업(소방시설법 29조)
(2) 소방시설업(공사업법 4조)
(3) 탱크안전성능시험자(위험물법 16조)

답 ③

## 52

**화재의 예방 및 안전관리에 관한 법령상 정당한 사유 없이 화재의 예방조치에 관한 명령에 따르지 아니한 경우에 대한 벌칙은?**

① 100만원 이하의 벌금
② 200만원 이하의 벌금
③ 300만원 이하의 벌금
④ 500만원 이하의 벌금

해설 **300만원 이하의 벌금**(화재예방법 50조)
화재의 <u>예</u>방조치명령 위반

기억법 **예3(<u>예삼</u>)**

답 ③

**53** 17.09.문43

**위험물안전관리법령상 다음의 규정을 위반하여 위험물의 운송에 관한 기준을 따르지 아니한 자에 대한 과태료 기준은?**

> 위험물운송자는 이동탱크저장소에 의하여 위험물을 운송하는 때에는 행정안전부령으로 정하는 기준을 준수하는 등 당해 위험물의 안전확보를 위하여 세심한 주의를 기울여야 한다.

① 50만원 이하
② 100만원 이하
③ 200만원 이하
④ 500만원 이하

해설 **500만원 이하**의 **과태료**

(1) **화재** 또는 **구조 · 구급**이 필요한 상황을 **거짓**으로 알린 사람(기본법 56조)
(2) 화재, 재난 · 재해, 그 밖의 위급한 상황을 소방본부, 소방서 또는 관계행정기관에 알리지 아니한 관계인(기본법 56조)
(3) 위험물의 임시저장 미승인(위험물법 39조)
(4) 위험물의 저장 또는 취급에 관한 세부기준 위반(위험물법 39조)
(5) 제조소 등의 지위 승계 거짓신고(위험물법 39조)
(6) **제조소** 등의 **점검결과**를 기록 · 보존하지 아니한 자(위험물법 39조)
(7) **위험물**의 **운송기준** 미준수자(위험물법 39조)
(8) 제조소 등의 폐지 허위신고(위험물법 39조)

답 ④

**54**

**소방시설공사업법령상 소방공사감리를 실시함에 있어 용도와 구조에서 특별히 안전성과 보안성이 요구되는 소방대상물로서 소방시설물에 대한 감리를 감리업자가 아닌 자가 감리할 수 있는 장소는?**

① 정보기관의 청사
② 교도소 등 교정관련시설
③ 국방 관계시설 설치장소
④ 원자력안전법상 관계시설이 설치되는 장소

해설 (1) **공사업법 시행령 8조**
감리업자가 아닌 자가 감리할 수 있는 보안성 등이 요구되는 소방대상물의 시공장소 「원자력안전법」 제2조 제10호에 따른 관계시설이 설치되는 장소
(2) **원자력안전법 2조 10호**
**"관계시설"**이란 **원자로**의 **안전**에 **관계**되는 **시설**로서 **대통령령**으로 정하는 것을 말한다.

답 ④

**55** 18.03.문41

**소방시설 설치 및 관리에 관한 법률상 소방시설등에 대한 자체점검 중 종합점검 대상인 것은?**

① 제연설비가 설치되지 않은 터널
② 스프링클러설비가 설치된 연면적이 $5000m^2$이고, 12층인 아파트
③ 물분무등소화설비가 설치된 연면적이 $5000m^2$인 위험물제조소
④ 호스릴방식의 물분무등소화설비만을 설치한 연면적 $3000m^2$인 특정소방대상물

해설 **소방시설법 시행규칙 〔별표 4〕**
**소방시설 등 자체점검의 구분과 대상, 점검자의 자격**

| 점검구분 | 정 의 | 점검대상 | 점검자의 자격(주된 인력) |
|---|---|---|---|
| 최초점검 | 특정소방대상물의 소방시설등이 신설된 경우 건축물을 사용할 수 있게 된 날부터 **60일** 이내에 자체점검 | 신축 · 증축 · 개축 · 재축 · 이전 · 용도변경 또는 대수선 등으로 소방시설이 신설된 특정소방대상물 중 소방공사감리자가 지정되어 소방공사감리 결과보고서로 완공검사를 받은 특정소방대상물 | ① 소방시설관리업에 등록된 기술인력 중 소방시설관리사<br>② 소방안전관리자로 선임된 소방시설관리사 또는 소방기술사 |
| 작동점검 | 소방시설 등을 인위적으로 조작하여 정상적으로 작동하는지를 점검하는 것 | ① 간이스프링클러설비<br>② 자동화재탐지설비<br>③ 3급 소방안전관리대상물 | ① 관계인<br>② 소방안전관리자로 선임된 **소방시설관리사** 또는 **소방기술사**<br>③ 소방시설관리업에 등록된 소방시설관리사 또는 **특급점검자** |
| | | ④ ①, ②, ③, ⑤에 해당하지 아니하는 특정소방대상물 | ① 소방시설관리업에 등록된 기술인력 중 소방시설관리사<br>② 소방안전관리자로 선임된 소방시설관리사 또는 소방기술사 |
| | ⑤ 다음에 해당하는 특정소방대상물은 **작동점검** 대상 **제외**<br>㉠ 특정소방대상물 중 소방안전관리자를 선임하지 않는 대상<br>㉡ **위험물제조소** 등<br>㉢ **특급**소방안전관리대상물 | | |

| | | | |
|---|---|---|---|
| 종합점검 | 소방시설 등의 작동점검을 포함하여 소방시설 등의 설비별 주요구성부품의 구조기준이 관련법령에서 정하는 기준에 적합한지 여부를 점검하는 것 | ① **스프링클러설비**가 설치된 특정소방대상물<br>② **물분무등소화설비**(호스릴방식의 물분무등소화설비만을 설치한 경우는 제외)가 설치된 연면적 **5000m²** 이상인 특정소방대상물(위험물제조소 등 제외)<br>③ 다중이용업의 영업장이 설치된 특정소방대상물로서 연면적이 2000m² 이상인 것<br>④ 제연설비가 설치된 터널<br>⑤ 공공기관 중 연면적(터널·지하구의 경우 그 길이와 평균폭을 곱하여 계산된 값을 말한다)이 **1000m²** 이상인 것으로서 옥내소화전설비 또는 자동화재탐지설비가 설치된 것(단, 소방대가 근무하는 공공기관 제외) | ① 소방시설관리업에 등록된 기술인력 중 소방시설관리사<br>② 소방안전관리자로 선임된 소방시설관리사 또는 소방기술사 |

답 ②

★★★

**56** 19.03.문56 18.04.문43 17.05.문48

**소방기본법에 따라 화재 등 그 밖의 위급한 상황이 발생한 현장에서 소방활동을 위하여 필요한 때에는 그 관할구역에 사는 사람 또는 그 현장에 있는 사람으로 하여금 사람을 구출하는 일 또는 불을 끄는 등의 일을 하도록 명령할 수 있는 권한이 없는 사람은?**

① 소방서장
② 소방대장
③ 시·도지사
④ 소방본부장

해설 **소방본부장·소방서장·소방대장**

(1) 소방활동 **종**사명령(기본법 24조) ← 질문
(2) **강**제처분·제거(기본법 25조)
(3) **피**난명령(기본법 26조)
(4) 댐·저수지 사용 등 위험시설 등에 대한 긴급조치(기본법 27조)

기억법 소대종강피(**소**방**대**의 **종강**파**티**)

용어

**소방활동 종사명령**
화재, 재난·재해, 그 밖의 위급한 상황이 발생한 현장에서 소방활동을 위하여 필요할 때에는 그 관할구역에 사는 사람 또는 그 현장에 있는 사람으로 하여금 사람을 구출하는 일 또는 불을 끄거나 불이 번지지 아니하도록 하는 일을 하게 할 수 있는 것

답 ③

★★★

**57** 15.03.문41 12.09.문44 11.03.문53

**소방시설공사업법령에 따른 소방시설업 등록이 가능한 사람은?**

① 피성년후견인
② 위험물안전관리법에 따른 금고 이상의 형의 집행유예를 선고받고 그 유예기간 중에 있는 사람
③ 등록하려는 소방시설업 등록이 취소된 날부터 3년이 지난 사람
④ 소방기본법에 따른 금고 이상의 실형을 선고받고 그 집행이 면제된 날부터 1년이 지난 사람

해설 **공사업법 5조**
**소방시설업의 등록결격사유**
(1) 피성년후견인
(2) 금고 이상의 실형을 선고받고 그 집행이 끝나거나 집행이 면제된 날부터 **2년**이 지나지 아니한 사람
(3) 금고 이상의 형의 집행유예를 선고받고 그 유예기간 중에 있는 사람
(4) 시설업의 등록이 취소된 날부터 **2년**이 지나지 아니한 자
(5) **법인**의 **대표자**가 위 (1)~(4)에 해당되는 경우
(6) **법인**의 **임원**이 위 (2)~(4)에 해당되는 경우

③ 2년이 지났으므로 등록 가능

비교

**소방시설법 30조**
**소방시설관리업의 등록결격사유**
(1) 피성년후견인
(2) 금고 이상의 실형을 선고받고 그 집행이 끝나거나 집행이 면제된 날부터 **2년**이 지나지 아니한 사람
(3) 금고 이상의 형의 집행유예를 선고받고 그 유예기간 중에 있는 사람
(4) 관리업의 등록이 취소된 날부터 **2년**이 지나지 아니한 자

답 ③

★★★
**58** 위험물안전관리법령상 제조소 등의 경보설비 설치기준에 대한 설명으로 틀린 것은?

16.03.문53
15.05.문44
13.06.문47

① 제조소 및 일반취급소의 연면적이 $500m^2$ 이상인 것에는 자동화재탐지설비를 설치한다.
② 자동신호장치를 갖춘 스프링클러설비 또는 물분무등소화설비를 설치한 제조소 등에 있어서는 자동화재탐지설비를 설치한 것으로 본다.
③ 경보설비는 자동화재탐지설비 · 자동화재속보설비 · 비상경보설비(비상벨장치 또는 경종 포함) · 확성장치(휴대용 확성기 포함) 및 비상방송설비로 구분한다.
④ 지정수량의 10배 이상의 위험물을 저장 또는 취급하는 제조소 등(이동탱크저장소를 포함한다)에는 화재발생시 이를 알릴 수 있는 경보설비를 설치하여야 한다.

해설 (1) **위험물규칙 〔별표 17〕**

▌제조소 등별로 설치하여야 하는 경보설비의 종류▐

| 구 분 | 경보설비 |
|---|---|
| ① 연면적 **$500m^2$** 이상인 것 ← 보기 ①<br>② 옥내에서 지정수량의 **100배** 이상을 취급하는 것 | • **자동화재탐지설비** |
| ③ 지정수량의 **10배** 이상을 저장 또는 취급하는 것 | • **자동화재탐지설비**<br>• **비상경보설비**<br>• **확성장치**<br>• **비상방송설비**<br>(1종 이상) |

(2) **위험물규칙 42조**

㉠ 자동신호장치를 갖춘 **스프링클러설비** 또는 **물분무등소화설비**를 설치한 제조소 등에 있어서는 자동화재탐지설비를 설치한 것으로 본다. ← 보기 ②
㉡ 경보설비는 **자동화재탐지설비 · 자동화재속보설비 · 비상경보설비**(비상벨장치 또는 경종 포함) · **확성장치**(휴대용 확성기 포함) 및 **비상방송설비**로 구분한다. ← 보기 ③
㉢ 지정수량의 **10배** 이상의 위험물을 저장 또는 취급하는 제조소 등(이동탱크저장소 제외)에는 화재발생시 이를 알릴 수 있는 경보설비를 설치하여야 한다. ← 보기 ④

④ (이동탱크저장소를 포함한다) → (이동탱크저장소를 제외한다)

답 ④

★
**59** 소방시설 설치 및 관리에 관한 법률상 건축허가 등의 동의대상물이 아닌 것은?

17.09.문53

① 항공기격납고
② 연면적이 $300m^2$인 공연장
③ 바닥면적이 $300m^2$인 차고
④ 연면적이 $300m^2$인 노유자시설

해설 **소방시설법 시행령 7조**
**건축허가 등의 동의대상물**
(1) 연면적 **$400m^2$**(학교시설 : **$100m^2$**, 수련시설 · 노유자시설 : **$200m^2$**, 정신의료기관 · 장애인 의료재활시설 : **$300m^2$**) 이상
(2) **6층** 이상인 건축물
(3) 차고 · 주차장으로서 바닥면적 **$200m^2$** 이상(**자**동차 **20대** 이상)
(4) **항공기격납고, 관망탑, 항공관제탑, 방송용 송수신탑**
(5) 지하층 또는 무창층의 바닥면적 **$150m^2$**(공연장은 **$100m^2$**) 이상
(6) **위험물저장** 및 **처리시설, 지하구**
(7) **결핵환자**나 **한센인**이 24시간 생활하는 **노유자시설**
(8) 전기저장시설, 풍력발전소
(9) 노인주거복지시설 · 노인의료복지시설 및 재가노인복지시설 · 학대피해노인 전용쉼터 · 아동복지시설 · 장애인거주시설
(10) 정신질환자 관련시설(종합시설 중 24시간 주거를 제공하지 아니하는 시설 제외)
(11) 조산원, 산후조리원, 의원(입원실이 있는 것), **전통시장**
(12) 노숙인자활시설, 노숙인재활시설 및 노숙인요양시설
(13) 요양병원(정신병원, 의료재활시설 제외)
(14) **목조건축물**(보물 · 국보)
(15) 노유자시설
(16) 숙박시설이 있는 수련시설 : 수용인원 **100명** 이상
(17) 공장 또는 창고시설로서 지정수량의 **750배** 이상의 특수가연물을 저장 · 취급하는 것
(18) 가스시설로서 지상에 노출된 탱크의 저장용량의 합계가 **100t** 이상인 것
(19) **50명** 이상의 근로자가 작업하는 옥내작업장

기억법 **2자(이자)**

② $300m^2$ → $400m^2$
연면적 $300m^2$인 공연장은 지하층 및 무창층이 아니므로 연면적 $400m^2$ 이상이어야 건축허가 동의대상물이 된다.

답 ②

★★★
**60** 화재의 예방 및 안전관리에 관한 법률상 소방안전관리대상물의 소방안전관리자의 업무가 아닌 것은?

19.03.문51
15.03.문12
14.09.문52
14.09.문53
13.06.문48
08.05.문53

① 소방시설 공사
② 소방훈련 및 교육
③ 소방계획서의 작성 및 시행
④ 자위소방대의 구성 · 운영 · 교육

해설 **화재예방법 24조 ⑤항**
**관계인 및 소방안전관리자의 업무**

| 특정소방대상물 (관계인) | 소방안전관리대상물 (소방안전관리자) |
|---|---|
| • 피난시설 · 방화구획 및 방화시설의 관리<br>• 소방시설, 그 밖의 소방관련 시설의 관리<br>• **화기취급**의 감독<br>• 소방안전관리에 필요한 업무<br>• 화재발생시 초기대응 | • 피난시설 · 방화구획 및 방화시설의 관리<br>• 소방시설, 그 밖의 소방관련 시설의 관리<br>• **화기취급**의 감독<br>• 소방안전관리에 필요한 업무<br>• **소방계획서**의 작성 및 시행(대통령령으로 정하는 사항 포함)<br>• **자위소방대** 및 **초기대응체계**의 구성 · 운영 · 교육<br>• 소방훈련 및 교육<br>• 소방안전관리에 관한 업무수행에 관한 기록 · 유지<br>• 화재발생시 초기대응 |

① 소방시설공사업자의 업무

용어

| 특정소방대상물 | 소방안전관리대상물 |
|---|---|
| 건축물 등의 규모 · 용도 및 수용인원 등을 고려하여 소방시설을 설치하여야 하는 소방대상물로서 대통령령으로 정하는 것 | 대통령령으로 정하는 특정소방대상물 |

답 ①

## 제 4 과목 소방전기시설의 구조 및 원리

★★★
**61** 19.04.문67 15.09.문61 09.05.문69 08.03.문72

**소방시설용 비상전원수전설비의 화재안전기준(NFSC 602)에 따라 소방시설용 비상전원수전설비에서 소방회로 및 일반회로 겸용의 것으로서 수전설비, 변전설비, 그 밖의 기기 및 배선을 금속제 외함에 수납한 것은?**

① 공용분전반 ② 전용배전반
③ 공용큐비클식 ④ 전용큐비클식

해설 **소방시설용 비상전원수전설비**(NFSC 602 3조)

| 용 어 | 설 명 |
|---|---|
| 소방회로 | 소방부하에 전원을 공급하는 전기회로 |
| 일반회로 | 소방회로 이외의 전기회로 |
| 수전설비 | 전력수급용 **계기용 변성기 · 주차단장치** 및 그 **부속기기** |
| 변전설비 | **전력용 변압기** 및 그 **부속장치** |
| 전용 큐비클식 | **소방회로용**의 것으로 **수전설비**, **변전설비**, 그 밖의 기기 및 배선을 **금속제 외함**에 수납한 것<br>기억법 **큐수변** |
| **공용 큐비클식** ← | **소방회로** 및 **일반회로 겸용**의 것으로서 **수**전설비, **변**전설비, 그 밖의 기기 및 배선을 금속제 외함에 수납한 것<br>기억법 **공큐겸수변** |
| 전용 배전반 | **소방회로 전용**의 것으로서 개폐기, 과전류차단기, 계기, 그 밖의 배선용 기기 및 배선을 금속제 외함에 수납한 것 |
| 공용 배전반 | **소방회로** 및 **일반회로 겸용**의 것으로서 개폐기, 과전류차단기, 계기, 그 밖의 배선용 기기 및 배선을 금속제 외함에 수납한 것 |
| 전용 분전반 | **소방회로 전용**의 것으로서 분기개폐기, 분기과전류차단기, 그 밖의 배선용 기기 및 배선을 금속제 외함에 수납한 것 |
| 공용 분전반 | **소방회로** 및 **일반회로 겸용**의 것으로서 분기개폐기, 분기과전류차단기, 그 밖의 배선용 기기 및 배선을 금속제 외함에 수납한 것 |

답 ③

★
**62** 13.09.문76

**비상조명등의 화재안전기준(NFSC 304)에 따른 비상조명등의 시설기준에 적합하지 않은 것은?**

① 조도는 비상조명등이 설치된 장소의 각 부분의 바닥에서 0.5 lx가 되도록 하였다.
② 특정소방대상물의 각 거실과 그로부터 지상에 이르는 복도 · 계단 및 그 밖의 통로에 설치하였다.
③ 예비전원을 내장하는 비상조명등에 평상시 점등여부를 확인할 수 있는 점검스위치를 설치하였다.
④ 예비전원을 내장하는 비상조명등에 해당 조명등을 유효하게 작동시킬 수 있는 용량의 축전지와 예비전원 충전장치를 내장하도록 하였다.

해설 **비상조명등**의 **설치기준**

(1) 소방대상물의 각 거실과 지상에 이르는 복도 · 계단 · 통로에 설치할 것
(2) 조도는 각 부분의 바닥에서 **1 lx** 이상일 것
(3) **점검스위치**를 설치하고 **20분** 이상 작동시킬 수 있는 용량의 **축전지**와 **예비전원 충전장치**를 내장할 것

① 0.5 lx → 1 lx 이상

중요

**조명도**(조도)

| 기 기 | 조 명 |
|---|---|
| 통로유도등 | 1 lx 이상 |
| 비상조명등 | 1 lx 이상 |
| 객석유도등 | 0.2 lx 이상 |

답 ①

★★★
**63** **자동화재탐지설비 및 시각경보장치의 화재안전기준(NFSC 203)에 따른 공기관식 차동식 분포형 감지기의 설치기준으로 틀린 것은?**

19.03.문72 17.03.문61 15.05.문69 12.05.문66 11.03.문78 01.03.문63 98.07.문75 97.03.문68

① 검출부는 3° 이상 경사되지 아니하도록 부착할 것
② 공기관의 노출부분은 감지구역마다 20m 이상이 되도록 할 것
③ 하나의 검출부분에 접속하는 공기관의 길이는 100m 이하로 할 것
④ 공기관과 감지구역의 각 변과의 수평거리는 1.5m 이하가 되도록 할 것

해설 **감지기 설치기준**(NFSC 203 7조)
(1) 공기관의 노출부분은 감지구역마다 20m 이상이 되도록 할 것
(2) 하나의 검출부분에 접속하는 공기관의 길이는 100m 이하로 할 것
(3) 공기관과 감지구역의 각 변과의 수평거리는 1.5m 이하가 되도록 할 것
(4) 감지기(**차동식 분포형** 및 **특수한 것** 제외)는 실내로의 공기유입구로부터 **1.5m** 이상 떨어진 위치에 설치
(5) 감지기는 천장 또는 반자의 옥내의 면하는 부분에 설치
(6) **보상식 스포트형 감지기**는 정온점이 감지기 주위의 평상시 최고온도보다 **20℃** 이상 높은 것으로 설치
(7) **정온식 감지기는 주방·보일러실** 등으로 다량의 화기를 단속적으로 취급하는 장소에 설치하되, 공칭작동온도가 최고주위온도보다 **20℃** 이상 높은 것으로 설치
(8) 스포트형 감지기는 **45°** 이상 경사지지 않도록 부착
(9) **공기관식** 차동식 분포형 감지기 설치시 공기관은 **도중**에서 **분기**하지 않도록 부착
(10) **공기관식** 차동식 분포형 감지기의 검출부는 **5°** 이상 경사되지 않도록 설치

① 3° 이상 → 5° 이상

중요

**경사제한각도**

| 공기관식 감지기의 검출부 | 스포트형 감지기 |
|---|---|
| 5° 이상 | 45° 이상 |

답 ①

★★★
**64** **무선통신보조설비의 화재안전기준(NFSC 505)에 따라 무선통신보조설비의 주회로 전원이 정상인지 여부를 확인하기 위해 증폭기의 전면에 설치하는 것은?**

18.04.문79 17.05.문69 16.10.문63 14.03.문70 13.06.문72 13.03.문80 11.03.문75 07.05.문79

① 상순계　② 전류계
③ 전압계 및 전류계　④ 표시등 및 전압계

해설 **증폭기** 및 **무선중계기**의 **설치기준**(NFSC 505 8조)
(1) 전원은 **축전지**, **전기저장장치** 또는 **교류전압 옥내간선**으로 하고, 전원까지의 배선은 전용으로 할 것
(2) 증폭기의 전면에는 전원확인 **표시등** 및 **전압계**를 설치할 것
(3) **증**폭기의 비상전원 용량은 **30분** 이상일 것
(4) **증폭기** 및 **무선중계기**를 설치하는 경우 「전파법」에 따른 적합성 평가를 받은 제품으로 설치하고 임의로 변경하지 않도록 할 것
(5) 디지털방식의 무전기를 사용하는 데 지장이 없도록 설치할 것

기억법 증표압증3

용어

**전기저장장치**
외부 전기에너지를 저장해 두었다가 필요한 때 전기를 공급하는 장치

답 ④

★★★
**65** **유도등 및 유도표지의 화재안전기준(NFSC 303)에 따라 지하층을 제외한 층수가 11층 이상인 특정소방대상물의 유도등의 비상전원을 축전지로 설치한다면 피난층에 이르는 부분의 유도등을 몇 분 이상 유효하게 작동시킬 수 있는 용량으로 하여야 하는가?**

19.04.문61 17.03.문77 13.06.문72 07.09.문80

① 10　② 20
③ 50　④ 60

해설 **비상전원 용량**

| 설비의 종류 | 비상전원 용량 |
|---|---|
| • **자**동화재탐지설비<br>• 비상**경**보설비<br>• **자**동화재속보설비 | **10분** 이상 |
| • 유도등<br>• 비상콘센트설비<br>• 제연설비<br>• 물분무소화설비<br>• 옥내소화전설비(**30층** 미만)<br>• 특별피난계단의 계단실 및 부속실 제연설비(**30층** 미만) | **20분** 이상 |
| • 무선통신보조설비의 **증**폭기 | **30분** 이상 |
| • 옥내소화전설비(30~**49층** 이하)<br>• 특별피난계단의 계단실 및 부속실 제연설비(30~**49층** 이하)<br>• 연결송수관설비(30~**49층** 이하)<br>• 스프링클러설비(30~**49층** 이하) | **40분** 이상 |

| | |
|---|---|
| • 유도등 · 비상조명등(지하상가 및 **11층** 이상)<br>• 옥내소화전설비(**50층** 이상)<br>• 특별피난계단의 계단실 및 부속실 제연설비(**50층** 이상)<br>• 연결송수관설비(**50층** 이상)<br>• 스프링클러설비(**50층** 이상) | → **60분** 이상 |

기억법 **경자비1(경자**라는 이름은 **비일**비재하게 많다.) **3증(3중**고)

중요

**비상전원의 종류**

| 소방시설 | 비상전원 |
|---|---|
| 유도등 | 축전지 |
| 비상콘센트설비 | ① 자가발전설비<br>② 비상전원수전설비<br>③ 전기저장장치 |
| 옥내소화전설비, 물분무소화설비 | ① 자가발전설비<br>② 축전지설비<br>③ 전기저장장치 |

답 ④

### 66 비상경보설비 및 단독경보형 감지기의 화재안전기준(NFSC 201)에 따라 바닥면적이 450m²일 경우 단독경보형 감지기의 최소 설치개수는?

19.03.문75 18.03.문49 17.09.문60 10.03.문55 06.09.문61

① 1개 ② 2개
③ 3개 ④ 4개

해설 **단독경보형 감지기**의 **설치기준**(NFSC 201 5조)

(1) 각 실(이웃하는 실내의 바닥면적이 각각 **30m² 미만**이고 벽체의 상부의 전부 또는 일부가 개방되어 이웃하는 실내와 공기가 상호 유통되는 경우에는 이를 1개의 실로 본다)마다 설치하되, 바닥면적이 **150m²**를 초과하는 경우에는 **150m²**마다 1개 이상 설치할 것
(2) 최상층의 계단실의 **천장**(외기가 상통하는 계단실의 경우 제외)에 설치할 것
(3) 건전지를 주전원으로 사용하는 단독경보형 감지기는 정상적인 작동상태를 유지할 수 있도록 건전지를 교환할 것
(4) 상용전원을 주전원으로 사용하는 단독경보형 감지기의 **2차 전지**는 제품검사에 합격한 것을 사용할 것

$$\text{단독경보형 감지기수} = \frac{\text{바닥면적}}{150\text{m}^2}$$

$$(\text{소수점이 발생하면 절상}) = \frac{450\text{m}^2}{150\text{m}^2} = 3\text{개}$$

※ **단독경보형 감지기** : 화재발생상황을 단독으로 감지하여 자체에 내장된 음향장치로 경보하는 감지기

비교

**소방시설법 시행령 [별표 5]**
**단독경보형 감지기의 설치대상**

| 연면적 | 설치대상 |
|---|---|
| 400m² 미만 | • 유치원 |
| 2000m² 미만 | • 교육연구시설 · 수련시설 내에 있는 **합숙소** 또는 **기숙사** |
| 모두 적용 | • 수련시설(숙박시설이 있는 것) |

답 ③

### 67 비상방송설비의 배선공사 종류 중 합성수지관공사에 대한 설명으로 틀린 것은?

① 금속관공사에 비해 중량이 가벼워 시공이 용이하다.
② 절연성이 있고 절단이 용이하다.
③ 열에 약하며, 기계적 충격 및 중량물에 의한 압력 등 외력에 약하다.
④ 내식성이 있어 부식성 가스가 체류하는 화학공장 등에 적합하며, 금속관과 비교하여 가격이 비싸다.

해설 **합성수지관공사**

(1) 금속관공사에 비해 중량이 가벼워 **시공**이 **용이**하다.
(2) **절연성**이 있고 **절단**이 **용이**하다.
(3) **열**에 **약하며**, 기계적 충격 및 중량물에 의한 압력 등 **외력**에 **약하다**.
(4) **내식성**이 있어 부식성 가스가 체류하는 화학공장 등에 적합하며, 금속관과 비교하여 **가격**이 **싸다**.

④ 비싸다 → 싸다

중요

**합성수지관공사의 장단점**

| 장 점 | 단 점 |
|---|---|
| ① **가**볍고 **시**공이 용이하다.<br>② **내부식성**이다.<br>③ **금속관**에 비해 **가격**이 **저렴**하다.<br>④ **절단**이 용이하다.<br>⑤ **접지**가 **불필요**하다.<br>기억법 **가시내금접절** | ① **열**에 약하다.<br>② **충격**에 약하다. |

답 ④

### 68 자동화재탐지설비 및 시각경보장치의 화재안전기준(NFSC 203)에 따른 청각장애인용 시각경보장치의 설치높이는? (단, 천장의 높이가 2m 초과인 경우이다.)

18.09.문75 16.03.문79 14.09.문72 12.09.문73 10.09.문77

① 바닥으로부터 0.8m 이상 1.5m 이하
② 바닥으로부터 1.0m 이상 1.5m 이하
③ 바닥으로부터 1.5m 이상 2.0m 이하
④ 바닥으로부터 2.0m 이상 2.5m 이하

해설 **설치높이**

| 기타기기<br>(비상콘센트설비 등) | 시각경보장치 |
|---|---|
| **0.8~1.5m** 이하 | **2~2.5m** 이하<br>(단, 천장높이가 2m 이하는 천장으로부터 **0.15m** 이내) |

**중요**

**청각장애인용 시각경보장치**의 **설치기준**(NFSC 203 8조)

(1) **복도 · 통로 · 청각장애인용 객실** 및 공용으로 사용하는 **거실**에 설치하며, 각 부분으로부터 유효하게 경보를 발할 수 있는 위치에 설치
(2) **공연장 · 집회장 · 관람장** 또는 이와 유사한 장소에 설치하는 경우에는 시선이 집중되는 **무대부 부분** 등에 설치
(3) 바닥으로부터 **2~2.5m** 이하의 장소에 설치(단, 천장의 높이가 **2m 이하**인 경우에는 천장으로부터 **0.15m 이내**의 장소에 설치)

답 ①

★★★
**69** 비상경보설비 및 단독경보형 감지기의 화재안전기준(NFSC 201)에 따라 비상경보설비의 발신기 설치시 복도 또는 별도로 구획된 실로서 보행거리가 몇 m 이상일 경우에는 추가로 설치하여야 하는가?

18.03.문77
17.05.문63
16.05.문63
14.03.문71
12.03.문73
10.03.문68

① 25 ② 30
③ 40 ④ 50

해설 **비상경보설비**의 **발신기 설치기준**(NFSC 201 4조)

(1) 전원 : **축전지**, **전기저장장치**, **교류전압**의 옥내 간선으로 하고 배선은 **전용**
(2) 감시상태 : **60분**, 경보시간 : **10분**
(3) 조작이 **쉬운 장소**에 설치하고, 조작스위치는 바닥으로부터 **0.8~1.5m** 이하의 높이에 설치할 것
(4) 특정소방대상물의 **층**마다 설치하되, 해당 소방대상물의 각 부분으로부터 하나의 발신기까지의 **수평거리**가 **25m** 이하가 되도록 할 것(단, 복도 또는 별도로 구획된 실로서 **보행거리**가 **40m** 이상일 경우에는 추가로 설치할 것)
(5) 발신기의 **위치표시등**은 **함**의 **상부**에 설치하되, 그 불빛은 부착면으로부터 **15°** 이상의 범위 안에서 부착지점으로부터 **10m** 이내의 어느 곳에서도 쉽게 식별할 수 있는 **적색등**으로 할 것

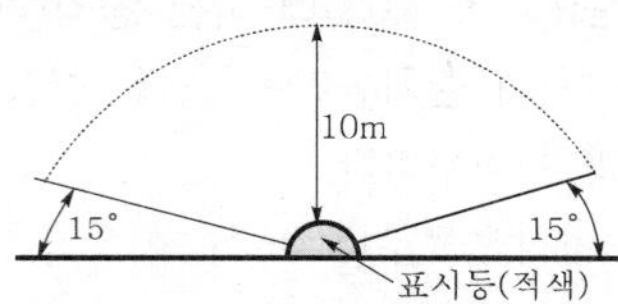


| 위치표시등의 식별 |

**용어**

**전기저장장치**

외부 전기에너지를 저장해 두었다가 필요한 때 전기를 공급하는 장치

답 ③

★★★
**70** 비상방송설비의 화재안전기준(NFSC 202)에 따라 비상방송설비에서 기동장치에 따른 화재신고를 수신한 후 필요한 음량으로 화재발생상황 및 피난에 유효한 방송이 자동으로 개시될 때까지의 소요시간은 몇 초 이하로 하여야 하는가?

19.09.문76
19.04.문68
18.07.문77
18.03.문73
16.10.문69
16.10.문73
16.05.문67
16.03.문68
15.05.문73
15.05.문76
15.03.문62
14.05.문63
14.05.문75
14.03.문61
13.09.문70
13.06.문62
13.06.문80

① 5
② 10
③ 15
④ 20

해설 소요시간

| 기 기 | 시 간 |
|---|---|
| P형 · P형 복합식 · R형 · R형 복합식 · GP형 · GP형 복합식 · GR형 · GR형 복합식 | 5초 이내<br>(축적형 60초 이내) |
| 중계기 | 5초 이내 |
| 비상방송설비 | 10초 이하 |
| 가스누설경보기 | 60초 이내 |

기억법 시중5(시중을 드시오!)
6가(육체미가 아름답다.)

**중요**

**비상방송설비**의 **설치기준**

(1) 확성기의 음성입력은 실외 **3W**(**실내 1W**) 이상일 것
(2) 확성기는 **각 층**마다 설치하되, 각 부분으로부터의 수평거리는 **25m** 이하일 것
(3) 음량조정기는 **3선식** 배선일 것
(4) 조작스위치는 바닥으로부터 **0.8~1.5m** 이하의 높이에 설치할 것
(5) 다른 전기회로에 의하여 **유도장애**가 생기지 아니하도록 할 것
(6) 비상방송 개시시간은 **10초** 이하일 것
(7) 다른 방송설비와 공용할 경우 화재시 비상경보 외의 방송을 차단할 수 있을 것

답 ②

★
**71** 비상콘센트설비의 화재안전기준(NFSC 504)에 따른 비상콘센트의 시설기준에 적합하지 않은 것은?

① 바닥으로부터 높이 1.45m에 움직이지 않게 고정시켜 설치된 경우
② 바닥면적이 $800m^2$인 층의 계단의 출입구로부터 4m에 설치된 경우
③ 바닥면적의 합계가 $12000m^2$인 지하상가의 수평거리 30m마다 추가로 설치한 경우
④ 바닥면적의 합계가 $2500m^2$인 지하층의 수평거리 40m마다 추가로 설치한 경우

**해설** **비상콘센트**의 **설치기준**

(1) 바닥으로부터 높이 **0.8~1.5m** 이하의 위치에 설치할 것

(2) 비상콘센트의 배치는 아파트 또는 바닥면적이 **1000m²** **미만**인 층은 계단의 출입구(계단의 부속실을 포함하며 계단이 2 이상 있는 경우에는 그 중 1개의 계단을 말한다)로부터 **5m** 이내에, 바닥면적 **1000m²** **이상**인 층(아파트를 제외한다)은 각 계단의 출입구 또는 계단 부속실의 출입구(계단의 부속실을 포함하며 계단이 3 이상 있는 층의 경우에는 그 중 2개의 계단을 말한다)로부터 **5m** 이내에 설치하되, 그 비상콘센트로부터 그 층의 각 부분까지의 거리가 다음의 기준을 초과하는 경우에는 그 기준 이하가 되도록 비상콘센트를 추가하여 설치할 것

㉠ **지하상가** 또는 **지하층**의 **바닥면적**의 **합계**가 **3000m²** 이상인 것은 **수평거리 25m**

㉡ ㉠에 해당하지 아니하는 것은 **수평거리 50m**

① 0.8~1.5m 이하이므로 1.45m는 **적합**
② 1000m² 미만은 계단 출입구로부터 5m 이내에 설치하므로 800m²에 4m 설치는 **적합**
③ 3000m² 이상의 지하상가는 수평거리 25m 이하에 설치하므로 30m는 **부적합**
④ 3000m² 미만의 지하상가는 수평거리 50m 이하에 설치하므로 40m는 **적합**

답 ③

★★
## 72

15.09.문73
10.05.문63

**누전경보기의 형식승인 및 제품검사의 기술기준에 따라 누전경보기의 수신부는 그 정격전압에서 몇 회의 누전작동시험을 실시하는가?**

① 1000회
② 5000회
③ 10000회
④ 20000회

**해설** **반복시험 횟수**

| 횟 수 | 기 기 |
|---|---|
| 1000회 | 감지기 · 속보기<br>기억법 감속1(감속하면 한참 먼저 간다.) |
| 2000회 | 중계기<br>기억법 중2(중이염) |
| 2500회 | 유도등 |
| 5000회 | 전원스위치 · 발신기<br>기억법 5발전(5개 발에 전을 부치자.) |
| 10000회 | 비상조명등, 스위치접점, 기타의 설비 및 기기 (누전경보기) |

답 ③

★★★
## 73

19.04.문72
16.05.문61
16.03.문65
15.09.문62
11.03.문80

**무선통신보조설비의 화재안전기준(NFSC 505)에 따라 서로 다른 주파수의 합성된 신호를 분리하기 위하여 사용하는 장치는?**

① 분배기
② 혼합기
③ 증폭기
④ 분파기

**해설** **무선통신보조설비**

| 용 어 | 설 명 |
|---|---|
| 누설동축케이블 | 동축케이블의 외부도체에 가느다란 홈을 만들어서 **전파**가 **외부**로 **새어나갈 수 있도록** 한 케이블 |
| 분배기 | 신호의 전송로가 분기되는 장소에 설치하는 것으로 **임피던스 매칭**(matching)과 **신호균등분배**를 위해 사용하는 장치<br>기억법 배임(배임죄) |
| 분파기 | 서로 다른 **주**파수의 합성된 **신호**를 **분리**하기 위해서 사용하는 장치<br>기억법 파주 |
| 혼합기 | **두 개 이상**의 **입력신호**를 원하는 비율로 **조합**한 **출력**이 발생하도록 하는 장치 |
| 증폭기 | 신호전송시 신호가 약해져 수신이 불가능해지는 것을 방지하기 위해서 **증폭**하는 장치 |
| 무선중계기 | 안테나를 통하여 수신된 무전기 신호를 증폭한 후 음영지역에 재방사하여 무전기 상호간 송수신이 가능하도록 하는 장치 |
| 옥외안테나 | 감시제어반 등에 설치된 무선중계기의 입력과 출력포트에 연결되어 송수신 신호를 원활하게 방사 · 수신하기 위해 옥외에 설치하는 장치 |

답 ④

★★★
## 74

19.04.문62
18.09.문72
16.05.문71
12.05.문80

**비상콘센트설비의 화재안전기준(NFSC 504)에 따라 비상콘센트설비의 전원부와 외함 사이의 절연저항은 전원부와 외함 사이를 500V 절연저항계로 측정할 때 몇 MΩ 이상이어야 하는가?**

① 20
② 30
③ 40
④ 50

해설 **절연저항시험**

| 절연 저항계 | 절연 저항 | 대 상 |
|---|---|---|
| 직류 250V | 0.1MΩ 이상 | 1경계구역의 절연저항 |
| 직류 500V | 5MΩ 이상 | ① **누전경보기**<br>② 가스누설경보기<br>③ 수신기<br>④ 자동화재속보설비<br>⑤ 비상경보설비<br>⑥ 유도등(교류입력측과 외함 간 포함)<br>⑦ 비상조명등(교류입력측과 외함 간 포함) |
| 직류 500V | 20MΩ 이상 ← | ① 경종<br>② 발신기<br>③ 중계기<br>④ **비상콘센트**<br>⑤ 기기의 절연된 선로 간<br>⑥ 기기의 충전부와 비충전부 간<br>⑦ 기기의 교류입력측과 외함 간(유도등 · 비상조명등 제외) |
| | 50MΩ 이상 | ① 감지기(정온식 감지선형 감지기 제외)<br>② 가스누설경보기(10회로 이상)<br>③ 수신기(10회로 이상) |
| | 1000MΩ 이상 | 정온식 감지선형 감지기 |

기억법 5누(오누이)

답 ①

**75** 비상경보설비의 구성요소로 옳은 것은?

① 기동장치, 경종, 화재표시등, 전원, 감지기
② 전원, 경종, 기동장치, 위치표시등
③ 위치표시등, 경종, 화재표시등, 전원, 감지기
④ 경종, 기동장치, 화재표시등, 위치표시등, 감지기

해설 **비상경보설비의 구성요소**

(1) 전원
(2) 경종 또는 사이렌
(3) 기동장치
(4) 화재표시등
(5) 위치표시등(표시등)
(6) 배선

①, ③, ④ 감지기는 해당 없음

답 ②

**76** 수신기를 나타내는 소방시설 도시기호로 옳은 것은?

15.05.문75

①  ② 

③ 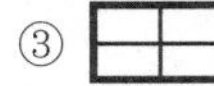 ④ 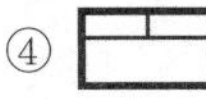

해설 **도시기호**

| 명 칭 | 그림기호 | 적 요 |
|---|---|---|
| 수신기 | | • 가스누설경보설비와 일체인 것<br>• 가스누설경보설비 및 방배연 연동과 일체인 것 |
| 부수신기(표시기) | | |
| 중계기 | | |
| 제어반 | | |
| 표시반 | | • 창이 3개인 표시반 : |

① 소방시설 도시기호가 아님

답 ②

**77** 비상경보설비 및 단독경보형 감지기의 화재안전기준(NFSC 201)에 따른 비상벨설비 또는 자동식 사이렌설비에 대한 설명이다. 다음 (　)의 ㉠, ㉡에 들어갈 내용으로 옳은 것은?

19.03.문64
16.03.문66
15.09.문67
13.06.문63
10.05.문69

> 비상벨설비 또는 자동식 사이렌설비에는 그 설비에 대한 감시상태를 ( ㉠ )분간 지속한 후 유효하게 ( ㉡ )분 이상 경보할 수 있는 축전지설비(수신기에 내장하는 경우를 포함한다) 또는 전기저장장치(외부 전기에너지를 저장해 두었다가 필요한 때 전기를 공급하는 장치)를 설치하여야 한다.

① ㉠ 30, ㉡ 10
② ㉠ 60, ㉡ 10
③ ㉠ 30, ㉡ 20
④ ㉠ 60, ㉡ 20

해설 **축전지설비 · 자동식 사이렌설비 · 자동화재탐지설비 · 비상방송설비 · 비상벨설비**

| 감시시간 | 경보시간 |
|---|---|
| 60분(1시간) 이상 | **10분** 이상<br>(30층 이상 : **30분**) |

기억법 6감(육감)

답 ②

## 78 비상경보설비 및 단독경보형 감지기의 화재안전기준(NFSC 201)에 따라 비상벨설비 또는 자동식 사이렌설비의 전원회로 배선 중 내열배선에 사용하는 전선의 종류가 아닌 것은?

① 버스덕트(bus duct)
② 600V 1종 비닐절연전선
③ 0.6/1kV EP 고무절연 클로로프렌 시스 케이블
④ 450/750V 저독성 난연 가교 폴리올레핀 절연전선

해설 (1) **비상벨설비** 또는 **자동식 사이렌설비**의 **배선**(NFSC 201) 4조 ⑧항
**전원회로**의 배선은 「옥내소화전설비의 화재안전기준(NFSC 102)」 〔별표 1〕에 따른 내화배선에 의하고 그 밖의 배선은 「옥내소화전설비의 화재안전기준(NFSC 102)」 〔별표 1〕에 따른 **내화배선** 또는 **내열배선**에 따를 것

(2) **옥내소화전설비**의 **화재안전기준**(NFSC 102) 〔별표 1〕

㉠ **내화배선**

| 사용전선의 종류 | 공사방법 |
|---|---|
| ① 450/750V 저독성 난연 가교 폴리올레핀 절연전선<br>② 0.6/1kV 가교 폴리에틸렌 절연 저독성 난연 폴리올레핀 시스 전력 케이블<br>③ 6/10kV 가교 폴리에틸렌 절연 저독성 난연 폴리올레핀 시스 전력용 케이블<br>④ 가교 폴리에틸렌 절연 비닐시스 트레이용 난연 전력 케이블<br>⑤ 0.6/1kV EP 고무절연 클로로프렌 시스 케이블<br>⑥ 300/500V 내열성 실리콘 고무절연전선(180℃)<br>⑦ 내열성 에틸렌-비닐 아세테이트 고무절연 케이블<br>⑧ 버스덕트(bus duct)<br>⑨ 기타 「전기용품안전관리법」 및 「전기설비기술기준」에 따라 동등 이상의 내화성능이 있다고 주무부장관이 인정하는 것 | **금속관** · **2종 금속제 가요전선관** 또는 **합성수지관**에 수납하여 내화구조로 된 벽 또는 바닥 등에 벽 또는 바닥의 표면으로부터 **25mm** 이상의 깊이로 매설하여야 한다.<br>기억법 **금2가합25**<br>단, 다음의 기준에 적합하게 설치하는 경우에는 그러하지 아니하다.<br>① 배선을 내화성능을 갖는 배선전용실 또는 배선용 샤프트 · 피트 · 덕트 등에 설치하는 경우<br>② 배선전용실 또는 배선용 샤프트 · 피트 · 덕트 등에 다른 설비의 배선이 있는 경우에는 이로부터 **15cm** 이상 떨어지게 하거나 소화설비의 배선과 이웃하는 다른 설비의 배선 사이에 배선지름(배선의 지름이 다른 경우에는 가장 큰 것을 기준으로 한다)의 **1.5배** 이상의 높이의 **불연성 격벽**을 설치하는 경우<br>기억법 **내전샤피덕다15** |
| 내화전선 | **케이블공사** |

㉡ **내열배선**

| 사용전선의 종류 | 공사방법 |
|---|---|
| ① 450/750V 저독성 난연 가교 폴리올레핀 절연전선<br>② 0.6/1kV 가교 폴리에틸렌 절연 저독성 난연 폴리올레핀 시스 전력 케이블<br>③ 6/10kV 가교 폴리에틸렌 절연 저독성 난연 폴리올레핀 시스 전력용 케이블<br>④ 가교 폴리에틸렌 절연 비닐시스 트레이용 난연 전력 케이블<br>⑤ 0.6/1kV EP 고무절연 클로로프렌 시스 케이블<br>⑥ 300/500V 내열성 실리콘 고무절연전선(180℃)<br>⑦ 내열성 에틸렌-비닐 아세테이트 고무절연 케이블<br>⑧ 버스덕트(bus duct)<br>⑨ 기타 「전기용품안전관리법」 및 「전기설비기술기준」에 따라 동등 이상의 내열성능이 있다고 주무부장관이 인정하는 것 | **금속관** · **금속제 가요전선관** · **금속덕트** 또는 **케이블**(불연성 덕트에 설치하는 경우에 한한다) **공사**방법에 따라야 한다. 단, 다음의 기준에 적합하게 설치하는 경우에는 그러하지 아니하다.<br>① 배선을 내화성능을 갖는 배선전용실 또는 배선용 샤프트 · 피트 · 덕트 등에 설치하는 경우<br>② 배선전용실 또는 배선용 샤프트 · 피트 · 덕트 등에 다른 설비의 배선이 있는 경우에는 이로부터 **15cm** 이상 떨어지게 하거나 소화설비의 배선과 이웃하는 다른 설비의 배선 사이에 배선지름(배선의 지름이 다른 경우에는 지름이 가장 큰 것을 기준으로 한다)의 **1.5배** 이상의 높이의 **불연성 격벽**을 설치하는 경우 |
| 내화전선 | **케이블공사** |

② 해당 없음

답 ②

## 79 자동화재탐지설비 및 시각경보장치의 화재안전기준(NFSC 203)에 따라 감지기회로의 도통시험을 위한 종단저항의 설치기준으로 틀린 것은?

13.03.문78

① 동일층 발신기함 외부에 설치할 것
② 점검 및 관리가 쉬운 장소에 설치할 것
③ 전용함을 설치하는 경우 그 설치높이는 바닥으로부터 1.5m 이내로 할 것
④ 종단감지기에 설치할 경우에는 구별이 쉽도록 해당 감지기의 기판 등에 별도의 표시를 할 것

해설 **감지기회로**의 **도통시험**을 위한 **종단저항**의 **기준**
(1) 점검 및 관리가 쉬운 장소에 설치할 것
(2) 전용함 설치시 **바닥**에서 **1.5m** 이내의 높이에 설치할 것
(3) 감지기회로의 **끝부분**에 설치하며, 종단감지기에 설치할 경우 구별이 쉽도록 해당 감지기의 기판 및 감지기외부 등에 별도의 표시를 할 것

※ **도통시험** : 감지기회로의 단선유무 확인

① 동일층 발신기함 **외부** → 일반적으로 동일층 발신기함 **내부**

답 ①

★★★
**80** 17.03.문67 14.05.문68 11.03.문77

**자동화재속보설비의 속보기의 성능인증 및 제품검사의 기술기준에 따른 자동화재속보설비의 속보기에 대한 설명이다. 다음 ( )의 ㉠, ㉡에 들어갈 내용으로 옳은 것은?**

> 작동신호를 수신하거나 수동으로 동작시키는 경우 ( ㉠ )초 이내에 소방관서에 자동적으로 신호를 발하여 통보하되, ( ㉡ )회 이상 속보할 수 있어야 한다.

① ㉠ 20, ㉡ 3　　② ㉠ 20, ㉡ 4
③ ㉠ 30, ㉡ 3　　④ ㉠ 30, ㉡ 4

해설 **속보기**의 **기준**

(1) **수동통화**용 송수화기를 설치
(2) **20초** 이내에 **3회** 이상 **소방관서**에 자동속보
(3) 예비전원은 감시상태를 **60분**간 지속한 후 **10분** 이상 동작이 지속될 수 있는 용량일 것
(4) 다이얼링 : **10회** 이상

기억법 속203

답 ①

# 20년 2020. 8. 22 시행

**▮2020년 기사 제3회 필기시험▮**

| 자격종목 | 종목코드 | 시험시간 | 형별 | 수험번호 | 성명 |
|---|---|---|---|---|---|
| 소방설비기사(전기분야) | | 2시간 | | | |

※ 답안카드 작성시 시험문제지 형별누락, 마킹착오로 인한 불이익은 전적으로 수험자의 귀책사유임을 알려드립니다.
※ 각 문항은 4지택일형으로 질문에 가장 적합한 보기 항을 선택하여 마킹하여야 합니다.

## 제 1 과목 소방원론

★★★
**01** 밀폐된 공간에 이산화탄소를 방사하여 산소의 체적농도를 12%가 되게 하려면 상대적으로 방사된 이산화탄소의 농도는 얼마가 되어야 하는가?

19.09.문10 / 15.05.문13 / 14.05.문07 / 13.09.문16 / 12.05.문14

유사문제부터 풀어보세요. 실력이 팍!팍! 올라갑니다.

① 25.40%
② 28.70%
③ 38.35%
④ 42.86%

해설 **이산화탄소**의 **농도**

$$CO_2 = \frac{21 - O_2}{21} \times 100$$

여기서, $CO_2$ : $CO_2$의 농도[%]
$O_2$ : $O_2$의 농도[%]

$$CO_2 = \frac{21 - O_2}{21} \times 100 = \frac{21 - 12}{21} \times 100 \fallingdotseq 42.86\%$$

중요

**이산화탄소 소화설비**와 **관련된 식**

$$CO_2 = \frac{\text{방출가스량}}{\text{방호구역체적} + \text{방출가스량}} \times 100 = \frac{21 - O_2}{21} \times 100$$

여기서, $CO_2$ : $CO_2$의 농도[%]
$O_2$ : $O_2$의 농도[%]

$$\text{방출가스량} = \frac{21 - O_2}{O_2} \times \text{방호구역체적}$$

여기서, $O_2$ : $O_2$의 농도[%]

답 ④

★★★
**02** Halon 1301의 분자식은?

19.09.문07 / 17.03.문05 / 16.10.문08 / 15.03.문04 / 14.09.문04 / 14.03.문02

① $CH_3Cl$
② $CH_3Br$
③ $CF_3Cl$
④ $CF_3Br$

해설 **할론소화약제**의 **약칭** 및 **분자식**

| 종 류 | 약 칭 | 분자식 |
|---|---|---|
| 할론 1011 | CB | $CH_2ClBr$ |
| 할론 104 | CTC | $CCl_4$ |
| 할론 1211 | BCF | $CF_2ClBr(CClF_2Br)$ |
| 할론 1301 | BTM | **$CF_3Br$** |
| 할론 2402 | FB | $C_2F_4Br_2$ |

답 ④

★★★
**03** 화재의 종류에 따른 분류가 틀린 것은?

19.03.문08 / 17.09.문07 / 16.05.문09 / 15.09.문19 / 13.09.문07

① A급 : 일반화재
② B급 : 유류화재
③ C급 : 가스화재
④ D급 : 금속화재

해설 **화재**의 **종류**

| 구 분 | 표시색 | 적응물질 |
|---|---|---|
| 일반화재(A급) | 백색 | • 일반가연물<br>• 종이류 화재<br>• 목재 · 섬유화재 |
| **유류화재(B급)** | 황색 | • 가연성 액체<br>• 가연성 가스<br>• 액화가스화재<br>• 석유화재 |
| 전기화재(C급) | 청색 | • 전기설비 |
| 금속화재(D급) | 무색 | • 가연성 금속 |
| 주방화재(K급) | – | • 식용유화재 |

※ 요즘은 표시색의 의무규정은 없음

③ 가스화재 → 전기화재

답 ③

★★★
**04** 건축물의 내화구조에서 바닥의 경우에는 철근콘크리트의 두께가 몇 cm 이상이어야 하는가?

16.05.문05 / 14.05.문12

① 7 ② 10
③ 12 ④ 15

해설 **내화구조의 기준**

| 구 분 | 기 준 |
|---|---|
| **벽 · 바닥** | 철골 · 철근콘크리트조로서 두께가 **10cm** 이상인 것 |
| 기둥 | 철골을 두께 **5cm** 이상의 콘크리트로 덮은 것 |
| 보 | 두께 **5cm** 이상의 콘크리트로 덮은 것 |

기억법 **벽바내1(벽을 바라보면 내일이 보인다.)**

비교

**방화구조의 기준**

| 구조 내용 | 기 준 |
|---|---|
| • **철망모르타르** 바르기 | 두께 **2cm** 이상 |
| • 석고판 위에 시멘트모르타르를 바른 것<br>• 석고판 위에 회반죽을 바른 것<br>• 시멘트모르타르 위에 타일을 붙인 것 | 두께 **2.5cm** 이상 |
| • 심벽에 흙으로 맞벽치기 한 것 | 모두 해당 |

답 ②

★★
**05** 소화약제인 IG-541의 성분이 아닌 것은?

19.09.문06

① 질소
② 아르곤
③ 헬륨
④ 이산화탄소

해설 **불활성기체 소화약제**

| 구 분 | 화학식 |
|---|---|
| IG-01 | • Ar(아르곤) |
| IG-100 | • $N_2$(질소) |
| IG-541 | • **$N_2$**(질소) : **52**%<br>• **Ar**(아르곤) : **40**%<br>• **$CO_2$**(이산화탄소) : 8%<br>기억법 **NACO(내코) 5240** |
| IG-55 | • $N_2$(질소) : 50%<br>• Ar(아르곤) : 50% |

③ 해당 없음

답 ③

★★★
**06** 다음 중 발화점이 가장 낮은 물질은?

19.09.문02
18.03.문07
15.09.문02
14.05.문05
12.09.문04
12.03.문01

① 휘발유
② 이황화탄소
③ 적린
④ 황린

해설 **물질의 발화점**

| 물질의 종류 | 발화점 |
|---|---|
| • 황린 | 30~50℃ |
| • 황화린<br>• 이황화탄소 | 100℃ |
| • 니트로셀룰로오스 | 180℃ |
| • 적린 | 260℃ |
| • 휘발유(가솔린) | 300℃ |

답 ④

★★★
**07** 화재시 발생하는 연소가스 중 인체에서 헤모글로빈과 결합하여 혈액의 산소운반을 저해하고 두통, 근육조절의 장애를 일으키는 것은?

19.09.문17
14.03.문05
00.03.문04

① $CO_2$ ② CO
③ HCN ④ $H_2S$

해설 **연소가스**

| 구 분 | 설 명 |
|---|---|
| **일산화탄소 (CO)** ← | 화재시 흡입된 일산화탄소(CO)의 화학적 작용에 의해 **헤모글로빈**(Hb)이 혈액의 산소운반작용을 저해하여 사람을 질식 · 사망하게 한다. |
| **이산화탄소 ($CO_2$)** | 연소가스 중 **가장 많은 양**을 차지하고 있으며 가스 그 자체의 독성은 거의 없으나 다량이 존재할 경우 호흡속도를 증가시키고, 이로 인하여 화재가스에 혼합된 유해가스의 혼입을 증가시켜 위험을 가중시키는 가스이다. |
| **암모니아 ($NH_3$)** | 나무, 페놀수지, 멜라민수지 등의 **질소 함유물**이 연소할 때 발생하며, 냉동시설의 **냉매**로 쓰인다. |
| **포스겐 ($COCl_2$)** | 매우 독성이 강한 가스로서 소화제인 **사염화탄소**($CCl_4$)를 화재시에 사용할 때도 발생한다. |
| **황화수소 ($H_2S$)** | **달**걀 썩는 냄새가 나는 특성이 있다.<br>기억법 **황달** |
| **아크롤레인 ($CH_2=CHCHO$)** | 독성이 매우 높은 가스로서 **석유제품**, **유지** 등이 연소할 때 생성되는 가스이다.<br>기억법 **유아석** |

용어

**유지**(油脂)
들기름 및 지방을 통틀어 일컫는 말

답 ②

★★★
**08** 다음 중 연소와 가장 관련 있는 화학반응은?

13.03.문02

① 중화반응 ② 치환반응
③ 환원반응 ④ 산화반응

해설 **연소**(combustion) : 가연물이 공기 중에 있는 산소와 반응하여 **열**과 **빛**을 동반하여 급격히 **산화반응**하는 현상

• **산화속도**는 가연물이 산소와 반응하는 속도이므로 **연소속도**와 직접 관계된다.

답 ④

★
**09** 다음 중 고체 가연물이 덩어리보다 가루일 때 연소되기 쉬운 이유로 가장 적합한 것은?

① 발열량이 작아지기 때문이다.
② 공기와 접촉면이 커지기 때문이다.
③ 열전도율이 커지기 때문이다.
④ 활성에너지가 커지기 때문이다.

해설 **가루**가 **연소**되기 **쉬운 이유**
고체가연물이 가루가 되면 **공기**와 **접촉면**이 커져서(넓어져서) 연소가 더 잘 된다.

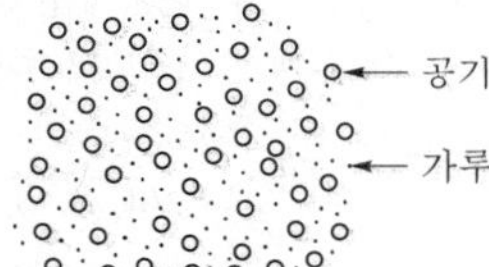

‖가루와 공기의 접촉‖

답 ②

★★★
**10** 이산화탄소 소화약제 저장용기의 설치장소에 대한 설명 중 옳지 않는 것은?

19.04.문70
15.03.문74
12.09.문69
02.09.문63

① 반드시 방호구역 내의 장소에 설치한다.
② 온도의 변화가 적은 곳에 설치한다.
③ 방화문으로 구획된 실에 설치한다.
④ 해당 용기가 설치된 곳임을 표시하는 표지를 한다.

해설 **이산화탄소 소화약제 저장용기 설치기준**
(1) 온도가 **40℃** 이하인 장소
(2) **방호구역 외**의 장소에 설치할 것
(3) 직사광선 및 빗물이 침투할 우려가 없는 곳
(4) 온도의 변화가 적은 곳에 설치
(5) **방화문**으로 구획된 실에 설치할 것
(6) **방호구역 내에 설치할 경우에는 피난 및 조작이 용이하도록 피난구 부근에 설치**
(7) 용기의 설치장소에는 해당 용기가 설치된 곳임을 표시하는 표지할 것
(8) 용기 간의 간격은 점검에 지장이 없도록 **3cm 이상**의 간격 유지
(9) 저장용기와 집합관을 연결하는 연결배관에는 **체크밸브** 설치

① 반드시 방호구역 내 → 방호구역 외

답 ①

★★★
**11** 질식소화시 공기 중의 산소농도는 일반적으로 약 몇 vol% 이하로 하여야 하는가?

19.09.문13
18.09.문19
17.05.문06
16.03.문08
15.03.문17
14.03.문19
11.10.문19
03.08.문11

① 25
② 21
③ 19
④ 15

해설 **소화**의 **형태**

| 구 분 | 설 명 |
|---|---|
| **냉**각소화 | ① **점화원**을 냉각하여 소화하는 방법<br>② **증**발잠열을 이용하여 열을 빼앗아 가연물의 온도를 떨어뜨려 화재를 진압하는 소화방법<br>③ **다량**의 **물**을 뿌려 소화하는 방법<br>④ 가연성 물질을 **발화점 이하**로 **냉각**하여 소화하는 방법<br>⑤ **식용유화재**에 신선한 **야채**를 넣어 소화하는 방법<br>⑥ 용융잠열에 의한 **냉각효과**를 이용하여 소화하는 방법<br>기억법 **냉점증발** |
| **질**식소화 | ① 공기 중의 **산소농도**를 **16%(10~15%)** 이하로 희박하게 하여 소화하는 방법<br>② 산화제의 농도를 낮추어 연소가 지속될 수 없도록 소화하는 방법<br>③ 산소공급을 차단하여 소화하는 방법<br>④ 산소의 농도를 낮추어 소화하는 방법<br>⑤ 화학반응으로 발생한 **탄산가스**에 의한 소화방법<br>기억법 **질산** |
| 제거소화 | **가연물**을 **제거**하여 소화하는 방법 |
| **부**촉매 소화 (억제소화, 화학소화) | ① **연쇄반응**을 **차단**하여 소화하는 방법<br>② 화학적인 방법으로 화재를 억제하여 소화하는 방법<br>③ **활성기**(free radical, 자유라디칼)의 **생성**을 **억제**하여 소화하는 방법<br>④ 할론계 소화약제<br>기억법 **부억(부엌)** |
| 희석소화 | ① 기체 · 고체 · 액체에서 나오는 분해가스나 증기의 농도를 낮춰 소화하는 방법<br>② 불연성 가스의 **공기** 중 **농도**를 높여 소화하는 방법<br>③ 불활성기체를 방출하여 연소범위 이하로 낮추어 소화하는 방법 |

중요

**화재**의 **소화원리**에 따른 **소화방법**

| 소화원리 | 소화설비 |
|---|---|
| 냉각소화 | ① 스프링클러설비<br>② 옥내 · 외소화전설비 |
| 질식소화 | ① 이산화탄소 소화설비<br>② 포소화설비<br>③ 분말소화설비<br>④ 불활성기체 소화약제 |
| 억제소화<br>(부촉매효과) | ① 할론소화약제<br>② 할로겐화합물 소화약제 |

답 ④

★★

**12** 소화효과를 고려하였을 경우 화재시 사용할 수 있는 물질이 아닌 것은?

19.09.문07 17.03.문05 16.10.문08 15.03.문04 14.09.문04 14.03.문02

① 이산화탄소
② 아세틸렌
③ Halon 1211
④ Halon 1301

해설 **소화약제**

(1) **이산화탄소 소화약제**

| 주성분 | 적응화재 |
|---|---|
| 이산화탄소($CO_2$) | BC급 |

(2) **할론소화약제**의 **약칭** 및 **분자식**

| 종 류 | 약 칭 | 분자식 |
|---|---|---|
| 할론 1011 | CB | $CH_2ClBr$ |
| 할론 104 | CTC | $CCl_4$ |
| 할론 1211 | BCF | $CF_2ClBr(CClF_2Br)$ |
| 할론 1301 | BTM | $CF_3Br$ |
| 할론 2402 | FB | $C_2F_4Br_2$ |

② 아세틸렌 : **가연성 가스**로서 화재시 사용불가

답 ②

★★★

**13** 다음 원소 중 전기음성도가 가장 큰 것은?

17.05.문20 15.03.문16 12.03.문04

① F ② Br
③ Cl ④ I

해설 **할론소화약제**

| 부촉매효과(소화능력) 크기 | 전기음성도(친화력, 결합력) 크기 |
|---|---|
| I > Br > Cl > F | F > Cl > Br > I |

• 전기음성도 크기=수소와의 결합력 크기

중요

**할로겐족 원소**

(1) 불소 : F
(2) 염소 : Cl
(3) 브롬(취소) : Br
(4) 요오드(옥소) : I

기억법 FClBrI

답 ①

★★★

**14** 화재하중의 단위로 옳은 것은?

19.07.문20 16.10.문18 15.09.문17 01.06.문06 97.03.문19

① $kg/m^2$
② $℃/m^2$
③ $kg \cdot L/m^3$
④ $℃ \cdot L/m^3$

해설 **화재하중**

(1) 가연물 등의 **연소시 건축물**의 **붕괴** 등을 고려하여 설계하는 하중
(2) 화재실 또는 화재구획의 **단위면적당 가연물**의 **양**
(3) 일반건축물에서 가연성의 건축구조재와 **가연성 수용물**의 **양**으로서 건물화재시 발열량 및 화재위험성을 나타내는 용어
(4) 화재하중이 크면 단위면적당의 발열량이 크다.
(5) 화재하중이 같더라도 물질의 상태에 따라 가혹도는 달라진다.
(6) 화재하중은 화재구획실 내의 가연물 총량을 목재 중량당비로 환산하여 면적으로 나눈 수치이다.
(7) 건물화재에서 가열온도의 정도를 의미한다.
(8) 건물의 내화설계시 고려되어야 할 사항이다.
(9)

$$q=\frac{\Sigma G_t H_t}{HA}=\frac{\Sigma Q}{4500A}$$

여기서, $q$ : 화재하중[$kg/m^2$] 또는 [$N/m^3$]
$G_t$ : 가연물의 양[kg]
$H_t$ : 가연물의 단위발열량[kcal/kg]
$H$ : 목재의 단위발열량[kcal/kg] **(4500kcal/kg)**
$A$ : 바닥면적[$m^2$]
$\Sigma Q$ : 가연물의 전체 발열량[kcal]

비교

**화재가혹도**

화재로 인하여 건물 내에 수납되어 있는 재산 및 건물 자체에 손상을 주는 능력의 정도

답 ①

★★★

**15** 제1종 분말소화약제의 주성분으로 옳은 것은?

19.03.문01 18.04.문06 17.09.문10 16.10.문06 16.05.문15 16.03.문09 15.09.문01 15.05.문08 14.09.문10

① $KHCO_3$
② $NaHCO_3$
③ $NH_4H_2PO_4$
④ $Al_2(SO_4)_3$

해설 (1) **분말소화약제**

| 종 별 | 주성분 | 착 색 | 적응 화재 | 비 고 |
|---|---|---|---|---|
| 제**1**종 | 중탄산나트륨 ($NaHCO_3$) | 백색 | BC급 | **식용유** 및 **지방질유**의 화재에 적합 |
| 제2종 | 중탄산칼륨 ($KHCO_3$) | 담자색 (담회색) | BC급 | – |
| 제**3**종 | 제1인산암모늄 ($NH_4H_2PO_4$) | 담홍색 | ABC급 | **차고·주차장**에 적합 |
| 제4종 | 중탄산칼륨+요소 ($KHCO_3$+$(NH_2)_2CO$) | 회(백)색 | BC급 | – |

기억법 1식분(일식 분식)
3분 차주(삼보컴퓨터 차주)

(2) **이산화탄소 소화약제**

| 주성분 | 적응화재 |
|---|---|
| 이산화탄소($CO_2$) | BC급 |

답 ②

★★★
## 16 탄화칼슘이 물과 반응시 발생하는 가연성 가스는?

19.03.문17 17.05.문09 11.10.문05 10.09.문12

① 메탄
② 포스핀
③ 아세틸렌
④ 수소

해설 **탄화칼슘**과 **물**의 **반응식**

$CaC_2 + 2H_2O \rightarrow Ca(OH)_2 + C_2H_2 \uparrow$
탄화칼슘 물 수산화칼슘 아세틸렌

답 ③

★★★
## 17 화재의 소화원리에 따른 소화방법의 적용으로 틀린 것은?

19.09.문13 18.09.문19 17.05.문06 16.03.문08 15.03.문17 14.03.문19 11.10.문19 03.08.문11

① 냉각소화 : 스프링클러설비
② 질식소화 : 이산화탄소 소화설비
③ 제거소화 : 포소화설비
④ 억제소화 : 할로겐화합물 소화설비

해설 **화재**의 **소화원리**에 따른 **소화방법**

| 소화원리 | 소화설비 |
|---|---|
| 냉각소화 | ① 스프링클러설비<br>② 옥내·외소화전설비 |
| 질식소화 | ① 이산화탄소 소화설비<br>② 포소화설비<br>③ 분말소화설비<br>④ 불활성기체 소화약제 |
| 억제소화 (부촉매효과) | ① 할론소화약제<br>② 할로겐화합물 소화약제 |
| 제거소화 | 물(봉상주수) |

③ 포소화설비 → 물(봉상주수)

답 ③

★★★
## 18 공기의 평균 분자량이 29일 때 이산화탄소 기체의 증기비중은 얼마인가?

19.03.문18 16.03.문01 15.03.문05 14.09.문15 12.09.문18 07.05.문17

① 1.44
② 1.52
③ 2.88
④ 3.24

해설 (1) **분자량**

| 원 소 | 원자량 |
|---|---|
| H | 1 |
| C → | 12 |
| N | 14 |
| O → | 16 |

이산화탄소($CO_2$) : $12+16\times2=44$

(2) **증기비중**

$$증기비중=\frac{분자량}{29}$$

여기서, 29 : 공기의 평균 분자량[g/mol]

이산화탄소 증기비중$=\frac{분자량}{29}=\frac{44}{29}\fallingdotseq 1.52$

비교

**증기밀도**

$$증기밀도=\frac{분자량}{22.4}$$

여기서, 22.4 : 기체 1몰의 부피[L]

중요

**이산화탄소**의 **물성**

| 구 분 | 물 성 |
|---|---|
| 임계압력 | 72.75atm |
| 임계온도 | 31.35℃(약 31.1℃) |
| **3**중점 | −**56**.3℃(약 −56℃) |
| 승화점(**비**점) | −**78**.5℃ |
| 허용농도 | 0.5% |
| **증**기비중 | **1.5**29 |
| 수분 | 0.05% 이하(함량 99.5% 이상) |

기억법 이356, 이비78, 이증15

답 ②

**19** 12.05.문17 **인화점이 20℃인 액체위험물을 보관하는 창고의 인화 위험성에 대한 설명 중 옳은 것은?**

① 여름철에 창고 안이 더워질수록 인화의 위험성이 커진다.
② 겨울철에 창고 안이 추워질수록 인화의 위험성이 커진다.
③ 20℃에서 가장 안전하고 20℃보다 높아지거나 낮아질수록 인화의 위험성이 커진다.
④ 인화의 위험성은 계절의 온도와는 상관없다.

해설
① 여름철에 창고 안이 더워질수록 액체위험물에 점도가 낮아져서 점화가 쉽게 될 수 있기 때문에 인화의 위험성이 커진다고 판단함이 합리적이다.

답 ①

**20** 19.03.문06 16.05.문01 09.05.문57 **위험물과 위험물안전관리법령에서 정한 지정수량을 옳게 연결한 것은?**

① 무기과산화물－300kg
② 황화린－500kg
③ 황린－20kg
④ 질산에스테르류－200kg

해설 **위험물**의 **지정수량**

| 위험물 | 지정수량 |
|---|---|
| 질산에스테르류 | 10kg |
| 황린 | 20kg |
| • 무기과산화물<br>• 과산화나트륨 | 50kg |
| • 황화린<br>• 적린 | 100kg |
| 트리니트로톨루엔 | 200kg |
| 탄화알루미늄 | 300kg |

① 300kg → 50kg
② 500kg → 100kg
④ 200kg → 10kg

답 ③

## 제 2 과목 소방전기일반

**21** 17.03.문35 16.05.문21 15.05.문22 11.06.문24 **개루프 제어와 비교하여 폐루프 제어에서 반드시 필요한 장치는?**

① 안정도를 좋게 하는 장치
② 제어대상을 조작하는 장치
③ 동작신호를 조절하는 장치
④ 기준입력신호와 주궤환신호를 비교하는 장치

해설 **피드백제어**(feedback control＝**폐루프제어**)
(1) 출력신호를 입력신호로 되돌려서 **입력**과 **출력**을 **비교**함으로써 **정확한 제어**가 가능하도록 한 제어
(2) 기준입력신호와 주궤환신호를 비교하는 장치가 있는 제어

중요

**피드백제어**의 **특징**
(1) **정확도**(정확성)가 **증가**한다.
(2) **대역폭**이 **크다**(**대역폭**이 **증가**한다).
(3) 계의 특성 변화에 대한 입력 대 출력비의 감도가 감소한다.
(4) 구조가 **복잡**하고 설치비용이 고가이다.
(5) 폐회로로 구성되어 있다.
(6) 입력과 출력을 비교하는 장치가 있다.
(7) 오차를 **자동정정**한다.
(8) **발진**을 일으키고 **불안정한 상태**로 되어가는 경향성이 있다.
(9) 비선형과 왜형에 대한 효과가 **감소**한다.

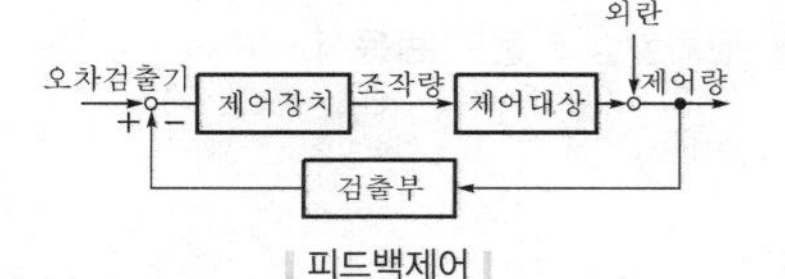


피드백제어

답 ④

**22** 17.09.문34 17.05.문23 06.05.문22 04.09.문30 **3상 농형 유도전동기의 기동법이 아닌 것은?**

① Y－△기동법 ② 기동보상기법
③ 2차 저항기동법 ④ 리액터 기동법

해설 **3상 유도전동기**의 **기동법**

| 농 형 | 권선형 |
|---|---|
| ① 전전압기동법(직입기동법)<br>② Y－△기동법<br>③ 리액터법<br>④ 기동보상기법<br>⑤ 콘도르퍼기동법 | ① 2차 저항법<br>② 게르게스법 |

기억법 권2(권위)

답 ③

★
## 23 다음 중 강자성체에 속하지 않는 것은?

① 니켈　　② 알루미늄
③ 코발트　　④ 철

해설 **자성체**의 **종류**

| 자성체 | 종 류 |
|---|---|
| **상**자성체<br>(paramagnetic material) | ① **알**루미늄(Al)<br>② **백**금(Pt)<br>기억법 **상알백** |
| 반자성체<br>(diamagnetic material) | ① 금(Au)<br>② 은(Ag)<br>③ 구리(동)(Cu)<br>④ 아연(Zn)<br>⑤ 탄소(C) |
| **강**자성체<br>(ferromagnetic material) | ① **니**켈(Ni)<br>② **코**발트(Co)<br>③ **망**간(Mn)<br>④ **철**(Fe)<br>기억법 **강니코망철**<br>• **자기차폐**와 관계 깊음 |

② 알루미늄 : 상자성체

답 ②

★★★
## 24 프로세스제어의 제어량이 아닌 것은?

19.03.문32 17.09.문22 17.09.문39 17.05.문29 16.10.문35 16.05.문22 16.03.문32 15.05.문23

① 액위
② 유량
③ 온도
④ 자세

해설 **제어량**에 의한 **분류**

| 분 류 | 종 류 |
|---|---|
| **프**로세스제어 | ① **온**도<br>② **압**력<br>③ **유**량<br>④ **액**면(액위)<br>기억법 **프온압유액** |
| **서**보기구<br>(서보제어, 추종제어) | ① **위**치<br>② **방**위<br>③ **자**세<br>기억법 **서위방자** |
| **자**동조정 | ① 전압<br>② 전류<br>③ 주파수<br>④ 회전속도(**발**전기의 **조**속기)<br>⑤ 장력<br>기억법 **자발조** |

※ **프로세스제어**(공정제어) : 공업공정의 상태량을 제어량으로 하는 제어

④ 자세 : 서보기구

중요

**제어**의 **종류**

| 종 류 | 설 명 |
|---|---|
| **정치제어**<br>(fixed value control) | • 일정한 **목**표값을 **유**지하는 것으로 **프로세스제어, 자동조정**이 이에 해당된다.<br>예 **연속식 압연기**<br>• **목표값**이 시간에 관계없이 항상 일정한 값을 가지는 제어이다.<br>기억법 **유목정** |
| **추종제어**<br>(follow-up control, 서보제어) | 미지의 시간적 변화를 하는 목표값에 제어량을 추종시키기 위한 제어로 **서보기구**가 이에 해당된다.<br>예 **대공포의 포신** |
| **비율제어**<br>(ratio control) | 둘 이상의 제어량을 소정의 비율로 제어하는 것이다. |
| **프로그램제어**<br>(program control) | 목표값이 **미리 정해진 시간적 변화**를 하는 경우 제어량을 그것에 추종시키기 위한 제어이다.<br>예 **열차 · 산업로봇의 무인운전** |

답 ④

★★
## 25 100V, 500W의 전열선 2개를 같은 전압에서 직렬로 접속한 경우와 병렬로 접속한 경우에 각 전열선에서 소비되는 전력은 각각 몇 W인가?

17.09.문28

① 직렬 : 250, 병렬 : 500
② 직렬 : 250, 병렬 : 1000
③ 직렬 : 500, 병렬 : 500
④ 직렬 : 500, 병렬 : 1000

해설 (1) **기호**

- $V$ : 100V
- $P$ : 500W
- $P_{직렬}$ : ?
- $P_{병렬}$ : ?

(2) **전력**

$$P = \frac{V^2}{R}$$

여기서, $P$ : 전력〔W〕
$V$ : 전압〔V〕
$R$ : 저항〔Ω〕

저항 $R$은

$$R = \frac{V^2}{P} = \frac{100^2}{500} = 20\,\Omega$$

(3) **전열선 2개 직렬접속**

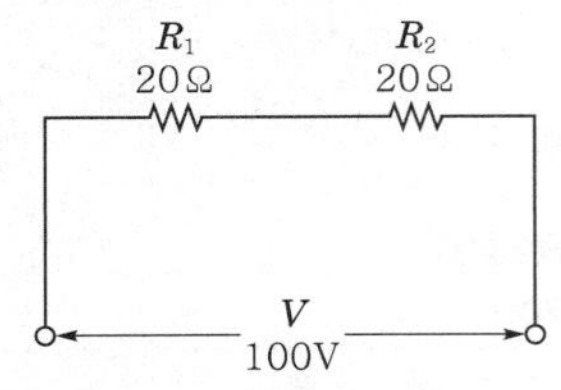


전력 $P=\frac{V^2}{R}=\frac{V^2}{R_1+R_2}=\frac{100^2}{20+20}=250\text{W}$

(4) **전열선 2개 병렬접속**

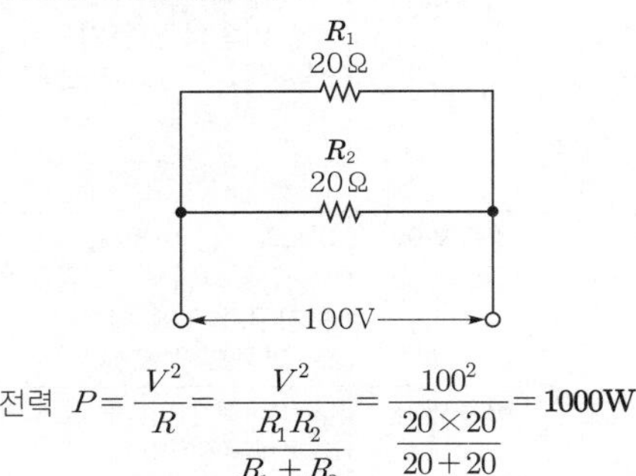


전력 $P=\frac{V^2}{R}=\frac{V^2}{\frac{R_1R_2}{R_1+R_2}}=\frac{100^2}{\frac{20\times 20}{20+20}}=1000\text{W}$

답 ②

## 26 열팽창식 온도계가 아닌 것은?

17.03.문39

① 열전대 온도계 ② 유리 온도계
③ 바이메탈 온도계 ④ 압력식 온도계

해설 **온도계의 종류**

| 열팽창식 온도계 | 열전 온도계 |
|---|---|
| • **유**리 온도계<br>• **압**력식 온도계<br>• **바**이메탈 온도계<br>• 알코올 온도계<br>• 수은 온도계<br>기억법 **유압바** | • 열전대 온도계 |

답 ①

## 27 그림과 같은 회로에서 전압계 Ⓥ가 10V일 때 단자 A-B 간의 전압은 몇 V인가?

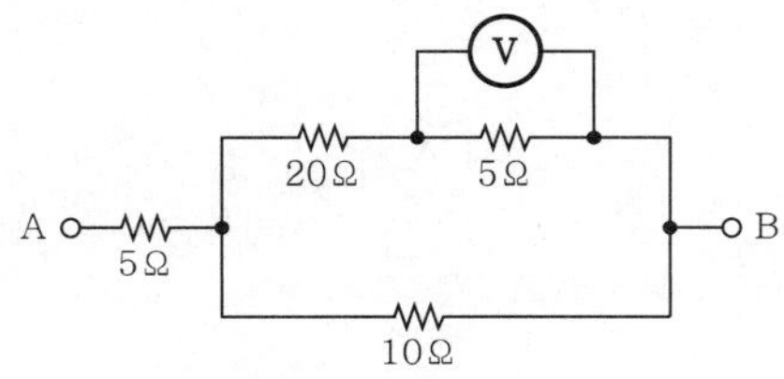


① 50 ② 85
③ 100 ④ 135

해설 문제 조건에 의해 회로를 일부 수정하면 다음과 같다.

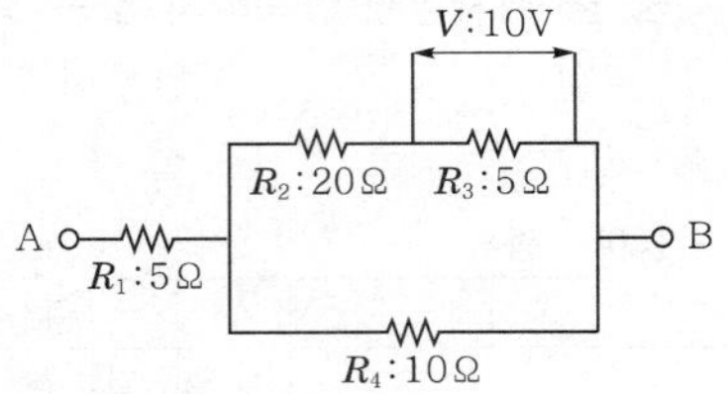


(1) **전류**

$$I=\frac{V}{R}$$

여기서, $I$ : 전류[A]
$V$ : 전압[V]
$R$ : 저항[Ω]

전류 $I_3$는

$I_3=\frac{V}{R_3}=\frac{10}{5}=2\text{A}$

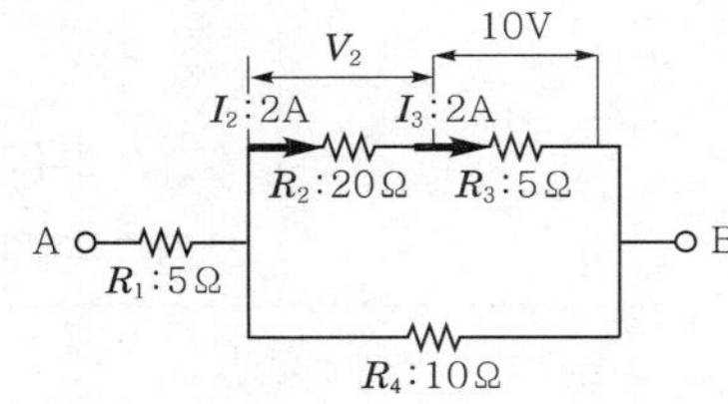


같은 선에 전류가 흐르므로

$$I_2=I_3$$

전압 $V_2$는

$V_2=I_2R_2=2\times 20=40\text{V}$

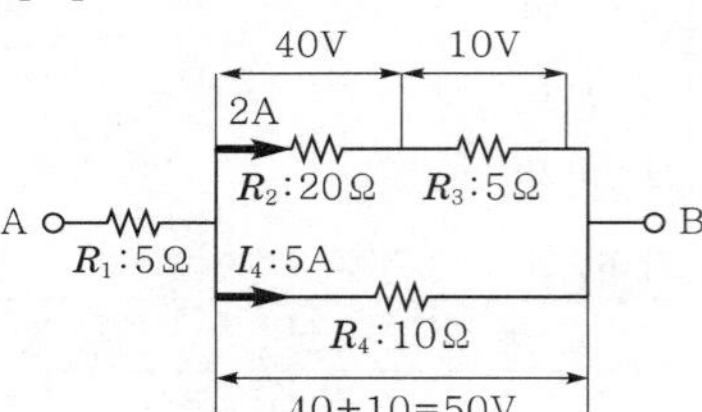


전류 $I_4$는

$I_4=\frac{V}{R_4}=\frac{50}{10}=5\text{A}$

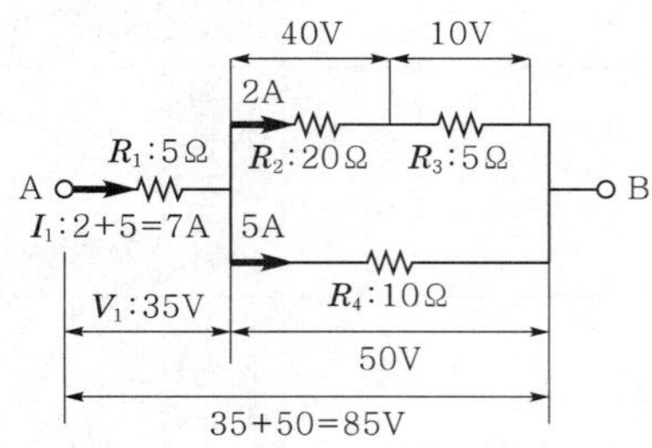


전압 $V_1$은

$V_1=I_1R_1=7\times 5=35\text{V}$

단자 A-B 간 전압 $V=35+50=85\text{V}$

답 ②

★★★

**28** 최대눈금이 200mA, 내부저항이 0.8Ω인 전류계가 있다. 8mΩ의 분류기를 사용하여 전류계의 측정범위를 넓히면 몇 A까지 측정할 수 있는가?

19.09.문30 13.09.문31 11.06.문34

① 19.6 ② 20.2
③ 21.4 ④ 22.8

해설 (1) 기호

- $I$ : 200mA=0.2A(1000mA=1A)
- $R_A$ : 0.8Ω
- $R_S$ : 8mΩ=8×10$^{-3}$Ω(1mΩ=10$^{-3}$Ω)
- $I_0$ : ?

(2) 분류기

$$I_0 = I\left(1+\frac{R_A}{R_S}\right)$$

여기서, $I_0$ : 측정하고자 하는 전류[A]
$I$ : 전류계의 최대눈금[A]
$R_A$ : 전류계 내부저항[Ω]
$R_S$ : 분류기저항[Ω]

측정하고자 하는 전류 $I_0$는

$$I_0 = I\left(1+\frac{R_A}{R_S}\right) = 0.2\left(1+\frac{0.8}{8\times10^{-3}}\right) = 20.2\text{A}$$

※ **분류기** : 전류계와 **병렬**접속

비교

**배율기**

$$V_0 = V\left(1+\frac{R_m}{R_v}\right)$$

여기서, $V_0$ : 측정하고자 하는 전압[V]
$V$ : 전압계의 최대눈금[V]
$R_v$ : 전압계의 내부저항[Ω]
$R_m$ : 배율기저항[Ω]

※ **배율기** : 전압계와 **직렬**접속

답 ②

★

**29** 공기 중에서 50kW 방사전력이 안테나에서 사방으로 균일하게 방사될 때, 안테나에서 1km 거리에 있는 점에서의 전계의 실효값은 약 몇 V/m인가?

① 0.87 ② 1.22
③ 1.73 ④ 3.98

해설 (1) 기호

- $P$ : 50kW=50000W(1kW=1000W)
- $r$ : 1km=1000m(1km=1000m)
- $E$ : ?

(2) 구의 단위면적당 전력

$$W = \frac{E^2}{377} = \frac{P}{4\pi r^2}$$

여기서, $W$ : 구의 단위면적당 전력[W/m$^2$]
$E$ : 전계의 실효값[V/m]
$P$ : 전력[W]
$r$ : 거리[m]

$$\frac{E^2}{377} = \frac{P}{4\pi r^2}$$

$$E^2 = \frac{P}{4\pi r^2}\times377$$

$$E = \sqrt{\frac{P}{4\pi r^2}\times377} = \sqrt{\frac{50000}{4\pi\times1000^2}\times377} \fallingdotseq 1.22\text{V/m}$$

답 ②

★

**30** 대칭 $n$상의 환상결선에서 선전류와 상전류(환상전류) 사이의 위상차는?

① $\frac{n}{2}\left(1-\frac{2}{\pi}\right)$ ② $\frac{n}{2}\left(1-\frac{\pi}{2}\right)$
③ $\frac{\pi}{2}\left(1-\frac{2}{n}\right)$ ④ $\frac{\pi}{2}\left(1-\frac{n}{2}\right)$

해설 **환상결선 $n$상의 위상차**

$$\theta = \frac{\pi}{2} - \frac{\pi}{n}$$

여기서, $\theta$ : 위상차
$n$ : 상

- 환상결선=△결선

$n$상의 위상차 $\theta$는

$$\theta = \frac{\pi}{2} - \frac{\pi}{n} = \frac{\pi}{2}\left(1-\frac{2}{n}\right)$$

비교

**환상결선 $n$상의 선전류**

$$I_l = \left(2\times\sin\frac{\pi}{n}\right)\times I_p$$

여기서, $I_l$ : 선전류[A]
$n$ : 상
$I_p$ : 상전류[A]

답 ③

★★★
**31** 지하 1층, 지상 2층, 연면적이 1500$m^2$인 기숙사에서 지상 2층에 설치된 차동식 스포트형 감지기가 작동하였을 때 전 층의 지구경종이 동작되었다. 각 층 지구경종의 정격전류가 60mA이고, 24V가 인가되고 있을 때 모든 지구경종에서 소비되는 총 전력[W]은?

19.03.문33
11.03.문23
10.05.문35

① 4.23 ② 4.32
③ 5.67 ④ 5.76

해설 (1) 기호

- $I$ : 60mA×3개=180mA=0.18A(1000mA=1A)
  지구경종은 **지하 1층, 지상 1층, 지상 2층**에 1개씩 총 **3개** 설치
- $V$ : 24V

(2) 전력

$$P = VI$$

여기서, $P$ : 전력[W]
$V$ : 전압[V]
$I$ : 전류[A]

전력 $P$는
$P = VI$
$= 24 \times 0.18 = 4.32\text{W}$

답 ②

★★★
**32** 역률 0.8인 전동기에 200V의 교류전압을 가하였더니 10A의 전류가 흘렀다. 피상전력은 몇 VA인가?

19.03.문27
09.08.문31
01.09.문30

① 1000
② 1200
③ 1600
④ 2000

해설 (1) 기호

- $\cos\theta$ : 0.8
- $V$ : 200V
- $I$ : 10A
- $P_a$ : ?

(2) 피상전력

$$P_a = VI$$

여기서, $P_a$ : 피상전력[VA]
$V$ : 전압[V]
$I$ : 전류[A]

피상전력 $P_a$는
$P_a = VI = 200 \times 10 = 2000\text{VA}$

- **역률** $\cos\theta$는 적용하지 않음에 주의! **함정**이다.

답 ④

★★
**33** 50Hz의 3상 전압을 전파정류하였을 때 리플(맥동)주파수[Hz]는?

15.09.문27
09.03.문32

① 50 ② 100
③ 150 ④ 300

해설 맥동주파수

| 구 분 | 맥동주파수(60Hz) | 맥동주파수(50Hz) |
|---|---|---|
| 단상 반파 | 60Hz | 50Hz |
| 단상 전파 | 120Hz | 100Hz |
| 3상 반파 | 180Hz | 150Hz |
| 3상 전파 | 360Hz | 300Hz |

- 맥동주파수 = 리플주파수

답 ④

★★
**34** 5Ω의 저항과 2Ω의 유도성 리액턴스를 직렬로 접속한 회로에 5A의 전류를 흘렸을 때 이 회로의 복소전력[VA]은?

14.09.문35
12.09.문37

① $25 + j10$ ② $10 + j25$
③ $125 + j50$ ④ $50 + j125$

해설 (1) 기호

- $R$ : 5Ω
- $X_L$ : 2Ω
- $I$ : 5A
- $P$ : ?

문제 지문을 회로로 바꾸면

$I$ 5A, $R$ 5Ω, $X_L$ 2Ω

(2) 전압

$$V = IZ = I(R + X_L)$$

여기서, $V$ : 전압[VA]
$I$ : 전류[A]
$Z$ : 임피던스[Ω]
$R$ : 저항[Ω]
$X_L$ : 유도리액턴스[Ω]

전압 $V$는
$V = I(R + X_L) = 5(5 + j2) = 25 + 10j\text{V}$

(3) 복소전력

$$P = V\overline{I}$$

여기서, $P$ : 복소전력[VA]
$V$ : 전압[V]
$\overline{I}$ : 허수에 반대부호를 취한 전류[A]

**복소전력** $P = V\overline{I}$
$= (25 + 10j) \times 5$
$= 125 + 50j = 125 + j50\text{VA}$

답 ③

**35** 3상 유도전동기를 Y결선으로 기동할 때 전류의 크기($|I_Y|$)와 △ 결선으로 기동할 때 전류의 크기($|I_\triangle|$)의 관계로 옳은 것은?

17.05.문36 15.05.문40 04.03.문36

① $|I_Y| = \frac{1}{3}|I_\triangle|$

② $|I_Y| = \sqrt{3}|I_\triangle|$

③ $|I_Y| = \frac{1}{\sqrt{3}}|I_\triangle|$

④ $|I_Y| = \frac{\sqrt{3}}{2}|I_\triangle|$

해설 **Y－△기동방식**의 **기동전류**

$$I_Y = \frac{1}{3}I_\triangle$$

여기서, $I_Y$ : Y결선시 전류〔A〕

$I_\triangle$ : △결선시 전류〔A〕

중요

| 기동전류 | 소비전력 | 기동토크 |
|---|---|---|
| $\frac{\text{Y－△기동방식}}{\text{직입기동방식}} = \frac{1}{3}$ | | |

※ 3상 유도전동기의 기동시 직입기동방식을 Y－△ 기동방식으로 변경하면 **기동전류**, **소비전력**, **기동토크**가 모두 $\frac{1}{3}$로 감소한다.

답 ①

**36** 그림의 시퀀스회로와 등가인 논리게이트는?

17.09.문25 16.05.문36 16.03.문39 15.09.문23 13.09.문30 13.06.문35

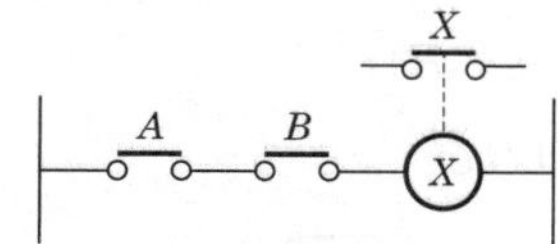


① OR게이트

② AND게이트

③ NOT게이트

④ NOR게이트

해설 **시퀀스회로**와 **논리회로**

| 명 칭 | 시퀀스회로 | 논리회로 |
|---|---|---|
| AND 회로 (**직렬 회로**) | | $X = A \cdot B$<br>입력신호 $A$, $B$가 동시에 1일 때만 출력신호 $X$가 1이 된다. |

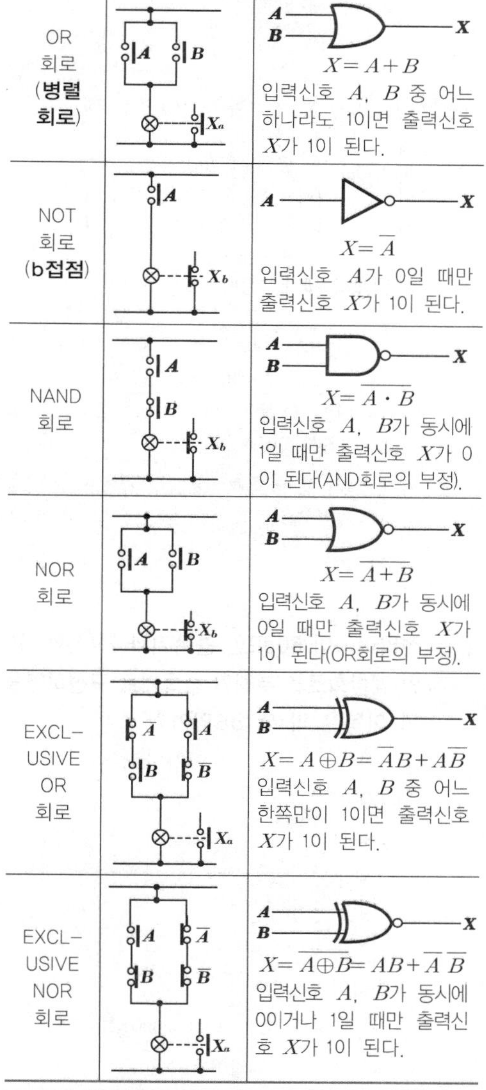

| 명 칭 | 시퀀스회로 | 논리회로 |
|---|---|---|
| OR 회로 (**병렬 회로**) | | $X = A + B$<br>입력신호 $A$, $B$ 중 어느 하나라도 1이면 출력신호 $X$가 1이 된다. |
| NOT 회로 (**b접점**) | | $X = \overline{A}$<br>입력신호 $A$가 0일 때만 출력신호 $X$가 1이 된다. |
| NAND 회로 | | $X = \overline{A \cdot B}$<br>입력신호 $A$, $B$가 동시에 1일 때만 출력신호 $X$가 0이 된다(AND회로의 부정). |
| NOR 회로 | | $X = \overline{A + B}$<br>입력신호 $A$, $B$가 동시에 0일 때만 출력신호 $X$가 1이 된다(OR회로의 부정). |
| EXCLUSIVE OR 회로 | | $X = A \oplus B = \overline{A}B + A\overline{B}$<br>입력신호 $A$, $B$ 중 어느 한쪽만이 1이면 출력신호 $X$가 1이 된다. |
| EXCLUSIVE NOR 회로 | | $X = \overline{A \oplus B} = AB + \overline{A}\,\overline{B}$<br>입력신호 $A$, $B$가 동시에 0이거나 1일 때만 출력신호 $X$가 1이 된다. |

• 회로 = 게이트

시퀀스회로는 해설과 같이 세로로 그려도 된다.

답 ②

**37** 진공 중에 놓인 5$\mu$C의 점전하에서 2m되는 점에서의 전계는 몇 V/m인가?

17.09.문32 16.05.문33 07.09.문22

① $11.25 \times 10^3$　② $16.25 \times 10^3$

③ $22.25 \times 10^3$　④ $28.25 \times 10^3$

해설 (1) **기호**

- $Q$ : $5\mu C = 5 \times 10^{-6} C (\mu = 10^{-6})$
- $r$ : 2m
- $E$ : ?

(2) **전계**의 **세기**(intensity of electric field)

$$E = \frac{Q}{4\pi\varepsilon r^2}$$

여기서, $E$ : 전계의 세기[V/m]

$Q$ : 전하[C]

$\varepsilon$ : 유전율[F/m]($\varepsilon = \varepsilon_0 \cdot \varepsilon_s$)

($\varepsilon_0$ : 진공의 유전율[F/m], $\varepsilon_s$ : 비유전율)

$r$ : 거리[m]

**전계의 세기**(전장의 세기) $E$는

$$E = \frac{Q}{4\pi\varepsilon r^2} = \frac{Q}{4\pi\varepsilon_0\varepsilon_s r^2} = \frac{Q}{4\pi\varepsilon_0 r^2}$$

$$= \frac{(5\times10^{-6})}{4\pi\times(8.855\times10^{-12})\times2^2}$$

$$\fallingdotseq 11.25\times10^3\text{V/m}$$

- **진공**의 **유전율** : $\varepsilon_0 = 8.855\times10^{-12}\text{F/m}$
- $\varepsilon_s$(비유전율) : 진공 중 또는 공기 중 $\varepsilon_s \fallingdotseq 1$이므로 생략

답 ①

**38** 전압이득이 60dB인 증폭기와 궤환율($\beta$)이 0.01인 궤환회로를 부궤환 증폭기로 구성하였을 때 전체 이득은 약 몇 dB인가?

19.04.문22
13.09.문38

① 20 ② 40
③ 60 ④ 80

해설 (1) **기호**

- $A_{vg}$ : 60dB
- $\beta$ : 0.01
- $A_f$ : ?

(2) **전압이득**

$$Av_f = 20\log A$$

여기서, $Av_f$ : 전압이득[dB]

$A$ : 전압이득(증폭기이득)[dB]

$Av_f = 20\log A$

$60\text{dB} = 20\log A$

$60\text{dB} = 20\log_{10} A$ ⬅ 상용로그이므로 $\log = \log_{10}$

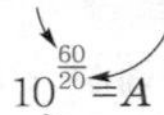

$10^{\frac{60}{20}} = A$

$1000 = A$

$A = 1000$

※ 수학

$B = 20\log_{10} A$

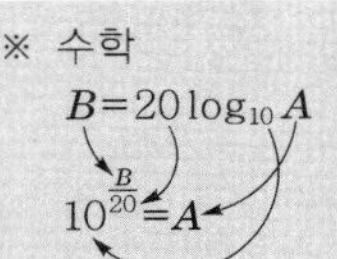

$10^{\frac{B}{20}} = A$

(3) **부궤환 증폭기이득**

$$A_f = \frac{A}{1+\beta A}$$

여기서, $A_f$ : 부궤환 증폭기이득[dB]

$\beta$ : 궤환율

$A$ : 전압이득[dB]

**증폭기이득** $A_f$는

$$A_f = \frac{A}{1+\beta A} = \frac{1000}{1+(0.01\times1000)} \fallingdotseq 91$$

**부궤환 증폭기이득** $Av_f$는

$$Av_f = 20\log A_f = 20\log 91 \fallingdotseq 40\text{dB}$$

중요

**부궤한 증폭기**

| 장 점 | 단 점 |
|---|---|
| • **안**정도 **증**진<br>• 대역폭 확장<br>• 잡음 감소<br>• 왜곡 감소 | • 이득 감소 |

기억법 **부안증**

답 ②

**39** 그림과 같은 논리회로의 출력 $Y$는?

18.09.문33
16.05.문40
13.03.문24
10.05.문21
00.07.문36

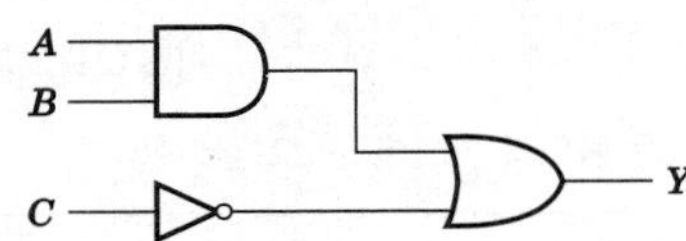


① $AB+\overline{C}$

② $A+B+\overline{C}$

③ $(A+B)\overline{C}$

④ $AB\overline{C}$

해설

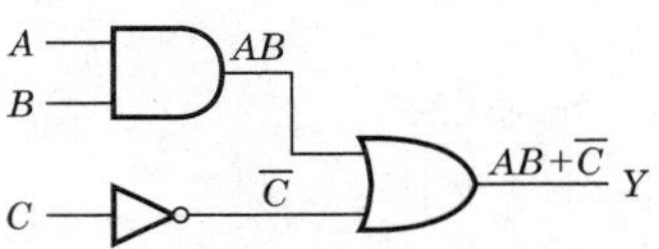


중요

**논리회로**

| 시퀀스 | 논리식 | 논리회로 |
|---|---|---|
| 직렬 회로 | $Z = A \cdot B$<br>$Z = AB$ | A, B → AND → Z |
| 병렬 회로 | $Z = A + B$ | A, B → OR → Z |

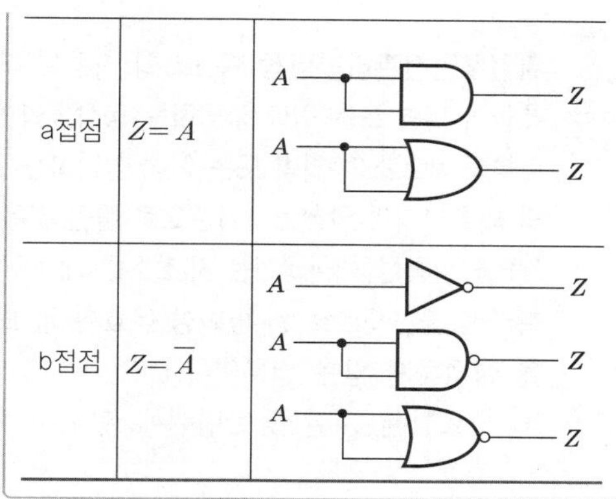


답 ①

## 40

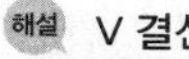

16.05.문37
13.03.문36

**단상 변압기 3대를 △결선하여 부하에 전력을 공급하고 있는 중 변압기 1대가 고장나서 V결선으로 바꾼 경우에 고장 전과 비교하여 몇 % 출력을 낼 수 있는가?**

① 50 ② 57.7
③ 70.7 ④ 86.6

해설 V 결선

| 변압기 1대의 **이용률** | △ → V 결선시의 **출력비** |
|---|---|
| $U=\frac{\sqrt{3}\ VI\cos\theta}{2\ VI\cos\theta}$ $=\frac{\sqrt{3}}{2}$ $=0.866(86.6\%)$ | $\frac{P_{\text{V}}}{P_{\triangle}}=\frac{\sqrt{3}\ VI\cos\theta}{3\ VI\cos\theta}$ $=\frac{\sqrt{3}}{3}$ $=0.577(57.7\%)$ |

답 ②

# 제 3 과목 소방관계법규

## 41

18.03.문49
17.09.문60
10.03.문55
06.09.문61

**소방시설 설치 및 관리에 관한 법령상 단독경보형 감지기를 설치하여야 하는 특정소방대상물의 기준으로 옳은 것은?**

① 연면적 $400m^2$ 미만의 유치원
② 연면적 $600m^2$ 미만의 숙박시설
③ 수련시설 내에 있는 합숙소 또는 기숙사로서 연면적 $1000m^2$ 미만인 것
④ 교육연구시설 내에 있는 합숙소 또는 기숙사로서 연면적 $1000m^2$ 미만인 것

해설 **소방시설법 시행령 〔별표 5〕**
**단독경보형 감지기의 설치대상**

| 연면적 | 설치대상 |
|---|---|
| $400m^2$ 미만 | • 유치원 |
| $2000m^2$ 미만 | • 교육연구시설 · 수련시설 내에 있는 **합숙소** 또는 **기숙사** |
| 모두 적용 | • 수련시설(숙박시설이 있는 것) |

※ **단독경보형 감지기**: 화재발생상황을 단독으로 감지하여 자체에 내장된 음향장치로 경보하는 감지기

비교

**단독경보형 감지기**의 **설치기준**(NFSC 201 5조)
(1) 각 실(이웃하는 실내의 바닥면적이 각각 $30m^2$ **미만**이고 벽체의 상부의 전부 또는 일부가 개방되어 이웃하는 실내와 공기가 상호 유통되는 경우에는 이를 1개의 실로 본다)마다 설치하되, 바닥면적이 $150m^2$를 초과하는 경우에는 $150m^2$마다 1개 이상 설치할 것
(2) 최상층의 계단실의 **천장**(외기가 상통하는 계단실의 경우 제외)에 설치할 것
(3) 건전지를 주전원으로 사용하는 단독경보형 감지기는 정상적인 작동상태를 유지할 수 있도록 건전지를 교환할 것
(4) 상용전원을 주전원으로 사용하는 단독경보형 감지기의 **2차 전지**는 제품검사에 합격한 것을 사용할 것

답 ①

## 42

15.09.문44
08.09.문45

**위험물안전관리법령상 위험물취급소의 구분에 해당하지 않는 것은?**

① 이송취급소 ② 관리취급소
③ 판매취급소 ④ 일반취급소

해설 **위험물령 〔별표 3〕**
**위험물취급소의 구분**

| 구 분 | 설 명 |
|---|---|
| 주유 취급소 | 고정된 주유설비에 의하여 **자동차 · 항공기** 또는 **선박** 등의 연료탱크에 직접 주유하기 위하여 위험물을 취급하는 장소 |
| **판매** 취급소 | **점포**에서 위험물을 용기에 담아 판매하기 위하여 지정수량의 **40배** 이하의 위험물을 취급하는 장소<br>기억법 **판4(판사** 검사) |
| 이송 취급소 | 배관 및 이에 부속된 설비에 의하여 위험물을 **이송**하는 장소 |
| 일반 취급소 | 주유취급소 · 판매취급소 · 이송취급소 이외의 장소 |

답 ②

★

**43** 소방시설 설치 및 관리에 관한 법률상 주택의 소유자가 설치하여야 하는 소방시설의 설치대상으로 틀린 것은?

① 다세대주택
② 다가구주택
③ 아파트
④ 연립주택

해설 **소방시설법 10조**
**주택의 소유자가 설치하는 소방시설의 설치대상**
(1) **단독주택**
(2) **공동주택**(아파트 및 기숙사 제외) : **연립주택**, **다세대주택**, **다가구주택**

답 ③

★★★

**44** 화재의 예방 및 안전관리에 관한 법령상 1급 소방안전관리 대상물에 해당하는 건축물은?

19.03.문60
17.09.문55
16.03.문52
15.03.문60
13.09.문51

① 지하구
② 층수가 15층인 공공업무시설
③ 연면적 15000m$^2$ 이상인 동물원
④ 층수가 20층이고, 지상으로부터 높이가 100m인 아파트

해설 **화재예방법 시행령 〔별표 4〕**
**소방안전관리자를 두어야 할 특정소방대상물**
(1) 특급 소방안전관리대상물 : 동식물원, 철강 등 불연성 물품 저장·취급창고, 지하구, 위험물제조소 등 제외
 ㉠ **50층** 이상(지하층 제외) 또는 지상 **200m** 이상 **아파트**
 ㉡ **30층** 이상(지하층 포함) 또는 지상 **120m** 이상(아파트 제외)
 ㉢ 연면적 **10만m$^2$** 이상(아파트 제외)
(2) 1급 소방안전관리대상물 : 동식물원, 철강 등 불연성 물품 저장·취급창고, 지하구, 위험물제조소 등 제외
 ㉠ **30층** 이상(지하층 제외) 또는 지상 **120m** 이상 아파트
 ㉡ 연면적 **15000m$^2$** 이상인 것(아파트 제외)
 ㉢ **11층** 이상(아파트 제외)
 ㉣ 가연성 가스를 **1000t** 이상 저장·취급하는 시설
(3) 2급 소방안전관리대상물
 ㉠ 지하구
 ㉡ 가스제조설비를 갖추고 도시가스사업 허가를 받아야 하는 시설 또는 가연성 가스를 **100~1000t** 미만 저장·취급하는 시설
 ㉢ 옥내소화전설비·스프링클러설비·간이스프링클러설비 설치대상물
 ㉣ 물분무등소화설비(호스릴방식의 물분무등소화설비만을 설치한 경우 제외) 설치대상물
 ㉤ **공동주택**
 ㉥ **목조건축물**(국보·보물)
(4) 3급 소방안전관리대상물 : **자동화재탐지설비** 설치대상물

답 ②

★★

**45** 위험물안전관리법령상 제조소의 기준에 따라 건축물의 외벽 또는 이에 상당하는 공작물의 외측으로부터 제조소의 외벽 또는 이에 상당하는 공작물의 외측까지의 안전거리기준으로 틀린 것은? (단, 제6류 위험물을 취급하는 제조소를 제외하고, 건축물에 불연재료로 된 방화상 유효한 담 또는 벽을 설치하지 않은 경우이다.)

19.03.문50
08.05.문52

① 의료법에 의한 종합병원에 있어서는 30m 이상
② 도시가스사업법에 의한 가스공급시설에 있어서는 20m 이상
③ 사용전압 35000V를 초과하는 특고압가공전선에 있어서는 5m 이상
④ 문화재보호법에 의한 유형 문화재와 기념물 중 지정 문화재에 있어서는 30m 이상

해설 **위험물규칙 〔별표 4〕**
**위험물제조소의 안전거리**

| 안전거리 | 대 상 |
|---|---|
| 3m 이상 | • **7~35kV** 이하의 특고압가공전선 |
| 5m 이상 | • **35kV**를 초과하는 특고압가공전선 |
| 10m 이상 | • **주거용**으로 사용되는 것 |
| 20m 이상 | • 고압가스 **제조**시설(용기에 충전하는 것 포함)<br>• 고압가스 **사용**시설(1일 **30m$^3$** 이상 용적 취급)<br>• 고압가스 **저장**시설<br>• 액화산소 **소비**시설<br>• 액화석유가스 제조·저장시설<br>• 도시가스 공급시설 |
| 30m 이상 | • 학교<br>• 병원급 의료기관<br>• 공연장, • 영화상영관 — **300명** 이상 수용시설<br>• 아동복지시설<br>• 노인복지시설<br>• 장애인복지시설<br>• 한부모가족 복지시설<br>• 어린이집<br>• 성매매 피해자 등을 위한 지원시설<br>• 정신건강증진시설<br>• 가정폭력 피해자 보호시설 — **20명** 이상 수용시설 (아동복지시설~가정폭력 피해자 보호시설) |
| 50m 이상 | • 유형 문화재<br>• 지정 문화재 |

① 30m → 50m

답 ④

★★
**46** 11.10.문46

**소방시설 설치 및 관리에 관한 법령상 지하가 중 터널로서 길이가 1000m일 때 설치하지 않아도 되는 소방시설은?**

① 인명구조기구 ② 옥내소화전설비
③ 연결송수관설비 ④ 무선통신보조설비

해설 **소방시설법 시행령 〔별표 5〕**
**지하가 중 터널길이**

| 터널길이 | 적용설비 |
|---|---|
| 500m 이상 | • 비상조명등설비<br>• 비상경보설비<br>• 무선통신보조설비<br>• 비상콘센트설비<br>• 연결송수관설비 |
| 1000m 이상 | • 옥내소화전설비<br>• 자동화재탐지설비<br>• 제연설비 |

① 1000m일 때이므로 500m 이상, 1000m 이상 모두 해당된다.

중요

**소방시설법 시행령 〔별표 5〕**
**인명구조기구의 설치장소**
(1) 지하층을 포함한 **7층** 이상의 **관광호텔**[방열복, 방화복(안전모, 보호장갑, 안전화 포함), 인공소생기, 공기호흡기]
(2) 지하층을 포함한 **5층** 이상의 **병원**[방열복, 방화복(안전모, 보호장갑, 안전화 포함), 공기호흡기]

기억법 **5병(오병이어의 기적)**

(3) 공기호흡기를 설치하여야 하는 특정소방대상물
㉠ 수용인원 **100명** 이상인 **영화상영관**
㉡ **대규모점포**
㉢ **지하역사**
㉣ **지하상가**
㉤ **이산화탄소 소화설비**(호스릴 이산화탄소 소화설비 제외)를 설치하여야 하는 특정소방대상물

답 ①

★★★
**47** 19.03.문48 15.03.문56 12.05.문51

**소방시설 설치 및 관리에 관한 법령상 스프링클러설비를 설치하여야 하는 특정소방대상물의 기준으로 틀린 것은? (단, 위험물 저장 및 처리 시설 중 가스시설 또는 지하구는 제외한다.)**

① 복합건축물로서 연면적 $3500m^2$ 이상인 경우에는 모든 층
② 창고시설(물류터미널은 제외)로서 바닥면적 합계가 $5000m^2$ 이상인 경우에는 모든 층
③ 숙박이 가능한 수련시설 용도로 사용되는 시설의 바닥면적의 합계가 $600m^2$ 이상인 것은 모든 층
④ 판매시설, 운수시설 및 창고시설(물류터미널에 한정)로서 바닥면적의 합계가 $5000m^2$ 이상이거나 수용인원이 500명 이상인 경우에는 모든 층

해설 **스프링클러설비**의 **설치대상**

| 설치대상 | 조 건 |
|---|---|
| ① 문화 및 집회시설, 운동시설<br>② 종교시설 | • 수용인원 : **100명** 이상<br>• 영화상영관 : 지하층 · 무창층 **500m²**(기타 **1000m²**) 이상<br>• 무대부<br>– 지하층 · 무창층 · **4층** 이상 **300m²** 이상<br>– 1~3층 **500m²** 이상 |
| ③ 판매시설<br>④ 운수시설<br>⑤ 물류터미널 | • 수용인원 : **500명** 이상<br>• 바닥면적 합계 : **5000m²** 이상 |
| ⑥ 노유자시설<br>⑦ 정신의료기관<br>⑧ 수련시설(숙박 가능한 것)<br>⑨ 종합병원, 병원, 치과병원, 한방병원 및 요양병원(정신병원 제외)<br>⑩ 숙박시설 | • 바닥면적 합계 **600m²** 이상 |
| ⑪ 지하층 · 무창층 · **4층** 이상 | • 바닥면적 **1000m²** 이상 |
| ⑫ 창고시설(물류터미널 제외) | • 바닥면적 합계 : **5000m²** 이상 – 전층 |
| ⑬ **지하가**(터널 제외) | • 연면적 **1000m²** 이상 |
| ⑭ **10m** 넘는 랙크식 창고 | • 연면적 **1500m²** 이상 |
| ⑮ 복합건축물 ⟶<br>⑯ 기숙사 | • 연면적 **5000m²** 이상 : 전층 |
| ⑰ **6층** 이상 | • 전층 |
| ⑱ 보일러실 · 연결통로 | • 전부 |
| ⑲ 특수가연물 저장 · 취급 | • 지정수량 **1000배** 이상 |
| ⑳ 발전시설 | • 전기저장시설 : 전부 |

① $3500m^2$ → $5000m^2$

답 ①

★★★
**48** 19.03.문42 18.04.문54 13.03.문48 12.05.문55 10.09.문49

**소방시설 설치 및 관리에 관한 법령상 1년 이하의 징역 또는 1천만원 이하의 벌금기준에 해당하는 경우는?**

① 소방용품의 형식승인을 받지 아니하고 소방용품을 제조하거나 수입한 자
② 형식승인을 받은 소방용품에 대하여 제품검사를 받지 아니한 자
③ 거짓이나 그 밖의 부정한 방법으로 제품검사 전문기관으로 지정을 받은 자
④ 소방용품에 대하여 형상 등의 일부를 변경한 후 형식승인의 변경승인을 받지 아니한 자

해설 1년 이하의 징역 또는 1000만원 이하의 벌금
(1) 소방시설의 **자체점검** 미실시자(소방시설법 58조)
(2) **소방시설관리사증** 대여(소방시설법 58조)
(3) **소방시설관리업**의 등록증 또는 등록수첩 대여(소방시설법 58조)
(4) 제조소 등의 정기점검기록 허위작성(위험물법 35조)
(5) **자체소방대**를 두지 않고 제조소 등의 허가를 받은 자(위험물법 35조)
(6) **위험물 운반용기**의 검사를 받지 않고 유통시킨 자(위험물법 35조)
(7) 소방용품 형상 일부 변경 후 변경 미승인(소방시설법 58조)

비교

**3년 이하의 징역 또는 3000만원 이하의 벌금**
(1) 화재안전조사 결과에 따른 조치명령 위반(화재예방법 50조)
(2) 소방시설관리업 무등록자(소방시설법 57조)
(3) 형식승인을 받지 않은 소방용품 제조·수입자(소방시설법 57조)
(4) 제품검사를 받지 않은 자(소방시설법 57조)
(5) 부정한 방법으로 전문기관의 지정을 받은 자(소방시설법 57조)

①, ②, ③ : 3년 이하의 징역 또는 3000만원 이하의 벌금

답 ④

★★★
**49** 소방기본법령상 소방대장의 권한이 아닌 것은?

19.04.문43
19.03.문56
18.04.문43
17.05.문48
16.03.문44
08.05.문54

① 화재현장에 대통령령으로 정하는 사람 외에는 그 구역에 출입하는 것을 제한할 수 있다.
② 화재진압 등 소방활동을 위하여 필요할 때에는 소방용수 외에 댐·저수지 등의 물을 사용할 수 있다.
③ 국민의 안전의식을 높이기 위하여 소방박물관 및 소방체험관을 설립하여 운영할 수 있다.
④ 불이 번지는 것을 막기 위하여 필요할 때에는 불이 번질 우려가 있는 소방대상물 및 토지를 일시적으로 사용할 수 있다.

해설 (1) 소방**대**장 : 소방**활**동**구**역의 설정(기본법 23조)

기억법 **대구활(대구의 활동)**

(2) **소**방본부장·**소**방서장·소방**대**장
㉠ 소방활동 **종**사명령(기본법 24조)
㉡ **강**제처분(기본법 25조)
㉢ **피**난명령(기본법 26조)
㉣ 댐·저수지 사용 등 위험시설 등에 대한 긴급조치(기본법 27조)

기억법 **소대종강피(소방대의 종강파티)**

비교

**기본법 5조 ①항**
**살립과 운영**

| 소방박물관 | 소방체험관 |
|---|---|
| 소방청장 | 시·도지사 |

답 ③

★★★
**50** 위험물안전관리법령상 위험물시설의 설치 및 변경 등에 관한 기준 중 다음 (   ) 안에 들어갈 내용으로 옳은 것은?

19.09.문42
18.04.문49
17.05.문46
15.03.문55
14.05.문44
13.09.문60

> 제조소 등의 위치·구조 또는 설비의 변경 없이 당해 제조소 등에서 저장하거나 취급하는 위험물의 품명·수량 또는 지정수량의 배수를 변경하고자 하는 자는 변경하고자 하는 날의 ( ㉠ )일 전까지 ( ㉡ )이 정하는 바에 따라 ( ㉢ )에게 신고하여야 한다.

① ㉠ : 1, ㉡ : 대통령령, ㉢ : 소방본부장
② ㉠ : 1, ㉡ : 행정안전부령, ㉢ : 시·도지사
③ ㉠ : 14, ㉡ : 대통령령, ㉢ : 소방서장
④ ㉠ : 14, ㉡ : 행정안전부령, ㉢ : 시·도지사

해설 **위험물법 6조**
**제조소 등의 설치허가**
(1) **설치허가자 : 시·도지사**
(2) **설치허가 제외 장소**
㉠ 주택의 난방시설(공동주택의 중앙난방시설은 제외)을 위한 **저장소** 또는 **취급소**
㉡ 지정수량 **20배** 이하의 **농**예용·**축**산용·**수**산용 난방시설 또는 건조시설의 **저장소**
(3) **제조소 등의 변경신고** : 변경하고자 하는 날의 **1일** 전까지 **시·도지사**에게 **신고(행정안전부령)**

기억법 **농축수2**

참고

**시·도지사**
(1) 특별시장
(2) 광역시장
(3) 특별자치시장
(4) 도지사
(5) 특별자치도지사

답 ②

★★★
**51** 위험물안전관리법령상 허가를 받지 아니하고 당해 제조소 등을 설치하거나 그 위치 · 구조 또는 설비를 변경할 수 있으며, 신고를 하지 아니하고 위험물의 품명 · 수량 또는 지정수량의 배수를 변경할 수 있는 기준으로 옳은 것은?

19.09.문42
18.04.문49
17.05.문46
15.03.문55
14.05.문44
13.09.문60

① 축산용으로 필요한 건조시설을 위한 지정수량 40배 이하의 저장소
② 수산용으로 필요한 건조시설을 위한 지정수량 30배 이하의 저장소
③ 농예용으로 필요한 난방시설을 위한 지정수량 40배 이하의 저장소
④ 주택의 난방시설(공동주택의 중앙난방시설 제외)을 위한 저장소

해설 **문제 50 참조**

① 40배 → 20배
② 30배 → 20배
③ 40배 → 20배

답 ④

★★
**52** 소방시설공사업법령상 공사감리자 지정대상 특정소방대상물의 범위가 아닌 것은?

18.04.문51
14.09.문50

① 제연설비를 신설 · 개설하거나 제연구역을 증설할 때
② 연소방지설비를 신설 · 개설하거나 살수구역을 증설할 때
③ 캐비닛형 간이스프링클러설비를 신설 · 개설하거나 방호 · 방수 구역을 증설할 때
④ 물분무등소화설비(호스릴방식의 소화설비 제외)를 신설 · 개설하거나 방호 · 방수 구역을 증설할 때

해설 **공사업령 10조**

**소방공사감리자 지정대상 특정소방대상물의 범위**

(1) **옥내소화전설비**를 신설 · 개설 또는 **증설**할 때
(2) **스프링클러설비** 등(캐비닛형 간이스프링클러설비 제외)을 신설 · 개설하거나 방호 · **방수구역**을 **증설**할 때
(3) **물분무등소화설비**(호스릴방식의 소화설비 제외)를 신설 · 개설하거나 방호 · 방수구역을 **증설**할 때
(4) **옥외소화전설비**를 신설 · 개설 또는 **증설**할 때
(5) **자동화재탐지설비**를 신설 또는 개설할 때
(6) **비상방송설비**를 신설 또는 개설할 때
(7) **통합감시시설**을 신설 또는 **개설**할 때
(8) **비상조명등**을 신설 또는 **개설**할 때
(9) **소화용수설비**를 신설 또는 **개설**할 때
(10) 다음의 **소화활동설비**에 대하여 시공할 때
㉠ 제연설비를 신설 · 개설하거나 제연구역을 증설할 때
㉡ 연결송수관설비를 신설 또는 개설할 때
㉢ 연결살수설비를 신설 · 개설하거나 송수구역을 증설할 때
㉣ 비상콘센트설비를 신설 · 개설하거나 전용회로를 증설할 때
㉤ 무선통신보조설비를 신설 또는 개설할 때
㉥ 연소방지설비를 신설 · 개설하거나 살수구역을 증설할 때

③ 캐비닛형 간이스프링클러설비는 제외

답 ③

★★★
**53** 화재의 예방 및 안전관리에 관한 법령상 화재안전조사 결과 소방대상물의 위치 상황이 화재예방을 위하여 보완될 필요가 있을 것으로 예상되는 때에 소방대상물의 개수 · 이전 · 제거, 그 밖의 필요한 조치를 관계인에게 명령할 수 있는 사람은?

19.03.문56
18.04.문43
17.05.문48

① 소방서장 ② 경찰청장
③ 시 · 도지사 ④ 해당 구청장

해설 **화재예방법 14조**

**화재안전조사 결과에 따른 조치명령**

(1) **명령권자** : **소방청장**, **소방본부장** · **소방서장**(소방관서장)
(2) **명령사항**
㉠ **개수**명령
㉡ **이전**명령
㉢ **제거**명령
㉣ **사용**의 **금지** 또는 제한명령, 사용폐쇄
㉤ **공사**의 **정지** 또는 중지명령

**중요**

**소방본부장 · 소방서장 · 소방대장**

(1) 소방활동 **종**사명령(기본법 24조)
(2) **강**제처분 · 제거(기본법 25조)
(3) **피**난명령(기본법 26조)
(4) 댐 · 저수지 사용 등 위험시설 등에 대한 긴급조치(기본법 27조)

기억법 **소대종강피(소방대의 종강파티)**

**용어**

**소방활동 종사명령**

화재, 재난 · 재해, 그 밖의 위급한 상황이 발생한 현장에서 소방활동을 위하여 필요할 때에는 그 관할구역에 사는 사람 또는 그 현장에 있는 사람으로 하여금 사람을 구출하는 일 또는 불을 끄거나 불이 번지지 아니하도록 하는 일을 하게 할 수 있는 것

중요

화재예방법 18조
화재예방강화지구

| 지 정 | 지정요청 | 화재안전조사 |
|---|---|---|
| 시 · 도지사 | 소방청장 | 소방청장 · 소방본부장 또는 소방서장 |

※ **화재예방강화지구** : 화재발생 우려가 크거나 화재가 발생할 경우 피해가 클 것으로 예상되는 지역에 대하여 화재의 예방 및 안전관리를 강화하기 위해 지정 · 관리하는 지역

답 ①

**54** 소방기본법령상 시장지역에서 화재로 오인할 만한 우려가 있는 불을 피우거나 연막소독을 하려는 자가 신고를 하지 아니하여 소방자동차를 출동하게 한 자에 대한 과태료 부과 · 징수권자는?

19.03.문56
18.04.문43
17.05.문48
17.05.문49

① 국무총리
② 시 · 도지사
③ 행정안전부장관
④ 소방본부장 또는 소방서장

해설 **기본법 57조**
연막소독 과태료 징수
(1) **20만원** 이하 **과태료**
(2) **소방본부장 · 소방서장**이 부과 · 징수

중요

기본법 19조
화재로 오인할 만한 불을 피우거나 연막소독시 신고지역
(1) **시장**지역
(2) **공장 · 창고**가 밀집한 지역
(3) **목조건물**이 밀집한 지역
(4) **위험물**의 **저장** 및 **처리시설**이 **밀집**한 지역
(5) **석유화학제품**을 생산하는 공장이 있는 지역
(6) 그 밖에 **시 · 도**의 **조례**로 정하는 지역 또는 장소

답 ④

**55** 다음 중 소방기본법령상 특수가연물에 해당하는 품명별 기준수량으로 틀린 것은?

15.09.문47
15.05.문49
14.03.문52
12.05.문60

① 사류 1000kg 이상
② 면화류 200kg 이상
③ 나무껍질 및 대팻밥 400kg 이상
④ 넝마 및 종이부스러기 500kg 이상

해설 **기본령 〔별표 2〕**
**특수가연물**

| 품 명 | | 수 량 |
|---|---|---|
| **가**연성 **액**체류 | | **2**$m^3$ 이상 |
| **목**재가공품 및 나무부스러기 | | **1**0$m^3$ 이상 |
| **면**화류 | | **2**00kg 이상 |
| **나**무껍질 및 대팻밥 | | **4**00kg 이상 |
| **넝**마 및 종이부스러기 | | **1**000kg 이상 |
| **사**류(絲類) | | **1**000kg 이상 |
| **볏**짚류 | | **1**000kg 이상 |
| **가**연성 **고**체류 | | **3**000kg 이상 |
| **합**성수지류 | 발포시킨 것 | 20$m^3$ 이상 |
| **합**성수지류 | 그 밖의 것 | **3**000kg 이상 |
| **석**탄 · 목탄류 | | **1**0000kg 이상 |

④ 500kg → 1000kg

※ **특수가연물** : 화재가 발생하면 그 확대가 빠른 물품

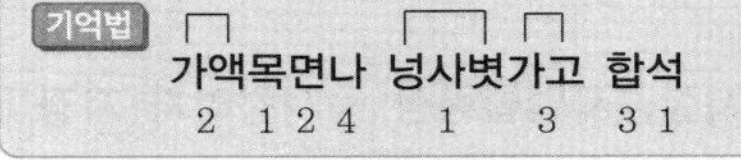
기억법 가액목면나 넝사볏가고 합석
2 124 1 3 31

답 ④

**56** 소방시설공사업법상 소방시설공사 결과 소방시설의 하자발생시 통보를 받은 공사업자는 며칠 이내에 하자를 보수해야 하는가?

14.05.문47
11.06.문59

① 3
② 5
③ 7
④ 10

해설 **공사업법 15조**
소방시설의 하자보수기간 : **3일** 이내

중요

**3일**
(1) **하**자보수기간(공사업법 15조)
(2) 소방시설업 **등**록증 **분**실 등의 **재발급**(공사업규칙 4조)

기억법 **3하등분재**(**상하**이에서 **동**생이 **분재**를 가져왔다.)

답 ①

## 57 다음 중 소방시설 설치 및 관리에 관한 법령상 소방시설관리업을 등록할 수 있는 자는?

15.09.문45
15.03.문41
12.09.문44

① 피성년후견인
② 소방시설관리업의 등록이 취소된 날부터 2년이 경과된 자
③ 금고 이상의 형의 집행유예를 선고받고 그 유예기간 중에 있는 자
④ 금고 이상의 실형을 선고받고 그 집행이 면제된 날부터 2년이 지나지 아니한 자

해설 **소방시설법 30조**
**소방시설관리업의 등록결격사유**
(1) 피성년후견인
(2) 금고 이상의 실형을 선고받고 그 집행이 끝나거나 집행이 면제된 날부터 **2년**이 지나지 아니한 사람
(3) 금고 이상의 형의 집행유예를 선고받고 그 유예기간 중에 있는 사람
(4) 관리업의 등록이 취소된 날부터 **2년**이 지나지 아니한 자

답 ②

## 58 소방시설 설치 및 관리에 관한 법령상 수용인원 산정방법 중 침대가 없는 숙박시설로서 해당 특정소방대상물의 종사자의 수는 5명, 복도, 계단 및 화장실의 바닥면적을 제외한 바닥면적이 158m²인 경우의 수용인원은 약 몇 명인가?

19.04.문51
18.09.문43
17.03.문57

① 37 ② 45
③ 58 ④ 84

해설 **소방시설법 시행령 〔별표 4〕**
**수용인원의 산정방법**

| 특정소방대상물 | | 산정방법 |
|---|---|---|
| • 숙박시설 | 침대가 있는 경우 | 종사자수 + 침대수 |
| | 침대가 없는 경우 → | 종사자수 + $\frac{\text{바닥면적 합계}}{3m^2}$ |
| • 강의실 • 교무실 • 상담실 • 실습실 • 휴게실 | | $\frac{\text{바닥면적 합계}}{1.9m^2}$ |
| • 기타 | | $\frac{\text{바닥면적 합계}}{3m^2}$ |
| • 강당 • 문화 및 집회시설, 운동시설 • 종교시설 | | $\frac{\text{바닥면적 합계}}{4.6m^2}$ |

• **소수점 이하**는 **반올림**한다.

기억법 **수반(수반! 동반!)**

숙박시설(침대가 없는 경우)

$$= \text{종사자수} + \frac{\text{바닥면적 합계}}{3m^2} = 5\text{명} + \frac{158m^2}{3m^2} = 58\text{명}$$

답 ③

## 59 소방시설공사업법령상 소방시설공사의 하자보수 보증기간이 3년이 아닌 것은?

17.05.문51
16.10.문56
15.05.문59
15.03.문52
12.05.문59

① 자동소화장치
② 무선통신보조설비
③ 자동화재탐지설비
④ 간이스프링클러설비

해설 **공사업령 6조**
**소방시설공사의 하자보수 보증기간**

| 보증기간 | 소방시설 |
|---|---|
| 2년 | ① 유도등 · 유도표지 · 피난기구<br>② 비상조명등 · 비상경보설비 · 비상방송설비<br>③ 무선통신보조설비 |
| 3년 | ① 자동소화장치<br>② 옥내 · 외소화전설비<br>③ 스프링클러설비 · 간이스프링클러설비<br>④ 물분무등소화설비 · 상수도소화용수설비<br>⑤ 자동화재탐지설비 · 소화활동설비 |

기억법 **유비 조경방무피2**

② 2년

답 ②

## 60 국민의 안전의식과 화재에 대한 경각심을 높이고 안전문화를 정착시키기 위한 소방의 날은 몇 월 며칠인가?

① 1월 19일 ② 10월 9일
③ 11월 9일 ④ 12월 19일

해설 **소방기본법 7조**
**소방의 날 제정과 운영 등**
(1) 소방의 날 : **11월 9일**
(2) 소방의 날 행사에 관하여 필요한 사항 : **소방청장** 또는 **시 · 도지사**

답 ③

## 제 4 과목 소방전기시설의 구조 및 원리

★★★
**61** 비상조명등의 화재안전기준(NFSC 304)에 따라 조도는 비상조명등이 설치된 장소의 각 부분의 바닥에서 몇 lx 이상이 되도록 하여야 하는가?

13.06.문68

① 1 ② 3
③ 5 ④ 10

해설 **조명도**(조도)

| 기 기 | 조명도 |
|---|---|
| 객석유도등 | **0.2 lx** 이상 |
| 통로유도등 | **1 lx** 이상 |
| 비상조명등 ⟶ | **1 lx** 이상 |

참고

**통로유도등**의 **조명도**

| 조 건 | 조명도 |
|---|---|
| **지상설치시** | 수평으로 **0.5m** 떨어진 지점에서 **1럭스(lx)** 이상 |
| **바닥매설시** | 직상부 **1m**의 높이에서 **1럭스(lx)** 이상 |

답 ①

★★
**62** 자동화재탐지설비 및 시각경보장치의 화재안전기준(NFSC 203)에 따라 지하층 · 무장층 등으로서 환기가 잘 되지 아니하거나 실내면적이 $40m^2$ 미만인 장소에 설치하여야 하는 적응성이 있는 감지기가 아닌 것은?

17.09.문66
17.03.문79
09.03.문69

① 불꽃감지기
② 광전식 분리형 감지기
③ 정온식 스포트형 감지기
④ 아날로그방식의 감지기

해설 **지하층 · 무창층** 등으로서 환기가 잘 되지 아니하거나 실내면적이 **$40m^2$ 미만**인 장소, 감지기의 부착면과 실내바닥과의 거리가 **2.3m 이하**인 곳으로서 일시적으로 발생한 열 · 연기 또는 먼지 등으로 인하여 화재신호를 발신할 우려가 있는 장소의 적응감지기

(1) **불꽃**감지기
(2) **정온식 감지선형** 감지기
(3) **분포형** 감지기
(4) **복합형** 감지기
(5) **광전식 분리형** 감지기
(6) **아날로그방식**의 감지기
(7) **다신호방식**의 감지기
(8) **축적방식**의 감지기

기억법 **불정감 복분 광아다축**

③ 정온식 스포트형 감지기 → 정온식 감지선형 감지기

답 ③

★★★
**63** 무선통신보조설비의 화재안전기준(NFSC 505)에 따른 옥외안테나의 설치기준으로 옳지 않은 것은?

① 건축물, 지하가, 터널 또는 공동구의 출입구 및 출입구 인근에서 통신이 가능한 장소에 설치할 것
② 다른 용도로 사용되는 안테나로 인한 통신장애가 발생하지 않도록 설치할 것
③ 옥외안테나는 견고하게 설치하며 파손의 우려가 없는 곳에 설치하고 그 가까운 곳의 보기 쉬운 곳에 "옥외안테나"라는 표시와 함께 통신가능거리를 표시한 표지를 설치할 것
④ 수신기가 설치된 장소 등 사람이 상시 근무하는 장소에는 옥외안테나의 위치가 모두 표시된 옥외안테나 위치표시도를 비치할 것

해설 **무선통신보조설비 옥외안테나 설치기준**(NFSC 505 6조)

(1) **건축물**, **지하가**, **터널** 또는 공동구의 출입구 및 출입구 인근에서 통신이 가능한 장소에 설치할 것
(2) 다른 용도로 사용되는 안테나로 인한 **통신장애**가 발생하지 않도록 설치할 것
(3) 옥외안테나는 견고하게 설치하며 파손의 우려가 없는 곳에 설치하고 그 가까운 곳의 보기 쉬운 곳에 **"무선통신보조설비 안테나"**라는 표시와 함께 통신가능거리를 표시한 표지를 설치할 것
(4) 수신기가 설치된 장소 등 사람이 상시 근무하는 장소에는 옥외안테나의 위치가 모두 표시된 옥외안테나 **위치표시도**를 비치할 것

③ 옥외안테나 → 무선통신보조설비 안테나

답 ③

★★★
## 64 비상콘센트설비의 화재안전기준(NFSC 504)에 따라 비상콘센트용의 풀박스 등은 방청도장을 한 것으로서, 두께 몇 mm 이상의 철판으로 하여야 하는가?

19.04.문63 18.04.문61 17.03.문72 16.10.문61 16.05.문76 15.09.문80 14.03.문64 11.10.문67

① 1.2 ② 1.6
③ 2.0 ④ 2.4

해설 **비상콘센트설비**

| 구 분 | 전 압 | 용 량 | 플러그접속기 |
|---|---|---|---|
| 단상 교류 | 220V | 1.5kVA 이상 | 접지형 2극 |

(1) 하나의 전용 회로에 설치하는 비상콘센트는 **10개** 이하로 할 것(전선의 용량은 최대 **3개**)

| 설치하는 비상콘센트 수량 | 전선의 용량산정시 적용하는 비상콘센트 수량 | 단상 전선의 용량 |
|---|---|---|
| 1개 | 1개 이상 | 1.5kVA 이상 |
| 2개 | 2개 이상 | 3.0kVA 이상 |
| 3~10개 | 3개 이상 | 4.5kVA 이상 |

(2) 전원회로는 각 층에 있어서 **2 이상**이 되도록 설치할 것(단, 설치하여야 할 층의 콘센트가 **1개**인 때에는 하나의 회로로 할 수 있다.)
(3) 플러그접속기의 칼받이 접지극에는 **접지공사**를 하여야 한다.
(4) 풀박스는 1.6mm 이상의 철판을 사용할 것
(5) 절연저항은 **전원부**와 **외함** 사이를 **직류 500V 절연저항계**로 측정하여 **20MΩ** 이상일 것
(6) 전원으로부터 각 층의 비상콘센트에 분기되는 경우에는 **분기배선용 차단기**를 보호함 안에 설치할 것
(7) 바닥으로부터 **0.8~1.5m** 이하의 높이에 설치할 것
(8) 전원회로는 주배전반에서 **전용 회로**로 하며, 배선의 종류는 **내화배선**이어야 한다.

답 ②

★★★
## 65 무선통신보조설비의 화재안전기준(NFSC 505)에 따라 금속제 지지금구를 사용하여 무선통신 보조설비의 누설동축케이블을 벽에 고정시키고자 하는 경우 몇 m 이내마다 고정시켜야 하는가? (단, 불연재료로 구획된 반자 안에 설치하는 경우는 제외한다.)

19.03.문80 17.05.문68 16.10.문72 15.09.문78 14.05.문78 12.05.문78 10.05.문76 08.09.문70

① 2 ② 3
③ 4 ④ 5

해설 **누설동축케이블**의 **설치기준**
(1) 소방전용 주파수대에서 전파의 **전송** 또는 **복사**에 적합한 것으로서 소방전용의 것
(2) 누설동축케이블과 이에 접속하는 안테나 또는 동축케이블과 이에 접속하는 안테나
(3) 누설동축케이블 및 동축케이블은 화재에 따라 해당 케이블의 피복이 소실된 경우에 케이블 본체가 떨어지지 아니하도록 4m 이내마다 금속제 또는 자기제 등의 지지금구로 벽 · 천장 · 기둥 등에 견고하게 고정시킬 것(단, 불연재료로 구획된 반자 안에 설치하는 경우 제외)
(4) **누설동축케이블** 및 **안테나**는 **고**압전로로부터 1.5m 이상 떨어진 위치에 설치(단, 해당 전로에 **정전기 차폐장치**를 유효하게 설치한 경우에는 제외)
(5) 누설동축케이블의 끝부분에는 **무반사종단저항**을 설치

기억법 누고15

용어

**무반사종단저항**
전송로로 전송되는 전자파가 전송로의 종단에서 반사되어 **교신**을 **방해**하는 것을 막기 위한 저항

답 ③

★★★
## 66 비상방송설비의 화재안전기준(NFSC 202)에 따른 음향장치의 구조 및 성능에 대한 기준이다. 다음 ( )에 들어갈 내용으로 옳은 것은?

19.03.문77 18.09.문68 18.04.문74 16.05.문63 15.03.문67 14.09.문65 11.03.문72 10.09.문70 09.05.문75

- 정격전압의 ( ㉠ )% 전압에서 음향을 발할 수 있는 것을 할 것
- ( ㉡ )의 작동과 연동하여 작동할 수 있는 것으로 할 것

① ㉠ 65, ㉡ 자동화재탐지설비
② ㉠ 80, ㉡ 자동화재탐지설비
③ ㉠ 65, ㉡ 단독경보형 감지기
④ ㉠ 80, ㉡ 단독경보형 감지기

해설 **비상방송설비 음향장치**의 **구조** 및 **성능기준**(NFSC 202 4조)
(1) 정격전압의 **80%** 전압에서 음향을 발할 것
(2) **자동화재탐지설비**의 작동과 연동하여 작동할 것

비교

**자동화재탐지설비 음향장치**의 **구조** 및 **성능 기준**
(1) 정격전압의 **80%** 전압에서 음향을 발할 것
(2) 음량은 **1m** 떨어진 곳에서 **90dB** 이상일 것
(3) **감지기 · 발신기**의 작동과 **연동**하여 작동할 것

답 ②

★
## 67 예비전원의 성능인증 및 제품검사의 기술기준에 따른 예비전원의 구조 및 성능에 대한 설명으로 틀린 것은?

① 예비전원을 병렬로 접속하는 경우는 역충전 방지 등의 조치를 강구하여야 한다.
② 배선은 충분한 전류용량을 갖는 것으로서 배선의 접속이 적합하여야 한다.
③ 예비전원에 연결되는 배선의 경우 양극은 청색, 음극은 적색으로 오접속방지 조치를 하여야 한다.
④ 축전지를 직렬 또는 병렬로 사용하는 경우에는 용량(전압, 전류)이 균일한 축전지를 사용하여야 한다.

해설 **예비전원**의 **구조** 및 **성능**

(1) 취급 및 보수점검이 쉽고 내구성이 있을 것
(2) 먼지, 습기 등에 의하여 기능에 이상이 생기지 아니할 것
(3) 배선은 충분한 **전류용량**을 갖는 것으로서 배선의 접속이 적합할 것
(4) 부착방향에 따라 누액이 없고 기능에 이상이 없을 것
(5) 외부에서 쉽게 접촉할 우려가 있는 충전부는 충분히 보호되도록 하고 외함(축전지의 보호커버를 말함)과 단자 사이는 절연물로 보호할 것
(6) 예비전원에 연결되는 배선의 경우 **양극**은 **적색**, **음극**은 **청색** 또는 **흑색**으로 오접속방지 조치할 것

‖ 예비전원 연결배선 ‖

| 양 극 | 음 극 |
|---|---|
| **적색** | **청색** 또는 **흑색** |

(7) 충전장치의 이상 등에 의하여 내부가스압이 이상 상승할 우려가 있는 것은 안전조치를 강구할 것
(8) 축전지에 배선 등을 직접 납땜하지 아니하여야 하며 축전지 개개의 연결부분은 **스포트용접** 등으로 확실하고 견고하게 접속할 것
(9) 예비전원을 병렬로 접속하는 경우는 **역충전방지** 등의 조치를 강구할 것
(10) 겉모양은 현저한 오염, 변형 등이 없을 것
(11) 축전지를 **직렬** 또는 **병렬**로 사용하는 경우에는 용량(전압, 전류)이 균일한 축전지를 사용할 것

③ 양극은 청색, 음극은 적색 → 양극은 적색, 음극은 청색 또는 흑색

답 ③

★★★
**68** **비상경보설비 및 단독경보형 감지기의 화재안전기준(NFSC 201)에 따라 비상벨설비의 음향장치의 음량은 부착된 음향장치의 중심으로부터 1m 떨어진 위치에서 몇 dB 이상이 되는 것으로 하여야 하는가?**

19.09.문64
18.04.문74
16.05.문63
15.03.문67
14.09.문65
10.09.문70

① 60 ② 70
③ 80 ④ 90

해설 **음향장치**

(1) **비상경보설비 음향장치**의 **설치기준**

| 구 분 | 설 명 |
|---|---|
| 전원 | 교류전압 옥내간선, **전용** |
| 정격전압 | **80%** 전압에서 음향 발할 것 |
| 음량 | **1m** 위치에서 **90dB** 이상 |
| 지구음향장치 | **층**마다 설치, 수평거리 **25m** 이하 |

(2) **비상방송설비 음향장치**의 **구조** 및 **성능기준**

| 구 분 | 설 명 |
|---|---|
| 정격전압 | **80%** 전압에서 음향을 발할 것 |
| 연동 | **자동화재탐지설비**의 작동과 연동하여 작동 |

(3) **자동화재탐지설비 음향장치**의 **구조** 및 **성능기준**

| 구 분 | 설 명 |
|---|---|
| 정격전압 | **80%** 전압에서 음향을 발할 것 |
| 음량 | **1m 떨어진 곳**에서 **90dB** 이상 |
| 연동 | **감지기 · 발신기**의 작동과 **연동**하여 작동 |

(4) **누전경보기**의 **음향장치**

| 구 분 | 설 명 |
|---|---|
| 정격전압 | **80%** 전압에서 소리를 낼 것 |

중요

**대상**에 따른 **음압**

| 음 압 | 대 상 |
|---|---|
| **4**0dB 이하 | **유**도등 · **비**상조명등의 소음 |
| **6**0dB 이상 | ① **고**장표시장치용<br>② **전**화용 부저<br>③ 단독경보형 감지기(건전지 교체 **음성안내**) |
| 70dB 이상 | ① 가스누설경보기(단독형 · 영업용)<br>② 누전경보기<br>③ 단독경보형 감지기(건전지 교체 **음향경보**) |
| 85dB 이상 | 단독경보형 감지기(화재경보음) |
| **9**0dB 이상 | ① 가스누설경보기(**공**업용)<br>② **자**동화재탐지설비의 음향장치<br>③ 비상벨설비의 음향장치 |

기억법 **유비음4**(**유비**는 **음**식 중 **사**발면을 좋아한다.)
**고전음6**(**고전음**악을 **유**창하게 해.)
**9공자**

답 ④

★
**69** **자동화재탐지설비 및 시각경보장치의 화재안전기준(NFSC 203)에 따른 중계기에 대한 시설기준으로 틀린 것은?**

13.03.문64

① 조작 및 점검에 편리하고 화재 및 침수 등의 재해로 인한 피해를 받을 우려가 없는 장소에 설치할 것
② 수신기에서 직접 감지기회로의 도통시험을 행하지 아니하는 것에 있어서는 수신기와 발신기 사이에 설치할 것
③ 수신기에 따라 감시되지 아니하는 배선을 통하여 전력을 공급받는 것에 있어서는 전원입력측의 배선에 과전류차단기를 설치할 것
④ 수신기에 따라 감시되지 아니하는 배선을 통하여 전력을 공급받는 것에 있어서는 해당 전원의 정전이 즉시 수신기에 표시되는 것으로 할 것

해설 **중계기**의 **설치기준**

(1) 수신기에서 직접 감지기회로의 도통시험을 행하지 않는 경우에는 **수신기**와 **감지기** 사이에 설치할 것

(2) **조작** 및 **점검**이 편리하고 화재 및 침수 등의 재해로 인한 피해를 받을 우려가 없는 장소에 설치할 것
(3) 수신기에 따라 감시되지 아니하는 배선을 통하여 전력을 공급받는 것에 있어서는 **전원입력측**의 배선에 **과전류차단기**를 설치하고 전원의 정전이 즉시 수신기에 표시되는 것으로 하며, **상용전원** 및 **예비전원**의 시험을 할 수 있도록 할 것

기억법 **과중**

② 발신기 → 감지기

답 ②

**70** 비상방송설비의 화재안전기준(NFSC 202)에 따른 용어의 정의에서 소리를 크게 하여 멀리까지 전달될 수 있도록 하는 장치로서 일명 "스피커"를 말하는 것은?

19.04.문77 14.09.문67 13.03.문75

① 확성기 ② 증폭기
③ 사이렌 ④ 음량조절기

해설 (1) **비상방송설비에 사용되는 용어**

| 용 어 | 설 명 |
|---|---|
| **확성기 (스피커)** | 소리를 크게 하여 멀리까지 전달될 수 있도록 하는 장치 |
| **음량조절기** | **가변저항**을 이용하여 **전류**를 **변화**시켜 음량을 크게 하거나 작게 조절할 수 있는 장치 |
| **증폭기** | 전압전류의 **진폭**을 늘려 감도를 좋게 하고 미약한 **음성전류**를 커다란 음성전류로 변화시켜 **소리**를 **크게** 하는 장치 |

(2) **비상경보설비에 사용되는 용어**

| 용 어 | 설 명 |
|---|---|
| **비상벨설비** | 화재발생상황을 **경종**으로 경보하는 설비 |
| **자동식 사이렌설비** | 화재발생상황을 **사이렌**으로 경보하는 설비 |
| **발신기** | 화재발생신호를 수신기에 **수동**으로 **발신**하는 장치 |
| **수신기** | 발신기에서 발하는 **화재신호**를 **직접 수신**하여 화재의 발생을 **표시** 및 **경보**하여 주는 장치 |

답 ①

**71** 누전경보기의 형식승인 및 제품검사의 기술기준에 따른 누전경보기 수신부의 기능검사항목이 아닌 것은?

16.10.문71 15.09.문72

① 충격시험 ② 진공가압시험
③ 과입력 전압시험 ④ 전원전압 변동시험

해설 **시험항목**

| 중계기 | 속보기의 예비전원 | 누전경보기 |
|---|---|---|
| • 주위온도시험<br>• 반복시험<br>• 방수시험<br>• 절연저항시험<br>• 절연내력시험<br>• 충격전압시험<br>• 충격시험<br>• 진동시험<br>• 습도시험<br>• 전자파 내성시험 | • 충·방전시험<br>• 안전장치시험 | • **전**원전압 변동시험<br>• 온도특성시험<br>• **과**입력 전**압**시험<br>• 개폐기의 조작시험<br>• 반복시험<br>• 진동시험<br>• **충**격시험<br>• 방**수**시험<br>• **절**연저항시험<br>• **절**연내력시험<br>• **충**격파 내전압시험<br>• 단락전류 **강**도시험<br>기억법 **누수 충수 절충 강전 과압** |

답 ②

**72** 자동화재속보설비의 속보기의 성능인증 및 제품검사의 기술기준에 따라 교류입력측과 외함 간의 절연저항은 직류 500V의 절연저항계로 측정한 값이 몇 MΩ 이상이어야 하는가?

19.04.문62 18.09.문72 16.05.문71 12.05.문80

① 5 ② 10
③ 20 ④ 50

해설 **절연저항시험**

| 절연 저항계 | 절연 저항 | 대 상 |
|---|---|---|
| 직류 250V | 0.1MΩ 이상 | • 1경계구역의 절연저항 |
| 직류 500V | **5**MΩ 이상 | • **누**전경보기<br>• 가스누설경보기<br>• 수신기<br>• 자동화재속보설비<br>• 비상경보설비<br>• 유도등(교류입력측과 외함 간 포함)<br>• 비상조명등(교류입력측과 외함 간 포함) |
| | 20MΩ 이상 | • 경종<br>• 발신기<br>• 중계기<br>• 비상콘센트<br>• 기기의 절연된 선로 간<br>• 기기의 충전부와 비충전부 간<br>• 기기의 **교류입력측**과 **외함** 간 (유도등·비상조명등 제외) |
| | 50MΩ 이상 | • 감지기(정온식 감지선형 감지기 제외)<br>• 가스누설경보기(10회로 이상)<br>• 수신기(10회로 이상) |
| | 1000MΩ 이상 | • 정온식 감지선형 감지기 |

**기억법** 5누(오누이)

답 ③

★★
## 73 유도등 및 유도표지의 화재안전기준(NFSC 303)에 따른 피난구유도등의 설치장소로 틀린 것은?

① 직통계단
② 직통계단의 계단실
③ 안전구획된 거실로 통하는 출입구
④ 옥외로부터 직접 지하로 통하는 출입구

**해설** **피난구유도등**의 **설치장소**(NFSC 303)

| 설치장소 | 도 해 |
|---|---|
| **옥내**로부터 직접 지상으로 통하는 출입구 및 그 부속실의 출입구 | 옥외 / 실내 |
| **직**통계단 · 직통계단의 **계단실** 및 그 부속실의 출입구 | 복도 / 계단 |
| **출**입구에 이르는 **복도** 또는 **통로**로 통하는 출입구 | 거실 / 복도 |
| **안전구획**된 거실로 통하는 출입구 | 출구 / 방화문 |

**기억법** 피옥직안출

④ 옥외 → 옥내, 지하 → 지상

**비교**

**피난구유도등**의 **설치 제외 장소**
(1) 옥내에서 직접 지상으로 통하는 출입구(바닥면적 **1000m²** 미만 층)
(2) 대각선길이가 15m 이내인 구획된 실의 출입구
(3) 비상조명등 · 유도표지가 설치된 거실 출입구(거실 각 부분에서 출입구까지의 **보행거리 20m** 이하)
(4) 출입구가 **3 이상**인 거실(거실 각 부분에서 출입구까지의 **보행거리 30m** 이하는 주된 출입구 **2개 외**의 출입구)

답 ④

★★★
## 74 비상경보설비 및 단독경보형 감지기의 화재안전기준(NFSC 201)에 따른 발신기의 시설기준으로 틀린 것은?

18.03.문77
17.05.문63
16.05.문63
14.03.문71
12.03.문73
10.03.문68

① 발신기의 위치표시등은 함의 하부에 설치한다.
② 조작스위치는 바닥으로부터 0.8m 이상 1.5m 이하의 높이에 설치할 것
③ 복도 또는 별도로 구획된 실로서 보행거리가 40m 이상일 경우에는 추가로 설치하여야 한다.
④ 특정소방대상물의 층마다 설치하되, 해당 특정소방대상물의 각 부분으로부터 하나의 발신기까지의 수평거리가 25m 이하가 되도록 할 것

**해설** **비상경보설비**의 **발신기 설치기준**(NFSC 201 4조)
(1) 전원 : **축전지**, **전기저장장치**, **교류전압**의 **옥내 간선**으로 하고 배선은 **전용**
(2) 감시상태 : **60분**, 경보시간 : **10분**
(3) 조작이 **쉬운 장소**에 설치하고, 조작스위치는 바닥으로부터 **0.8~1.5m** 이하의 높이에 설치할 것
(4) 특정소방대상물의 **층**마다 설치하되, 해당 소방대상물의 각 부분으로부터 하나의 발신기까지의 **수평거리**가 **25m** 이하가 되도록 할 것(단, 복도 또는 별도로 구획된 실로서 **보행거리**가 **40m** 이상일 경우에는 추가로 설치할 것)
(5) 발신기의 **위치표시등**은 **함**의 **상부**에 설치하되, 그 불빛은 부착면으로부터 **15°** 이상의 범위 안에서 부착지점으로부터 **10m** 이내의 어느 곳에서도 쉽게 식별할 수 있는 **적색등**으로 할 것

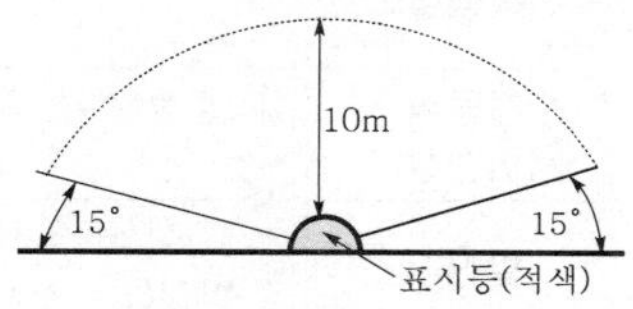

▮ 위치표시등의 식별 ▮

① 하부 → 상부

**용어**

**전기저장장치**
외부 전기에너지를 저장해 두었다가 필요한 때 전기를 공급하는 장치

답 ①

★

**75** 소방시설용 비상전원수전설비의 화재안전기준(NFSC 602)에 따른 제1종 배전반 및 제1종 분전반의 시설기준으로 틀린 것은?

① 전선의 인입구 및 입출구는 외함에 누출하여 설치하면 아니 된다.

② 외함의 문은 2.3mm 이상의 강판과 이와 동등 이상의 강도와 내화성능이 있는 것으로 제작하여야 한다.

③ 공용배전반 및 공용분전반의 경우 소방회로와 일반회로에 사용하는 배선 및 배선용 기기는 불연재료로 구획되어야 한다.

④ 외함은 금속관 또는 금속제 가요전선관을 쉽게 접속할 수 있도록 하고, 당해 접속부분에는 단열조치를 하여야 한다.

해설 **제1종 배전반** 및 **제1종 분전반**의 **시설기준**

(1) 외함은 두께 **1.6mm**(전면판 및 문은 **2.3mm**) 이상의 강판과 이와 동등 이상의 강도와 내화성능이 있는 것으로 제작할 것

(2) 외함의 내부는 외부의 열에 의해 영향을 받지 않도록 **내열성** 및 **단열성**이 있는 재료를 사용하여 단열할 것. 이 경우 단열부분은 열 또는 진동에 따라 쉽게 변형되지 아니할 것

(3) 다음에 해당하는 것은 외함에 노출하여 설치
 ㉠ **표시등**(불연성 또는 난연성 재료로 덮개를 설치한 것에 한함)
 ㉡ 전선의 **인입구** 및 **입출구**

(4) 외함은 **금속관** 또는 **금속제 가요전선관**을 쉽게 접속할 수 있도록 하고, 당해 접속부분에는 **단열조치**를 할 것

(5) 공용배전반 및 공용분전반의 경우 소방회로와 일반회로에 사용하는 배선 및 배선용 기기는 **불연재료**로 구획되어야 할 것

① 설치하면 아니 된다. → 설치할 수 있다.

비교

**제2종 배전반** 및 **제2종 분전반**의 **시설기준**

(1) 외함은 두께 **1mm**(함 전면의 면적이 $1000cm^2$를 초과하고 $2000cm^2$ 이하인 경우에는 **1.2mm**, $2000cm^2$를 초과하는 경우에는 **1.6mm** 이상의 강판과 이와 동등 이상의 강도와 내화성능이 있는 것으로 제작

(2) **120℃**의 온도를 가했을 때 이상이 없는 **전압계** 및 **전류계**는 외함에 노출하여 설치

(3) 단열을 위해 배선용 **불연전용 실내**에 설치

답 ①

★★★

**76** 자동화재탐지설비 및 시각경보장치의 화재안전기준(NFSC 203)에 따른 배선의 시설기준으로 틀린 것은?

18.03.문65
17.09.문71
16.10.문74

① 감지기 사이의 회로의 배선은 송배전식으로 할 것

② 자동화재탐지설비의 감지기 회로의 전로저항은 50Ω 이하가 되도록 할 것

③ 수신기의 각 회로별 종단에 설치되는 감지기에 접속되는 배선의 전압은 감지기 정격전압의 80% 이상이어야 할 것

④ 피(P)형 수신기 및 지피(G.P.)형 수신기의 감지기 회로의 배선에 있어서 하나의 공통선에 접속할 수 있는 경계구역은 10개 이하로 할 것

해설 **자동화재탐지설비 배선**의 **설치기준**

(1) 감지기 사이의 회로배선 : **송배전식**

(2) P형 수신기 및 GP형 수신기의 감지기 회로의 배선에 있어서 하나의 공통선에 접속할 수 있는 경계구역은 **7개** 이하

(3) ㉠ 감지기 회로의 전로저항 : **50Ω 이하**
 ㉡ 감지기에 접속하는 배선전압 : 정격전압의 **80% 이상**

(4) 자동화재탐지설비의 배선은 다른 전선과 **별도**의 관·덕트·몰드 또는 풀박스 등에 설치할 것(단, **60V** 미만의 약전류회로에 사용하는 전선으로서 각각의 전압이 같을 때는 제외)

④ 10개 → 7개

답 ④

★

**77** 유도등의 형식승인 및 제품검사의 기술기준에 따른 유도등의 일반구조에 대한 설명으로 틀린 것은?

① 축전지에 배선 등을 직접 납땜하지 아니하여야 한다.

② 충전부가 노출되지 아니한 것은 300V를 초과할 수 있다.

③ 예비전원을 직렬로 접속하는 경우는 역충전 방지 등의 조치를 강구하여야 한다.

④ 유도등에는 점멸, 음성 또는 이와 유사한 방식 등에 의한 유도장치를 설치할 수 있다.

해설 **유도등**의 **일반구조**

(1) 축전지에 배선 등을 직접 납땜하지 아니할 것

(2) 사용전압은 **300V 이하**이어야 한다(단, 충전부가 노출되지 아니한 것은 **300V** 초과 가능)

(3) 예비전원을 **병렬**로 접속하는 경우는 **역충전방지 등**의 조치를 강구할 것
(4) 유도등에는 **점멸**, **음성** 또는 이와 유사한 방식 등에 의한 **유도장치** 설치 가능

③ 직렬 → 병렬

답 ③

**78** 16.03.문75 06.03.문70

**자동화재탐지설비 및 시각경보장치의 화재안전기준(NFSC 203)에 따라 외기에 면하여 상시 개방된 부분이 있는 차고·주차장·창고 등에 있어서는 외기에 면하는 각 부분으로부터 몇 m 미만의 범위 안에 있는 부분은 경계구역의 면적에 산입하지 아니 하는가?**

① 1 ② 3
③ 5 ④ 10

해설 **5m 미만 경계구역 면적산입 제외**
(1) 차고
(2) 주차장
(3) 창고

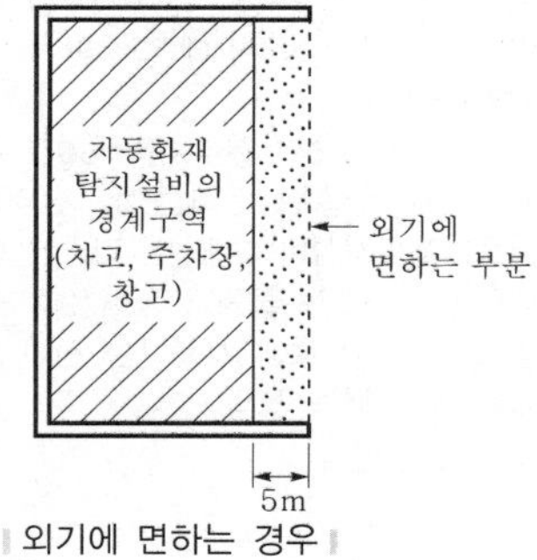


┃외기에 면하는 경우┃

답 ③

**79** 16.05.문80 12.03.문76

**누전경보기의 형식승인 및 제품검사의 기술기준에 따라 누전경보기의 변류기는 경계전로에 정격전류를 흘리는 경우, 그 경계전로의 전압강하는 몇 V 이하이어야 하는가? (단, 경계전로의 전선을 그 변류기에 관통시키는 것은 제외한다.)**

① 0.3 ② 0.5
③ 1.0 ④ 3.0

해설 **대상**에 따른 **전압**

| 전 압 | 대 상 |
|---|---|
| **0.5**V 이하 | • 누전경보기의 **경**계전로 **전**압강하 |
| 0.6V 이하 | • 완전방전 |
| **60V** 초과 | • 접지단자 설치 |
| **300V** 이하 | • 전원**변**압기의 1차 전압<br>• 유도등·비상조명등의 사용전압 |
| **600V** 이하 | • **누**전경보기의 경계전로전압 |

기억법 **05경전(공오경전), 변3(변상해), 누6(누룩)**

답 ②

**80**

**비상콘센트설비의 성능인증 및 제품검사의 기술기준에 따라 비상콘센트설비에 사용되는 부품에 대한 설명으로 틀린 것은?**

① 진공차단기는 KS C 8321(진공차단기)에 적합하여야 한다.
② 접속기는 KS C 8305(배선용 꽂음 접속기)에 적합하여야 한다.
③ 표시등의 소켓은 접속이 확실하여야 하며 쉽게 전구를 교체할 수 있도록 부착하여야 한다.
④ 단자는 충분한 전류용량을 갖는 것으로 하여야 하며 단자의 접속이 정확하고 확실하여야 한다.

해설 **비상콘센트설비 부품**의 **구조** 및 **기능**
(1) 배선용 차단기는 KS C 8321(**배선용 차단기**)에 적합할 것
(2) 접속기는 KS C 8305(**배선용 꽂음 접속기**)에 적합할 것
(3) **표시등**의 **구조** 및 **기능**
  ㉠ 전구는 사용전압의 **130%**인 교류전압을 **20시간** 연속하여 가하는 경우 **단선**, **현저한 광속변화**, **흑화**, **전류**의 **저하** 등이 발생하지 아니할 것
  ㉡ 소켓은 접속이 확실하여야 하며 쉽게 전구를 교체할 수 있도록 부착할 것
  ㉢ 전구에는 적당한 **보호커버**를 설치할 것(단, **발광다이오드** 제외)
  ㉣ 적색으로 표시되어야 하며 주위의 밝기가 **300 lx** 이상인 장소에서 측정하여 앞면으로부터 **3m** 떨어진 곳에서 켜진 등이 확실히 식별될 것
(4) 단자는 충분한 **전류용량**을 갖는 것으로 하여야 하며 단자의 접속이 정확하고 확실할 것

① 진공차단기 → 배선용 차단기

답 ①

# 2020. 9. 27 시행

**▌2020년 기사 제4회 필기시험▌**

| 자격종목 | 종목코드 | 시험시간 | 형별 | 수험번호 | 성명 |
|---|---|---|---|---|---|
| 소방설비기사(전기분야) | | 2시간 | | | |

※ 답안카드 작성시 시험문제지 형별누락, 마킹착오로 인한 불이익은 전적으로 수험자의 귀책사유임을 알려드립니다.
※ 각 문항은 4지택일형으로 질문에 가장 적합한 보기 항을 선택하여 마킹하여야 합니다.

## 제 1 과목 소방원론

★★
**01** 피난시 하나의 수단이 고장 등으로 사용이 불가능하더라도 다른 수단 및 방법을 통해서 피난할 수 있도록 하는 것으로 2방향 이상의 피난통로를 확보하는 피난대책의 일반원칙은?

16.10.문14
14.03.문07

유사문제부터 풀어보세요. 실력이 팍!팍! 올라갑니다.

① Risk－down 원칙
② Feed back 원칙
③ Fool－proof 원칙
④ Fail－safe 원칙

해설 **Fail safe**와 **Fool proof**

| 용 어 | 설 명 |
|---|---|
| **페일 세이프** (fail safe) | • 한 가지 피난기구가 고장이 나도 다른 수단을 이용할 수 있도록 고려하는 것(한 가지가 고장이 나도 다른 수단을 이용하는 원칙)<br>• **두 방향**의 피난동선을 항상 확보하는 원칙 |
| **풀 프루프** (fool proof) | • 피난경로는 **간단명료**하게 한다.<br>• 피난구조설비는 **고정식 설비**를 위주로 설치한다.<br>• 피난수단은 **원시적 방법**에 의한 것을 원칙으로 한다.<br>• 피난통로를 **완전불연화**한다.<br>• 막다른 복도가 없도록 계획한다.<br>• 간단한 **그림**이나 **색채**를 이용하여 표시한다. |

기억법 **풀그색 간고원**

용어

**피드백제어**(feedback control)
출력신호를 입력신호로 되돌려서 **입력**과 **출력**을 **비교**함으로써 **정확한 제어**가 가능하도록 한 제어

답 ④

★
**02** 열분해에 의해 가연물 표면에 유리상의 메타인산 피막을 형성하여 연소에 필요한 산소의 유입을 차단하는 분말약제는?

17.05.문10

① 요소
② 탄산수소칼륨
③ 제1인산암모늄
④ 탄산수소나트륨

해설 **제3종 분말**(제1인산암모늄)의 **열분해 생성물**
(1) $H_2O$(물)
(2) $NH_3$(암모니아)
(3) $P_2O_5$(오산화인)
(4) **$HPO_3$(메타인산)** : 산소 차단

중요

**분말소화약제**

| 종별 | 분자식 | 착 색 | 적응 화재 | 비 고 |
|---|---|---|---|---|
| 제1종 | 중탄산나트륨 ($NaHCO_3$) | 백색 | BC급 | **식용유** 및 **지방질유**의 화재에 적합 |
| 제2종 | 중탄산칼륨 ($KHCO_3$) | 담자색 (담회색) | BC급 | − |
| 제3종 | 제1인산암모늄 ($NH_4H_2PO_4$) | 담홍색 | ABC급 | **차고 · 주차장**에 적합 |
| 제4종 | 중탄산칼륨 + 요소 ($KHCO_3$ + $(NH_2)_2CO$) | 회(백)색 | BC급 | − |

답 ③

★
**03** 공기 중의 산소의 농도는 약 몇 vol%인가?

16.03.문19

① 10
② 13
③ 17
④ 21

해설 **공기**의 **구성 성분**

| 구성성분 | 비 율 |
|---|---|
| 산소 | 21vol% |
| 질소 | 78vol% |
| 아르곤 | 1vol% |

중요

**공기 중 산소농도**

| 구 분 | 산소농도 |
|---|---|
| 체적비(부피백분율, vol%) | 약 21vol% |
| 중량비(중량백분율, wt%) | 약 23wt% |

• 일반적인 산소농도라 함은 '**체적비**'를 말한다.

답 ④

★★★
## 04 일반적인 플라스틱 분류상 열경화성 플라스틱에 해당하는 것은?

18.03.문03
13.06.문15
10.09.문07
06.05.문20

① 폴리에틸렌 ② 폴리염화비닐
③ 페놀수지 ④ 폴리스티렌

해설 **합성수지**의 **화재성상**

| 열가소성 수지 | 열경화성 수지 |
|---|---|
| • PVC수지<br>• 폴리에틸렌수지<br>• 폴리스티렌수지 | • 페놀수지<br>• 요소수지<br>• 멜라민수지 |

기억법 **열가P폴**

• 수지=플라스틱

용어

| 열가소성 수지 | 열경화성 수지 |
|---|---|
| 열에 의해 변형되는 수지 | 열에 의해 변형되지 않는 수지 |

답 ③

★★★
## 05 자연발화 방지대책에 대한 설명 중 틀린 것은?

18.04.문02
16.10.문05
16.03.문14
15.05.문19
15.03.문09
14.09.문09
14.09.문17
12.03.문09
10.03.문13

① 저장실의 온도를 낮게 유지한다.
② 저장실의 환기를 원활히 시킨다.
③ 촉매물질과의 접촉을 피한다.
④ 저장실의 습도를 높게 유지한다.

해설 (1) **자연발화**의 **방지법**
㉠ **습**도가 높은 곳을 **피**할 것(건조하게 유지할 것)
㉡ 저장실의 온도를 낮출 것
㉢ 통풍이 잘 되게 할 것(**환기**를 원활히 시킨다)
㉣ 퇴적 및 수납시 열이 쌓이지 않게 할 것(**열축적 방지**)
㉤ 산소와의 접촉을 차단할 것(**촉매물질**과의 접촉을 피한다)
㉥ **열전도성**을 좋게 할 것

기억법 **자습피**

(2) **자연발화 조건**
㉠ 열전도율이 작을 것
㉡ 발열량이 클 것
㉢ 주위의 온도가 높을 것
㉣ 표면적이 넓을 것

④ 높게 → 낮게

답 ④

★★★
## 06 공기 중에서 수소의 연소범위로 옳은 것은?

17.03.문03
16.03.문13
15.09.문14
13.06.문04
09.03.문02

① 0.4~4vol%
② 1~12.5vol%
③ 4~75vol%
④ 67~92vol%

해설 (1) **공기 중**의 **폭발한계**(익사천리로 나와야 한다.)

| 가 스 | 하한계[vol%] | 상한계[vol%] |
|---|---|---|
| 아세틸렌($C_2H_2$) | 2.5 | 81 |
| **수소($H_2$)** | **4** | **75** |
| 일산화탄소(CO) | 12.5 | 74 |
| 암모니아($NH_3$) | 15 | 28 |
| 메탄($CH_4$) | 5 | 15 |
| 에탄($C_2H_6$) | 3 | 12.4 |
| 프로판($C_3H_8$) | 2.1 | 9.5 |
| **부탄($C_4H_{10}$)** | **1.8** | **8.4** |

기억법 **수475(수사 후 치료하세요.)**
**부18(부자의 일반적인 팔자)**

(2) **폭발한계**와 **같은 의미**
㉠ 폭발범위 ㉡ 연소한계
㉢ 연소범위 ㉣ 가연한계
㉤ 가연범위

답 ③

★★★
## 07 탄산수소나트륨이 주성분인 분말소화약제는?

19.03.문01
18.04.문06
17.09.문10
16.10.문06
16.10.문10
16.05.문15
16.03.문09
16.03.문11
15.05.문08

① 제1종 분말
② 제2종 분말
③ 제3종 분말
④ 제4종 분말

해설 **분말소화약제**

| 종 별 | 분자식 | 착 색 | 적응 화재 | 비 고 |
|---|---|---|---|---|
| 제1종 | **탄산수소나트륨** ($NaHCO_3$) | 백색 | BC급 | **식용유** 및 **지방질유**의 화재에 적합 |
| 제2종 | 탄산수소칼륨 ($KHCO_3$) | 담자색 (담회색) | BC급 | - |
| 제3종 | 제1인산암모늄 ($NH_4H_2PO_4$) | 담홍색 | ABC급 | **차고·주차장**에 적합 |
| 제4종 | 탄산수소칼륨+요소 ($KHCO_3$+$(NH_2)_2CO$) | 회(백)색 | BC급 | - |

> 기억법 1식분 (일식 분식)
> 3분 차주 (삼보컴퓨터 차주)

답 ①

### 08 불연성 기체나 고체 등으로 연소물을 감싸 산소공급을 차단하는 소화방법은?

19.09.문13 18.09.문19 17.05.문06 16.03.문08 15.03.문17 14.03.문19 11.10.문19 11.03.문02 03.08.문11

① 질식소화
② 냉각소화
③ 연쇄반응차단소화
④ 제거소화

해설 **소화**의 **형태**

| 구 분 | 설 명 |
|---|---|
| **냉**각소화 | ① **점화원**을 냉각하여 소화하는 방법<br>② **증발잠열**을 **이용**하여 열을 빼앗아 가연물의 온도를 떨어뜨려 화재를 진압하는 소화방법<br>③ **다량**의 **물**을 뿌려 소화하는 방법<br>④ 가연성 물질을 **발화점 이하**로 **냉각**하여 소화하는 방법<br>⑤ **식용유화재**에 신선한 **야채**를 넣어 소화하는 방법<br>⑥ 용융잠열에 의한 **냉각효과**를 이용하여 소화하는 방법<br>기억법 **냉점증발** |
| **질**식소화 | ① 공기 중의 **산소농도**를 **16%**(10~15%) 이하로 희박하게 하여 소화하는 방법<br>② 산화제의 농도를 낮추어 연소가 지속될 수 없도록 소화하는 방법<br>③ **산소공급**을 **차단**하여 소화하는 방법<br>④ 산소의 농도를 낮추어 소화하는 방법<br>⑤ 화학반응으로 발생한 **탄산가스**에 의한 소화방법<br>기억법 **질산** |
| 제거소화 | **가연물**을 **제거**하여 소화하는 방법 |
| **부**촉매소화 (억제소화, 화학소화) | ① **연쇄반응**을 **차단**하여 소화하는 방법<br>② 화학적인 방법으로 화재를 억제하여 소화하는 방법<br>③ **활성기**(free radical, 자유라디칼)의 **생성**을 **억제**하여 소화하는 방법<br>④ 할론계 소화약제<br>기억법 **부억(부엌)** |
| 희석소화 | ① 기체·고체·액체에서 나오는 분해가스나 증기의 농도를 낮춰 소화하는 방법<br>② 불연성 가스의 **공기** 중 **농도**를 높여 소화하는 방법<br>③ 불활성기체를 방출하여 연소범위 이하로 낮추어 소화하는 방법 |

중요

**화재**의 **소화원리**에 따른 **소화방법**

| 소화원리 | 소화설비 |
|---|---|
| 냉각소화 | ① 스프링클러설비<br>② 옥내·외소화전설비 |
| 질식소화 | ① 이산화탄소 소화설비<br>② 포소화설비<br>③ 분말소화설비<br>④ 불활성기체 소화약제 |
| 억제소화 (부촉매효과) | ① 할론소화약제<br>② 할로겐화합물 소화약제 |

답 ①

### 09 증발잠열을 이용하여 가연물의 온도를 떨어뜨려 화재를 진압하는 소화방법은?

16.05.문13 13.09.문13

① 제거소화
② 억제소화
③ 질식소화
④ 냉각소화

해설 **문제 8 참조**

> ④ 냉각소화 : **증발잠열** 이용

답 ④

### 10 화재발생시 인간의 피난특성으로 틀린 것은?

18.04.문03 16.05.문03 11.10.문09 12.05.문15 10.09.문11

① 본능적으로 평상시 사용하는 출입구를 사용한다.
② 최초로 행동을 개시한 사람을 따라서 움직인다.
③ 공포감으로 인해서 빛을 피하여 어두운 곳으로 몸을 숨긴다.
④ 무의식 중에 발화장소의 반대쪽으로 이동한다.

해설 **화재발생**시 **인간**의 **피난 특성**

| 구 분 | 설 명 |
|---|---|
| **귀소본능** | • **친숙한 피난경로**를 선택하려는 행동<br>• 무의식 중에 평상시 사용하는 출입구나 통로를 사용하려는 행동 |
| **지광본능** | • **밝은 쪽**을 지향하는 행동<br>• 화재의 공포감으로 인하여 **빛**을 따라 외부로 달아나려고 하는 행동 |
| **퇴피본능** | • 화염, 연기에 대한 공포감으로 **발화**의 **반대방향**으로 이동하려는 행동 |
| **추종본능** | • 많은 사람이 달아나는 방향으로 쫓아가려는 행동<br>• 화재시 최초로 행동을 개시한 사람을 따라 전체가 움직이려는 행동 |

| 좌회본능 | • **좌측통행**을 하고 **시계반대방향**으로 회전하려는 행동 |
|---|---|
| 폐쇄공간 지향본능 | • 가능한 **넓은 공간**을 찾아 **이동**하다가 위험성이 높아지면 의외의 좁은 공간을 찾는 본능 |
| 초능력 본능 | • 비상시 **상상**도 **못할 힘**을 내는 본능 |
| 공격본능 | • **이상심리현상**으로서 구조용 헬리콥터를 부수려고 한다든지 무차별적으로 주변사람과 구조인력 등에게 공격을 가하는 본능 |
| 패닉 (panic) 현상 | • 인간의 비이성적인 또는 부적합한 **공포반응행동**으로서 무모하게 높은 곳에서 뛰어내리는 행위라든지, 몸이 굳어서 움직이지 못하는 행동 |

③ 공포감으로 인해서 빛을 따라 외부로 달아나려는 경향이 있다.

답 ③

★★
## 11

17.05.문16 12.09.문07

**공기와 할론 1301의 혼합기체에서 할론 1301에 비해 공기의 확산속도는 약 몇 배인가? (단, 공기의 평균분자량은 29, 할론 1301의 분자량은 149이다.)**

① 2.27배 ② 3.85배
③ 5.17배 ④ 6.46배

해설 **그레이엄**의 **확산속도법칙**

$$\frac{V_B}{V_A}=\sqrt{\frac{M_A}{M_B}}$$

여기서, $V_A$, $V_B$ : 확산속도[m/s]

($V_A$ : 공기의 확산속도[m/s], $V_B$ : 할론 1301의 확산속도[m/s])

$M_A$, $M_B$ : 분자량

($M_A$ : 공기의 분자량, $M_B$ : 할론 1301의 분자량)

$\frac{V_B}{V_A}=\sqrt{\frac{M_A}{M_B}}$ 는 $\boxed{\frac{V_A}{V_B}=\sqrt{\frac{M_B}{M_A}}}$ 로 쓸 수 있으므로

$$\therefore \frac{V_A}{V_B}=\sqrt{\frac{M_B}{M_A}}=\sqrt{\frac{149}{29}}=2.27\text{배}$$

답 ①

★★★
## 12

17.09.문15 15.03.문16 12.05.문20 12.03.문04

**다음 원소 중 할로겐족 원소인 것은?**

① Ne
② Ar
③ Cl
④ Xe

해설 **할로겐족 원소**(할로겐원소)
(1) 불소 : F
(2) 염소 : Cl
(3) 브롬(취소) : Br
(4) 요오드(옥소) : I

기억법 FClBrI

답 ③

★★★
## 13

17.05.문15 14.09.문02 10.03.문11

**건물 내 피난동선의 조건으로 옳지 않은 것은?**

① 2개 이상의 방향으로 피난할 수 있어야 한다.
② 가급적 단순한 형태로 한다.
③ 통로의 말단은 안전한 장소이어야 한다.
④ 수직동선은 금하고 수평동선만 고려한다.

해설 **피난동선**의 **특성**
(1) 가급적 **단순형태**가 좋다.
(2) **수평동선**과 **수직동선**으로 구분한다.
(3) 가급적 **상호 반대방향**으로 다수의 출구와 연결되는 것이 좋다.
(4) 어느 곳에서도 2개 이상의 방향으로 피난할 수 있으며, 그 말단은 화재로부터 안전한 장소이어야 한다.

④ 수직동선과 수평동선을 모두 고려해야 한다.

※ **피난동선** : 복도 · 통로 · 계단과 같은 피난전용의 통행구조

답 ④

★★★
## 14

14.05.문18 14.03.문11 13.06.문17 11.06.문11

**실내화재에서 화재의 최성기에 돌입하기 전에 다량의 가연성 가스가 동시에 연소되면서 급격한 온도상승을 유발하는 현상은?**

① 패닉(Panic)현상
② 스택(Stack)현상
③ 파이어볼(Fire Ball)현상
④ 플래쉬오버(Flash Over)현상

해설 **플래시오버**(flash over) : 순발연소
(1) 폭발적인 착화현상
(2) 폭발적인 **화재확대현상**
(3) 건물화재에서 발생한 가연성 가스가 일시에 인화하여 화염이 **충**만하는 단계
(4) 실내의 가연물이 연소됨에 따라 생성되는 가연성 가스가 실내에 누적되어 **폭**발적으로 연소하여 실 전체가 순간적으로 불길에 싸이는 현상
(5) **옥내화재**가 서서히 진행하여 열이 축적되었다가 일시에 화염이 크게 발생하는 상태
(6) **다량**의 **가연성 가스**가 동시에 연소되면서 **급**격한 온도상승을 유발하는 현상
(7) 건축물에서 한순간에 폭발적으로 화재가 확산되는 현상

기억법 플확충 폭급

• 플래시오버＝플래쉬오버

비교

(1) **패닉(panic)현상**
인간의 비이성적인 또는 부적합한 **공포반응행동**으로서 무모하게 높은 곳에서 뛰어내리는 행위라든지, 몸이 굳어서 움직이지 못하는 행동

(2) **굴뚝효과**(stack effect)
㉠ 건물 내외의 **온도차**에 따른 공기의 흐름현상이다.
㉡ 굴뚝효과는 **고층건물**에서 주로 나타난다.
㉢ 평상시 건물 내의 기류분포를 지배하는 중요 요소이며 화재시 **연기**의 **이동**에 큰 영향을 미친다.
㉣ 건물 외부의 온도가 내부의 온도보다 높은 경우 저층부에서는 내부에서 외부로 공기의 흐름이 생긴다.

(3) **블레비(BLEVE)＝블레이브(BLEVE)현상**
과열상태의 탱크에서 내부의 액화가스가 분출하여 기화되어 폭발하는 현상
㉠ 가연성 액체
㉡ 화구(fire ball)의 형성
㉢ 복사열의 대량 방출

답 ④

★★★
## 15 과산화수소와 과염소산의 공통성질이 아닌 것은?

19.09.문44
16.03.문05
15.05.문05
11.10.문03
07.09.문18

① 산화성 액체이다.
② 유기화합물이다.
③ 불연성 물질이다.
④ 비중이 1보다 크다.

해설 **위험물령 〔별표 1〕**
**위험물**

| 유 별 | 성 질 | 품 명 |
|---|---|---|
| 제1류 | **산**화성 **고**체 | • 아염소산염류<br>• 염소산염류(**염소산나트륨**)<br>• 과염소산염류<br>• 질산염류<br>• 무기과산화물<br>기억법 **1산고염나** |
| 제2류 | 가연성 고체 | • **황화**린<br>• **적**린<br>• **유**황<br>• **마**그네슘<br>기억법 **황화적유마** |
| 제3류 | 자연발화성 물질 및 금수성 물질 | • **황린**<br>• **칼**륨<br>• **나트륨**<br>• **알**칼리토금속<br>• **트**리에틸알루미늄<br>기억법 **황칼나알트** |
| 제4류 | 인화성 액체 | • 특수인화물<br>• 석유류(벤젠)<br>• 알코올류<br>• 동식물유류 |
| 제5류 | 자기반응성 물질 | • 유기과산화물<br>• 니트로화합물<br>• 니트로소화합물<br>• 아조화합물<br>• 질산에스테르류(셀룰로이드) |
| 제6류 | 산화성 액체 | • **과염소산**<br>• **과산화수소**<br>• 질산 |

중요

**제6류 위험물**의 **공통성질**
(1) 대부분 비중이 **1보다 크다.**
(2) **산화성 액체**이다.
(3) **불연성 물질**이다.
(4) 모두 **산소**를 함유하고 있다.
(5) 유기화합물과 혼합하면 산화시킨다.

② 모두 제6류 위험물로서 유기화합물과 혼합하면 산화시킨다.

답 ②

★★★
## 16 화재를 소화하는 방법 중 물리적 방법에 의한 소화가 아닌 것은?

17.05.문12
15.09.문15
14.05.문13
13.03.문12
11.03.문16

① 억제소화
② 제거소화
③ 질식소화
④ 냉각소화

해설

| 물리적 방법에 의한 소화 | 화학적 방법에 의한 소화 |
|---|---|
| • 질식소화<br>• 냉각소화<br>• 제거소화 | • 억제소화 |

① 억제소화 : 화학적 방법

중요

**소화방법**

| 소화방법 | 설 명 |
|---|---|
| **냉각소화** | • 다량의 물 등을 이용하여 **점화원**을 **냉각**시켜 소화하는 방법<br>• 다량의 물을 뿌려 소화하는 방법 |
| **질식소화** | • 공기 중의 **산소농도**를 16%(10~15%) 이하로 희박하게 하여 소화하는 방법 |
| **제거소화** | • 가연물을 제거하여 소화하는 방법 |

| 화학소화<br>(부촉매효과) | • 연쇄반응을 차단하여 소화하는 방법<br>(= **억제작용**) |
|---|---|
| 희석소화 | • 고체 · 기체 · 액체에서 나오는 **분해가스**나 **증기**의 **농도**를 낮추어 연소를 중지시키는 방법 |
| 유화소화 | • 물을 무상으로 방사하여 유류 표면에 **유화층**의 막을 형성시켜 공기의 접촉을 막아 소화하는 방법 |
| 피복소화 | • 비중이 공기의 **1.5배** 정도로 무거운 소화약제를 방사하여 가연물의 구석구석까지 침투 · 피복하여 소화하는 방법 |

답 ①

### 17 물과 반응하여 가연성 기체를 발생하지 않는 것은?

18.04.문13 15.05.문03 13.03.문03 12.09.문17

① 칼륨
② 인화아연
③ 산화칼슘
④ 탄화알루미늄

해설 **분진폭발을 일으키지 않는 물질**
물과 반응하여 가연성 기체를 발생하지 않는 것
(1) **시**멘트
(2) **석**회석
(3) **탄**산칼슘($CaCO_3$)
(4) **생**석회($CaO$)=**산화칼슘**

기억법 **분시석탄생**

답 ③

### 18 목재건축물의 화재진행과정을 순서대로 나열한 것은?

19.04.문01 11.06.문07 01.09.문02 99.04.문04

① 무염착화－발염착화－발화－최성기
② 무염착화－최성기－발염착화－발화
③ 발염착화－발화－최성기－무염착화
④ 발염착화－최성기－무염착화－발화

해설 **목조건축물**의 **화재진행상황**

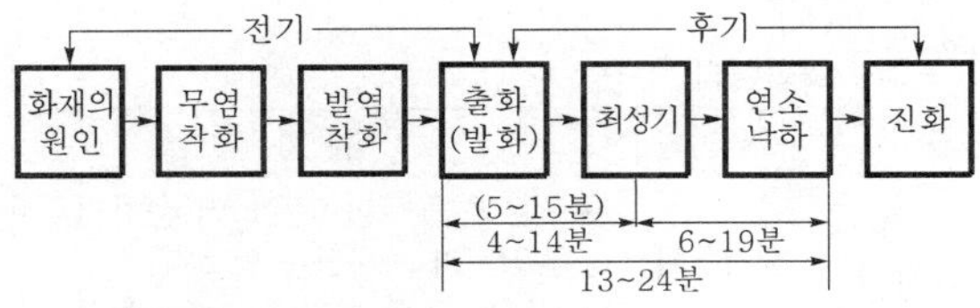


• 최성기 = 성기 = 맹화
• 진화 = 소화

답 ①

### 19 다음 물질을 저장하고 있는 장소에서 화재가 발생하였을 때 주수소화가 적합하지 않은 것은?

16.03.문20 07.09.문05

① 적린
② 마그네슘 분말
③ 과염소산칼륨
④ 유황

해설 **주수소화**(물소화)시 **위험**한 **물질**

| 구 분 | 현 상 |
|---|---|
| • 무기과산화물 | **산소** 발생 |
| • **금**속분<br>• **마**그네슘(마그네슘 분말)<br>• 알루미늄<br>• 칼륨<br>• 나트륨<br>• 수소화리튬 | **수소** 발생 |
| • 가연성 액체의 유류화재 | **연소면**(화재면) 확대 |

기억법 **금마수**

※ **주수소화** : 물을 뿌려 소화하는 방법

답 ②

### 20 다음 중 가연성 가스가 아닌 것은?

17.03.문07 16.10.문03 16.03.문04 14.05.문10 12.09.문08 11.10.문02

① 일산화탄소
② 프로판
③ 아르곤
④ 메탄

해설 **가연성 가스**와 **지연성 가스**

| **가**연성 가스 | 지연성 가스(**조**연성 가스) |
|---|---|
| • **수**소<br>• **메**탄<br>• **일**산화탄소<br>• **천**연가스<br>• **부**탄<br>• **에**탄<br>• **암**모니아<br>• **프**로판<br>기억법 **가수일천 암부메에프** | • **산**소<br>• **공**기<br>• **염**소<br>• **오**존<br>• **불**소<br>기억법 **조산공 염오불** |

③ 아르곤 : 불연성 가스

용어

**가연성 가스**와 **지연성 가스**

| 가연성 가스 | 지연성 가스(조연성 가스) |
|---|---|
| 물질 자체가 연소하는 것 | 자기 자신은 연소하지 않지만 연소를 도와주는 가스 |

답 ③

## 제 2 과목 소방전기일반

**21** 다음 중 쌍방향성 전력용 반도체 소자인 것은?

16.10.문34 13.06.문39

① SCR ② IGBT
③ TRIAC ④ DIODE

해설

| 구 분 | | 심 벌 |
|---|---|---|
| DIAC | 네온관과 같은 성질을 가진 것으로서 주로 SCR, TRIAC 등의 **트리거소자**로 이용된다. | $T_1$ $T_2$ |
| TRIAC | **양방향성 스위칭소자**로서 SCR 2개를 역병렬로 접속한 것과 같다(**AC전력**의 **제어용**, **쌍방향성 사이리스터**). | $T_1$ $T_2$ $G$ |
| RCT (역도통 사이리스터) | 비대칭 사이리스터와 고속회복 다이오드를 직접화한 단일 실리콘칩으로 만들어져서 직렬공진형 인버터에 대해 이상적이다. | $A$ $K$ $G$ |
| IGBT | 고전력 스위치용 반도체로서 전기흐름을 막거나 통하게 하는 스위칭 기능을 빠르게 수행한다. | $G$ $C$ $E$ |

답 ③

**22** 그림의 시퀀스(계전기 접점) 회로를 논리식으로 표현하면?

18.09.문33 16.05.문40 13.03.문24 10.05.문21 00.07.문36

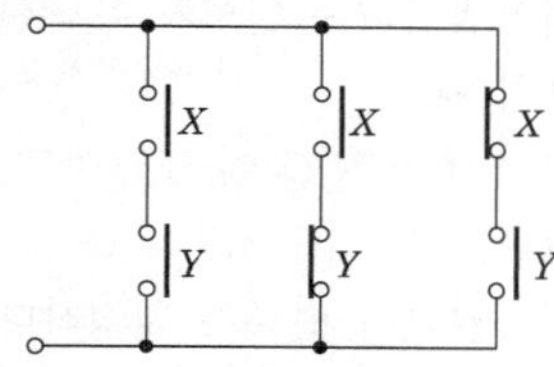


① $X+Y$

② $(XY)+(X\overline{Y})(\overline{X}Y)$

③ $(X+Y)(X+\overline{Y})(\overline{X}+Y)$

④ $(X+Y)+(X+\overline{Y})+(\overline{X}+Y)$

해설 논리식 $= X\cdot Y + X\cdot\overline{Y} + \overline{X}\cdot Y = XY + X\overline{Y} + \overline{X}Y$

$= X\underbrace{(Y+\overline{Y})}_{X+\overline{X}=1} + \overline{X}Y$

$= \underbrace{X\cdot 1}_{X\cdot 1 = X} + \overline{X}Y$

$= \underbrace{X+\overline{X}Y}_{X+\overline{X}Y=X+Y}$

$= X+Y$

※ 논리식 산정시 **직렬**은 '·', **병렬**은 '+'로 표시하는 것을 기억하라.

중요

**(1) 불대수의 정리**

| 논리합 | 논리곱 | 비 고 |
|---|---|---|
| $X+0=X$ | $X\cdot 0=0$ | - |
| $X+1=1$ | $X\cdot 1=X$ | - |
| $X+X=X$ | $X\cdot X=X$ | - |
| $X+\overline{X}=1$ | $X\cdot\overline{X}=0$ | - |
| $X+Y=Y+X$ | $X\cdot Y=Y\cdot X$ | 교환법칙 |
| $X+(Y+Z)=(X+Y)+Z$ | $X(YZ)=(XY)Z$ | 결합법칙 |
| $X(Y+Z)=XY+XZ$ | $(X+Y)(Z+W)=XZ+XW+YZ+YW$ | 분배법칙 |
| $X+XY=X$ | $\overline{X}+XY=\overline{X}+Y$<br>$X+\overline{X}Y=X+Y$<br>$X+\overline{X}\,\overline{Y}=X+\overline{Y}$ | 흡수법칙 |
| $\overline{(X+Y)}=\overline{X}\cdot\overline{Y}$ | $\overline{(X\cdot Y)}=\overline{X}+\overline{Y}$ | 드모르간의 정리 |

**(2) 논리회로**

| 시퀀스 | 논리식 | 논리회로 |
|---|---|---|
| 직렬회로 | $Z=A\cdot B$<br>$Z=AB$ | A, B → Z |
| 병렬회로 | $Z=A+B$ | A, B → Z |
| a접점 | $Z=A$ | A → Z<br>A → Z |
| b접점 | $Z=\overline{A}$ | A → Z<br>A → Z<br>A → Z |

용어

**불대수**
여러 가지 조건의 논리적 관계를 논리기호로 나타내고 이것을 수식적으로 표현하는 방법, 논리대수라고도 한다.

답 ①

★★★
**23** 그림의 블록선도와 같이 표현되는 제어시스템의 전달함수 $G(s)$는?

19.09.문22 17.09.문27 16.03.문25 09.05.문32 08.03.문39

① $\dfrac{G_1(s)G_2(s)}{1+G_2(s)G_3(s)+G_1(s)G_2(s)G_4(s)}$

② $\dfrac{G_3(s)G_4(s)}{1+G_2(s)G_3(s)+G_1(s)G_2(s)G_4(s)}$

③ $\dfrac{G_1(s)G_2(s)}{1+G_1(s)G_2(s)+G_1(s)G_2(s)G_3(s)}$

④ $\dfrac{G_3(s)G_4(s)}{1+G_1(s)G_2(s)+G_1(s)G_2(s)G_3(s)}$

해설 $C=R(s)G_1(s)G_2(s)-CG_1(s)G_2(s)G_4(s)$
$-CG_2(s)G_3(s)$

계산편의를 위해 잠시 $(s)$를 생략하고 계산하면

$C=RG_1G_2-CG_1G_2G_4-CG_2G_3$

$C+CG_1G_2G_4+CG_2G_3=RG_1G_2$

$C(1+G_1G_2G_4+G_2G_3)=RG_1G_2$

$\dfrac{C}{R}=\dfrac{G_1G_2}{1+G_1G_2G_4+G_2G_3}$

$G=\dfrac{C}{R}=\dfrac{G_1G_2}{1+G_2G_3+G_1G_2G_4}$

$G(s)=\dfrac{C(s)}{R(s)}=\dfrac{G_1(s)G_2(s)}{1+G_2(s)G_3(s)+G_1(s)G_2(s)G_4(s)}$

용어

**전달함수**
모든 초기값을 **0**으로 하였을 때 출력신호의 라플라스 변환과 입력신호의 라플라스변환의 **비**

답 ①

★★★
**24** 조작기기는 직접 제어대상에 작용하는 장치이고 빠른 응답이 요구된다. 다음 중 전기식 조작기기가 아닌 것은?

17.09.문35 13.06.문36 11.10.문23

① 서보전동기
② 전동밸브
③ 다이어프램밸브
④ 전자밸브

해설 조작기기

| 전기식 조작기기 | 기계식 조작기기 |
|---|---|
| • 전동밸브<br>• 전자밸브(솔레노이드밸브)<br>• 서보전동기 | 다이어프램밸브 |

③ 기계식 조작기기

비교

**증폭기기**

| 구 분 | 종 류 |
|---|---|
| 전기식 | • SCR<br>• 앰플리다인<br>• 다이라트론<br>• 트랜지스터<br>• 자기증폭기 |
| **공**기식 | • **벨**로스<br>• **노**즐플래퍼<br>• **파**일럿밸브 |
| 유압식 | • 분사관<br>• 안내밸브 |

기억법 **공벨노파**

답 ③

★★
**25** 전기자 제어 직류 서보전동기에 대한 설명으로 옳은 것은?

19.03.문31 11.03.문24

① 교류 서보전동기에 비하여 구조가 간단하여 소형이고 출력이 비교적 낮다.
② 제어권선과 콘덴서가 부착된 여자권선으로 구성된다.
③ 전기적 신호를 계자권선의 입력전압으로 한다.
④ 계자권선의 전류가 일정하다.

해설 **전기자 제어 직류 서보전동기**
(1) 교류 서보전동기에 비하여 **구조**가 **간단**하여 **소형**이고 **출력**이 비교적 **높다**.
(2) **계자권선**의 **전류**가 **일정**

중요

**서보전동기**의 **특징**
(1) **직류전동기**와 **교류전동기**가 있다.
(2) **정 · 역회전**이 가능하다.
(3) **급가속, 급감속**이 가능하다.
(4) **저속운전**이 용이하다.

답 ④

★★★
**26** 절연저항을 측정할 때 사용하는 계기는?

19.09.문35 12.05.문34 05.05.문35

① 전류계 ② 전위차계
③ 메거 ④ 휘트스톤브리지

 **계측기**

| 구 분 | 용 도 |
|---|---|
| **메거**<br>(megger) | 절연저항 측정<br>∥ 메거 ∥ |
| **어스테스터**<br>(earth tester) | 접지저항 측정<br>∥ 어스테스터 ∥ |
| **코올라우시 브리지**<br>(Kohlrausch bridge) | 전지(축전지)의 내부저항 측정<br>∥ 코올라우시 브리지 ∥ |
| **C.R.O.**<br>(Cathode Ray Oscilloscope) | 음극선을 사용한 오실로스코프 |
| **휘트스톤 브리지**<br>(Wheatstone bridge) | 0.5~$10^5$Ω의 중저항 측정 |

**코올라우시 브리지**
(1) 축전지의 내부저항 측정
(2) 전해액의 저항 측정
(3) 접지저항 측정

답 ③

**27** **$R$=10Ω, $\omega L$=20Ω인 직렬회로에 $220\underline{/0°}$V의 교류전압을 가하는 경우 이 회로에 흐르는 전류는 약 몇 A인가?**

① $24.5\underline{/-26.5°}$ ② $9.8\underline{/-63.4°}$
③ $12.2\underline{/-13.2°}$ ④ $73.6\underline{/-79.6°}$

해설 (1) **기호**

- $R$ : 10Ω
- $X_L$ : 20Ω
- $V$ : $220\underline{/0°}$V
- $I$ : ?

(2) **복소수**로 **벡터 표시**하는 **방법**

$\nu = V(\text{실효값})\underline{/\theta}$
$= V(\text{실효값})(\cos\theta + i\sin\theta)$

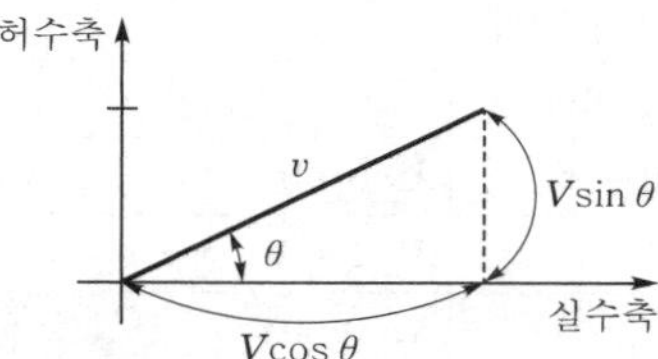


$\nu = 220\underline{/0°}$
$= 220(\cos 0° + j\sin 0°)$
$= 220 + j0 = 220\text{V}$

(3) **전류**

$$I = \frac{V}{Z} = \frac{V}{R + jX}$$

여기서, $I$ : 전류〔A〕
$V$ : 전압〔V〕
$Z$ : 임피던스〔Ω〕
$X$ : 리액턴스〔Ω〕

전류 $I$는

$I = \dfrac{V}{R + jX}$

$= \dfrac{220}{10 + j20}$

$= \dfrac{220(10 - j20)}{(10 + j20)(10 - j20)}$ ⬅ 분모의 허수를 없애기 위해 분자, 분모에 $10-j20$ 곱함

$= \dfrac{2200 - j4400}{(100 - \cancel{j200}) + \cancel{j200} - (j \times j)400}$ ⬅ $j \times j = -1$

$= \dfrac{2200 - j4400}{100 + 400} = \dfrac{2200 - j4400}{500}$

$= 4.4 - j8.8$

$= \sqrt{4.4^2 + 8.8^2}$

$\therefore I = 9.8\underline{/\theta}\text{A}$

(4) **위상차**

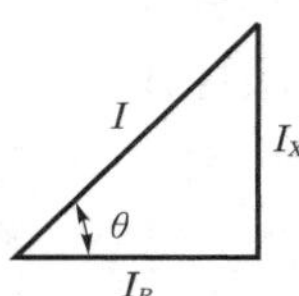


$\tan\theta = \dfrac{I_X}{I_R} = \dfrac{-8.8}{4.4}$

$\theta = \tan^{-1}\dfrac{-8.8}{4.4} \fallingdotseq -63.4°$

$\therefore I = 9.8\underline{/\theta} = 9.8\underline{/-63.4°}\text{A}$

답 ②

★★★
**28** **다음의 논리식 중 틀린 것은?**

19.09.문21 18.03.문31 17.09.문33 17.03.문23 16.05.문36 16.03.문39 15.09.문23 13.09.문30

① $(\overline{A}+B)\cdot(A+B)=B$
② $(\overline{A}+B)\cdot\overline{B}=\overline{A}\,\overline{B}$
③ $\overline{AB+AC}+\overline{A}=\overline{A}+\overline{B}\,\overline{C}$
④ $\overline{(\overline{A}+B)+CD}=A\overline{B}(C+D)$

해설 **불대수의 정리**

| 논리합 | 논리곱 | 비 고 |
|---|---|---|
| $X+0=X$ | $X\cdot 0=0$ | - |
| $X+1=1$ | $X\cdot 1=X$ | - |
| $X+X=X$ | $X\cdot X=X$ | - |
| $X+\overline{X}=1$ | $X\cdot\overline{X}=0$ | - |
| $X+Y=Y+X$ | $X\cdot Y=Y\cdot X$ | 교환법칙 |
| $X+(Y+Z)$<br>$=(X+Y)+Z$ | $X(YZ)=(XY)Z$ | 결합법칙 |
| $X(Y+Z)$<br>$=XY+XZ$ | $(X+Y)(Z+W)$<br>$=XZ+XW+YZ+YW$ | 분배법칙 |
| $X+XY=X$ | $\overline{X}+XY=\overline{X}+Y$<br>$X+\overline{X}Y=X+Y$<br>$X+\overline{X}\,\overline{Y}=X+\overline{Y}$ | 흡수법칙 |
| $(\overline{X+Y})$<br>$=\overline{X}\cdot\overline{Y}$ | $(\overline{X\cdot Y})=\overline{X}+\overline{Y}$ | 드모르간의 정리 |

④ $\overline{(\overline{A}+B)+CD}=\overline{\overline{A}}\cdot\overline{B}\cdot(\overline{C}+\overline{D})$
$=A\cdot\overline{B}\cdot(\overline{C}+\overline{D})$
$=A\overline{B}(\overline{C}+\overline{D})$

답 ④

★★★
**29** **$R=4\,\Omega$, $\dfrac{1}{\omega C}=9\,\Omega$인 $RC$ 직렬회로에 전압 $e(t)$를 인가할 때, 제3고조파 전류의 실효값 크기는 몇 A인가? (단, $e(t)=50+10\sqrt{2}\sin\omega t+120\sqrt{2}\sin3\omega t$[V])**

19.09.문34 13.03.문28 12.03.문31

① 4.4 ② 12.2
③ 24 ④ 34

해설 (1) **기호**

- $R$ : 4Ω
- $\dfrac{1}{\omega C}$ : 9Ω
- $I_3$ : ?

제3고조파 성분만 계산하면 되므로 리액턴스$\left(\dfrac{1}{\omega C}\right)$의 주파수 부분에 $\omega$대신 $3\omega$ 대입

$$\frac{1}{\omega C} : 9 = \frac{1}{3\omega C} : X$$

$$X=\frac{9}{3}=3\left(\therefore\ \frac{1}{3\omega C}=3\,\Omega\right)$$

(2) **임피던스**

$$Z=R+jX$$

여기서, $Z$ : 임피던스[Ω]
$R$ : 저항[Ω]
$X$ : 리액턴스[Ω]

제3고조파 임피던스 $Z$는
$Z=R+jX$
$=R+j\dfrac{1}{3\omega C}$
$=4+j3$

(3) **순시값**

$$v=V_m\sin\omega t$$

여기서, $v$ : 전압의 순시값[V]
$V_m$ : 전압의 최대값[V]
$\omega$ : 각주파수[rad/s]
$t$ : 주기[s]

제3고조파만 고려하면
$v=V_m\sin\omega t$
$=120\sqrt{2}\sin3\omega t\left(\therefore\ V_m=120\sqrt{2}\right)$

(4) **전압의 최대값**

$$V_m=\sqrt{2}\,V$$

여기서, $V_m$ : 전압의 최대값[V]
$V$ : 전압의 실효값[V]

전압의 실효값 $V$는
$$V=\frac{V_m}{\sqrt{2}}=\frac{120\sqrt{2}}{\sqrt{2}}=120\text{V}$$

(5) **전류**

$$I=\frac{V}{Z}=\frac{V}{R+jX}=\frac{V}{\sqrt{R^2+X^2}}$$

여기서, $I$ : 전류[A]
$V$ : 전압[V]
$Z$ : 임피던스[Ω]
$R$ : 저항[Ω]
$X$ : 리액턴스[Ω]

전류 $I$는
$$I=\frac{V}{\sqrt{R^2+X^2}}=\frac{120}{\sqrt{4^2+3^2}}=24\text{A}$$

답 ③

★★★
**30** 분류기를 사용하여 전류를 측정하는 경우에 전류계의 내부저항이 0.28Ω이고 분류기의 저항이 0.07Ω이라면, 이 분류기의 배율은?

19.03.문22 18.04.문25 18.03.문36 17.09.문24 16.03.문26 14.09.문36 08.03.문30 04.09.문28 03.03.문37

① 4
② 5
③ 6
④ 7

해설 (1) **기호**

- $R_A$ : 0.28Ω
- $R_S$ : 0.07Ω
- $M$ : ?

(2) **분류기의 배율**

$$M=\frac{I_0}{I}=1+\frac{R_A}{R_S}$$

여기서, $M$ : 분류기의 배율
$I_0$ : 측정하고자 하는 전류[A]
$I$ : 전류계 최대 눈금[A]
$R_A$ : 전류계 내부저항[Ω]
$R_S$ : 분류기저항[Ω]

$$M=1+\frac{R_A}{R_S}=1+\frac{0.28}{0.07}=5$$

비교

**배율기 배율**

$$M=\frac{V_0}{V}=1+\frac{R_m}{R_v}$$

여기서, $M$ : 배율기 배율
$V_0$ : 측정하고자 하는 전압[V]
$V$ : 전압계의 최대 눈금[A]
$R_m$ : 배율기 저항[Ω]
$R_v$ : 전압계 내부저항[Ω]

답 ②

★★★
**31** 옴의 법칙에 대한 설명으로 옳은 것은?

16.05.문32 15.05.문35 14.03.문22 03.05.문33

① 전압은 저항에 반비례한다.
② 전압은 전류에 비례한다.
③ 전압은 전류에 반비례한다.
④ 전압은 전류의 제곱에 비례한다.

해설 (1) **옴의 법칙**(Ohm's law)

$$I=\frac{V(\text{비례})}{R(\text{반비례})}\text{[A]}$$

여기서, $I$ : 전류[A]
$V$ : 전압[V]
$R$ : 저항[Ω]

(2) **여러 가지 법칙**

| 법 칙 | 설 명 |
|---|---|
| **옴**의 **법칙** | "저항은 전류에 반비례하고, 전압에 비례한다"는 법칙 |
| **플레밍**의 **오른손 법칙** | **도**체운동에 의한 **유**기기전력의 **방**향 결정<br>기억법 **방유도오**(**방**에 우**유**를 **도로** 갔다 놓게!) |
| **플레밍**의 **왼손 법칙** | **전**자력의 방향 결정<br>기억법 **왼전**(**왼** **전**쟁이냐?) |
| **렌츠**의 **법칙** | 자속변화에 의한 **유**도기전력의 **방**향 결정<br>기억법 **렌유방**(오**렌**지가 **유**일한 **방**법이다.) |
| **패러데이**의 **전자유도 법칙** | 자속변화에 의한 **유**기기전력의 **크**기 결정<br>기억법 **패유크**(**패유**를 버리면 **큰**일난다.) |
| **앙페르**의 **오른나사 법칙** | **전**류에 의한 **자**기장의 방향을 결정하는 법칙<br>기억법 **앙전자**(**양전자**) |
| **비오-사바르**의 **법칙** | **전**류에 의해 발생되는 **자**기장의 크기(전류에 의한 자계의 세기)<br>기억법 **비전자**(**비전**공**자**) |
| **키르히호프**의 **법칙** | 옴의 법칙을 응용한 것으로 복잡한 회로의 전류와 전압계산에 사용 |
| **줄**의 **법칙** | • 어떤 도체에 일정시간 동안 전류를 흘리면 도체에는 열이 발생되는데 이에 관한 법칙<br>• 저항이 있는 도체에 전류를 흘리면 **열**이 발생되는 법칙<br>기억법 **줄열** |
| **쿨롱**의 **법칙** | "두 자극 사이에 작용하는 힘은 두 **자극**의 **세기**의 **곱**에 **비례**하고, 두 자극 사이의 **거리**의 **제곱**에 **반비례**한다."는 법칙 |

① 전압은 저항에 비례
②, ③, ④ 전압은 전류에 비례

답 ②

**32** 17.03.문26

**3상 직권 정류자전동기에서 고정자권선과 회전자권선 사이에 중간변압기를 사용하는 주된 이유가 아닌 것은?**

① 경부하시 속도의 이상 상승 방지
② 철심을 포화시켜 회전자 상수를 감소
③ 중간변압기의 권수비를 바꾸어서 전동기 특성을 조정
④ 전원전압의 크기에 관계없이 정류에 알맞은 회전자전압 선택

해설 **중간변압기**의 **사용이유**(3상 직권 정류자전동기)

(1) 경부하시 **속도**의 **이상** 상승 **방지**
(2) 실효 **권수비** 선정 **조정**(권수비를 바꾸어서 전동기의 특성 조정)
(3) 전원전압의 크기에 관계없이 정류에 알맞은 **회전자전압** 선택
(4) 철심을 포화시켜 회전자상수 **증가**

② 감소 → 증가

답 ②

**33** 19.03.문25 13.06.문34 12.09.문29

**공기 중에 10μC과 20μC인 두 개의 점전하를 1m 간격으로 놓았을 때 발생되는 정전기력은 몇 N인가?**

① 1.2 ② 1.8
③ 2.4 ④ 3.0

해설 (1) **기호**

- $\varepsilon_s$ ≒1(공기 중이므로)
- $Q_1$ : 10μC=$10\times10^{-6}$C(1μC=$10^{-6}$C)
- $Q_2$ : 20μC=$20\times10^{-6}$C(1μC=$10^{-6}$C)
- $r$ : 1m
- $F$ : ?

(2) **정전력** : 두 전하 사이에 작용하는 힘

$$F=\frac{Q_1Q_2}{4\pi\varepsilon r^2}=QE$$

여기서, $F$: 정전력[N]
$Q$, $Q_1$, $Q_2$ : 전하[C]
$\varepsilon$ : 유전율[F/m]($\varepsilon=\varepsilon_0\cdot\varepsilon_s$)
$\varepsilon_0$ : 진공의 유전율($8.855\times10^{-12}$)[F/m]
$r$ : 거리[m]
$E$ : 전계의 세기[V/m]

정전력 $F$는

$$F=\frac{Q_1Q_2}{4\pi\varepsilon_0\varepsilon_s r^2}=\frac{(10\times10^{-6})\times(20\times10^{-6})}{4\pi\times8.855\times10^{-12}\times1\times1^2}$$

≒1.8N

비교

**자기력**
자석이 금속을 끌어당기는 힘

$$F=\frac{m_1m_2}{4\pi\mu r^2}=mH$$

여기서, $F$: 자기력[N]
$m$, $m_1$, $m_2$ : 자하[Wb]
$\mu$ : 투자율[H/m]($\mu=\mu_0\cdot\mu_s$)
$\mu_0$ : 진공의 투자율($4\pi\times10^{-7}$)[H/m]
$r$ : 거리[m]
$H$: 자계의 세기[A/m]

답 ②

**34** 15.03.문38 12.05.문39

**교류회로에 연결되어 있는 부하의 역률을 측정하는 경우 필요한 계측기의 구성은?**

① 전압계, 전력계, 회전계
② 상순계, 전력계, 전류계
③ 전압계, 전류계, 전력계
④ 전류계, 전압계, 주파수계

해설

$$P=V\ I\ \underline{\cos\theta}$$

↑ 전력 ↑ 전압 ↖ 전류 ↖ 역률

위 식에서 **역률측정계기**는 다음과 같다.

(1) 전압계 : Ⓥ
(2) 전류계 : Ⓐ 
(3) 전력계 : Ⓦ

답 ③

**35**

**평형 3상 회로에서 측정된 선간전압과 전류의 실효값이 각각 28.87V, 10A이고, 역률이 0.8일 때 3상 무효전력의 크기는 약 몇 Var인가?**

① 400 ② 300
③ 231 ④ 173

해설 (1) **기호**

- $V_l$ : 28.87V
- $I_l$ : 10A
- $\cos\theta$ : 0.8
- $P_r$ : ?

(2) **무효율**

$$\sin\theta=\sqrt{1-\cos\theta^2}$$

여기서, $\sin\theta$ : 무효율
$\cos\theta$ : 역률

무효율 $\sin\theta$는

$\sin\theta = \sqrt{1-\cos\theta^2}$

$= \sqrt{1-0.8^2} = 0.6$

(3) **3상 무효전력**

$$P_r = 3V_p I_p \sin\theta = \sqrt{3}\, V_l I_l \sin\theta = 3I_p^{\ 2} X \text{[Var]}$$

여기서, $P_r$ : 3상 무효전력[Var]

$V_p$ : 상전압[V]

$I_p$ : 상전류[A]

$\sin\theta$ : 무효율

$V_l$ : 선간전압[V]

$I_l$ : 선전류[A]

$X$ : 리액턴스[Ω]

3상 무효전력 $P_r$는

$P_r = \sqrt{3}\, V_l I_l \sin\theta$

$= \sqrt{3} \times 28.87 \times 10 \times 0.6 \fallingdotseq 300\text{Var}$

답 ②

**36** 다음 회로에서 a, b 사이의 합성저항은 몇 Ω인가?

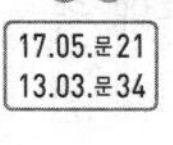

17.05.문21
13.03.문34

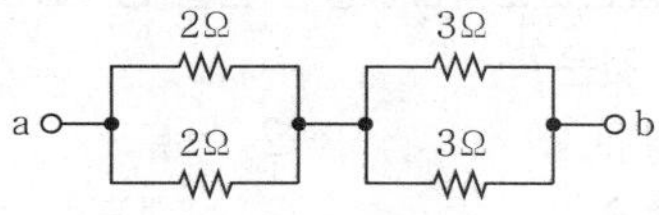


① 2.5  ② 5

③ 7.5  ④ 10

해설

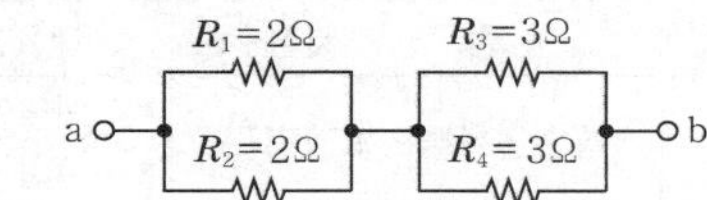


합성저항 $R_{a-b} = \dfrac{R_1 \times R_2}{R_1 + R_2} + \dfrac{R_3 \times R_4}{R_3 + R_4}$

$= \dfrac{2 \times 2}{2+2} + \dfrac{3 \times 3}{3+3} = 2.5\,\Omega$

답 ①

**37** 60Hz의 3상 전압을 전파정류하였을 때 맥동주파수[Hz]는?

15.09.문27
09.03.문32

① 120  ② 180

③ 360  ④ 720

해설 **맥동률 · 맥동주파수**(60Hz)

| 구 분 | 맥동률 | 맥동주파수 |
|---|---|---|
| 단상 반파 | 1.21 | 60Hz |
| 단상 전파 | 0.482 | 120Hz |
| 3상 반파 | 0.183 | 180Hz |
| 3상 전파 | 0.042 | 360Hz |

답 ③

**38** 두 개의 입력신호 중 한 개의 입력만이 1일 때 출력신호가 1이 되는 논리게이트는?

12.05.문40

① EXCLUSIVE NOR

② NAND

③ EXCLUSIVE OR

④ AND

해설 **시퀀스회로**와 **논리회로**

| 명칭 | 시퀀스회로 | 논리회로 | 진리표 |
|---|---|---|---|
| AND 회로 (**직렬 회로**) | $A$, $B$, $X_a$ | $X = A \cdot B$<br>입력신호 $A$, $B$가 동시에 1일 때만 출력신호 $X$가 1이 된다. | A B X: 0 0 0 / 0 1 0 / 1 0 0 / 1 1 1 |
| OR 회로 (**병렬 회로**) | $A$, $B$, $X_a$ | $X = A + B$<br>입력신호 $A$, $B$ 중 어느 하나라도 1이면 출력신호 $X$가 1이 된다. | A B X: 0 0 0 / 0 1 1 / 1 0 1 / 1 1 1 |
| NOT 회로 (**b접점**) | $A$, $X_b$ | $X = \overline{A}$<br>입력신호 $A$가 0일 때만 출력신호 $X$가 1이 된다. | A X: 0 1 / 1 0 |
| NAND 회로 | $A$, $B$, $X_b$ | $X = \overline{A \cdot B}$<br>입력신호 $A$, $B$가 동시에 1일 때만 출력신호 $X$가 0이 된다(AND회로의 부정). | A B X: 0 0 1 / 0 1 1 / 1 0 1 / 1 1 0 |
| NOR 회로 | $A$, $B$, $X_b$ | $X = \overline{A + B}$<br>입력신호 $A$, $B$가 동시에 0일 때만 출력신호 $X$가 1이 된다(OR회로의 부정). | A B X: 0 0 1 / 0 1 0 / 1 0 0 / 1 1 0 |
| EXCLUSIVE OR 회로 | $\overline{A}$, $A$, $B$, $\overline{B}$, $X_a$ | $X = A \oplus B$<br>$= \overline{A}B + A\overline{B}$<br>입력신호 $A$, $B$ 중 어느 한쪽만이 1이면 출력신호 $X$가 1이 된다. | A B X: 0 0 0 / 0 1 1 / 1 0 1 / 1 1 0 |

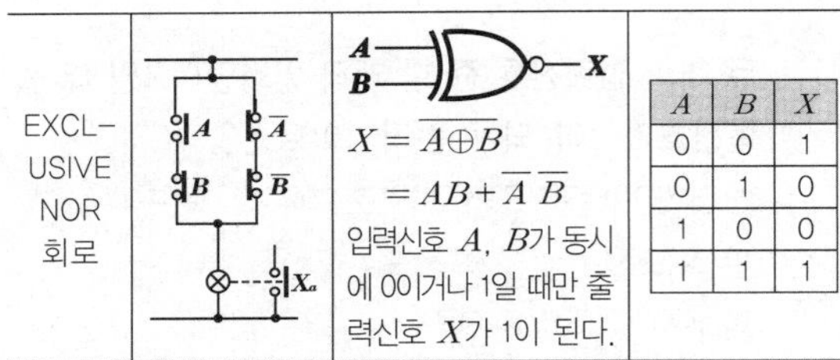

| EXCLUSIVE NOR 회로 | (회로도) | $X=\overline{A\oplus B}$ $=AB+\overline{A}\,\overline{B}$ 입력신호 $A$, $B$가 동시에 0이거나 1일 때만 출력신호 $X$가 1이 된다. | 진리표 |
|---|---|---|---|

| $A$ | $B$ | $X$ |
|---|---|---|
| 0 | 0 | 1 |
| 0 | 1 | 0 |
| 1 | 0 | 0 |
| 1 | 1 | 1 |

답 ③

## 39 진공 중 대전된 도체의 표면에 면전하밀도 $\sigma$[C/m²]가 균일하게 분포되어 있을 때, 이 도체 표면에서의 전계의 세기 $E$[V/m]는? (단, $\varepsilon_0$는 진공의 유전율이다.)

① $E=\dfrac{\sigma}{\varepsilon_0}$　　② $E=\dfrac{\sigma}{2\varepsilon_0}$

③ $E=\dfrac{\sigma}{2\pi\varepsilon_0}$　　④ $E=\dfrac{\sigma}{4\pi\varepsilon_0}$

해설 **전계의 세기**(intensity of electric field)

$$E=\frac{Q}{4\pi\varepsilon r^2}=\frac{\sigma}{\varepsilon}$$

여기서, $E$ : 전계의 세기[V/m]
$Q$ : 전하[C]
$\varepsilon$ : 유전율[F/m]($\varepsilon=\varepsilon_0\cdot\varepsilon_s$)
($\varepsilon_0$ : 진공의 유전율[F/m], $\varepsilon_s$ : 비유전율)
$\sigma$ : 면전하밀도[C/m²]
$r$ : 거리[m]

**전계의 세기**(전장의 세기) $E$는

$$E=\frac{\sigma}{\varepsilon}=\frac{\sigma}{\varepsilon_0\varepsilon_s}=\frac{\sigma}{\varepsilon_0}$$

- 진공 중 $\varepsilon_s \fallingdotseq 1$이므로 $\varepsilon=\varepsilon_0\varepsilon_s=\varepsilon_0$

답 ①

## 40 3상 유도전동기의 출력이 25HP, 전압이 220V, 효율이 85%, 역률이 85%일 때, 이 전동기로 흐르는 전류는 약 몇 A인가? (단, 1HP=0.746kW)

① 40　　② 45
③ 68　　④ 70

해설 (1) **기호**

- $P$ : 25HP=25×0.746=18.65kW =18650W(1HP=0.746kW)
- $V$ : 220V
- $\eta$ : 85%=0.85
- $\cos\theta$ : 85%=0.85
- $I$ : ?

(2) **3상 출력(3상 유효전력)**

$$P=\sqrt{3}\,VI\cos\theta\eta$$

여기서, $P$ : 3상 출력[W]
$V$ : 전압[V]
$I$ : 전류[A]
$\cos\theta$ : 역률
$\eta$ : 효율

전류 $I$는

$$I=\frac{P}{\sqrt{3}\,V\cos\theta\eta}=\frac{18650}{\sqrt{3}\times220\times0.85\times0.85}\fallingdotseq 68\text{A}$$

답 ③

# 제 3 과목 소방관계법규

## 41 위험물안전관리법령상 위험물 중 제1석유류에 속하는 것은?

17.09.문42

① 경유　　② 등유
③ 중유　　④ 아세톤

해설 **위험물령 [별표 1]**
**제4류 위험물**

| 성 질 | 품 명 | | 지정수량 | 대표물질 |
|---|---|---|---|---|
| 인화성 액체 | 특수인화물 | | 50L | • 디에틸에테르 • 이황화탄소 |
| | 제1 석유류 | 비수용성 | 200L | • 휘발유 • 콜로디온 |
| | | 수용성 | 400L | • **아세톤** 기억법 수4 |
| | 알코올류 | | 400L | • 변성알코올 |
| | 제2 석유류 | 비수용성 | 1000L | • 등유 • 경유 |
| | | 수용성 | 2000L | • 아세트산 |
| | 제3 석유류 | 비수용성 | 2000L | • 중유 • 클레오소트유 |
| | | 수용성 | 4000L | • 글리세린 |
| | 제4석유류 | | 6000L | • 기어유 • 실린더유 |
| | 동식물유류 | | 10000L | • 아마인유 |

① 제2석유류
② 제2석유류
③ 제3석유류

답 ④

## 42 소방시설 설치 및 관리에 관한 법령상 소방시설 등의 자체점검 중 종합점검을 받아야 하는 특정소방대상물 대상 기준으로 틀린 것은?

16.05.문55
12.05.문45

① 제연설비가 설치된 터널
② 스프링클러설비가 설치된 특정소방대상물
③ 공공기관 중 연면적이 $1000m^2$ 이상인 것으로서 옥내소화전설비 또는 자동화재탐지설비가 설치된 것(단, 소방대가 근무하는 공공기관은 제외한다.)
④ 호스릴방식의 물분무등소화설비만이 설치된 연면적 $5000m^2$ 이상인 특정소방대상물(단, 위험물제조소 등은 제외한다.)

해설 **소방시설법 시행규칙 〔별표 4〕**
**소방시설 등 자체점검의 구분과 대상, 점검자의 자격**

| 점검구분 | 정 의 | 점검대상 | 점검자의 자격 (주된 인력) |
|---|---|---|---|
| 최초점검 | 특정소방대상물의 소방시설등이 신설된 경우 건축물을 사용할 수 있게 된 날부터 **60일** 이내에 자체점검 | 신축·증축·개축·재축·이전·용도변경 또는 대수선 등으로 소방시설이 신설된 특정소방대상물 중 소방공사감리자가 지정되어 소방공사감리 결과보고서로 완공검사를 받은 특정소방대상물 | ① 소방시설관리업에 등록된 기술인력 중 소방시설관리사<br>② 소방안전관리자로 선임된 소방시설관리사 또는 소방기술사 |
| 작동점검 | 소방시설 등을 인위적으로 조작하여 정상적으로 작동하는지를 점검하는 것 | ① 간이스프링클러설비<br>② 자동화재탐지설비<br>③ 3급 소방안전관리대상물 | ① 관계인<br>② 소방안전관리자로 선임된 **소방시설관리사** 또는 **소방기술사**<br>③ 소방시설관리업에 등록된 소방시설관리사 또는 **특급점검자** |
| | | ④ ①, ②, ③, ⑤에 해당하지 아니하는 특정소방대상물 | ① 소방시설관리업에 등록된 기술인력 중 소방시설관리사<br>② 소방안전관리자로 선임된 소방시설관리사 또는 소방기술사 |
| | ⑤ 다음에 해당하는 특정소방대상물은 **작동점검** 대상 **제외**<br>㉠ 특정소방대상물 중 소방안전관리자를 선임하지 않는 대상<br>㉡ **위험물제조소** 등<br>㉢ **특급**소방안전관리대상물 | | |
| 종합점검 | 소방시설 등의 작동점검을 포함하여 소방시설 등의 설비별 주요구성부품의 구조기준이 관련법령에서 정하는 기준에 적합한지 여부를 점검하는 것 | ① **스프링클러설비**가 설치된 특정소방대상물<br>② **물분무등소화설비**(호스릴방식의 물분무등소화설비만을 설치한 경우는 제외)가 설치된 연면적 **5000m²** 이상인 특정소방대상물(위험물제조소 등 제외)<br>③ 다중이용업의 영업장이 설치된 특정소방대상물로서 연면적이 2000m² 이상인 것<br>④ 제연설비가 설치된 터널<br>⑤ 공공기관 중 연면적(터널·지하구의 경우 그 길이와 평균폭을 곱하여 계산된 값을 말한다)이 **1000m²** 이상인 것으로서 옥내소화전설비 또는 자동화재탐지설비가 설치된 것(단, 소방대가 근무하는 공공기관 제외) | ① 소방시설관리업에 등록된 기술인력 중 소방시설관리사<br>② 소방안전관리자로 선임된 소방시설관리사 또는 소방기술사 |

④ 호스릴방식의 물분무등소화설비만을 설치한 경우는 제외

답 ④

## 43 소방시설 설치 및 관리에 관한 법령상 소방시설이 아닌 것은?

18.03.문55
11.03.문44

① 소방설비 ② 경보설비
③ 방화설비 ④ 소화활동설비

해설 **소방시설법 2조**
정의

| 용 어 | 뜻 |
|---|---|
| 소방시설 | **소화설비**, **경보설비**, **피난구조설비**, **소화용수설비**, 그 밖에 **소화활동설비**로서 **대통령령**으로 정하는 것 |
| 소방시설 등 | **소방시설**과 **비상구**, 그 밖에 소방 관련 시설로서 **대통령령**으로 정하는 것 |
| 특정소방대상물 | 건축물 등의 규모·용도 및 수용인원 등을 고려하여 **소방시설**을 **설치**하여야 하는 소방대상물로서 **대통령령**으로 정하는 것 |
| 소방용품 | 소방시설 등을 구성하거나 소방용으로 사용되는 **제품** 또는 **기기**로서 **대통령령**으로 정하는 것 |

③ 해당 없음

답 ③

★★★
## 44 소방기본법상 소방대장의 권한이 아닌 것은?

19.03.문56 18.04.문43 17.05.문48

① 소방활동을 할 때에 긴급한 경우에는 이웃한 소방본부장 또는 소방서장에게 소방업무의 응원을 요청할 수 있다.
② 화재, 재난·재해, 그 밖의 위급한 상황이 발생한 현장에서 소방활동을 위하여 필요할 때에는 그 관할구역에 사는 사람 또는 그 현장에 있는 사람으로 하여금 사람을 구출하는 일 또는 불을 끄거나 불이 번지지 아니하도록 하는 일을 하게 할 수 있다.
③ 사람을 구출하거나 불이 번지는 것을 막기 위하여 필요할 때에는 화재가 발생하거나 불이 번질 우려가 있는 소방대상물 및 토지를 일시적으로 사용하거나 그 사용의 제한 또는 소방활동에 필요한 처분을 할 수 있다.
④ 소방활동을 위하여 긴급하게 출동할 때에는 소방자동차의 통행과 소방활동에 방해가 되는 주차 또는 정차된 차량 및 물건 등을 제거하거나 이동시킬 수 있다.

해설 (1) 소방**대**장 : 소방**활**동**구**역의 설정(기본법 23조)

기억법 대구활(대구의 활동)

(2) **소**방본부장·**소**방서장·소방**대**장
㉠ 소방활동 **종**사명령(기본법 24조) ← 보기 ②
㉡ **강**제처분(기본법 25조) ← 보기 ③, ④
㉢ **피**난명령(기본법 26조)
㉣ 댐·저수지 사용 등 위험시설 등에 대한 긴급조치(기본법 27조)

기억법 소대종강피(소방대의 종강파티)

비교

**소방본부장·소방서장**(기본법 11조)
소방업무의 응원 요청

① 소방본부장, 소방서장의 권한

답 ①

★★★
## 45 위험물안전관리법령상 제조소 등이 아닌 장소에서 지정수량 이상의 위험물을 취급할 수 있는 경우에 대한 기준으로 맞는 것은? (단, 시·도의 조례가 정하는 바에 따른다.)

19.09.문43 16.03.문47 07.09.문41

① 관할 소방서장의 승인을 받아 지정수량 이상의 위험물을 60일 이내의 기간 동안 임시로 저장 또는 취급하는 경우
② 관할 소방대장의 승인을 받아 지정수량 이상의 위험물을 60일 이내의 기간 동안 임시로 저장 또는 취급하는 경우
③ 관할 소방서장의 승인을 받아 지정수량 이상의 위험물을 90일 이내의 기간 동안 임시로 저장 또는 취급하는 경우
④ 관할 소방대장의 승인을 받아 지정수량 이상의 위험물을 90일 이내의 기간 동안 임시로 저장 또는 취급하는 경우

해설 **90일**
(1) 소방시설업 **등**록신청 자산평가액·기업진단보고서 **유**효기간(공사업규칙 2조)
(2) 위험물 임시저장·취급 기준(위험물법 5조)

기억법 등유9(등유 구해와!)

① 60일 → 90일
② 소방대장 → 소방서장, 60일 → 90일
④ 소방대장 → 소방서장

중요

**위험물법 5조**
임시저장 승인 : 관할소방서장

답 ③

★★
## 46 위험물안전관리법령상 제4류 위험물별 지정수량 기준의 연결이 틀린 것은?

15.05.문41 13.09.문54

① 특수인화물－50리터
② 알코올류－400리터
③ 동식물류－1000리터
④ 제4석유류－6000리터

해설 **위험물령 [별표 1]**
**제4류 위험물**

| 성 질 | 품 명 | | 지정수량 | 대표물질 |
|---|---|---|---|---|
| 인화성 액체 | 특수인화물 | | 50L | • 디에틸에테르<br>• 이황화탄소 |
| | 제1 석유류 | 비수용성 | 200L | • 휘발유<br>• 콜로디온 |
| | | 수용성 | 400L | • 아세톤 |
| | 알코올류 | | 400L | • 변성알코올 |
| | 제2 석유류 | 비수용성 | 1000L | • 등유<br>• 경유 |
| | | 수용성 | 2000L | • 아세트산 |
| | 제3 석유류 | 비수용성 | 2000L | • 중유<br>• 클레오소트유 |
| | | 수용성 | 4000L | • 글리세린 |
| | 제4석유류 | | 6000L | • 기어유<br>• 실린더유 |
| | 동식물유류 | | 10000L | • 아마인유 |

③ 1000리터 → 10000리터

답 ③

★★★
## 47 화재의 예방 및 안전관리에 관한 법률상 화재예방강화지구의 지정권자는?

19.09.문50 17.09.문49 16.05.문53 13.09.문56

① 소방서장 ② 시·도지사
③ 소방본부장 ④ 행정자치부장관

해설 **화재예방법 18조**
화재예방강화지구의 지정
(1) **지정권자** : **시**·도지사
(2) **지정지역**
㉠ **시장**지역
㉡ **공장·창고** 등이 밀집한 지역
㉢ **목조건물**이 밀집한 지역
㉣ 노후·불량 건축물이 밀집한 지역
㉤ **위험물**의 **저장** 및 **처리시설**이 **밀집**한 지역
㉥ **석유화학제품**을 생산하는 공장이 있는 지역
㉦ **소방시설·소방용수시설** 또는 **소방출동로**가 **없는** 지역
㉧ 「**산업입지 및 개발에 관한 법률**」에 따른 산업단지
㉨ **소방청장·소방본부장** 또는 **소방서장**(소방관서장)이 화재예방강화지구로 지정할 필요가 있다고 인정하는 지역

※ **화재예방강화지구** : 화재발생 우려가 크거나 화재가 발생할 경우 피해가 클 것으로 예상되는 지역에 대하여 화재의 예방 및 안전관리를 강화하기 위해 지정·관리하는 지역

기억법 **화강시**

답 ②

★★★
## 48 위험물안전관리법령상 관계인이 예방규정을 정하여야 하는 위험물을 취급하는 제조소의 지정수량 기준으로 옳은 것은?

19.04.문53 17.03.문41 17.03.문55 15.09.문48 15.03.문58 14.05.문41 12.09.문52

① 지정수량의 10배 이상
② 지정수량의 100배 이상
③ 지정수량의 150배 이상
④ 지정수량의 200배 이상

해설 **위험물령 15조**
예방규정을 정하여야 할 제조소 등

| 배 수 | 제조소 등 |
|---|---|
| **10배** 이상 | • **제**조소<br>• **일**반취급소 |
| **100배** 이상 | • 옥**외**저장소 |
| **150배** 이상 | • 옥**내**저장소 |
| **200배** 이상 | • 옥외**탱**크저장소 |
| 모두 해당 | • 이송취급소<br>• 암반탱크저장소 |

기억법
1 제일
0 외
5 내
2 탱

※ **예방규정** : 제조소 등의 화재예방과 화재 등 재해발생시의 비상조치를 위한 규정

답 ①

★
## 49 소방시설 설치 및 관리에 관한 법령상 주택의 소유자가 소방시설을 설치하여야 하는 대상이 아닌 것은?

17.09.문45 (산업)

① 아파트 ② 연립주택
③ 다세대주택 ④ 다가구주택

해설 **소방시설법 10조**
주택의 소유자가 설치하는 소방시설의 설치대상
(1) **단독주택**
(2) **공동주택**(아파트 및 기숙사 제외) : **연립주택**, **다세대주택**, **다가구주택**

답 ①

★★
## 50 소방시설공사업법령상 정의된 업종 중 소방시설업의 종류에 해당되지 않는 것은?

15.09.문51 10.09.문48

① 소방시설설계업 ② 소방시설공사업
③ 소방시설정비업 ④ 소방공사감리업

해설 **공사업법 2조**
소방시설업의 종류

| 소방시설 설계업 | 소방시설 공사업 | 소방공사 감리업 | 방염처리업 |
|---|---|---|---|
| 소방시설공사에 기본이 되는 **공사계획·설계도면·설계설명서·기술계산서** 등을 작성하는 영업 | 설계도서에 따라 소방시설을 **신설·증설·개설·이전·정비**하는 영업 | 소방시설공사에 관한 발주자의 권한을 대행하여 소방시설공사가 **설계도서**와 관계법령에 따라 **적법**하게 **시공**되는지를 확인하고, 품질·시공 관리에 대한 **기술지도**를 하는 영업 | 방염대상물품에 대하여 **방염처리**하는 영업 |

답 ③

★★★
## 51 소방시설 설치 및 관리에 관한 법령상 특정소방대상물로서 숙박시설에 해당되지 않는 것은?

19.04.문50 17.03.문50 14.09.문54 11.06.문50 09.03.문56

① 오피스텔
② 일반형 숙박시설
③ 생활형 숙박시설
④ 근린생활시설에 해당하지 않는 고시원

해설 **소방시설법 시행령 〔별표 2〕**
**업무시설**
(1) 주민자치센터(동사무소)
(2) 경찰서
(3) 소방서
(4) 우체국
(5) 보건소
(6) 공공도서관
(7) 국민건강보험공단
(8) 금융업소 · 오피스텔 · 신문사
(9) 변전소 · 양수장 · 정수장 · 대피소 · 공중화장실

① 오피스텔 : 업무시설

중요
**숙박시설**
(1) 일반형 숙박시설
(2) 생활형 숙박시설
(3) 고시원

답 ①

★
**52** 11.03.문57 **소방기본법령상 특수가연물의 저장 및 취급기준을 2회 위반한 경우 과태료 부과기준은?**

① 50만원 ② 100만원
③ 150만원 ④ 200만원

해설 **기본령 〔별표 3〕**
**과태료의 부과기준**

| 위반사항 | 과태료금액 |
|---|---|
| ① 소방용수시설 · 소화기구 및 설비 등의 설치명령을 위반한 자 | 1회 위반시 : 50<br>2회 위반시 : 100<br>3회 위반시 : 150<br>4회 이상 위반시 : 200 |
| ② 불의 사용에 있어서 지켜야 하는 사항을 위반한 자<br>㉠ 위반행위로 말미암아 화재가 발생한 경우 | 1회 위반시 : 100<br>2회 위반시 : 150<br>3회 이상 위반시 : 200 |
| ㉡ 위반행위로 말미암아 화재가 발생한 경우 외의 경우 | 1회 위반시 : 50<br>2회 위반시 : 100<br>3회 위반시 : 150<br>4회 이상 위반시 : 200 |
| ③ 특수가연물의 저장 및 취급의 기준을 위반한 자 | 1회 위반시 : 20<br>2회 위반시 : 50<br>3회 이상 위반시 : 100 |
| ④ 화재 또는 구조 · 구급이 필요한 상황을 거짓으로 알린 자 | 1회 위반시 : 200<br>2회 위반시 : 400<br>3회 이상 위반시 : 500 |
| ⑤ 소방활동구역 출입제한을 위반한 자 | 100 |
| ⑥ 한국소방안전원 또는 이와 유사한 명칭을 사용한 경우 | 200 |

답 ①

★★★
**53** 19.09.문41 19.04.문51 18.09.문43 17.03.문57 15.09.문67 **소방시설 설치 및 관리에 관한 법령상 수용인원 산정방법 중 다음과 같은 시설의 수용인원은 몇 명인가?**

> 숙박시설이 있는 특정소방대상물로서 종사자 수는 5명, 숙박시설은 모두 2인용 침대이며 침대수량은 50개이다.

① 55 ② 75
③ 85 ④ 105

해설 **소방시설법 시행령 〔별표 4〕**
**수용인원의 산정방법**

| 특정소방대상물 | | 산정방법 |
|---|---|---|
| • 숙박시설 | 침대가 있는 경우 ⟶ | 종사자수 + 침대수 |
| | 침대가 없는 경우 | 종사자수 + $\dfrac{\text{바닥면적 합계}}{3m^2}$ |
| • 강의실 • 교무실 • 상담실 • 실습실 • 휴게실 | | $\dfrac{\text{바닥면적 합계}}{1.9m^2}$ |
| • 기타 | | $\dfrac{\text{바닥면적 합계}}{3m^2}$ |
| • 강당 • 문화 및 집회시설, 운동시설 • 종교시설 | | $\dfrac{\text{바닥면적 합계}}{4.6m^2}$ |

• **소수점 이하**는 **반올림**한다.

기억법 **수반(수반! 동반!)**

숙박시설(침대가 있는 경우)
=종사자수 + 침대수 = 5명+(2인용×50개) =105명

답 ④

★★★
**54** 19.03.문42 18.04.문54 13.03.문48 12.05.문55 10.09.문49 **소방시설 설치 및 관리에 관한 법상 소방시설 등에 대한 자체점검을 하지 아니하거나 관리업자 등으로 하여금 정기적으로 점검하게 하지 아니한 자에 대한 벌칙기준으로 옳은 것은?**

① 6개월 이하의 징역 또는 1000만원 이하의 벌금
② 1년 이하의 징역 또는 1000만원 이하의 벌금
③ 3년 이하의 징역 또는 1500만원 이하의 벌금
④ 3년 이하의 징역 또는 3000만원 이하의 벌금

해설 **1년 이하의 징역 또는 1000만원 이하의 벌금**
(1) 소방시설의 **자체점검** 미실시자(소방시설법 58조)
(2) **소방시설관리사증** 대여(소방시설법 58조)
(3) **소방시설관리업**의 등록증 또는 등록수첩 대여(소방시설법 58조)
(4) 제조소 등의 정기점검기록 허위작성(위험물법 35조)

(5) **자체소방대**를 두지 않고 제조소 등의 허가를 받은 자(위험물법 35조)
(6) **위험물 운반용기**의 검사를 받지 않고 유통시킨 자(위험물법 35조)
(7) 제조소 등의 긴급사용정지 위반자(위험물법 35조)
(8) 영업정지처분 위반자(공사업법 36조)
(9) **거짓 감리자**(공사업법 36조)
(10) 공사감리자 미지정자(공사업법 36조)
(11) 소방시설 설계 · 시공 · 감리 하도급자(공사업법 36조)
(12) 소방시설공사 재하도급자(공사업법 36조)
(13) 소방시설업자가 아닌 자에게 **소방시설공사** 등을 도급한 관계인(공사업법 36조)

답 ②

**55** 화재의 예방 및 안전관리에 관한 법률상 화재예방강화지구의 지정대상이 아닌 것은? (단, 소방청장 · 소방본부장 또는 소방서장이 화재예방강화지구로 지정할 필요가 있다고 인정하는 지역은 제외한다.)

19.09.문50 17.09.문49 16.05.문53 13.09.문56

① 시장지역
② 농촌지역
③ 목조건물이 밀접한 지역
④ 공장 · 창고가 밀집한 지역

해설 **화재예방법 18조**
화재예방강화지구의 지정
(1) **지정권자** : 시 · 도지사
(2) **지정지역**
㉠ **시장**지역
㉡ **공장** · **창고** 등이 밀집한 지역
㉢ **목조건물**이 밀집한 지역
㉣ 노후 · 불량 건축물이 밀집한 지역
㉤ **위험물**의 **저장** 및 **처리시설**이 **밀집**한 지역
㉥ **석유화학제품**을 생산하는 공장이 있는 지역
㉦ **소방시설** · **소방용수시설** 또는 **소방출동로**가 **없는** 지역
㉧ 「**산업입지 및 개발에 관한 법률**」에 따른 산업단지
㉨ **소방청장** · **소방본부장** 또는 **소방서장**(소방관서장)이 화재예방강화지구로 지정할 필요가 있다고 인정하는 지역

② 해당없음

※ **화재예방강화지구** : 화재발생 우려가 크거나 화재가 발생할 경우 피해가 클 것으로 예상되는 지역에 대하여 화재의 예방 및 안전관리를 강화하기 위해 지정 · 관리하는 지역

답 ②

**56** 소방기본법령상 특수가연물의 품명과 지정수량 기준의 연결이 틀린 것은?

15.09.문47 15.05.문49 14.03.문52 12.05.문60

① 사류－1000kg 이상
② 볏짚류－3000kg 이상
③ 석탄 · 목탄류－10000kg 이상
④ 합성수지류 중 발포시킨 것－$20m^3$ 이상

해설 **기본령 〔별표 2〕**
특수가연물

| 품 명 | | 수 량 |
|---|---|---|
| 가연성 액체류 | | $2m^3$ 이상 |
| 목재가공품 및 나무부스러기 | | $10m^3$ 이상 |
| 면화류 | | 200kg 이상 |
| 나무껍질 및 대팻밥 | | 400kg 이상 |
| 넝마 및 종이부스러기 | | 1000kg 이상 |
| 사류(絲類) | | 1000kg 이상 |
| 볏짚류 | | 1000kg 이상 |
| 가연성 고체류 | | 3000kg 이상 |
| 합성수지류 | 발포시킨 것 | $20m^3$ 이상 |
| 합성수지류 | 그 밖의 것 | 3000kg 이상 |
| 석탄 · 목탄류 | | 10000kg 이상 |

② 3000kg 이상 → 1000kg 이상

• **특수가연물** : 화재가 발생하면 그 확대가 빠른 물품

기억법
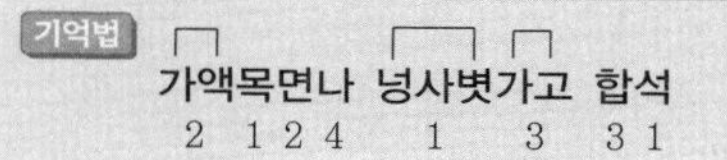


답 ②

**57** 소방기본법령상 소방안전교육사의 배치대상별 배치기준으로 틀린 것은?

13.09.문46

① 소방청 : 2명 이상 배치
② 소방서 : 1명 이상 배치
③ 소방본부 : 2명 이상 배치
④ 한국소방안전원(본회) : 1명 이상 배치

해설 **기본령 〔별표 2의 3〕**
소방안전교육사의 배치대상별 배치기준

| 배치대상 | 배치기준 |
|---|---|
| 소방서 | • 1명 이상 |
| 한국소방안전원 | • 시 · 도지부 : 1명 이상<br>• 본회 : **2명** 이상 |
| 소방본부 | • 2명 이상 |
| 소방청 | • 2명 이상 |
| 한국소방산업기술원 | • 2명 이상 |

④ 1명 이상 → 2명 이상

답 ④

★★
**58** 화재의 예방 및 안전관리에 관한 법령상 관리의 권원이 분리된 특정소방대상물이 아닌 것은?

18.03.문59
16.03.문42
06.03.문60

① 판매시설 중 도매시장 및 소매시장
② 전통시장
③ 지하층을 제외한 층수가 7층 이상인 복합건축물
④ 복합건축물로서 연면적이 30000m$^2$ 이상인 것

해설 **화재예방법 35조, 화재예방법 시행령 36조**
관리의 권원이 분리된 특정소방대상물
(1) **복합건축물**(지하층을 제외한 **11층** 이상 또는 연면적 **3만m$^2$** 이상인 건축물)
(2) **지하가**
(3) **도매시장, 소매시장, 전통시장**

③ 7층 → 11층

답 ③

★★★
**59** 소방시설공사업법상 도급을 받은 자가 제3자에게 소방시설공사의 시공을 하도급한 경우에 대한 벌칙기준으로 옳은 것은? (단, 대통령령으로 정하는 경우는 제외한다.)

19.03.문42
18.04.문54
13.03.문48
12.05.문55
10.09.문49

① 100만원 이하의 벌금
② 300만원 이하의 벌금
③ 1년 이하의 징역 또는 1000만원 이하의 벌금
④ 3년 이하의 징역 또는 1500만원 이하의 벌금

해설 **1년 이하의 징역 또는 1000만원 이하의 벌금**
(1) 소방시설의 **자체점검** 미실시자(소방시설법 58조)
(2) **소방시설관리사증** 대여(소방시설법 58조)
(3) **소방시설관리업**의 등록증 또는 등록수첩 대여(소방시설법 58조)
(4) 제조소 등의 정기점검기록 허위작성(위험물법 35조)
(5) **자체소방대**를 두지 않고 제조소 등의 허가를 받은 자(위험물법 35조)
(6) **위험물 운반용기**의 검사를 받지 않고 유통시킨 자(위험물법 35조)
(7) 제조소 등의 긴급사용정지 위반자(위험물법 35조)
(8) 영업정지처분 위반자(공사업법 36조)
(9) **거짓 감리자**(공사업법 36조)
(10) 공사감리자 미지정자(공사업법 36조)
(11) 소방시설 설계 · 시공 · 감리 하도급자(공사업법 36조)
(12) 소방시설공사 재하도급자(공사업법 36조)
(13) 소방시설업자가 아닌 자에게 **소방시설공사** 등을 도급한 관계인(공사업법 36조)

답 ③

★
**60** 소방시설 설치 및 관리에 관한 법령상 정당한 사유 없이 피난시설 방화구획 및 방화시설의 유지 · 관리에 필요한 조치명령을 위반한 경우 이에 대한 벌칙기준으로 옳은 것은?

11.10.문55

① 200만원 이하의 벌금
② 300만원 이하의 벌금
③ 1년 이하의 징역 또는 1000만원 이하의 벌금
④ 3년 이하의 징역 또는 3000만원 이하의 벌금

해설 **소방시설법 57조**
**3년 이하의 징역 또는 3000만원 이하의 벌금**
(1) **소방시설관리업** 무등록자
(2) **형식승인**을 받지 않은 소방용품 제조 · 수입자
(3) **제품검사**를 받지 않은 자
(4) **부정한 방법**으로 전문기관의 지정을 받은 자
(5) **피난시설, 방화구획** 및 방화시설의 관리에 따른 **명령**을 정당한 사유없이 **위반**한 자

답 ④

## 제 4 과목 소방전기시설의 구조 및 원리

★
**61** 비상경보설비 및 단독경보형 감지기의 화재안전기준(NFSC 201)에 따라 화재신호 및 상태신호 등을 송수신하는 방식으로 옳은 것은?

① 자동식 ② 수동식
③ 반자동식 ④ 유 · 무선식

해설 **신호처리방식**(NFSC 201 3조의 2)

| 신호처리방식 | 설 명 |
|---|---|
| 유선식 | 화재신호 등을 **배선**으로 송수신하는 방식의 것 |
| 무선식 | 화재신호 등을 **전파**에 의해 송수신하는 방식의 것 |
| 유 · 무선식 | ① 유선식과 무선식을 **겸용**으로 사용하는 방식의 것<br>② **화재신호** 및 **상태신호** 등을 송수신하는 방식 |

답 ④

★
**62** 감지기의 형식승인 및 제품검사의 기술기준에 따른 연기감지기의 종류로 옳은 것은?

① 연복합형 ② 공기흡입형
③ 차동식 스포트형 ④ 보상식 스포트형

해설 **감지기**의 **형식승인** 및 **제품검사**의 **기술기준 3조**
**연기감지기의 종류**
(1) 이온화식 스포트형
(2) 광전식 스포트형
(3) 광전식 분리형
(4) 공기흡입형

답 ②

★★
## 63
14.05.문76

**비상콘센트설비의 화재안전기준(NFSC 504)에 따른 비상콘센트설비의 전원회로(비상콘센트에 전력을 공급하는 회로를 말한다)의 시설기준으로 옳은 것은?**

① 하나의 전용회로에 설치하는 비상콘센트는 12개 이하로 할 것
② 전원회로는 단상 교류 220V인 것으로서 그 공급용량은 1.0kVA 이상인 것으로 할 것
③ 비상콘센트용의 풀박스 등은 방청도장을 한 것으로서, 두께 1.2mm 이상의 철판으로 할 것
④ 전원으로부터 각 층의 비상콘센트에 분기되는 경우에는 분기배선용 차단기를 보호함 안에 설치할 것

해설 **비상콘센트설비**

| 구 분 | 전 압 | 용 량 | 플러스접속기 |
|---|---|---|---|
| 단상 교류 | 220V | 1.5kVA 이상 | 접지형 2극 |

← 보기 ②

(1) 하나의 전용회로에 설치하는 비상콘센트는 **10개** 이하로 할 것(전선의 용량은 최대 **3개**) ← 보기 ①
(2) 전원회로는 각 층에 있어서 **2 이상**이 되도록 설치할 것(단, 설치하여야 할 층의 콘센트가 **1개**인 때에는 하나의 회로로 할 수 있다.)
(3) 플러그접속기의 칼받이 접지극에는 **접지공사**를 하여야 한다.
(4) 풀박스는 **1.6mm** 이상의 철판을 사용할 것 ← 보기 ③
(5) 절연저항은 **전원부**와 **외함** 사이를 **직류 500V 절연저항계**로 측정하여 **20MΩ** 이상일 것
(6) 전원으로부터 각 층의 비상콘센트에 분기되는 경우에는 **분기배선용 차단기**를 보호함 안에 설치할 것 ← 보기 ④
(7) 바닥으로부터 **0.8~1.5m** 이하의 높이에 설치할 것
(8) 전원회로는 주배전반에서 **전용회로**로 하며, 배선의 종류는 **내화배선**이어야 한다.

① 12개 → 10개
② 1.0kVA → 1.5kVA
③ 1.2mm → 1.6mm

답 ④

★★★
## 64
12.03.문64

**비상방송설비의 화재안전기준(NFSC 202)에 따라 기동장치에 따른 화재신고를 수신한 후 필요한 음량으로 화재발생 상황 및 피난에 유효한 방송이 자동으로 개시될 때까지의 소요시간은 몇 초 이하로 하여야 하는가?**

① 3　② 5
③ 7　④ 10

해설 소요**시**간

| 기 기 | 시 간 |
|---|---|
| P형 · P형 복합식 · R형 · R형 복합식 · GP형 · GP형 복합식 · GR형 · GR형 복합식 | 5초 이내 (축적형 60초 이내) |
| **중**계기 | **5**초 이내 |
| 비상방송설비 | 10초 이하 |
| **가**스누설경보기 | **6**0초 이내 |

기억법 **시중5(시중을 드시오!)**
**6가(육체미가 뛰어나다.)**

답 ④

★★★
## 65
19.03.문74
17.05.문67
15.09.문64
15.05.문61
14.09.문75
13.03.문68
12.03.문61
09.05.문76

**비상조명등의 화재안전기준(NFSC 304)에 따른 휴대용 비상조명등의 설치기준이다. 다음 (　)에 들어갈 내용으로 옳은 것은?**

> 지하상가 및 지하역사에는 보행거리 ( ㉠ )m 이내마다 ( ㉡ )개 이상 설치할 것

① ㉠ 25, ㉡ 1
② ㉠ 25, ㉡ 3
③ ㉠ 50, ㉡ 1
④ ㉠ 50, ㉡ 3

해설 **휴대용 비상조명등**의 **설치기준**

| 설치개수 | 설치장소 |
|---|---|
| **1개 이상** | • **숙박시설** 또는 **다중이용업소**에는 객실 또는 영업장 안의 구획된 실마다 잘 보이는 곳(외부에 설치 시 출입문 손잡이로부터 **1m 이내** 부분) |
| **3개** 이상 | • **지하상가** 및 **지하역사**의 **보행거리 25m** 이내마다<br>• **대규모점포(백화점 · 대형점 · 쇼핑센터)** 및 **영화상영관**의 **보행거리 50m** 이내마다 |

(1) 바닥으로부터 **0.8~1.5m** 이하의 높이에 설치할 것
(2) 어둠 속에서 **위치**를 **확인**할 수 있도록 할 것
(3) 사용시 **자동**으로 **점등**되는 구조일 것
(4) 외함은 **난연성능**이 있을 것
(5) 건전지를 사용하는 경우에는 **방전방지조치**를 하여야 하고, **충전식 배터리**의 경우에는 **상시 충전**되도록 할 것
(6) 건전지 및 충전식 배터리의 용량은 **20분** 이상 유효하게 사용할 수 있는 것으로 할 것

답 ②

**66** 12.05.문68 **자동화재탐지설비 및 시각경보장치의 화재안전기준(NFSC 203)에 따른 자동화재탐지설비의 중계기의 시설기준으로 틀린 것은?**

① 조작 및 점검에 편리하고 화재 및 침수 등의 재해로 인한 피해를 받을 우려가 없는 장소에 설치할 것
② 수신기에서 직접 감지기회로의 도통시험을 행하지 아니하는 것에 있어서는 수신기와 감지기 사이에 설치할 것
③ 감지기에 따라 감시되지 아니하는 배선을 통하여 전력을 공급받는 것에 있어서는 전원입력측의 배선에 누전경보기를 설치할 것
④ 수신기에 따라 감시되지 아니하는 배선을 통하여 전력을 공급받는 것에 있어서는 해당 전원의 정전이 즉시 수신기에 표시되는 것으로 할 것

해설 **중계기**의 **설치기준**(NFSC 203 6조)

(1) 수신기에서 직접 감지기회로의 도통시험을 행하지 않는 경우에는 **수신기**와 **감지기** 사이에 설치할 것

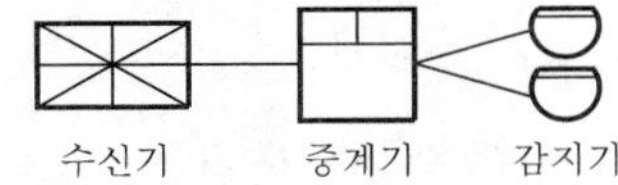


▮중계기의 설치위치▮

(2) **조작** 및 **점검**이 편리하고 화재 및 침수 등의 재해로 인한 피해를 받을 우려가 없는 장소에 설치할 것
(3) **수신기**에 따라 감시되지 아니하는 배선을 통하여 전력을 공급받는 것에 있어서는 **전원입력측**의 배선에 **과전류차단기**를 설치하고 해당 전원의 정전이 즉시 수신기에 표시되는 것으로 하며, **상용전원** 및 **예비전원**의 시험을 할 수 있도록 할 것

③ 감지기 → 수신기, 누전경보기 → 과전류차단기

답 ③

**67** 19.04.문79 16.05.문69 15.09.문69 14.05.문66 14.03.문78 12.09.문61 **자동화재탐지설비 및 시각경보장치의 화재안전기준(NFSC 203)에 따라 부착높이 8m 이상 15m 미만에 설치 가능한 감지기가 아닌 것은?**

① 불꽃감지기
② 보상식 분포형 감지기
③ 차동식 분포형 감지기
④ 광전식 분리형 1종 감지기

해설 **감지기**의 **부착높이**(NFSC 203 7조)

| 부착높이 | 감지기의 종류 |
|---|---|
| 4m 미만 | • 차동식(스포트형, 분포형)<br>• 보상식 스포트형<br>• 정온식(스포트형, 감지선형) ─ **열**감지기<br>• 이온화식 또는 광전식(스포트형, 분리형, 공기흡입형) : **연**기감지기<br>• 열복합형<br>• 연기복합형<br>• 열연기복합형 ─ **복**합형 감지기<br>• **불**꽃감지기<br>기억법 열연불복 4미 |
| 4~8m 미만 | • 차동식(스포트형, 분포형)<br>• 보상식 스포트형<br>• **정**온식(스포트형, 감지선형) **특**종 또는 **1**종 ─ **열**감지기<br>• **이**온화식 **1**종 또는 **2**종<br>• **광**전식(스포트형, 분리형, 공기흡입형) 1종 또는 2종 ─ 연기감지기<br>• 열복합형<br>• 연기복합형<br>• 열연기복합형 ─ **복**합형 감지기<br>• **불**꽃감지기<br>기억법 8미열 정특1 이광12 복불 |
| 8~15m 미만 | • 차동식 **분**포형<br>• **이**온화식 **1**종 또는 **2**종<br>• **광**전식(스포트형, 분리형, 공기흡입형) 1종 또는 2종<br>• **연**기**복**합형<br>• **불**꽃감지기<br>기억법 15분 이광12 연복불 |
| 15~20m 미만 | • **이**온화식 1종<br>• **광**전식(스포트형, 분리형, 공기흡입형) 1종<br>• **연**기**복**합형<br>• **불**꽃감지기<br>기억법 이광불연복2 |
| 20m 이상 | • **불**꽃감지기<br>• **광**전식(분리형, 공기흡입형) 중 **아**날로그방식<br>기억법 불광아 |

답 ②

**68** 12.09.문72 **예비전원의 성능인증 및 제품검사의 기술기준에서 정의하는 "예비전원"에 해당하지 않는 것은?**

① 리튬계 2차 축전지
② 알칼리계 2차 축전지
③ 용융염 전해질 연료전지
④ 무보수 밀폐형 연축전지

해설 **예비전원**

| 기 기 | 예비전원 |
|---|---|
| • 수신기<br>• 중계기<br>• 자동화재속보기 | • **원통 밀폐형 니켈카드뮴 축전지**<br>• **무보수 밀폐형 연축전지** |
| • 간이형 수신기 | • **원통 밀폐형 니켈카드뮴 축전지** 또는 이와 동등 이상의 **밀폐형 축전지** |
| • 유도등 | • **알칼리계 2차 축전지**<br>• **리튬계 2차 축전지** |
| • 비상조명등 | • **알칼리계 2차 축전지**<br>• **리튬계 2차 축전지**<br>• **무보수 밀폐형 연축전지** |
| • 가스누설경보기 | • 알칼리계 2차 축전지<br>• 리튬계 2차 축전지<br>• 무보수밀폐형 연축전지 |

답 ③

**69** 누전경보기의 형식승인 및 제품검사의 기술기준에 따라 누전경보기에서 사용되는 표시등에 대한 설명으로 틀린 것은?

18.03.문71
17.03.문66

① 지구등은 녹색으로 표시되어야 한다.
② 소켓은 접촉이 확실하여야 하며 쉽게 전구를 교체할 수 있도록 부착하여야 한다.
③ 주위의 밝기가 300 lx인 장소에서 측정하여 앞면으로부터 3m 떨어진 곳에서 켜진 등이 확실히 식별되어야 한다.
④ 전구는 사용전압의 130%인 교류전압을 20시간 연속하여 가하는 경우 단선, 현저한 광속변화, 흑화, 전류의 저하 등이 발생하지 아니하여야 한다.

해설 **누전경보기**의 **형식승인** 및 **제품검사**의 **기술기준 4조 부품의 구조 및 기능**

(1) 전구는 사용전압의 **130%**인 교류전압을 **20시간** 연속하여 가하는 경우 단선, 현저한 광속변화, 흑화, 전류의 저하 등이 발생하지 아니할 것
(2) 전구는 **2개** 이상을 **병렬**로 접속하여야 한다(단, **방전등** 또는 **발광다이오드**는 제외).
(3) 전구에는 적당한 **보호커버**를 설치하여야 한다(단, **발광다이오드**는 제외).
(4) 주위의 밝기가 **300 lx** 이상인 장소에서 측정하여 앞면으로부터 **3m** 떨어진 곳에서 켜진 등이 확실히 식별될 것
(5) 소켓은 접촉이 확실하여야 하며 쉽게 전구를 교체할 수 있도록 부착
(6) 누전화재의 발생을 표시하는 표시등(누전등)이 설치된 것은 등이 켜질 때 **적색**으로 표시되어야 하며, 누전화재가 발생한 경계전로의 위치를 표시하는 표시등(지구등)과 기타의 표시등은 다음과 같아야 한다.

| 종 류 | 색 |
|---|---|
| • 누전등<br>• **지구등** | **적색** |
| 기타 표시등 | 적색 외의 색 |

① 녹색 → 적색

답 ①

**70** 비상콘센트설비의 화재안전기준(NFSC 504)에 따라 아파트 또는 바닥면적이 1000m$^2$ 미만인 층은 비상콘센트를 계단의 출입구로부터 몇 m 이내에 설치해야 하는가? (단, 계단의 부속실을 포함하며 계단이 2 이상 있는 경우에는 그 중 1개의 계단을 말한다.)

17.03.문65
16.10.문78
12.05.문63

① 10 ② 8
③ 5 ④ 3

해설 **비상콘센트 설치기준**

(1) **11층** 이상의 각 층마다 설치
(2) 바닥으로부터 **0.8m** 이상 **1.5m** 이하의 위치에 설치
(3) **수평거리 기준**

| 수평거리 25m 이하 | 수평거리 50m 이하 |
|---|---|
| **지하상가** 또는 **지하층**의 바닥면적의 합계가 **3000m$^2$** 이상 | 기타 |

(4) **바닥면적 기준**

| 바닥면적 1000m$^2$ 미만 | 바닥면적 1000m$^2$ 이상 |
|---|---|
| **계단**의 출입구로부터 **5m** 이내 설치 | **계단부속실**의 출입구로부터 **5m** 이내 설치 |

답 ③

**71** 무선통신보조설비의 화재안전기준(NFSC 505)에 따른 설치제외에 대한 내용이다. 다음 (  )에 들어갈 내용으로 옳은 것은?

19.09.문80
18.03.문70
17.03.문68
16.03.문80
14.09.문64
08.03.문62
06.05.문79

> ( ㉠ )으로서 특정소방대상물의 바닥부분 2면 이상이 지표면과 동일하거나 지표면으로부터의 깊이가 ( ㉡ )m 이하인 경우에는 해당 층에 한하여 무선통신보조설비를 설치하지 아니할 수 있다.

① ㉠ 지하층, ㉡ 1
② ㉠ 지하층, ㉡ 2
③ ㉠ 무창층, ㉡ 1
④ ㉠ 무창층, ㉡ 2

해설 **무선통신보조설비**의 **설치 제외**(NFSC 505 4조)

(1) **지하층**으로서 특정소방대상물의 바닥부분 **2면 이상**이 지표면과 동일한 경우의 해당층
(2) 지하층으로서 지표면으로부터의 깊이가 **1m 이하**인 경우의 해당층

기억법 **2면무지(이면 계약의 무지)**

답 ①

★★★

## 72

19.04.문77 14.09.문67 13.03.문75

**비상방송설비의 화재안전기준(NFSC 202)에 따른 정의에서 가변저항을 이용하여 전류를 변화시켜 음량을 크게 하거나 작게 조절할 수 있는 장치를 말하는 것은?**

① 증폭기
② 변류기
③ 중계기
④ 음량조절기

해설 **비상방송설비**에 **사용되는 용어**

| 용 어 | 설 명 |
|---|---|
| **확성기 (스피커)** | 소리를 크게 하여 멀리까지 전달될 수 있도록 하는 장치 |
| **음량조절기** | **가변저항**을 이용하여 **전류**를 **변화**시켜 음량을 크게 하거나 작게 조절할 수 있는 장치 |
| **증폭기** | 전압전류의 **진폭**을 늘려 감도를 좋게 하고 미약한 **음성전류**를 커다란 음성전류로 변화시켜 **소리**를 **크게** 하는 장치 |

비교

(1) **자동화재탐지설비**의 **용어**

| 용 어 | 설 명 |
|---|---|
| 발신기 | 화재발생신호를 수신기에 **수동**으로 **발신**하는 것 |
| 경계구역 | 특정소방대상물 중 **화재신호**를 **발신**하고 그 **신호**를 **수신** 및 유효하게 제어할 수 있는 구역 |
| 거실 | **거주·집무·작업·집회·오락**, 그 밖에 이와 유사한 목적을 위하여 사용하는 방 |
| 중계기 | 감지기·발신기 또는 전기적 접점 등의 작동에 따른 **신호**를 받아 이를 수신기의 제어반에 **전송**하는 장치 |
| 시각경보장치 | **자동화재탐지설비**에서 발하는 화재신호를 시각경보기에 전달하여 **청각장애인**에게 **점멸형태**의 **시각경보**를 하는 것 |

(2) **누전경보기**

| 용 어 | 설 명 |
|---|---|
| **수**신부 | 변류기로부터 검출된 **신호**를 **수신**하여 누전의 발생을 해당 소방대상물의 **관계인**에게 **경보**하여 주는 것(**차단기구**를 갖는 것 포함) |
| **변**류기 | 경계전로의 **누설전류**를 자동적으로 **검출**하여 이를 누전경보기의 수신부에 송신하는 것 |

기억법 **수수변누**

답 ④

★

## 73

11.03.문79

**소방시설용 비상전원수전설비의 화재안전기준(NFSC 602)에 따라 큐비클형의 시설기준으로 틀린 것은?**

① 전용큐비클 또는 공용큐비클식으로 설치할 것
② 외함은 건축물의 바닥 등에 견고하게 고정할 것
③ 자연환기구에 따라 충분히 환기할 수 없는 경우에는 환기설비를 설치할 것
④ 공용큐비클식의 소방회로와 일반회로에 사용되는 배선 및 배선용 기기는 난연재료로 구획할 것

해설 **큐**비클형의 **설치기준**(NFSC 602 5조)

(1) **전용큐비클** 또는 **공용큐비클식**으로 설치 ← 보기 ①
(2) 외함은 두께 **2.3mm** 이상의 **강판**과 이와 동등 이상의 강도와 내화성능이 있는 것으로 제작
(3) 개구부에는 **갑종방화문**(60분+방화문, 60분 방화문) 또는 **을종방화문**(30분 방화문) 설치
(4) 외함은 **건축물**의 **바닥** 등에 견고하게 고정할 것 ← 보기 ②
(5) **환**기장치는 다음에 적합하게 설치할 것
   ㉠ 내부의 **온**도가 상승하지 않도록 **환기장치**를 할 것
   ㉡ 자연환기구의 **개**구부 면적의 합계는 외함의 한 면에 대하여 해당 면적의 $\frac{1}{3}$ 이하로 할 것. 이 경우 하나의 통기구의 크기는 직경 **10mm** 이상의 **둥근 막대**가 들어가서는 아니 된다.
   ㉢ 자연환기구에 따라 충분히 환기할 수 없는 경우에는 **환기설비**를 설치할 것 ← 보기 ③
   ㉣ 환기구에는 **금속망**, **방화댐퍼** 등으로 방화조치를 하고, 옥외에 설치하는 것은 **빗물** 등이 들어가지 않도록 할 것

기억법 **큐환 온개설 망댐빗**

(6) 공용큐비클식의 소방회로와 일반회로에 사용되는 배선 및 배선용 기기는 **불연재료**로 구획할 것 ← 보기 ④

④ 난연재료 → 불연재료

답 ④

### 74

18.03.문77 17.05.문63 16.05.문63 14.03.문71 12.03.문73 10.03.문68

**비상경보설비 및 단독경보형 감지기의 화재안전기준(NFSC 201)에 따른 발신기의 시설기준에 대한 내용이다. 다음 (　)에 들어갈 내용으로 옳은 것은?**

> 조작이 쉬운 장소에 설치하고, 조작스위치는 바닥으로부터 ( ㉠ )m 이상 ( ㉡ )m 이하의 높이에 설치할 것

① ㉠ 0.6, ㉡ 1.2　② ㉠ 0.8, ㉡ 1.5
③ ㉠ 1.0, ㉡ 1.8　④ ㉠ 1.2, ㉡ 2.0

해설 **비상경보설비**의 **발신기 설치기준**(NFSC 201 4조)

(1) 전원 : **축전지**, **전기저장장치**, **교류전압**의 **옥내간선**으로 하고 배선은 **전용**
(2) 감시상태 : **60분**, 경보시간 : **10분**
(3) 조작이 **쉬운 장소**에 설치하고, 조작스위치는 바닥으로부터 **0.8~1.5m** 이하의 높이에 설치할 것
(4) 특정소방대상물의 **층**마다 설치하되, 해당 소방대상물의 각 부분으로부터 하나의 발신기까지의 **수평거리**가 **25m** 이하가 되도록 할 것(단, 복도 또는 별도로 구획된 실로서 **보행거리**가 **40m** 이상일 경우에는 추가로 설치할 것)
(5) 발신기의 **위치표시등**은 **함**의 **상부**에 설치하되, 그 불빛은 부착면으로부터 **15°** 이상의 범위 안에서 부착지점으로부터 **10m** 이내의 어느 곳에서도 쉽게 식별할 수 있는 **적색등**으로 할 것

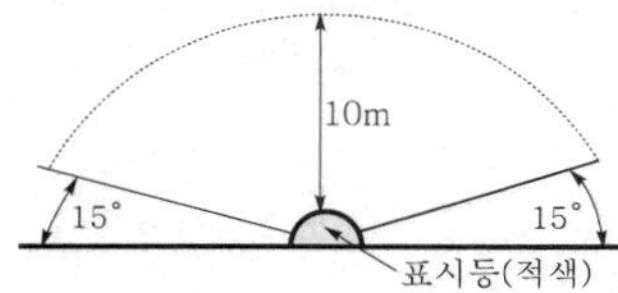


┃ 위치표시등의 식별 ┃

용어

**전기저장장치**
외부 전기에너지를 저장해 두었다가 필요한 때 전기를 공급하는 장치

답 ②

### 75

19.04.문73

**누전경보기의 형식승인 및 제품검사의 기술기준에 따라 누전경보기에 차단기구를 설치하는 경우 차단기구에 대한 설명으로 틀린 것은?**

① 개폐부는 정지점이 명확하여야 한다.
② 개폐부는 원활하고 확실하게 작동하여야 한다.
③ 개폐부는 KS C 8321(배선용 차단기)에 적합한 것이어야 한다.
④ 개폐부는 수동으로 개폐되어야 하며 자동적으로 복귀하지 아니하여야 한다.

해설 **누전경보기**의 **형식승인** 및 **제품검사**의 **기술기준 4조 9호**
**누전경보기에 차단기구를 설치하는 경우 적합기준**

(1) 개폐부는 원활하고 확실하게 작동하여야 하며 정지점이 명확하여야 한다.
(2) 개폐부는 **수동**으로 **개폐**되어야 하며 **자동적**으로 **복귀**하지 아니하여야 한다.
(3) 개폐부는 KS C 4613(**누전차단기**)에 적합한 것이어야 한다.

> ③ KS C 8321(배선용 차단기) → KS C 4613(누전차단기)

답 ③

### 76

**감지기의 형식승인 및 제품검사의 기술기준에 따른 단독경보형 감지기(주전원이 교류전원 또는 건전지인 것을 포함한다)의 일반기능에 대한 설명으로 틀린 것은?**

① 작동되는 경우 작동표시등에 의하여 화재의 발생을 표시할 수 있는 기능이 있어야 한다.
② 작동되는 경우 내장된 음향장치의 명동에 의하여 화재경보음을 발할 수 있는 기능이 있어야 한다.
③ 전원의 정상상태를 표시하는 전원표시등의 섬광주기는 3초 이내의 점등과 60초 이내의 소등으로 이루어져야 한다.
④ 자동복귀형 스위치(자동적으로 정위치에 복귀될 수 있는 스위치를 말한다)에 의하여 수동으로 작동시험을 할 수 있는 기능이 있어야 한다.

해설 **감지기**의 **형식승인** 및 **제품검사**의 **기술기준 5조**의 2
**단독경보형의 감지기(주전원이 교류전원 또는 건전지인 것 포함)의 적합 기준**

(1) **자동복귀형 스위치**(자동적으로 정위치에 복귀될 수 있는 스위치)에 의하여 **수동**으로 작동시험을 할 수 있는 기능이 있을 것
(2) 작동되는 경우 **작동표시등**에 의하여 화재의 발생을 표시하고, 내장된 **음향장치**의 명동에 의하여 **화재경보음**을 발할 수 있는 기능이 있을 것
(3) 주기적으로 **섬광**하는 **전원표시등**에 의하여 전원의 **정상 여부**를 **감시**할 수 있는 기능이 있어야 하며, 전원의 정상상태를 표시하는 전원표시등의 섬광주기는 **1초 이내**의 점등과 **30초**에서 **60초** 이내의 소등으로 이루어질 것

> ③ 섬광주기는 3초 이내 → 섬광주기는 1초 이내, 60초 이내의 소등 → 30초에서 60초 이내의 소등

답 ③

★ **77** 자동화재속보설비의 속보기의 성능인증 및 제품검사의 기술기준에 따라 자동화재속보설비의 속보기가 소방관서에 자동적으로 통신망을 통해 통보하는 신호의 내용으로 옳은 것은?

① 당해 소방대상물의 위치 및 규모
② 당해 소방대상물의 위치 및 용도
③ 당해 화재발생 및 당해 소방대상물의 위치
④ 당해 고장발생 및 당해 소방대상물의 위치

해설 **자동화재속보설비**의 **속보기**의 **성능인증** 및 **제품검사**의 **기술기준 2조**
자동화재속보설비의 속보기
**수동작동** 및 자동화재탐지설비 **수신기**의 화재신호와 연동으로 작동하여 **관계인**에게 화재발생을 경보함과 동시에 **소방관서**에 자동적으로 통신망을 통한 **당해 화재발생** 및 **당해 소방대상물의 위치** 등을 음성으로 통보하여 주는 것

답 ③

★ **78** 13.09.문67 유도등의 우수품질인증 기술기준에 따른 유도등의 일반구조에 대한 내용이다. 다음 ( )에 들어갈 내용으로 옳은 것은?

> 전선의 굵기는 인출선인 경우에는 단면적이 ( ㉠ )$mm^2$ 이상, 인출선 외의 경우에는 면적이 ( ㉡ )$mm^2$ 이상이어야 한다.

① ㉠ 0.75, ㉡ 0.5
② ㉠ 0.75, ㉡ 0.75
③ ㉠ 1.5, ㉡ 0.75
④ ㉠ 2.5, ㉡ 1.5

해설 **비상조명등 · 유도등**의 **일반구조**
(1) 전선의 굵기

| 인출선 | 인출선 외 |
|---|---|
| 0.75$mm^2$ 이상 | 0.5$mm^2$ 이상 |

(2) 인출선의 길이 : **150mm 이상**

기억법 인75(인(사람) 치료)

답 ①

★★ **79** 19.03.문64(산업) 12.09.문76(산업) 유도등 및 유도표지의 화재안전기준(NFSC 303)에 따라 객석유도등을 설치하여야 하는 장소로 틀린 것은?

① 벽 ② 천장
③ 바닥 ④ 통로

해설 **객석유도등**의 **설치위치**(NFSC 303 7조)
(1) 객석의 **통로**
(2) 객석의 **바닥**
(3) 객석의 **벽**

기억법 통바벽

답 ②

★★ **80** 14.05.문62 13.06.문75 무선통신보조설비의 화재안전기준(NFSC 505)에 따라 누설동축케이블 또는 동축케이블의 임피던스는 몇 Ω인가?

① 5 ② 10
③ 30 ④ 50

해설 **누설동축케이블 · 동축케이블**의 **임피던스** : 50Ω

참고
**무선통신보조설비**의 **분배기 · 분파기 · 혼합기 설치기준**(NFSC 505 7조)
(1) 먼지 · 습기 · 부식 등에 이상이 없을 것
(2) 임피던스 **50**Ω의 것
(3) 점검이 편리하고 화재 등의 피해 우려가 없는 장소

답 ④

# 찾아보기

ㅈ



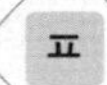

ㅍ

VISION 연속 판매1위

## 교재 및 인강을 통한 합격 수기

### 고졸 인문계 출신 합격!

필기시험을 치르고 실기 책을 펼치는 순간 머리가 하얗게 되더군요. 그래서 어떻게 공부를 해야 하나 인터넷을 뒤적이다가 공하성 교수님 강의가 제일 좋다는 이야기를 듣고 공부를 시작했습니다. 관련학과도 아닌 고졸 인문계 출신인 저도 제대로 이해할 수 있을 정도로 정말 정리가 잘 되어 있더군요. 문제 하나하나 풀어가면서 설명해주시는데 머릿속에 쏙쏙 들어왔습니다. 약 3주간 미친 듯이 문제를 풀고 부족한 부분은 강의를 들었습니다. 그렇게 약 6주간 공부 후 시험결과 실기점수 74점으로 최종 합격하게 되었습니다. 정말 빠른 시간에 합격하게 되어 뿌듯했고 공하성 교수님 강의를 접한 게 정말 잘했다는 생각이 들었습니다. 저도 할 수 있다는 것을 깨닫게 해준 성안당 출판사와 공하성 교수님께 정말 감사의 말씀을 올립니다.

**_ 김○건님의 글**

### 시간 단축 및 이해도 높은 강의!

소방은 전공분야가 아닌 관계로 다른 방법의 공부를 필요로 하게 되어 공하성 교수님의 패키지 강의를 수강하게 되었습니다. 전공이든, 비전공이든 학원을 다니거나 동영상강의를 집중적으로 듣고 공부하는 것이 혼자 공부하는 것보다 엄청난 시간적 이점이 있고 이해도도 훨씬 높은 것 같습니다. 주로 공하성 교수님 실기 강의를 3번 이상 반복 수강하고 남는 시간은 노트정리 및 암기하여 실기 역시 높은 점수로 합격을 하였습니다. 처음 기사시험을 준비할 때 '할 수 있을까?'하는 의구심도 들었지만 나이 60세에 새로운 자격증을 하나둘 새로 취득하다 보니 미래에 대한 막연한 두려움도 극복이 되는 것 같습니다.

**_ 김○규님의 글**

### 단 한번에 합격!

퇴직 후 진로를 소방감리로 결정하고 먼저 공부를 시작한 친구로부터 공하성 교수님 인강과 교재를 추천받았습니다. 이것이 단 한번에 필기와 실기를 합격한 지름길이었다고 생각합니다. 인강을 듣는 중 공하성 교수님 특유의 기억법과 유사 항목에 대한 정리가 공부에 큰 도움이 되었습니다. 인강 후 공하성 교수님께서 강조한 항목을 중심으로 이론교재로만 암기를 했는데 이때는 처음부터 끝까지 하지 않고 네 과목을 번갈아 가면서 암기를 했습니다. 지루함을 피하기 위함이고 이는 공하성 교수님께서 추천하는 공부법이었습니다. 필기시험을 거뜬히 합격하고 실기시험에 매진하여 시험을 봤는데, 문제가 예상했던 것보다 달라서 당황하기도 했고 그래서 약간의 실수도 있었지만 실기도 한번에 합격을 할 수 있었습니다. 실기시험이 끝나고 바로 성안당의 공하성 교수님 교재로 소방설비기사 전기 공부를 하고 있습니다. 전공이 달라 이해하고 암기하는 데 어려움이 있긴 하지만 반복해서 하면 반드시 합격하리라 확신합니다. 나이가 많은 데도 불구하고 단 한번에 합격하는 데 큰 도움을 준 성안당과 공하성 교수님께 감사드립니다.

**_ 최○수님의 글**

VISION 연속 판매1위

## 교재 및 인강을 통한 합격 수기

### 공하성 교수의 열강!

이번 2회차 소방설비기사에 합격하였습니다. 실기는 정말 인강을 듣지 않을 수 없더라고요. 그래서 공하성 교수님의 강의를 신청하였고 하루에 3~4강씩 시청, 복습, 문제풀이 후 또 시청 순으로 퇴근 후에도 잠자리 들기 전까지 열심히 공부하였습니다. 특히 교수님이 강의 도중에 책에는 없는 추가 예제를 풀이해 주는 것이 이해를 수월하게 했습니다. 교수님의 열강 덕분에 시험은 한 문제 제외하고 모두 풀었지만 확신이 서지 않아 전전긍긍하다가 며칠 전에 합격 통보를 받았을 때는 정말 보람 있고 뿌듯했습니다. 올해는 조금 휴식을 취한 뒤에 내년에는 교수님의 소방시설관리사를 공부할 예정입니다. 그때도 이렇게 후기를 적을 기회가 주어졌으면 하는 바람이고요. 저도 합격하였는데 여러분들은 더욱 수월하게 합격하실 수 있을 것입니다. 모두 파이팅하시고 좋은 결과가 있길 바랍니다. 감사합니다.

**_ 이○현님의 글**

### 이해하기 쉽고, 암기하기 쉬운 강의!

소방설비기사 실기시험까지 합격하여 최종합격까지 한 25살 직장인입니다. 직장인이다 보니 시간에 쫓겨 자격증을 따는 것이 막연했기 때문에 필기과목부터 공하성 교수님의 인터넷 강의를 듣기 시작하였습니다. 꼼꼼히 필기과목을 들은 것이 결국은 실기시험까지 도움이 되었던 것 같습니다. 실기의 난이도가 훨씬 높지만 어떻게 보면 필기의 확장판이라고 할 수 있습니다. 그래서 필기과목부터 꾸준하고 꼼꼼하게 강의를 듣고 실기 강의를 들었더니 정말로 그 효과가 배가 되었습니다. 공하성 교수님의 강의를 들을 때 가장 큰 장점은 공부에 아주 많은 시간을 쏟지 않아도 되는 거였습니다. 증거로 직장을 다니는 저도 합격하게 되었으니까요. 하지만 그렇게 하기 위해서는 필기부터 실기까지 공하성 교수님이 만들어 놓은 커리큘럼을 정확하고, 엄격하게 따라가야 합니다. 정말 순서대로, 이해하기 쉽게, 암기하기 쉽게 강의를 구성해 놓으셨습니다. 이 강의를 듣고 더 많은 합격자가 나오면 좋겠습니다.

**_ 엄○지님의 글**

### 59세 소방 쌍기사 성공기!

저는 30년간 직장생활을 하는 평범한 회사원입니다. 인강은 무엇을 들을까 하고 탐색하다가 공하성 교수님의 샘플 인강을 듣고 소방설비기사 전기 인강을 들었습니다. 2개월 공부 후 소방전기 필기시험에 우수한 성적으로 합격하고, 40일 준비 후 4월에 시행한 소방전기 실기시험에서도 당당히 합격하였습니다. 실기시험에서는 가닥수 구하기가 많이 어려웠는데, 공하성 교수님의 인강을 자주 듣고, 그림을 수십 번 그리며 가닥수를 공부하였더니 합격할 수 있다는 자신감이 생겼습니다. 소방전기 기사시험 합격 후 소방기계 기사 필기는 유체역학과 소방기계시설의 구조 및 원리에 전념하여 필기시험에서 90점으로 합격하였습니다. 돌이켜 보면, 소방설비 기계기사가 소방설비 전기기사보다 훨씬 더 어렵고 힘들었습니다. 고민 끝에 공하성 교수님의 10년간 기출문제 특강을 집중해서 듣고, 10년 기출문제를 3회 이상 반복하여 풀고 또 풀었습니다. "합격을 축하합니다."라는 글이 눈에 들어왔습니다. 점수 확인 결과 고득점으로 합격하였습니다. 이렇게 해서 저는 올해 소방전기, 소방기계 쌍기사 자격증을 취득했습니다. 인터넷 강의와 기출문제는 공하성 교수님께서 출간하신 책으로 10년분을 3회 이상 풀었습니다. 1년 내에 소방전기, 소방기계 쌍기사를 취득할 수 있도록 헌신적으로 도와주신 공하성 교수님께 깊은 감사를 드리며 저의 기쁨과 행복을 보내드립니다.

**_ 오○훈님의 글**

VISION 연속 판매1위

## 교재 및 인강을 통한 합격 수기

# "한번에! 빠르게! 합격하기!!"

### 소방설비기사 원샷 원킬!

처음엔 강의는 듣지 않고 책의 문제만 봤습니다. 그런데 책을 보고 이해해보려 했지만 잘 되지 않았습니다. 그래도 처음은 경험이나 해보자고 동영상강의를 듣지 않고 책으로만 공부를 했었습니다. 간신히 필기를 합격하고 바로 친구의 추천으로 공하성 교수님의 동영상강의를 신청했고, 확실히 혼자 할 때보다 공하성 교수님 강의를 들으니 이해가 잘 되었습니다. 중간중간 공하성 교수님의 재미있는 농담에 강의를 보다가 혼자 웃기도 하고 재미있게 강의를 들었습니다. 물론 본인의 노력도 필요하지만 인강을 들으니 필기 때는 전혀 이해가 안 가던 부분들도 실기 때 강의를 들으니 이해가 잘 되었습니다. 생소한 분야이고 지식이 전혀 없던 자격증 도전이었지만 한번에 합격할 수 있어서 너무 기쁘네요. 여러분들도 저를 보고 희망을 가지시고 열심히 해서 꼭 합격하시길 바랍니다.

_ 이○목님의 글

### 소방설비기사(전기) 합격!

41살에 첫 기사 자격증 취득이라 기쁩니다. 실무에 필요한 소방설계 지식도 쌓고 기사 자격증도 취득하기 위해 공하성 교수님의 강의를 들었습니다. 재미나고 쉽게 설명해주시는 공하성 교수님의 강의로 필기·실기시험 모두 합격할 수 있었습니다.

_ 이○용님의 글

### 소방설비기사 합격!

시간을 의미 없이 보내는 것보다 미래를 준비하는 것이 좋을 것 같아 소방설비기사를 공부하게 되었습니다. 퇴근 후 열심히 노력한 결과 1차 필기시험에 합격하게 되었습니다. 기쁜 마음으로 2차 실기시험을 준비하기 위해 전에 선배에게 추천받은 강의를 주저없이 구매하였습니다. 1차 필기시험을 너무 쉽게 합격해서인지 2차 실기시험을 공부하는데, 처음에는 너무 생소하고 이해되지 않는 부분이 많았는데 교수님의 자세하고 반복적인 설명으로 조금씩 내용을 이해하게 되었고 자신감도 조금씩 상승하게 되었습니다. 한 번 강의를 다 듣고 두 번 강의를 들으니 처음보다는 훨씬 더 이해가 잘 되었고 과년도 문제를 풀면서 중요한 부분을 파악하였습니다. 드디어 실기시험 시간이 다가왔고 완전한 자신감은 없었지만 실기시험을 보게 되었습니다. 확실히 아는 것이 많이 있었고 많은 문제에 생각나는 답을 기재한 결과 시험에 합격하였다는 문자를 받게 되었습니다. 합격까지의 과정에 온라인강의가 가장 많은 도움이 되었고, 반복해서 학습하는 것이 얼마나 중요한지 새삼 깨닫게 되었습니다. 자격시험에 도전하시는 모든 분들께 저의 합격수기가 조금이나마 도움이 되었으면 하는 바람입니다.

_ 이○인님의 글

2023 최신개정판

3개년 과년도 소방설비기사 전기❶-3 필기

2023. 1. 5. 초 판 1쇄 인쇄
**2023. 1. 11. 초 판 1쇄 발행**

지은이 | 공하성
펴낸이 | 이종춘
펴낸곳 | BM (주)도서출판 성안당
주소 | 04032 서울시 마포구 양화로 127 첨단빌딩 3층(출판기획 R&D 센터)
10881 경기도 파주시 문발로 112 파주 출판 문화도시(제작 및 물류)
전화 | 02) 3142-0036
031) 950-6300
팩스 | 031) 955-0510
등록 | 1973. 2. 1. 제406-2005-000046호
출판사 홈페이지 | **www.cyber.co.kr**
ISBN | 978-89-315-2782-7 (13530)
**정가** | **15,900원**(해설가리개 포함)

**이 책을 만든 사람들**
기획 | 최옥현
진행 | 박경희
교정·교열 | 김혜린, 최주연
전산편집 | 이지연
표지 디자인 | 박현정
홍보 | 김계향, 박지연, 유미나, 이준영, 정단비, 임태호
국제부 | 이선민, 조혜란
마케팅 | 구본철, 차정욱, 오영일, 나진호, 강호묵
마케팅 지원 | 장상범
제작 | 김유석

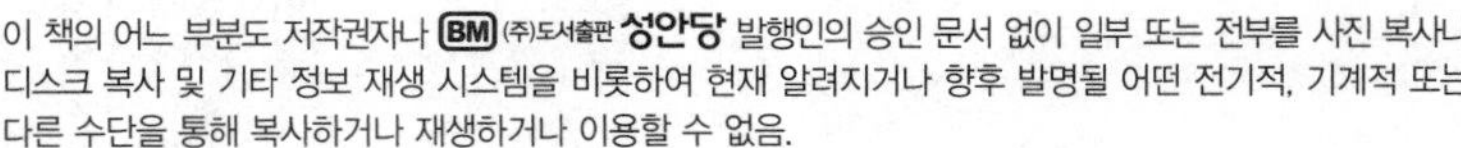